■ **大气科学专业系列教材**

大气探测学导论

韩 永 等编著

南京大学出版社

内容简介

本书系统地论述了大气探测理论与技术,主要包括大气气象场中各参数(风、温、压、湿,高空气象参数)的测量方法;云、能见度、天气现象的识别和监测,雷电、降水、积雪、蒸发和土壤湿度、辐射、日照的测量手段;并探讨了卫星探测、微波遥感 GPS、天气/激光雷达等主被动遥感探测技术及辐射传输基础理论,同时针对大气边界层、化学成分、海洋气象、生态环境等相关问题的测量应用也进行了介绍;此外,本书还对大气探测数据质量控制的要求做了适当的解释。

本书的读者对象是地球科学、大气科学、环境科学、气象水文、海洋科学、军事气象、空间科学方面各专业的本科生和研究生,以及在相关领域工作的研究人员、大学教师等。

图书在版编目(CIP)数据

大气探测学导论 / 韩永等编著. — 南京 : 南京大学出版社,2025.1. — ISBN 978 - 7 - 305 - 28133 - 4

Ⅰ. P41

中国国家版本馆 CIP 数据核字第 2024N5R799 号

出版发行	南京大学出版社
社　　址	南京市汉口路 22 号　　　邮　编　210093

书　　名 大气探测学导论
DAQI TANCEXUE DAOLUN

编　著	韩永　等
责任编辑	吴华　　　　　　　　编辑热线　025 - 83596997
照　排	南京开卷文化传媒有限公司
印　刷	扬州皓宇图文印刷有限公司
开　本	787 mm×1092 mm　1/16　　印张 29　字数 742 千
版　次	2025 年 1 月第 1 版
印　次	2025 年 1 月第 1 次印刷
ISBN	978 - 7 - 305 - 28133 - 4
定　价	79.80 元

网　　址	http://www.njupco.com
官方微博	http://weibo.com/njupco
官方微信号	njupress
销售咨询热线	(025)83594756

序

　　大气探测学也称气象探测学,是发展并利用各种探测理论、方法、手段和高技术装备,对地球大气不同高度上的大气物理状态、化学性质及发生在其中的物理现象、发展和演变过程进行观察和测定,获取海量的地-气系统环境要素信息,支撑大气各分支学科的相关科学问题的解释和认识,并为人类社会可持续发展做出贡献的大气科学中的一门分支学科。其主要任务是发展新的探测和试验手段、原理和方法,为认识大气运动以及大气中各种物理、化学、生物过程的基本规律及其与周围环境的相互作用提供科学数据,并探索大气探测学本身存在的一系列前沿科学和技术问题的解决方案。作为大气科学的分支学科,大气探测学在大气科学的研究与发展中具有重要的地位和作用,长期处于基础科学的位置,引领并促进了大气科学的发展,如著名的锋面学说就是在观测数据的基础上推导出来的。

　　为了总结大气探测学各方面最新的成果,使读者能够更好地掌握大气探测学相关的知识,在前期研究工作及长期教学实践的基础上,韩永教授和他的合作者们编写了这本《大气探测学导论》。该书系统地论述了大气探测理论与技术以及注意事项,包括大气气象场中各参数(风、温、压、湿,高空气象参数)的测量方法和装备,云、能见度、天气现象的识别和监测,雷电、降水、积雪、蒸发和土壤湿度、辐射、日照的测量手段和方法,并探讨卫星、GPS、天气/激光雷达等主被动遥感探测技术及辐射传输基础理论,同时针对大气边界层、微波遥感、化学成分、海洋气象(科考船)、生态环境等的测量方法进行了引导性介绍;此外,该书也对大气探测数据质量控制的要求做了适当的解释,为与大气有关的大数据及人工智能研究提供最初观测数据获取方面的知识。

　　相信此书能够为地球科学、大气科学、环境科学、气象水文、海洋科学、军事气象、空间科学等各专业的本科生和研究生,以及从事与大气探测学相关领域的研究人员提供科学参考。

中山大学大气科学学院

教授、中国科学院院士

2024 年 4 月 23 日

前　言

大气科学是研究地球大气的特性、结构、运动规律以及大气中各种现象的发生、发展的一门科学,它事实上是一门实验驱动的学科。作为大气科学的一个分支学科,大气探测学则是利用各种探测手段,对地球大气各个高度上的物理状态、化学性质和物理现象的发生、发展和演变进行观察和测定。大气探测在大气科学的发展过程中起到了十分重要的作用,长期处于基础科学的地位,引领和促进了大气科学的发展。现在提出来的地球工程研究试图人为控制大气,然而,由于大气是一个开放系统,使得对大气运动的控制研究仍处于初级阶段。因而,对它的研究有自己的特殊性,我们现在只能在大气中对各种变化过程做长期的连续观测和探测,并对取得的资料进行研究,来揭示大气变化过程中的内在规律,为人类生活的可持续发展提供科学支持。大气现象和过程是复杂的,而且影响因素繁多。所以,组成从局地到全球的探测网,包括各类超级站、气象站、气候站、高空站、特殊要素监测站等,准确、及时、完整地获取气象资料并进行分析,是大气探测科学发展的主要途径与方法。此外,为提高获取大气各参数及物理过程的实际真值程度,必须设计并研制新型的探测设备,这是大气探测的另外一个重要的发展方向,同时,还需发展与各类大气科学数值模式交互验证的集成式大气探测平台,这也是现在人工智能在大气中得到应用的数据基础。

大气科学研究中许多重大的理论突破和新发现都是建立在大气探测所提供的观测资料基础之上的,比如著名的锋面学说就是在大气观测数据的基础上推导出来的;定量大气(组网)探测促进近代气象学的发展;三维大气探空探测促进大气过程动力学的发展。因此,提高观测质量并逐步实现探测现代化是大气探测工作的首要任务。这就要求改进现代仪器设备,提高仪器的测量精度,并使新研发的探测设备适合我国的地理、气候条件;还要加强基准仪器和检定的工作,使测量仪器逐步实现标准化;提高资料处理工作的自动化水平,建立一个以现代通信技术为基础的数字传输系统,将成为实现整个探测工作现代化不可分割的组成部分。由于大气是三维空间的流体,故而需要经常地、连续地对其进行监测。这种监测通常要在广阔的地域、拥有纵深的空间范围内进行。一般地,大气探测可分为如下几类:地面气象要素观测、高空气象要素观测、大气遥感、气象卫星探测及特殊观测等。随着现代科学技术的发展,大气探测的范围越来越大,探测的手段也越来越先进,物理学、光学、数学、自控、计算机、人工智能及平台技术在大气探测领域得到了广泛的综合应用,雷达探测和卫星探测也已深入到大气科学研究的方方面面。这一切都极大地丰富了大气探测学的教学和实践内容。随着国际竞争的日益剧烈,发展实体装备制造技术在大气探测科学中就变得越来越紧迫,这就要求我们培养的学生必须具有扎实的基础理论知识,并拥有创新精神和极强的实验动手能力,以便更好地参与未来的国际竞争。

大气探测是大气科学各专业本科生的公共基础课(核心课程),中山大学大气科学学院的大气探测课程现名为"大气探测学",其目的在于通过课堂的学习,使学生能够全面系统地掌握大气探测的原理与方法。大气探测学内涵广泛丰富,是大气科学的专业基础之一,也是与其他大气科学分支学科结合最紧密的分支学科,主要讲述大气探测学的对象、任务和特点,气象传感器理论,地面气象要素和大气物理现象的观测原理和方法,高空气温、气压、湿度、风场及特种要素,大气边界层以及大气化学成分的探测原理和方法,雷电和GPS遥感技术等。还介绍利用微波、红外、激光和声波手段进行主动和被动式大气遥感探测的基本原理,以及大气边界层、微波遥感、化学成分、海洋气象、生态环境等的测量方法。此课程还结合业务部门的先进设备进行现场教学,我院与大气探测学配套课程是"大气综合探测实习",目的是使学生能够理论联系实际,能够快速接入气象业务相关工作。

本书《大气探测学导论》是在上一版《大气科学中的探测原理与方法》(2015年)的基础上修改并增补了新的内容,在新的9年实践教学和科学研究的基础上编写而成的。章节撰写工作分配为:内容简介、前言、第1—9章、第15章、编后记和致谢由韩永撰写;第10章由谢鑫新撰写,第11章由韩永、高中明、王体健和谢旻撰写,第12章由魏静撰写,第13章由韩永和庄炳亮撰写,第14章由韩博撰写。全书由韩永教授统稿和审校。本书的出版得到韩永教授主持的国家自然科学基金委批准的国家重大科研仪器研制项目(批准号42027804)和中山大学教材建设项目的资助。

由于编者学术水平有限,存在不足、错误或遗漏之处,希望在教学过程中逐步完善,并欢迎各位读者提出宝贵的指导性意见和建议进行斧正。

编　者
2024 年 4 月

目　录

第1章

绪　论

本章重点：了解大气探测在大气科学中的地位和作用，学习大气探测发展历史和特点，掌握大气探测的研究对象、特性和内容以及气象仪器的普遍特点，掌握大气探测的类别及发展趋势。

§1.1　大气探测学的地位与作用

地球大气是人类赖以生存的最基本要素之一，是气候和环境变化的重要场所。地球大气探测，又称气象探测，是利用各种探测手段对地球大气各个高度上的物理状态、化学性质和物理现象的发生、发展和演变进行观察和测定。大气探测学是大气科学的重要分支学科，是研究获取大气物理与化学性质的原理、技术和方法的一门学科。它是一门涉及大气物理学、数学、气象学、传感器技术、遥感技术、电子技术、无线电通信技术和空间技术以及平台技术等多个学科和专业的交叉综合学科。大气探测主要任务是发展新的探测和试验手段、原理和方法，为认识大气运动以及大气中各种物理、光学、动力、化学和生物过程的基本规律及其与周围环境的相互作用提供技术手段。近百年来气候和环境已经发生了重大变化，相关研究数据归功于大气探测，促进了大气科学各分支学科的发展。

20世纪90年代以来，国际上基于卫星、飞机、气球和地面平台的探测技术迅猛发展，形成了从全球、区域层面，到中小尺度、微尺度层面的立体探测网络，对大气中各种物理和化学过程的理解和定量联系的建立，以及增进对大气科学各分支相互关系的认识发挥了重要作用。极端天气与环境探测技术的突破性进展也为防灾减灾，以及大气环境质量的改善提供了重要的技术基础，这里包括利用激光雷达对复杂地表陆气边界与大气边界层结构的多尺度同时探测；利用米散射激光雷达、太阳光度计、辐射组表和化学成分温测仪等对气溶胶粒子和大气化学成分的同步探测；利用多参数雷达和高时空精度雷电定位系统开展的强风暴云中降水、三维动力结构、电过程的同时探测等等。除了大气科学本身的发展需求，大气探测技术发展的动力还源自人类日益增长的对大气状况和要素的了解需求。同时，人类在大气中的空间活动范围也不断增大，对其空间环境的了解也十分迫切，比如近10年来处于国际前沿的临近空间研究，这些需求都大大推动了大气探测技术的发展。为适应现代大气科学研究及气象学、天气学、预报及大气物理学的发展需要，也为监测和预测天气气候，了解大气变化与空气质量，满足国防、航空、航天、通信、国家决策、低空经济防灾减灾和改善大气环境质量等国家需求，除了充分利用国内外已有的成熟大气探测技术和产品对大气科学发展提供支持，还需要对一系列探测本身的科学与技术问题开展研究，这也是大气探测科学发展

1

的自身需要。举例来说，目前中国气象局已经对大气科学的发展进行了顶层设计，主要包括四大研究计划：天气研究计划、气候研究计划、应用气象研究计划和综合气象观测研究计划。其中综合气象观测研究计划又涉及9个主要领域：地面气象观测仪器设备、高空大气探测仪器设备、地基遥感探测设备与技术、卫星遥感探测基础性与前沿性技术、气象观测方法、气象观测产品、气象观测数据信息标准及传输共享技术、气象观测保障以及综合气象观测系统业务布局及外场观测试验。

未来，大气探测高技术的发展将继续以人类生存环境、灾害性天气事件与气候变化研究为中心，结合探测新原理与遥感反演理论和模型，研究并开发大气参数与过程探测的新原理、新技术和新方法，特别是一些特殊大气探测和极端天气事件实时探测，如水汽和大气成分探测、中高层大气状态与成分探测、强对流系统（雷暴、台风、暴雨等）中的微物理量和电参量直接探测等等。这些大气探测技术的发展和完善，将促进大气科学及其交叉科学的发展，特别是在增进对地球系统科学的认识和发展方面发挥重要作用。

§1.2 涉及大气探测的法律法规

孟子在《离娄章句上》说过：不以规矩，不能成方圆。为做到有法可依，1999年10月31日中华人民共和国第九届全国人民代表大会常务委员会第十二次会议通过，自2000年1月1日起施行《中华人民共和国气象法》，这是我国涉及大气科学中大气探测学的第一部法律，其中有几条是最直接与大气探测有关的：

第十一条 国家依法保护气象设施，任何组织或者个人不得侵占、损毁或者擅自移动气象设施。

第十二条 未经依法批准，任何组织或者个人不得迁移气象台站。

第十九条 国家依法保护气象探测环境，任何组织或者个人都有保护气象探测环境的义务。

第二十条 禁止下列危害气象探测环境的行为：

（一）在气象探测环境保护范围内设置障碍物，进行爆破和采石。

（二）在气象探测环境保护范围内设置影响气象探测设施工作效能的高频电磁辐射装置。

（三）在气象探测环境保护范围内从事其他影响气象探测的行为。气象探测环境保护范围的划定标准由国务院气象主管机构规定。各级人民政府应当按照法定标准划定气象探测环境的保护范围，并纳入城市规划或者村庄和集镇规划。

第四十一条 法律中关于气象探测的定义：

（一）气象设施，是指气象探测设施、气象信息专用传输设施、大型气象专用技术装备等。

（二）气象探测，是指利用科技手段对大气和近地层的大气物理过程、现象及其化学性质等进行的系统观察和测量。

（三）气象探测环境，是指为避开各种干扰保证气象探测设施准确获得气象探测信息所必需的最小距离构成的环境空间。

（四）气象灾害，是指台风、暴雨（雪）、寒潮、大风（沙尘暴）、低温、高温、干旱、雷电、冰雹、霜冻和大雾等所造成的灾害。

（五）人工影响天气，是指为避免或者减轻气象灾害，合理利用气候资源，在适当条件下通过科技手段对局部大气的物理、化学过程进行人工影响,实现增雨雪、防雹、消雨、消雾、防霜等目的的活动。

§1.3　大气探测的观测和研究对象

1.3.1　大气的垂直结构

要了解大气探测的观测和研究对象,首先需要了解大气的垂直结构,以获得大气层的直观信息。大气圈是地球的一部分,密度要比地球的固体部分小得多,全部大气圈的重量还不到地球总重量的百分之一。以大气圈的高层和低层相比较,高层的密度比低层要小得多,而且越高越稀薄。假如把海平面上的空气密度作为 1,那么在 240 km 的高空,大气密度只有它的一千万分之一;到了 1 600 km 的高空就更稀薄了,只有它的一千万亿分之一。整个大气圈质量的 90% 都集中在高于海平面 16 km 以内的空间里。大气圈质量的 99.999% 都集中在 80 km 高度的界线内,而所剩无几的大气则占据了这个界限以上的极大空间。

探测结果表明,地球大气圈的顶部并没有明显的分界线,而是逐渐过渡到星际空间的。高层大气的稀薄程度虽说比人造的真空还要“空”,但是在那里确实还有气体微粒存在,而且比星际空间的物质密度要大得多。然而,它们已不属于气体分子了,而是原子及原子再分裂而产生的粒子。以 80 km～100 km 的高度为界,在这个界限以下的大气,尽管有稠密稀薄的不同,但它们的成分大体是一致的,都是以氮和氧分子为主,这就是我们周围的空气。而在这个界限以上,到 1 000 km 上下,就变得以氧为主了;往上到 2 400 km 上下,就以氦为主;再往上,则主要是氢;在 3 000 km 以上,便稀薄得和星际空间的物质密度差不多了。

自地球表面向上,大气层延伸得很高,可到几千千米的高空,根据人造卫星探测资料的推算,在 2 000 km～3 000 km 的高空,地球大气密度便达到每立方厘米一个微观粒子这一数值,和星际空间的密度非常相近,因此,2 000 km～3 000 km 的高空可以大致看作是地球大气的上界。

整个地球大气层像是一座高大而又独特的“楼房”,按其成分、温度、密度等物理性质在垂直方向上的变化,世界气象组织把这座“楼”分为 5 层,自下而上依次是:对流层、平流层、中间层、暖层和散逸层,如图 1.1 所示。

对流层是紧贴地面的一层,它受地面的影响最大。因为地面附近的空气受热上升,而位于上面的冷空气下沉,这样就发生了对流运动,所以把这层叫作对流层。它的下界是地面,上界因纬度和季节而不同。据观测,在低纬度地区其上界为 17 km～18 km;在中纬度地区为 10 km～12 km;在高纬度地区仅为 8 km～9 km。夏季的对流层厚度大于冬季。以南京为例,夏季的对流层厚度达 17 km,而冬季只有 11 km,冬夏厚度之差达 6 km 之多。

在对流层的顶部,直到高于海平面 50 km～55 km 的这一层,气流运动相对平衡,而且主要以水平运动为主,故称为平流层。

平流层之上,到高于海平面 85 km 高空的一层为中间层。这一层大气中几乎没有臭氧,这就使来自太阳辐射的大量紫外线完全穿过了这一层大气而未被吸收,所以在这层大气里,气温随高度的增加而下降得很快,到顶部气温已下降到 −83 ℃ 以下。由于下层气温比上层高,有利于空气的垂直对流运动,故又称之为高空对流层或上对流层。中间层顶部尚有

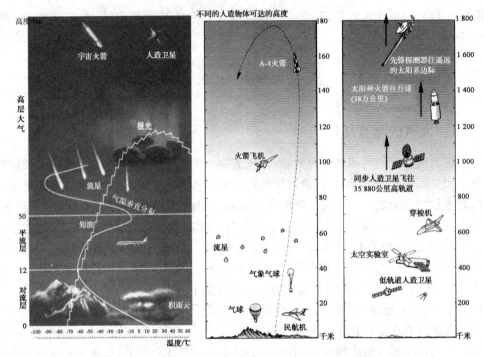

图 1.1 地球大气垂直结构(引自中国数字科技馆)

水汽存在,可出现很薄且发光的"夜光云",在夏季的夜晚,高纬度地区偶尔能见到这种银白色的夜光云。

从中间层顶部到高出海面 800 km 的高空,称为暖(热)层,又叫电离层。该层空气密度很小,这 700 km 厚的气层,只占大气总重量的 0.5%。据探测,在 120 km 高空,声波已难以传播,所以在这里即使在你耳边开大炮,也难听到什么声音。暖层里的气温很高,据人造卫星观测,在 300 km 高度上,气温高达 1 000 ℃以上,这一层叫作暖层或者热层。

暖层顶以上的大气统称为散逸层,又叫外层。它是大气的最高层,高度最高可达到 3 000 km。这一层大气的温度也很高,空气十分稀薄,受地球引力场的约束很弱,一些高速运动着的空气分子可以挣脱地球的引力和其他分子的阻力散逸到宇宙空间中去。根据宇宙火箭探测资料表明,地球大气圈之外,还有一层极其稀薄的电离气体,其高度可伸延到 22 000 km 的高空,称之为地冕。地冕也就是地球大气向宇宙空间的过渡区域。人们形象地把它比作地球的"帽子"。

此外,还可以把整个大气看成是一座别致的"两层小楼"。这种"两层楼"又是根据大气的不同特征而设计的。

第一,按大气的化学成分来划分,可分为均质层和非均质层。这种划分是以距海平面 90 km 的高度为界限的。在 90 km 高度以下,大气是均匀混合的,组成大气的各种成分相对比例不随高度而变化,这一层叫作均质层;在 90 km 高度以上,组成大气的各种成分的相对比例随高度的升高而发生变化,比较轻的气体如氧原子、氢原子和氢原子等越来越多,大气就不再是均匀地混合了,因此,把这一层叫作非均质层。

第二,按大气被电离的状态来划分,可分为非电离层和电离层。在海平面以上 60 km 以内的大气,基本上没有被电离,处于中性状态,这一层叫非电离层。在 60 km 以上至 1 000 km 的高度,在太阳紫外线的作用下,大气成分开始电离,形成大量的正、负离子和自由电子,这一层叫作电离层,它对于无线电波的传播有着重要的作用。

1.3.2 大气探测学的研究对象和内容

大气探测是对表征大气状况的气象要素、天气现象及其变化过程进行个别或系统的、连续的观察和测定,并对获得的记录进行整理。这种探测既包括目测,也包括器测;既包括直接测定,也包括间接测定,如遥感探测。大气探测能够为天气预报、气候分析、科学研究以及国民经济的发展直接提供常规的资料和科学证据。因此,大气探测技术的发展日益成为衡量气象工作以及气象科学发展水平的一个标尺。

按照空间和探测对象划分,大气探测可以分为近地面层大气探测、高空大气层探测和专业性大气探测。近地面层大气探测主要是对近地层大气状况进行观测和探测,包括地面气象观测和近地面层大气探测。地面气象观测(−1~10 m,标准气象观测站的风速、风向观测高度为10 m)的观测项目包括云、能见度和天气现象状况,地温、大气温度、湿度、压力、风速、风向、降水、蒸发和辐射等。近地面层大气(0~3 000 m)的观测项目包括大气温度、湿度、压力、风速、风向等。

高空大气探测是对3 000 m以上的大气层状况进行探测。探测的项目主要有:大气温度、压力、风速、风向和湿度等。专业性的大气探测,如区域大气环境容量研究、大气边界层特征研究、城市热岛环流研究、海陆风场研究和峡谷风场研究等是取决于研究项目需要的大气探测项目。

近几十年来,作为主动遥感的各种气象雷达探测和作为被动遥感的气象卫星探测,以及地面微波辐射探测等方法能获得更多的观测信息,正在逐步地进入常规观测的领域,并广泛地应用于大气科学的各项研究,极大地丰富了大气探测学的内容。如图1.2所示,给出了地基和空基大气探测手段和方法总图。

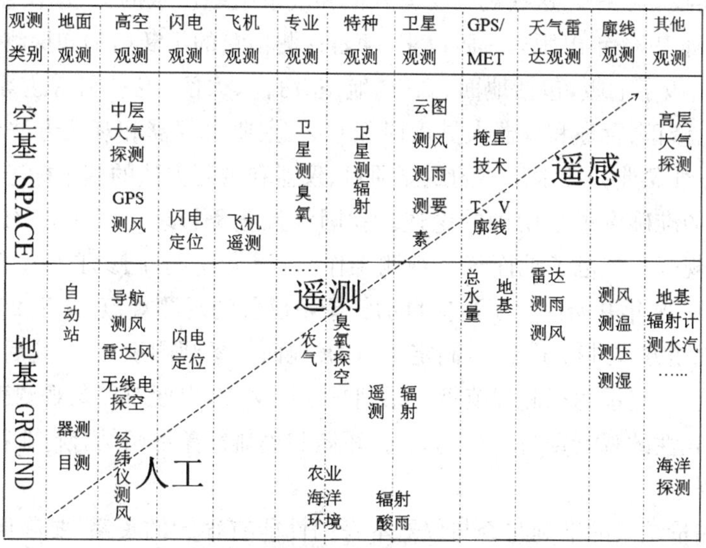

观测类别	地面观测	高空观测	闪电观测	飞机观测	专业观测	特种观测	卫星观测	GPS/MET	天气雷达观测	廓线观测	其他观测
空基 SPACE		中层大气探测 GPS测风	闪电定位	飞机遥测	卫星测臭氧	卫星测辐射	云图测风测雨测要素	掩星技术 T、V廓线			高层大气探测 遥感
地基 GROUND	自动站 器测项目	导航测风 雷达风 无线电探空 经纬仪测风 人工	闪电定位		遥测 农气 农业海洋环境	臭氧探空 遥测 辐射 辐射酸雨		总水量	地基雷达测雨测风	测风测温测压测湿 ……	地基辐射计测水汽 海洋探测

图1.2 地基和空基大气探测手段与方法

大气探测学主要研究内容包括:研究大气探测系统的建立原则与方法,以便获得有代表性的全球四维空间分布的气象资料;制定大气探测技术规范来统一各种观测技术和方法,使其标准化,确保气象资料具有可比较性;研制探测仪器标准计量设备、制定计量校准方法,确保测量结果的准确性。

一个比较完整的现代化大气探测系统,通常包括探测平台、探测仪器、通信系统和资料处理系统4个部分。探测平台是探测系统的基础,它与观测网的建立有关,不同的观测网需要有不同的探测平台。组建地面气象观测网时,作为地基探测平台的位置选择很重要,应选择在对观测地点周围具有代表性的位置;组建卫星监测网时,为了保证获得全球具有一定时间分辨率的卫星资料,应在全球布设分布合理、性质不同的天基平台;组建天气雷达探测网时,则要考虑天气雷达的有效探测距离,确保网内所有地区能被雷达探测范围所覆盖。选择好适当的探测平台后,探测仪器的安装也是探测平台需要考虑的问题,有些仪器安装时有指向性要求,应确保探测仪器能取得具有代表性的资料。

探测仪器是探测系统的核心。现代化的大气探测系统应采用先进的探测仪器,即仪器应具有较高的灵敏度、测量准确度和较大的动态测量范围,以及长期稳定可靠的探测性能(鲁棒性),能够适应各种复杂和恶劣的天气条件。目前在地面气象观测中已普遍采用不同功能的自动气象站。此外,大气探测仪器的设计还要考虑适应不同探测平台的需要,在移动平台上的探测仪器则比固定在平台上的探测仪器更要适应不同运输条件的需要。还有,通信系统是现代大气探测系统的纽带,为了保证分布于全球各地的气象观测资料能实时地汇聚起来,需要高速有效的通信系统的支撑。

资料处理系统是现代化大气探测系统不可缺少的部分。现代化的大气探测系统所获取的信息量很大,为了能有效地利用各类气象资料,供天气预报和各种服务使用,必须建立高速的计算机处理系统,对各类资料进行分类处理。

为了促进气象观测的标准化及数据的统一性,世界气象组织适时制定各成员国必须遵循的各种气象实践和程序。这些规则已写入世界气象组织出版的《气象仪器与观测方法指南》中。该指南自1954年出版第一版以来,随着探测项目的不断增加和探测技术的改进,到2008年已修改出版了七版,包括地面、高空、航空、海洋、火箭、卫星和雷达等气象观测以及取样、标准对比、修正、管理和仪器人员培训等方面,主要对仪器和观测方法做了详细阐述,制定了当前国际气象业务技术需要的观测项目、仪器和观测方法的基本标准,并对各种误差概念、观测资料的准确度做了明确的论述。我国气象业务管理部门1955年出版了第一版《地面气象观测规范》,规范了地面气象观测工作,1979年进行了修订。为了适应自动气象站技术的发展,1999年开始制定了适应自动气象站设备的观测规范,并于2003年对自动观测方式和人工观测方式进行了统一,制定了新的《地面气象观测规范》。此后,先后制定了高空气象探测规范、天气雷达探测规范等一系列法规性文件,以便对气象观测工作进行统一要求,取得具有代表性的观测资料。与此同时,军队和民航气象部门结合行业特点也制定了相应的气象观测规范。

气象仪器测量结果的准确与否与仪器本身的性能有很大的关系,要确保仪器性能符合规定的要求,获得有效的观测数据,应对仪器进行有关测试、校准和相互比对。通过测试、校准和相互比对,可以了解传感器的准确度或系统的准确度;当传感器或测量系统的布设位置发生变化时,测量数据会有何种变化或偏移。当对相同的气象要素进行测量时,更换传感器或测量系统会对数据产生何种变化或偏移,这些反映仪器性能的测试参数对仪器的定标是十分重要的。对传感器和测量系统进行测试是为了获得它们在规定条件下使用时的性能资料。测试包括环境测试、电或电磁干扰测试以及功能测试等。传感器或测量系统的校准是确定测量数据有效性的第一步。校准的目的是将仪器与已知的标准器进行比对,以确定仪器在其运行范围内的输出结果与校准器的吻合程度。实验室校准结果的性能隐含着仪器在野外使用时的性能与校准结果均能保值不变的假定。连续几次校准的情况下可以提供对仪器性能稳定性的参考。那么,什么是校准呢?

校准是指在特定条件下,建立测量仪器或测量系统的指示值或相应的被测量(即需要测量的量)之间的关系,其目的是确定传感器或测量系统的偏差或平均偏差、随机误差,是否存在任何阈值或非线性响应区域、分辨率和滞差等。滞差是通过校准时使传感器在其使用范围内进行循环测试后确定的。校准结果有时可以用一个校准系数或一系列校准系数表示,也可以采用校准表或校准曲线的形式表示。校准结果通常记录在校准证书上或校准报告中。校准证书或校准报告可以确定偏差值,这种偏差可以通过机械的、电学的或软件等调试方式来消除。随机误差是不可重复的,也是不能消除的,但是它能够通过在校准时采用足够次数的重复测量和统计方法加以确定。仪器或测量系统的校准通常都是与一个或多个校准器进行比对完成的。气象仪器的校准通常是在拥有合适的测量校准器和校准装置的实验室进行的。根据国际标准化组织 ISO 的定义,标准器可分为基准、二级标准、国际标准、国家基准、工作标准和移运式校准等。基准设置在重要的国际机构或国家机构中。二级校准通常设置在主要的校准实验室中,不宜在野外场地使用。工作标准通常是经过用二级标准校准的实验室仪器。工作标准可以在野外场地作为传递标准使用。传递标准可用于实验室,也可在野外场地使用。校准装置是使用在产生环境中的装置。

1.3.3 大气探测的类别

大气探测技术和方法多种多样,按照不同的探测方法、探测范围、探测平台和探测时间,可以将其划分为不同的种类。

按照探测方法分,大气探测分为目测、直接探测和遥感三种。所谓目测,就是凭目力或借助辅助仪器进行的观测,主要由观测员用肉眼进行观测。目前,还有部分气象台站云、天气现象和能见度仍采用目测的方法进行。所谓直接探测,就是探测仪器与被测大气直接接触进行的探测,例如用玻璃液体温度表测量气温的方法,就是直接探测。当前,直接探测正在向遥感探测方向发展,虽然测量仪器与被测大气接触,但与用户终端之间具有一定的距离,探测结果通过有线或无线通信的方式传递给用户。通常把这种直接探测称为遥感。遥感又分为主动遥感和被动遥感。主动式大气遥感是指遥感器向大气发射信号,并通过接收被大气散射、吸收或折射后的信号,反演出气象要素的方法和技术;被动式大气遥感是指遥感器接收大气自身发射或散射的自然源信号,反演出气象要素的方法和技术。

按照探测范围分,大气探测分为地面气象观测和高空气象观测两种。地面气象观测,是指在地面上以目力或仪器对近地面的大气状况和天气现象进行的观测。通常观测的项目有云、能见度、天气现象、温度、湿度、气压、风、降水、积雪、蒸发、辐射能、日照时数以及电线积冰等。虽然云是发生在空中的大气现象,由于历史的原因,通常把它也归入大气地面气象观测项目中。高空气象探测,是指对自由大气中各气象要素的直接或间接探测。高空气象探测,一般利用气球、无线电探空仪、气象飞机、气象火箭、气象卫星和气象雷达等探测平台和仪器设备进行。探测的项目主要包括各高度上的气温、湿度、气压和风。常规的高空气象探测,其最大探测高度一般为 35 km,又称为无线电高空气象探测;此外,也把 35 km 以上的高空气象探测,称为中高层大气探测。

按照探测平台分,大气探测分为地基探测、空基探测和天基探测。在地表(包括陆地和海表)建立的探测平台上进行的探测,称为地基探测。地基探测既可以进行近地面气象要素探测,也可以对高空气象要素进行探测。地面观测场、气象塔和海上浮标等均是地基探测平台。利用浮标与大气层内的气球、系留气球、定高气球和飞机等探测平台对大气进行的探测,称为空基探测。利用卫星等从大气层外对地球大气进行的探测,称为天基探测。

按照探测时间分,大气探测分为定时观测和不定时观测。定时观测是指每日在固定的时次进行观测。世界气象组织又把定时观测分为基本天气观测和辅助天气观测。由指定测站所组成观测网在世界时 00、06、12、18 时所进行的天气观测,为基本天气观测。由指定测站所组成的观测网在世界时 03、09、15、21 时所进行的天气观测,称为辅助天气观测。基本天气观测和辅助天气观测均参与全球气象资料的交换。为了特殊的目的,定时观测的时次还可以进一步加密,例如可以缩短为每小时观测一次。不定时观测,又叫补充观测,是指在规定时刻以外,为满足某种专门需要而增加的气象观测。例如,为监测强降水而增加的降水观测,为保障飞机起飞和降落,在机场对云、能见度等进行的补充观测。

上述这些分类的方法或地基遥感侧重点各有不同,有时也会将两种探测种类组合起来进行称谓,如空基遥感或地基遥感等。需要补充说明的是,有些探测手段、方法或装备由于技术的复杂性而显得较为神秘或高端,但是,如果我们从对大气信息获取的角度来看待它,就会消除对其学习的畏惧,从而能够掌握它,驾驭它。

§1.4 全球大气探测的发展状况

1.4.1 历史演化

由于劳动和生活的需要,自古以来人们就非常注意观察发生在大气中的种种现象和过程,并根据某些征兆做出对天气现象的经验型预测。随着生产技术的发展,这种定性的目力观察逐渐发展到借助仪器进行定量的测定。各种主要气象要素的测量仪器相继发明、改进。就大气探测手段的发展阶段来考察,大致可以分为这样几个时期。

1. 始创时期

在 16 世界末发明第一批气象仪器以前的漫长历史中,人们对大气中发生的现象大多以定性的经验观察为主。在这期间,已经有了相风鸟(铜凤凰)、雨量器、风压板等的发明创造,其中相当一部分是我国首创的。传说在舜禹时就有相风鸟,用木制成鸟形,置于竿上,鸟能自由转动,其头所指即为风向。据《三辅黄图》记载,汉武帝太初元年(公元前 104 年)所建的建章宫厥上,装有铜凤凰,下有转枢,风来时,铜凤凰的头向着风好像要飞的样子;东汉时,改装成为另一种测风器——相风铜鸟,安装在长安(今西安)西北郊国家设立的灵台上。这种相风铜鸟既能测风向,还能测量较大的风速。后来,开始有了一些定量的仪器观察,但是没有留下系统的连续记录。

2. 地面气象观测的开始发展时期

自从 1593 年意大利人伽利略(G.Galileo)发明气体温度表,到 1665 年经波义耳(R. Boyle)的改良,才完成酒精温度表制造;1643 年托里斥利(E.Torricelli)发明水银气压表,1659 年有了水银气压表,一直到 1783 年瑞士德索修尔(H.B.de. Saussure)发明毛发湿度表(第一支干湿表则晚到 1825 年才制造出来),一些主要的气象要素才开始有了连续的仪器观测记录。同时,从 18 世纪 20 年代开始,英、俄等国相继建立了有组织的气象观测网,地面气象观测开始向面上发展,为日后地面气象观测各个项目的完备及世界范围观测网的发展奠定了基础。同时也可看出,气象探测仪器的发展周期是相对较长的。

3. 高空探测的开始发展时期

自从 1783 年法国人查理(J.A.C.Charles)在巴黎上空,用氢气球携带温度表及气压表探测高空大气状况以后,就开始了零星的升空探测。在这以后直到 20 世纪初,风筝、系留气球、飞机以及雏形的火箭携带气球和仪器升高进行高空大气探测。在这期间,用经纬仪观测高空各层风速的方法也逐步推广开来。高空探测的发展使得人们有机会了解高层大气中发生的物理和化学现象。

4. 近代高空和高层大气探测的迅速发展时期

1919 年法国人巴洛(R.Bureau)第一次做无线电探空仪的释放(到 1927 年才首次做业务释放),为高空大气探测事业开辟了新的途径,也是大气探测向高空发展的第一次突破。1940 年开始用测风雷达追踪气球进行测风,1945 年第二次世界大战结束前夕美国将雷达首次应用于气象观测。在这之后向更高的高空发射的气象火箭(100 km 以下)和探空火箭(500 km 以下),把探测高度伸展到中间层和电离层,可以说是这一时期的第二次突破。到 1960 年美国气象卫星首次发射、1966 年用地球静止气象卫星做云图传真成功,使探测大范围大气参量的连续变化成为可能,可说是高空探测事业的第三次突破。1973 年起美国和苏联竞相发射宇宙飞行器探测行星和行星大气,由于各种遥感和传输手段日新月异,大气探测正在向四维空间飞速发展。

5. 我国气象观测事业的发展概况

在古代,我国气象知识和气象观测技术的积累比较丰富,风的测器和测雨量器都比欧洲各国使用得早。新中国成立之后许多新的观测项目已经开始建立,台站基本气象仪器和许多精密仪器都已能自己制造,气象观测工作也已经历了改革,统一了观测技术规范,发展了新的专业观测。为了提高观测质量并逐步实现探测现代化,这就要求改进现代仪器设备,提高仪器的测量精度,并使之适合我国的地理、气候条件;还要加强基准仪器和仪器检定的工作,使测器逐步实现标准化。在可能的条件下,台站的基本观测项目也要逐步实现遥测半自动化或自动化。由于电子元件和微型电子计算机的逐步引入,现在电子元件和计算机技术已成为大气探测实现现代化的主要方向。和探测工作的现代化相适应,提高资料处理和整编工作的自动化技术水平以及建立一个以现代通信技术为基础的数字传输系统,将成为实现整个探测工作现代化的前提。我国目前已拥有217部天气监控雷达,其中组网雷达 S 波段 15 部,C 波段 42 部,局地警戒雷达 X 波段 160 部。全国基本气象站 530 个,一般气象站 1 736 个,高空探测站 124 个。如图 1.3 和图 1.4 所示,分别给出了我国天气雷达网及基本气象站分布图和一般气象观测站以及高空探测站分布图。目前,组网级在快速发展中。

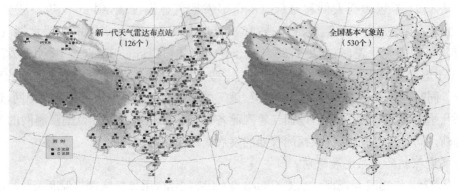

图 1.3　我国天气雷达网及基本气象站分布图

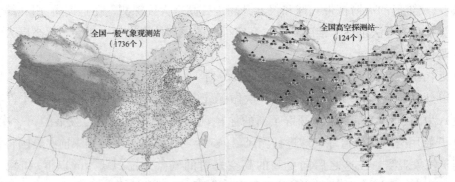

图 1.4　我国一般气象观测站和高空探测站分布图

此外,我国已建成高低轨气象卫星组网观测体系,风云卫星已经发展出两代四型 21 颗,实现覆盖全球、高精度、全定量的系列化、业务化自主发展,整体实力跻身国际先进行列。表 1.1 以 FY‐3F 为例,其主要定量遥感产品包含了 6 类 48 种 72 个产品,涵盖图像类,云辐射类,海、陆表类,大气参数类,大气成分类,空间天气等。

表 1.1　FY‐3F 主要定量遥感产品

产品类别	产品名	仪器名
云辐射类	云性质产品(云检测、云相态、云顶高度/温度、云光学厚度、云粒子有效半径、液水路径、冰水路径)	中分辨率光谱成像仪‐Ⅲ型
	射出长波辐射	中分辨率光谱成像仪‐Ⅲ型
	大气顶辐射产品(大气顶向上辐射和云产品、大气顶下行太阳总辐照度产品)	辐射观测仪器包
	地表辐射收支产品	辐射观测仪器包

续表

产品类别	产品名	仪器名
海、陆表类	海、陆表温度	中分辨率光谱成像仪-Ⅲ型、微波成像仪-Ⅱ型
	陆表反射比、陆表双向反射/反照率	中分辨率光谱成像仪-Ⅲ型
	陆表覆盖	中分辨率光谱成像仪-Ⅲ型
	农业生态产品(光合有效辐射吸收比、植被指数、叶面积指数、净初级生产力)	中分辨率光谱成像仪-Ⅲ型
	冰雪产品(冰雪覆盖、雪深/雪水当量产品、极区海冰密集度产品、冰雪融合产品)	中分辨率光谱成像仪-Ⅲ型、微波成像仪-Ⅱ型
	土壤参数产品(土壤水分、土壤冻融)	微波成像仪-Ⅱ型
	海面风速	微波成像仪-Ⅱ型、全球导航卫星掩星探测仪-Ⅱ型
	离水辐射	中分辨率光谱成像仪-Ⅲ型
大气参数类	极地导风	中分辨率光谱成像仪-Ⅲ型
	大气温湿度产品(廓线,水汽总量、大气可降水)	中分辨率光谱成像仪-Ⅲ型、微波成像仪-Ⅱ型、红外高光谱大气垂直探测仪-Ⅱ型,微波湿度计-Ⅱ型,微波温度计-Ⅲ型
	掩星大气产品(大气弯度角、大气折射率、大气密度、大气温湿度廓线)	全球导航卫星掩星探测仪-Ⅱ型
	降水产品(降水检测、云水含量产品、降水率)	微波成像仪-Ⅱ型、微波湿度计-Ⅱ型
大气成分类	气溶胶光学厚度产品、气溶胶指数产品	中分辨率光谱成像仪-Ⅲ型、紫外高光谱臭氧探测仪(天底、临边)
	沙尘监测	中分辨率光谱成像仪-Ⅲ型
	臭氧产品(廓线,总量)	紫外高光谱臭氧探测仪(天底、临边)、红外高光谱大气垂直探测仪-Ⅱ型
	SO_2总量产品	紫外高光谱臭氧探测仪(天底、临边)
	NO_2总量产品	紫外高光谱臭氧探测仪(天底、临边)
空间天气类	电子密度廓线	全球导航卫星掩星探测仪-Ⅱ型

1.4.2 全球大气探测现状

随着科学技术的发展,大气探测也取得了显著的发展,主要表现在探测能力显著增强,自动化水平迅速提高,观测方法、观测网的设计和观测工具的配合得到重视,直接探测和遥感探测并存,各取所长,综合利用。

1. 气象要素测量概况

目前各种气象要素测量传感器和仪器的性能均得到长足的发展。在气象测量中,铂电阻温度传感器已经基本取代应用了 400 多年的玻璃液体温度表,其测量误差不超过 $\pm 0.2 \, ℃$。铂电阻通风干湿表、湿敏电容传感器和露点式氯化锂传感器也已成为湿度测量的主要仪器。但是由于湿度测量的复杂性,目前,湿敏电容传感器的相对湿度测量准确度在 0 ℃以上只能达到3％～5％,在0 ℃以下为5％～8％,在低湿条件下,其测量准确度虽然高于铂电阻通风干湿表,但在5 ℃以上时要比铂电阻通风干湿表低。减小测温误差的主要问题已不在温度测量传感器和仪器本身上,而是在对温度敏感元件的通风和防辐射上;而对于湿度传感器来说,还集中在提高低温下的测量性能上。

利用震动桶传感器制成的震筒气压仪已替代水银气压表被用于气压日常业务测量,解决了长期的汞污染问题。体积更小、耗电更低的硅压阻传感器也已被用于高空气象探测中,此外还有自动温度补偿的硅压传感器。由碳纤维制成的高强度风杯、风向标以及采用计数和编码方式的风速、风向转换器已替换滞后和阻尼特性不能满足世界气象组织要求的电接风向风速计和电传风向风速仪。固态测风传感器已研制成功,由于没有转动部件,解决了结冰情况下的测风问题,也大大提高了抗击风暴和冰雹等自然灾害的能力。翻斗雨量计已普遍应用于降水量自动测量中,取代了降水量的人工观测。目前在进一步提高其测量性能的基础上,又研制出了新型的光电雨强计、感雨器和雨雪量计等。测量总辐射、长波辐射、短波辐射的各种辐射表已广泛应用于辐射测量中,测量准确度得到了大大的提高。短波辐射的测量准确度达到1‰～2‰,长波辐射的测量准确度达到2 W·m^{-2}。

人们还研制成功了自动跟踪太阳的直接日射表和太阳光度计,其中太阳辐射又从单波长向多波长及连续波谱测量的方向发展。利用先进的电子技术和GPS技术研制的电子数字探空仪、GPS探空仪已被用于高空气象探测业务中,替代了长期使用的机械式电码探空仪。与电子数字探空仪配套的L波段二次测风雷达、无线电经纬仪已成为主要的高空气象探测设备。天气雷达已从模拟型发展成数字型,并从降水强度定性测量的模拟天气雷达发展到降水强度定量测量、降水区风场探测和降水粒子性质测量的数字化多普勒天气雷达、双偏振雷达等。风廓线仪也已从研究设备发展成为业务使用设备。各种类型边界层风廓线仪、对流层风廓线仪、平流层风廓线仪以及激光测风雷达均已被应用到大气风廓线的连续监测中,为研究大气运动提供了实时连续的风场资料。激光技术应用到大气监测中后,米散射、瑞利散射、拉曼散射、差分吸收和共振荧光激光雷达等,为气溶胶、大气成分和中层大气温度、密度的探测提供了新的探测手段。气象卫星遥感仪器已从最初的气象辐射仪发展到谱分辨率到1 cm^{-1}的超光谱分辨率辐射计,形成了图谱合一的辐射遥感仪器。一些主动遥感设备,如降水雷达、合成孔径雷达等也已装载到卫星上,使得气象卫星的作用显著增强,同时平流层飞艇对地探测技术也得到了发展,在星载仪器上天之前,大型飞艇拖吊仪器进入空间进行对地探测,为确保新研发仪器的性能提供一个非常好的验证手段,比如青藏高原的二次科考就应用了这种手段。

从人类发明了第一支温度表以来,经过了400多年的发展,目前已在全球范围内建成了由多种手段组成的世界天气监测网,它由各种探测平台、探测仪器、资料处理方法和传送手段组成。在这个网中,陆地上大约有10 000个地面气象观测站,其中4 000个为基本天气观测站,实时地向全球交换观测资料。另外,自1992年以来,全球海洋常放的浮标数量已超过12 000个,6 700个船舶观测站提供海面温度、气压观测资料。目前地面气象观测站基本上覆盖了全球,陆地上比较密集,但在海洋上还比较稀疏。此外在全球已组成了约1 000个无线电探空仪观测站,其中有2/3的台站一天两次对30 km以下的高空大气进行探测。

除了地面和高空观测站,全球卫星观测系统也已建成,主要由极轨卫星和静止卫星以及其他研究实验卫星组成。中国的风云 1 号、风云 2 号和风云 3 号卫星也存在于全球卫星观测系统中。美国在 20 世纪 90 年代建成了 168 部 WSR－88D 组成的雷达（NEXRAD）全国监测网，WSR－88D 利用多普勒技术全面提升了天气雷达系统的性能，并具有对某些天气事件进行自动监测和识别能力。20 世纪 80 年代中期，美国在其中部建立了国家风廓线仪试验网（NPN），由 30 多部对流层风廓线仪组成，监测输送墨西哥湾暖湿空气的低空急流和由它引起的雷暴活动，弥补了常规高空探测站网空间密度和观测时次上的不足，在中小尺度灾害性天气的监测中发挥了重要作用，并将探测数据在数值预报模式中进行应用。

经过多年的发展，我国目前已建立了地基、空基和天基相结合，门类相对齐全，布局基本合理的综合气象观测系统。我国已建成 34 000 多个自动气象站，1 400 多个自动土壤水分观测站，485 个全球定位系统气象观测（GPS/MET）站，实现了温室气体的在线观测。国家级地面气象观测站目前有 2 416 个，其中 2 134 个站实现了基本气象要素自动化观测。我国目前拥有区域气象观测站 25 420 个，120 个高空气象探测站，98 个辐射站，232 个雷电监测站，631 个农业气象观测站，开展了空间天气观测业务，实现了气象卫星的业务化运行，成为国际上同时拥有静止和极轨业务气象卫星的三个国家或区域组织之一。此外，还建成了 4 个大气本底台（站），30 个大气成分观测站，29 个沙尘暴站，334 个酸雨观测站。这些监测站点为气候、气象及防灾减灾提供高质量的科学实时探测数据，从而使得我国政府部门获得更加科学的决策支持，也为大数据与人工智能相结合提供了直接的科学数据支撑。

在大气环境监测方面，已在全国建有国控站点 1 436 个，首批开展 $PM_{2.5}$、CO 和 O_3 的国控监测站点共计 505 个。其中，四个直辖市的国控监测点位数分别为：北京 12 个，天津 15 个，上海 10 个，重庆 17 个。以南京为例，将新建 14 个空气质量自动监测站，它们将和目前的 20 个监测站一起指导市民出行。南京 34 个空气监测点包括七大类：城市对照点、空气评价点、工业区污染监控点、交通污染监控点、边界预警点、综合科研观测点及流动监测点。南京现有的监测站中，9 个大气国控点主要是帮助监测人员对南京市区空气质量进行监控与评价。

目前，对大气监测已比较全面。尽管如此，仍然存在着一些问题，如海洋、沙漠、高山等人员难以到达和无人居住的地区，观测站的数量还很少，或者几乎没有，对于全球立体监测的时间和空间分辨率还不高，一些小尺度的天气系统和大气现象还不能监测到。这些均是今后大气探测要研究和解决的问题。如图 1.5 所示，给出了全球探测系统分布图。

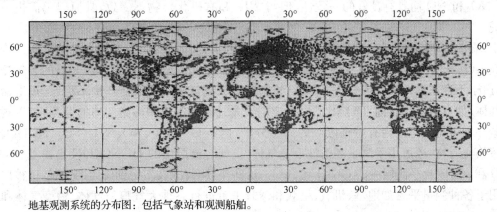

地基观测系统的分布图：包括气象站和观测船舶。

图 1.5 全球探测系统分布图

2. 大气微量气体测量技术概况

对于影响大气环境监测的大气微量气体测量技术来说,最早期的原位测量主要是采用抽气方式测量大气中的气体,利用抽气泵或采样瓶将空气导入样品池或测量腔内进行测量。近年来,常用于大气气体测量的技术主要为光谱学测量技术和现代化学测量技术。

随着光谱学的发展,光谱测量技术被广泛应用于大气化学研究和污染气体监测领域。光谱学测量技术具有高灵敏度,通常可达到 ppbv—pptv 量级,满足了大气中痕量气体检测的需求。由于分子光谱具有独特的"指纹"特征,因此选择性强。此外,该技术的探测范围广,涵盖多种气体种类,响应时间迅速,非常适合于大范围现场实时监控,并且相对于其他监测方法,其监测成本更低。目前,常用的光谱技术包括紫外/可见波段的差分光学吸收光谱(DOAS:Differential Optical Absorption Spectroscopy)、差分吸收激光雷达(DIAL:Differential Absorption Lidar)、傅里叶变换红外光谱(FTIR:Fourier Transform Infrared Spectroscopy)、可调谐半导体激光吸收光谱(TDLAS:Tunable Semiconductor Laser Absorption Spectroscopy)以及光声光谱技术(PAS:Photoacoustic Spectroscopy)等。

DOAS 技术的基本原理是利用气体分子对光辐射的吸收,通过分析吸收光谱,不仅可以定性地确定其组成成分,还可以定量地分析这些物质的含量,用于紫外和可见光范围内气体分子的检测。

DOAS 由 Platt 和 Perner 于 1979 年首次提出,用于测量 200～2 000 nm 光谱范围的吸收。典型的 DOAS 采用宽带光源,通常是高压氙灯或卤素灯。光源放置于球面镜或抛物面镜的交点处,准直光由长路径另一端的反射镜接收,并聚焦在光栅摄谱仪的入射狭缝上。系统的最佳路径长度取决于分子和颗粒散射的光强度衰减。对于大多数在乡村和城市环境中浓度较高的分子,光路通常为 500 m。在相对洁净的空气中,对于羟基等浓度很低的物质,光路可长达 10 km。CH_4 的检测限可达到 0.15 ppbv(光学路径 5 km,积分时间 20 min),对于几乎没有干扰的物种,如 NO_2,不确定性约为 15%,但对于其他确实遇到干扰的物种,如 HCHO,不确定性高达 30%。对于具有高吸收性的物质,如 OH、HONO 和 NO_3 检测限可低至万亿分之一,具体取决于光路长度和积分时间。已有的报道指出商业 DOAS 系统和 EPA(Environmental protection agency)批准的原位仪器进行的测量进行了比较,结果表明 O_3、NO_2 和 NO 均具有良好的一致性,但与 NH_3 和有机化合物不一致,其原因仍需进一步研究。

DOAS 在实践中是一种相对简单的技术,但在后处理过程中需要相当高的要求。为了提高 DOAS 的检测灵敏度,在短距离测量时通常采用多次反射池。在开放光路的大气测量时,由于不存在池壁吸收或损耗等问题,特别适宜于测量大气化学循环中不稳定、短寿命的中间体,如自由基。目前,DOAS 已广泛应用于大气痕量气体和污染气体的监测,可以观测到紫外和可见光范围内有特征吸收的许多分子,例如 O_3、NO_2、NO、NH_3、SO_2、HCHO、汞和芳族化合物,还可用于测量高活性痕量气体,例如对流层中的 HONO、OH 自由基、NO_3、BrO 和 IO,以及平流层中的 OClO 和 BrO。近些年,DOAS 技术得到极大的发展,已被广泛应用于各种测量平台如地基、机载、星载和球载平台进行各种大气痕量气体、污染气体和大气垂直廓线的测量,如表 1.2 所示。

表 1.2　DOAS 技术测量不同气体选用的中心波长,分子差分吸收截面和探测极限

气体种类	中心波长(nm)	差分截面(cm^2)	检测极限(分子数/cm^2)
NO_2	448	3×10^{-19}	6.6×10^{14}
NO_3	663	2.2×10^{-17}	9×10^{12}
BrO	348	1.5×10^{-17}	1.3×10^{13}
OClO	360	9×10^{-18}	2.1×10^{13}
HNO_2	354	5×10^{-19}	4×10^{14}
SO_2	304	6×10^{-19}	3.3×10^{14}
IO	428	3×10^{-17}	6.6×10^{12}
O_3	505	4.5×10^{-22}	4×10^{16}
H_2O	650	1.6×10^{-25}	1.25×10^{21}
CH_2O	338	3.7×10^{-19}	5.4×10^{14}

　　DIAL 的基本原理是利用激光雷达发射激光短脉冲,测量大气后向散射与脉冲发出后时间的函数关系,进而推算出在光源和散射体之间的吸收与散射体密度乘积的距离分布。随后,根据后向散射信号的信息获得待测气体的平均分子数密度。DIAL 技术的显著特点:具有大范围遥测能力,可对工厂、工业区和城市排放的污染气体进行遥测,机载和星载 DIAL 系统还可以实现覆盖全球的各种监测,如环境空气监测、污染排放物监测和火山喷发等天然排放物监测,以及天然气管道泄漏监测等。DIAL 得到的是三维空间分辨的大气痕量气体分布图,工厂、工业区和城市污染气体排放的总流量及其演变情况,这是其他技术难以做到的。

　　限制 DIAL 技术广泛应用的主要因素是系统的复杂性,尤其是激光器部分。近年来,半导体激光泵浦的 Nd∶YAG 激光的谐波输出已采用泵浦可调谐钛宝石激光器,这种全固态高效率多波长小型紧凑激光系统的出现使得 DIAL 技术实现了突破。虽然光参量振荡器已适应宽带激光的要求,但脉冲能量和波段范围尚需进一步提高。此外,将 DIAL 技术与其他光谱技术(例如 DOAS 和 FTIR)结合,可以实现多组分同时测量,使得光谱分辨率大大增加,并且无需进行光谱重叠所需的额外测量和扣除程序,这是一个需要重视的方向。

　　FTIR 技术是一种利用光束干涉原理,将迈克尔逊干涉仪、调制技术与计算机技术相结合,以傅里叶变换的数学手段实现从时域干涉图到频域光谱转换的技术。FTIR 测量的光谱主要为红外光谱,一般中红外波段光谱更适用于研究大气痕量气体(如 O_3)的垂直分布及其物理化学传输过程,而近红外波段的光谱则更适用于温室气体柱浓度的计算,如 CO_2 和 CH_4 对光谱带近红外波段主要是弱吸收和谐波吸收组合,所以在该波段具有吸收光谱较强,信噪比较高,积分时间短,无需使用液氮制冷探测器等特点。

　　FTIR 与多次反射吸收池结合,探测灵敏度可进一步提高,检测限一般可达到 ppbv 量级。其主要局限性是缺乏敏感性,限制了其在对流层低层相对污染环境中的应用。Reuter 和 Cogan 分别利用地基傅里叶变换红外光谱仪(Fourier Transform Spectrometers,FTS)与 SCIAMACHY 和 GOSAT 卫星观测 CO_2 结果校准,其中与 SCIAMACHY 之间的差异为 0.2~0.8 ppm,与 GOSAT 之间的差异为 0.87~0.77 ppm,观测结果的相关性为 0.75。

近年来,为了扩大光谱覆盖范围,FTIR 的发展趋势由红外波段逐渐扩展到可见/紫外波段,已研发出同时用于紫外-可见-红外谱区的 FTS,可以实现从 310 nm～20 μm 整个光谱区的同时测量,红外谱区的最大光谱分辨率为 0.003 5 cm^{-1},紫外/可见光区为 0.03 cm^{-1},可分辨 308 nm 附近的 OH 自由基以及 350 nm 附近的 BrO 自由基。

TDLAS 探测的波段是 2～15 μm 的中红外区,是分子振动和转动光谱区,谱线密集,可选择性强,具有较高的光谱分辨率和检测灵敏度,非常适合对红外谱区尤其是中红外谱区痕量气体或污染气体的高分辨光谱测量。TDLAS 一般与多次反射池及调制光谱技术结合,分子检测限可低至 pptv 量级。常用的有直接光谱技术和波长调制光谱技术(WMS:wavelength modulation spectroscopy),目前均已商业化。直接光谱技术通过调节激光二极管的注入电流,在较窄的范围内对一个或多个气体管线进行激光二极管输出扫描,通过光谱拟合技术来确定气体浓度。使用 WMS 时,交流调制信号被施加到激光二极管上,对发射波长进行调制,从而对吸收特征起到抖动作用。相较于直接光谱技术,WMS 技术灵敏度和信噪比有所提高,此外,基线为 0,从而提高了零点稳定性。TDLAS 的检测灵敏度通常受到光学干涉条纹的限制,而不是检测器噪声给出的理论极限。气体吸收线宽较窄(在大气压下,半峰全宽约为 5 GHz),因此解析气体线需要使用具有较窄发射线宽的激光器。光谱线宽的典型值要达到 2×10^{-3} cm^{-1}(60 MHz),只有这样,才能避免其他大气分子的干扰,尤其是 H$_2$O 和 CO$_2$ 的影响。气体样品池被认为是误差来源之一,光散射材料的漫反射以及腔体温度或振动导致的干涉条纹的波长发生变化,从而使得测量存在误差。

PAS 基于光声效应,是间接吸收光谱技术之一。待测物体在吸收激光能量后,将光能量转化为光声信号。光声信号的大小与待测物的浓度成正比,从而推算出气体浓度。该技术响应速度快(毫秒级)、灵敏度高、抗干扰能力强、测量对象广(固体、液体和气体)、不消耗待测物及可实现实时在线测量。近年来,PAS 技术的发展主要集中在辐射光源、光声池和微音探测器三方面。随着大功率、可调谐和工作稳定的激光器以及高灵敏度微音器的发展,PAS 被广泛应用于痕量气体浓度现场测量中。

辐射光源按照其辐射特性可分为非相干光源(宽波段连续光源)和相干光源(近红外、中红外激光光源)两种。宽波段连续光源可以实现一个辐射光源测量多组分的痕量气体,因其价格便宜、输出波段覆盖中红外区域等特点较早被应用到 PAS 装置中。但这一光源单色性较差、光功率较低、工作温度高,需要配备窄带滤光片或单色仪等波长选择器件,这就导致测量灵敏度低、抗干扰能力差等问题。1968 年 Kerr 首先利用激光光源实现了对空气中 H$_2$O 气体吸收光谱的分析,进一步推动了红外激光器在 PAS 领域的发展。常用的有气体激光器和近红外可调谐半导体激光器。气体激光器体积较大,价格昂贵,常用于实验室环境,难以产品化,从而限制了应用前景。而近红外可调谐半导体激光器结构紧凑,运行可靠且成本低,被广泛用于痕量气体测量,但可调谐范围较窄,难以实现多组分同时测量。此外,由于不同气体在近红外光谱吸收存在重叠,使得测量装置的稳定性、抗干扰能力较差。中红外激光器(如 QCL)具有激光功率高、输出波段气体分子吸收能力强等优点,被广泛用于气体浓度检测,使得检测限和灵敏度得到了显著提升。总之,高光功率、更优的光束质量、更宽的可调谐范围、更紧凑的结构、更小的体积是辐射光源需解决的首要任务。

光声池按照内部声音的工作模式分为非共振式和共振式光声池。其中,非共振式光声池具有体积小,对辐射光束质量要求不高,在低激光调制频率下灵敏度高、易加工、价格低等优点,但无法对光声信号进行放大,并且容易受到噪声的影响。共振式光声池虽然结构没有非共振式紧凑,但性能优越,被广泛用于 PAS 装置中。

微音探测器作为声敏元件,其主要作用是将光声池内产生的声波强度信号转换、放大成运算所需的电信号。目前常应用于光声光谱痕量气体浓度测量装置的微音探测器主要有电容式微音器、悬臂梁、石英音叉、压电陶瓷声传感器。其中电容式微音器基于的是静电感应,而悬臂梁、石英音叉、压电陶瓷都是基于压电效应。

总结来说,光谱法是一种被动技术,能进行实时、原位测量。由于气体对不同输出波长的辐射光源具有选择性吸收的"指纹"特性,选取合适的光谱范围可实现多物种同时测量。相比较来说,FTIR 是最通用的方法,广泛用于识别污染空气中的新物种,但测量灵敏度需要提高,难以实现对清洁空气中痕量气体的有效检测。DOAS 在可见光和近紫外光下工作,虽然可以测量高反应性气体,例如 OH,NO₃,HONO,但可测量物种数量有限。TDLAS 具有非常高的光谱分辨率、灵敏度和响应时间,但受限于光源可覆盖的光谱范围。PAS 原则上很简单并能够同时测量多物种,但在实践中分辨率有限,并受到 CO_2 和 H_2O 的严重干扰。

现代化学测量技术方面,在非光谱法应用中,化学测量技术也发挥了重要作用。常用的有质谱技术、色谱技术、色谱-质谱联用技术以及化学发光测量技术等。

对于色谱、质谱和色谱-质谱联用技术来说,气相色谱技术兼有分离、富集和检测三种功能,在化学和石油工业中应用非常广泛。大气样品首先通过毛细管色谱柱进行分离和浓缩,随后利用高灵敏度的氢火焰离子检测器或电子俘获器(根据检测气体成分的需要而定)对馏出的各种气体成分进行检测。由于这是针对分离后的纯气体样品进行检测,因此,检测结果具有较高的可信度。许多光谱方法的测量结果常常与色谱结果进行对比,以确定其测量准确性,并评估误差来源。

与化学电离或离子反应技术结合的质谱技术已达到非常低的检测限,并被用于 OH、HO_2 和 RO_2 等自由基的测量。由于质谱技术的响应时间较快,低压化学电离源质谱仪已用于空气中苯、甲苯、二甲苯及多环芳烃的实时测量。

色谱-质谱联用技术是将色谱的分离、富集功能与质谱鉴别的"指纹"特性相结合,色谱分离、富集后的气体样品直接进入质谱仪的电离室,进行质谱鉴别和测量。虽然质谱及色谱分析技术具有高测量精度和灵敏度,但是色谱技术由于在色谱柱中分离、富集,采样时间较长,响应速度较慢,无法实现在线实时追踪被测物的浓度变化情况,这是色谱检测的缺陷。

化学发光测量技术则是利用某些化学反应的发光特性来检测反应物的浓度。空气中的 NO_2 与发光氨反应发出蓝光,这一化学发光确定了在 NO_2 小于 3 ppbv 时,发光强度与 NO_2 体积浓度呈二次函数关系,大于 3 ppbv 时,呈线性关系。更常用的是空气中 NO 与 O_3 反应发出红光,这是一个具有高灵敏度和选择性的化学测量方法,不但能测量 NO 的浓度,还可用于测量可转变为 NO 的所有氮氧化合物浓度,例如 NO_2 在 Xe 灯照射下光解成 NO。目前,已商业化的化学发光仪可同时测量 NO 和 NO_2,灵敏度达到 10 counts/(s·pptv),检测限低于 1 pptv,这一方法也用于总反应氮 NO_x 的测量。

除了上述提到的常用化学技术,还有基体分离和电子自旋共振(MIESR)法、绝热超声膨胀与激光诱导法,主要用于自由基的测量。此外,电化学传感技术及半导体传感技术往往存在测量误差较大、传感器运行不稳定、测量灵敏度较低等问题。

相较于化学测量技术,光谱法可以反映区域内的平均污染程度,无需多点采样,这对于连续监测或是泄漏监测十分有用,可以同时测量多种气体成分。但化学技术可以检测光谱技术不能检测的某些痕量气体,测量手段更直接。

上述原位测量技术仅局限于特定点或小范围的观测,难以有效地获取大范围的气体浓度信息,并且其结果易受到地表、下垫面地形以及垂直气团传输的影响,因此,可能无法准确反映观测区域的浓度分布情况。通过卫星搭载的遥感仪器,可以实现对大范围区域的气体浓度进行全面监测,可用于研究大气中的化学过程和动态过程并加以区分。以下列出一些常用于测量大气气体的遥感仪器:

(1) 全球臭氧监测实验(GOME),GOME – 2(自 2006 年以来):搭载于欧空局的 MetOp 卫星上,主要用于测量大气中的 O_3、NO_2、SO_2 等气体,空间分辨率为 320 km×40 km。

(2) 大气层制图扫描成像吸收频谱仪(SCIAMACHY)(自 2002 年以来):搭载于 ENVISAT 卫星,是一种外缘和天底观察成像频谱仪,可确定几种重要的平流层和对流层微量气体(如 O_3、BrO、$OClO$、ClO、SO_2、H_2CO、NO、NO_2、NO_3、CO、CO_2、CH_4、H_2O、N_2O)以及云、气溶胶等。

(3) 臭氧监测仪(OMI)搭载于 NASA 的 Aura 卫星上,是 GOME 和 SCIAMACHY 的继承仪器,轨道扫描幅为 2 600 km,空间分辨率是 13 km×24 km,一天覆盖全球一次。主要监测大气中的臭氧柱浓度和廓线、气溶胶、云、表面紫外辐射,还有其他的痕量气体,如 NO_2、SO_2、$HCHO$、BrO、$OClO$ 等。

(4) 对流层观测仪(TROPOMI:Tropospheric Monitoring Instrument)搭载于欧空局的 Sentinel – 5P 卫星上,在紫外和可见光(270~500 nm),近红外(675~775 nm)和短波红外(2 305~2 385 nm)光谱带中进行测量,分辨率高达 7 km×3.5 km。可以有效地观测全球各地大气中痕量气体组分,包括 NO_2、O_3、SO_2。$HCHO$、CH_4 和 CO 等重要的与人类活动密切相关的指标,加强了对气溶胶和云的观测。

(5) 大气红外探测仪(AIRS)搭载于 NASA 的 Aqua 卫星上,提供了全球温度、水汽、O_3 等分布及变化。AIRS 的 level – 2 和 level – 3 产品中都有 O_3 数据,前者的分辨率约为 45 km。level – 3 数据是 level – 2 的数据处理后生成,空间分辨率为 1°×1°。

(6) TANSO-FTS(Thermal And Near infrared Sensor for carbon Observation-Fourier Transform Spectrometer)搭载于日本的 GOSAT 卫星上,主要用于观测全球 CO_2 和 CH_4 的分布。

(7) OCO – 2(Orbiting Carbon Observatory – 2)搭载了一台三波段成像光栅式高光谱探测仪,用于探测 CO_2,具有高光谱分辨率、高信噪比、高空间分辨率的特点。也称为嗅碳卫星。

(8) 对流层污染测量仪(MOPITT):搭载于美国的 Terra 卫星上,可用于监测大气中的 CO 和 CH_4,空间分辨率是 22 km×22 km。

3. 气溶胶化学成分监测技术概况

气溶胶化学成分监测也是大气环境监测的重要内容,气溶胶的化学成分是气溶胶光学特性和辐射效应的决定因素,对了解新颗粒形成、生长和演变至关重要。此外,超细颗粒物 UfPs(PM<100 nm)的化学成分和传播会对气候环境和健康产生潜在影响。众所周知,化

学输运模型能够以广泛的空间和时间覆盖范围表示化学成分浓度。然而,由于它们是从目前具有很大不确定性的网格化排放清单中初始化的,因此存在不确定性。原位测量技术有利于监测气溶胶化学成分,追踪并确定排放源,了解气候环境以及新颗粒的形成和生长机制。迄今为止,已经开发了多种技术来测量气溶胶颗粒的化学成分,如图 1.6 所示,大多数已被用于环境观测,有些仅限于实验室研究。

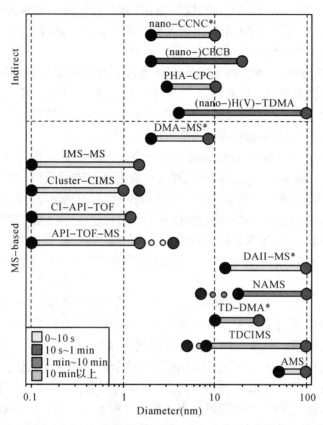

图 1.6　气溶胶化学成分测量技术,虚线表示该技术尚未应用于相应直径范围的现场测量,"＊"表示该技术尚未用于现场监测

传统技术是通过过滤器或冲击器收集尺寸分辨率样品,然后通过离线技术(例如离子色谱(IC)或质谱(MS))进行化学分析的。

nano-MOUDI 可采样 Da 直径小至～10 nm 的颗粒,低压冲击器(LPI: low-pressure impactors)可收集小至 7.7 nm 的颗粒。通过水冷凝放大颗粒尺寸,可以收集小至 5 nm 的颗粒,但这一方法采样时间分辨率低,需要 3h 以上甚至更长的时间。此外,电子显微镜已被证明是气溶胶化学特性离线测量的关键工具,但耗时长是该技术的局限性之一,为提高效率,自动化系统已经被研发并应用。此外,硝酸盐等易挥发的有机物通常不能被 X 射线分析检测到,可能存在一定的误差。尽管存在一定的局限性,但电子显微镜是可同时提供粒子形态和成分信息的技术,具有相对便宜、操作简单的优势。

质谱技术是气溶胶化学测量领域的重大发展,可用于气溶胶的在线和离线表征,代表着大气科学领域的重大进步。离线质谱技术(MS)可对气溶胶样品进行分子水平的分析。激光微探针质谱(laser microprobe mass spectrometry, LAMMS)是一种适合离线测定单个粒子化学成分的技术，绝对检测限为 $10^{-20} \sim 10^{-18}$ g，空间分辨率约为 1 μm，但数据获取通常存在较为明显的时间延迟，目前已商业化。气相色谱质谱技术（Gas-chromatography mass spectrometry，GC/MS）可以实现定量离线表征气溶胶样品中的有机物，但仅限于相当小的，热稳定的分子。还有一些其他质谱技术，例如质子转移反应质谱（proton-transfer reaction mass spectrometry，PTRMS），液相色谱质谱（liquid chromatography mass spectrometry，LC/MS），大气固体分析探针质谱（atmospheric solids analysis probe mass spectrometry，ASAP-MS），均可用于化学表征有机化合物。离线质谱技术的应用为深入了解大气气溶胶的来源和化学变化提供了巨大的便利。

基于 MS 的实时测量技术具有显著的优点，MS 具有高灵敏度的定性和定量表征物质化学组成及分子信息的潜力。目前，已经研发了多种在线 MS 技术，用于实时测量气溶胶的化学成分。在线 MS 技术可以同时测量粒径分布和空气动力学特性，时间分辨率从几秒到几十分钟不等，非常适合需要高时间分辨率的现场研究。

气溶胶质谱仪（AMS）是由 Aerodyne Research，Inc.（ARI）设计并开发的，是广泛采用的实时气溶胶化学分析系统。结合热汽化和电子轰击（EI）质谱分析，可实时测量空气动力学直径为 $50 \sim 1\,500$ nm 的气溶胶颗粒的非耐火（NR）材料的化学成分以及质量与尺寸之间的相关性。AMS 具有气溶胶入口、粒径分级器和颗粒化学成分检测三部分。气溶胶颗粒通过空气动力学透镜采样，聚焦形成狭窄的粒子束，并被传输到检测室中。在高真空（$\sim 10^{-5}$ Pa）条件下，NR 成分撞击热表面（~ 600 ℃）后瞬间气化，随后由 EI 电离和质谱进行化学成分分析。

最初的 AMS，即 Q-AMS（quadrupole AMS），仅代表平均信息。虽然 Q-AMS 可以提供一些单粒子信息，但仅限于每个粒子一个质荷比 m/z，这是因为它无法在粒子气化时间尺度内完成整个质谱的扫描。后续改进为飞行时间质谱仪（time-of-flight mass spectrometer，TOFMS），能提供完整的粒度分辨质谱，还能提供单个颗粒的完整质谱。与 Q-AMS 相比，因为其占空比更高，TOF-AMS 的灵敏度提高了 ~ 30 倍（取决于物种）。标准 TOF-AMS 的分辨率约为 $1\,000$，为了提高分辨率，研发出一种高分辨率 TOF-AMS（HR-TOF-AMS），分辨率可提升至 $2\,500$（V 模式）或 $4\,500 \sim 5\,000$（W 模式）。

虽然 EI 电离具有很多优点，但广泛的碎裂导致复杂的质谱，从而无法对特定有机化合物进行明确的分子检测。为了提高有机气溶胶分类的准确性，广泛采用软电离技术，如真空紫外（VUV）光电离、锂离子、电子附着等，有效避免了有机分子的破碎。与 HR-TOF-AMS 结合，可以获得有机气溶胶成分更详细的信息。虽然使用 HR-TOF-AMS 可以提供高质谱分辨率，但成本较高，长时间测量的操作和维护较为复杂。为此，研发了气溶胶化学形态监测器（aerosol chemical speciation monitor，ACSM）来实时表征亚微米颗粒的质量和化学成分。在环境条件下，30 分钟信号平均的颗粒质量浓度检测限低于 0.2 $\mu g/m^3$。虽然 ACSM 与 AMS 具有基本相似之处，但它的独特之处在于更紧凑、更具成本效益、用户友好，并且能够长期（数月）保持稳定的性能。

气溶胶飞行时间质谱技术（ATOFMS）是基于脉冲激光将粒子逐个解析来测量化学成分的。最初的 ATOFMS 包含会聚喷嘴入口，两个用于粒子触发和粒度测定的 532 nm 激光器，用于激光解析电离（LDI）的 266 nm 辐射以及用于质量分析的双极性反射 TOFMS。ATOFMS 可用于分析 $0.2 \sim 3$ μm 颗粒的化学成分，美国 TSI 公司已将其商业化（型号

3 800),并在许多实地活动中使用。为了提高粒子传输效率并减小最小采样尺寸,采用空气动力透镜入口取代了会聚喷嘴入口,可测量 100 nm~3 μm 的颗粒,即 TSI 公司的商业化产品型号 3800-100。UF-ATOFMS 可用于测量亚微米颗粒,粒度范围是 100~1 000 nm。为了测量超细颗粒(<100 nm),在 UF-ATOFMS 的空气动力学透镜入口前安装一个MOUDI,目的是滤除较大尺寸的颗粒,可检测尺寸范围~50 nm~300 nm 的颗粒,这表明UF-ATOFMS 具有检测超细颗粒的潜力,被广泛用于车辆排放及野火检测。

　　ATOFMS 旨在实时测定单个气溶胶颗粒的大小和化学成分,截至目前,已经报道了多种单颗粒质谱仪,ATOFMS 是典型代表。还有一些其他常用仪器,例如激光质谱仪(particle analysis by laser mass spectrometer,PALMS),快速单粒子质谱仪(rapid single-particle mass spectrometer,RSMS),生物气溶胶质谱仪(bioaerosol mass spectrometer,BAMS),纳米气溶胶质谱仪(nano aerosol mass spectrometer,NAMS)和单粒子气溶胶质谱仪(single-particle aerosol mass spectrometer,SPAMS)等。

　　亚 20 nm 粒子直接测量技术基于 MS 的直接测量技术(如 AMS 和 ATOFMS),已被广泛应用于大气颗粒的化学成分研究。然而由于空气动力学透镜的传输效率较低,无法测量低于 50 nm 的气溶胶颗粒,为了测量低于 20 nm 的气溶胶颗粒,需要进行预处理,目的是与较大粒子隔离。此外,粒子的质量与半径的立方成比例,在对环境纳米粒子测量时,样品质量通常较低,因此仪器的灵敏度是较大挑战。

　　热解析技术的研发为纳米粒子组成的在线测量提供了可能。热解析化学电离质谱仪(Thermal Desorption Chemical Ionization Mass Spectrometer,TDCIMS)能对分子组成进行半定量测量。TDCIMS 采用单极粒子充电器对颗粒进行预充电,DMA 实现尺寸分离,通过静电沉积收集带电粒子(通常为 1~10 pg)。在实验室实验中,样品收集通常需要 5~10 min,环境测量则需要更长的时间(大概 10~30 min)。随后被转移到解析和化学电离区域对样品进行化学分析。通常情况下,并行使用多个 DMA 可以提高采样流速和传输效率,从而增加样品量。Smith 首次将 TDCIMS 部署在各种大气环境中,研究尺寸分辨的纳米颗粒的化学信息。目前,TDCIMS 已被不断完善,例如 Gonser 和 Held 研发了带电超细颗粒化学分析仪(Chemical Analyzer for Charged Ultrafine Particles,CAChUP),采用 70 eV 电子电离源,能够分析直径小于 30 nm 的颗粒,最小可检测尺寸为 25 nm。热解吸-微分迁移率分析仪(Thermal Desorption Differential Mobility Analyzer,TD-DMA)是一种与TDCIMS 原理类似的技术,使用化学电离质谱仪试剂离子来检测解析的化合物,可用于分析颗粒尺寸为 10~30 nm 的化学成分。然而,上述技术可检测的最小尺寸受到样品质量的影响,并且采样时间较长。对于实验室生成的颗粒,可以实现 sub-5 nm 的测量。但持续的sub-10 nm 的环境测量很少见,因此,扩展尺寸范围至气溶胶纳米团簇的化学测量仍然是一个挑战。

　　NAMS 可以实时表征空气中单个纳米颗粒,可测量 7~150 nm 颗粒的元素组成。NAMS 使用单极充电器对粒子预充电,气溶胶中的带电粒子通过空气动力学入口被吸入,通过四极离子导向器聚焦,并被四极离子阱捕获。被捕获的粒子受到高功率的 Nd:YAG脉冲激光器的作用达到"完全电离极限",并通过 TOFMS 进行化学分析。相较于 AMS,NAMS 更多关注于 sub-50 nm 的纳米颗粒的化学成分,实验室测量最低尺寸限制在 7 nm,现场测量最低尺寸为 18 nm。有限的样品质量浓度和空气动力学透镜的低透射率导致

NAMS 的测量尺寸尚未扩展到气溶胶纳米团簇,但在理论上是可以实现的。NAMS 与其他仪器结合,可以拓宽尺寸范围,提供更完整的化学成分信息。此外,在脉冲激光作用下,气溶胶粒子被认为完全电离,分解成原子离子。因此,NAMS 只能提供元素组成的定量测量,这对推断分子组成是较大的挑战。

液滴辅助入口电离质谱法(Droplet Assisted Inlet Ionization-MS,DAII-MS)是一种潜在的在线方法,相较于上述方法,无需对样品进行预处理。DAII 建立在入口电离研究的基础上,使用水基冷凝的方法形成液滴,流入加热的毛细管入口并快速分解成离子,随后通过质谱分析其化学成分。在实验室中,成功获得了低至 13 nm 的聚丙二醇气溶胶的高质量光谱,验证了 DAII 对聚丙二醇(PPG,Polypropylene Glycol)气溶胶的出色灵敏度。液滴尺寸取决于气溶胶数浓度而不是原始粒径,通常在 $1\sim 3\ \mu m$,分子检测的灵敏度随粒径的减小而增加,虽然目前只进行了实验室测量,但已显示出对大气新粒子形成研究的潜力。

尽管上述质谱法是实时检测化学成分的有效工具,但当粒径小于 10 nm 时,难以保证足够的样品浓度,使得识别和量化 sub-10 nm 颗粒的化学分析仍具有挑战性。

超纳米大气团簇的直接测量技术方面主要是针对分子团簇的测量,分子团簇(有效直径 ～1 nm)对于理解大气新粒子形成事件至关重要,对地球气候和人类健康具有重要意义。近年来,随着 MS 技术的进步,测量尺寸可扩展到超纳米级别,可以表征高达约 3 nm 的分子簇,例如化学电离大气压接口飞行时间质谱仪(chemical ionization atmospheric pressure interface time-of-flight mass spectrometer,CI-API-TOFMS)、簇化学电离质谱仪(cluster chemical ionization mass spectrometer,Cluster-CIMS)和离子迁移谱仪质谱仪(ion mobility spectrometer mass spectrometer,IMS-MS)。

API-TOF 能够直接测量自然带电的离子簇,无需额外的电离,这可以保护离子簇在电离过程中免于碎裂,质量精度优于 0.002%,质量分辨率为 3 000 Th/Th。API-TOF 能从雾化样品中检测到高浓度的硫酸-氨簇,说明该仪器在 NPF 事件中具有较大的应用潜力和价值。气溶胶纳米簇中可能包含大量相同标称质量的大气成分。因此,与 QMS(Quadrupole mass spectrometer)相比,TOFMS 具有高灵敏度、高分辨率和大范围环境测量的优势。API-TOFMS 已用于检测高达 2kDa(1.5 nm)的环境化合物,在实验室环境中测量范围可扩展至 20kDa(即 3.5 nm)。目前,API-TOFMS 已被 Tofwerk AG 商业化,已被部署用于在世界各地进行环境测量。

化学电离质谱技术提供了环境中性团簇的关键测量,例如 CI-API-TOF。将 CI 与 API-TOF 耦合,应用于硫酸团簇检测,15 min 平均最低检测限为 3.6×10^{4} molecules cm^{-3},被认为是一种高度稳定和灵敏的分子硫酸检测工具。目前,CI-API-TOF 已被用于测量多种中性团簇的分子组成,用于揭示新粒子成核和生长所设计的基本过程。例如 $(H_2SO_4)_n$,H_2SO_4 amine,HNO_3 NH_3 和碘含氧酸 CI-API-TOF 可检测到的环境团簇的最大质量为 2.2kDa,球面当量直径为～1.2 nm。另一种常用于测量大气中性团簇的仪器是 Cluster-CIMS。与 CI-API-TOF 类似,Cluster-CIMS 是硝酸根离子通过质子转移或加合反应使中性簇带电。通过改变化学电离反应时间,可以区分直接电离形成的簇离子和连续的离子-分子簇过程。Cluster-CIMS 首次被应用于含 H_2SO_4 团簇的测量,尺寸最大可达 1 nm。在实验室校准过程中,检测到的尺寸可以扩展到约 1.5 nm。然而,Cluster-CIMS 采用了 QMS (Quadrupole Mass Spectrometer)技术,这限制了系统对团簇离子的高分辨率识别。显而易见的是,使用化学电离质谱技术来识别大气中的中性团簇是至关重要的。但是在 CI 过程中,可能导致电荷诱导的碎裂反应,电离效率的变化可能引入测量偏差,这进一步增加了团簇分子鉴定的难度。

此外,基于电迁移率的方法,例如离子迁移谱仪(ion mobility spectrometer,IMS)和 DMA,通常采用 MS 作为离子检测器,可以减少仪器伪影并有助于在采样过程中保留团簇的组成。IMS-MS 可以同时测量团簇的迁移率和质荷比。DMA-MS 将 DMA 与 MS 耦合,应用于纳米粒子的迁移率和质量分析。与 API-TOF/CI-APA-TOF 相比,DMA-MS 是一种典型的可以同时进行物理和化学特性测量的仪器。特别是对于气溶胶纳米团簇的测量,DMA-MS 可能比 IMS-MS 具有额外的优势,因为它们可以在大气压、接近室温和各种载气下运行,这可能会导致在大气相关条件下具有更高的团簇稳定性,对于研究大气团簇的理化性质以及颗粒成核和初始生长的形成机理具有广泛前景。

对于上述超纳米大气团簇测量技术,现场检测到的最大尺寸小于实验室实验中的最大尺寸,这主要是因为大气团簇的数浓度会随着粒径的增大而减少。此外,许多化合物(最重要的是水)在采样过程中蒸发,并且有可能在质谱仪中分解,系统中的扩散损失和碎片也会导致显著的偏差。为了扩大尺寸范围,需要将高质量检测与高分辨率精确解析分子组成仪器相结合。

虽然直接在线质谱技术可以实时获取气溶胶的化学信息,但在 3~10 nm 的直径范围内测量仍然存在重大挑战。一方面是因为在 MS 检测中,3~10 nm 颗粒很难通过样品预处理阶段,导致难以维持足够的样品浓度。另一方面是因为该直径范围内的颗粒具有较低的电离效率。因此,直接技术难以完全覆盖从大气团簇至纳米粒子范围内颗粒的化学成分测量。值得注意的是,气溶胶的物理性质和化学性质密切相关,气溶胶成分会影响某些物理特性,例如吸湿性和挥发性,这为反演气溶胶化学成分提供了可行性。

其中一类间接成分测量是以冷凝粒子计数器(condensation particle counter,CPC)为基础实现的,例如脉冲高度分析冷凝粒子计数器(pulse heigh analysis condensation particle counter,PHA-CPC),通过 CPC 检测并从脉冲高度信号传输尺寸信息。PHA-CPC 获得的脉冲高度与颗粒数浓度有关而不是样品的质量浓度,通过实验室校准实验可建立脉冲高度与化学成分的关系,适用于分析 3~10 nm 颗粒。PHA-CPC 和直接技术(例如 CI-API-TOF、TDCIMS)的结合可以加深对粒子成核和后续生长的理解。但值得注意的是,PHA-CPC 无法区分具有相似脉冲高度光谱的化学物质。CPCb(CPC battery)由两对具有不同工作流体(水和丁醇)的 CPC 组成,依据不同的活化直径来区分水溶性和丁醇溶解性的气溶胶颗粒,是一种推断 2~20 nm 气溶胶颗粒化学成分信息的新型工具,已成功应用于现场测量。已有研究表明,单一吸湿性参数与化学成分之间存在线性关系,即有机质量分数的函数。因此,通过测量吸湿性参数可以推断颗粒的化学成分。纳米云凝聚核粒子计数器(nano-cloud condensation nuclei particle counter,nano-CCNC)通过扫描 CPC 中水饱和器的温度来推断 2~10 nm 粒子的化学成分。与 PHA-CPC 和 CPCb 相比,nano-CCNC 可以获得半定量结果,这有助于通过分析有机物和无机物的质量分数来理解 NPF 事件。然而,由于通过改变温差来扫描过饱和度所需的时间成本较高,因此 nano-CCNC 尚未应用于现场测量。

另一类间接成分测量技术是结合串联差分迁移率分析仪(tandem differential mobility analyzer,TDMA)实现的。最常见的方法是用高相对湿度对颗粒进行调节,以研究其吸湿特性,例如湿度串联差分迁移率分析仪(hygroscopicity-TDMA,H-TDMA);用高温对颗粒进行调节,以研究其挥发性,例如(volatility-TDMA,V-TDMA);或用饱和有机蒸汽(例如乙醇)对颗粒进行调节,以研究其颗粒与有机成分之间的亲和力,例如(organic-TDMA,O-TDMA)。TDMA通过测量暴露在受控环境前后粒径变化来辨别特定的化合物,不依赖于样品质量,已成功应用于深入了解气溶胶纳米团簇的组成。

与直接测量技术相比,上述基于颗粒计数和粒度选择的间接方法,可能不适合物种的直接鉴定和定量,但可以对已知物理特性的化合物类别进行解析和半定量分析,这对于深入了解从大气团簇到纳米范围内粒子的化学成分具有重要意义。建议需要新开发的仪器来提高直接技术的收集效率,扩展可测量尺寸分辨范围,或提高间接技术的化学或光学分辨率。目前,最新的科学仪器是由中山大学韩永教授主持的国家重大科研仪器研制计划,能够实现气溶胶物理光学及成像特性的直接测量(10 nm~20 μm)。未来的发展应侧重于同时测量颗粒物理和化学性质,这有助于提高建模的准确性和对颗粒形成和演化的理解。

1.4.3　大气探测的发展趋势

总体来说,大气探测主要向以下5个方向发展:① 向综合探测方向发展,如地基与空基,遥测遥感与大气观测,常规与非常规观测;② 向系统性方向发展,研制和开发新型设备,从而集信息的获取、预处理及传输为一体;③ 向遥测遥感自动化方向发展,自动化遥测遥感设备将逐步取代器测和部分目测项目;④ 向高精度方向发展,探测的精度主要是指时空上高分辨率,探测数据高准确性;⑤ 探测仪器向多功能、小型化方向发展,如小型仪器可以搭载在私人机平台上。

涉及具体技术,从目前已有的各种技术来看,大气探测的发展可以细化为:① 地面气象观测以自动气象站为主,组成自动监测网。常规地面气象要素和大部分天气现象可实现自动监测,海洋、沙漠、高山等地区将布设更多的无人自动气象站。② 电子探空仪、GPS探空仪取代机械探空仪应用于业务系统中,使高空气象探测更加智能化,达到更高的精度。世界气象组织(WMO)在2003年11月提出了通用高空探测系统的概念。这个系统由无线电经纬仪(RDF)和GPS测风系统构成,具有无线电经纬仪(RDF)功能和GPS测风功能。通过对无线电探空数据的转换,该系统可以使用不同型号的无线电探空仪。使用通用高空探测系统时,在高空风不大的情况下,施放不带GPS的探空仪可以降低使用费用;在高空风大时,施放带GPS的探空仪测风能避免RDF天线在低仰角时测角受多路径效应的影响。在采用GPS测风时,由于天线方位,仰角数据都有,一旦GPS信号失落时,还可以采用RDF方向测风。③ 各种遥感设备加入大气探测业务中,成为中、小尺度天气系统监测的重要设备,组成全国甚至区域性的天气雷达网、风廓线仪网、雷电监测网已成为发展趋势。激光雷达已从分散的探测研究阶段转入组网探测阶段。④ GNSS(全球导航卫星系统)技术应用于大气探测中,与进一步发展的卫星监测网组成互为补充的天基、地基综合监测网。目前美国利用布设在全国的连续运行的GPS基准站,组建了地基GPS水汽观测网,同时使用空基GPS掩星技术进行大气探测小卫星阵列。通过这些卫星,每天可对全球实施上千万次的温湿廓线探测和电离层探测,大大提高了对全球大气的监测能力。⑤ 气象卫星遥感探测向全天候、多光谱、更高分辨率定量探测方向发展。静止气象卫星遥感平台向三轴稳定方向发展;遥感仪器向多通道、高光谱、高空间分辨率和微波仪器方向发展。各种主动遥感设备将搭载在气象卫星上,形成星载主被动综合探测的趋势。

我国气象业务管理部门根据气象事业发展战略的要求,提出了建设由天基、空基、地基系统组成,观测内容较齐全、密度适宜、布局合理、自动化程度高的气象综合观测体系,以及与之相适应的信息收集传输和保障系统,实现全天候的定量观测。天气观测系统以极轨、静止两个系列气象卫星和气象小卫星为主,实现对地球进行全天候、多光谱、三维的定量探测,发展我国第二代极轨气象卫星风云三号,建立由上午和下午两个轨道系统组成的极轨卫星星座,探索低倾角轨道卫星探测技术,发展第二代静止气象卫星风云四号,建立风云四号"光学星"系列和"微波星"系列,发展气象小卫星,使之成为大卫星的有效补充,提高卫星探测的时间分辨率、空间分辨率、光谱分辨率和辐射测量精度,提高卫星探测的使用寿命和可靠性。空基观测系统以 GPS 气球探空系统为主,实现对大气水汽总量和垂直分布的监测,高空观测站网密度达到 200 km 左右,发展无人驾驶飞机探空等技术,形成续航时间长、升限高、系列化的遥控气象探测系统,并使之成为我国无人区高空气象探测的主要手段之一,建设国内商业航空器气象观测业务体系,开展航空器气象资料下传(AMDAR)的业务应用工作。地基观测系统由地面常规观测系统、地基高空观测系统、地基特种观测系统、地基移动观测系统组成。

地面常规观测系统,以测量准确度高、运行可靠的自动气象观测站为主,在气象资料空白区(沙漠、高原、深山、海洋和滩涂等),建立无人自动气象站网,站网密度达到 10~15 km;建设包括双线偏振和相控阵在内的天气雷达网,并实现全国组网;调整站网布局,形成布局合理、观测要素齐全、观测准确度高、时效性强,能满足不同需求的地面常规气象观测系统。采用地基 GPS 遥感技术,实现对大气水汽总量的监测;在重点区域布设边界层、对流层和平流层风廓线仪,以获取水平风廓线、垂直风廓线、温度廓线、合成风资料、风切变状况,提高高空探测的时空密度;布设覆盖全国的云地和云间闪电定位系统,建设国家级闪电资料处理体系,对全国闪电资料进行及时收集和综合处理,开展雷电防护及相关的应用服务,建立完善的地基高空观测网络。完善和新建全球和区域本地监测站,并以大气本地站网为基础,建设臭氧探空、气溶胶、辐射、酸雨等监测站,形成能够覆盖全国的大气本地建站网;发展地基风廓线仪、地基 GPS 系统、激光气象雷达、中频中高层大气雷达,实现对温室气体、气溶胶、大气沉降、放射性物质、太阳辐射、电子密度和化学活性衡量气体进行长期监测的地基特种观测系统。建立车载移动气象卫星地面站、车载多要素自动气象站、车载高空探测站、车载移动风廓线仪、天气雷达和激光气象雷达等机动性强的地基移动观测系统,作为对地基观测系统的有效补充,以满足应急响应服务需要。

§1.5 大气探测数据的特点及测量误差

1.5.1 数据特点

大气探测是在自然的动态条件下进行的,由于大气是湍流介质,这就使得被测气象要素随空间和时间具有非均匀性和脉动性。但是大气探测资料又往往是用于区域或全球大气运动的整体诊断和分析,因而,要求气象台站的观测资料必须既准确地代表某一地区的大气特征,又能做到相互比较,以了解地区间的差异。所以,要求大气探测资料应具备代表性、可比性和准确性。具体如下：

1. 代表性

指所测得的某一要素值，在所规定的精度范围内，不仅能够反映观测站该要素的局地情况，而且能够代表观测站周围一定范围内该要素的平均情况。代表性分空间代表性和时间代表性。空间代表性是指观测站观测资料代表性的好坏，原则上可以从台站地形是否具有典型性方面进行评定。站址的选择、观测站的建立需要考虑空间的代表性，防止局地地形地物造成大气要素不规则变化。一般说来，平原地区的台站资料代表性较好，山区、城市台站资料代表性较差。时间代表性是指大气要素的观测，只有同时性才有可比性。

2. 对比性

指不同测站同一时间测得同一大气要素值，能够进行相互比较，并显示出要素的地区分布特征；另外，也指同一测站不同时间的同一大气层要素的比较，以说明要素随时间的变化特点。观测资料的比较性是建立在一致性的基础上，即要求观测时间、观测方法、仪器类型、观测规范、台站地理纬度和地形地貌条件等的一致性。没有这些一致性，也就谈不上比较性。

3. 准确性

是反映测量中随机误差和系统误差合成大小的程度。仪器准确性大致包括下述几方面的内容：仪器无故障平均运行时间；仪器运行对环境温度、湿度等要素变化范围的数值要求；电源电压波动允许的范围；仪器外装饰（例如涂层）出现明显锈蚀的时间长短。

1.5.2 测量误差

大气探测和其他测量技术一样，其获得的结果总会存在一定的误差。误差的大小即标志着示度读数与测定结果之间的差异，又标志着测定结果的准确程度。为了获得一定的测量准确度，一方面要注意仪器构造的技术条件和观测方法，另一方面也要分析误差的原因和特点，确定适当的处理方法，包括订正方法和可能的消除方法。常用绝对误差和相对误差来表示误差的大小。绝对误差是指某量的真值与测量结果之间的差值，而相对误差是指某量的绝对误差与真值的比值，常用百分数表示。

大气探测仪器的测量误差根据其产生的原因主要分为两类，一类是系统误差；一类是随机（偶然）误差。系统误差主要是由于仪器性能和测定方法不完善而引起的某种定常的误差，或当环境改变时按一定的规律变化的误差。这种误差可分为仪器误差（器差）、条件误差或环境误差和读数（单向）误差三种：

1. 仪器误差

产生的原因主要包括：① 仪器本身材料性能的限制。最明显的是感应部分常常同时受集中气象要素的影响，或随着要素变化而表现出不同特性所导致的误差。如空盒气压表的空盒滞后和弹性形变在压力升降过程中表现出不同的差异。② 制造工艺过程和技术要求的限制。如温度表毛细管内径的不均匀造成定点和刻度的不准确等。③ 机械传递和装配组合不够紧密。如自记仪器会由于摩擦过大而导致记录呈梯形变化。④ 调整装置调节不当。如自记仪器通过改变杠杆臂长的比例来调整仪器示度的放大倍率，由于调节不当而引起误差。以上这些误差可以通过仪器误差订正来减小或消除。

2. 条件误差

仪器由于外界的影响造成观测记录的误差。如气压表环境温度变化导致的气压读数误差。这类误差也可以通过订正或选取适当条件来减小或消除。

3. 读数误差

在测量中由于小数位估值不同、视线的高低、读数习惯上的差异等原因也会产生一定的误差。这类误差往往习惯性地导致读数偏大或偏小，一般可通过统一观测方法、采取多人读数取平均的办法加以处理。由于系统误差通常表现为综合的结果，一般用标准仪器进行标定，得到仪器的订正值。随着各种不同的环境条件而变的系统误差则需根据各种条件分别做出订正。

而随机误差则是指误差无论其大小或正负都是不可预知的。由于被测要素本身的变化特征影响所产生的误差也属于随机误差。可以证明随机误差的大小和频率服从正态分布的统计规律，即具有这样一些特性：① 随机误差的绝对值不会超过某个界线，个别的孤点除外；② 绝对值相等的正的或负的误差，出现概率相等；③ 绝对值小的误差比绝对值大的误差出现的概率较大。对仪器示度的多次读数取平均值，可在一定程度上减小这种随机误差。由概率论的原理可以证明测量数据的算术平均为最可信赖值。研究系统误差是实验科学的任务，研究随机误差则是误差理论的任务。在误差理论中广泛地应用概率论的成果，为的是使随机误差最大可能地达到最小值，也就是说利用概率论法则使得最小随机误差的概率最大。

误差必须尽可能缩小，这是大气探测科研和业务人员务必要注意的问题，因为根据误差传递理论，源头测量的误差会延续传送到气候、环境变化和天气预报模式的输出结果中，导致最终的判断出现偏差，所以消除测量误差就成为大气探测领域的科学家和工程技术人员努力的方向之一。

1.5.3　气象仪器的普遍特性

气象仪器的设计、制造、检定和使用直接决定气象观测数据的质量可靠性，为此就必须掌握有关气象仪器的原理、构造和性能等方面的知识，了解检定、调整和正确使用气象仪器的基本方法。只有这样，才能有效地应用观测所得到的资料。气象仪器虽然由于其所测定的对象不同而有不同的构造和形式，但在仪器的性能上也有一些共性，这些共性对于人们进行气象观测具有重要的意义。气象仪器的普遍特性主要包括以下几个方面：

1. 惯性（即滞后性）

一般的仪器，当用来测定某一对象的某个属性时，不能立即指示该对象的某个属性的真值，它的示度总是逐渐地接近所要测定的属性的真值。也就是说，仪器的感应部分，从一种状态变化到另一种状态，需要一定的响应时间，在这段时间里实现仪器与所测属性的物理量的交换，最后达到平衡。这时仪器的示度才能正确地表示所测的物理属性。对于一种物理属性而言，不同构造特性的仪器，其所需要的响应时间不同，我们把这种性质称之为仪器的惯性，也称为滞后性。衡量滞后特性的量为滞后系数。仪器惯性的选择，取决于所要测量对象的变化特征和测量的目的。一些观测项目需要了解气象要素本身的变化特征。因此一般气象仪器感应元件和指示器必须具有一定的自动平均能力，以便于自动地消除要素的微脉动变化，反映出一定尺度、一定频率的要素变化特征。此外，对于一切需要揭示要素微脉动和微结构特征的专门测量来说，就要求尽量减小仪器的惯性，使之能跟踪要素的微脉动变化，反映要素场的微结构特征。

2. 灵敏度

仪器的灵敏度就是它的示度在被测要素改变单位物理量时所移动的距离或旋转角度的大小。若被测要素的物理量改变（输入量）为 Δx，相应的仪器示度改变（或输出量）为 Δy，则灵敏度为

$$a = \frac{\Delta y}{\Delta x}。 \tag{1.1}$$

由于观测者的各种感官功能有一定的限度，因此要求正确、迅速地读出仪器示度，就必须要求仪器具有适当的灵敏度。但只片面要求灵敏度大也不合适，那样仪器势必变得庞大。灵敏度与材料性质和仪器构造有关，一般根据准确度和分辨率的要求及测量范围确定仪器的灵敏度大小，而从材料选择及仪器制造工艺方面来保证这些要求。

3. 准确度和精密度

衡量仪器的精确程度，一般应该包括仪器的准确度和仪器的精密度这两层含义。所谓准确度，指的是仪器的测值与真值的符合程度（这里所指的测值是指已经做了各种订正之后的测值）。所谓精密度，是指对所测的量的若干独立测定值彼此之间的符合程度。准确度考察的是测值与实际值的接近程度，而精密度考察的是连续测值彼此互相接近的程度。准确度反映系统误差和随机误差的合成大小，常用相对误差表示，其差值愈小，准确度愈高。而精确度则反映随机误差大小的程度，常以标准偏差与平均值之比来表示，其值愈小，精密度愈高。日常习惯上所称的仪器"精度"，虽然从字面上看似乎是精密度的简称，但实际的含义往往泛指大气探测仪器示度的精确程度，即泛指反映两种误差合成大小的准确度。与仪器的惯性选择一样，对于仪器准确度的要求总是根据所测对象的变化特性和观测目的而确定的。提出过高的准确度要求在很多情况下并没有实际意义，而降低准确度要求又往往不能满足测定的需要，这是一对矛盾体，因此寻求这两者之间的平衡就成为大气探测领域研究人员的主要工作之一。仪器的准确度取决于感应元件的惯性和仪器的构造特性。在实际的气象测定中，有实际意义的是观测的准确性。这里所指的准确性，不仅取决于仪器的准确度，而且还取决于观测结果的代表性程度。

4. 分辨率（力）

仪器的分辨率（力）指的是"导致一个测量系统响应值变化的最小环境改变量"。它和量程及灵敏度有关，仪器性能的改变也会直接影响分辨率。量程即仪器的测量范围，它主要取决于所测属性的变化范围和测量的要求。仪器感应元件的感应性能往往也会对测量范围带来一定的限制。对量程的要求一般应从属于仪器灵敏度、分辨率和准确度的要求。

本教材的章节分布及课时要求

全书共 15 章，主要讲述大气探测的基本理论与探测方法，主要包括：

第 1 章　绪论

第 2 章　气象业务与现代探测的总要求

第 3 章　云、能见度、天气现象的识别与探测

第 4 章　温度、湿度、气压和地面风

第 5 章　降水、积雪、蒸发与土壤温/湿度的测量

第 6 章　辐射和日照时数和雷电探测

具体课时要求为 1～15 章,理论教学部分需用 56 学时讲授,跟随此书的 10 个大气探测实验实践教学部分为 72 学时(由另外一本实验教学课程讲授)。因此,本课程共计 128 学时。

通过理论和实践教学相结合,使学生能够掌握大气探测学原理和方法及相关观测技术基础,并了解各项探测技术发展的前沿问题所在。

习 题

1. 简述大气探测的地位和作用。

2. 简述大气探测的研究对象及分类。

3. 简述大气探测的演化。

4. 简述大气探测的发展趋势。

5. 全球大气探测简况。

6. 大气探测的特点及仪器关键参数。

参考文献

1. 崔九思等编著.大气污染监测方法.北京:化学工业出版社,2001.

2. 段树,张凌,刘锦丽,等.双线偏振双波段(X/Ka)主被动微波遥感系统的研制与初步试验.遥感学报, 2002,6(4):289 - 293.

3. 国家环保总局编.空气和废气监测分析方法.北京:中国环境科学出版社,2003.

4. 国家气象局.中国云图.北京:科学出版社,1984.

5. 黄美元,徐华英,等.云和降水物理,北京:科学出版社,1999.

6. 蒋维楣.边界层气象学基础.南京:南京大学出版社,1994.

7. 李小文,等.多角度与热红外对地遥感.北京:科学出版社,2001.

8. 林晔,王安全,姚松山,林国安.大气探测学教程.北京:气象出版社,1993.

9. 刘长盛,刘文保,等.大气辐射学,南京:南京大学出版社,1990.

10. 刘文清,崔志成,刘建国,等.大气痕量气体测量的光谱学和化学技术. 量子电子学报,2004(2): 202 -210.

11. 邱金桓,陈洪滨.大气物理与大气探测学.北京:气象出版社,2005.

12. 邱金桓,王普才,夏祥鳌,等.近年来大气遥感研究进展.大气科学,2008,32(4):841 - 853.

13. 石广玉.大气辐射学.北京:科学出版社,2007.

14. 孙景群.激光大气探测.北京:科学出版社,1986.

15. 孙学金,王晓蕾,李浩,等.大气探测学.北京:气象出版社,2009.

16. 谭海涛,王贞龄,余品伦,等.地面气象观测.北京:气象出版社,1986.

17. 王炳忠.太阳辐射能的测量与标准.北京:科学出版社,1993.

18. 王庚辰.气象和大气环境要素观测与分析.北京:中国标准出版社,2000.

19. 王庆安等.大气探测.南京:南京大学出版社,1990.

20. 王毅.国际新一代对地观测系统及其主要应用.北京:气象出版社,2006.

21. 王振会,黄兴友,马舒庆.大气探测学.北京:气象出版社,2011.

22. 郄秀书,吕达仁,陈洪滨,等.大气探测高技术及应用研究进展.大气科学,2008,32(4):867－881.

23. 尹宏.大气辐射学基础.北京:气象出版社,1993.

24. 张霭琛.现代气象观测.北京:北京大学出版社,2000.

25. 张钧平,方艾里,万志龙,等.对地观测与对空监视.北京:科学出版社,2001.

26. 张文煜,袁久毅.大气探测原理与方法.北京:气象出版社,2007.

27. 章澄昌,周文贤.大气气溶胶教程.北京:气象出版社,1995.

28. 赵柏林,张霭琛.大气探测原理.北京:气象出版社,1987.

29. 郑洪全,戴景民.光声光谱技术应用于痕量气体浓度测量的研究进展.光谱学与光谱分析,2024,44：1－14.

30. 中国气象局.地面气象观测规范.北京:气象出版社,2003.

31. 中国气象局监测网络司.气象仪器和观测方法指南.第6版.北京:气象出版社,2005.

32. 中央气象局.地面气象观测规范.北京:气象出版社,1979.

33. 中央气象局.高空气象观测手册(两册).北京:中央气象局,1976.

34. 周诗健.大气探测.北京:气象出版社,1984.

35. 周淑贞.气象与气候学(第三版).北京:高等教育出版社,1997.

36. 周秀骥,陶善昌,姚克亚.高等大气物理学(上册,下册).北京:气象出版社,1991.

37. Arffman, A. *et al.*. High-resolution low-pressure cascade impactor. *J. Aerosol Sci.*, 2014, 78: 97－109.

38. Barrie, L., Bottenheim, J., Schnell, R., Crutzen, P. & Rasmussen, R. A. Ozone destruction and photochemical reactions at polar sunrise in the lower Arctic atmosphere. *Nature*, 1988, doi:10.1038/334138a0.

39. Bianchi, F. *et al.*. New particle formation in the free troposphere：A question of chemistry and timing. *Science*, 2016, 352：1109－1112.

40. Bianchi, F. *et al.*. The role of highly oxygenated molecules(HOMs) in determining the composition of ambient ions in the boreal forest. *Atmospheric Chem. Phys.*, 2017, 17：13819－13831.

41. Biermann, H., Tuazon, E., Winer, A., Walungton, T. & Pitts Jr, J.. Simultaneous absolute measurements of gaseous nitrogen species in urban ambient air by long pathlength infrared and ultraviolet-visible spectroscopy. *Atmospheric Environ.* 1967, 1988, 22：1545－1554.

42. Bomse, D. S., Stanton, A. C. & Silver, J. A.. Frequency modulation and wavelength modulation spectroscopies：comparison of experimental methods using a lead-salt diode laser. *Appl. Opt.*, 1992, 31：718－731.

43. Bond, T. C., Charlson, R. J. & Heintzenberg, J.. Quantifying the emission of light-absorbing particles：Measurements tailored to climate studies. *Geophys. Res. Lett.*, 1998, 25：337－340.

44. Bovensmann, H. *et al.*. SCIAMACHY：Mission Objectives and Measurement Modes. *J. Atmospheric Sci.*, 1999, 56：127－150.

45. Burrows, J. P. *et al.*. The Global Ozone Monitoring Experiment(GOME): Mission Concept and First Scientific Results. *J. Atmospheric Sci.*, 1999, 56: 151-175.

46. Bzdek, B. R. *et al.*. Molecular constraints on particle growth during new particle formation. *Geophys. Res. Lett.*, 2014, 41: 6045-6054.

47. Bzdek, B. R., Zordan, C. A., Pennington, M. R., Luther, G. W. I. & Johnston, M. V.. Quantitative Assessment of the Sulfuric Acid Contribution to New Particle Growth. *Environ. Sci. Technol.*, 2012, 46: 4365-4373.

48. Canagaratna, M. *et al.*. Chemical and microphysical characterization of ambient aerosols with the aerodyne aerosol mass spectrometer. *Mass Spectrom. Rev.*, 2007, 26: 185-222.

49. Casuccio, G. S. *et al.*. The use of computer controlled scanning electron microscopy in environmental studies. *J. Air Pollut. Control Assoc.*, 1983, 33: 937-943.

50. Chen, Q.-F., Milburn, R. K., DeBrou, G. B. & Karellas, N. S.. Air monitoring of a coal tar cleanup using a mobile TAGA LPCI-MS/MS. *J. Hazard. Mater.*, 2002, 91: 271-284.

51. Cogan, A. J. *et al.*. Atmospheric carbon dioxide retrieved from the Greenhouse gases Observing SATellite(GOSAT): Comparison with ground-based TCCON observations and GEOS-Chem model calculations. *J. Geophys. Res. Atmospheres*, 2012, 117.

52. Cooke, W. F., Liousse, C., Cachier, H. & Feichter, J.. Construction of a 1° × 1° fossil fuel emission data set for carbonaceous aerosol and implementation and radiative impact in the ECHAM4 model. *J. Geophys. Res. Atmospheres*, 1999, 104: 22137-22162.

53. Dall'Osto, M. *et al.*. Single-Particle Detection Efficiencies of Aerosol Time-of-Flight Mass Spectrometry during the North Atlantic Marine Boundary Layer Experiment. *Environ. Sci. Technol.*, 2006, 40: 5029-5035.

54. Dall'Osto, M., Harrison, R. M., Charpantidou, E., Loupa, G. & Rapsomanikis, S.. Characterisation of indoor airborne particles by using real-time aerosol mass spectrometry. *Sci. Total Environ.*, 2007, 384: 120-133.

55. Dall'Osto, M., Harrison, R. M., Coe, H. & Williams, P.. Real-time secondary aerosol formation during a fog event in London. *Atmospheric Chem. Phys.*, 2009, 9: 2459-2469.

56. DeCarlo, P. F. *et al.*. Field-Deployable, High-Resolution, Time-of-Flight Aerosol Mass Spectrometer. *Anal. Chem.*, 2006, 78: 8281-8289.

57. Del Guasta, M. *et al.*. Lidar observation of spherical particles in a- 65° cold cirrus observed above Sodankyla(Finland) during SESAME. *J. Aerosol Sci.*, 1998, 29: 357-374.

58. Drewnick, F. *et al.*. A New Time-of-Flight Aerosol Mass Spectrometer(TOF-AMS)—Instrument Description and First Field Deployment. *Aerosol Sci. Technol.*, 2005, 39: 637-658.

59. Drewnick, F., Dall'Osto, M. & Harrison, R.. Characterization of aerosol particles from grass mowing by joint deployment of ToF-AMS and ATOFMS instruments. *Atmos. Environ.*, 2008, 42: 3006-3017.

60. Dusek, U. *et al.*. Enhanced organic mass fraction and decreased hygroscopicity of cloud condensation nuclei(CCN) during new particle formation events. *Geophys. Res. Lett.*, 2010, 37: L03804.

61. Finlayson-Pitts, B. J., Ezell, M. J. & Pitts, J. N.. Formation of chemically active chlorine compounds by reactions of atmospheric NaCl particles with gaseous N_2O_5 and $ClONO_2$. *Nature*, 1989, 337: 241-244.

62. Fischer, H.. Remote Sensing of Atmospheric Trace Gases. *Interdiscip. Sci. Rev.*, 1993, 18: 185-191.

63. Gard, E. *et al.*. Real-Time Analysis of Individual Atmospheric Aerosol Particles: Design and Performance of a Portable ATOFMS. *Anal. Chem.*, 1997, 69: 4083-4091.

64. Geller, M. D. *et al.*. A Methodology for Measuring Size-Dependent Chemical Composition of Ultrafine Particles. *Aerosol Sci. Technol.*, 2002, 36: 748 – 762.

65. Gonser, S. G. & Held, A.. A chemical analyzer for charged ultrafine particles. *Atmospheric Meas. Tech.*, 2013, 6: 2339 – 2348.

66. González, N. J. *et al.*. New method for resolving the enantiomeric composition of 2-methyltetrols in atmospheric organic aerosols. *J. Chromatogr. A*, 2011, 1218: 9288 – 9294.

67. Grant, W. B., Kagann, R. H. & McClenny, W. A.. Optical remote measurement of toxic gases. *J. Air Waste Manag. Assoc.*, 1992, 42: 18 – 30.

68. Gurney, K. R. *et al.*. Towards robust regional estimates of CO_2 sources and sinks using atmospheric transport models. *Nature*, 2002, 415: 626 – 630.

69. Hanson, D., McMurry, P., Jiang, J., Tanner, D. & Huey, L.. Ambient pressure proton transfer mass spectrometry: Detection of amines and ammonia. *Environ. Sci. Technol.*, 2011, 45: 8881 – 8888.

70. He, X.-C. *et al.*. Role of iodine oxoacids in atmospheric aerosol nucleation. *Science*, 2021, 371: 589 –595.

71. Hering, S. V. & Stolzenburg, M. R.. A Method for Particle Size Amplification by Water Condensation in a Laminar, Thermally Diffusive Flow. *Aerosol Sci. Technol.*, 2005, 39: 428 – 436.

72. Hodgkinson, J. & Tatam, R. P.. Optical gas sensing: a review. *Meas. Sci. Technol.*, 2012, 24: 012004.

73. Hogan, C. J. Jr., Ruotolo, B. T., Robinson, C. V. & Fernandez de la Mora, J.. Tandem Differential Mobility Analysis-Mass Spectrometry Reveals Partial Gas-Phase Collapse of the GroEL Complex. *J. Phys. Chem. B*, 2011, 115: 3614 – 3621.

74. Horan, A. J., Apsokardu, M. J. & Johnston, M. V.. Droplet Assisted Inlet Ionization for Online Analysis of Airborne Nanoparticles. *Anal. Chem.*, 2017, 89: 1059 – 1062.

75. Horan, A. J., Krasnomowitz, J. M. & Johnston, M. V.. Particle size and chemical composition effects on elemental analysis with the nano aerosol mass spectrometer. *Aerosol Sci. Technol.*, 2017, 51: 1135 –1143.

76. Hu, R. -M., Blanchet, J. -P. & Girard, E.. Evaluation of the direct and indirect radiative and climate effects of aerosols over the western Arctic. *J. Geophys. Res. Atmospheres*, 2005, 110: 2004JD005043.

77. Huang, P.-F. & Turpin, B.. Reduction of sampling and analytical errors for electron microscopic analysis of atmospheric aerosols. *Atmos. Environ.*, 1996, 30: 4137 – 4148.

78. Hämeri, K. *et al.*. Hygroscopic and CCN properties of aerosol particles in boreal forests. *Tellus B Chem. Phys. Meteorol.*, 2001, 53: 359 – 379.

79. Jimenez, J. L. *et al.*. Ambient aerosol sampling using the Aerodyne Aerosol Mass Spectrometer. *J. Geophys. Res. Atmospheres*, 2003, 108.

80. Johnston, M. V. & Kerecman, D. E.. Molecular Characterization of Atmospheric Organic Aerosol by Mass Spectrometry. *Annu. Rev. Anal. Chem.*, 2019, 12: 247 – 274.

81. Jokinen, T. *et al.*. Atmospheric sulphuric acid and neutral cluster measurements using CI-APi-TOF. *Atmospheric Chem. Phys.*, 2012, 12: 4117 – 4125.

82. Jr, C. J. H. & Mora, J. F. de la.. Tandem ion mobility-mass spectrometry(IMS-MS) study of ion evaporation from ionic liquid-acetonitrile nanodrops. *Phys. Chem. Chem. Phys.*, 2009, 11: 8079 –8090.

83. Junninen, H. *et al.*. A high-resolution mass spectrometer to measure atmospheric ion composition. *Atmospheric Meas. Tech.*, 2010, 3: 1039 – 1053.

84. Kaimal J. C., Finnigan J. J.. Atmospheric Boundary Layer Flows. London: Oxford University

Press, 1994.

85. Kerecman, D. E. *et al.*. Online Characterization of Organic Aerosol by Condensational Growth into Aqueous Droplets Coupled with Droplet-Assisted Ionization. *Anal. Chem.*, 2021, 93: 2793 – 2801.

86. Kerr, E. L. & Atwood, J. G.. The Laser Illuminated Absorptivity Spectrophone: A Method for Measurement of Weak Absorptivity in Gases at Laser Wavelengths. *Appl. Opt.*, 1968, 7: 915 – 921.

87. Keskinen, H. *et al.*. Evolution of particle composition in CLOUD nucleation experiments. *Atmospheric Chem. Phys.*, 2013, 13: 5587 – 5600.

88. Kitanovski, Z., Grgić, I. & Veber, M.. Characterization of carboxylic acids in atmospheric aerosols using hydrophilic interaction liquid chromatography tandem mass spectrometry. *J. Chromatogr. A*, 2011, 1218: 4417 – 4425.

89. Kulmala, M. *et al.*. The condensation particle counter battery(CPCB): A new tool to investigate the activation properties of nanoparticles. *J. Aerosol Sci.*, 2007, 38: 289 – 304.

90. Kürten, A. *et al.*. Neutral molecular cluster formation of sulfuric acid – dimethylamine observed in real time under atmospheric conditions. *Proc. Natl. Acad. Sci. U. S. A.*, 2014, 111: 15019 – 15024.

91. Kürten, A. *et al.*. Observation of new particle formation and measurement of sulfuric acid, ammonia, amines and highly oxidized organic molecules at a rural site in central Germany. *Atmospheric Chem. Phys.*, 2016, 16: 12793 – 12813.

92. Laskin, A., Laskin, J. & Nizkorodov, S. A.. Mass spectrometric approaches for chemical characterisation of atmospheric aerosols: Critical review of the most recent advances. *Environ. Chem.*, 2012, 9: 163.

93. Lenschow.Donald H.大气边界层探测.北京:气象出版社,1990.

94. Li, L. *et al.*. Real time bipolar time-of-flight mass spectrometer for analyzing single aerosol particles. *Int. J. Mass Spectrom.*, 2011, 303: 118 – 124.

95. Li, Y. J. *et al.*. Real-time chemical characterization of atmospheric particulate matter in China: A review. *Atmos. Environ.*, 2017, 158: 270 – 304.

96. Liu, S. C. *et al.*. Ozone production in the rural troposphere and the implications for regional and global ozone distributions. *J. Geophys. Res. Atmospheres*, 1987, 92: 4191 – 4207.

97. Lu Daren, Yi Fan, Xu Jiyao. Advances in studies of the middle and upper atmosphere and their coupling with lower atmosphere. *Advances in Atmospheric Sciences*, 2004, 21(3): 361 – 368.

98. Masiyano, D., Hodgkinson, J., Schilt, S. & Tatam, R. P.. Self-mixing interference effects in tunable diode laser absorption spectroscopy. *Appl. Phys. B*, 2009, 96: 863 – 874.

99. May, J. C. & McLean, J. A.. Ion Mobility-Mass Spectrometry: Time-Dispersive Instrumentation. *Anal. Chem.*, 2015, 87: 1422 – 1436.

100. Mcinnes, L., Covert, D. & Baker, B.. The number of sea-salt, sulfate, and carbonaceous particles in the marine atmosphere: EM measurements consistent with the ambient size distribution. *Tellus B Chem. Phys. Meteorol.*, 1997, 49: 300 – 313.

101. McMurry, P. H. & Stolzenburg, M. R.. On the sensitivity of particle size to relative humidity for Los Angeles aerosols. *Atmospheric Environ.* 1989, 23: 497 – 507.

102. McMurry, P. H.. A review of atmospheric aerosol measurements. *Atmos. Environ.*, 2000, 34: 1959 – 1999.

103. Murphy, D. M. & Thomson, D. S.. Laser Ionization Mass Spectroscopy of Single Aerosol Particles. *Aerosol Sci. Technol.*, 1995, 22: 237 – 249.

104. Mäkelä, J. *et al.*. Biogenic iodine emissions and identification of end-products in coastal ultrafine

particles during nucleation bursts. *J. Geophys. Res. Atmospheres*, 2002, 107: PAR-14.

105. Mäkelä, J. M. *et al.*. Chemical composition of aerosol during particle formation events in boreal forest. *Tellus B*, 2001, 53: 380 – 393.

106. Mühle, J. *et al.*. Trace gas and particulate emissions from the 2003 southern California wildfires. *J. Geophys. Res. Atmospheres*, 2007, 112: D03307.

107. Ng, N. L. *et al.*. An Aerosol Chemical Speciation Monitor(ACSM) for Routine Monitoring of the Composition and Mass Concentrations of Ambient Aerosol. *Aerosol Sci. Technol.*, 2011, 45: 780 – 794.

108. Oberreit, D. *et al.*. Analysis of heterogeneous water vapor uptake by metal iodide cluster ions via differential mobility analysis-mass spectrometry. *J. Chem. Phys.*, 2015, 143: 104204.

109. Pagnotti, V. S., Chubatyi, N. D. & McEwen, C. N.. Solvent Assisted Inlet Ionization: An Ultrasensitive New Liquid Introduction Ionization Method for Mass Spectrometry. *Anal. Chem.*, 2011, 83: 3981 – 3985.

110. Passananti, M. *et al.*. How well can we predict cluster fragmentation inside a mass spectrometer? *Chem. Commun.*, 2019, 55: 5946 – 5949.

111. Perner, D. & Platt, U.. Detection of nitrous acid in the atmosphere by differential optical absorption. *Geophys. Res. Lett.*, 1979, 6: 917 – 920.

112. Phares, D. J., Rhoads, K. P. & Wexler, A. S.. Performance of a single ultrafine particle mass spectrometer. *Aerosol Sci. Technol.*, 2002, 36: 583 – 592.

113. Platt, U. & Perner, D.. Direct measurements of atmospheric CH_2O, HNO_2, O_3, NO_2, and SO_2 by differential optical absorption in the near UV. *J. Geophys. Res. Oceans*, 1980, 85: 7453 – 7458.

114. Platt, U., Perner, D. & Pätz, H.. Simultaneous measurement of atmospheric CH_2O, O_3, and NO_2 by differential optical absorption. *J. Geophys. Res. Oceans*, 1979, 84: 6329 – 6335.

115. Platt, U., Perner, D., Winer, A. M., Harris, G. W. & Pitts Jr., J. N.. Detection of NO_3 in the polluted troposphere by differential optical absorption. *Geophys. Res. Lett.*, 1980, 7: 89 – 92.

116. Prather, K. A., Nordmeyer, Trent. & Salt, Kimberly. Real-time characterization of individual aerosol particles using time-of-flight mass spectrometry. *Anal. Chem.*, 1994, 66: 1403 – 1407.

117. Pratt, K. A. & Prather, K. A.. Mass spectrometry of atmospheric aerosols—Recent developments and applications. Part I: Off-line mass spectrometry techniques. *Mass Spectrom. Rev.*, 2012, 31: 1 – 16.

118. Pratt, K. A. & Prather, K. A.. Mass spectrometry of atmospheric aerosols—Recent developments and applications. Part II: On-line mass spectrometry techniques. *Mass Spectrom. Rev.*, 2012, 31: 17 – 48.

119. Qiu J, Chen H, Wang P, et al.. Recent progress in atmospheric observation research in China. *Advances in Atmospheric Sciences*, 2007, 24(6): 940 – 953.

120. Qiu J, Wang P, Xia X, et al.. Recent progresses in atmospheric remote sensing researches. Chinese Journal of Atrmospheric Sciences(in Chinese), 2008, 32(4): 841 – 853.

121. Qiu Jinhuan, Chen Hongbim. Recent progresses in atmospheric remote sensing research in China— Chinese national report on atmospheric remote sensing research in China during 1999~2003. *Advances in Atmospheric Sciences*, 2004, 21(3): 475 – 484.

122. Rader, D. J. & McMurry, P. H.. Application of the tandem differential mobility analyzer to studies of droplet growth or evaporation. *J. Aerosol Sci.*, 1986, 17: 771 – 787.

123. Reid, J., Shewchun, J., Garside, B. K. & Ballik, E. A.. High sensitivity pollution detection employing tunable diode lasers. *Appl. Opt.*, 1978, 17: 300 – 307.

124. Reuter, M. *et al.*. Retrieval of atmospheric CO_2 with enhanced accuracy and precision from SCIAMACHY: Validation with FTS measurements and comparison with model results. *J. Geophys.*

Res. Atmospheres，2011，116.

125. Rus，J. *et al.*. IMS – MS studies based on coupling a differential mobility analyzer（DMA）to commercial API – MS systems. *Int. J. Mass Spectrom.*，2010，298：30 – 40.

126. Sakurai，H. *et al.*. Hygroscopicity and volatility of 4 – 10 nm particles during summertime atmospheric nucleation events in urban Atlanta. *J. Geophys. Res. Atmospheres*，2005，110：D22S04.

127. Sarnela，N. *et al.*. Sulphuric acid and aerosol particle production in the vicinity of an oil refinery. *Atmos. Environ.*，2015，119：156 – 166.

128. Saros，M. T.，Weber，R. J.，Marti，J. J. & McMurry，P. H.. Ultrafine Aerosol Measurement Using a Condensation Nucleus Counter with Pulse Height Analysis. *Aerosol Sci. Technol.*，1996，25：200 –213.

129. Schiff，H. I.. Ground Based Measurements of Atmospheric Gases by Spectroscopic Methods. *Berichte Bunsenges. Für Phys. Chem.*，1992，96：296 – 306.

130. Schnelle-Kreis，J. *et al.*. Application of direct thermal desorption gas chromatography time-of-flight mass spectrometry for determination of nonpolar organics in low-volume samples from ambient particulate matter and personal samplers. *Anal. Bioanal. Chem.*，2011，401：3083 – 3094.

131. Schwoeble，A.，Dalley，A.，Henderson，B. & Casuccio，G.. Computer-controlled SEM and microimaging of fine particles. *Jom*，1988，40：11 – 14.

132. Shields，L. G.，Qin，X.，Toner，S. M. & Prather，K. A.. Detection of Ambient Ultrafine Aerosols by Single Particle Techniques During the SOAR 2005 Campaign. *Aerosol Sci. Technol.*，2008，42：674 –684.

133. Silver，J. A. & Stanton，A. C.. Optical interference fringe reduction in laser absorption experiments. *Appl. Opt.*，1988，27：1914 – 1916.

134. Sipilä，M. *et al.*. Molecular-scale evidence of aerosol particle formation via sequential addition of HIO_3. *Nature*，2016，537：532 – 534.

135. Smith，J. N. *et al.*. Atmospheric clusters to nanoparticles：Recent progress and challenges in closing the gap in chemical composition. *J. Aerosol Sci.*，2021，153：105733.

136. Smith，J. N. *et al.*. Observations of aminium salts in atmospheric nanoparticles and possible climatic implications. *Proc. Natl. Acad. Sci. U. S. A.*，2010，107：6634 – 6639.

137. Smith，J. N.，Moore，K. F.，McMurry，P. H. & Eisele，F. L.. Atmospheric Measurements of Sub-20 nm Diameter Particle Chemical Composition by Thermal Desorption Chemical Ionization Mass Spectrometry. *Aerosol Sci. Technol.*，2004，38：100 – 110.

138. Steele，P. T. *et al.*. Laser Power Dependence of Mass Spectral Signatures from Individual Bacterial Spores in Bioaerosol Mass Spectrometry. *Anal. Chem.*，2003，75：5480 – 5487.

139. Stutz，J. & Platt，U.. Improving long-path differential optical absorption spectroscopy with a quartz-fiber mode mixer. *Appl. Opt.*，1997，36：1105 – 1115.

140. Su，Y.，Sipin，M. F.，Furutani，H. & Prather，K. A. Development and Characterization of an Aerosol Time-of-Flight Mass Spectrometer with Increased Detection Efficiency. *Anal. Chem.*，2004，76：712 –719.

141. Tao，Y. *et al.*. Effects of amines on particle growth observed in new particle formation events. *J. Geophys. Res. Atmospheres*，2016，121：324 – 335.

142. Toner，S. M.，Shields，L. G.，Sodeman，D. A. & Prather，K. A.. Using mass spectral source signatures to apportion exhaust particles from gasoline and diesel powered vehicles in a freeway study using UF-ATOFMS. *Atmos. Environ.*，2008，42：568 – 581.

143. Vogel，A. L. *et al.*. Aerosol Chemistry Resolved by Mass Spectrometry：Linking Field Measurements

of Cloud Condensation Nuclei Activity to Organic Aerosol Composition. *Environ. Sci. Technol.*, 2016, 50: 10823 - 10832.

144. Vogt, R., Crutzen, P. J. & Sander, R.. A mechanism for halogen release from sea-salt aerosol in the remote marine boundary layer. *Nature*, 1996, 383: 327 - 330.

145. Voisin, D., Smith, J. N., Sakurai, H., McMurry, P. H. & Eisele, F. L.. Thermal Desorption Chemical Ionization Mass Spectrometer for Ultrafine Particle Chemical Composition. *Aerosol Sci. Technol.*, 2003, 37: 471 - 475.

146. Wagner, A. C. *et al.*. Size-resolved online chemical analysis of nanoaerosol particles: A thermal desorption differential mobility analyzer coupled to a chemical ionization time-of-flight mass spectrometer. *Atmospheric Meas. Tech.*, 2018, 11: 5489 - 5506.

147. Wagner, T. *et al.*. Monitoring of atmospheric trace gases, clouds, aerosols and surface properties from UV/vis/NIR satellite instruments. *J. Opt. Pure Appl. Opt.*, 2008, 10: 104019.

148. Wang, M. *et al.*. Rapid growth of new atmospheric particles by nitric acid and ammonia condensation. *Nature*, 2020, 581: 184 - 189.

149. Wang, S. & Johnston, M. V.. Airborne nanoparticle characterization with a digital ion trap - reflectron time of flight mass spectrometer. *Int. J. Mass Spectrom.*, 2006, 258: 50 - 57.

150. Wang, S., Zordan, C. A. & Johnston, M. V.. Chemical Characterization of Individual, Airborne Sub-10-nm Particles and Molecules. *Anal. Chem.*, 2006, 78: 1750 - 1754.

151. Wang, Z. *et al.*. Scanning supersaturation condensation particle counter applied as a nano-CCN counter for size-resolved analysis of the hygroscopicity and chemical composition of nanoparticles. *Atmospheric Meas. Tech.*, 2015, 8: 2161 - 2172.

152. Wendel, G. J., Stedman, D. H., Cantrell, C. A. & Damrauer, Lenore. Luminol-based nitrogen dioxide detector. *Anal. Chem.*, 1983, 55: 937 - 940.

153. Wieser, P., Wurster, R. & Seiler, H.. Identification of airborne particles by laser induced mass spectroscopy. *Atmospheric Environ.* 1967, 1980, 14: 485 - 494.

154. Wu, Z.. Gain Insight into Chemical Components Driving New Particle Growth on a Basis of Particle Hygroscopicity and Volatility Measurements: A Short Review. *Curr. Pollut. Rep.*, 2017, 3: 175 - 181.

155. Yao, L. *et al.*. Atmospheric new particle formation from sulfuric acid and amines in a Chinese megacity. *Science*, 2018, 361: 278 - 281.

156. Zhang, K., Xu, Z., Gao, J., Xu, Z. & Wang, Z.. Review of online measurement techniques for chemical composition of atmospheric clusters and sub-20 nm particles. *Front. Environ. Sci.*, 2022, 10: 937006.

157. Zhao, J., Eisele, F. L., Titcombe, M., Kuang, C. & McMurry, P. H. Chemical ionization mass spectrometric measurements of atmospheric neutral clusters using the cluster-CIMS. *J. Geophys. Res. Atmospheres*, 2010, 115: D08205.

158. Zhou, L., Hopke, P. K. & Venkatachari, P.. Cluster analysis of single particle mass spectra measured at Flushing, NY. *Anal. Chim. Acta*, 2006, 555: 47 - 56.

推荐阅读

1. 大气探测文集编辑组.大气探测文集.北京:气象出版社,1983.

2. 胡明宝.天气雷达探测与应用.北京:气象出版社,2007.

3. 林晔,王安全,姚松山,等.大气探测学教程.北京:气象出版社,1993.

4. 邱金桓,陈洪滨.大气物理与大气探测学.北京:气象出版社,2005.

5. 孙静群,激光大气探测.北京:科学出版社,1986.

6. 孙学金,王晓蕾,李浩,等.大气探测学.北京:气象出版社,2009.

7. 王振会,黄兴友,马舒庆.大气探测学.北京:气象出版社,2011.

8. 张霭琛.现代气象观测.北京:北京大学出版社,2000.

9. 张文煜,仝纪龙.大气探测实验实习教程.兰州:兰州大学出版社,2007.

10. 张文煜,袁久毅.大气探测原理与方法.北京:气象出版社,2007.

11. 赵伯林,张霭琛.大气探测原理.北京:气象出版社,1987.

12. 中国科学院大气物理研究所.声雷达和边界层探测.北京:科学出版社,1982.

13. 中央气象局气象科学研究院.气象科学技术集刊(大气探测实验研究).北京:气象出版社,1985.

14. 周诗健.大气探测.北京:气象出版社,1984.

15. Ian Strangeways. *Measuring the Natural Environment*. 2nd ed. Cambridge University Press,2003:548.

16. Knowles Middleton. W. E.. *Invention of the Meteorological Instruments*. The Johns Hopkins University Press and the Society for the History of Technology,1971.

17. Rodgers.Clive D.. *Inverse Methods for Atmospheric Sounding*：*Theory and Practice*. World Scientific Publishing Co Pte Ltd，2000.

第 2 章
气象业务与现代探测的总要求

本章重点：了解气象观测的一般要求及业务状况，掌握气象观测仪器的使用要求、测量准确度等知识。

§2.1 气象观测业务发展总体概况

气象观测（大气探测）是提升气象整体业务能力的基础，气象观测的水平从根本上决定着气象科学事业的发展水平，决定着最终的气象预报能力和气象服务水平。没有完善的气象观测系统，气象事业的发展就是"无米之炊"。气象观测可应用于天气分析和预报的实时准备、气候调研、局地天气相关业务（例如当地机场的飞机操作、陆地和海上的建设工程）、水文和农业气象以及气候学的研究等。

为提高气象预报预测准确率及精细化水平，增强对各种天气的立体和连续的观测，提升气候系统敏感区和关键区基本气候变量连续观测能力，强化了特殊行业、特定区域的气象观测能力，并使得数据质量和各种观测产品的开发应用能力不断提高。我国正在推进气象业务现代化建设。目前，已完成高空观测系统的升级换代。气象卫星实现业务化稳定运行，顺利完成极轨气象卫星的升级换代，实现了静止气象卫星双星观测、在轨备份。新一代天气雷达网已经建成。国家基准气候站、国家基本气象站、国家一般气象站常规要素基本全部实现自动观测。

针对北京奥运会、上海世博会、广州亚运会、西安世园会、深圳大运会以及军事活动等气象保障服务的需求，气象部门加强组织观测系统建设，圆满完成各项观测任务。面对汶川特大地震、玉树强烈地震和舟曲特大泥石流等重大自然灾害，气象部门及时展开了应急观测和灾后观测系统的恢复重建。此外，通过强化部门间的合作，气象部门大力拓展专业气象观测领域。公路交通、电力、旅游和农业等专业气象观测系统的建设得到推进，开创性发展对干旱、风能等气候极端现象和气候资源的观测能力，为应对气候变化和开发利用气候资源提供了直接或间接的观测产品。

§2.2 地面及现代业务观测

地面气象观测业务改革是观测业务体制改革的重中之重。首先，要加快实现地面气象观测的自动化，实现地面自动观测双套备份。除极少数国家基准气候站以外的其他观测站观测业务由双轨制转向单轨制。第二，观测业务改革要注重稳步推进观测业务流程的科学化,建设地基、空基和天基观测有机结合、布局合理、功能齐备、运行稳定、保障有力的综合气象观测系统,科学合理调整观测站网布局,不断提高观测能力和质量。第三,积极探索技术装备保障的社会化,形成竞争有序、优胜劣汰、监管公正的社会化气象保障市场体系。

现代气象观测业务,要统一规划、统一布局、统一标准、统一建设,实现气象观测自动化。而建设布局合理的现代化综合气象观测系统,是新中国几代气象人不断追求的目标。

传统的观测只是温度、气压、风等物理量的观测,综合观测还应该包括温室气体、气溶胶、空气质量等的观测。综合气象观测系统要体现"综合"两字:一是指观测、分析、模式和应用的集成,是从初始的观测、数据的采集到预报信息产品的加工及其应用的全过程;二是指地基、空基和天基观测的综合,是气象及与气象相关领域的综合观测;第三,综合还包括物理过程、化学过程和生态过程的集成观测。综合气象观测本身是一种发展的理念、发展的方向。综合观测系统是一种新的定位,体现在设计、运行保障、数据管理、应用以及观测系统建设效益评估等具体环节中。全球气候观测系统(GCOS)的观测系统发展理念,是在 20 世纪 90 年代提出的,要求是全面、协调、可持续的系统。需要指出的是,立体观测只是综合观测的一种。

加强地面气象观测业务改革,主要面临四项任务:一是改革观测手段,大力推进观测自动化,主要是云、能见度和天气现象观测自动化,建立台站综合观测业务平台;二是调整国家基准气候站、国家基本气象站和国家一般气象站的观测任务,优化业务布局;三是完善观测业务流程,理顺国家级、省级和台站的观测业务分工,调整实时观测资料传输方式;四是制定与观测自动化相适应的观测规范,健全与观测自动化相适应的业务规章制度,完善观测业务的综合考核标准。

未来,创造有利于观测业务改革的人才成长环境,建立常态化的观测员岗位培训制度,努力实现一线观测人员的一岗多责、一专多能。引导观测员从单纯人工读取仪器数据,编发报文,逐步向观测装备运行监视、设备维护维修、资料分析和质量控制、观测产品制作转变,从传统的普通观测员向"天气监测员""装备保障员"和"质量控制员"转变。

§2.3 各种类型观测站测量业务

气象业务组织及状况,其中基准气候站一般 300～400 千米设一站,每天观测 24 次,即每小时观测 1 次;基本气象站一般不大于 150 千米设一站,每天观测 8 次;一般气象站通常 50 千米左右设一站,每天观测 3 次或 4 次;高空气象站通常 300 千米设一站,每天探测 2 次或 3～4 次。

1. 基准站

所有基准站开展气压、空气温度和湿度、风向和风速、降水、日照、辐射、蒸发、地表温度、云高、云量、能见度和 22 种天气现象自动观测,取消了人工观测和人工编发报,部分站根据需要保留浅层和深层地温、冻土和电线积冰观测。为保持各种观测方法和观测手段的延续性,选择个别基准站长期保留 1～2 次人工观测,在实现云、能见度和天气现象观测自动化之前,云和能见度观测调整为 02、08、14、20 时 4 次定时人工观测,保留天气现象白天连续观测,取消夜间连续观测;保留日照、冻土、电线积冰、降水等人工器测任务;取消气压、空气温度和湿度、风向和风速、地温人工观测任务。

2. 基本站

所有基本站开展气压、空气温度和湿度、风向和风速、降水、日照、蒸发、地表温度、云高、云量、能见度和 22 种天气现象自动观测,已取消人工观测和人工编码发报,部分站根据需要保留浅层和深层地温、冻土、电线积冰和辐射观测。在实现云、能见度和天气现象观测自动化之前,云和能见度观测调整为 02、08、14、20 时 4 次定时人工观测,保留天气现象白天连续观测,取消夜间连续观测;保留日照、冻土、电线积冰、降水等人工器测任务;取消 20 时人工对比观测任务。

3. 一般站

所有一般站开展气压、空气温度和湿度、风向和风速、降水、日照、地表温度、云高、云量、能见度和 22 种天气现象自动观测,也取消人工观测,部分站根据需要保留浅层和深层地温、冻土和电线积冰观测。在实现云、能见度和天气现象观测自动化之前,保留现有业务不变,取消 20 时人工对比观测任务。

各类站还应承担应急响应工作需要开展的观测任务,调整后的观测项目详见表 2.1。表 2.2 给出了云、能见度、天气现象人工和自动化观测内容,目前人工观测天气现象 34 种,能实现自动观测天气现象 22 种。表 2.3 给出了各类观测站业务调整后观测项目。表 2.4 给出了定时人工观测项目。表 2.5 给出了定时自动观测项目。

表 2.1　目前各类台站地面气象观测任务一览表

项　目		基准站	基本站	一般站
观测时间	守班时间	连续 24 小时	连续 24 小时	白天守班
	定时观测时间	24 次	8 次(02、05、08、11、14、17、20、23)	3 次(08、14、20 时)
观测项目	云、能见度、天气现象、气压、气温、相对湿度、风向、风速、降水、日照、蒸发、地面温度、雪深	有	有	有
	浅层和深层地温、冻土、电线积冰、辐射	中国气象局指定	中国气象局指定	中国气象局指定
	雪压	省气象局指定	省气象局指定	省气象局指定
发报	天气报	8 次	8 次	加密报 3 次
	天气旬(月)报	有	有	有
	气候月报	有	有	无
	重要天气报	有	有	有
	航危报	部分站	部分站	部分站
	省定其他任务	省气象局指定	省气象局指定	省气象局指定
	自动气象站每小时正点文件	有	有	有
报表	月报表	有	有	有
	年报表	有	有	有

表2.2 云、能见度、天气现象人工和自动化观测内容

分类		目前人工观测内容	实现自动观测的内容
云		云高、云量、云状	云高、云量
能见度		能见度	能见度、最小能见度
天气现象	降水现象	11种:雨、阵雨、毛毛雨、雪、阵雪、雨夹雪、阵性雨夹雪、冰雹、霰、米雪、冰粒	8种:雨、阵雨、毛毛雨、雪、阵雪、雨夹雪、阵性雨夹雪、冰雹
	视程障碍	9种:雾、轻雾、吹雪、雪暴、烟幕、霾、沙尘暴、扬沙、浮尘	5种:雾、轻雾、霾、沙尘暴、沙尘(将扬沙和浮尘合并为沙尘)
	地面凝结	4种:露、霜、雨凇、雾凇	4种:露、霜、雨凇、雾凇
	雷电	3种:雷暴、闪电、极光	1种:雷电(将雷暴和闪电合并为雷电)
	其他	7种:大风、飑、龙卷、尘卷风、冰针、积雪、结冰	4种:大风、飑、积雪、结冰

表2.3 各类观测站业务调整后观测项目设置一览表

序号	观测项目	基准站**	基本站	一般站
1	气压	是	是	是
2	气温	是	是	是
3	相对湿度	是	是	是
4	风向风速	是	是	是
5	降水量	是	是	是
6	能见度	是	是	是
7	日照	是	是	是
8	地温	是	是	是
9	天气现象	是	是	是
10	云	是	是	是
11	蒸发	是	是	—
12	辐射	是	是*	—
13	雪深	是*	是*	是*
14	冻土	是*	是*	是*
15	电线积冰	是*	是*	是*

注:1. * 表示该项目仅在有业务和服务需求的台站开展;

    2. ** 表示仅在极少数基准站长期保留人工观测。

表 2.4 定时人工观测项目

时间	北京时			
	02、08、14、20时	08时	14时	20时
观测项目	云能见度 天气现象 气压 气温 湿度 风向、风速 0~40 cm地温	降水量 冻土 雪深 雪压	80~320 cm 地温地面状态	降水 蒸发 最高、最低温度 最高、最低地面温度
说明:未使用自动气象站的基准站除02、08、14、20时外,其他正点时次还需观测云、能见度、天气现象、气压、气温、湿度、风速、风向。				

表 2.5 定时自动观测项目

时间	北京时		地平时	
	每小时	20时	每小时	24时
观测项目	气压、气温、湿度、风向、风速、地温及其极值、出现时间 降水总量 蒸发总量	日蒸发量	日照 辐射时曝辐量 辐射辐照度及出现时间	日照总时数 辐射日曝辐量 辐射日辐照度及出现时间

4. 地面气象观测场

观测场四周空旷平坦,所取得的资料应具有较好的代表性。经纬度(精确到分)和海拔高度(精确到 0.1 m)刻在石桩上,埋设在场内。观测场一般是 25 m×25 m 的平整场地,保持均匀草坪,草高不超过 20 cm,不准种植作物,设 1.2 m 高稀疏围栏,内设 0.3~0.5 m宽小路,只准在小路上行走,小路下建线缆沟或埋设线缆管。如图 2.1 所示,给出了地面气象观测场实例。在实际应用过程中,可根据场地周围环境及观测目地的需要对场地进行扩大或缩小面积,也就是说 25×25 m 的标准场地并不是唯一的。

图 2.1 地面气象观测场

5. 气象观测及气象站的一般要求

人们设计的全球观测系统应满足气象观测要素的要求,由地基子系统和空间子系统组成。地基子系统按照不同的应用分为各种类型的气象站(例如:地面气象站、高空站、气候站等)。空间子系统由具有探测使命的空间飞行器和相应的用于指令、控制和资料接收的地面部分共同组成。自动气象站由电子设备和计算机控制的自动进行气象观测和资料收集传输的气象站组成。自动气象站分为无人自动气象站、有线遥测自动气象站和长期自动气象站。

（1）观测员的职责

借助适当的仪器,按要求的准确度,进行天气和(或)气候观测;保持仪器和观测场地处于良好状态;编码和发送观测记录(在无自动编码和通信系统的情况下);维护现场自记设备,包括当需要时更换自记纸;当无自动系统或自动系统不能用时,整理或校核每周的和(或)每月的气候资料记录;当自动设备不能对全部要求的要素进行观测或自动系统不能运行时,提供补充观测或替代观测。

（2）气象站位置与安装状况

室外仪器必须安装在一块用浅草覆盖或具有局地代表性的约 10 m×7 m 的水平地面上,用稀疏的篱笆或木栅围绕,以阻止未经批准的人员进入。在围栏内,留出一块 2 m×2 m 的裸地,用作地面状态观测和深度浅于 30 cm 的土地湿度观测;测点不应设在凹地,附近应无陡峭的倾斜地表,假如这些条件不能符合,则该观测值仅能表征纯粹的局地意义上的独特性;测点应远离树木、建筑物、墙或其他障碍物。任何此类障碍(包括栅栏)离雨量器盛水口上边沿的距离应不小于障碍物高度的 2 倍,最好 4 倍于此高度。日照计、雨量器、风速表必须安装在暴露状况满足各自要求的位置上,并如同其他仪器一样需要位于同一场地内。对于风的测量来说,开阔的地点更加合适。非常开阔的测点对大多数仪器是合适的,但对雨量器来说是不合适的。如果围栏场地妨碍对周围场地获得更开阔的视野,为了能见度的观测必须选择另一个测点。为了观测云和能见度,要求有开阔的场地。在沿海站,要求有开阔的海面视野,但又不应太接近悬崖边沿,因为悬崖引发的风的漩涡将影响降水量和风的测量。云和能见度的夜间观测,最好在不受外来灯光影响的测点进行。

（3）检查与维护

所有陆地天气站和主要的气候站至少每两年检查一次,农业气象站和特种站必须在相当短的时间内进行检查,以确保维持高标准观测和仪器的正常运行。对观测场地和仪器应该定期维护,这样在两次测站检查期间,观测质量不会明显降低。比如:观测场地的定期治理,常规质量控制检验,仪器故障的诊断和维修。

（4）气象站的坐标

纬度精确到分,经度精确到分。测站位于平均海平面以上的高度,即测站的高度精确到米。气象站海拔高度的两种定义方法:安装雨量器的地面距平均海平面的高度,假如无雨量器,则定义为温度表百叶箱下方地面的平均海拔高度。

（5）对观测仪器的总要求

对气象仪器最重要的要求:准确度、可靠性、操作与维护方便、设计简单和耐久性。自记仪器需经常检修和比对,以确保其准确性。

§2.4 气象观测及对仪器的总要求

1. 气象要素尺度分类

观测资料所需要的密度和分辨率,与分析和应用相适应的各种现象的时间和空间尺度均有关。世界气象组织 WMO 对气象要素的水平尺度分类如下:

(1) 小尺度(小于 100 km),例如雷暴、局地风、龙卷风;

(2) 中尺度(100~1 000 km),例如锋面、云团;

(3) 大尺度(1 000~5 000 km),例如低压、反气旋;

(4) 行星尺度(大于 5 000 km),例如高空对流层长波。

需要说明的是,在实际大气研究中,需要根据研究目的的不同对探测网格点进行适当的选择。同时,由于理解和认知的不同,以大气多尺度系统的研究需要,不同的科学家或教科书有可能给出不同的气象要素的分类。气象观测根据其用途应使之具有一定的代表性,举例来说:

例1 典型的天气观测站必须代表其周围 100 km 的范围,以便确定中尺度和较大尺度的现象。

例2 对于小尺度或局地应用来说范围可能为 10 km 大小或更小。

在丘陵或海滨地区的气象站,对于较大尺度或中尺度来说,似乎不具有代表性,然而,即使不具有代表性的气象站,其观测时间上的同一性,仍能使应用者有效地利用这些资料。

在气候研究中,必须详细地考察气象站的历史沿革。使用历史沿革资料须注意的问题是涉及气象资料及与之相关的历史沿革资料的真实性和可用性。

2. 气象观测及对仪器的总要求

对气象仪器最重要的要求是测量仪器具有以下特性:准确度、可靠性、操作与维护方便、设计简单和耐久性。考虑前两个要求,一种仪器在长时间内保持已知的准确度是很重要的。这比开始有更高的准确度,但在工作条件下,却不能长期保持的仪器更好。通常仪器的初始检定与设想输出之间会出现一定的偏差。当正常工作时,需要对观测资料进行修正。重要的是修正值应与仪器共同保存在观测站上,并明确指导观测员具体使用。结构简单、结实、操作与维护方便也是重要的。因为大多数气象仪器要年复一年地连续使用,并且可能被安装在远离修理条件好的地方,对全部或部分地暴露在自然条件下的仪器,结构坚固是特别重要的,如仪器具备这些特点,将会减少获得良好观测资料所需的整体费用,它的价值胜过起始价格。

在气象上,有些自记仪器属于如下类型:感应元件的位移由杠杆放大,杠杆带动自记笔在自记纸上移动,自记纸则卷在由钟机驱动的钟筒上。这种自记仪器不仅在轴承处,而且在自记笔和自记纸之间应尽可能地减小摩擦。仪器具有调整自记笔在自记纸上的压力装置,这种压力应减少到最小,以使自记纸上画出连贯的、清晰的记录曲线。在钟机驱动的自记仪器上,也要有作时间记号的装置。在设计用于寒冷气候的自记仪器时,必须特别注意确保它们的性能不受严寒和潮湿的影响,并且日常的操作程序(作时间记号等)能够由戴手套的观测员来实施。自记仪器应该经常与直读式仪器作比对。越来越多的仪器使用半导体微电路的电子记录方法,对轴承、摩擦和寒冷天气下工作的诸多相同考虑,也适用于这些仪器的机械部件。

3. 测量标准及其定义

测量标准可以从以下定义来理解，"标准"及相类似的词汇是指用以确定计量准确度的各种仪器、方法和标度。计量标准的术语由国际标准化组织、国际法制计量组织、国际度量衡局和其他组织共同给出（见表2.6）。

表2.6　计量标准术语

序号	名　称	含　义
1	校准器	仪器或测量系统的校准通常都是与一个或多个标准器进行对比，这些标准器可按它们的计量学性质进行分类。
2	基准 或一级标准	具有最高计量学性质的标准器，其量值可以接受而无需参照其他标准器。
3	二级标准	其值是通过与基准进行比对而认定的标准器。
4	校准实践 (Calibration practice)	气象仪器的校准通常是在拥有合适的测量标准器和校准装置的实验室进行。
5	测量标准 (Measurement standard)	一个实物量具、计量仪器、标准物质或测量系统，用以定义、实现、保存或复现一个量的单位或一个及多个量值，以作为一个标准。例如：1 kg 质量标准。
6	国际基准 (International standard)	经国际协议承认的标准器，在国际上用它对相关量的所有其他标准定值的。
7	国家基准 (National standard)	经国家承认的标准器，在国内用它作为有关量的其他标准定值的依据。
8	主基准 (Primary standard)	指定的或广泛公认的具有最高计量学属性的标准器，其值不用参考相同参量的其他标准器即可接受。
9	副基准 (Secondary standard)	与相同量的主基准比对后定值的标准器。
10	参考标准 (Reference standard)	在确定的地区或确定的组织内，通常具有最高计量学属性的标准器。
11	工作标准 (Working standard)	日常用于校准或检验实物量具、测量仪器或标准物质的标准器。
12	传递标准 (Transfer standard)	用作中介比对标准的标准器。
13	移动式标准 (Travelling standard)	具有某些特殊结构的标准器，用于在不同地区传递。
14	集合标准 (Collective standard)	一组相同的实物量具或测量仪器，通过它们的联合使用，履行标准器的作用。
15	溯源性 (Traceability)	测量结果或标准值的一种特性，据此可以通过连续的比较链，将测量结果与规定的标准器（通常是国家基准或国际基准）联系起来，它们都具有固定的不确定度。
16	校准 (Calibration)	在规定的条件下，为建立测量仪器测量系统或实物量具的指定值与相应的已知物理量的关系的全部工作。

气象上常用的单位为气压(hPa)、温度(℃)、风速(m/s)、相对湿度(％)、降水(mm)、蒸发(mm)、能见度(m 或 km)、辐照度($W \cdot m^{-2}$)、日照(h)、云高(m)、云量(八分之一,我国用十分之一)。

每一种测量都有误差,同样的,大气探测中的误差也同样不可避免,其误差主要来源有:

① 在国际的、国家的和工作的标准器中的误差和在它们之间比对中的误差,对于气象应用来说,认为这些误差可以忽略不计。

② 在工作标准、移动标准和(或)考核标准与现场仪器之间,在实验室或在现场的液体浴槽中的比对求出的误差。

③ 现场的温度表及其转换器的非线性、飘移、可重复性和复现性。

④ 在温度表感应元件和温度表防辐射罩中的空气之间的热交换效能,应确保元件处在空气的热平衡状态中。在设计良好的通风防辐射罩中,此项误差很小,否则它就可能较大。

⑤ 温度表防辐射罩的效能必须确保防辐射罩中的空气与紧密环绕防辐射罩的空气具有相同的温度,在设计良好的情况下,此项误差很小。但是有效的和无效的防辐射罩之间的温度差可达 3 ℃,或特殊情况下可能更大。

⑥ 安装状况应确保防辐射罩处于有代表性的温度处。附近的热源热汇(建筑物、防辐射罩周围的其他无代表性的表面)和地形(小山、陆水边界)可能引起较大的误差。

在大气探测仪器测量时,需要知道所探测的数据相关的一些概念(见表2.7),而仪器测量特性及其误差的定义在表2.8中给出。

表 2.7 与测量数值有关的概念

序号	名　称	内容或定义
1	测量(Measurement)	以确定被测对象量值的全部操作。
2	测量结果 (Result of a measurement)	由测量所得到的被测量的值。
3	已修正结果 (Corrected result)	经系统误差修正后的测量结果。
4	量值 [Value(of a quantity)]	一个特定量的大小,它通常表示为一个测量单位乘以一个数。
5	[量的]真值 [True value(of a quantity)]	一个与给定量的定义值相一致的值。
6	测量准确度 (Accuracy of measurement)	测量结果与被测量的真值之间一致的程度。
7	[测量结果的]重复性 [Repeatability (of result of measurement)]	在同样的测量条件下,对同一被测的量进行多次测量的结果相一致的程度。
8	[测量结果的]复现性 [Reproducibility (of result of measurement)]	在不同的条件下,对相同的被测量进行测量的结果之间相一致的程度。

续表

序号	名 称	内容或定义
9	［测量］不确定度 (Uncertainty of measurement)	与测量结果有关的一种变量,用它表征测量值的离差。
10	［测量］误差 ［Error(of measurement)］	测量的结果减去被测量的真值。
11	偏差 (Deviation)	测量值减去其约定真值。
12	随机误差 (Random error)	测量结果减去其平均值,该平均值是在可重复性条件下,对同一被测量对象进行多次测量得出的平均值。
13	系统误差 (Systematic error)	在可重复条件下,对同一被测量对象进行多次测量求得平均值减去被测量真值。
14	修正值 (Correction)	在未修正的测量结果上加上的数值,以作为对系统误差的补偿。

表 2.8 与大气探测仪器有关的特性

序号	名 称	含义或内容
1	灵敏度(Sensitivity)	测量仪器的响应变化除以相应的激励变化。
2	识别率(Discrimination)	测量仪器响应激励值微小变化的能力。
3	分辨率(Resolution)	指示器件对被指示量的紧密相邻值做有意义的辨别能力的定量表示。
4	滞差(Hysteresis)	测量仪器对确定的激励作用的响应特性,表现为与先前的激励结果有关。
5	滞后误差(Lag error)	由于观测仪器的有限响应时间而使一组测量可能具有误差。
6	稳定度［仪器的稳定性］ (Stability of an instrument)	仪器维持计量特性随时间不变的能力。
7	飘移(Drift)	测量仪器的计量特性随时间的缓慢变化。
8	响应时间 (Response time)	响应受到特定突变激励与响应到达并保持在其规定的最后稳定值时刻的时间间隔。
9	响应时间的陈述 (Statement of response time)	常常以达到阶跃变化的 90% 所需时间作为响应时间;有时把该阶跃变化的 50% 所需的时间称为半响应时间。
10	响应时间的计算 (Calculation of response time)	在大多数简单的系统中,对阶跃变化的响应是:$Y = A(1 - e^{-t/\tau})$,式中 Y 是经历时间 t 后的变化,A 是阶跃变化的幅度,t 是从阶跃变化开始经历的时间,τ 是具有时间量纲的该系统的特征参数。

习 题

1. 简述气象要素的水平尺度分类。

2. 简述测量误差的主要来源。

3. 简述观测员的职责。

4. 简述对仪器的总要求。

5. 简述位置与安装状况。

6. 简述测量标准及其定义。

7. 为什么要研制自动气象站？

8. 自动气象站主要有哪几种？

9. 自动气象站主要测量要素有哪些？

10. 自动气象站的数据是如何传送的？

参考文献

1. 中国气象局监测网络司.气象仪器与观测方法指南(第六版).北京:气象出版社,2005.

2. 中国气象局.地面气象观测规范.北京:气象出版社,2003.

3. 中国气象局.农业气象观测规范(上、下册).北京:气象出版社,1993.

4. 中国民用航空局空管行业管理办公室.民用航空气象地面观测规范.北京:民航局空管局,2012.

5. World Meteorological Organization. Manual on the Global Observing Sytem. Volume I, Global aspects. WMO - No.544,Geneva,1981.

6. World Meteorological Organization. Guide to Hydrological Practices. Fifth edition. WMO - No. 168, Geneva,1994.

推荐阅读

1. 中国气象局监测网络司.气象仪器与观测方法指南(第六版).北京:气象出版社,2005.

2. 中国气象局.地面气象观测规范.北京:气象出版社,2003.

3. 中国气象局.农业气象观测规范(上、下册).北京:气象出版社,1993.

4. 中国民用航空局空管行业管理办公室.民用航空气象地面观测规范.北京:民航局空管局,2012.

5. World Meteorological Organization Guide to Hydrological Practices. Fifth edition, WMO - No. 168, Geneva,1994.

6. 张霭琛.现代气象观测(第2版).北京:北京大学出版社,2015.

7. 中国气象局.地面气象观测规范.北京:气象出版社,2003.

8. 中国气象局气象探测中心.地面气象观测业务技术规定实用手册.北京:气象出版社,2016.

第3章
云、能见度、天气现象的识别与探测

本章重点:掌握云的观测和遥感反演、能见度和天气现象的识别和观测方法,掌握各种天气现象的特征以及天气现象的观测和记录,了解云物理基础。

§3.1 大气中云的识别与探测

3.1.1 云观测的科学意义

地球上有超过50%以上的天空覆盖着云,由于它本身的物理特性,使其成为地气系统中决定辐射收支最重要的调节器。影响气候变化的大气关键要素之一就是云的不确定性。决定云在全球气候变化中的作用取决于云的液态水(或冰水)含量及其粒子尺度等微物理性质。此外,气溶胶可以充当凝结核和(或)冰核,从而改变云的光学性质、云量以及云的演化过程(称为间接效应)。成云致雨(雪、雹)过程的理论研究和观测手段是云物理学研究的核心。一维气候模式数值实验表明:非黑体高云(主要由冰晶组成)由于对太阳短波辐射的透射和云体本身的反射辐射,通常在对流层和平流层底层产生增暖效应,中云和低云(主要由水滴构成)因云体较强的反射阻止太阳辐射到达大气底层,从而对大气和地球表面起着冷却作用。所以对地气系统的辐射作用存在两种完全相反的作用:一方面,它反射很大部分的入射太阳通量;另一方面,它又捕获云下的大气和地球表面反射的出射热红外通量,这两者能量的比值将决定由云产生的辐射在全球能量平衡上的倾斜度,云的增暖和冷却效应取决于云的物理、光学参数及其时空分布特征。

尽管全球在云的研究上已取得长足的进展,然而,鉴于云在地气系统研究中所处的重要地位,而其分布又是三维场(严格地说是包含时间维的四维场)的复杂事实,所以到目前为止,仍然有很多科学问题没有完全解决。

自1960年起,云的研究已经过去了半个世纪,2001年Menzel在美国气象学会简报上发表了先驱者Fujita的工作,是关于云卫星研究进展非常详细的评论性论文。云的作用主要体现在以下几个方面:

(1)云是水循环的重要环节:地面和水面上的水通过蒸发变成水汽到达空中,然后通过凝结(华)形成云,在大气环流的作用下可以移向其他地区,也可以形成降水,再汇入河流、湖泊和海洋。

(2)影响气候变化:从卫星云图可以看出,全球几乎一半地区都被云遮蔽。云对太阳辐射的分配起了调节作用,因此云的覆盖面和分布状况从气候上来说也是一个不可忽视的重要因素。

（3）飞航安全：云对飞机的起飞、着陆和航行有着极大影响，比如在对流云中飞行会产生强烈的颠簸，甚至是雷击。此外，低云则影响飞机着陆。飞机穿过过冷却云时易产生积冰，使飞机载荷过重，改变机翼机身的形状，影响飞机的动力性能。

（4）云是天气预报的重要影响因素之一，云对降水、日照、气温变化等有重要的影响。因此，在天气预报中云必然处于一个十分重要的地位，提高云变化的预报准确率显然对于防灾减灾具有重要意义。

3.1.2　云的定义及形成原因

云物理的研究开始很早，但作为独立的一门学科，大概从 20 世纪 40 年代开始，到 60 年代中期以前，云物理学内容着重于研究云的微物理学。此后云的动力学得到发展，自 70 年代开始，特别是自 80 年代以来，云物理学发展到一个新的阶段。主要标志一是用现代化的技术装备（先进的多功能雷达、配有多种仪器的探测飞机、快速的数据处理系统和卫星探测等多种手段）来研究云、云系、强风暴的内部结构和发生发展过程；二是用现代快速计算机，对云中微物理过程和动力过程、云与环境紧密的关系进行数值模拟和实验，从而阐明云和降水发生发展的条件、物理过程、控制因素及其变化规律；最近，人工智能也在云的研究中得到了应用。

那么什么是云呢？云是大气中的水汽凝结（凝华）成的水滴、过冷水滴、冰晶或者它们混合组成的飘浮在空中的可见聚合体。云的形成主要是由水汽凝结造成的，是地球上庞大的水循环有形的结果。太阳照在地球的表面，水蒸发形成水蒸气，一旦水汽过饱和，水分子就会聚集在空气中的微尘（凝结核）周围，水滴或冰晶将阳光散射到各个方向，就产生了云。飘浮在天空中的云是由许多细小的水滴或冰晶组成的，有的是由小水滴或小冰晶混合在一起组成的，有时也包含一些较大的雨滴及冰、雪粒，云的底部不接触地面，并有一定厚度。

这些液相和固相粒子有的在云中能长得较大成为降水粒子，以雨、雪或雹等形式降落到地面。云的微物理过程就是这些粒子在云中的生长和演变以及形成降水的过程。对于云的形成与发展过程来说，除了云的微物理过程即粒子的生长和演变外，还有云的宏观物理过程。宏观物理过程主要讨论云的形态，包括云厚和水平尺度以及云中流场等。云的宏观与微观物理过程是相关联的。

由液相粒子，即水滴构成的云称为暖云，一般处于温度 0 ℃ 以上的空间里。而将含有冰相粒子的云称为冷云。有时也将液相和冰相共存的云称为混合相云。

1. 暖云微物理特征

暖云的微物理特征可以用暖云中各种大小云滴的浓度分布，即云滴谱来描述。云滴谱是在动力和热力条件下通过宏观和微观物理过程形成的。云滴生长理论也要用云滴谱实际资料来检验。

云滴谱可以用 $n(r)$ 来描述，$n(r)dr$ 表示单位体积空气中云滴半径在 r 与 $r+dr$ 之间的云滴个数。云滴直径一般在 $50~\mu m$ 以下，最大可达 $100~\mu m$，云滴总浓度 $10^1 \sim 10^3$ 个/cm^3，云滴谱分布一般为单谱峰或单调下降谱，即小云滴浓度大于大云滴浓度，它们之间的浓度差 $1 \sim 2$ 个数量级，有的云滴谱出现双峰或多峰谱分布，除了直径 $10~\mu m$ 以下第一个峰外，在较大云滴范围如 $50~\mu m$ 左右又出现第二个峰。雨滴是直径大于 $100~\mu m$ 的水滴，它的浓度要比云滴小 6 个量级左右。在云滴与雨滴之间直径 $50 \sim 100~\mu m$ 的水滴称为大云滴。云滴、大云滴和雨滴的浓度相差甚大。表 3.1 列出了云雨粒子的大小和浓度概量。

表 3.1　云雨粒子的大小和浓度概量

种　类	直径(μm)	浓度(个/cm^3)
云滴	1～50	100
大云滴	50～100	0.1～1
雨滴	100～3 000	10^{-4}～10^{-3}

那么云滴是如何形成的呢？从单一水汽相态中产生液相水滴的过程并不是由水汽连续转变而来的，而是先在水汽中产生水滴胚胎，在适宜条件下胚胎长大形成水滴。这种生成水滴胚胎的过程称为核化。仅仅由水汽分子自身凝聚而成为水滴胚胎称为均质核化，有其他物质参与下形成水滴胚胎称为异质核化。

云滴的凝结核分为可溶性和不溶性两种。大气中含有大量的处于悬浮状态的固态和液体微粒，称为气溶胶粒子，其中一部分气溶胶粒子在大气饱和或接近饱和情况下，可以作为核心形成水滴胚胎的称为凝结核。

大气凝结核按它们的大小可以分为三类：埃根核（Aitken）、大核和巨核。它们的浓度变化很大，在海洋上空不到 1 个/cm^3，而在大工业城市可大到 10^6 个/cm^3，各地区不同的天气条件下浓度也有很大差异，一般随核半径增大浓度减小。表 3.2 给出了各类凝结核大小和浓度。

表 3.2　各类凝结核大小和浓度（个/cm^3）

核种类	埃根核	大核	巨核
半径	5×10^{-3}～0.2	0.2～1	>1
工业城市	10^4	10^2	1
大洋中部	10^2～10^3	1～10	1

在一定的水汽条件下，云滴浓度小则出现大云滴的概率增大，另一方面巨核浓度大也有利于出现大云滴。在海洋上空比大陆上凝结核浓度小而巨核浓度较大，数值模拟结果表明，凝结核浓度小是出现大云滴的主要原因，巨核能较快形成大云滴。大气凝结核主要是吸湿性核，也可称为可溶性核。由于溶液表面水汽压小于纯水表面水汽压，因此在空气接近饱和时在吸湿核上便能发生凝结。

2. 冷云微物理过程

在 0 ℃以下的云中常可观测到过冷水滴，甚至在温度低于 −35 ℃的云中仍有过冷水滴，而云中冰晶和过冷水滴共存与雪、雨和雹的形成密切相关。

过冷水滴冻结为冰晶是相态的转化，首先要产生初始冰晶胚胎即核化过程，并具有类似于磷石英的六边形晶体结构，可以把水的结构想象成破坏了的冰结构。当温度降低时，过冷水的分子排列逐渐变得与冰结构相似。在过冷水中生成若干分子集合而成的分子簇具有冰的结构，这些分子簇时生时灭，随温度降低，这种具有冰结构的分子簇达到冰晶胚胎的临界尺度概率增大，最后超过临界尺度而得以保存下来，并随自由能减少而积雪长大，形成冰晶，这就是前文提到的均质核化。当过冷水中含有类似冰晶结构的固态粒子时，粒子表面力场的作用使水分子束缚在粒子的表面，并固定在冰的晶格中，使之不易受到分子热碰撞破坏，从而达到冰相核化的临界尺度概率增大,这就是常说的异质核化。通常异质核化的温度要高于均质冻结核化温度。

冰晶的凝华增长与水滴的凝结增长本质相同,凝华增长率是由冰晶周围水汽扩散和热传导规律确定的,由于冰晶形状复杂,所以凝华率的计算比较困难。冰晶的凝华增长是云中产生降水胚胎的有效过程。因为冰晶表面的饱和水汽压要低于同温度下水面饱和水汽压,因而冰晶的凝华生长率较大。在冰水共存的云中,水汽压一般接近水面饱和。表 3.3 和表 3.4 分别给出了冰晶的形状参数和冰晶形状随温度的变化。

表 3.3　冰晶的形状参数

形状	形状参数 C
球状	r
盘状	$2r/\pi$
偏平椭球	$ae/\arcsin \ln\left[(1+e)/(1-e)\right]$
伸长椭球	$ae/\ln\left[(1+e)/(1-e)\right]$
针状	$a/\ln(2a/b)$

表 3.4　冰晶形状随温度的变化

温度	形状
$0\ ℃\sim-3\ ℃$	薄六角形板状
$-3\ ℃\sim-5\ ℃$	针状
$-5\ ℃\sim-8\ ℃$	空心棱柱
$-8\ ℃\sim-12\ ℃$	六角形板状
$-12\ ℃\sim-16\ ℃$	枝状冰晶
$-16\ ℃\sim-25\ ℃$	板状
$-25\ ℃\sim-50\ ℃$	空心棱柱

3.1.3　云的分类和识别方法

科学上云的分类最早是由法国博物学家尚·拉马克(Jean Lamarck)于 1801 年提出的。1929 年,国际气象组织以英国科学家路克·何华特(Luke Howard)于 1803 年制定的分类法为基础,按云的形状、组成、形成原因等把云分为十大云属。而这十大云属则可按其云底高度把它们划入三个云族:高云族、中云族、低云族。另一种分法则将积云与积雨云从低云族中分出,称为直展云族。

3.1.3.1　气象学分类

获得比较精确的全球尺度的云的详细信息,是气候模式和气候监测所要求的。由于在气候模式中已经建立了云的模式研究,气候中云的角色模式研究和观测研究已经被应用到检验气候的灵敏度和模拟实际变化的云量之中。云的观测一般从宏观和微观两方面进行:云的微观观测,包括云粒子的相态、形状、谱分布和云中含水量等的观测,这对于研究云的起因和云中微物理过程具有重要意义,它属于云微物理学的研究内容。而云的宏观观测,则从云的外形特征入手,区分出不同种类的云,以便于对云的种类、分布、量的多少和云底的高低等有一个全面了解,为气候学研究积累资料。云的宏观观测,过去通常由人进行目测,随着科学技术的发展,各种测云仪器也相继研制成功,特别是气象卫星的应用,为云的大范围观测提供了重要手段。另外,根据观测的途径,云观测还可以分为便捷的地表观测和卫星遥感观测。

目前国际上云的分类原则主要以云的外形(亮度、色彩、延展及大小等)以及高度等特征作为基础,适当结合云的发展及内部结构,将云分成 3 族 10 属,每属又分为若干亚属、种、类等。我国地面气象观测规范中也参照国际上的分类标准进行分类(见表 3.5),外观的基本特征见表 3.6。

根据观测和天气预报的需要,按云的底部距离地面的高度将云分为高、中、低 3 族,然后按云的宏观特征、物理结构和成因划分为 10 属 29 类云。

低云分为积云、积雨云、层积云、层云、雨层云五属。

多数低云都有可能产生降水,雨层云多出现连续性降水,积雨云多产生阵性降水,有时降水量很大。

中云分为高层云、高积云两属。

中云由水滴、过冷水滴与冰晶混合组成。云底高度一般在 2 500~5 000 米之间。高层云常产生降水。

高云包括:卷云、卷层云、卷积云。

高云主要由细小的冰晶组成,云底高度通常在 5 000 米以上。一般不产生降水,冬季北方的卷层云、密卷云偶尔也会降雪,有时可以见到雪幡。如图 3.1 所示,给出了不同种类的云的高度分布。

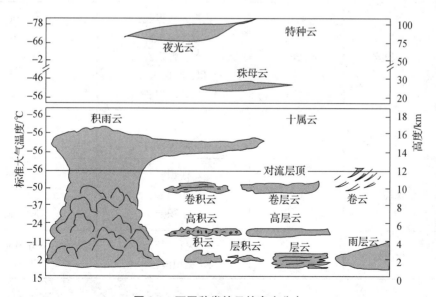

图 3.1　不同种类的云的高度分布

表 3.5 云的分类

云族	云属		云类	
	学名	英文简写	学名	英文简写
高云	卷云	Ci	毛卷云 密卷云 伪卷云 钩卷云	Ci fil Ci dens Ci not Ci unc
	卷积云	Cc	卷积云	Cc
	卷层云	Cs	毛卷层云 钩卷层云	Cs fil Cs nebu
中云	高积云	Ac	透光高积云 避光高积云 荚状高积云 积云性高积云 絮状高积云 堡状高积云	Ac tra Ac op Ac lent Ac cug Ac flo Ac cast
	高层云	As	透光高层云 避光高层云	As tra As op
低云	雨层云	Ns	雨层云 碎雨云	Ns Fn
	层积云	Sc	透光层积云 避光层积云 荚状曾积云 积云状层积云 堡状层积云	Sc tra Sc op Sc lent Sc cug Sc cast
	层云	St	层云 碎层云	St Fs
	积云	Cu	淡积云 碎积云 浓积云	Cu hum Fc Cu cong
	积雨云	Cb	秃积雨云 鬃积雨云	Cb calv Cb cap

表 3.6　云的一些特性

云族	云属及种（国际简写）	云高（m）	云厚（m）	颜色	云的结构	降水	光学现象透光程度	成云过程及扰动强弱
高云	卷云 Ci（Ci fil Ci dens Ci not Ci unc）	一般：5 000 以上（可能范围 3 000～15 000）	一般：数百，密卷云可达 3 000	纯白，太阳甚低时呈灰色	冰晶组成	无，或不及地	透光良好，偶可见晕	由锋面或气流场复合形成或 Cb 云顶扩散而成，扰动微弱
	卷层云 Cs（Cs fil Cs nebu）	一般：5 000 以上（6 000～8 000）	100 至数千，最后：8 000	同上	同上	同上	透光较好晕明显可见	由锋面和气流场复合形成，无扰动
	卷积云 Cc	6 000～8 000 甚至更高	200～400	纯白	冰晶，偶有过冷水滴	无	透光良好	卷层云演变或高层大气扰动，扰动较弱
中云	高积云 Ac（Ac tra Ac op Ac lent Ac flo Ac cast Ac cug）	平均：4 000（1 800～7 000）	透光：100～300 避光及积云性：200～700 或稍厚	白到灰	水滴或有少量冰晶、雪花	无、有时有雨（雪）幡	薄的可透光并有华或虹彩	锋面抬升，耦合。Ac cng 由 Cu 顶部扩展底部消灭形成。Ac lent 由间接抬升或气流中障碍物抬升形成
	高层云 As（As tra）	3 000～5 500	数百	灰白	混合云由冰晶、水滴组成，低层夹有雨滴活雪片	冬可降雪	偶可见华，日、月如透毛玻璃	锋面抬升、辐合抬升扰动无或甚弱
	As op	1 600～4 000	数百到 2 500	深灰或带蓝色		有降水	日、月位置隐约可见	
低云	层积云 Sc（Sc tra Sc op Sc lent Sc cag Sc cast）	通常：1 000～2500	200～800 偶可达 2 000	灰	水滴组成（有利尺度：5～8 μm）	通常无 Sc op 偶降微弱间歇降水	日、月仅能在薄缘处透过，华少见	垂直混合或垂直混合与蒸发并存，地形抬升，积云平衍，有轻到中度扰动

云族	云属及种（国际简写）	云高（m）	云厚(m)	颜色	云的结构	降水	光学现象透光程度	成云过程及扰动强弱
低云	层云 St / Fs	几十到1 000	几十到800	灰白	水滴为主(有利尺度：2~5 μm)负温时有冰晶、雪花	可降毛毛雨或雪	日、月通常不透，有时可透，如白色玉盘	地形抬升、雨滴蒸发混合、Fs合并、雾抬升，无或极微扰动(Fs常由St分裂吹散形成)
	雨层云 Ns / Ns	500~2 000	1 200~6 000	暗灰	顶部冰晶，底部冰滴、冰晶(有利尺度7~10 μm)	连续性雨或雪	日、月不可见，微弱光似发自云内	大范围锋面及辐合抬升或相当范围内的地形抬升(Fn常在Ns之下在降水时形成)
		Fn	50~300	100~500					
	积云 Cu / Cu hum	500~1 000（平均800）	150~1 500	白到暗灰	水滴(有利尺度6~11 μm)	通常无，副热带浓积云可降雨	日、月尽透过边缘部分	热力抬升、地形抬升、垂直混合
		Cu con		1 500~5 000					
		Fc		100~500					
	积雨云 Cb / Cb calv Cb cap	500~1 500甚或更低	冬：4 000~6 000 夏：8 000~10 000	侧视黑有白顶、布满全天时乌黑阴暗	底部水滴或冰水混合，顶部仅为冰晶	降阵雨或冰雹，雨幡常见	日、月不可见，日光被遮部分黑暗，被照部分白亮	热力、地形、锋面抬升，要求有不稳定气层及较大水汽含量。浓积云发展到冰层以上时形成，扰动极强

3.1.3.2 云状特征

云的形成和发展是十分复杂的物理过程。在大气中温度、湿度、气流、凝结核和冰核数量的多少等诸多因素的相互作用下，形成了绚丽多彩的云，并具瞬间多变的特点。熟练地掌握云的特征，就能够准确地识别各种云状，不断提高观测云的水平。

（一）低云

低云包括积云、积雨云、层积云、层云和雨层云五属。

低云多由微小水滴组成，厚的或垂直发展旺盛的低云的下部由微小水滴组成，而中、上部由微小水滴、过冷水滴和冰晶混合组成。低云的云底距地面高度较低，一般低于2 500 m，它随季节、天气条件和不同地理位置而有变化。

多数低云都有可能产生降水，雨层云多出现连续性降水，积云多产生阵性降水，有时降水量很大。

1. 积云(Cu)

积云轮廓分明顶部凸起,底部平坦,云块之间多不相连;它是由低层空气对流作用使水汽凝结或在冬季凝华而形成的直展云。发展旺盛的积云,可降小阵雨。

(1) 淡积云 Cu hum

云的个体不大,轮廓清晰,底部较平,顶部呈圆弧形凸起,垂直发展不旺盛,云底较扁平,薄的云块呈白色,厚的云块中部有淡影。分散在空中,晴天常见。如图 3.2 所示。

当大气中产生对流运动时,一部分空气上升,四周空气下沉补充,下沉气流区则因绝热增温,不会凝结成云;上升气流的水平范围从几十米到几千米,这种大小不等的上升气块到达凝结高度时,便形成了许多孤立分散的对流单体,并形成了大小不一的积云体。

淡积云由直径 $5\sim30\ \mu m$ 的水滴组成,而北方和高寒地区冬季的淡积云是由冰晶组成的,有时会下零星雨雪。

(2) 碎积云(Fc)

破碎不规则的积云块,个体不大,轮廓不完整,形态多变,多为白色碎块,往往是破碎了的积云。如图 3.3 所示。

碎积云体的形成,开始并不是很明显,往往是边形成边消散,所以形成了薄而边缘破碎的碎积云。大气中对流增强时,碎积云可以发展成淡积云;若有强风和湍流时,淡积云的云体会变得破碎,形成碎积云。

碎积云多由 $1\sim15\ \mu m$ 的水滴组成。天空中若只有碎积云出现,且无明显发展时,一般表示天气系统稳定。

图 3.2　淡积云

图 3.3　碎积云

(3) 浓积云(Cu cong)

云的个体高大,轮廓清晰,底部较平、阴暗,垂直发展旺盛,垂直高度一般大于水平宽度,顶部呈圆弧形重叠凸起,很像花椰菜。如图 3.4 所示。

浓积云由淡积云发展而成,是对流云发展的旺盛阶段。一般不产生降水,但有时降小雨。如果在早晨有浓积云发展,表明大气层结不稳定,常有积雨云发展,甚至有雷阵雨产生。

浓积云由大小不同的水滴组成,小水滴直径一般为 $5\sim50\ \mu m$;大水滴多出现在 $100\sim200\ \mu m$。当垂直气流很强,发展旺盛时,顶部温度在 $-10\ ℃$ 以下,可出现霰和冰晶。有时顶部出现一条白云,叫作幞状云。

2. 积雨云（Cb）

积雨云云体庞大、浓厚，很像耸立的高山，顶部已开始冻结，呈白色，轮廓模糊，有的有毛丝般的纤维结构。云底阴暗，气流混乱，起伏明显，有时呈悬球状结构，常有雨幡下垂，或伴有碎雨云。

积雨云是对流云发展的极盛阶段。发展成熟的积雨云常产生较强的阵性降水，并伴有大风、雷电等现象。有时还会降冰雹，偶尔有龙卷风产生。积雨云多由水滴、过冷水滴、冰晶、雪花组成，有时还包含有霰粒、冰雹。在云内有强烈的上升、下沉气流区，可观测到速度为几十米/秒的上升、下沉气流，并经常出现起伏不平的云底。积雨云又可分为秃积雨云和鬃积雨云，分别阐述如下：

（1）秃积雨云（Cb calv）

秃积雨云是浓积云向鬃积雨云发展的过渡阶段。云顶已开始冻结，云顶花椰菜形的轮廓渐渐模糊，丝絮状结构还不太明显，云体其余部分仍具有浓积云特征。这是积雨云的初始阶段，存在时间较短促。如图 3.5 所示。

图 3.4　浓积云

图 3.5　秃积雨云

（2）鬃积雨云（Cb cap）

鬃积雨云是积雨云发展的成熟阶段，由秃积雨云发展而成。云顶白色，丝絮状结构明显，常呈马鬃状和铁砧状，底部阴暗，气流混乱。如图 3.6 所示。

3. 层积云 Sc

云块较大，在厚薄、形状上有很大差异，常呈灰白或灰色。薄的云可辨别太阳位置，厚的云比较阴暗。云块常成群、成行或成波状排列。布满天空，犹如大海的波涛。

图 3.6　鬃积雨云

在多数情况下，层积云是由于空气的波状运动和湍流混合作用使水汽凝结而成的。有时是由强烈的辐射冷却而形成的。一般表示天气稳定，若层积云逐渐加厚，甚至融合成层，则表示天气将有变化。低而厚的层积云往往产生降水。层积云厚度一般从几百米到两千米，多由直径为 $5\sim40\ \mu m$ 的水滴组成，在冬季出现的层积云也可能由冰晶、雪花组成。层积云可以分为以下几种。

（1）透光层积云（Sc tra）

云块较薄，呈灰白色，排列整齐，云块之间常有明显缝隙，边缘比较明亮。如图 3.7 所示。

（2）蔽光层积云（Sc op）

云块较厚，呈暗灰色，云块之间无缝隙，常密集成层，底部有明显的波状起伏，常布满全天，可产生降水。如图 3.8 所示。

图 3.7　透光层积云　　　　　　　　　　图 3.8　蔽光层积云

（3）积云性层积云（Sc cug）

云块较大，呈灰白色，多为条状，顶部具有积云特征，由衰退的积云或积雨云扩展而成，也可由傍晚地面湿热空气上升凝结而成。它的出现一般表示对流减弱，天气系统逐渐趋向稳定，但有时可降小雨。如图 3.9 所示。

（4）堡状层积云（Sc cast）

云块细长，底部平整，顶部凸起，有垂直发展的趋势。远处看去，好像城堡或长条形锯齿。如图 3.10 所示。

图 3.9　积云性层积云　　　　　　　　　图 3.10　堡状层积云

堡状层积云是由于较强的上升气流突破稳定层后，局部垂直发展所形成的。如果大气中对流继续增强，水汽条件也具备，则往往预示有积雨云发展，甚至有雷阵雨产生。

（5）荚状层积云（Sc lent）

中间厚、边缘薄，形似豆荚、梭子状的云条，个体分明。在山区由于谷地聚集充沛的水汽,受地形抬升作用,常常在山脊上空形成荚状云。如图3.11所示。

图3.11 荚状层积云

4. 层云(St)

(1) 层云(St)

云体均匀成层,呈灰色,很像雾,云底很低,但不接触地面,一般由直径5～30 μm的水滴或过冷水滴组成。厚度一般400～500 m。

层云是在气层稳定的情况下,由于夜间强烈的辐射冷却或湍流混合作用使水汽凝结或由雾抬升而成。层云经常在日出后由于气温升高,稳定层结被破坏而随之消散。有时层云也会降毛毛雨或米雪。如图3.12所示。

(2) 碎层云(Fs)

云体为不规则的碎云片,形状多变,移动较快,呈灰色或灰白色,往往由消散中的层云或雾抬升而成。天空出现碎层云多预示晴天。如图3.13所示。

图3.12 层云

图3.13 碎层云

5. 雨层云(Ns)

(1) 雨层云(Ns)

灰暗的均匀云层,能完全遮蔽日月,云底常伴有碎雨云。云底混乱,没有明显的界限,云层水平分布范围很广,常布满全天。云层厚度4 000～5 000 m。一般有连续性降水。云层较高的雨层云,常形成下垂的雨幡或雪幡。雨层云多由高层云发展而成,如可从蔽光高积云、蔽光层积云演变而成。如图3.14所示。

（2）碎雨云（Fn）

云体低而破碎，形状多变，移动较快，呈灰色或暗灰色，常出现在雨层云、积雨云或高层云下，是由于降水物蒸发、空气湿度增加，在湍流作用下水汽凝结而成的。这种低而破碎的云，叫作恶劣天气下的碎雨云。所谓恶劣天气，一般指降水时或降水前后的天气状况（黑云压境）。如图 3.15 所示。

图 3.14　雨层云

图 3.15　碎雨云

（二）中云

中云由高层云、高积云两属组成。

中云由水滴、过冷水滴与冰晶混合组成。云底高度一般为 2 500～5 000 m。高层云常产生降水。

1. 高层云（As）

云体均匀成层，呈灰白色或灰色，云体常有条纹结构，多出现在锋面云系中，常布满全天。高层云是由直径 5～20 μm 的水滴、过冷水滴和冰晶组成。演变成雨层云时，云底有时出现雨幡、雪幡，产生降水。

（1）透光高层云（As tra）

薄而均匀的云层，呈灰白色，日月朦胧可见，好像隔了一层毛玻璃。如图 3.16 所示。

（2）蔽光高层云（As op）

云体较厚，厚度较均匀，呈灰色，布满全天，不见日月，可产生连续性或间歇性降水。如图 3.17 所示。

图 3.16　透光高层云

图 3.17　蔽光高层云

2. 高积云（Ac）

云块较小，轮廓分明，在厚薄、形状上差异很大，薄的云块呈白色，能见日月轮廓。厚的云块呈灰色，日月轮廓分辨不清。常呈圆形、瓦块状、鱼鳞片或水波状的密集云条，并且成群、成行、成水波状排列。

高积云由水滴、过冷却水滴与冰晶混合组成。日月光透过高积云时，常形成内蓝外红的光环或华。高积云的成因与层积云相似。薄的高积云稳定少变，一般预示晴天，谚语"瓦块云，晒煞人""天上鲤鱼斑，晒谷不用翻"。高积云发展增厚，并融合成层，则说明天气将有变化，甚至会产生降水。高积云又可包括如下几种类型，具体的类型：

（1）透光高积云（Ac tra）

云块较薄，呈白色，向一个或者两个方向整齐排列，云块之间有明显缝隙，能辨别日月位置。如图 3.18 所示。

（2）蔽光高积云（Ac op）

云块较厚，个体密集，云块间无缝隙，不透光，不能辨别日月位置，有短时降水产生。如图 3.19 所示。

图 3.18　透光高积云　　　　　图 3.19　蔽光高积云

（3）荚状高积云（Ac lent）

云块呈白色，中间厚，边缘薄，轮廓分明，呈豆荚状或椭圆形。当日、月光照射云块时，常产生彩虹。多由过山气流，或上升、下沉气流汇合而成，多预示晴天。如图 3.20 所示。

图 3.20　荚状高积云　　　　　图 3.21　积云性高积云

（4）积云性高积云（As cug）

云块大小不一，呈灰白色，外形略有积云特征，由衰退的积云或积雨云扩展而成，预示天气稳定。如图 3.21 所示。

（5）絮状高积云（As flo）

云体边缘破碎，像棉絮团，呈灰色或灰白色，是由强烈的湍流作用将湿空气抬升而形成的，预示将有雷阵雨天气来临。如图 3.22 所示。

（6）堡状高积云（Ac cast）

外形特征和表示的天气状况与堡状层积云相似，但云块较小，高度较高，预示将有雷雨天气。如图 3.23 所示。

图 3.22　絮状高积云

图 3.23　堡状高积云

（三）高云：3 属 7 类

高云包括卷云、卷层云、卷积云。

由细小的冰晶组成，云底高度通常在 5 000 m 以上。一般不产生降水，冬季北方的卷层云、密卷云偶尔也会降雪，有时可以见到雪幡。

1. 卷云（Ci）

云体具有纤维状结构，通常成白色，有柔丝般的光泽，多呈丝条状、片状、羽毛状、钩状、团状、砧状等，由冰晶组成。卷云包括如下四种类型：

（1）毛卷云（Ci fil）

云块很薄，呈白色，毛丝般的纤维状结构清晰，云丝分散，形状多变，日、月光透过云体，地物阴影很明显。毛卷云的出现预示晴天，如果毛卷云增厚，发展成卷层云，则预示将有天气系统来临，天气将有变化。如图 3.24 所示。

图 3.24　毛卷云

图 3.25　密卷云

（2）密卷云（Ci dens）

云体较厚，薄的部分呈白色，厚的部分略有淡影，边缘毛丝般纤维结构仍较明显。云丝密集，融合成片。密卷云的出现，多预示天气稳定。若演变成卷层云，则预示天气系统将来临，天气将有变化。如图 3.25 所示。

（3）伪卷云（Ci not）

在积雨云崩溃消散时，从积雨云顶部脱离的云。云体大而厚密，常呈铁砧状。如图 3.26 所示。

（4）钩卷云（Ci unc）

云体很薄，呈白色，云丝往往平行排列，向上的一头有小钩，很像逗号。

预示将有天气系统过境，将在短期内有阴雨天气。谚语有"天上钩钩云，地上雨淋淋"。如图 3.27 所示。

图 3.26　伪卷云

图 3.27　钩卷云

2. 卷层云（Cs）

云体均匀成层，透明或呈乳白色，透过云层日月轮廓清晰，地物有影，常有晕的现象出现，预示将有天气系统影响。有"日晕三更雨，月晕午时风"的说法。

（1）薄幕卷层云（Cs nebu）

云体很薄而又均匀，毛丝般的纤维结构不明显，有时误认为无云，一般从是否有晕来判断。如图 3.28 所示。

图 3.28　薄暮卷层云

图 3.29　毛卷层云

（2）毛卷层云（Cs fil）

云体薄而不很均匀，毛丝般纤维结构较明显，有时很像大片薄的密卷云。如图 3.29 所示。

3. 卷积云（Cc）

云块个体很小，呈白色细鳞片状，常成行、成群排列整齐，很像微风吹拂水面而成的小波纹。

卷积云通常是由高空层结不稳定产生波动而形成的。如果天空以卷云为主，而又有卷云、卷层云，并有发展趋势，一般预示将有天气系统影响测站，常有阴雨或大风天气来临。谚语有"鱼鳞天，不雨也风颠"，如图 3.30 所示。

图 3.30　卷积云

3.1.3.3　云的成因

云的外形和形成云的过程是紧密关联的。因此，在识别云的同时，对于形成云的主要物理过程从发生学的角度作一般的了解是必要的，这是进一步深入研究的前期基础。

云的形成过程是空气中的水汽经由各种原因达到饱和或过饱和状态而发生凝结的过程，使空气中所含水汽达到饱和是形成云的一个必要条件，其主要作用方式有：① 水汽含量不变，空气降温冷却；② 温度不变，增加水汽含量；③ 既增加水汽含量又降低温度。但对云的形成来说，降温过程是最主要的过程。而降温冷却过程又以上升运动所引起的降温冷却作用最为普遍。

不同的物理过程往往形成形态上各异的云，这里我们简单分类，予以讨论，具体如下：

由热力对流和动力抬升而形成的云，往往垂直向上发展较旺盛，云体的轮廓一般比较分明，按前节所述的分类称为积状云。由波动作用和湍流交换而形成的云多形成于逆温层或稳定层附近，云层沿水平方向散布，称为波状云。由于自身冷却或气团沿锋面缓慢抬升而形成的云常呈均匀幕状，称之为层状云。

对流现象与大气层结不稳定是分不开的。大气不稳定的原因可以是由于白昼低层空气受地面加热所致，也可以是由于冷气团流经暖地面，下层空气受热所致。这两种对流现象发生时，较暖的空气上升到凝结高度就开始凝结成云。这样形成的云边界轮廓清楚，底部在一个水平面上展开，如积云、积雨云等。

由于对流运动的强度不同，所以对流云垂直发展的厚度也不同，它取决于当时对流高度和凝结高度的配置。如果对流高度达到凝结高度以上，云顶开始冰晶化，就进入积雨云阶段。当高空有冷平流或暖平流，或者同时存在时，如果冷平流发生在上层或暖平流发生在下层，大气层结将趋于不稳定，则一定程度上也会发生对流现象。冷暖平流影响的高度如果相当高，可在超过凝结高度的高空形成对流云，如絮状、堡状等积云状的高积云以及对流性的卷云。出现絮状或堡状云时，如下层空气稳定性不再维持，就有利于对流发展。因此这种云在暖季出现时，常是雷雨的征兆。对流性卷云在好天气情况下，常分布在冷高压区对流层的上部；在坏天气的情况下，常出现在锋面、气旋或台风等系统的前方。因此当卷云云量逐渐减少、天气转晴时,预示未来有好天气;当卷云逐渐增多、增厚,看不清明显的卷云结构时,常是坏天气来临的预兆。

暖湿空气如果遇到与冷重空气相邻的倾斜界面或起伏不平的山坡时,常常被迫在这些倾斜面或山坡上滑行向上,由于这种强迫的斜升作用,也可以产生动力冷却面而凝结成云。

在低气压区,由于流场的辐合,大规模的缓慢上升气流(通常也表现为上述的锋面斜升气流)可以在广阔的范围内形成 Cs、As 和 Ns 等连续云层。如果辐合上升的空气是对流性不稳定的,也可以产生对流云。通常,当暖锋移来时,暖锋云系的云序是 Ci、Cs、As tra、As op、Ns。第一型冷锋云系(暖空气在移来的冷空气楔上做有规则的上滑)的云序是 Ns、As op、As tra、Cs、Ci,如同倒过来的暖锋云系的云序。至于第二型冷锋云系(当冷空气入侵时暖湿空气在锋前形成强烈对流时所形成的云系)其云序一般是 Cu cong、Cb,锋后也常形成 Ns、As 云,锋前的下沉气流中,往往形成典型的荚状云。

气流受地面摩擦阻力的影响,容易出现扰动现象。这时如近地层空气温度较高、湿度较大,则由于湍流作用所激成的上升气流也可以凝结成云,云常呈波状分布。云层高度也随湍流层的高度而定,一般午后较高,晚间消失。

逆温层附近也容易产生波状云。通常逆温层上下,空气密度和风都是不连续的,当空气流动时极易产生波状运动,好像风吹水面产生的波动那样。不过空气波的波长和波幅要比水波大得多,波长可达几百米,波高可达 20~50 m。在波峰处空气上升冷却,在波谷处下沉增温。如果这时逆温层下部空气接近饱和,那么在波峰处就形成云,这样的云常常呈平行排列的波状云。

除了上述由于某种上升运动所引起的冷却而凝结成云的情况以外,空气的直接冷却作用也可以形成云。如晴夜地面强烈辐射,温度降低很快,接近地面的薄层空气,随之冷却而成雾。日间雾层抬升也可以成云,通常是层云。

单独由于辐射冷却而成云的很少,常常和湍流交换作用综合在一起而形成云。在已经形成的云层顶部继续辐射冷却常使云层加厚和云内层结不稳定而使云发生蜕变。

当潮湿的冷、暖空气互相混合时,由于饱和水汽压随温度的变化不是线性的,因此当两团空气混合时,混合后空气的水汽压就可能超过当时温度下的饱和水汽压,从而凝结成云。不过这种情况下凝结的水量一般较少。

和气流辐散伴随的局地气压急降以及同时出现的空气膨胀冷却,往往产生小区域的强烈涡旋运动,如龙卷现象,形成特殊的云状。

还有一些比较次要的成云方式是通过蒸发水分到气层里。如果在气层以上有较暖的降水性云层,暖水滴降落在较冷的气层中蒸发,增加较冷气层的湿度使之达到饱和而成云。这样形成的云往往向下加厚,以致可以形成 Ns。当气层里的扰动较强时,上升的空气容易达到饱和,形成坏天气下的 Fn。

另外,由于地面蒸发作用促使空气的凝结高度降低,在大气稳定度较小时便有利于对流云的发展,而在稳定度较大时则可产生 Sc。下面举例来说明具体云种的形成原因:

1. 积状云——热力对流

积状云是垂直发展的云块,主要包括淡积云、浓积云和积雨云。积状云多形成于夏季午后,具有孤立分散、云底平坦和顶部凸起的外貌形态。

积状云的形成总是与不稳定大气中的对流上升运动相联系。有对流能否形成积云,除了取决于凝结的条件外,还取决于对流上升所能达到的高度。如果对流上升所能达到的最大高度(对流上限)高于凝结高度,则形成积状云,否则就不会形成积状云。对流愈强,对流上限高于凝结高度的差值就愈大,积状云厚度就愈大。对流上升区的水平范围广大,则积状云的水平范围也就愈大。如图 3.31 所示,给出了积状云的发展。

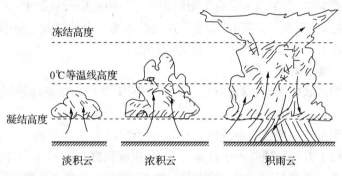

冻结高度

0 ℃等温线高度

凝结高度

淡积云　　　浓积云　　　　积雨云

图 3.31　积状云的发展

淡积云、浓积云和积雨云是积状云发展的不同阶段。气团内部热力对流所产生的积状云最为典型。夏天,地面受到太阳强烈辐射,地温很高,进一步加热了近地面气层。由于地表的不均一性,有的地方空气加热得厉害些,有的地方空气湿一些,因而贴地气层中就生成了大大小小与周围温度、湿度及密度稍有不同的气块(热泡)。这些气块内部温度较高,受周围空气的浮力作用而随风飘浮,不断生消。较大的气块上升的高度较大,当到达凝结高度以上时,就形成了对流单体,再逐步发展,就形成孤立、分散、底部平坦、顶部凸起的淡积云。由于空气运动是连续的、相互补偿的,上升部分的空气因冷却,水汽凝结成云,而云体周围有空气下沉补充,下沉空气绝热增温快,不会形成云。所以积状云是分散的,云块间露出蓝天。对于一定的地区,在同一时间里,空气温、湿度的水平分布近于一致,其凝结高度基本相同,因而积云底部平坦。

如果对流上限稍高于凝结高度,则一般只形成淡积云。由于云顶一般在 0 ℃等温线高度以下,所以云体由水滴组成,云内上升气流的速度不大,一般不超过 5 m/s,云中湍流也较弱。在淡积云出现的高度上,如果有强风和较强的湍流时,淡积云的云体会变得破碎,这种云叫碎积云。

当对流上限超过凝结高度许多时,云体高大,顶部呈花椰菜状,形成浓积云。其云顶伸展至低于 0 ℃的高度,顶部由过冷却水滴组成,云中上升气流强,可达 15~20 m/s,云中湍流也强。

如果上升气流更强,浓积云云顶即可更向上伸展,云顶可伸展至−15 ℃以下的高空。于是云顶冻结为冰晶,出现丝缕结构,形成积雨云。积雨云顶部在高空风的吹拂下,向水平方向展开成砧状,称为砧状云。在顺高空风的方向上,云砧能伸展很远,因而它的伸展方向可作为判定积雨云的移动方向。积雨云的厚度很大,在中纬度地区为 5 000~8 000 m,在低纬度地区可达 10 000 m 以上。云中上升下沉气流的速度都很大,上升气流常可达 20~30 m/s,曾观测到 60 m/s 的上升速度,下沉速度也有 10~15 m/s,此时,云中湍流十分强烈。

热力对流形成的积状云具有明显的日变化。通常,上午多为淡积云。随着对流的增强,逐渐发展为浓积云。下午对流最旺盛,往往可发展为积雨云。傍晚对流减弱,积雨云逐渐消散,有时可以演变为伪卷云、积云性高积云或积云性层积云。如果到了下午,天空还只是淡积云,这表明空气比较稳定,积云不能再发展长大,天气较好,所以淡积云又叫晴天积云,是连续晴天的预兆。夏天,如果早上很早就出现了浓积云,则表示空气已很不稳定,就可能发展为积雨云。因此,早上有浓积云是有雷雨的预兆。傍晚层积云是积状云消散后演变成的,说明空气层结稳定,一到夜间云就散去,这是连晴的预兆。由此可知,利用热力对流形成的积云的日变化特点有助于直接判断短期天气的变化。

2. 层状云——动力抬升

层状云是均匀幕状的云层,常具有较大的水平范围,其中包括卷层云、卷云、高层云及雨层云。

层状云是由于空气大规模的系统性上升运动而产生的,主要是锋面上的上升运动引起的。这种系统性的上升运动通常水平范围大,上升速度只有 0.1～1 m/s,因持续时间长,能使空气上升几千米。例如当暖空气向冷空气一侧移动时,由于两者密度不同,稳定的暖湿空气沿冷空气斜坡缓慢滑升,绝热冷却,形成层状云。云的底部同冷暖空气交绥的倾斜面(又称锋面)大体吻合,云顶近似水平。在倾斜面的不同部位,云厚的差别很大。最前面的是卷云和卷层云,其厚度最薄,一般为几百米至 2 000 m,云体由冰晶组成。位于中部的是高层云,其厚度一般为 1 000～3 000 m,顶部多为冰晶组成,主体部分多为冰晶与过冷却水滴共同组成。最后面是雨层云,其厚度一般为 3 000～6 000 m,其顶部由冰晶组成,中部由过冷却水滴与冰晶共同组成,底部由于温度高于 0 ℃,故由水滴组成。

从上述的系统性层状云形成中可以看到,在降水来临之前,有些云可以作为征兆。如卷层云,通常出现在层状云系的前部,其出现还往往伴随着日、月晕,因此如看到天空有晕,便知道有卷层云移来,则未来将有雨层云移来,天气可能转雨。农谚"日晕三更雨,月晕午时风"就是指此征兆。图 3.32 给出了层状云的形成。

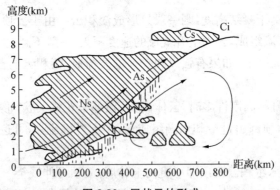

图 3.32　层状云的形成

3. 波状云——大气波动

波状云是波浪起伏的云层,包括卷积云、高积云、层积云。云中的上升速度可达每秒几十厘米,仅次于积状云中的上升速度。

当空气存在波动时,波峰处空气上升,波谷处空气下沉。

空气上升处由于绝热冷却而形成云,空气下沉处则无云形成。如果在波动形成之前该处已有厚度均匀的层状云存在,则在波峰处云加厚,波谷处云减薄以至消失,从而形成厚度不大、保持一定间距的平行云条,呈一列列或一行行的波状云。

一般认为形成波动的原因:一是由于大气中存在着空气密度和气流速度不同的界面,在此界面上引起波动;二是由于气流越山而形成的波动(称地形波或背风波)。在上层风速大、密度小,下层风速小、密度大的界面上产生波动时,由于各高度上的风向、风速常随时间变化,波动的方向也随之改变,新产生的波动叠加在原来的波动之上,从而形成棋盘格子般的云块。波动气层很高时形成卷积云,较高时形成高积云,低时形成层积云。

波状云的厚度不大,一般为几十米到几百米,有时可达 1 000~2 000 m。在它出现时,常表明气层比较稳定,天气少变化。谚语"瓦块云,晒煞人""天上鲤鱼斑,晒谷不用翻",就是指透光高积云或透光层积云出现后,天气晴好而少变。但是系统性波状云,像卷积云是在卷云或卷层云上产生波动后演变成的,所以它和大片层状云连在一起,表示将有风雨来临。"鱼鳞天,不雨也风颠"就是指此种预兆。如图 3.33 所示,给出了波状云的形成示意图。

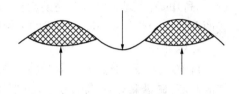

图 3.33　波状云的形成

4. 地形云——地形抬升

地形云指大气运行中遇地形阻挡,被迫抬升而产生的上升运动(如图 3.34)。这种运动形成的云既有积状云,也有波状云和层状云,通常称之为地形云。动力抬升形成的地形云:当湿度比较大的气流过山时,山坡上的气流就有一个向上的垂直风速分量,这种地形抬升运动可以在山坡上形成地形云。气流过山以后,在山后还会形成漩涡,在漩涡的上升部分也会形成云,而在漩涡的下沉部分云消散。

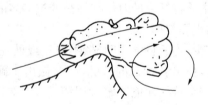

图 3.34　动力地形抬升形成地形云

3.1.4　云的探测手段和遥感方法

云的形成和演变是大气中发生的错综复杂的物理过程之一。云的形态、分布、数量及其变化都标志着大气运动的状况,并能作为天气变化的征兆。因此,云有天气现象的指示性,借助云的观测,对正确判断大气运动状况,特别是对短期临近天气预报具有重要意义。

云的观测项目一般包括云状、云量、云高的观测和利用云的编码来报告云天状况等。要正确地识别云,必须连续观测云的变化。除了定时观测外,还必须随时注意云的生成、发展状况。也只有这样,对于一些难以辨认的云,才能根据云的持续演变情况正确地加以判定并编制云码。这是因为在云的演变过程中通常总会经历一段不易识别的阶段,连续的监测就有助于判定不易识别的云状;而云码的某些定义本来就是根据观测者连续监测天空发展的要求而做出的,如不连续观测,往往不能编制正确的编码。此外,当天空有几层云时,由于云的相对运动,在连续观测云天变化的情况下才有可能看出原来被下层遮掩而难以辨认的高云云状。

在判断云状和估计云高时,云的"远景效应"也必须引起注意。所谓远景效应,是指物体因距观察者较远,因而在其视觉中反映的情况与实际情况有所出入的现象。远景效应一般包括:① 原来有云隙的云块在接近地平线时因叠合在一起,其云间间隙就看不见了;② 一些较大的云块或碎云片,在天边只看到它的一个侧面,有时看起来如云条;③ 远的高度较高(或同高)的云看起来比近的高度较低的云反而显得低;④ 平行云条,由趋于地平线某一点或两点复合的现象;⑤ 近地平线的云由于光线通过的气层较厚,其色彩和轮廓常常不明显。

1. 探测手段

目前,对于云的探测,主要是各气象台站有经验的气象观察员进行云状、云量、云高等常规的判断;随着科学技术的发展,仪器探测也已经广泛使用在气象和各种大气科学研究项目中。

(1) 人工观测

云的观测主要包括:判定云状、估计云量、测定云高和选定云码。云的观测应尽量选择在能看到全部天空及地平线的开阔地点或平台进行,云的观测应注意它的连续演变。观测时,如阳光较强,须戴黑色(或暗色)眼镜。

某两种云状之间有的时候是比较难于区别的,这不仅仅是由于人们的判断和识别能力的限制,也是由于云和云之间的过渡形态的确是多种多样的,这种过渡形态往往并不完全具备这一云状或那一云状的典型特征。各属和各类云的主要特征虽然有它们各自质的和量的规定,但在比较复杂多变的天气情况下的确有难以规定的一面,特别对于初学云的识别的观测者来说,更是如此。在云状观测和识别的整个过程中,我们要学会抓住各云属、类的本身特征来进行综合分析,这种本质特征有的时候往往是透过诸多的现象来获取的,当然更重要的还是靠对云的连续变化的观测掌握。

通常云呈典型云状的较少,当云特征不明显、不典型或处在演变过程中时不易识别,这时要对云进行全面综合分析,找出各种云的特殊本质,做出正确的判定。如高积云(Ac)和层积云(Sc),必须具备以下三个特征才能判定为层积云:① 在地平线上 30°以上,多数层积云(Sc)云块视宽度大于 5(一臂远,大于中间三指的宽度);② 层积云(Sc)看起来结构松散,没有高积云(Ac)排列紧密;③ 云高一般在 2 km 以下。碎积云(Fc)、碎层云(Fs)、碎雨云(Fn)三者都是破碎的低云,外形很相似,应从云的形成过程和当时天气条件来加以区别。碎积云(Fc)是晴天对流产生或消散时出现的,形状像积云,有圆拱形的顶部;碎层云(Fs)是层云分裂或雾抬升而成的,虽有圆拱的顶,但没有碎积云(Fc)厚。碎雨云常出现在高层云(As)、雨层云(Ns)、积雨云(Cb)及其他降水云层之下,形体多变,移动较快,要注意不要把满天的碎雨云(Fn)误认为层积云(Sc)。综上所述,识别和判定云状时,要密切注意云的连续演变过程,注重相似云的比较分析,再结合当时的天气形势、天气现象综合识别和判定,就会得出比较准确的观测结果。

观测员要养成随时看天的良好习惯,不能只是到了观测时间才抬头看天,仓促判断,要随时注意云天演变情况,不断积累云的观测经验。如卷层云(Cs)和透光高层云(As tra)既可相互演变,又有各自特征。卷层云(Cs)为较薄的云幕时,常有较完整的晕圈存在,与透光高层云(As tra)并不难区别。而卷层云(Cs)在发展加厚演变的过程中,如果晕变得不完整或无晕,说明其结构正在发生着变化,云体已不完全由冰晶组成,而是由冰水混合组成,云体已由卷层云(Cs)演变为透光高层云(As tra)。

云状不仅反映当时大气的运动、稳定程度和水汽状况,也是预示未来天气变化的重要特征之一。正确观测分析云的变化是了解大气物理状况,掌握天气变化规律的一个重要因素,也是为预测天气和气象服务提供依据的重要手段。因此,每位观测员都必须高度重视并能正确观测云状。

首先,观测员必须熟记各类云的定义,掌握其特征、生成和演变规律。在此基础上,对云状识别列出下列几点供参考:

① 识别云状首先必须对云进行全面观察,要从云的形状、结构、色泽、云量、云高、云向、云速和光电现象等周详而细致地观察。如果只是抓住一点而不管其余,就难免片面,得不出客观的正确结论。有时个别的现象彼此似乎是矛盾的,令人迷惑的,但是综合地考虑了全部事实后,问题也比较容易解决了。

② 借助标准云图辨云状时,不仅要知道"怎么样",而且还得追究"为什么",同时更重要的一定要和实测的现象反复印记。这样我们才能切实地掌握云状和它变化的一般规律,从而解决工作中的具体问题。

③ 借助各种气象要素的变化,帮助正确识别云状。比如,一般卷层云演变成蔽光高层云和雨层云时,通常其他要素变化大致是:温度、温度缓升,气压渐降,风向大致在 E - SE 之间,风速逐渐增大。

④ 有时天空无云,但因能见度很好,天空呈灰白色,很容易误认为有卷云或卷层云,这时要特别仔细辨认天空是否有丝缕结构,尤其在太阳附近,还要看是否有晕,如果确实分辨出以上特征,则为卷云或卷层云,否则为晴天。

人工目测云高是常用的手段,这种估计一般主要以云底的高度为准。通常,云底到地面的垂直距离叫云高,单位用米表示,当前主要的云底高度可以在表 3.7 中看到。

表 3.7　常见云底高度表

云的种类	高度分布范围
积云(Cu)	600～2 000 m,沿海可低于 600 m,沙漠、高原高达 3 000 m
积雨云(Cb)	600～2 000 m,沿海可低于 600 m,沙漠、高原高达 3 000 m
层积云(Sc)	600～2 500 m,水汽充沛时低于 600 m,干燥区高达 3 500 m
雨层云(Ns)	600～2 000 m
高层云(As)	2 500～4 500 m,由卷云过渡来的高层云高达 6 000 m
高积云(Ac)	2 500～4 500 m,夏季低纬地区可高达 8 000 m
卷云(Ci)	4 500～10 000 m,夏季低纬地区可高达 17 000 m,冬季高纬地区低于 2 000 m
卷层云(Cs)	4 500～8 000 m,冬季高纬地区可低于 2 000 m
卷积云(Cc)	4 500～8 000 m

在没有配备测量设备的气象站,云高只能估计。在山区,任何比气象站周围山峰低的云底的高度都可以通过与该地区等高线地图上标出地形特征的高度相比较而得出。用一个图详细标出山峰和陆地标志的高度和方位,作为永久性的指标对估计云高是很有用的。基于透视(原理),云好像静止在遥远的山上,观测员无需假设它反映云在观测地点上方的高度。在所有情况下,观测员必须根据云的形状和外观做出判断。

表 3.8 中给出了适合于温带地区各云属其地面以上云底高度的范围,并可用作海拔高度不超过 150 m(500 ft)的站参考。对于观测点位于高海拔地区,或观测站在山上,位于气象站上空的低云云底的高度通常偏低。

在其他气候区域,特别在干燥的热带条件下,云高可明显偏离于表中给定的范围。这类差异对云的分类产生疑问,并增加了云高估测的难度。例如,显著对流起源的热带积云,报告其云底远高于 2 400 m(8 000 ft),甚至高达 3 600 m(12 000 ft),并已由飞行观测确认。在这种情况下,值得注意的是地面观测员对云高的经常性低估达到非常严重的程度。此类低估源于两个因素:既因为观测员认为积云是一种低云,其云底高度应低于 2 000 m(6 500 ft),而且经常低于 1 500 m(5 000 ft),也因为大气状况和云的外形结合在一起可能产生一种视错觉。

表 3.8 温带地区地面以上各层云的云底高度

云属		通常云底高度范围*		有时观测到较宽的云底高度范围,或其他说明	
		(m)	(ft)	(m)	(ft)
低云	层云	地表以上～600	地表以上～2 000	地表以上～1 200	地表以上～4 000
	层积云	300～1 350	1 000～4 500	300～2 000	1 000～6 500
	积云	300～1 500	1 000～5 000	300～2 000	1 000～6 500
	积雨云	600～1 500	2 000～5 000	300～2 000	1 000～6 500
中云	雨层云 高层云 高积云	地表以上～3 000 2 000～6 000	地表以上～10 000 6 500～20 000	从天气角度考虑雨层云属于中云,尽管它可延伸到其他层次。高层云可能变厚而云底不断降低变成雨层云。	
高云	卷云 卷层云 卷积云	6 000～12 000	20 000～40 000	从消散中的积雨云转化而成的卷云在冬季可出现在 6 km(20 000 ft)以下。卷层云可发展成高层云。	

注:* 对于海拔超过 150 m(500 ft)的站,低云的云底通常偏低。

当夜晚直接估测云高时,成功与否主要取决于对云地外形的正确判断。一般气象知识和紧密监视天气对于判断云底高度是否无明显变化、已升高或降低是非常重要的。最困难的情况发生在当一大片高层云在夜间覆盖天空时,此时需要特别仔细的观察和丰富的经验。任何一大片这种逐渐降低的云层可能很难察觉,但是当它降低时,云底极少能保持均匀,而且经常能分辨出小的反差,除非是在黑夜。

(2)云的仪器观测

目前常用的仪器主要是地基观测仪器(Ground based instruments)和空基仪器。地基观测仪器包括：22 通道云辐射计、便携式 W–带雷达、毫米波云雷达、红外辐射计、反射率测量仪、氧气－A－带分光计、全天空成像仪和激光云高仪（激光云幕仪）、气球以及探照灯测云高。空基仪器包括：云粒子探测器（Cloud particle probes）、辐射和微物理测量仪（Radiation and microphysics measurements）等。以下做引导性的简要介绍：

22 通道云辐射计（Passive Microwave Radiometer MICCY：Microwave Radiometer for Cloud Carthography）主要在 22 个频率段测量大气发射率，22 个频率分布的微波范围为 20 GHz～90 GHz（22.235、22.985、23.735、24.485、25.235、25.235、25.985、26.735、27.485、28.235、50.8、51.8、52.8、53.8、54.8、54.8、55.8、56.8、57.8、58.8、90 和 90）。

便携式 W–带雷达（PoWRad）是基于半导体技术研制成功的，94 GHz 多普勒云剖面雷达的频率已调整为连续波形，连续输出能量是 350 mV，记录的数据是多普勒后向散射谱。除了 94 GHz 之外，还有一种频率是 94.3 GHz（3.2 mm）。

毫米波云雷达是气象雷达的一种，主要用来探测云顶、云底的高度。如空中出现多层云时，还能测出各层的高度。它运用各种无线电定位方法探测、识别各种目标。雷达由以下部分组成：天线，发射/接收电磁波；馈线，传导电磁波；发射机，产生电磁波；接收机，接收处理电磁波；信号处理，处理回波信息；产品生成，根据算法，生成应用产品/控制雷达；显示终端，显示产品、控制雷达；伺服天线等。

雷达回波不仅可以确定探测目标的空间位置、形状、尺度、移动和发展变化等宏观特性，还可以根据回波信号的振幅、相位、频率和偏振度等确定目标物的各种物理特性，例如云中含水量、降水强度、风场、铅直气流速度、大气湍流、降水粒子谱、云和降水粒子相态以及闪电等。

云雷达主要用来探测云滴直径较小，尚未形成降水的低云和中云，测量其顶部和底部高度及内部物理特征，如空中有多层云存在时，还能测出云的层次。由于云滴比降水粒子小得多，而云滴对电磁波的后向散射能力与云滴直径的 6 次方成正比，与雷达波长的 4 次方成反比，因此，测云雷达的工作波长均较短，常用的为 1.25 cm 和 0.86 cm。测云雷达的工作原理与测雨雷达相似，其天线结构简单，多数垂直向上。通常采用 A 式或 R 式距离显示器，用照相或记录器记录回波。

测云雷达可提供飞机前方气象情况的准确和连续图像并以距离和方位的形式显示出来，为飞机改变航道、避开颠簸区域和飞行安全提供保障，为天气预报，火箭、导弹和航天器的发射与飞行提供必要的气象资料。德国 GKSS（http://www.gkss.de/）的 95 GHz 云毫米波雷达主要用于云层探测。此外，它还具有偏振特性，能够得到门限阈值 226 dB 的线偏振比（LDR：linear depolarization ratio），这可以获知云中冰粒子存在的信息。根据不同的天气情况，该仪器的垂直分辨率可调，比如大多数情况可以设置在 82.5 m，而对于薄的低层云，可设置在 37.5 m。此外，ARM（Atmospheric Radiation Measurement）也有一款 95 GHz 毫米波偏振雷达对云的探测。

在电磁波谱中，波段 0.75 μm～100 μm 的红外线部分电磁辐射是物体红外辐射能量，其大小是辐射波长及其表面温度的函数（在自然界中，如果物体的温度高于绝对零度，由于它内部热运动的存在，就会不断地向四周辐射电磁波）。基于此原理，通过对物体自身辐射红外能量的测量，能准确地测定它的表面温度。正是根据上述原理，红外辐射计才得以研制成功。

国内研制成功的数字红外辐射计目前应用范围较广,性能比较稳定可靠。它采用先进的光电检测技术、数字信号处理技术、数据传输技术和软件技术,实现对各种热辐射源辐射强度参数的测试。50 Hz数据率使用户能够记录和显示目标辐射强度随时间的变化曲线,可广泛应用于红外诱饵辐射测量、发动机尾气特性、热目标红外特性、红外对抗研究,特别适合产品生产、产品检验、靶厂试验等,测试目标如飞机发动机喷口、导弹发动机喷口、红外诱饵、红外导标、火炸药燃烧等。

反射率测量仪(Albedometer),也叫日射强度计或辐射总表,可以测量总辐射量值,它是气象上的常用设备。同时,对于云辐射观测研究来说,地面总辐射量值的测量也是必需的。

氧气-A-带光谱仪(Oxygen - A - band spectrometer),目前还没有商用的实验设备。

全天空成像仪有两种类型,一种是可见光波段,一种是红外波段。可见光波段主要用来监测白天天气变化,红外波段则可以用来在晚上监测云的辐射亮温,从而判断是否有云存在。该仪器主要的几部分是CCD摄像机、CCD撑杆、半球镜子、遮阳带、电子密封箱、电源线和网络线,其中电子密封箱内包括了许多重要的电子元件,如微处理器、图像处理系统、电池等。CCD是带有鱼眼透镜的数码相机,视场可达到180°,该CCD竖直向下朝向半球面反射镜,获取3×8位真彩色图像。自带的微处理器能够计算太阳的位置,使半球面反射镜旋转,镜子上粘有一黑色挡光带,能够实时跟踪太阳,挡住太阳直接反射的光,以免CCD经常饱和而烧坏。此外,ARM也有一款全天空成像仪。ARM观测仪器中还有一款时间推移云视屏仪器(The time-lapsed cloud video,TLCV)和云底高度探测器。目前,中国科学院大气物理研究所、中国科学院安徽光学精密机械研究所、中国气象科学研究院、国防科技大学等单位也已经成功研制出全天空成像仪。

云粒子探测器(Cloud particle probes)可以测量云的粒子数浓度和谱分布以及液态水含量描述云的结构和特性的几种微物理参数。在采样体中,FSSP(Forward scattering spectrometer probe)通过(He - Ne, 632.8 nm)测量云粒子产生的前向散射,通过计算散射光光强来测定云粒子数和尺寸,一般放在飞机上进行测量。

辐射和微物理测量仪(Radiation and microphysics measurements)包括反射率测量仪(Albedometer)、粒子体检测仪PVM(Particle volume monitor)、快速前向散射光谱探测计FFSSP(Fast forward scattering spectrometer probe)和一个光学阵列探测器OPC(Optical array probe)。

用探照灯测量云高如图3.35所示。在此方法中,通过从远处某点上的测高仪测量垂直指向的探照灯光束在云底上形成的光斑得到仰角E,若L是以米(英尺)为单位表示的探照灯与观测点之间已知的水平距离,则观测点上方云底的高度H(以米或英尺来表示)就可得出:$H=L\tan E$。探照灯和观测点之间的最佳距离为300 m(1 000 ft),若间距远大于此值,则光斑不易识别;如果太近,则测量高度在超过600 m(2 000 ft)后其准确度将降低。通常可以接受的距离为250~550 m(800~1 800 ft)。

在白天,也可通过测定一只充满氢气或氦气的橡胶气球,从地面升至云底所经历时间来测量云高,把气球开始进入像雾一样的云层但未最终消失的点当作云底。气球上升的速率主要由气球的净举力来决定,可通过控制气球里氢气或氦气的多少来进行调节。从施放到

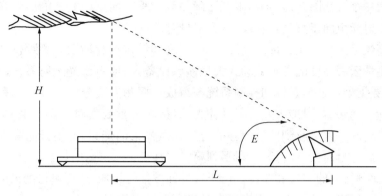

图 3.35　探照灯测云高的原理

进入云底的飞升时间通过停表来测量。假如上升速率为 n m·min^{-1}，飞行时间为 t min，则云底距离地面的高度为 $n \cdot t$ m。但此规则并不能严格遵从，因施放点附近的涡流可能干扰气球上升，并持续到施放后一段时间。通常，停表在气球施放时启动。因此，在决定云高时，应从总时间中减去气球施放到脱离涡流这段时间。即使不考虑涡流的影响，气球的上升速率在最初的 600 m（2 000 ft）左右也是非常多变的。

尽管有时可由测风气球在测量高空风时，附带测得中层云底的高度，气球测云高的方法主要用于低云。假如不能利用光学设备诸如双筒望远镜、望远镜或经纬仪，当判断云底高于 900 m（3 000 ft）时，就不能采用此法测量云高，除非风非常小。强风时，气球在进入云层前就可能飞离并超过目测视野。降水将减小气球上升的速率，除了轻微降水外，需要注意的是有降水时不应试图通过施放测风气球来测量云高，这将导致测风气球的损失。

旋转光束云幕仪的测量原理包括测量在垂直平面内扫描光束的仰角，当一定比例的光被云底散射的瞬间，由离光源一已知距离处的垂直向上指向的光电管接收（如图 3.36 所示）。该设备由一个发射器、一个接收器以及一台记录设备组成。

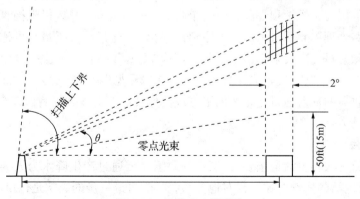

图 3.36　旋转光束云幕仪

发射器发射不超过 2°的狭窄光束。发射的大部分辐射为近红外波长，即从 1 μm 到 3 μm，因而使用的波长比云中的小水滴还小。把光束调制到 1 kHz 并在垂直弧面上从 8°至 85°来回扫描。这样，通过应用相位敏感检测方法，就能提高接收器的信噪比。接收单元由一个光电管和一个视角限制器组成,限制器确保只有垂直向下的光才能照到光电管上。记录设备随着发射光束同步移动,当接收到云信号时进行记录。

激光云高仪是测量云层底部的高度、云层厚度和结构的脉冲激光测距仪。该仪器是利用激光技术测量云底高度的一种主动式大气遥感设备,一般由激光发射系统、接收系统、光电转换系统、数据处理显示系统和控制系统等组成。探测方式分为垂直探测和扫描探测两种。探测原理是:激光器对准云底发射脉冲光束,接收来自云底对激光产生的后向散射光,根据从发射激光脉冲到接收到回波信号的时间和激光束的仰角,算出云底高度。如果激光光束穿透云层后能量尚未衰减殆尽,再遇到第二层甚至第三层云时,仍可测到云滴的后向散射光信号,从而测得云的层次和厚度。由于这种回波信号较弱,所以测得的云的层次和厚度有时误差较大。激光测云仪也可用来研究激光束在云中的衰减情况。

激光云幕仪是通过测量一束相干光脉冲从发射器到云底再反射到接收器所需时间来确定云底高度的。激光器垂直向上发射的脉冲光束,如果在发射器的上方有云,光束就被组成云的水凝物散射,大部分辐射向上散射,但有一部分向下散射并聚集在接收器的光电检测器上。这种云幕仪由两部分组成:发射/接收组合器和记录设备。

发射器和接收器并排,连同信号检测与处理电子线路一起安装在一间单独的机柜里。激光源是一个砷化镓半导体激光器,它发射的持续时间为 110 ns,脉冲频率为 1 kHz、功率为75 W。激光辐射的波长为 900 nm。发射器的光学部件,激光源和接收检测器置于一个传统的或牛顿式望远镜系统的焦点上。透镜表面有一层合适的 1/4 波长的涂料,以减少反射并对波长为 900 nm 的光线具有高透射率。发射器的透光孔采用抗反射的玻璃窗密封,在其内表面覆有涂料并与水平大约成 20°角以使雨水流走。接收器的结构与发射器相似,除了光源由一个光敏二极管取代外,还附装一光学谱过滤片,过滤片把大部分背景漫射的太阳辐射阻挡在外,这样能提高在白天检测散射激光辐射的能力。

发射器光束呈典型的 8 分弧度发散度,接收器视野通常为 13 分弧度。发射器和接收器并排安置,使得发射光束和接收视野从安装部位上方的 5 m 开始重叠,直到差不多 300 m 完全重叠。机柜内装有恒温控制加热器,以防止在光学表面产生凝结现象,并使用干燥剂,以减少机柜里的湿度。机柜顶部配备了一个带光学挡板的防护罩,以阻挡直射阳光。检测器的输出经电路处理单元后进入序列的距离门,每个距离门代表了最小可测高度增量。在每个距离门中激光每一次发射都出示了"有云"或"无云"的判断,一次扫描中激光器发射很多次。仪器具有一个阈值,使得它不能"看见"云或"看见"不存在的云的可能性微乎其微。后向散射到接收器的辐射通量随距离的平方成反比衰减。上述各探测设备有时会使研究人员耗尽毕生的精力。

2. 遥感方法

地球上的云是人类生活最主要、最基本的要素。云通过产生降水为人类提供了清洁的水源,成为人类生活的依赖对象。云对地球系统科学更进一步的影响是行星的能量平衡,通过浓缩形成降水,云将释放潜热,这种热量的形式是行星暴风雪系统发展和演化的基本元素。云对进入、离开大气的太阳光和红外辐射产生深刻的影响,这种影响是复杂的;同时,它还深刻地影响着与气候变化相关的气候效应问题。正是基于这些原因,观测云和降水特性的分布及变化,在地球观测遥感中就成为必须首先考虑的问题。对于空间对地遥感来说,自从第一幅卫星图像发回地球以来，云的卫星观测已经被用在大气研究方面，但是，在获得全球云量化的理解方面，仍然进展缓慢。最关键的问题是在遥感数据分析上小尺度空间非均匀性的影响，以及气候模式中辐射的处理，通过研究和观测云—辐射相互作用的光谱依赖性也受到限制。理解云在气候中的角色的重要过程，特别是考虑云—辐射收支的相互关系，在未来的很多年中都将是关注的热点（比如：全球、区域观测的相关分析项目）。在大气顶的地球辐射平衡上，卫星可以直接观测云的效应和大气系统的基本辐射强度。由于决定气候灵敏度干扰项的一个主要障碍是理解云-辐射反馈的自然本质情况，因此，对于云特性的全球观测，无论是过去还是现在，在气候研究中都是一个关键的科目。ISCCP 是第一个世界气候研究项目，由一些外场观测项目组成：第一区域试验项目（The first ISCCP reginal experiment）FIRE；挪威太平洋云辐射试验（The Northwest pacific cloud radiation experiment）NPCRE；日本的国家项目（中国参加）；国际卷云试验（The international cirrus experiment）；欧洲的项目，包括德国、法国、大不列颠及北爱尔兰联合王国（英国）和瑞典；ERBE（The earth radiation budget experiment，是 NASA 项目）。它们为我们提供了进一步理解云在气候中角色问题的机会。

关于云的垂直结构及其变化对气候模式的影响，Wang 等（2000）认为云层的部分反演方法的缺点是不能够提供完全的全球覆盖（没有应用到卫星上），因此作者利用无线电探空仪（无线电探空仪的优点：大面积覆盖，长记录，当它穿透云时能够提供温度和湿度，并且能够提供云层垂直分布的更多信息）了解到全球 58% 的云是单层的，42% 的云是多层的，其中大约 67% 的云是两层的。根据卫星数据，云的反演算法已经被发展成自动估计云的参数。Philippe（2007）回顾了用在数值化天气预报和大气环流模式中的大气大尺度和对流湿气过程参数化的当前状态、研究情况和所受限制。气候系统中的云反馈和气象卫星双信道辐射计（Meteosat dual-channel radiometer）的探测结果也已公布。更详细的云顶垂直结构和水含量信息可以从 CloudSat 观测得到，比如研究热带深对流云在辐射能量平衡过程中所扮角色问题，但需要在使用中注意的是该卫星目前的垂直分辨率还不够精细。

从空间对云和降水反演，大部分是基于不真实的大气模式，导致对那些没有观测到的结果反映较为灵敏。很显然，大气状态、云和降水垂直结构的定义需要从卫星观测中提取信息，正是这个原因，云的被动测量才更有希望提高云和降水的反演量度。

过去的研究认为大气环流是天气尺度控制的重要元素，然而寻找形成我们的天气系统、控制云和降水分布特征的基本因子，目前仍然是科学家们需要考虑的问题。决定各种变化的云和降水参数的一系列方法，基本上都是首先使用卫星光谱辐射数据，这种情况已经持续了很多年，在此基础上建立起关于云和降水遥感相对较为成熟的方法。卫星气候学目前已经成为国际项目的一部分，比如：国际卫星云气候计划（ISCCP）和全球降水气候学项目（GPCP：Global Precipitation Climatology Project），它们都是在世界气候研究计划（WCRP：World Climate Research Program）的资助下进行的科研活动。其他的云气候学计划，如大气探险者计划（PATMOS：Pathfinder Atmospheres），也已经收集了超过了 20 年的多种类型卫星平台数据，具有长期的云量统计信息。ISCCP 转化了观测到的辐射数据，获得了云的分类信息、云顶高度（气压）和云的光学厚度等参数。GPCP 建立于 1986 年，结合了红外和微波卫星估计降水,具有 6000 个站点雨量计的数据。

关于云的反演算法,Naussa 等(2005)曾经做过一次较为全面的、详细的比较,包括云光学厚度、液态水含量和有效粒子尺寸的反演算法比较。日本航空宇宙探测管理局(JAXA:Japan Aerospace Exploration Agency)和美国 NASA(National Aeronautics and Space Administration)都在使用一个新的相对简单的云反演算法,它是基于辐射传输方程有效的分析解,针对光学厚度弱吸收云层来研发的。海洋上有三类反演算法显示出比较相近的结果,而在陆地上的一景之间的差增大,这主要归因于表面反照率的未知,特别是对于半分析方法的使用中地面的贡献比较大。尽管如此,反演技术简单化分析给出的结果与更多先进代码比较之后仍然取得较合理的结果。比如查表法,它由 Nakajima and Nakajima(1995)首次开发,Kawamoto 等(2001)做了修改,Platnick 等(2003)进一步开发了基于 MOD06 方法的查表法;Kokhanovsky 等(2003)开发了云反演的半分析方法 SACURA。另外,根据搭载在 NASA EOS Terra 卫星上的 MODIS 传感器的数据,所做研究结果的对比相互之间吻合得也很好。这三类技术是不同仪器所开发的,它们分别是中分辨率成像光谱仪(MODIS,NASA)、全球成像(GLI,JAXA)以及针对大气绘图的扫描成像吸收光谱辐射计(SCIAMACHY,欧洲空间管理局 European Space Agency)。当仅考虑水云的情况时,对有效半径、液态水含量和云光学厚度的反演精度较高,上述算法也有能力反演一些其他的云参数,包括云顶高度等。然而,反演冰云一般精度较差,归因于光通过不同种类冰晶云传输时的复杂性。

3.1.5 云状之间的演变

云的演变决定于大气的物理过程,而这些物理过程除了受地理形成等因素制约以外,还和各种天气系统有密切联系。对各种天气系统影响前、中、后的云系演变进行连续多次观测,并且不断总结综合,就可以逐步掌握一个地方天气系统和云系演变的一般规律,从而有助于提高云的观测质量和改进天气预报。天气系统与云系演变的关系受地区性或地方性的影响很大,甲地的经验不一定都适合于乙地的情况,但是某些大的天气系统所影响的云系变化一般有规律可循。具有区域代表性的某地经验基本上也能适用于该区域的其他各地。

云和云之间的互相演变是极为频繁的。一种云可能由别种云衍生扩展而成,也可能由别种云转变(增厚、变薄、融合、蒸发)而成。例如,积状云往往由 Cu 顶部扩展衍生而成,而 Ci 变成 Cs,St 变成 Sc 则是云本身整体的内部变化。也有既包括衍生,又包括转变的,如 Cu 变成 Cb,Ns 变成 Sc 等。除了衍生和转变以外,一种云也可以消失无踪或在无云的晴空中出现。

就主要云属和种类之间可能发生的互相演变来说,也是多样的,但就通常容易发生的情况来说,还是可以归纳出一些常见的互相演变模式来。这里试以下面几个图解来说明云和云之间一般可能的转变:非对流云的一些主要类别的互相演变,如图 3.37 所示;对流云的转变和衍变可以用图 3.38 表示;碎云(飞乱云)的生消和演变,如图 3.39 所示。

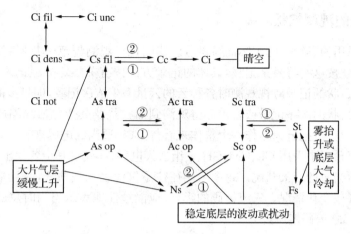

图 3.37　非对流云相互演变的若干模式

① 云内不稳定度减弱；② 云内不稳定度加强。

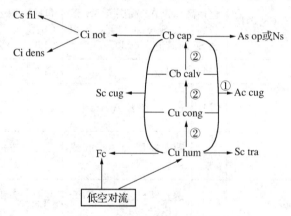

图 3.38　对流云演变的若干模式

↑:不稳定度加厚① 云内不稳定度减弱或云顶稳定度加强；

② 云内不稳定度加强或云顶稳定度减弱。

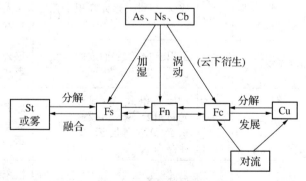

图 3.39　碎云的生消和演变模式

3.1.6 云的观测编报

云状的记录用的是统一的国际简写符号。我国现行观测规范中共列有 29 种主要的分类符号,观测员就按这些符号来记载,具体的记录方法按有关规定分栏记录。例如,当天空出现数种云时,云状的记录应视观测时各种云的云量多少依次记载,即量多的记在前面。如果相同时,可按云状的次序记录或自定。将观测到的云状及其变化情况编成电码的形式报告出去,这时必须注意把云天当作一个整体来看待,选择适当的电码来表达当时的天空状况和特点。在天气预报中采用 CL、CM、CH 三组云天电码,以便自其中各找出一个电码,使其能最恰当地表示当时的云天状况。每个云码往往不仅代表某一种云,而且常常代表某一种或几种云的发展或变化情况。三组云码的组合,应能最佳地表示出当时总的云天分布及其发展情况,如表 3.9 云码表所述。

表 3.9 云码表

序号	高云 CH		中云 CM		低云 CL	
	包括卷云 Ci、卷积云 Cc、卷层云 Cs,记为 CH0 - x		包括高积云 Ac、高层云 AS、堡状高积云 Sc cast 和荚状层积云 Sc lent,记为 CM0 - x		包括层积云 Sc、层云 St、积雨云 Cb、积云 Cu 和雨层云 Ns,记为 CL0 - x	
1	CH0	无高云	CM0	无中云	CL0	无低云
2	CH1	毛卷云 Ci fil	CM1	透光高层云 As tra	CL1	淡积云 Cu hum 或碎积云 Fc,或 Cu hum 与 Fc 共存
3	CH2	密卷云 Ci dens	CM2	蔽光高层云 As op 或雨层云 Ns	CL2	浓积云 Cu cong 伴有淡积云 Cu hum 和层云
4	CH3	伪卷云 Ci not	CM3	透光高积云 Ac tra,天气稳定	CL3	秃积雨云 Cb calv 伴有积云 Cu、层积云 Sc、层云 St
5	CH4	钩卷云 Ci une,有系统侵入	CM4	透光高积云 Ac tra,呈荚状,变化快	CL4	积云性层积云 Sc cug,伴有积云 Cu
6	CH5	毛卷层云 Ci 、薄幕卷层云 Cs,有系统侵入	CM5	成层、成带的透光高积云 Ac tra,有系统侵入	CL5	蔽光层积云 Sc op,透光层积云 Sc tra 出现
7	CH6	Ci、Cs 未布满天空	CM6	由积云 Cu 扩展而成的积云性高积云 Ac cug	CL6	层云 St 或碎层云 Fs,或两者共存
8	CH7	卷层云 Cs 布满天空	CM7	双层高积云 Ac,或蔽光高积云 Ac op,或高积云 Ac、高层云 As 并存	CL7	恶劣天气下的碎雨云 Fn,通常在高层云 As 和雨层云 Ns 下
9	CH8	CH7 的进一步发展	CM8	堡状高积云 Ac cast,絮状高积云 Ac flo	CL8	淡积云 Cu hum,或浓积云 Cu cong,云底在不同高度上

序号	高云 CH		中云 CM	低云 CL
	包括卷云 Ci、卷积云 Cc、卷层云 Cs,记为 CH0 - x		包括高积云 AC、高层云 AS、堡状高积云 SC cast 和荚状层积云 Sc lent,记为 CM0 - x	包括层积云 Sc、层云 St、积雨云 Cb,积云 Cu 和雨层云 Ns,记为 CL0 - x
10	CH9	以卷积云 Cc 为主的高云天空	CM9　混乱天空的高积云 Ac,云底高度不同,中空不稳定	CL9　鬃积雨云 Cb cap,可伴有积云 Cu、层积云 Sc、层云 St 和碎雨云 Fn
11	CHx	由于黑暗或雾、沙尘暴等,看不清属于 CH 的云	CMx　由于黑暗或雾、沙尘暴等,看不清属于 CM 的云	CLx　由于黑暗或雾、沙尘暴等,看不清属于 CL 的云
	高云天气的演变	CH1 毛卷云—CH2 密卷云—CH4,CH5,CH6 卷云、卷层云—CH7 卷层云布满全天		

云码的编制原则主要有两条:一是天气指示性原则,当对天气变化有指示性的云状出现时,不论其云量多少,有无同类其他的云,均应按有指示性的云状来编报。二是遵循云量多、云码大的原则,当代表天气情况相近的几种云状同时出现时,则以量多的云来选码。如量相同,一般选报大的云码。

一般的,云量是指云遮蔽天空的成数,一般将天空分为 10 成。记录要素主要包括总云量、低云量,记整数不计小数。其中,总云量是天空被所有云遮蔽的成数,而低云量则是天空被低云遮蔽的成数。记录方法为云量布满天空时记为 10,占十分之一时记为 1,以此类推。布满天空但是又有缝隙时记为 10⁻,天空云量小于二十分之一时记为无云。记录时总云量为分子,低云量为分母。

例 1　天空有两层云,下层为层积云 Sc,从云隙中判断上层为卷层云 Cs,布满全天,则云量记为 10/10⁻。

例 2　天空有微量的毛卷云 Ci fil,不到 1/20,则云量记为 0。

例 3　云布满天空,有空隙,毛卷云 Cs fil 6 成、淡积云 Cu hum 2 成、层积云 Sc cug 2 成。云量记为 10⁻/4。

观测员对位于头顶和那些低仰角的云应给予同等的重视,有时云的分布非常不规则,此时,把天空用互相垂直的两直线分成四个象限的办法是非常有用的。每个象限估测的量的总和取作整个天空的云量。当由于雾、降雪等造成看不见天空时,或由于黑暗或外来照明使观测者无法估计云量时,就报告电码数字为 9。在没有月亮的夜晚,通过参考天空中星体是否闪烁或完全被云所掩及的比例,尽管接近地平的星体会被烟霾所遮挡,通常仍应有可能估计出总云量,观测员也必须估测部分云量。有时,较高的云层会部分地被较低的云遮挡,此时,较高云层伸展的范围在白天可以通过短时间注视天空而较有把握地做出估测,较低云层相对较高云层的运动可揭示出较高云层是否完全覆盖天空或仍有间隙。值得注意的是每种不同云状的云量估测与总云量的估测是分别独立地进行的,部分云量分别估测的总和经常超出总云量和 8 个八分量。

在估计云量时提出下列几点需要注意：

（1）先估计总云量，然后估计分云量。估计分云量时，不要考虑总云量。当分云量估计好后，应再与总云量对照，加以复估。如果在估计分云量时，有意识地去迁就总云量，则不但分云量估计不准，而且也会导致总云量的估计误差。

（2）云量多时从估计晴天着手，晴天多时从估计云天着手，这样就可以尽量利用 90°或 45°的手臂夹角。两手臂夹角小，所夹的天空范围也小，看起来就方便些，也就易于把云量估计得准确些，然后晴天与云天也应对照估计一下，以免发生误差。

（3）孤立分散的云，或者淡薄、结构不明显的云最容易估计错，应特别注意，切不可忽视。凡孤立分散的云，必须多用各种不同的手臂夹角去量，多相互比较。反复几次，则可以准确地估计出来。

3.1.7　夜间云的观测

夜间观测云必须先在暗处停留 5 分钟左右再进行观测，这是因为人的眼睛有一个适应过程，如果一从室内光亮处出来就进行观测，容易造成很大的误差。此外，还应先观测天顶，而后再观测四周。

1. 夜间观测云的特点

夜间观测云同白天相比有许多不同特点。夜间有明夜和暗夜之分：明夜，有较强的夜光照耀，除云的某些细节不易看出，颜色略有不同外，其他与白天基本相同；暗夜，只能大致地分辨出天空的云况，观测起来更困难些。

夜间云的特点有三种：① 有云处，通常不见星光或仅见个别较亮的星光；无云处，星光闪烁，天空呈蓝紫色；有高云或薄云时，星光隐约可见；有中低云时，仅在云缝处露出星光。② 无月光而云底有灯光照射时，云越低，云底颜色越白，云越高，云底颜色越黑（因光自下向上射）；有月光时，云越高，云底颜色越白，云越低，云底颜色越黑（因光自上向下射）。③ 无月光和月光微弱时，几类云的辨识如下。

高云、中云和低云在夜间显示的特征又有不同，对于高云来说会有如下显示：① 卷云——一般呈灰黑色，云厚处只能看到较明亮的星光。云薄处须仔细分辨，才能看出一些卷云的特点。② 卷层云——一般也呈灰黑色，云薄时星光模糊，且分布均匀；云厚时只能看到几个亮度较大的星星，且星光模糊。

中云的显示特征与高云有些不同，具体为：① 高积云——云块呈黑色，颜色深浅相间。透光时，云隙处星光闪烁可见，云薄的部分星光隐约可见，云厚的部分看不见星光，蔽光时，则全部不见星光，仔细观察才能分辨出云层颜色深浅不同。② 高层云——云层呈黑色，不见星光，仔细观察可分辨出云底较均匀。

对于低云来说，由于云层较低，所以在夜间有其自身的特点：① 层积云——透光时，云隙处星光清晰可见，云薄处星光模糊，云厚处不见星光；蔽光时，全部不见星光。在云层起伏显著时，往往云块中部分颜色较浅，边缘颜色反而较深，因此，明暗相间比较明显。② 紊积雨云——这种块状云在夜间是比较好辨认的。它的出现往往伴有闪电和雷声，云的顶部有卷云特征。人会有闷且阴暗潮湿的感觉，各种气象要素均有明显变化，如气压、气温下降，湿度增大，风向转变。这种云产生的雨滴较大，下降速度快。

2. 夜间云量的观测

云量的观测分总云量和分云量，分云量指低云、中云与高云的量。

(1) 总云量

通过观测天空未被云遮蔽的部分，用 8 个量减去未遮蔽的量就是总云量，如夜晚天空无云遮蔽，往往可看到月亮、星光和蓝天。但近年来由于工业污染，某些城市上空覆盖着一层污染物，难得见到蓝天、星光，这就需要观测员在日常工作中积累经验，避免误判。

(2) 分云量

分云量的观测应自下而上逐层观测每一类、每一种云遮蔽天空的份数。如果上层云的一部分被下面的云层所遮蔽，应先观测上层云的可见部分，再根据云的演变情况和天气现象估计被遮蔽云量的份数。可见量与估计量相加即为该层云的分云量。

3. 云高的观测

云高的观测方法有仪器测定和目力测定两种。仪器测定云高较准确，但由于仪器只能测定几个点，无法全面反映天空的真实情况；再加上仪器测定受污染物、降水物等的影响很大，容易产生误差。因此，观测云高应采取目测为主、器测为辅的方法。当出现系统性的均匀云团时，可以采用仪器测定的数据；当天空云况非常复杂时，也可以请求机组提供相应的云高数据。目测云高是在判定云状的基础上，根据常见云底范围，结合当时云体结构、透光程度、颜色深浅、移动速度、云块大小及和目标物对照等情况，运用经验进行分析对比，做出判断。

4. 云状的观测

云的形状主要有 3 种：积状云、层状云和波状云。夜间由于光照条件不足，目力观测受到一定限制，对云状的判定有一定困难。因此，观测员必须充分利用一切可以利用的条件，熟悉各种云在夜间的特征，认真总结经验，提高目测能力。

(1) 掌握白天及傍晚云的连续演变情况

根据云的演变规律，推断夜间可能出现的云状，是夜间观测云的重要方法。特别在黄昏前，应适当增加云的观测次数，仔细观测云状，了解天空云的分布情况及可能变化的趋势(如云量在增加还是在减少或云层在增厚还是变薄，往哪个方向移动等)，以便提前做好准备。云和云之间的互相演变是极为频繁的。一种云可能由别种云衍生扩展而成，也可能由别种云转变(增厚、变薄、融会、蒸发)而成。例如，白天积状云发展很旺盛，傍晚不见消退，夜间仍可能有积状云存在，甚至发展成积雨云。如果积状云傍晚已经消退，到夜间可能蜕变成积云性层积云、积云性高积云、卷云等。

(2) 根据实测云高判断

有测云高仪器的台站，夜间有低云时，应加强实测云高，然后参照云高来判断云状。还可以根据附近的山峰和高大建筑物的高度来估计云高，或者用飞机报告的云高判定云状。这种方法需要熟悉本地各种云形状的云高大致分布情况。

(3) 利用夜间星光判断

夜间有明亮的月光或星光时，云的外貌特征基本可以看出来。有月光时，因光自上而下，所以云越高云底颜色越白，云越低云底颜色越黑；无月光而云底受地面灯光照射时则相反。

(4) 根据云的季节性、地方性特征判断

有些云的季节性和地方性特征明显。因此，可以对本站历年云的观测实况进行统计分析,总结出规律,以供观测时参考。

（5）根据天气现象判断

根据气象要素的变化和天气现象的出现,来判断天空中的云状。一般降下毛毛雨或米雪的是层云;连续性降水的是雨层云或低而厚的高层云;间歇性降水是层积云或低而厚的高积云;冰雹一般来自积雨云等。

（6）根据气象要素判断

当气压变化大而湿度又较大、人体觉得很闷时,这时往往有积雨云存在;当湿度急剧上升、天空垂直能见度变差时,这是层云出现的预兆。

（7）根据天气形势判断

当有强的天气系统出现或过境时,云系也会发生变化。最典型的如台风,它各个部位的云状分布不一样:在螺旋状直展云带和层状云的外缘,有塔状的层积云和浓积云;台风前进的方向上,塔状云多,且云体往往被风吹散;台风的边缘,则多为辐射状的高云和积状中低云,偶尔也有积雨云。

（8）利用身边的器械判断

如有积雨云,因为有大量放电,打开收音机可听到喀嚓喀嚓的干扰音。如有低云(如碎层云),可利用手电筒或附近工地、工厂、景点的探照灯等来判断云状,因为低云的近地面空气湿度较大,光线通过稠密细小的水滴会发生散射,形成很浓的乳白色光柱。

5. 夜间观测云的注意事项

在进行夜间云的观测时,由于视线不好,有些现象可能会产生误判,因此需要特别注意,主要包括以下几点:

（1）当卷云很薄、星光可透过时,很容易误认为碧空。但碧空时,星光闪烁有耀眼的感觉,而且星光布满全天。有卷云时,星星呈灰白色,没有闪闪发光的感觉,而且稀疏零散。

（2）当天空有一层均匀的浮尘时,很容易误认为卷层云布满全天,但卷层云在月光周围经常有"晕",隐约可见云的结构。而有浮尘时星、月光呈乳白色,看不出浮尘有什么结构;另外一种情况是星、月光呈淡白色,还可以结合天气形势考虑。

（3）当密卷云成片状又比较低时,很容易误认为高积云。但高积云移到月光下常有彩色月光,云体光滑、紧密,而密卷云移到月光下呈灰白色,边缘松散发毛。在无月光时,高积云云缝可见月光,而密卷云云片处可见隐约星光。

（4）远处有闪电时,容易把本站的非积雨云误认为积雨云,其区别是积雨云在本站上空时,闪电强烈,压、温、湿等气象要素有明显变化。

（5）夜间,特别是黄昏、拂晓,观测云量往往偏少,这主要是光线照射使云反光和天空颜色混合在一起的缘故。

（6）在城市附近,夜间尤其是傍晚或拂晓,在冬季很容易把一条条或一片片的烟幕误认为层积云或卷云。其区别是:烟幕(烟带)看上去与地面平行,移动很快;而云与地面常呈斜交,移动没有烟幕明显。

总之,尽管夜间观测云有一定困难,但只要我们在实际工作中结合云和天气方面的知识了解它的变化规律,结合实测现象反复印证,认真地总结每一次夜间观测云的经验,就可以提高夜间观测云的水平。

§3.2　大气能见度的观测

3.2.1　能见度的研究简史及意义

关于大气能见度的研究已经有很长的历史:18 世纪后半期,法国研究者 Bouger 提出了大气透明度的概念;19 世纪,Rayleigh 接着研究这一问题,他处理了关于空气和其他小的球形粒子散射问题;Middleton 所写的书中包含了关于能见度的理论及相关研究;1924 年 Koschmieder 提出了在各种大气情况下关于目标物可视范围的基础理论;1965 年,美国空军剑桥研究实验室出版了一本关于地球环境的理论,以及大气光学和电磁波通过大气的透过率方面的专著,这些论述奠定了能见度的理论基础;从 1700 年到 1998 年的研究为高级能见度传感器的发展奠定了基础,并且使可视技术也得到了加强。此外还有摄像法和激光雷达法,透射表被安装在很多重要机场的跑道上测量能见度。三国时期,诸葛亮草船借箭的故事大家一定不陌生,试想如果那时没有雾,诸葛亮能借到箭吗? 同样的距离,有的天气现象下,可以看得一清二楚;有的情况下,却是朦朦胧胧。于是,为了对这种视觉上的现象做定量描述,人们引入了能见度的概念。能见度对航空、航海、陆上交通以及军事活动、人体健康等都有重要影响,是重要的气象要素,对它的观测意义重大。因此,能见度问题涉及物理学、大气物理学、生理学和心理学等多门学科。

3.2.2　能见度及目标物视亮度方程

对于能见度的定义有两种。气象上的定义是指标准视力的眼睛观察水平方向以天空为背景的黑体目标物(视角为 $0.5° \sim 5°$)时,能从背景上分辨出目标物轮廓的最大水平距离称为气象能见距;另外一种是世界气象组织(WMO)给出的通用定义,即将"气象光学视程(MOR)"定义为色温 2 700 K 的白炽灯的平行光束,光通量变为其初始值的 0.05 时所通过的大气路径长度,这个定义在白天和夜晚都是可以使用的。能见度记录单位为千米(km),不足 100 米记 0,100 米记 0.1 km,以此类推。

根据大气中物质与光的相互作用机理,我们可以获知能见度的影响因子主要有入射光在传播过程中的削减、人眼对入射光的接收以及目标物和背景的亮度对比(主要针对人眼观测)。《地面气象观测》将其归纳有三条:大气透明度、目标物和背景的亮度对比,以及观测者的视觉感应。

大气透明度是影响能见度的主要因子。大气中的气溶胶粒子通过反射、吸收、散射等机制削弱光通过大气的能量,导致目标物固有亮度减弱。所以,大气中杂质越多、越浑浊,能见度就越差。

在大气中目标物能见与否既取决于本身亮度,又与它同背景的亮度差异有关。比如,亮度暗的目标物在亮的背景衬托下清晰可见;或者亮的目标物在暗的背景下同样清晰可见。表示这种差异的指标是亮度的对比值 K,设目标物亮度为 B_0,背景亮度为 B_0':

当 $B_0 > B_0'$ 时,则
$$K = \frac{B_0 - B_0'}{B_0} = 1 - \frac{B_0'}{B_0} \tag{3.1}$$

当 $B_0 < B_0'$ 时,则
$$K = \frac{B_0' - B_0}{B_0'} = 1 - \frac{B_0}{B_0'} \tag{3.2}$$

所以,K 的变化范围为:$0 \leqslant K \leqslant 1$。

当目标物与背景亮度一致时,即 $K = 0$,此时目标物和背景融合,即在背景的衬托下不能辨别目标物。

当 $B_0 = 0$ 时,目标物为绝对黑色,即 $K = 1$,目标物清晰可见。

当 K 在 $0 \sim 1$ 范围内变化时,随 K 值的增大,目标物看得越来越清晰。

另外,目标物和背景的色彩不同也影响能见与否,但色彩的感觉在足够的光亮度条件下才能产生,这也是环境因素引起的能见度变化。

在白天当 $K = 0$ 时,难以准确辨别目标物。当 K 逐渐增大时亮度差异逐渐增大,当 K 增大到某一值时才能准确地辨别目标物。这个亮度对比值叫作对比视感阈,是观测者的视力指标,用 ε 表示。

当 $K > ε$ 时,目标物可见;

当 $K < ε$ 时,目标物不可见;

当 $K = ε$ 时,目标物若隐若现,为临界状态。

ε 的大小主要取决于观测者的视力,以及观测时的光照条件和目标物视角的大小。

由实验得出,在白天野外光照条件下,正常人的 ε 值平均约为 0.025。因此,联合国气象组织推荐日间测定能见度时,取对比阈值 ε = 0.025。黄昏后,因亮度迅速减小,目标物与背景逐渐融合,ε 值可迅速增大到 0.06~0.07。

观测者的 ε 值还与亮度和目标物的视张角有关。如果目标物的宽度为 b,高度为 a,则目标物的视张角为
$$\theta = \frac{\sqrt{a \times b}}{L} \times 0.34 \tag{3.3}$$

其中:a 为目标物的高度(m);b 为目标物的宽度(m);L 为观测者与目标物之间的水平距离(km)。

在这里,$\theta = \sqrt{高度角 \times 宽度角}$,使得
$$\tan\theta \approx \sin\theta \approx \theta \tag{3.4}$$

其中:高度角 $= \dfrac{a}{L}$,宽度角 $= \dfrac{b}{L}$(弧度制)。

θ 以分为单位,所以把弧度制转化过来之后就会得到式(3.4)中的待定系数。

需要补充的是视见函数 $\psi(\lambda)$ 的内容,那么什么是视见函数呢? 它对能见度又起到什么作用呢? 我们可以从如下的分析中得到。

视见函数表征客观辐射通量和人眼主观感受之间的关系。人眼对黄绿光最敏感,而对红外线和紫外线等则不引起视觉。若有一波长为 λ 的光和一波长为 555 nm 的光,产生相同亮、暗视觉所需的辐射通量分别为 ΔF_λ 和 $\Delta F_{555\,nm}$,则比值 $\psi(\lambda)$ 为视见函数,即
$$\psi(\lambda) = \frac{\Delta F_{555\,nm}}{\Delta F_\lambda} \tag{3.5}$$

人眼在环境亮度大于 3 烛光/米^{2}下的视觉称为明视觉(发光强度单位最初是用蜡烛来定义的,单位为烛光,1948 年第九届国际计量大会上决定采用处于铂凝固点温度的黑体作为发光强度的基准,同时定名为坎德拉,曾一度称为新烛光。1967 年第十三届国际计量大会又对坎德拉作了更加严密的定义:坎德拉(candela)是发光强度的单位,国际单位制(SI)的 7 个基本单位之一,简称"坎",符号 cd,它是一光源在给定方向上的发光强度,该光源发出频率为 5.4×10^{12} Hz 的单色辐射,且在此方向上的辐射强度为 1/683 瓦特每球面度),在小于 0.05 烛光/米^{2}下的视觉称为暗视觉,所以不同颜色的光要引起视觉,所需要的辐射通量不同,天空中色散等也都会对能见度有影响,可见影响能见度的因子有很多。表 3.10 为不同波段的视函数的值。

表 3.10　各波段视函数的值

光的颜色	波长(毫微米)	视见函数	光的颜色	波长(毫微米)	视见函数
紫	400	0.000 4	橙	600	0.531
	410	0.001 2		610	0.503
	420	0.004 0		620	0.381
	430	0.011 6		630	0.265
蓝	440	0.023		640	0.175
	450	0.033		650	0.107
青	460	0.060	红	660	0.061
	470	0.090		670	0.034
	480	0.139		680	0.017
	490	0.208		690	0.008 2
绿	500	0.323		700	0.004 1
	510	0.503		710	0.002 1
黄	520	0.710		720	0.001 0
	530	0.862		730	0.000 50
	540	0.954		740	0.000 25
	550	1.000		750	0.000 12
	560	0.995		760	0.000 6
	570	0.952		770	0.000 3
	580	0.870		780	0.000 15
	590	0.757			

　　在能见度的研究和探测中,需要知道以下几个方面的基础知识。

1. 目标物的亮度方程

　　根据辐射传输理论,目标物亮度减弱规律可以通过理论推导来完成。通常可设目标物的固有视亮度为 B_0,通过距离 L 的空气层后减为 B_{0L},则由 Beer 定律可得:

$$B_{0L} = B_0 \mathrm{e}^{-\int_0^L \sigma \mathrm{d}L} \tag{3.6}$$

其中，σ 为大气层消光系数，单位为 cm^{-1}。

如果大气水平均一，则

$$B_{0L} = B_0 \mathrm{e}^{-\sigma L} \tag{3.7}$$

令 $\dfrac{B_{0L}}{B_0} = T$，T 为大气层透射率，$T = \mathrm{e}^{-\sigma L}$，则有

$$\sigma = \frac{1}{L} \ln \frac{B_0}{B_{0L}} \tag{3.8}$$

若物体的消光系数已知，在一定距离上物体的亮度减弱情况就可按此规律求得。

2. 气幕光

如图 3.40 所示，在距离观测者水平距离 L 处，取一空气元，其体积为

$$\mathrm{d}V = \mathrm{d}A\,\mathrm{d}L = L\,\mathrm{d}\omega\,\mathrm{d}L \tag{3.9}$$

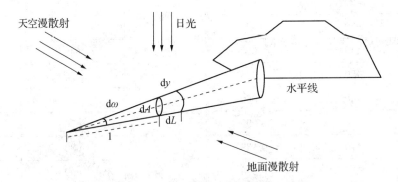

图 3.40　气幕光产生示意图

其中 $\mathrm{d}\omega$ 为这个元体积的立体角。设每层空气有相同的照度，且入射到体积元上光的照度为 E_λ，体积角散射系数为 α_λ^θ，则观测方向散射光强为 $\mathrm{d}I_\lambda = E_\lambda \alpha_\lambda^\theta \mathrm{d}V$，可见光波段散射为 $\mathrm{d}I = E\alpha_\lambda^\theta \mathrm{d}A\,\mathrm{d}L$，空气元量在人目视方向原始亮度为 $\mathrm{d}B' = \mathrm{d}I/\mathrm{d}A = E\alpha_\lambda^\theta \mathrm{d}L$。根据物光减弱规律，元量空气的气幕光在通过 L 气层减弱后的视亮度为

$$\mathrm{d}B'_L = \mathrm{d}B' \mathrm{e}^{-\sigma L} = E\alpha_\lambda^\theta \mathrm{e}^{-\sigma L} \mathrm{d}L \tag{3.10}$$

从 0 到 L 积分，得

$$B'_L = \int_0^L E\alpha_\lambda^\theta \mathrm{e}^{-\sigma L} \mathrm{d}L = \frac{E\alpha_\lambda^\theta}{\sigma}(1 - \mathrm{e}^{-\sigma L}) \tag{3.11}$$

式中，B'_L 为距离 L 内所有空气的气幕光视亮度。

假定水平方向空气均一，从 0 到无穷远积分，得 $B'_L = B_H(1 - \mathrm{e}^{-\sigma L})$，$B_H$ 为水平天空的视亮度，代入式(3.11)得

$$B_H = \int_0^\infty \frac{E\alpha_\lambda^\theta}{\sigma} \mathrm{e}^{-\sigma L} \mathrm{d}L = \frac{E\alpha_\lambda^\theta}{\sigma} \tag{3.12}$$

3. 人眼所见目标物的总视亮度

由(3.6)式和(3.12)式得：

$$B_L = B_{0L} + B_L' = B_0 e^{-\sigma L} + B_H (1 - e^{-\sigma L}) \tag{3.13}$$

(3.13)式为以水平天空为背景的目标物视亮度方程。可见当 $L \to \infty$ 时，即当远离目标物时，不论其原始亮度有多大，它的视亮度会逐渐趋近于背景亮度，最后目标物消失于背景之中。而且，空气越浑浊，目标物消失的距离越短。

4. 天空漫散射

对于地面的漫散射相对容易理解，对于天空的漫散射，目前主要的影响因子有：细粒子对光的散射、由空气湿度引起的光散射、清洁空气产生的瑞利散射、细粒子产生的光的吸收以及 NO_2 气体对光的吸收五部分，所以对于大气消光系数的计算也主要由这五部分组成。根据叠加定律，可知大气消光系数 σ_t 为

$$\sigma_t = \sigma_{sp} + \sigma_{sw} + \sigma_{sg} + \sigma_{ap} + \sigma_{ag} \tag{3.14}$$

式中：σ_{sp} 为细粒子对光的散射，σ_{sw} 为空气湿度引起的光散射，σ_{sg} 为清洁空气产生的瑞利散射，σ_{ap} 为细粒子产生的光的吸收，σ_{ag} 是 NO_2 气体对光的吸收。

如果从大气辐射传输基本原理出发，我们可以得到能见度基本方程数学表达式。首先我们需要得到亮度对比的数学方程。那么什么是亮度对比呢？亮度对比是指观察者实际接收到的目标物视亮度与观察者实际接收到的背景视亮度之差，和观察者实际接收到的背景的视亮度的比值。

故取 K 为亮度对比为

$$K = \left| \frac{B^* - B_b^*}{B_b^*} \right| \tag{3.15}$$

式中，B^* 为观察者实际接收到的目标物视亮度，B_b^* 为观察者实际接收到的背景视亮度。

如图 3.41 所示辐射传输中球坐标与天顶角示意图及辐射学，可得平面平行大气辐射传输方程：

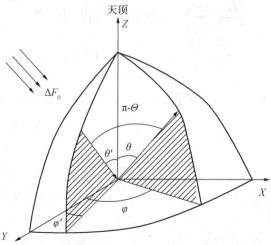

图 3.41　辐射传输中球坐标与天顶角示意图

$$\begin{cases}\mu\dfrac{\mathrm{d}I_v}{\mathrm{d}\tau}=I_v(\tau,\mu,\varphi)-J\\[2mm]J_v=\dfrac{\widetilde{\omega}}{4\pi}\Big[\pi F_0 P(\tau,\Theta_0)\mathrm{e}^{-\tau/\mu_0}+\displaystyle\int_0^{2\pi}\int_0^{\pi}I_v(\tau,\theta',\varphi')P(\tau,\Theta)\sin\theta'\mathrm{d}\theta'\mathrm{d}\varphi'\Big]+\\[2mm]\quad(1-\widetilde{\omega})B_v(T)\\[2mm]\mu=\cos\theta\end{cases}\tag{3.16}$$

根据上面的方程组,可推出

$$\frac{\mathrm{d}I_v}{\mathrm{d}r}=-k_t(r)I_v+k_t(r)\cdot J_v\tag{3.17}$$

式中,$k_t(r)$ 是消光系数,θ,φ 是方向单位向量与 θ',φ' 方向单位向量之间的夹角,Θ 是散射角,J_v 是源函数,$\tau=\displaystyle\int_0^z k_t(z)\mathrm{d}z$ 是光学厚度,$\widetilde{\omega}$ 是体元单次反照率,ΔF_0 是大气顶太阳辐射通亮密度(关于辐射的基本知识参见第 6 章)。

方程组(3.16)的边界条件:

$$I_v\mid_{r=0}=\begin{cases}B\ (目标)\\B_b\ (背景)\end{cases}\tag{3.18}$$

由方程(3.16)、(3.17)、(3.18)解得

$$\begin{cases}B^*=I_v(R)=B\cdot\mathrm{e}^{-\int_0^R k_t(r)\mathrm{d}r}+\displaystyle\int_0^R k_t\cdot J_v\cdot\mathrm{e}^{-\int_0^R k_t(r)\mathrm{d}r}\cdot\mathrm{d}r\\[3mm]B_0^*=I_{vb}(R)=B_b\cdot\mathrm{e}^{-\int_0^R k_t(r)\mathrm{d}r}+\displaystyle\int_0^R k_t\cdot J_v\cdot\mathrm{e}^{-\int_0^R k_t(r)\mathrm{d}r}\cdot\mathrm{d}r\\[3mm]K=\left|\dfrac{B-B_b}{B_b}\right|\cdot\dfrac{\exp\left[-\displaystyle\int_0^R k_t(r)\mathrm{d}r\right]}{\exp\left[-\displaystyle\int_0^R k_t(r)\mathrm{d}r\right]+\dfrac{1}{B_b}\cdot\displaystyle\int_0^R k_t(r)\cdot J_v\cdot\mathrm{e}^{-\int_0^R k_t(r)\mathrm{d}r}\cdot\mathrm{d}r}\end{cases}\tag{3.19}$$

令:
$$\begin{cases}K_0=\left|\dfrac{B-B_b}{B_b}\right|\longrightarrow 目标背景固有对比度\\[3mm]T_m=\exp\left[-\displaystyle\int_0^R k_t(r)\mathrm{d}r\right]\longrightarrow 透明度\\[3mm]D_R=\displaystyle\int_0^R k_t(r)\cdot J_v\cdot\mathrm{e}^{-\int_0^R k_t(r)\mathrm{d}r}\cdot\mathrm{d}r\longrightarrow 气柱亮度\end{cases}$$

可以推出

$$K=K_0\cdot\frac{1}{1+D_R/(B_b\cdot T_m)}=K_0 Y\tag{3.20}$$

Y 叫作对比传输系数,反映了背景亮度和大气特性。它是小于 1 的正数,随距离 R 加大,Y 减小,视亮度的对比也逐渐减小。

方程组(3.19)第三式是针对单色光导出的。对人眼观察白光的情况,要乘以眼睛的视见函数 $\psi(\lambda)$,并对波长(单位:微米)求积分。

$$\begin{cases} \overline{B}^* = \displaystyle\int_{0.40}^{0.70} B^*\,\psi(\lambda)\mathrm{d}\lambda = \overline{B}\cdot \mathrm{e}^{-\int_0^R k_t-(r)\mathrm{d}r} + \int_0^R \overline{B}_A \cdot \mathrm{e}^{-\int_0^R k_t-(r)\mathrm{d}r}\cdot\mathrm{d}r \\[2mm] B_0^* = \displaystyle\int_{0.40}^{0.70} B_b^*\,\psi(\lambda)\mathrm{d}\lambda = \overline{B_b}\cdot \mathrm{e}^{-\int_0^R k_t-(r)\mathrm{d}r} + \int_0^R \overline{B}_A \cdot \mathrm{e}^{-\int_0^R k_t-(r)\mathrm{d}r}\cdot\mathrm{d}r \\[2mm] \overline{B}_A = \displaystyle\int_{0.40}^{0.70} k_t(r)\cdot J\cdot\psi(\lambda)\mathrm{d}\lambda \end{cases} \quad (3.21)$$

其中，$\overline{B}$ 是目标物白光亮度，$\overline{B_b}$ 是背景白光亮度。

由上式可推出

$$K = \left| \frac{\overline{B}-\overline{B_b}}{\overline{B_b}} \right| \cdot \frac{\exp\left[-\int_0^R \overline{k}_t(r)\mathrm{d}r\right]}{\exp\left[-\int_0^R \overline{k}_t(r)\mathrm{d}r\right] + \dfrac{1}{\overline{B_b}}\cdot\int_0^R \overline{B}_A\cdot\mathrm{e}^{-\int_0^R k_t-(r)\mathrm{d}r}\cdot\mathrm{d}r} \quad (3.22)$$

方程组(3.19)的第三式和式(3.22)是能见度的基本方程。为了能够深刻理解上述方程的数学物理过程，读者可以参见周秀骥等编著的《高等大气物理学》和廖国男编著的《大气辐射导论》等优秀著作。

3.2.3　能见度类型

能见度主要分为三种类型，一是大气水平能见度，二是空中斜视(斜程)能见度，三是灯光能见度。其中大气水平能见度又可分为地面水平能见度和高空水平能见度。也就是说在讨论观测点和目标物在同一高度的情况，这时视线是水平的。对于大气水平能见度来说，一般需要满足以下两个条件：(1) 大气的消光系数、散射系数都不随距离而改变；(2) 大气柱所受到的自然照明强度也不随距离而改变。

由方程组(3.19)第一、二式，可得水平能见度的计算公式：

$$\begin{cases} B^* = B\mathrm{e}^{-k_t\cdot R} + J_v(1-\mathrm{e}^{-k_t\cdot R}) = B\mathrm{e}^{-k_t\cdot R} + D_R \\ B_b^* = B_b\mathrm{e}^{-k_t\cdot R} + D_R \\ D_R = J_v(1-\mathrm{e}^{-k_t\cdot R}) = D_\infty(1-\mathrm{e}^{-k_t\cdot R}) \end{cases} \quad (3.23)$$

其中，D_R 是厚度为 R 的空气柱亮度，D_∞ 是厚度为无穷大的空气柱亮度。把式(3.23)代入方程组(3.19)的第一式，得：

$$R = \frac{1}{k_t}\cdot\ln\left[\frac{KD_\infty + B_b(K_0-K)}{KD_\infty}\right] \quad (3.24)$$

当 $K=\varepsilon$ 时，

$$R_M = \frac{1}{k_t}\cdot\ln\left[\frac{\varepsilon D_\infty + B_b(K_0-K)}{\varepsilon D_\infty}\right] \quad (3.25)$$

此时，若以天空为背景，则 $B_b = D_\infty$，有

$$R_M = \frac{1}{k_t}\ln\frac{K_0}{\varepsilon} \quad (3.26)$$

对以水平天空为背景的黑体目标物，目标物和背景视亮度对比可以表示为：

$$\varepsilon = \mathrm{e}^{-rK_t}, r = \frac{-\ln \varepsilon}{k_t} \tag{3.27}$$

当 $\varepsilon = 0.02$ 时,气象能见度:

$$V_{0.02} = \frac{-\ln(0.02)}{k_t} = \frac{3.912}{k_t} \tag{3.28}$$

当 $\varepsilon = 0.05$ 时,MOR 气象光学视程

$$V_{0.05} = \frac{-\ln(0.05)}{k_t} = \frac{2.996}{k_t} \tag{3.29}$$

对于空中斜视能见度来说,其定义是指从飞行器(飞机、卫星)上俯视地面或在地面上进行空中目标识别时的能见度。通常云体内部或避光云层之下的斜视能见度也称为空中斜视能见度。这时可以忽略太阳的直接辐射,即 $I_0 = 0$,并且认为天空散射光亮度均匀分布,$J_v =$ 常数,于是由方程组(3.19)的第三式可以得到

$$K = K_0 \cdot \frac{\exp\left[-\int_0^R k_t(r)\mathrm{d}r\right]}{\exp\left[-\int_0^R k_t(r)\mathrm{d}r\right] + \dfrac{J_v}{B_b}\int_0^R k_t(r)\mathrm{e}^{-\int_0^R k_t(r)\mathrm{d}r}\mathrm{d}r} =$$

$$\frac{K_0}{1 + \dfrac{J_v}{B_b}\int_0^R k_t(r)\mathrm{e}^{-\int_0^R K_t(r)\mathrm{d}r}\mathrm{d}r} \tag{3.30}$$

进而得到:

$$\int_0^R k_t(r)\mathrm{d}r = \ln\left[1 + \frac{B_0}{J_v}\left(\frac{K_0}{K} - 1\right)\right] \tag{3.31}$$

设背景为地面或漫反射体,反射率为 f_b,即 $B_0 = f_b J_v$,所以有

$$\int_0^R k_t(r)\mathrm{d}r = \ln\left[1 + f_b\left(\frac{K_0}{K} - 1\right)\right] \tag{3.32}$$

令 $K = \varepsilon$,确定能见距方程为:

$$\int_0^{RM} k_t(r)\mathrm{d}r = \ln\left[1 + f_b\left(\frac{K_0}{\varepsilon} - 1\right)\right] \tag{3.33}$$

如图 3.42 所示可以帮助理解气象光学视程(MOR,水平)和空中斜视能见度(SOR,斜视),这也是水平和斜视能见度探测仪的原理设计基础示意图。此外,利用爱丁顿近似,也可在数学上导出空中斜视能见度理论方程。

对于能度的第三种类型灯光能见度,主要是针对夜晚的可视距离来说的。我们知道,信号灯和灯塔常用作夜间航行的信号和标志。灯光信号能够传递多远,或者说观测者在多远的距离还能分辨出这一灯光的存在,这就是灯光能见度问题。人眼或仪器识别灯光同样是根据目标物之间的亮度、颜色差异等,但特殊性在于灯光视角一般很小,所以可以看成点光源。对于点光源,人们重新定义了相应的视觉阈值——照度阈值。很显然,当点光源在人眼产生的照度低于阈值时,灯光就看不见了。

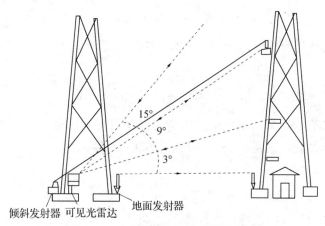

倾斜发射器　可见光雷达　地面发射器

图 3.42　光学视程和空中斜视能见度

3.2.4　能见度的测量

如前所述,影响目标物能见度的因子比较多,而气象工作中,需要能见度只反映大气透明度状况,这就需要选定和统一实行某种观测方法,以固定其他因子,使测定的最大水平能见度只表达大气透明程度的单一因子影响。下面就白天和夜间两种不同的观测状况,介绍其思路和办法。

白天气象能见度的目标物—背景对比度衰减规律一般可以按照如下方式进行推导。白天的观测条件是在均一扩展的背景下观测一个孤立的目标物,目标物也都是扩展反射光源,其目标物—背景的固有亮度对比为 K_0,取

$$K_0 = \frac{B_0' - B_0}{B_0'} \tag{3.34}$$

由于空气的物光减弱和气光增强作用,K_0 会削弱,在观测者眼睛上形成目标物—背景的视觉亮度对比 K_L 为

$$K_L = \frac{B_L' - B_0}{B_L'} \tag{3.35}$$

代入式(3.13),人眼所见目标物的总视亮度:

$$\begin{cases} B_L = B_0 \mathrm{e}^{-\sigma L} + B_H (1 - \mathrm{e}^{-\sigma L}) \\ B_L' = B_0' \mathrm{e}^{-\sigma L} + B_H (1 - \mathrm{e}^{-\sigma L}) \end{cases} \tag{3.36}$$

则可得到:

$$K_L = \frac{(B_0' - B_0) \cdot \mathrm{e}^{-\sigma L}}{B_0' \mathrm{e}^{-\sigma L} + B_H (1 - \mathrm{e}^{-\sigma L})} = \left(\frac{B_0' - B_0}{B_0'}\right) \cdot \frac{1}{1 + \dfrac{B_H}{B_0'} (\mathrm{e}^{\sigma l} - 1)} \tag{3.37}$$

引入传输函数:$F(L) = \dfrac{1}{1 + \dfrac{B_H}{B_0'} (\mathrm{e}^{\sigma L} - 1)}$,则可以简化得到目标物—背景对比度衰减

规律

$$K_L = K_0 \cdot F(L) \tag{3.38}$$

若选择水平天空作为背景,此时 $B_0' = B_H$,则有

$$\begin{cases} F(L) = e^{-\sigma L} \\ K_L = K_0 e^{-\sigma L} \end{cases} \tag{3.39}$$

这就是科希米德(Koschmieder)定律,它反映了目标物——水平天空背景原始亮度对比度衰减规律。当这种衰减达到 $K_L = \varepsilon$ 时,相应的能见度距离为

$$L = \frac{1}{\sigma} \ln \frac{K_0}{\varepsilon} \tag{3.40}$$

若再规定选择黑色或深色物体作为目标物,即 $B_0 = 0$,相应的 $K_0 = 1$,再取 $\varepsilon = 0.02$,则定出的最大能见距离为

$$L_M = \frac{3.912}{\sigma} \tag{3.41}$$

这个关系式和(3.28)式一致,它指出若按上述规定条件进行观测,测定的 L_M 与 σ 成单一函数关系。它只反映大气透明度的单一影响,故称 L_M 为气象能见度或气象视距。因此,白天气象能见度的定义为:视力正常的人在当时天气条件下,能够从天空背景中看到和辨认出视(张)角大于 0.5°且大小适度的黑色目标物的最大水平距离。或许,大家觉得能见度这样定义会因为人的主观因素而受影响,但是能见度这个概念本身就是以人的视觉为前提的,没有视觉就没有能见度了,所以只能选取视力正常情况下的标准,这也体现了气象科学与人的联系。《地面气象观测规范》中白天能见度观测的目标物选择标准就是源于此式。

实际工作中,各台站按标准在测站周围各方向选择距离不同的若干目标物,测出距离,绘制出能见度目标物图作为观测依据,如图 3.43 所示。

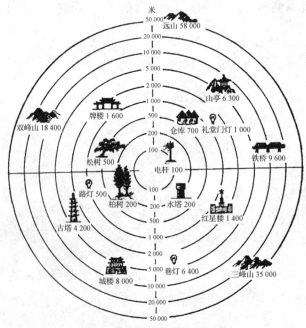

图 3.43 能见度目标物分布图

由于测站周围各方向能见距离不可能一致,记录时规定,不取平均值,而取有效能见度(米级别),有效能见度是指视野 1/2 以上范围内都能达到的最大水平距离。从表 3.11 中可见可以用灰色目标来代替黑色目标,但背景必须是天空,表 3.11 中还反映了不同颜色目标物在不同背景下的能见距离。

表 3.11　各颜色目标物在不同背景下能见距离

目标物颜色	背景	能见度(km)
黑	天空	4.8
灰(反射率 15%)	天空	4.7
白	天空	4.0
黑	雪	3.7
灰(反射率 15%)	雪	3.4
黑	地面或山	1.4

目标物的大小适度,其视张角一般取 $0.5°\sim5°$。目标物的仰角不宜过高,一般小于 $6°$。某些山区站由于条件限制,可放宽到小于 $11°$。需尽量选择水平天空作为观测背景来观测大气能见情况,若以其他物体(如山体、森林等)作为背景,则要求目标物距背景尽可能远些,以使当这个目标物的距离正好是当时最大能见距离的天气条件下,该背景物尽可能融合于气霭光之中。光亮彩色的物体或以大地为背景的物体,应尽量避免使用,特别是当太阳光照射在物体上时。通常只要物体的反射率小于 0.25,在阴天就不会造成 3% 以上的测量误差,而若有阳光照射时,就会有较大的误差。如果不得不使用以大地为背景的目标物时,则应选择这样的目标物,其与背景的距离尽量为与观测员间距离一半以上。

在沙漠、草原、海岛或其他地物稀少的地区,可人工设置目标物涂成黑色。靠近海(湖)岸的测站或海岛站,其朝向海(湖)方向的能见度可用水平线的清晰程度来判定,见表 3.12。表 3.13 给出了各种典型气象条件下气象能见度、消光系数及相应的国际能见度 10 个级别及其编码数。最下行的值是仅有分子散射的情况,它反映了能见度的极限值。

表 3.12　海面能见度参照物

水平线清晰程度	能见度(km)	
	眼高出海面≤7 m	眼高出海面>7 m
十分清楚	>50.0	
清楚	20.0~50.0	>50.0
勉强可以看清	10.0~20.0	20.0~50.0
隐约可辨	4.0~10.0	10.0~20.0
完全看不清楚	<4.0	<10.0

表 3.13　国际能见度分级编码

编码	气象视距(km)	消光系数(km^{-1})	天气状况
0	<0.05	>78.2	重浓雾
1	0.05~0.20	78.2~19.6	浓雾
2	0.20~0.50	19.6~7.82	中雾
3	0.50~1.0	7.82~3.91	轻雾
4	1.0~2.0	3.91~1.96	薄雾
5	2.0~4.0	1.96~0.954	霾
6	4.0~10.0	0.954~0.391	轻霾
7	10.0~20.0	0.391~0.196	晴
8	20.0~50.0	0.196~0.078	大晴
9	>50.0	<0.078	极晴
	277	0.0141	纯空气分子

　　夜间由于光照条件的限制,已不能使用一般目标物,而用发光物体(灯光)作为目标物来确定夜间气象能见度的量值大小。灯光目标物是点源,不需要考虑扩展源的亮度对比问题,观测要点是通过点源在眼睛上产生的照度来衡量。夜间决定能见与否的眼的指标是眼的灵敏度,即所能感受到的最小照度,又叫照度视觉阈值。

　　影响灯光能见度的因子主要有灯光强度、大气透明度及人眼的灵敏度。设灯光强度为I,与观测者距离为L,在观测者眼球上产生的照度由阿拉德(Allard)定律给出

$$E = \frac{I}{L^2} \cdot e^{-\sigma L} \tag{3.42}$$

　　当观测者与灯光的距离为S时,在眼球上产生的照度达到阈值E_0,此时目标恰好能见而又将不能见,这时

$$E_0 = \frac{I}{S^2} \cdot e^{-\sigma S} \tag{3.43}$$

　　由此可推出

$$\begin{cases} S = \dfrac{1}{\sigma}(\ln I - \ln E_0 - 2\ln S) \\ \sigma = \dfrac{1}{S}(\ln I - \ln E_0 - 2\ln S) \end{cases} \tag{3.44}$$

　　代入式(3.41),可以得到:

$$L_M = \frac{3.912S}{\ln \dfrac{I}{E_0} - 2\ln S} \tag{3.45}$$

　　观测白天或夜间能见度注意事项:眼睛应距地面适当高度(约 1.5 m),最好不要在高楼

上或其他高的建筑物上。点光源应选择孤立的灯光,其周围不能有其他的光源。

对于前文提到的气象光学距离(MOR)来说,取参数 0.05 是假定眼睛在实际环境中恰好能辨认出目标物时的亮度对比阈值取为 0.0(发现阈值),按照布格-朗伯定律

$$F = F_0 e^{-\sigma \cdot L} \tag{3.46}$$

其中,σ 为消光系数,F_0 为 $L=0$ 时的光通量。可以得到

$$\left. \begin{aligned} \mathrm{MOR} &= -\frac{\ln 0.05}{\sigma} = \frac{3}{\sigma} \\ T &= e^{-\sigma L} \end{aligned} \right\} \quad \mathrm{MOR} = L \cdot \frac{\ln 0.05}{\ln T} \tag{3.47}$$

气象光学距离可以用适当的仪器来测定,也可以用目测来近似估计。对于白天,气象能见度的目力估算法就能给出气象光学距离真值的相当好的近似值。对于夜间,以目测的灯光能见距离,按特定的程序或转换表可以估算出气象光学距离 P。根据阿拉德定律,得到:

$$P = \frac{S \cdot \ln \frac{1}{0.05}}{\ln \frac{I}{E \cdot S^2}} \tag{3.48}$$

此外,跑道能见距离是民航或军用机场都要考虑的探测参数。一般地,在飞机接地点,从飞行员(位于跑道中线的飞机里)眼睛的平均高度(规定为 5 m)上,观察起飞或着陆的方向,能看清跑道或表示跑道的专用灯光或标志物的最远距离(或跑道视程 RVR)。若跑道标志物是黑色,且以天空为背景,则根据前面科希米德定律(式(3.39)),只是 $\varepsilon=0.05$;若采用灯光作为跑道标志物,则根据阿拉德定律(式(3.42)),S 就是 RVR 值,国际民航(ICAO)建议采用的 E_0 值为 $E_0=3.9\times10^{-7}$ lx(白天),$E_0=7.7\times10^{-7}$ lx(夜间)。昼夜以背景的照度 $E_0=20$ lx 为分界,高于 20 lx 为白天,lx 为照度单位。

3.2.5　气象光学视程的人工观测方法

气象光学视程的观测方法只有与其定义联系在一起才是正确的,从式(3.28)和式(3.29)很容易得到气象能见度与气象光学视程之间的关系。

在实际观测中发现,处于消失距离上的目标物通常处于"闪烁"状态,即再增加很短的距离目标物就会消失,在距离上基本上可以认为是一个"点"。利用目标物的这种特性,以及能见度与气象光学视程之间的关系,就可以确定气象光学视程的人工观测方法。

具体的操作方法是:在能见度较低时,通常选择能见距离在 500 m 以内的条件进行实际观测训练。可以在平坦的公路或机场跑道上进行,预先测量好距离,并以 5 m 间隔做出标记。若能见距离在 300 m 以内,可直接用人作为目标物。能见距离较远时,可支起约 3 m×3 m 左右的黑布作为目标物,以增加观测的视角。若用黑布,可以用观测员逐渐向后退行的方法确定消失距离;若为人,应 2~3 人为一组,两组互为能见度目标物以确定消失距离。在确定消失距离之后,就可以确定气象光学视程了,其方法是向目标物靠近 30% 的距离。

在能见距离很远时,由于用人作目标物的视角太小,而用黑布作目标物达到要求的视角就需要很大的面积,通常是很难做到的,这就必须利用自然物体做能见度目标物,并用当时的模糊程度进行估计。

在用自然目标物估计能见距离时,在低能见度条件下通过训练形成的观测员在气象光学视程距离上的目标物"模糊"程度的"印象"特别重要。这种"印象"可以印在观测员的记忆中,是很难用语言或文字表达的,这就是观测经验。气象能见的观测员必须有这种经验,才能得到正确的观测结果。

必须注意的是,在气象光学视程对应的距离上,如果再前进或后退,目标物"模糊"程度的变化并不明显,要认真体会才能形成"印象"。因此,培训气象光学视程观测员的方法是:在低能见度条件下进行多次观测,使观测员反复体会处于气象光学视程距离上的目标物的"模糊"程度,以形成"印象"并留在记忆中。这个"印象"形成以后,在观测远处的目标物时,就可以根据自然目标物当时的光学状态,判断与气象光学视程"模糊"程度之间的差异,从而在目标物实际距离的基础上进行修正,以得到气象光学视程的正确数据。

在得到气象光学视程后将其数值乘以 1.3 即可得到以视觉感阈 0.02 定义的能见度值。若需要以视觉感阈 0.05 定义的能见度值,则可直接提供。由于在实际观测中几乎不可能得到正好处于消失距离上的自然目标物,用气象光学视程计算与视觉感阈 0.02 对应的能见距离要比按照消失距离进行估计准确得多。

3.2.6 能见度器测法

现有的能见度仪器测量方法有遥测光度计(Telepotometer)、测透射率法及透射表、散射仪(前向和后向散射仪)以及激光雷达等,还有利用望远光度计直接测量目标物及其背景视亮度的直接测量法。通过拍摄黑色目标,然后从所拍摄图片求得目标与背景的相对亮度比,从而推算出能见度的照相法。另外,还有参比测量法,以及卫星遥感成像等方法,在此不再赘述。

遥测光度计可以测量远处目标物和天空背景的视亮度,加以比较给出大气消光系数,从而推算出气象能见度。常用于白天观测,一般常规观测不同于此类仪器。

测量大气透射率的仪器一般有双端式和单端式两种,通常由光发射器、反射器和接收器构成。光发射器和接收器合成一体安置在基线一端,反射器安置在基线另一端。发射器发射的光被分成两束,一束透过大气层经反射器反射回来被接收器接收;另一束光则不射入大气层,作为参考光,直接进入接收器,回波信号与参考光信号同轴地照在光电接收器件上,由比较法确定其透射率。透射表需要基线,占地面积大,不适用于海岸台站、灯塔自动气象站级船舶上。

透射法的基本原理是:气象能见度 L_{max} 或气象光学距离 P 均可写成大气透射率(T)的函数,即

$$L_{max} = -\frac{3.912L}{\ln T} \text{ 和 } P = L\frac{\ln 0.05}{\ln T} = -\frac{3L}{\ln T} \tag{3.49}$$

如果选择两点间的距离为 B 的长度作为测量基线,将式(3.49)中的 L 取为 B,测出两点间透射率,即可算出气象能见度。

大气散射仪的主要原理是光脉冲发射机发射光脉冲信号,被空气散射后,由接收机接收。光敏元件把光脉冲转换成电脉冲,由记录器和显示器给出能见度值。电脉冲信号越强,能见度越小。散射仪又分后向散射仪和前向散射仪。后向散射仪如图 3.44 所示。其发射

机发射的脉冲光被采样空气散射后,由光敏接收机接收,光敏元件把光脉冲转换成电脉冲,由记录器和显示器给出能见度值。图 3.44 所示发射机与接收机光轴在大约 15 m 处相交,这样大的距离足以防止仪器及支架的热量对采样空气的影响。使用脉冲光可以把被测的散射光与杂射光区分开。

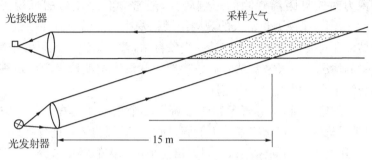

图 3.44 后向散射能见度仪采样光路图

向前散射仪如图 3.45 所示,由闪光灯发射机和光电管接收机组成。闪光灯产生脉冲光使得接收机把要检测的信号与日光或其他杂射光区别开,中间隔板可使闪光灯发出的光不直接进入光电管,经放大电路放大,产生的电流与能见度值成对应关系,对夜间能见度进行自行订正。

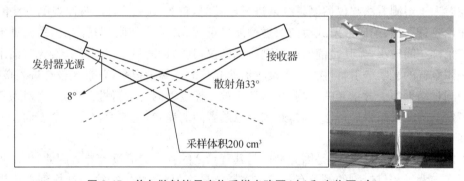

图 3.45 前向散射能见度仪采样光路图(左)和实物图(右)

利用前向散射原理获得大气的散射系数,进而根据前述公式求出大气能见度。前向散射能见度仪就是根据这一原理获得能见度的典型仪器。此外,总散射仪和 RVR 测量系统也可以测量大气能见度并用在气象和民航部门。利用激光雷达来测量能见度采用后向散射法,后向散射法不仅可以测量水平能见度,还可以测量倾斜和垂直能见度。

3.2.7 能见度观测的误区及器测与人工观测之间的关系

历来有关能见度的《观测规范》中,在应用能见度的概念时,由于没有明确规定所采用的视觉感阈,往往不能将"消失距离"和"发现距离"相区别,因而在理论上造成了混乱。例如,《空军地面气象观测手册》在论述气象能见度与跑道视程的不同所列举的诸多差异中,唯独没有提到观测员视觉感阈不同的问题。

在实际观测能见距离时,几乎不可能找到正好处于"消失距离"的目标物,通常是用已知距离上目标物的"模糊"程度进行估计的。这种对"模糊"程度的估计由于缺乏客观标准,观测结果往往取决于观测员的主观判断,而这种主观判断又与训练观测员的业务人员有关。

许多气象台站业务上对能见距离的估计各不相同,人为的因素很大。有些气象台站观测能见度的位置不对,例如,观测场地比机场跑道高出十几米,有的甚至从楼顶上向下观测。由于雾的垂直分布不均,低层能见度通常比高层要低,在这种情况下,能见度的观测结果往往偏高。人的视力对能见距离观测的影响较大,通常 300 度左右的近视患者在 2 000～3 000 m 的能见距离上,比视力正常人的观测结果相差达一倍以上。即使戴上眼镜,比正常视力人的观测结果还是要低得多。而在某些气象台站,戴着眼镜的观测员并不少见,也有近视眼而不戴眼镜的情况。在气象台站的业务管理上并没有定期检查观测员视力的要求,这就给能见度的观测带来了更大的不确定性。

在给出能见度的定义时,世界气象组织强调了三个重要的前提,即"天空散射光背景""适当尺度""黑色目标物"。在这些条件不能满足时,应对观测结果进行修正。在《空军地面气象观测手册》中还给出了不同颜色和不同视角大小目标物的修正系数,但在实际观测中遵照以上标准进行观测的气象台站尚没有全部实现。

因此,在一些试用能见度测量仪器的气象台站,在与人工观测结果比较时,经常"对不上"。有的台站说仪器观测结果偏低,有的则说偏高。这里面不但有对能见度概念理解和训练方面的问题,也有人为的因素。这些问题不解决,不但影响相关军事训练、飞行以及交通运输等的安全,同时还阻碍能见度观测仪器的推广使用。

在对人工观测方法与仪器测量结果进行比较时,首先要注意的是两种观测方法间的差异。无论是透射型、前向散射或后向散射型能见度仪,其采样空间都是固定的,相对于人工观测其采样空间较小,尤其是前向散射型能见度仪,其测量的只是发射镜和接收镜前十几厘米处一团空气的光学散射特性。由于接收器滤光片的通频带很窄,背景光很难进入接收镜,仪器的测量结果不受背景光的影响,只依赖于被采样空气的光学特性。因此,在对人工观测方法与仪器的测量结果进行比较时,必须注意两者间的差异,主要有以下几个方面:

1. 目标物的颜色和背景

人之所以能够看见物体,是因为物体与其背景之间存在着亮度差异。因此,人工观测的能见距离与背景和目标物的颜色有关。在选择能见度目标物时,往往很难找到真正黑色的物体,而背景随着天气变化,即使天空背景也不可能全是蓝色的,在乌云背景下的黑色目标物就很难辨认。我国《空军地面气象观测工作手册》给出了某些目标物在不同背景下的能见度系数,见表 3.14。

表 3.14 目标物在不同背景下的能见度系数

目标	木建筑物			红砖建筑物			白砖建筑物			针叶树			
背景	森林	地面	有云天空	森林	草地	有云天空	森林	草地	有云天空	草地	沙地	地面	有云天空
系数	0.89	0.55	0.97	0.76	0.74	0.96	0.89	0.78	0.94	0.52	0.72	0.57	0.99

可见,由于背景和目标物颜色的不同,在大气光学特性相同的情况下,人工观测的结果也可能有较大的误差。在实际观测时,对于不是黑色的目标物或目标物的背景不是蓝色天空的情况都应对观测结果进行修正。

2. 观测员的视力差异

即使经过挑选的观测员,视力也不可能是相同的。根据国际民航组织提供的资料:"一个由 10 位受过气象观测员培训的年轻飞行员组成的小组平均视觉感阈值是 0.033,对单次观测来说,该值从小于 0.01 到大于 0.2 不等。"可见,即使视力正常的人,他们之间视觉感阈的差异也是相当大的。由于国内未见测量人的视觉感阈的计量单位,只有靠实际观测挑选,这就增加了能见距离观测的不确定性。

观测员的视觉差异可以用多次观测同一目标物时观测结果的分布表示。如果用各个人的观测结果与这些人观测结果平均值间的偏差表示,试验结果表明,用其偏差计算得到的标准偏差可达到 5%～15%,其数值的大小与实际的能见距离及天气条件明显相关。观测员间的视觉差异造成的观测结果的随机误差可用误差分离的方法消除,严重的是所有观测员普遍偏低或偏高的情况,在与仪器测量结果进行比较时就会造成错误的判断。

3. 人的记忆效应

在观测能见度时,人的记忆效应是指在长期观察某些目标时,由于人的记忆,对不可见的目标物在视觉中出现的情况。世界气象组织在《气象仪器和观测方法指南》中指出,"能见度是一个复杂的心理-物理现象",人的心理作用随时都在影响能见距离的观测结果。记忆在脑子里的物体,往往会出现幻觉。

在实际观测中,曾经出现过这样的情况,在五个观测员同时观测时,4 300 m 处的树林接近"消失距离"的模糊程度,而在同一方向 6 200 m 处的水塔却"模糊"可见,这当然是不可能的。而其他没有参加该次试验的三个观测员,都说看不到 6 200 m 处的水塔。这反映了当人们较长时间观察某一目标物时,这一物体的形象往往记忆在脑子里,在一定条件下,这种记忆可能对视觉起作用,使这一物体出现在视野里。如果这时该物体的距离内没有可参照的目标物,将会造成判断错误。在实际观测中,消除这种错误的方法是,尽量缩短对一个目标物的观测时间,在观测以后应尽快把眼睛转向另外的方向,以避免造成"记忆"效应。

4. 目标物的视角大小

目标物的视角大小直接影响能见度的观测结果,中国气象局《地面气象观测规范》要求,在观测能见度时,"近的目标物可以小一些,远的目标物则应适当大一些,目标物的大小以视角表示,可用经纬仪分别测出其高度角和宽度角,再求出其乘积的平方根即为目标物的视角。"目标物的视角 α 用式(3.50)计算

$$\alpha = \sqrt{\alpha_s \cdot \alpha_h} \tag{3.50}$$

从公式(3.50)可以看出,目标物的视角是根据水平和垂直两个方向上的综合情况考虑的,其大小以 $0.5°\sim5.0°$ 为宜。通常情况下,目标物的视角过大,观测结果容易偏远,太小则容易偏近。尤其是视角很大的山是很容易看得到的,经常观测很可能产生记忆效应。由于目标物通常是自然物体,在所需要的距离上有时很难找到符合条件的目标物。因此,在观测中应根据目标物的视角,对观测结果进行必要的修正。表3.15给出了不同视角目标物的能见度系数。

表 3.15 不同视角目标物的能见度系数

视角(分)	> 20	15	12	9	6	3	2
系数	1.00	0.94	0.90	0.84	0.77	0.60	0.50

由此表可知，当目标物的视角大于 20 分时就不用修正，由于能见度的观测误差本来就很大，只有视角小于 15 分时才进行修正。视角小于 2 分时，目标物的修正系数没有资料。

5. 大气散射粒子的不均匀性

大气散射粒子的不均匀性表现在水平和垂直两个方向上。水平方向上往往出现不同方向上能见距离的差异，而在垂直方向上通常是上面能见度高，下面能见度低。由于仪器采样的空间小，而人工观测的能见距离就是采样空间，使相互比较的误差明显增大。这种情况不能代表仪器本身的特性，在比较试验结果中应舍弃。

目前的能见度测量仪器，根据大气的不均匀性，往往采用延长观测时间取平均值的方法，通过连续的观测结果进行滑动平均，平均时间为 5～10 min。因此，如果大气是运动的，就等于增加了采样的距离，但其测量结果仍然与人工观测值有较大的差异。

总之，由于人工观测与仪器测量的原理不同，采样空间也有很大的差异。在进行比较观测，以确定它们之间同时采用的数据是否具有可比较性时，必须注意这些区别。对于以上提到的各种情况，只要按照能见度的基本原理进行观测，同时对人工观测的数据进行必要的修正，按照人的视觉感阈 0.05 观测的气象光学视程与仪器测量结果是可以进行比较的。

在比较试验时，为了求得人为观测误差的数据，必须多人同时进行观测，观测的间隔时间由能见度的变化大小确定，能见度变化大则间隔时间小，通常为 5～15 min。为使数据相互独立，观测员不应看到或以任何形式得到被试仪器的测量结果，要各自记录自己的观测数据，不能相互讨论或校对记录。数据应在观测后统一处理，比对试验才能取得良好的结果，给这能见度测量仪器的设计定型提供了客观的科学依据。

§3.3 天气现象的观测

3.3.1 天气现象概况

天气现象是指发生在大气和近地面层的物理现象，包括降水现象、地面凝结现象、视程障碍现象、大气光学现象、雷电现象以及风的特征现象等。这些天气现象是在一定的天气条件下产生的，反映着大气中不同的物理过程，是天气变化的体现，是临近、短期预报的基础。因此，天气现象必须按观测规范进行观测和记录。有时为了正确判断某一天气现象，还要结合气象要素的变化情况进行综合分析、记录。天气现象的表示符号和种类见表 3.16。

表 3.16 天气现象的表示符号和种类

现象名称	符号	现象名称	符号	现象名称	符号	现象名称	符号
雨	•	冰粒	⟁	吹雪	⇡	极光	♉
阵雨	▽̇	冰雹	△	雪暴	✥	大风	⚑
毛毛雨	,	冰针	↔	烟幕	┌ᵐ	飑	∀

现象名称	符号	现象名称	符号	现象名称	符号	现象名称	符号
雪	✳	露	Ω	霾	∞	龙卷	)(
阵雪	⚊	霜	⊔	沙尘暴	⊖	尘卷风	⧖
雨夹雪	⁂	雾凇	V	扬沙	$	积雪	⊠
阵性雨夹雪	⚋	雨凇	∞	浮尘	S	结冰	⊔
霰	⋋	雾	≡	雷暴	⎞		
米雪	△	轻雾	=	闪电	≺		

3.3.2　天气现象的特征

如前所述,天气现象包括降水现象、地面凝结现象、视程障碍现象、大气光学现象、雷电现象以及风的特征现象等。降水现象的详细特征可以在表 3.17 中找到,同时表 3.18 和表 3.19 也分别给出了降水强度分级和降雪强度与能见度的对照表;水汽从空气中直接凝结在地表或物体上的凝结现象统称为地面凝结现象,见表 3.20;视程障碍现象是由固体或液体微粒漂浮于大气中造成的使能见度降低的天气现象,见表 3.21;大气光学现象是由于日月光线在空气分子或悬浮在空气中的水珠上折射、反射、散射或衍射而产生的天气现象,见表 3.22;雷电现象是雷雨云中出现的闪电和雷声的天气现象,见表 3.23;特征风现象见表 3.24。

表 3.17　降水现象的类别和特征

序号	名称	特　　征
1	毛毛雨	由微小雨滴组成的细而均匀的液态降水,雨滴难辨,迎面有潮湿感,落地无雨斑,地面慢慢均匀湿润,落在水面无波纹。多降自层云 St、层积云 Sc,雨滴直径一般小于 0.5 mm,气层稳定。
2	雨	从云中降落的滴状液态降水,雨滴清晰可辨,落在地面上会留下雨滴湿斑,落在水面上会激起水花和波纹。降自雨层云 Ns,高层云 As,层积云 Sc 和高积云 Ac。有连续性、间歇性、阵性降雨之分,雨滴直径 $d > 0.5$ mm,气层一般较稳定。
3	阵雨	降水开始和结束都较突然,降水强度变化较大。主要降自积雨云 Cb、积云 Cu、层积云 Sc。雨滴直径 $d > 0.5$ mm,气层不稳定,上升、下沉气流剧烈。
4	雪	由水汽凝华而成的固态降水,多呈白色、不透明的雪花结晶状。在气温不太低时,雪花常成团(似棉絮状)降落,一般降自雨层云 Ns、高层云 As 和卷云 Ci 中,气层较稳定。
5	阵雪	具有阵性特征的降雪,主要降自积雨云 Cb、雨层云 Ns,气层较不稳定。
6	雨夹雪	半融化的固态降雪(湿雪),或雪和雨同时下降,低云温度 0 ℃以上。主要降自雨层云 Ns、高积云 As,气层较稳定。
7	阵性雨夹雪	具有阵性特征的雨夹雪,主要降自积雨云 Cb、雨层云 Ns、高层云 As,气层较不稳定。

序号	名称	特　征
8	霰	白色不透明的球形颗粒固态降水,直径2~5 mm,着地常反跳,松脆易碎,常见于降雪前,或与雪同时降落。霰出现于扰动强烈的云系中,由过冷水遇雪花或冰晶凝结而成,具有阵性降水特征,多降自积雨云 Cb、层积云 Sc、雨层云 Ns 和高积云 Ac。
9	米雪	白色不透明的扁状固态降水,直径 $d<1$ mm,落地不弹跳,一般降自层云 St,气层稳定。
10	冰粒	透明不规则固态降水,有时内有未冻结的水,直径一般 1~5 mm,降自雨层云 Ns、高层云 As 和层积云 Sc。
11	冰针	漂浮于空气中微小的片状或针状冰晶,多出现在高纬和高原地区的严冬季节,降自高云,一般风速微弱。
12	冰雹	坚硬的球状、锥状或不规则固态降水,内核不透明,外有透明冰层,层多而大者则产生于强对流云,直径在 2.0 到数十毫米,降自积雨云 Cb,产生在强烈上升和下沉气流的云系中。

表 3.18　降水强度分级

降雨等级		小雨	中雨	大雨	暴雨	大暴雨	特大暴雨
降雨强度	mm/24 h	<10	10.0~24.9	25.0~49.9	50.0~99.9	100.0~199.9	≥200.0
	mm/1 h	≤2.5	2.6~8.0	8.1~15.9	≥16		

表 3.19　降雪强度和能见度

降雪等级	小雪	中雪	大雪
强度 mm/h	≤2.5	2.6~4.9	≥5.0
水平能见度 m	>1 000	500≤∽≤1 000	<500

表 3.20　地面凝结现象

序号	名称	特征
1	露	由于夜间辐射冷却,水汽在地面或物体上凝结而成的水珠,气温>0 ℃,霜融化成的水珠不记露。
2	霜	由于夜间辐射冷却,水汽在地面或物体上凝华而成的冰晶,气温<0 ℃,由露冻结而成的冰珠不记霜。
3	雨凇	过冷却液态降水在物体上直接冻结而成的坚硬冰层,也称冻雨,气温<0 ℃
4	雾凇	由过冷却雾滴直接冻结而成,或由空气中水汽直接凝华而成的冰晶物。一般出现于物体的突出部位和迎风面上。多在有雾和静风天气时出现。

表 3.21　视程障碍现象

序号	名称	特　征
1	雾	指接地大气中悬浮的小水滴或冰晶的聚合体,水平能见距离<1 km,常在早晨出现,呈乳白色,工业区常呈黄、灰色,大气中相对湿度接近100%。
2	轻雾	由细小水滴组成的稀薄雾幕,水平能见距离<10 km,呈灰白色,早晚较多出现。
3	霾	大量极细微沙尘均匀飘浮在空气中,使空气混浊,能见距离<10 km,常出现在气团稳定较干燥时期。
4	扬沙	由于本地或附近的沙尘被吹起,使能见度显著下降,能见距离一般为1~10 km,天空混浊,风力较大。在北方春夏,冷空气过境或空气不稳定时出现。
5	沙尘暴	成因与扬沙相似,但能见度<1 km,风力很大,常伴有强对流或雷雨过境。
6	浮尘	出现在冷空气过境前后无风或风小时,由远处沙尘经高空气流传播而来,或由沙尘暴或扬沙天气过后尚未下沉的沙尘浮游在空中所致。能见距离小于1 km,垂直能见度也很差。
7	烟幕	在早晚气团稳定,有逆温时出现,由城市、工厂、乡村排出的大量烟粒悬浮在空中所致。
8	吹雪	本地或附近有大量积雪时,强风将积雪吹起所致,能见度<10 km。
9	雪暴	本地或附近有大量积雪,强风将地面积雪成团卷起,不能分辨是否在降雪,能见度<1 km。

表 3.22　大气光学现象

序号	名称	特　征
1	虹	由日光或月光经水滴反射、折射而成的天气现象,出现在日月相反方向的低云或雾层中。
2	日晕	由日光经冰晶折、反射而成的光学现象,出现在日周围卷层云 Cs 或卷云 Ci 中。
3	月晕	由月光经冰晶折、反射而成的光学现象,出现在月周围卷层云 Cs 或卷云 Ci 中。
4	日华	由日光经云滴、冰晶衍射而成的光学现象,常出现在环绕日光的高积云 Ac(卷积云 Cc、层积云 Sc)上。
5	月华	月光经云滴、冰晶衍射而成的光学现象,常出现在环绕月光的高积云 Ac 上。
6	霞	无符号,由阳光经气层折、反射而成的光学现象,常出现在太阳附近或太阳对面(无符号)。
7	极光	由太阳粒子流受地磁场影响折向极地激发高层大气而成的光学现象,多见于高纬地区。

表 3.23　雷电现象

序号	名称	特　征
1	雷暴	强对流云的云中云间或云地之间出现的放电现象,一般有积雨云 Cb 出现,兼有雷声。
2	闪电	云中云间或云地之间放电时产生的光学现象,常出现于积雨云 Cb 中。闪电的分类:云地闪、正闪、负闪、云闪、云内、云气、云云、球闪、地滚雷。

表 3.24　特征风

序号	名称	特征
1	大风	指瞬时风速 ≥ 17 m/s(风力 8 级)的风,常与飑、龙卷风同时出现。
2	飑	突然出现的强风天气,风向突变,风速突增,气压猛升,气温骤降,常伴有雷雨出现。
3	龙卷	具有强烈涡旋的局地强对流天气,能吸起地面上的尘土、沙石及建筑材料等,危害几百米至数千米,风速极大甚至超百米/秒,持续时间几分钟至几十分钟。
4	尘卷风	由地面局部强烈增温而形成的强对流天气,形成涡旋垂直运动。常见于华北及西北地区夏季,出现时,地面尘土及其物体随风卷起,形成尘柱。

3.3.3　天气现象的观测和编码

对于天气现象需要随时进行观测和记录。通常,气象业务部门是把天气现象以符号形式记入观测簿的,有些则需要记录开始与终止的时间。具体记录规则如下:

(1) 天气现象出现时间不足一分钟即终止,只记开始时间不记终止时间。

例如:14 时出现大风 50 秒钟,18:02 出现小雨 45 秒。

则记为:ꜰ 14:00,● 18:02。

(2) 记录大风的起止时间:时间间歇在 15 分钟或以内时,应作为一次记录;间歇时间超过 15 分钟,另记起、止时间。

例如:12 时出现大风,12 时 12 分止;12 时 18 分起,12 时 30 止;14 时出现大风,14 时 35 分止。

记为:ꜰ 12:00~12:12,ꜰ 12:18~12:30;ꜰ 14:00~14:35。

(3) 对于雷暴的记录需从第一次听到雷声为开始时间,若雷声间隔>15 分钟,则重新记开始时间。

例如:16:00 听到雷声,16:06,16:21,16:40,16:48 听到雷声。

记为:ꝛ 16:00~16:06—16:21;ꝛ 16:40~16:48。

参照世界气象组织 WMO 基本系统委员会第七次会议制定,WMO 第八次代表大会通过的"地面气象站天气报告通用电码"。电码主要有以下几种:IIiii、iRixhvv、Nddff、1SnTTT、2SnTdTdTd、3P0P0P0、4PPPP、5aPPP、6RRR1、7wwW1W2 和 8NhCLCMCH。上述电码适用编每日 02、08、14、20 时 4 次基本天气电报以及 05、11、17、23 时 4 次补充地面天气电报。每次电报必须在正点正负 3 分钟内发出,有两种情况时可以延续:① 临近正点出现更重要的天气现象需要补测时;② 先报航空危险报时,延时为延后 3 分钟。表 3.25 主要阐述各种类型电码的含义。

表 3.25　各类天气电码的含义

序号	名称	含义
1	IIiii	II:区号,iii:站号,例:北京气象台为 54511;佳木斯气象台 50873
2	iRixhvv	iR 为是否编报了降水组(6RRR1):1. 编报;3. 无降水而不编报;4. 有降水未观测或观测值不确定。ix 为是否编报了天气组(7wwW1W2):1. 编报;2. 不编报(无规定要编报的天气现象);3. 不编(未测或有问题);4. 自动气象站编报;5. 自动气象站不编报;6. 自动气象站未观测、有问题;h 最低云底高度。vv 为有效能见距离,见表 3.26 最低云底高度和有效能见度的分级编码。

续表

序号	名称	含　义
3	Nddff	N:总云量;dd:风向,分 16 个方位;ff:风速。静风时,dd 编报 00;测风仪器发生故障时,须目测估计风向进行编报。ff:风速(米/秒),用两分钟的平均风速编报。(1) 静风时,ff 编报 00;(2) 平均风速超过仪器所测定的最大值,ff 编报 88;(3) 测风仪器发生故障时,用目测风力等级,按表 3.28 换算成米/秒值编报。表 3.27 和表 3.28 给出了云量和风向电码。
4	1SnTTT	1 为指示码,表示其后为气温资料;Sn:表示温度的正负号,正时编报 0,负时编报 1;TTT:表示气温,用摄氏 0.1 度为单位编报;气温缺测或不明时,本组省略不报。例如:−24.3 ℃编报为 11243;−1.2 ℃编报为 11012;0.5 ℃编报为 10005;12.5 ℃编报为 10125;−18.5 ℃编报为 11185;−0.6 ℃编报为 11006。
5	2SnTdTdTd	2 为指示码,表示其后为露点温度资料;Sn 表示露点温度的正、负号,编报同气温组,TdTdTd:露点温度,编报同气温组。(1) 自动气象站本组以 29UUU 型编报。29 为指示码,UUU 为相对湿度,用%编报。例:相对湿度为 82%,编报 29082;100%,编报 29100。(2) 露点缺测或不明时,本组省略不报。
6	3P0P0P0P0	3 为指示码,表示其后为本站气压资料;P0P0P0P0 表示本站气压,用 0.1 百帕为单位编报。例如:本站气压:989.6 百帕,编报为 39896;1023.0 百帕,编报为 30230。本站气压缺测或不明时可省略不报。
7	4PPPP	4 为指示码,表示其后为海平面气压资料;PPPP 表示海平面气压,用 0.1 百帕为单位编报,千位数省略不报。例如:海平面气压为 1020.5 百帕,编报为 40205。海平面气压缺测或不明时可省略不报。
8	5aPPP	5 为指示码,表示其后为过去 3 小时本站气压的变化趋向和变量资料。a:过去三小时本站气压的变化倾向,按表 3.30 编报;PPP:过去三小时本站气压的变量,用 0.1 百帕为单位编报,其正、负号由 a 表示。(1) 过去三小时本站气压的变量是指观测时与观测前 3 小时本站气压的差值。(2) 由于水银气压表发生故障或缺测而不能计算过去 3 小时本站气压的变量时,用气压自记记录的相应变量编报。(3) 如果自记记录也不明时,本组省略不报。
9	6RRR1	6 为指示码,表示其为降水资料;RRR:降水量,按表 3.30 编报;1:为指示码,表示本组中 RRR 编报的是过去六小时内的降水量。
10	7wwW1W2	7 为指示码,表示其后为现在和过去天气现象资料。ww:现在天气现象,指观测时或观测前 1 小时内出现的天气现象,按现在天气现象电码及有关规定编报。WW:过去天气现象,在 02、08、14、20 时天气报中是指过去 6 小时内;在 05、11、17、23 时天气报中是指过去 3 小时内的天气现象,按表 3.31 编报。"过去 3 小时"是指前一次基本天气观测到本次补充天气观测的三小时,以 05 时为例:即 02:00∼05:00。"过去 6 小时"是指前一次基本天气观测到本次天气观测的六小时,以 08 时为例:即 02。
11	8NhCLCMCH	8 为指示码,表示其后为云的资料。Nh:低云量;CL:低云状;CM:中云状;CH:高云状。例如:86CuAcCi

表 3.26 最低云底高度和有效能见度的分级编码

最低云底高度（m）		电码	有效能见距离（km）	电码	有效能见距离（km）
电码	云高（m）				
0	$h \leqslant 50$	00	$\leqslant 0.1$	89	大于 70.0
1	$50 \leqslant h \leqslant 100$	0.1	0.1	90	小于 0.05
2	$100 \leqslant h \leqslant 200$	0.2	0.2	91	0.05
3	$200 \leqslant h \leqslant 300$	·	·	92	0.2
4	$300 \leqslant h \leqslant 400$	49	4.9	93	0.5
5	$600 \leqslant h \leqslant 1\,000$	50	5.0	·	·
6	$1\,000 \leqslant h \leqslant 1\,500$	51～55	不用	99	$\geqslant 50.0$
7	$1\,500 \leqslant h \leqslant 2\,000$	56	6.0		
8	$2\,000 \leqslant h \leqslant 2\,500$	57	7.0		
9	$\geqslant 2\,500$,或无云	·	·		例如：31580
x	云底高度不明或测站在云中	80	$\geqslant 30.0$		3：降水不编
		81	35.0		1：编天气
		·	·		5：600～1 000 m
		88	70.0		80：$\geqslant 30.0$ km

表 3.27 云量编码

电码	0	1	2	3	4	5	6	7	8	9	x
总云量	无云	1 或微量	2～3	4	5	6	7～8	9 或 10^-	10	有雾或其他视程障碍而无法观测总云量	未观测

表 3.28 风向电码表示法

电码	风 向	电码	风 向
02	北东北（NNE）	20	南西南（SSW）
04	东北（NE）	22	西南（SW）
07	东东北（ENE）	25	西西南（WSW）
09	东（E）	27	西（W）
11	东东南（ESE）	29	西西南（WNW）
14	东南（SE）	32	西北（NW）
16	南东南（SSE）	34	北西南（NNW）
18	南（S）	36	北（N）

表 3.29　风级风速换算表

风　　级	0	1	2	3	4	5	6	7	8	9	10	11	12
风速（m/s）	00	01	02	04	07	09	12	16	19	23	26	31	35

表 3.30　电码表

电码	气压倾向	气压变量
2	上升	正值
4	气压无变量	000
7	下降	负值

表 3.31　RRR 电码表

电码	降水量（mm）	电码	降水量（mm）
		990	微量
000	（不用）	991	0.1
001	1	992	0.2
002	2	993	0.3
003	3	994	0.4
⋮	⋮	995	0.5
987	987	996	0.6
988	988	997	0.7
989	989	998	0.8
		999	0.9

表 3.32　过去天气现象电码

电码	天气现象	附:对应的 ww 电码
0	部分或整个时段内无 3～9 码的各种天气现象	00
3	沙尘暴、吹雪或雪暴	09,30～35,38,39,98
4	雾	28,42～49
5	毛毛雨	20,24,50～57,58,59
6	非阵性的雨	21,24,58,60～67
7	非阵性的固体降水或混合降水	22,23,68,69,70～75,77～79
8	阵性降水	25～27,80～90,91～99
9	雷暴(伴有或不伴有降水)	17,29,91～99

习　题

1. 影响能见度的因子有哪些？

2. 气象能见度的定义是什么？

3. 白天能见度与夜间能见度的观测有何不同？

4. 能见度的器测法主要有哪几种，说明它们的优缺点和工作原理。

5. 请写出水平均一大气的目标物亮度方程各项的意义。

6. 请写出人眼所见目标物的总视亮度方程及各项的意义。

7. 理解方程(3.28)和(3.29)的由来,并说明各项的意义。

8. 调研前向散射能见度仪的探测原理。

9. 尝试推导后向散射的激光雷达方程。

10. 试举出世界战争史上 3 个因为能见度问题导致军事行动失败的著名战例。

11. 简述降雨现象的识别。

12. 简述地面凝结现象的识别。

13. 简述影响视程障碍的天气现象。

14. 简述大气光学现象。

15. 简述雷电现象。

16. 简述特征风及其他天气现象。

参考文献

1. 陈秀红.云对光传播和天空亮度的影响分析.中国科学院安徽光学精密机械研究所硕士学位论文,2005.

2. 大气科学辞典.北京:气象出版社,1984.

3. 英汉汉英大气科学词汇.北京:气象出版社,2007.

4. 地面气象观测规范.北京:气象出版社,1979.

5. 地面气象观测规范(第一版).中国人民解放军总参谋部,2001.

6. 丁一汇,孙颖.气候变化科学研究的新进展//21 世纪初大气科学前沿与展望,第四次全国大气科学前沿学科研讨会论文集,2006.

7. 韩永.大气气溶胶光学特性综合测量及统计特征分析.中国科学院博士学位论文,2006.

8. 韩永.云系物理特性辐射和遥感研究——CloudSat 初步分析.中国科学院大气物理研究所博士后出站报告,2010.

9. 黄美元,徐华英,等.云和降水物理.北京:科学出版社,1999.

10. 空军地面气象观测工作手册.空军司令部气象局,1998.

11. 林晔等.大气探测学教程.北京:气象出版社,1993.

12. 吕达仁.大气物理学前沿与研究进展——国际物理年的一些思考//21 世纪初大气科学前沿与展望,第四次大气科学前沿学科研讨会论文集,2006:151 - 153.

13. 跑道视程观测和报告实践手册.国际民航组织,2000.

14. 气象仪器和观测方法指南.北京:气象出版社,1992.

15. 邱金恒.从太阳总辐射信息反演云光学厚度的理论研究.大气科学,1996,20(1):12 - 21.

16. 饶瑞中.现代大气光学.北京:科学出版社,2012.

17. 饶瑞中.光在湍流大气中的传播.合肥:安徽科技出版社,2005.

18. 饶瑞中.激光大气传输湍流与热晕综合效应.红外与激光工程,2006,35(2):130 - 134.

19. 饶瑞中.现代大气光学及其应用.大气与环境光学学报,2006,1(1):2 - 13.

20. 孙学金,王晓蕾,李浩,张伟星,严卫.大气探测学.北京:气象出版社,2009.

21. 张杰,张强,田文寿,何金梅.祁连山区云光学特征的遥感反演与云水资源的分布特征分析.冰川冻土,2006,28(5):733 - 727.

22. 张言,韩志刚,段民征,赵增亮.利用 SCIAMACHY 仪器氧气 A 带通道反演云光学厚度试验.解放军理工大学学报(自然科学版),2008,9(6):698 - 704.

23. 张玉存.气象光学视程的人工观测.中国白城兵器试验中心,研究报告(通信交流).

24. Liou, K.N..大气辐射导论(第二版).郭彩丽,周诗健,译,北京:气象出版社,2004.

25. Cess, R.D., B.P. Briegleb and M.S. Lian. Low-latitude cloudiness and climate feedback: Comparative estimates from satellite data. J. Atmos. Sci., 1982,39:53 - 59.

26. http://www.arm.gov/.

27. http://www.meteo.uni-bonn.de/.

28. http://www.mid-river.com.cn/.

29. http://www2.meteo.uni-bonn.de/.

30. Kawamoto, K., Nakajima, T., Nakajima, T.Y..A global determination of cloud microphysics with AVHRR remote sensing. *Journal of Climate*, 2001,14:2054 - 2068.

31. Lopez Philippe. Cloud and Precipitation Parameterizations in Modeling and Ariational Data Assimilation A Review. Journal of the Atmospheric Sciences—Special Section, 2007, 64: 3766 - 3784.

32. Marshak, A., A.B. Davis. 3D Radiative Transfer in Cloudy Atmospheres. Springer, 2005, 105.

33. Menzel, P. W..Cloud tracking with satellite imagery: From the pioneering work of Ted Fujita to the present. *Bull. Amer. Meteor. Soc.*, 2001,82:33 - 47.

34. Nakajima, T.Y., Nakajima, T.. Wide-area determination of cloud microphysical properties from NOAA AVHRR measurements for FIRE and ASTEX regions. Journal of the Atmospheric Sciences,1995,52: 4043 - 4059.

35. Rossow, W. B. and E. N. Dueñas.The International Satellite Cloud Climatology Project (ISCCP) Web Site: An Online Resource for Research. *Bulletin of the American Meteorological Society*, Volume 85, Issue 2 (February 2004):167 - 172.

36. Rossow, W. B., and B. Cairns. Monitoring changes of clouds. Climatic Change, 1995,31:305 - 347.

37. Rossow, W. B., and R. A. Schiffer, Advances in understanding clouds from ISCCP. *Bull. Amer. Meteor*,1995.

38. Schneider, S. H.. Cloudiness as a global climatic feedback mechanism: The effect on the radiation balance and surface temperature of variations in cloudiness. *J. Atmos. Sci.*, 1972,29:1413 - 1422.

39. Stephens, G. L., and J. Haynes. Near global observations of the warm rain auto-conversion process, *Geophys. Res. Lett.*, 2007,34.

40. Stephens, G. L., et al.. The CloudSat mission and the A-train: A new dimension of space-based observations of clouds and precipitation. *Bull. Am. Meteorol. Soc.*, 2002, 83, 1771 - 1790, doi: 10.1175/BAMS - 83 - 12 - 1771.

推荐阅读

1. 孙学金,王晓蕾,李浩,张伟星,严卫.大气探测学.北京:气象出版社,2009:15 - 43.

2. 林晔,等.大气探测学教程.北京:气象出版社,1993:20 - 65.

3. 饶瑞中.现代大气光学.北京:科学出版社,2012.

4. 黄美元,徐华英,等.云和降水物理,北京:科学出版社,1999.

5. Liou, K.N..大气辐射导论(第二版).郭彩丽,周诗健,译.北京:气象出版社,2004.

6. Marshak, A., A.B. Davis. 3D Radiative Transfer in Cloudy Atmospheres. Springer, 2005.

7. 李春亮,等.能见度测量技术 100 问.北京:气象出版社,2009.

8. 中国气象学会.观云识天气气象现象.北京:气象出版社,2017.

第 4 章
温度、湿度、气压和地面风

本章重点:掌握大气温度、湿度、气压、风的基本概念,在理解的基础上掌握温、压、湿、风的测量方法,了解温度、湿度、气压、风气象场相关测量仪器设计时的注意事项,掌握风速检定的工具。

§4.1 温度的探测

温度测量包括大气温度、土壤温度、水体温度及植物群体温度等的观测。为什么要观测大气温度?大气温度测量的重要性在于世界万物的生生息息都与气温有着千丝万缕的联系,大气中的一切物理过程如天气过程、风雨的形成、全球变化等都与温度有关。目前气候变化的主要驱动因子是太阳辐射,同时人类活动对气候的影响总体上是增暖趋势,地面入射太阳辐射的变化对人类和陆生环境具有重大影响。1990 年前,大量观测记录表明,陆地表面的太阳辐射明显减少 4%~6%,科学家们把这种现象叫作全球变暗(dimming)。自 1990 年以来,来自北半球的地面观测资料表明,变暗是从 20 世纪 80 年代后期开始的,全球多处地区已观测到变暗。这种逆转与云量和大气透过率的变化不相符,并可能对地面气候、水循环、冰川以及生态系统产生重要影响。所有这些其本质体现为温度参数,那么怎样测量温度?什么是温度?这一节将回答这一问题。以下将介绍如何测量大气温度参数。

4.1.1 温度和温标

为了定量地表示温度,必须选定一个衡量温度的标尺——温标。在标准大气压力(1 013.25 hPa)条件下,纯水的冰点温度为 0.00 ℃;冰、水和汽三相点温度为 0.01 ℃;纯水和水汽的平衡沸点温度为 100 ℃;水银的凝固点温度为 -38.862 ℃;固体 CO_2 升华点温度为 -78.476 ℃;液态氧的沸点温度是 -182.962 ℃。

为了更好地选择合适的物质做温度表,需要掌握几种物质与大气压之间的关系:

(1) 水的沸点 t_b 与大气压的关系:

$$t_b = 100 + 2.765\ 5 \times 10^{-2}(P - P_0) \\ -1.133\ 93 \times 10^{-5}(P - P_0)^2 + 6.825\ 09 \times 10^{-9}(P - P_0)^3 \tag{4.1}$$

式中 P_0 为海平面气压或标准大气压力(1 013.25 hPa),P 为本站气压。

(2) 固体 CO_2 的升华点温度 t_s 与大气压力的关系为

$$t_s = 1.210\ 36 \times 10^{-2}(P - P_0) - 8.912\ 26 \times 10^{-6}(P - P_0) - 78.476 \tag{4.2}$$

（3）无水乙醇的沸点温度与大气压力的关系为

$$t_p = \frac{B}{A - \lg P} - C \tag{4.3}$$

式中 $A = 8.044\ 94, B = 1\ 554.3, C = 222.65$。

常用温标有三种，它们是绝对温标、摄氏温标和华氏温标，其中绝对温标和摄氏温标属国际单位制。开尔文温标（绝对温标）（K）的英文全称为 Kelvin Temperature Scale，摄氏温标（℃）的英文全称为 Celsius Temperature Scale，华氏温标（℉）的英文全称为 Fahrenheit Temperature Scale，图 4.1 给出了常用温标换算图。

它们之间的换算关系为：

$K\text{-}C$ 换算 $\qquad\qquad K = C + 273.15; C = K - 273.15 \tag{4.4}$

$C\text{-}F$ 换算 $\qquad\qquad C = \dfrac{5}{9}(F - 32); F = \dfrac{9}{5}C + 32 \tag{4.5}$

$K\text{-}F$ 换算 $\qquad K = \dfrac{5}{9}(F - 32) + 273.15; F = \dfrac{9}{5}(K - 273.15) + 32 \tag{4.6}$

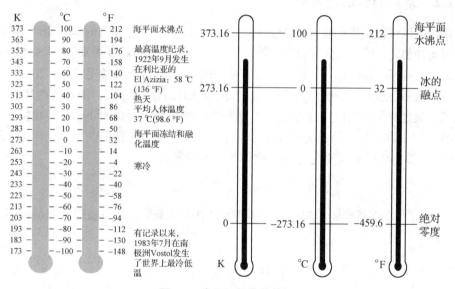

图 4.1　常用温标的换算图

测温仪器类型主要有两种，即接触式和非接触式，具体见表 4.1。

表 4.1　测温仪器类型

接触式：测温仪器直接放入大气介质中			非接触式：以遥感方式测量大气温度		
名称	原理	特征	名称	原理	特征
玻璃温度表	利用液体膨胀特性	不便转换成电信号	超声温度计	利用声速随大气温度变化特性	观测速度快，观测记录复杂

续表

接触式:测温仪器直接放入大气介质中			非接触式:以遥感方式测量大气温度		
名称	原理	特征	名称	原理	特征
双金属片温度计	利用固体线膨胀系数之差	自记仪器	红外线辐射计、微波辐射计	利用物质的辐射效应与温度的特性	可远距离遥测,冠层及大气边界层温度观测
金属电阻温度计	热电效应	性能稳定,近似线性,灵敏度低	声学测温雷达	利用声波在大气中的传播与温度的特性	可远距离遥测,大气边界层观测
热敏电阻温度计	半导体电阻随温度变化特性	灵敏度高,阻值大,体积小,非线性,互换性差			
热电偶温度计	热电效应	可测高温,灵敏度低,冷端电偶需温度固定			

4.1.2 常用测温仪器及原理

常用的测温仪器主要有液体玻璃温度表、双金属片测温元件和热电偶温度计,事实上,所有的测温元件都是传感器在大气科学中的应用。对于液体玻璃温度表来说,其基本原理是液体玻璃温度表的感应部分是一个充满液体的玻璃球,示度部分为玻璃毛细管。由于玻璃球内的液体热膨胀系数远大于玻璃,当温度升高时,液体柱升高,反之下降。液柱的高度,即指示温度的数值。温度变化时,引起测温液体体积膨胀或收缩,使进入毛细管的液柱高度随之变化。

设 $0\ ℃$ 时表内液体的体积为 V_0,此时球部和这段毛细管的容积也为 V_0,当温度升高 Δt 时,毛细管中液体柱的长度变化为 ΔL,则体积的改变量为

$$V_0(\mu-\gamma)\Delta t = S\times\Delta L \tag{4.7}$$

式中 μ 为液体的热膨胀系数;γ 为玻璃球的热膨胀系数;S 为毛细管的截面。将式(4.7)改写成

$$\frac{\Delta L}{\Delta t} = \frac{V_0}{S}(\mu-\gamma) \tag{4.8}$$

等式左边称作温度表的灵敏度,表示温度改变 $1\ ℃$ 引起的液体高度变化,灵敏度高的仪器,刻度精密。V_0、μ 越大,S 越小,表示灵敏度越高。如图 4.2 所示。

常用的玻璃温度表液体有水银、酒精和甲苯,它们的物理特性见表 4.2。对于水银玻璃温度表来说,其优点为比热小、导热系数大、沸点高、饱和蒸汽压较小、性能稳定、对玻璃无湿润作用及纯水银较易得到,缺点是凝固点高($-38.862\ ℃$)且膨胀系数小。有机液体(酒精、甲苯)温度表的优点是凝固点低、热胀系数大,其缺点是易湿润玻璃,比

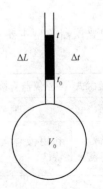

图 4.2 液体玻璃温度表示意图

热大,不易平衡,导热系数小,易造成球内温度分布不均、饱和蒸气压高,易发生毛细管凝结和断柱现象。

表 4.2　水银酒精甲苯的物理特性

物质	凝固点(℃)	沸点(℃)	热膨胀(℃)$^{-1}$	导热[J·(cm·s·℃)$^{-1}$]	比热[J·(g·℃)$^{-1}$]
水银	−38.862	356.9	182×10^{-6}	83.6×10^{-3}	0.125 6
酒精	−117.5	78.5	110×10^{-5}	18.0×10^{-4}	2.51
甲苯	−95.1	110.5	109×10^{-5}	15.9×10^{-4}	1.63

在测温仪器中,有一种温度表比较特殊,那就是最高最低温度表(水银),其测量原理分别为:① 最高温度表升温时,球部水银膨胀,水银热膨胀系数大于玻璃热膨胀系数,水银被挤进毛细管内;但在降温时,毛细管内的水银不能通过狭缝退回到球部,水银柱在此中断。因此,水银柱的顶部可指示出一段时间内的最高温度。当观测完时,需要由人工将毛细管中的水银复位。② 最低温度表观测时将游标调整到酒精柱的顶端,然后将温度表平放。升温时,酒精从游标和毛细管之间的狭缝通过,游标不动;温度下降时,液柱顶端表面张力使游标向球部方向移动。因此,游标指示的温度只降不升,远离球部的一端将指示出一定时段的最低温度。

最高温度表的结构特点为毛细管较细,液体为水银。在玻璃球部焊有一根玻璃针,其顶端伸至毛细管的末端,使球部与毛细管之间的通道形成一个极小的狭缝。另外,也可利用毛细管收缩原理(收缩段),如图 4.3(a)所示。最低温度表:毛细管较粗,内装透明的酒精,游标悬浮在毛细管中,如图 4.3(b)所示。

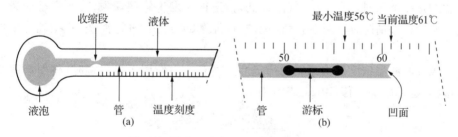

图 4.3　最高温度表(a)和最低温度表(b)

液体玻璃温度表的仪器误差主要包括三个方面:① 基点误差:玻璃温度表球部的容积随时间有缩小变化,以致基点提高,造成基点误差。这种现象在温度表制成的初期较明显,以后逐渐减小。② 刻度误差:由于玻璃膨胀系数的非线性,使温度表的刻度会有误差。③ 玻璃变形引起的误差:当温度由低温升至高温后,再令其急速冷却到初始的温度时,温度表的指示会偏低,然后逐渐恢复正常,称为暂时跌落;升温的范围、升温和降温的速率,以及玻璃的种类对跌落值的大小都有影响。反之,当高温降至低温,再令其急剧增温时,则温度表的指示会偏高。这是玻璃升温或降温后剩余膨胀不能立即消失的缘故。

双金属片温度计是自动记录气温连续变化的仪器,它由感应部分、传递放大部分和自记部分组成。双金属片是由两种不同金属薄片热压而成的(感应部分),里层称为主动层(热胀系数大),外层称为被动层(热胀系数小),随着温度的变化,双金属片的曲率也就随之变化,这样就可利用双金属片曲率随温度变化的特性来测量温度。为了使金属片能准确地反映温度的变化,要求金属片具有良好的弹性,即双金属片受热后又冷却至起始温度时,能恢复到初始形状,所以一般使用无磁钢和殷钢来做双金属片,其测温原理和外形如图4.4所示。

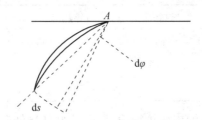

图 4.4 双金属片测温元件原理

$$ds = L^2 \frac{B(\varphi)}{\varphi} \frac{A}{2(h_1+h_2)} (\alpha_2 - \alpha_1) dt \tag{4.9a}$$

式中 L 是双金属片的弧线总长度,h_1 和 h_2 为两种金属片的厚度,α_1 和 α_2 为两种金属片的热膨胀系数,A 为系数,取决于两种金属杨氏模量的比值 $\frac{E_1}{E_2}$ 和 $\frac{B(\varphi)}{\varphi}$。我国使用的双金属片 $\frac{E_1}{E_2} = 1.1$,$A = 1.49$,$\alpha_1 - \alpha_2 = 20 - 24 \times 10^{-6} \cdot ℃^{-1}$。

双金属片温度计的传动放大部分是把双金属片变形的位移量,通过杠杆的原理进行传递和放大,放大之后传递到自记部分。自记部分包括自记钟、自记纸和自记笔等三个部分。温度计应稳固地安装在大百叶箱中下面的架子上,底座保持水平,感应部分中部离地1.5 m。需要注意的是在严寒时,由于室外气温较低,自记钟会发生停摆现象,其原因是润滑油在轴上冻凝。遇到这种情况,应换用备份自记钟;将停摆的自记钟进行清洗,并在轴孔里加抗凝的钟表油。

双金属片的测温精度取决于它的稳定性。当有外力作用于自由端时,将引起双金属片的机械位移,也称附加位移,以 ds' 表示为

$$ds' = \frac{B(\varphi)}{\varphi} L^2 \frac{6M}{E(h_2+h_1)^3} \tag{4.9b}$$

以上讲述的是液体温度表和双金属片测温,而对于热电偶温度计来说,其原理则是利用了温差电现象,又叫热电现象,即两种不同的金属导体 A 和 B 的两端彼此焊接在一起,构成一个闭合回路时若两个接触点的温度不同,回路中就有电流产生,如图4.5所示。

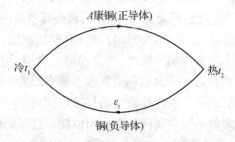

图 4.5 热电偶温度计测温原理

两焊接点之间的温差越大,回路中的电动势也越大,这种现象叫作温差电现象,也称热电现象,这种电路称热电偶或温差电偶。热电偶的电动势与温差之间的关系为

$$\varepsilon_t = \alpha(t_2 - t_1) + \beta(t_2 - t_1)^2 \tag{4.10a}$$

由于系数 $\alpha \gg \beta$,所以当温差不太大时,可表示为

$$\varepsilon_t = \alpha(t_2 - t_1) \tag{4.10b}$$

气象上使用的热电偶几乎都是铜或锰铜——康铜,原因是:热电偶灵敏度高($40\ \mu V/℃$),稳定性好(可做成热电堆),焊接工艺简便,且使用成本低。热电偶温度表的缺点是测温时参考端温度固定。热电偶环路电流遵循热电偶回路定律:① 均一性回路定律:导线均一(使用一种导线);② 非均一性回路定律:换路开关要恒温,温度叠加定律 $\varepsilon_{0-20} = \varepsilon_{0-10} + \varepsilon_{10-20}$。在制造热电偶电路时,必须注意做到焊接点无杂质,以消除化学电动势;防止热量沿导线传至电偶接点来消除导线导热引起的误差;尽量做到引线均一悬空,以减弱引线电阻对测温的影响。为了提高热电偶温度表的灵敏度,可将若干对热电偶串接起来组成热电堆,灵敏度为$40\ \mu V/℃ \times 5 = 200\ \mu V/℃ = 0.2\ mV/℃$,如图 4.6 所示。

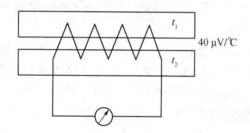

图 4.6　热电偶串联成热电堆

除上述测温方法之外,还使用金属电阻和半导体热敏电阻来测量温度。其中,金属电阻温度测量原理是金属导体电阻的阻值随温度的升高而增大,根据电阻和温度的这种关系,只要测定金属电阻的阻值,就可知导体所处环境的温度,金属导体的电阻值随温度增加的关系式为:

$$R_t = R_0(1 + \alpha t + \beta t^2) \tag{4.11a}$$

式中 t 为摄氏温度,R_0 为金属在 0 ℃时的电阻,R_t 为 t ℃时的电阻,α 和 β 为因金属而异的电阻温度系数。在大气测温范围内,各种金属的电阻与温度的关系曲线接近直线关系,即 $\alpha \gg \beta$,因此,(4.11a)式可写成:

$$R_t = R_0(1 + \alpha t) \tag{4.11b}$$

在气象上,常用于测温的金属电阻材料有铂、镍、铜等几种,铂电阻的性能稳定,电阻率大,易于提纯,电阻与温度的线性惯性较好,工艺性能也好,可以加工成极细的铂丝,常用来制作标准温度表。铜电阻的线性度最好,价格也低,但电阻率小,易氧化,不能保持长期稳定性,主要用于低温测量。镍电阻的电阻率和电阻温度系数都较大,但电阻与温度的线性关系差,稳定性不好。为消除测量回路中导线电阻随温度变化而产生误差,一般选用电阻温度系数小的锰镍铜或纯锰做导线较好。这样,我们就可以知道温度表金属材料的选择主要考虑

以下几点:温度系数 α 要大;电阻值与温度的线性度要好,即 $\alpha \gg \beta$;电阻率要大,易于绕制大阻值元件;性能稳定。

用电阻温度表测量温度,实际上就是测量在温度变化时元件的电阻值。通常是用平衡电桥和不平衡电桥进行测量的,这里涉及电子电路的基本理论。下面简要讲述这两种电桥的测温原理。

平衡电桥的测温电路原理如图 4.7 所示。

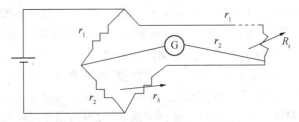

图 4.7 平衡电桥测温电路原理

当环境温度变化时,R_t 的阻值改变,可借助对 r_3 的调整(r_3 为可调电阻),使电桥达到平衡,并做出 r_3 与 t 的刻度关系,或 R_t 与 t 的关系式,就可由 r_3 的刻度盘读数或计算式来确定 R_t 所处的环境温度。

对外接导线电阻时,同种引出导线,有 $r'_1 = r'_2 = r'_3 = r'$,因 Δt 温度变化引起外接导线电阻的变化为 $\Delta r'_1 = \Delta r'_2 = \Delta r'_3 = \Delta r'$,因 Δt 温度变化引起热敏电阻阻值的变化为 ΔR_t,要求 $\Delta R_t \gg \Delta r'$,为了补偿导线电阻随温度的变化,常采用三线法。由于两个对称的桥臂 r_3 和 R_t 都接有电阻为 r' 的同种导线,可大大减小导线电阻随温度变化产生的影响。

在电桥平衡时:

$$\frac{r_3 + r'}{r_2} = \frac{R_t + r'}{r_1} \tag{4.12}$$

假设 $r_1 = r_2$,则式(4.12)简化为

$$\frac{r_3}{r_2} = \frac{R_t}{r_1} = \frac{R_0(1+\alpha t)}{r_1} \tag{4.13}$$

在这种情况下,完全消除了导线的影响,但必须 3 条导线中 r' 完全一致,所以

$$t = \frac{1}{\alpha}\left(\frac{r_1 r_3}{r_2 R_0} - 1\right) = A r_3 + B \tag{4.14}$$

其中

$$A = \frac{r_1}{\alpha r_2 R_0}, B = -\frac{1}{\alpha}$$

式中,A、B 为常数,且和电阻的温度系数有关。(4.14)式说明了温度 t 与 r_3 的关系,对 r_3 电阻可作等分的温度刻度,直接读取温度值。

除通常一般平衡电桥测温外,还有双滑臂测温平衡电桥。与一般平衡电桥相比,差别在于 r_1 与 r_2 之间,以及 r_2 与 r_3 之间加了一对精密同步电位器 S_1 和 S_2,如图 4.8 所示。

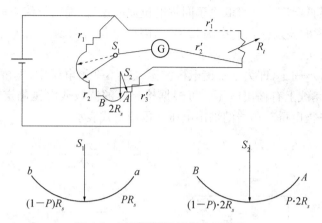

图 4.8　双滑臂测温平衡电桥原理

当 S_1 旋转至处 a，S_2 在 A 处；若使 S_1 连续旋转至 b 处，S_2 则可同步旋转到 B 处。S_1 的总电阻为 R_s，S_2 的总电阻为 $2R_s$，其中 $0 \leqslant P \leqslant 1$。

电位器滑臂处在 A，a 两点时，电桥平衡的条件为

$$\frac{R_{t\min}+r'}{r_1+R_s}=\frac{r_3+r'}{r_2+2R_s} \tag{4.15}$$

电位器滑臂处在 B，b 两点时，电桥平衡的条件为

$$\frac{R_{t\max}+r'}{r_1}=\frac{r_3+r'+2R_s}{r_2+R_s} \tag{4.16}$$

其中 $R_{t\max}$ 和 $R_{t\min}$ 分别为测温范围内最高和最低点时 R_t 的值。令电桥线路满足下述条件

$$r_1=R_s+r_2,\ R_{t\max}=R_{t\min}+2R_s,\ R_{t\min}=r_3 \tag{4.17}$$

如果电位器的触点在 S_1，S_2 中间某点，电桥平衡的条件为

$$\frac{R_t+r'}{r_1+(1-P)R_s}=\frac{2PR_s+r'+r_3}{r_2+PR_s+(1-P)2R_s} \tag{4.18}$$

或

$$\frac{R_t+r'}{r_3+r'+2PR_s}=\frac{(1-P)R_s+r_1}{r_2+pR_s+(1-P)2R_s}=\frac{r_1+(1-P)R_s}{r_2+(2-P)R_s}=1 \tag{4.19}$$

由(4.17)、(4.14)和(4.18)式得

$$R_t=r_3+2PR_s=R_{t\min}+2PR_s \tag{4.20}$$

令 $R_t=R_{t\min}[1+\alpha(t-t_{\min})]$，则

$$t-t_{\min}=\frac{2R_s}{\alpha R_{t\min}}P \tag{4.21}$$

环境温度与最低温度之差只取决于同步电位器的位置,而与导线电阻 r' 无关。存在问题:(1) 电阻与温度的关系存在二次项($\beta \neq 0$),因此电位器的刻度无法完全线性化;(2) 自动跟踪问题难以解决。

如图 4.9 所示 r_3 固定,即为不平衡电桥测温。在不平衡电桥中,电桥不平衡时,检流计上有电流流过,对角线上有输出电压。可根据检流计的读数或电压确定测温元件 R_t 所处的环境温度。不平衡电桥对角线的输出电压 e 可用下式表示

$$e = V\left(\frac{R_t}{r_3 + R_t} - \frac{r_1}{r_1 + r_2}\right) = V\left(\frac{R_{t0} + \Delta r}{r_3 + R_{t0} + \Delta r} - \frac{r_1}{r_1 + r_2}\right) \tag{4.22}$$

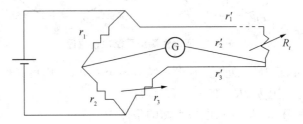

图 4.9 不平衡电桥测温原理

当电桥平衡时电桥对角线上无电压差,此时 $\Delta r = 0$,$R_t = R_{t0}$ 且 $e = 0$,$R_t = R_{t0} + \Delta r$,R_{t0} 为当电桥平衡时的阻值,Δr 为温度变化引起的阻值变化。

$$\frac{r_1}{r_1 + r_2} = \frac{R_{t0}}{r_3 + R_{t0}} \tag{4.23}$$

将(4.23)式代入(4.22)式,得:

$$e = V \frac{R_{t0}}{R_{t0} + r_3}\left(\frac{1 + \dfrac{\Delta r}{R_{t0}}}{1 + \dfrac{\Delta r}{R_{t0} + r_3}} - 1\right) \tag{4.24}$$

将(4.24)式右边括号中的项展成幂级数,则

$$\frac{1 + \dfrac{\Delta r}{R_{t0}}}{1 + \dfrac{\Delta r}{R_{t0} + r_3}} - 1 = \left(1 + \frac{\Delta r}{R_{t0}}\right)\left(1 + \frac{\Delta r}{R_{t0} + r_3}\right)^{-1} - 1$$

$$= \left(1 + \frac{\Delta r}{R_{t0}}\right)\left[1 - \frac{\Delta r}{R_{t0} + r_3} + \frac{\Delta r^2}{(R_{t0} + r_3)^2}\right] - 1 \tag{4.25}$$

将上式中忽略二次项,并设:$\Delta r = R_{t0}(\alpha \Delta t + \beta \Delta t^2)$,$r_3 = \delta R_{t0}$

代入(4.25)式,上式右边则变为:

$$(1 + \alpha \Delta t + \beta \Delta t^2)\left(1 - \frac{\alpha \Delta t + \beta \Delta t^2}{1 + \delta} + \frac{\alpha^2 \Delta t^2}{(1 + \delta)^2}\right) - 1 \tag{4.26}$$

$\alpha \gg \beta$,忽略含 β 的二次项,得:

$$e = \frac{V}{1 + \delta}\left\{\left(1 - \frac{1}{1 + \delta}\right)\alpha \Delta t + \left(1 - \frac{1}{1 + \delta}\right)\beta \Delta t^2 + \left[\frac{1}{(1 + \delta)^2} - \frac{1}{1 + \delta}\right]\alpha^2 \Delta t^2\right\} \tag{4.27}$$

为了使输出电压 e 和温度变化 Δt 成线性关系,应使(4.27)式中含 Δt^2 项的系数总和为零,因此,

$$\left(1-\frac{1}{1+\delta}\right)\beta+\left[\frac{1}{(1+\delta)^2}-\frac{1}{1+\delta}\right]\alpha^2=0 \tag{4.28}$$

$$\frac{\delta\beta}{1+\beta}-\frac{\delta\alpha^2}{(1+\delta)^2}=0 \tag{4.29}$$

或:

$$\delta\beta+\delta^2\beta-\delta\alpha^2=0 \tag{4.30}$$

得:

$$\delta=0 \text{ 或 } \delta=\frac{\alpha^2-\beta}{\beta} \tag{4.31}$$

所以 $\beta>0$ 才有意义。

对于半导体热敏电阻测温来说,测量温度热敏电阻的原材料多是金属氧化物的混合物,如氧化镍(NiO)、氧化锰(Mn_3O_4)的混合物。用这一类半导体材料制成的电阻元件,其温度系数大,灵敏度高。在气象测温范围内,热敏电阻的阻值 R_T 与绝对温度 T 的关系可用下式表示

$$R_T=A e^{b/T} \tag{4.32}$$

式中 A、b 为元件的系数。

当 $T=T_0$ 时,$R_T=R_{T0}$,$R_T=R_{T0}=A e^{b/T_0}$,所以 $A=R_{T0} e^{-b/T_0}$,将上式代入(4.32)式得:

$$R_T=R_{T0} e^{b/T-b/T_0} \tag{4.33}$$

对(4.33)式取对数得:

$$\ln R_T=\frac{b}{T}+\left(\ln R_{T0}-\frac{b}{T_0}\right) \tag{4.34}$$

由此可见,热敏电阻阻值的对数与绝对温度的倒数成线性关系。式(4.34)右边括号中的数为一常数。定义半导体热敏电阻温度系数 α_T 为温度变化 $1\,℃$ 引起的元件阻值的相对变化率,即

$$\alpha_T=\frac{1}{R_T}\frac{\mathrm{d}R_T}{\mathrm{d}T} \tag{4.35}$$

由(4.32)式得:

$$\frac{\mathrm{d}R_T}{\mathrm{d}T}=A e^{b/T}\left(-\frac{b}{T^2}\right)=R_T\left(-\frac{b}{T^2}\right) \tag{4.36}$$

将(4.36)式代入(4.35)式得:

$$\alpha_T=-\frac{b}{T^2} \tag{4.37}$$

R_T 和 T 为非线性关系,其解决办法是通过线性化平衡电桥电路实现线性化测量。如

图 4.10 所示为三点补偿式原理。

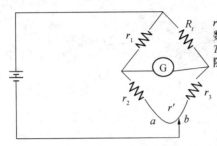

r'为精密电位器,可调节r_1、r_2、r_3的
数值使T_0时,r'位于a,T_1时r'位于b,
T_m时r'在中间,使滑臂在r'上的位置
随R_t所测温度线性变化。

图 4.10 三点补偿式原理

设测温范围在 T_0 和 T_1 之间,如 $10\ ℃\sim 30\ ℃$ 变化,则

$$\begin{cases} R(T_0)=R_0 & 10\ ℃,T_0 \\ R\left(\dfrac{T_0+T_1}{2}\right)=R_m & 20\ ℃,T_m \\ R(T_1)=R_1 & 30\ ℃,T_1 \end{cases}$$

由电桥平衡的条件,可得:

当 $T=T_0$,有$\dfrac{R_0}{r_3+r}=\dfrac{r_1}{r_2}$;当 $T=T_m$,有$\dfrac{R_m}{r_3+r/2}=\dfrac{r_1}{r_2+r/2}$;当 $T=T_1$,有$\dfrac{R_0}{r_3}=\dfrac{r_1}{r_2+r}$

解上述联立方程,求出 r_1、r_2 和 r_3,得:

$$r_1=\frac{R_m(R_0+R_1)-2R_0R_1}{R_0+R_1-2R_m}$$

$$r_2=\frac{R_1+r_1}{R_0-R_1}r'$$

$$r_3=\frac{R_0+r_1}{R_0-R_1}\frac{R_1}{r_1}r' \tag{4.38}$$

电位器 r' 的数值,可根据测温范围和灵敏度要求选择,r_1、r_2 和 r_3 的数值由(4.38)式计算。

实际检定线只在两端和中点与直线吻合,其余各点皆与直线有一定的偏差,一般在20 ℃的测量范围内,最大偏差可小于±0.05 ℃。此法称为三点吻合法,如图4.11所示。

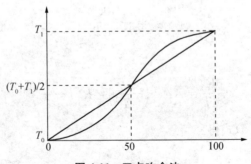

图 4.11 三点吻合法

4.1.3　测温仪器的热滞现象

在测温元件的示度尚未达到新的环境温度之前进行观测就会产生误差,称作滞差,简单地理解滞差的变化率就是热滞系数。当测温元件从一个环境迅速地转移到另一个温度不同的环境时,温度测量仪表的示度不能立即指示新的环境温度,而是逐渐趋近于新的环境温度,这种现象称为温度表的热滞(或滞后)现象。元件在 $d\tau$ 的时间内与周围介质交换的热量为

$$dQ = -hS(T-\theta)d\tau \tag{4.39}$$

其中 T 是元件温度,θ 是环境温度,S 是有效散热面积,h 是热交换系数。

元件得到(或失去)热量 dQ 后,增(或降)温 dT,则有

$$dQ = CMdT \tag{4.40}$$

其中 C 为比热;M 为元件的质量。

令 $\lambda = \left(\dfrac{hS}{CM}\right)^{-1}$ 为热滞系数,则

$$\frac{dT}{d\tau} = -\frac{1}{\lambda}(T-\theta) \tag{4.41}$$

其中 λ 为热滞系数,单位为秒。热滞系数特性:元件的热容量越大,散热面积越小,则 λ 越大。热交换系数 h 的大小取决于环境介质性质和通风量。

对(4.41)式积分可以得到环境温度恒定时的滞差:

$$\int_{T_0}^{T} \frac{dT}{T-\theta} = \int_{0}^{\tau} -\frac{1}{2}d\tau, \ln\frac{T-\theta}{T_0-\theta} = -\frac{\tau}{\lambda}, 则\frac{T-\theta}{T_0-\theta} = e^{-\frac{\tau}{\lambda}} \tag{4.42}$$

那么环境温度呈线性变化引起的滞差是什么样的呢? 一般地,环境温度如不恒定,由于测温元件的热滞,示度将会始终落后实际温度的变化。环境升温时示度偏低,降温时示度偏高。

设环境温度线性变化:

$$\theta = \theta_0 + \beta\tau \tag{4.43}$$

其中变温率为 β,将(4.43)式代入(4.41)式,得:

$$\frac{dT}{d\tau} = -\frac{1}{\lambda}(T-\theta_0-\beta\tau) \tag{4.44}$$

解(4.44)式,并设初始条件 $\tau=0 \Rightarrow T=T_0=\theta_0$,得:

$$T-\theta = -\beta\lambda(1-e^{-\frac{\tau}{\lambda}}) \tag{4.45}$$

当 $\tau \gg \lambda$ 时,式(4.45)可简化为

$$T-\theta = -\beta\lambda \tag{4.46}$$

热滞系数越小,滞差越小。(4.46)式表明温度表对变化均匀的介质环境温度的示度差值为一常数。在小风的晴天早晨,日出后气温近于线性上升。

如果环境温度呈周期性变化,则又是另外一番情景,即若环境温度以初始温度 θ_0,周期

p, 振幅 A_0 的正弦变化, 即

$$\theta = \theta_0 + A_0 \sin \frac{2\pi\tau}{p} \tag{4.47}$$

将式(4.47)代入(4.41)式, 得

$$\frac{\mathrm{d}T}{\mathrm{d}\tau} = -\frac{1}{\lambda}(T-\theta) = -\frac{1}{\lambda}\left[T-\left(\theta_0+A_0\sin\frac{2\pi\tau}{p}\right)\right] = -\frac{1}{\lambda}(T-\theta_0) + \frac{A_0}{\lambda}\sin\frac{2\pi\tau}{p} \tag{4.48}$$

变换得, $$T = \theta_0 + \frac{A_0}{\sqrt{1+4\pi^2\lambda^2/p^2}}\sin\left(\frac{2\pi\tau}{p} - \arctan\frac{2\pi\lambda}{p}\right) \tag{4.49}$$

由(4.49)式可得下述结论:(1) 温度表示度也是周期性变化, 周期为 p;(2) 示数的振幅 $A < A_0$, 当 $p \gg \lambda$ 时

$$\frac{A}{A_0} \to 1 \tag{4.50}$$

(3) 示数的正弦变化相位落后, 落后相角为:

$$\alpha = \arctan 2\pi\lambda/p \tag{4.51}$$

热滞系数与风速的实验关系可以用一个简单的方程来表示

$$\lambda = k(\rho V)^{-n} \tag{4.52}$$

上式中 ρ 为空气密度, V 为通风速度, ρV 为通风量。

为了防止太阳辐射及其他辐射对气温测量精度的影响, 尽量减小气温测量中的误差, 需要采取必要的方法, 具体有 4 种手段:① 屏蔽技术, 使太阳辐射、地面反射辐射不能直接照射到测温元件(百叶箱, 各种类型的防辐射罩上);② 增加元件的反射率(热敏电阻涂成白色);③ 人工通风, 加快元件散热(阿斯曼通风干湿表);④ 采用体积小并具有较大散热系数的测温元件。

需要指出的是 20 世纪 80 年代以来, 温室效应造成的全球气候变暖已引起国际社会的极大关注, 气温变暖导致世界上冰川消融, 海平面上升, 将淹没各国沿海低地的生产生活区域。同时气候变暖可能会造成长期的干旱、沙尘暴、旱涝的频率增大, 过去 20~30 年间的厄尔尼诺现象也是地球长期高温导致的结果。而且气温变化将使赤道地区更热, 而温带地区的温度将向赤道地区的温度靠拢, 寒带大面积的冻土解冻, 这些无疑会对人民生产生活等经济活动产生直接的现实影响。因此, 长期的温度测量与监控就变得十分重要。

§4.2 湿度的探测

4.2.1 表示空气湿度的参量及测湿方法

大气中的水汽含量对于天气变化有很大的影响, 它的变化往往是天气变化的前奏, 云、雾、降水等天气现象都是由水汽相变而来。低层大气水汽含量的多少, 直接影响农作物的生长和人类的活动。且大气中的水汽相态的变化涉及潜热和感热的释放, 对于研究能量转换

及转移是十分重要的参数依据。因此,人们需要精确了解大气中实际水汽含量的多少。

关于大气湿度的测量,我们首先要了解与湿度有关的基本概念。这些概念包括什么是湿度? 反映湿度的参数主要有哪些? 世界气象组织把湿度定义为空气中水汽含量的多少,在地面气象观测中指的是离地面 1.5 m 高度处的湿度。对于湿度的测量首先需要了解并掌握的参数有:

1. 混合比 γ

湿空气中水汽质量为 m_v,干空气质量为 m_a,则

$$\gamma = \frac{m_v}{m_a} \tag{4.53}$$

2. 比湿 q

$$q = \frac{m_v}{m_v + m_a} \tag{4.54}$$

3. 绝对湿度 ρ_v

单位体积湿空气中所含的水汽,即:水汽密度、水气浓度

$$\rho_v = \frac{m_v}{V} \tag{4.55}$$

4. 水汽的摩尔分数(水汽相对克分子数)

$$X_v = \frac{n_v}{n_v + n_a} \tag{4.56}$$

其中:$n_v = \dfrac{m_v}{M_v}$,$n_a = \dfrac{m_a}{M_a}$,　$X_v = \dfrac{m_v/M_v}{m_v/M_v + m_a/M_a}$ 或

$$X_v = \frac{\gamma}{\gamma + 0.621\,98} \tag{4.57}$$

5. 水汽压　　　$$e' = X_v \cdot p = \frac{\gamma}{\gamma + 0.622} \cdot p \tag{4.58}$$

当 $e' \ll p$ 时,　　　　　$$\gamma = 0.622 \frac{e'}{p} \tag{4.59}$$

6. 饱和水汽压

水面饱和水汽压:e_{sw},固定气压、温度下,纯水面达到气液平衡时的水汽压。冰面饱和水汽压:e_{si},固定气压、温度下,纯冰面达到气液平衡时的水汽压。世界气象组织(WMO)1966 年推荐戈夫-格雷奇(Goff - Gratch)公式:

① 纯水表面饱和水汽压的对数为(0 ℃~100 ℃)

$$\lg e_w = 10.795\,74\left(1 - \frac{T_1}{T}\right) - 5.028\,001\lg\frac{T}{T_1} + 1.150\,475 \times 10^{-4}\left[1 - 10^{-8.296\,9\lg\left(\frac{T}{T_1} - 1\right)}\right]$$

$$+ 0.428\,73 \times 10^{-3}\left[10^{4.769\,55\left(1 - \frac{T_1}{T}\right)} - 1\right] + 0.786\,14 \tag{4.60}$$

② 冰面的饱和水汽压对数(0 ℃～100 ℃)

$$\lg e_i = -9.096\,85\left(\frac{T_1}{T}-1\right)-3.566\,54\lg\frac{T_1}{T}+0.876\,82\left(1-\frac{T_1}{T}\right)+0.786\,14 \quad (4.61)$$

(4.60)、(4.61)式中 T_1 为水的三相点温度,等于 273.16 K,T 为大气绝对温度(K)。关于纯水表面和冰面饱和水汽压的数值,可以在文献《现代气象观测》中进行查阅,此处不再赘述。

7. 相对湿度

压力为 p、温度为 T 的湿空气,其水汽压 e' 与水面饱和水汽压 e'_{sw} 的比值的百分数。

$$U_w = \frac{100}{100}\left(\frac{e'}{e'_{sw}}\right)_{p,T} e'_{sw} \quad (4.62)$$

8. 露点温度(T_d)、霜点温度(T_f)

T_d 定义为 T、γ 的湿空气,p 不变,降温至 T_d 使其对水面饱和时的温度

$$\frac{\gamma(p,T)}{\gamma_{sw}(p,T_d)}=1 \quad (4.63)$$

T_f 定义为 T、γ 的湿空气,p 不变,降温至 T_f 使其对冰面饱和时的温度

$$\frac{\gamma(p,T)}{\gamma_{si}(p,T_f)}=1 \quad (4.64)$$

常用关系式主要包括绝对湿度、比湿和混合比,其中绝对湿度可以表示为 $\rho_v = 216.6\dfrac{e'}{p}$ (当 e' 用 hPa 表示时,ρ_v 为 g/m³),而比湿 $q = 0.622\dfrac{e'}{p}$ (g/g),混合比可表示为 $\gamma = 0.622\dfrac{e'}{p-e'}$(g/g)。

目前,湿度测量的方法主要有称重法、稀释法、露点法、光学法和热力学方法。称量法是直接称量出一定体积湿空气中的水汽含量,计算出绝对湿度的方法。其特点是可以准确地测定单位体积空气中所含的水汽量,此法操作较繁,测定过程较长。如果设备精密完备,其测量湿度准确度相当高,可优于 0.2%,是湿度计量基准的一级标准,通常作为鉴定校准的基准。稀释法是利用吸湿性物质稀释后的形变或电性能变化来测湿度。如常规使用的毛发、肠膜元件、氯化锂湿度片(电阻式)、炭膜湿度片、氧化铝感湿元件等等。露点法是利用凝结面降温产生凝结时的温度(露点),来求算空气的湿度。如氯化锂露点测湿元件,是利用氯化锂溶液来测出露点温度,从而换算成湿度。光学法是利用测量水汽对光辐射吸收衰减作用,来测定水的含量。热力学方法则是利用蒸发表面冷却降温的程度随湿度而变的原理来测定湿度,主要是干湿球温度表法,是目前最常见最有用的测湿方法。

4.2.2　各种测湿仪器的基本原理及精度

毛发湿度表(稀释法)的测湿原理是根据毛发的吸水性与伸长量之间的关系确定的,湿度从 0～100%时,毛发伸长 2.5%,伸长量与湿度变化成正比。相对湿度从 0～100%时,长度变化 ΔL,$\lg U_h = 1.086L + 0.918$。图 4.12 为毛发湿度表测量原理。

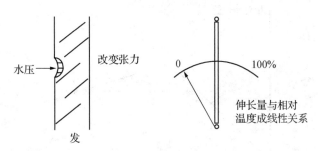

图 4.12　毛发湿度表测量原理

毛发湿度表的测湿误差主要有以下几个方面：一是毛发感湿的滞后性。实验指出，毛发表的示度常常落后于湿度的实际变化。

$$\frac{\mathrm{d}T}{\mathrm{d}\tau}=-\frac{1}{\lambda}(T-\theta),\frac{\mathrm{d}m_{\mathrm{w}}}{\mathrm{d}\tau}=-\frac{1}{\lambda_{\mathrm{m}}}(r_{\mathrm{d}}-r),\lambda_{\mathrm{m}}=\frac{\Lambda}{\rho f(v)} \tag{4.65}$$

毛发吸收水汽使长度变化（表 4.3、表 4.4）。设 $\mathrm{d}m_{\mathrm{w}}=\omega A\mathrm{d}\Delta L$，$\omega$ 为单位体积含水量，A 为横切面积，此时有

$$\frac{\mathrm{d}m_{\mathrm{w}}}{\mathrm{d}\tau}=\frac{\mathrm{d}\Delta L}{\mathrm{d}\tau}\omega A=\frac{\rho f(v)}{\Lambda\omega A}\frac{0.622e_{\mathrm{sw}}(T_{\mathrm{w}})}{\rho}(U-U_{\mathrm{a}}) \tag{4.66}$$

方程（4.66）变为

$$\frac{\mathrm{d}m_{\mathrm{w}}}{\mathrm{d}\tau}=\frac{1}{\tau_{\mathrm{m}}}(U-U_{\mathrm{a}}) \tag{4.67}$$

式中，U_{a} 和 U 分别为初始相对湿度和环境变化后的相对湿度，τ_{m} 为毛发的滞后系数。

表 4.3　毛发滞后系数（λ）与温度的关系

$t/℃$	30	15	0	—10	—20	—30	—40	—50	—60
$\lambda(t)2/\lambda(15\,℃)$	0.4	1.0	2.8	5.0	13.2	45	135	400	1 500

表 4.4　毛发滞后系数与相对湿度的关系

$U/\%$	10	20	30	40	50	60	70	80	90	100
$\lambda(\mu)/\lambda(100\%)$	57.0	22.0	11.5	7.3	5.0	3.7	2.8	2.0	1.4	1.0

二是毛发测湿具有一定的温度误差，毛发本身的长度还随温度的变化而胀缩，且热胀系数很不规律。如图 4.13 所示为毛发长度随温度的变化。

毛发在相对湿度低于 30% 的空气中放置过久，当湿度再回升时，毛发示度总是低于空气的实际湿度，感湿速度也显著下降，这叫瘫痪现象。瘫痪现象消除办法：将毛发放在饱和空气中，使其逐渐复原。毛发感湿测湿度的性能是不稳定的，误差是交错复杂的。因此，对毛发表的读数，无法采用固定的订正方法，而要采用绘制订正图的方法加以订正。

在气压不变条件下，湿空气冷却达到水面饱和（或冰面饱和）时，会有露（或霜）凝成。此时的温度叫露点温度（或霜点温度）。若使空气通过一个光洁的金属镜面时等压降温，直到

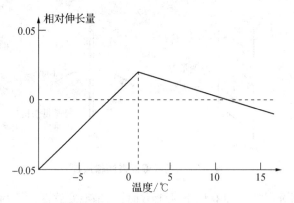

图 4.13　毛发长度随温度的变化

镜面上出现露(或霜),读取这瞬间的镜面温度,就是露点(或霜点)温度。露点仪测量湿度就是根据此原理设计的,其仪器结构包括:高度抛光的金属镜面作为感应器,冷却器和加热器作为热控装置,用光源系统和显微镜系统作为凝结观测装置,如图 4.14 所示。

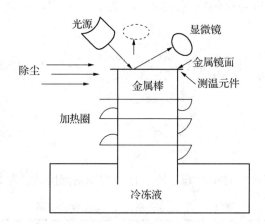

图 4.14　露点仪示意图

在测量时,先降温,镜面出现露点时,记为 T_{di}^{-};再升温,最后一个露珠消失时,记为 T_{di}^{+};这是一次完整记录,露点温度的测量一般 5 次取平均:

$$T_{d}^{-} = \frac{1}{5}\sum T_{di}^{-}, \quad T_{d}^{+} = \frac{1}{5}\sum T_{di}^{+}, \quad T_{d} = \frac{T_{d}^{-} + T_{d}^{+}}{2}, \quad \frac{dV}{V} = \frac{d(e/e_{sw}(T_{w}))}{e/e_{sw}(T_{w})} \tag{4.68}$$

需要注意的是测湿精度影响因子主要包括以下几个方面:

1. 凯尔文效应

弯曲水面饱和水汽压 $e_{sw,r}$,平面饱和水汽压 e_{sw} 满足

$$KT\ln\frac{e_{sw,r}}{e_{sw}} = \frac{2\sigma}{\gamma}\nu \tag{4.69}$$

式中 K 为波尔兹曼常数,σ 为水表面张力系数,ν 为水分子容积,γ 为露滴的曲率半径。在同温、同压下,弯曲水面饱和水汽压与平面饱和水汽压的关系为:

$$e_{sw,r} = e_{sw}e^{cr/r} \tag{4.70}$$

其中 $c_r=1.2\times10^{-7}$ cm，$r=5\times10^{-4}$ cm，故 $e_{\text{sw},r}>e_{\text{sw}}$。露滴的饱和水汽压高于平面饱和水汽压。因此，镜面的结露温度低于真实露点温度，误差约为 $-0.1\,℃$。

2. 拉乌尔特(Rault)效应

由于空气和镜面有杂质，特别是有一定量的可溶性物质时，饱和水汽压低于同温度下的洁净空气和镜面的饱和水汽压，降低的数值与溶液的分子浓度有关。这种效应将使露点值偏高：

$$e_{\text{sw},n}=e_{\text{sw}}\frac{N}{N+n}<e_{\text{sw}} \tag{4.71}$$

其中 $e_{\text{sw},n}$ 为空气中和镜面有杂质时的饱和水汽压；n 是杂质的克分子数；N 是总克分子数，这种效应将使露点温度值偏高。

3. 部分压力效应

仪器的空气循环系统可使测试空间内外存在一定的气压差。根据道尔顿分压定律，进入测试空间空气样本的水汽压，将按压差以同样的比例降低。

如果要求水汽压测量的精度为 5%，则在大气压力为 1 000 hPa 时，室内外压差应小于 5 hPa。

4. 镜面凝结相态的判断

当露点温度低于 0 ℃时，注意判断镜面的凝结相态。将水滴判断为冰晶，或将冰晶判断为水滴都将造成测量误差。温度越低，误差越大。

5. 操作的正确性

操作不当将给测量结果带来较大误差。如降温太快，镜面将生成大露珠，将露珠蒸发完时，往往加热过量，导致测量过高。

干湿球温度表是基于热力学测温的另一种方法，其基本原理是由于蒸发，湿球表面不断有耗散蒸发潜热，使湿球温度下降；由于湿球与四周空气有温差，则在稳定平衡时，湿球温度表面蒸发支出的热量应等于与四周热空气交换得到的热量

$$Q=h(T-T_{\text{w}}) \tag{4.72}$$

式中，h 是热扩散系数，T 为干球温度，T_{w} 为湿球温度。单位时间通过单位湿球面积蒸发水分的质量可以表示为：

$$M=k[r_{\text{s}}(T_{\text{w}})-r] \tag{4.73}$$

式中 k 是水汽扩散系数，r_{s} 为空气的混合比，$r_{\text{s}}(T_{\text{w}})$ 为湿球温度 T_{w} 时的饱和混合比。湿球蒸发时消耗的热量为：

$$Q_{\text{m}}=kL(T_{\text{w}})[r_{\text{s}}(T_{\text{w}})-r] \tag{4.74}$$

在湿球未结冰时，$L(T_{\text{w}})$ 为水的蒸发潜热，$r_{\text{s}}(T_{\text{w}})$ 为湿球温度下水面的饱和混合比；当湿球结冰时，$L(T_{\text{w}})$ 为冰的升华热。

令 $Q=Q_{\text{m}}$，并设 $r=0.622\dfrac{e}{p}$，$r_{\text{s}}(T_{\text{w}})=0.622\dfrac{e_{\text{s}}(T_{\text{w}})}{p}$，由(4.65)和(4.66)式可得到湿度计算公式 $kL(T_{\text{w}})[r_{\text{s}}(T_{\text{w}})-r]=h(T-T_{\text{w}})$，或 $\dfrac{0.622kL}{p}[e_{\text{s}}(T_{\text{w}})-e]=h(T-T_{\text{w}})$，故

$$e = e_s(T_w) - \frac{ph}{0.622kL(T_w)}(T - T_w)$$
$$= e_s(T_w) - Ap(T - T_w) \qquad (4.75)$$

其中，$A = \frac{1}{0.622L(T_w)}\frac{h}{k}$，称为干湿表系数，可取作 $A = 6.2 \times 10^{-4}$。

(4.75)式称为干湿表(绝对湿度)方程。

(1) 干湿表系数 A 值与风速的关系

利用干湿表方程计算湿度的主要问题是确定干湿表系数 A 值。从 A 值的定义可知，热扩散系数 h 和水汽扩散系数 k 是通风速度的函数，所以，A 值必然与风速有关，即 $h(v)$，$k(v) \Rightarrow A(v)$ 观察得 A 值存在以下现象：① A 值随风速变化较大，风速增加，A 迅速减小，但是 $v > 3$ m/s 时，A 基本不变；② 不同类型的温度表 A 值有差异，但是在风速高的时候，差异很小；③ 元件的特征尺度 d 越小，A 随风速的变化越小。

根据试验获得的经验关系：

① N.Sworykin：A 与风速的关系可以用下式表示

$$A = 5.931 \times 10^{-4} + 1.35 \times 10^{-4}/\sqrt{v} + 4.80 \times 10^{-5}/v, d = 10 \text{ mm}$$

$$A = 6.403 \times 10^{-4} + 4.3 \times 10^{-5}/\sqrt{v} + 5.15 \times 10^{-5}/v, \ d = 4 \text{ mm}$$

式中 v 的单位为 m/s，在 $p = 1\ 013$ hPa，$T = 17\ ℃$，$T_w = 11\ ℃$ 条件下的实验结果。

② Wylie ard lalas(1981) 被 WMO 定为 $A = 6.10 \times 10^{-4} \sim 6.25 \times 10^{-4}$。

(2) 湿球温度表与空气之间的热交换特性

湿球温度表与空气之间的辐射热交换为：

$$Q_R = 4\sigma T_w^3(T - T_w) \approx h_R(T - T_w) \qquad (4.76)$$

考虑到整个湿球温度表的热交换过程是在蒸发消耗潜热与辐射热交换和对流热交换之间平衡，即：

$$Q + Q_R = (h + h_R)(T - T_w) \qquad (4.77)$$

对流、辐射热交换系数变为：

$$e = e_s(T_w) - Ap\left(1 + \frac{h_R}{h}\right)(T - T_w) \qquad (4.78)$$

令 $A' = A\left(1 + \frac{h_R}{h}\right)$，为实际的干湿表系数，Monteith 提出：

$$\frac{A' + A}{A} \approx v^{-n}d^{1-n} \qquad (4.79)$$

根据 $n = 0.5$，即实际 A' 的相对误差与风速的二次方根成反比，与湿球直径的二次方根成正比。

(3) 湿球结冰时的湿度计算公式

湿球结冰时，湿球的冰面直接升华成水汽。冰升华损失的热量与对流热交换相互平衡。因此，式(4.78)将改写为：

$$e = e_{si}(T_w) - A_i p(T - T_w) \tag{4.80}$$

由上述关于 A 值的公式可知：

$$A = \frac{1}{0.622 L_w(T_w)} \frac{h}{k}, A_i = \frac{1}{0.622 L_i(T_w)} \frac{h}{k} \tag{4.81}$$

则

$$\frac{A_i}{A} = \frac{L_w(T_w)}{L_i(T_w)} = \frac{597.3}{677.3} \approx 0.882 \tag{4.82}$$

式中 $L_w(T_w)$ 为水蒸发潜热；$L_i(T_w)$ 为冰升华潜热。

目前，干湿球温度表测湿精度的状况是玻璃温度表的读数可估读到 $0.1\ ℃$；对相对湿度产生的误差为 $30\ ℃$ 时，误差约 1%，$-30\ ℃$ 时，误差约 $18\ \%$。我国规范规定 $-10\ ℃$ 以下停止使用干湿球温度表。其误差来源主要有温度表的示值误差、通风误差和沾污或结冰误差。

在湿度的测量中，还有一些其他的测量方法，主要是吸湿称重法、光谱吸收法、氯化锂测湿、碳膜湿敏元件、高分子湿敏电容湿度计等。如吸湿称重法利用吸湿剂吸收一定容积空气中的水汽，只要精确测定空气的容积和吸湿剂的质量变化，即可直接计算出 $1\ m^3$ 空气中所含的水量，即

$$\rho_w = \frac{m_2 - m_1}{V_2 - V_1}\ g/m^3 \tag{4.83}$$

水汽压

$$e = \frac{T}{216.6} \frac{m_2 - m_1}{V_2 - V_1} \tag{4.84}$$

式中 $V_1 = V_0 \dfrac{p_1 T_0}{p_0 T_1}$，$V_0$ 为容器的容积（初始容积），$V_2 = V_0 \dfrac{p_2 T_0}{p_0 T_2}$，$p_0$、$T_0$ 为初始容器内的气压和温度，p_1、T_1 为抽气后容器内的气压和温度，p_2、T_2 为进气后容器内的气压和温度，m_2、m_1 为吸湿后和吸湿前干燥管的质量。

光谱吸收法是根据空气中水对红外辐射的吸收原理确定空气湿度的方法，主要有两束波长不同的光线，一束波长 $\lambda = 1.37\ \mu m$，对水汽有很强的吸收；另一束波长 $\lambda = 1.24\ \mu m$（参考光），对水汽不吸收。将两束光线交替通过被测气层，并比较这两束光线的能量，确定大气湿度。

氯化锂测湿则包括两点，一是使用电阻式氯化锂元件，其特点是水汽多，电阻小，反之，水汽少，电阻大；二是对于露点式氯化锂元件来说，测量其饱和溶液水汽压与环境水汽压平衡时的露点。

碳膜湿敏元件是根据高分子聚合物吸湿后膨胀，使悬浮于其中的碳粒子接触率减小，元件的电阻增大；反之当湿度降低时，聚合物脱水收缩，使碳粒子相互接触率增加，元件的电阻减小。通过测量元件电阻值的变化，即可确定大气中的湿度。

高分子湿敏电容湿度计的资料要求是每 10 秒钟采集 1 次，每分钟 6 个数据中去掉一个最高和一个最低值后取平均，作为每分钟观测值。每小时以正点 00 分观测值为正点观测值。全部测量值都要存储。

§4.3 气压的探测

4.3.1 气压的定义及测压方法

在气象上,气压是大气压力的简称。当空气从高压流向低压,产生了大气的运动,这种运动使各地的水汽和热量进行交换,引起了复杂的天气变化,因此测得同一高度上各个测点的气压分布,分析气压场的规律,就可为天气预报提供科学依据。将同一时刻各个气象站所观测到的海平面气压值填在一张图上,然后用平滑的曲线把气压相等的点连接起来,就可用等压线的不同形式表示海平面的气压分布情况,通过分析可以了解同一水平面上气压分布的情况,判别高低压所在位置,找出差异,为研究大气的运动打下基础。而在军事与航空部门,常利用气压数值来测定空气密度,以便修正弹道或确定飞行高度。因此,气压的测量具有重要的实际意义。

气压数值上等于单位面积上从所在地点向上直至大气层上界的整个空气柱的质量,即

$$p_h = \int_h^\infty \rho_a g \, \mathrm{d}z \quad (\mathrm{kg \cdot m/s^2}) \tag{4.85}$$

其中 h 为测站的海拔高度,p_h 为海拔高度为 h 的测站所受的大气压力,它与空气密度 ρ_a、重力加速度 g 及空气柱的厚度有关。

气压的单位及其换算主要包括以下几种:1 Pa = 1 N/m², 1 hPa = 100 Pa, 1 hPa = 1 mb, 1 hPa = 0.750 069 mmHg = 3/4 mmHg 和 1 mmHg = 1.333 238 hPa = 4/3 hPa。

为了保证各个气象台站气压标尺的一致性,保持气压资料的精确度,世界气象组织对气压表制定了各级管理和逐级对比的制度。按仪器的精度和功能,气压表分成不同等级,具体内容见表4.5。

表 4.5 气压表等级

序号	气压等级	含义
1	A 级	一级或二级标准气压表,能独立地测定气压,保持高于 0.05 hPa 的精确度。
2	B 级	工作标准气压表,用于日常的气压对比工作,它的仪器误差通过与 A 级表比对后校准。
3	C 级	参考标准气压表,用来向台站气压表传递校准比标准以及进行比对。
4	S 级	安装在气象台站上的气压表。
5	P 级	高质量、高精度的气压表,经过多次搬运仍能保持原有的精确度。
6	N 级	高质量、高精度的空盒气压表,滞差效应和温度系数可略去不计。

注:A 级气压表可作为洲、区域和国家的标准气压表,称作 Ar 级;假如在一些地区只有 B 级气压表作为标准气压表,称作 Br 级;除 A 级气压表可以自行确定它的仪器误差外,其余各级气压表都需要直接或间接与 A 级表比对,间接对比借助于 C 级表来完成;按照惯例,任何一支气压表的比对工作至少每两年进行一次。

常用测量大气压力的仪器主要有:① 液体气压表——水银气压表(作为标准);② 空盒

气压表、空盒气压计(气象台站);③ 气体压力表;④ 沸点气压表(作研究用);⑤ 半导体压敏元件;⑥ 振动筒式气压传感器;⑦ 石英螺旋管精密气压计。目前,在气象台站日常业务中使用的是水银气压表、空盒气压表和气压计。接下来将主要介绍其测量原理和测量方法。

4.3.2　水银气压表

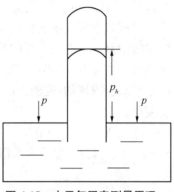

水银气压表的基本测量原理:利用一根抽成真空的玻璃管插入水银槽内,就可形成一支最简单的水银气压表(如图 4.15 所示)。由于大气压力的作用,玻璃管内的水银柱将维持一定的高度。当管内水银柱对水银槽面产生的压力与作用于水银槽面的大气压力相平衡时的高度,即可表示为大气压力。

如果在水银柱旁边树立一标尺,标尺的零点对准水银面,就可直接读取水银柱的高度(H_{hg}),即可求得大气压力(p_h):

$$p_h = \rho_{hg}(t)g(\varphi,h)H_{hg}[t,g(\varphi,t)] \qquad (4.86)$$

图 4.15　水平气压表测量原理

式中 $\rho_{hg}(t)$ 为温度 $t\,℃$时的水银密度,$g(\varphi,h)$ 为测站纬度为 φ、海拔高度为 h 处的重力加速度,$H_{hg}[t,g(\varphi,t)]$ 为气压表读数。

由(4.86)式可见,大气压力与水银气压表所处环境的温度、重力加速度及纬度有关,为了便于比较,国际上统一规定,以温度 $0\,℃$ 为标准,g 以纬度为 $45°$的海平面为标准。如果不在标准条件下,则读得的水银柱高度必须订正到标准条件下。

(4.86)式可表示为

$$p_h = \rho_{hg}(0\,℃)g(45°,0)H_{hg}[0\,℃,g(45°,0)] \qquad (4.87)$$

$$H_{hg}[0\,℃,g(45°,0)] = \frac{\rho_{hg}(t)}{\rho_{hg}(0\,℃)}\frac{g(\varphi,h)}{g(45°,0)}H_{hg}[t,g(\varphi,h)] \qquad (4.88)$$

$\dfrac{\rho_{hg}(t)}{\rho_{hg}(0\,℃)}$ 为温度订正因子,$\dfrac{g(\varphi,h)}{g(45°,0)}$ 为重力(纬度高度)订正因子,此时,$\rho_{hg}(0\,℃) = 1.359\,51×10^4\ \text{kg}\cdot\text{m}^{-3}$,$g(45°,0) = 9.806\,65\ \text{m}\cdot\text{s}^{-2}$。

从理论上说,任意一种液体都可以用来制造气压表,但是水银有其独特的优点:一是水银密度大,在标准条件下,$\rho_{hg} = 13.595\,1\ \text{g}\cdot\text{cm}^{-3}$,在通常大气压力下,它的液柱高度适合人在自然状态下的观测。二是水银的蒸汽压小。在温度 $60\,℃$ 以下,在管顶内的水银蒸汽附加压力对读数准确度的影响可忽略不计。三是水银的性能稳定,易于提炼纯净的水银。四是水银不沾湿玻璃,管内水银面形成凸起的弯月面,容易判断水银柱顶的准确位置。

通常,气压表应该安装在气压室内,严格垂直悬挂在墙上;在建设气压室时需要做到气压室内温度均匀少变,无冷热源,且也要避免阳光直射,并减少气流流动。

气压表的读数读取可以按照以下几个步骤进行:首先需要测定附属表温(准确到0.1 ℃),接下来调整槽内水银面与象牙针相切(动槽),同时调整游标尺恰好与水银柱顶相切,此时读取、记录气压值(准确到 0.1 mmHg 或 0.1 hPa),最后,降下水银面使其与象牙针脱离。

对于动槽式水银气压表来说,它是法国人福丁(J.Fortin)于1810年发明制造的,故称福丁式水银气压表。它的主要特点是标尺上有一个固定的零点,每次读数时,需将水银槽的表面调到这个零点处,然后读出水银柱顶的刻度。其仪器结构包括感应部分,主要由水银、玻璃内管组成水银槽;刻度部分主要由标尺、游标尺、象牙针组成以及附属温度表等。

读数方法是先读温度表,再调水银面与象牙针相切,然后调游标尺与水银柱顶相切,最后读数,待读数结束后,将象牙针与水银面断开。

定槽式水银气压表也叫寇乌(Kew)式水银气压表,定槽式与动槽式区别在水银槽部,它的水银槽是一个固定容积的铁槽,没有皮囊、水银面调节螺钉以及象牙针。其仪器测量原理是当气压变化时,水银柱在玻璃管内上升或下降所增加或减少的水银量,必将引起水银槽内的水银减少或增加,使槽内的水银面向下或向上变动,即整个气压表的基点随水银柱顶的高度变动。

当气压升高1 mmHg时,表内水银柱上升x mm,而槽内水银面同时下降y mm,则令$x+y=1$。因为水银槽内水银体积的减少,必将等于管内水银体积的增加,即体积相等时

$$x \cdot a = y(A - a')\tag{4.89}$$

$$y = 1 - x\tag{4.90}$$

式中a为水银柱玻璃管的内横截面积,A为水银槽的内横截面积,a'为插进水银槽中的表管心尾端的外横截面积。将(4.90)式代入(4.89)式得:

$$x = \frac{A - a'}{A - a' + a}\tag{4.91}$$

$$x = \frac{A - a' + a - a}{A - a' + a} = 1 - \frac{a}{A - a' + a}\tag{4.92}$$

从(4.92)式可看到,定槽式水银气压表的刻度1 mm长度将短于1 mm,实际等于$\frac{A - a'}{A - a' + a}$,以补偿气压表水银面基点的变动,这种刻度的标尺又称补偿标尺。国产定槽气压表$\frac{a}{A - a'} = \frac{1}{50}$,则

$$x = \frac{A - a'}{A - a' + a} = \frac{\dfrac{A - a'}{A - a'}}{\dfrac{A - a'}{A - a'} + \dfrac{a}{A - a'}} = \frac{1}{1 + \dfrac{1}{50}} = \frac{50}{51} = 0.98(\text{mm})\tag{4.93}$$

因此,气压表上1 mm刻度实际只有0.98 mm。

4.3.3 气压订正

为使水银柱的高度能表示大气压力,必须将其订正到标准状态下,这样统一后的数值再进行天气等压线的制作时会在气象业务上有一致的标准,其目标是要订正到温度为0 ℃时水银密闭时的水银柱高度的大气压力,即

$$\rho_{hg}(0\ ℃)=13.595\ 1\ \text{g}\cdot\text{cm}^{-3}$$
$$g(45°,0)=980.665\ \text{cm}\cdot\text{s}^{-2} \tag{4.94}$$
$$p_h=\rho_{hg}(0\ ℃)g(45°,0)H_{hg}\left[0\ ℃,g(45°,0)\right]$$

先将气压表的读数值经过仪器误差的订正,然后再进行气压表读数的温度订正和重力订正,这里的重力订正又包括纬度重力订正和高度重力订正。

由于制造条件的技术及材料的物理特性等因素,导致水银气压表具有一定的仪器误差,所以在气压订正之前就要进行仪器误差订正。因此,制成的气压表必须进行标定(检定),给出仪器在各个刻度上的订正值。气压表主要的仪器误差有:① 仪器基点和标尺刻度不准确;② 真空度不良;③ 毛细管液面张力误差。上述仪器误差是由于液面的表面张力所造成的一种指向液体内部的压力。这个压力的大小随液体的种类和液体表面的曲率而变化。在槽式气压表中,这个误差是由于内管的压力比槽部大而产生的一个使水银柱偏低的误差。

由拉普拉斯公式,弯曲液面产生的附加压力(压力差)为:

$$p_s=\frac{2\sigma}{R}=-\frac{4\sigma\cos\theta}{d} \tag{4.95}$$

式中 p_s 为毛细管内与槽内弯曲液面的压力差,σ 为表面的张力系数,R 为液面的曲率半径,θ 为液面与管壁接触角。水银柱误差如图 4.16 所示。

压力 p_s 使得水银气压的读数偏低。偏低值主要随管直径 d,液面与管壁接触角 θ 而变。d 越大,影响越小;θ 越小,曲率越大,影响越大。

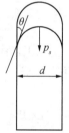

图 4.16 水银柱误差图示

设 P_s 作用下,使水银柱降低了 Δh,则 $\Delta h\rho g=-\dfrac{4\sigma\cos\theta}{d}$,可得

$$\Delta h=-\frac{4\sigma\cos\theta}{\rho gd} \tag{4.96}$$

式中 ρ 为水银的密度;g 为重力加速度。

气压表的订正还包括温度订正,即在温度订正时除了把水银的密度订正到 0 ℃标准外,还要考虑铜尺的长度随温度变化的伸缩。

对于动槽式气压表的读数温度订正来说,假设水银气压表附温度表的标尺为铜尺,如果在水银槽上另立一支没有温度系数的标准尺,则如图 4.17 所示。

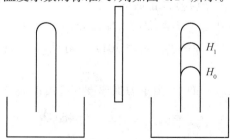

图 4.17 动槽式气压表的读数温度订正

在 t ℃,铜尺刻度 H_t 与水银柱顶相齐,而标准尺测得的水银柱高度为 L_t。

如果气压不变,只将环境温度降至 0 ℃ 标准条件,此时,铜尺刻度为 H_0,标准尺测得的水银柱高度为 L_0,铜尺 H_0 刻度与水银柱顶相齐,$H_0 = L_0$。

已知 μ 为水银的热膨胀率系数,λ 为铜的热膨胀系数,当温度从 0 ℃ 变化到 t ℃ 时,则对标准尺,有

$$L_t = L_0(1 + \mu t)$$
$$L_t = L_1(1 + \lambda t) \tag{4.97}$$

而对铜尺,有 $\qquad L_t = H_t(1 + \lambda t), L_t = H_0(1 + \mu t)$

合并上面两式得 $\qquad H_t(1 + \lambda t) = H_0(1 + \mu t)$

故由 $\qquad H_0 = H_t \dfrac{1 + \lambda t}{1 + \mu t}, H_t = H_0 \dfrac{1 + \mu t}{1 + \lambda t}$

可得 $\qquad \Delta H_t = H_t - H_0 = -H_t \dfrac{\lambda - \mu}{1 + \mu t} t \tag{4.98}$

其中 $\qquad \lambda = 1.840 \times 10^{-5} \text{℃}^{-1}$
$$\mu = 1.818 \times 10^{-4} \text{℃}^{-1}$$

则 $\qquad \Delta H_t = -H_t \dfrac{0.000\ 163\ 4t}{1 + 0.000\ 181\ 8t} \tag{4.99}$

在实际工作中,可将式(4.99)制成查算表,以 H_t 和 t 为变量,列出相应的 ΔH_t 值。该订正值是 $-\Delta H_t$,应减去。因水银的热膨胀系数大于铜的热膨胀系数,温度的影响使读数偏低。

对于定槽式气压表,必须将水银槽的热膨胀效应考虑在内,而写成下述形式

$$\Delta H_t = -H_t \frac{0.000\ 163\ 4t}{1 + 0.000\ 181\ 8t} - 1.33 \frac{V}{A}(\mu - 3\eta)t \tag{4.100}$$

其中 A 为水银槽的截面积,V 为气压表内的水银体积,$\eta = 1.0 \times 10^{-5} \text{℃}^{-1}$,为铁的热膨胀系数,该订正值应从读数中减去。

气压表读数经仪器误差、温度订正后记作:$H_0(0, g_{\varphi,h})$,还必须将其订正到标准条件(纬度 $\varphi = 45°$,海平面 $h = 0$)下,即 $H_h(0, g_{45,h})$,即对气压表读数进行重力订正。如下式所示,

$$\frac{H_h(0, g_{45,0})}{H_0(0, g_{\varphi,h})} = \frac{g_{\varphi,h}}{g_{45,0}} \tag{4.101}$$

式中,$H_0(0, g_{\varphi,h})$ 为经仪器误差订正后的气压读数,$H_h(0, g_{45,0})$ 为经仪器误差、温度和重力订正后的气压读数。其中 $g_{\varphi,h}$ 为标准重力加速度,$g_{45,0} = 9.806\ 65\ \text{m} \cdot \text{s}^{-2}$ 为位于纬度 $\varphi = 45°$,海拔高度 $h = 0$ 处的重力加速度。由(4.101)式可见,重力订正分纬度重力订正和高度重力订正。

对于纬度重力订正,在海平面上,由重力加速度与纬度的关系可以表示为

$$g_{\varphi,0} = g_{45,0}(1 - 0.002\ 64\cos 2\varphi) \tag{4.102}$$

由(4.101)式 $\qquad H_h(0, g_{45,0}) = (1 - 0.002\ 64\cos 2\varphi)H_0(0, g_{\varphi,0})$

则纬度订正可用下式表示

$$\Delta H_\varphi = H_h(0, g_{45,0}) - H_0(0, g_{\varphi,0}) = -0.002\,64\cos2\varphi H_0(0, g_{\varphi,0}) \tag{4.103}$$

由式(4.103)可知：当 $\varphi \leqslant 45°$ 时，$\Delta H_\varphi \leqslant 0$，即订正值为负值；当 $\varphi > 45°$ 时，$\Delta H_\varphi > 0$，即订正值为正值。

在同一纬度上，重力加速度随高度的变化关系（进行高度重力订正）

$$\frac{g_{45,h}}{g_{45,0}} = \frac{R^2}{(R+h)^2} \approx 1 - 2\frac{h}{R} = 1 - 0.000\,000\,314h \tag{4.104}$$

$h \ll R$（$R = 637\,000\,0\,$m，地球半径），h 以 m 为单位。

对高山站

$$\frac{g_{45,h}}{g_{45,0}} \approx 1 - \frac{5}{4}\frac{h}{R} = 1 - 0.000\,000\,196h \tag{4.105}$$

$$H_h(0, g_{45,0}) = (1 - 0.000\,000\,196h)H_0(0, g_{45,h}) \tag{4.106}$$

则经过高度订正后，

$$\Delta H_\varphi = H_h(0, g_{45,0}) - H_0(0, g_{\varphi,0}) = -0.000\,000\,196h H_0(0, g_{45,h}) \tag{4.107}$$

由上式可知：当测站海拔高度 $h > 0$，$\Delta H_\varphi < 0$，订正值为负值，反之，为正值。

以上是关于气压订正方面的方法。同时，世界气象组织也推荐了水银气压表重力订正公式，其中纬度订正是在海平面上，重力加速度随纬度的变化关系可以用下式表示

$$g_{\varphi,0} = 980.616(1 - 0.002\,637\,3\cos2\varphi + 0.000\,005\,9\cos^2 2\varphi) \tag{4.108}$$

而高度重力订正则包含了陆地台站、水面站和海岸附近测站。对于陆地台站来说

$$g_{\varphi,h} = g_{\varphi,0}[(1 - 0.000\,000\,308\,6h + 0.000\,000\,111\,8(h - h')] \tag{4.109}$$

式中 h 为测站的海拔高度；h' 为以测站为中心，半径为 150 km 范围内的平均海拔高度。水面站的表述公式又有不同：

$$g_{\varphi,h} = g_{\varphi,0}[(1 - 0.000\,000\,308\,6h - 0.000\,000\,688(D - D')] \tag{4.110}$$

式中 D 为测站正下方的水深；D' 为以测站为中心，半径 150 km 范围内的平均水深。海岸附近测站的订正公式推荐采用下面的公式：

$$g_{\varphi,h} = g_{\varphi,0}[(1 - 0.000\,000\,308\,6h - 0.000\,000\,111\,8(h - h')$$
$$- 0.000\,000\,688(1 - \alpha)(D - D')] \tag{4.111}$$

式中 α 为 150 km 范围内，陆地面积所占的比例。

综上所述，水银气压表的读数经过了仪器误差订正、温度订正、纬度重力和高度重力订正后，获得的气压数据称作本站气压，也叫场面气压。

在绘制天气图时，仅仅知道场面气压是不能绘制等压线的，高山上的场面气压比平原低。因此，必须将各点的场面气压都订正到同一高度上——海平面上。

设 A 点为某站，其场面气压为 p_h，海拔高度为 h，将它的场面气压订正到海平面上，

就是把 A 点所在平面至海平面这段空气柱的压力加到 p_h 上。根据压高公式可得：

$$\lg \frac{p_0}{p_h} = \frac{h}{18\,400\left(1+\dfrac{t_m}{273}\right)} \tag{4.112}$$

式中 p_0 为海平面气压；t_m 为 A、B 两点之间空气柱的平均温度。

令

$$m = \frac{h}{18\,400\left(1+\dfrac{t_m}{273}\right)} \tag{4.113}$$

可得

$$p_0 = p_h\,10^m \tag{4.114}$$

$$c = p_0 - p_h = p_h(10^m - 1) \approx p_h M/10^3 \tag{4.115}$$

M 可写成：

$$M = (10^m - 1) \times 1\,000 \tag{4.116}$$

4.3.4 空盒气压表和气压计

空盒气压表的感应元件是由一组具有弹性的、抽成真空的(或残留少量空气)空盒组成的。将空盒底部固定，顶部可自由移动，用以操作指示读数的机械系统。包括感应部分、传动放大部分、显示部分。空盒气压表的读数首先要读表的附温，准确到 $0.1\ ℃$，轻敲盒面，克服机械摩擦；待指针平稳后，视线垂直表面读数，精确到 $0.1\ \text{mmHg}$ 或 $0.1\ \text{hPa}$，为确保准确需要复读一次。

空盒气压表的读数订正包括刻度订正和温度订正，其中刻度订正是订正仪器制造不够精密造成的误差，如指针轴与刻度盘中心不相重合或刻度不均匀等造成的误差，刻度订正值可从仪器的检定证上查出。温度订正则是订正由于温度的变化引起的空盒弹性改变造成的误差。例如，当气压不变时，气温升高，空盒弹性减弱导致气压示度偏高；反之，当气温降低时，气压示度偏低。温度订正值可由下式计算：

$$\Delta p = \alpha t \tag{4.117}$$

式中 α 为温度系数，可从检定证上查得，t 为附温。第三个方面就是补充订正由于空盒的残余形变所引起的误差。需要说明的是补充订正值可从仪器检定证上查得。

与空盒气压表相类似，空盒气压计是利用空盒感应元件制成的连续记录气压的仪器。其结构包括感应部分、传动放大部分和自记部分。

空盒测压元件的测压精度低于水银气压表，它具有弹性元件的缺点——弹性后效，即当气压变化停止后，空盒形变还继续一段时间，升降压曲线不重合，即形成滞差环。

在空盒弹性温度效应方面，由于空盒的杨氏模量具有负温系数，当温度升高时，弹性力减弱。如果大气压力维持不变，在升温时空盒的厚度将变薄，因此，需要采取措施加以补偿。目前补偿的办法主要有两种：

一种是使用双金属片进行补偿。双金属片补偿器安装在空盒的底部，设温度升高影响厚度减小，使自由端下降 $\Delta\delta$，但双金属片的变形作用使空盒基底提高了 $\mathrm{d}s$，空盒的温度效应位移 $\Delta\delta$ 刚好由双金属片的位移 Δs 相抵消，此时 $\mathrm{d}s = \Delta\delta$。

假设大气压力为 p_0，与它相平衡的弹性应力为 f_0，当 $f_0 = p_0$ 时，空盒弹性温度系数为

β。因此，温度升高 1 ℃，弹性应力的减小为 βp_0 (hPa/℃)，它所引起空盒自由端的位移为 $\mathrm{d}\delta = K\beta p_0$，$K$ 为仪器的灵敏度(mm/hPa)。选择合适的双金属片，使空盒基底的位移 $\mathrm{d}s = \mathrm{d}\delta$，因此 $\mathrm{d}s = K\beta p_0$，此时空盒的温度误差正好得到补偿。上式中的 K，β 和 $\mathrm{d}s$ 的数值是固定的，显然只在气压为 p_0 时才能有完全的补偿作用，其他数值下的大气压力只能部分地得到补偿，因此 p_0 称为补偿点。

另一种方式是残余气体补偿法，当空盒内留有一定压力 π 的气体，在大气压力为 p 时，空盒所受压力为 $p - \pi$，空盒的弹性应力为 F，压力平衡时，$F = p - \pi$。

升温 1 ℃时，弹性力减弱了 $\beta F = \beta(p - \pi)$；而盒内残余气体的压力升高了 $\alpha\pi$；当 $\alpha\pi = \beta(p - \pi)$ 或 $\dfrac{p}{\pi} = 1 + \dfrac{\alpha}{\beta}$ 时，空盒的温度效应就可得到补偿，此时 p 点是完全补偿点。β 是空盒的弹性温度系数(1/℃)；α 为残余气体的热膨胀系数(1/℃)。双金属片和残余气体补偿方法结合起来使用，可使空盒在两点得到补偿，其他各点得到补偿的程度也比单点补偿要好得多。

4.3.5　其他测压仪器

除上述测压仪器之外，还有沸点气压表、振动筒式压力传感器和单晶硅压力传感器。其中，沸点气压表的原理是依据溶液的沸点温度与大气压力的关系是准确的，利用此特性测量气压，因为在低气压的测量时，它比空盒气压表测量精度要高很多，而已在一些探空仪上得到应用。利用这一原理制成的压力表称为沸点气压表。

这种方法并不是直接测量大气的压力，而是将复杂的气压测量转化为温度测量，为大气压力的测量提供了很大的方便。将一个装有纯净液体的容器与待测空气相通，将溶液加热到沸点，溶液表面的饱和蒸汽压将达到大气压力的数值，测定它的沸点温度就可计算出大气压力。大气压力与沸点温度的关系：

$$\lg p = A - \frac{B}{t_p - C} \tag{4.118}$$

$$t_p(℃) = \frac{B}{A - \lg p} + C \tag{4.119}$$

液体酒精：$A = 8.044\,94$，$B = 1\,554.3$，$C = 222.65$。

沸点气压表的结构包括：① 沸腾室，在沸点气压表的结构中，有一个特定的储存液体的容器(或称沸腾室)，此容器必须具有良好的保温性能，以减少容器内外的热量交换；② 可调的恒温装置，一个可供液体加热的电阻丝加热器，即可调的恒温装置，以保持温度的稳定性；③ 热敏电阻测温传感器。

振动筒式压力传感器的测量原理是弹性金属圆筒在外力的作用下发生振动，当筒壁两边存在压力差时，其振动频率随压力差而变化，该传感器就是利用这一原理进行气压测量的。振动筒式压力表特点：性能稳定、测量分辨率和精度较高，以及便于遥测等；但制造工艺复杂，互换性差，成本偏高。振动筒式压力传感器振筒的测量误差：① 温度误差：虽然振筒的恒弹性材料的弹性温度系数很小，但大气密度受温度的影响是无法避免的。筒内气体随筒体振动，其质量将附加在筒体上，从而使固有振动频率随之变化。在 -55 ℃～125 ℃内频率约变化为 2%，因而振筒的实测线路中，气压对振动质量转换的线路部分包括了温度影响的修正。② 污染物的影响：大气污染物对筒壁的黏附，引起影响振动质量以及相应固有频率的变化。对进气口实施空气过滤是一种有效的防护措施。③ 老化影响:振筒没有活动的部件,材料承受的应力远低于弹性应变的极限应力,所以无需考虑永久变形和弹性疲劳,因而老化所引起的漂移很小。

单晶硅压力传感器是以半导体硅膜片作为压敏元件,利用单晶硅材料的压力电阻效应制成的,即单晶硅压敏元件在压力作用下将发生形变,从而引起载流子的浓度和迁移率变化,使压敏元件的电阻率发生变化。因此,单晶硅压敏元件在大气压强的作用下发生形变,引起元件的电阻变化。利用这一原理,使气压的测量转换为电阻或电压等电信号的测量。

§4.4 地面风的探测

4.4.1 概述

在一千多年以前的唐代,我国人民除了记载阴晴雨雪等天气现象之外,还有对风力大小的测定。唐朝初期还没有发明测定风速的精确仪器,但那时已能根据风对物体的影响特征,计算出风的移动速度并定出风力等级。李淳风的《观象玩占》里就有这样的记载:"动叶十里,鸣条百里,摇枝二百里,落叶三百里,折小枝四百里,折大枝五百里,走石千里,拔大根三千里。"这就是根据风对树产生的作用来估计风的速度,"动叶十里"就是说树叶微微飘动,风的速度就是日行十里;"鸣条"就是树叶沙沙作响,这时的风速是日行百里。另外,还有根据树的征状定出来的一些风级,如《乙巳占》中所说,"一级动叶,二级鸣条,三级摇枝,四级坠叶,五级折小枝,六级折大枝,七级折木,飞沙石,八级拔大树及根"。这八级风,再加上"无风""和风"(风来时清凉,温和,尘埃不起,叫和风)两个级,可合十级。这些风的等级与国外传入的等级比较相差不大,这可以说是世界上最早的风力等级。两百多年以前,风力大小仍没有测量的仪器,也没有统一规定,各国都按自己的方法来表示。当时英国有一个叫蒲福的人,他仔细观察了陆地和海洋上各种物体在大小不同的风里的情况,积累了 50 年的经验,才在 1805 年把风划成了 13 个等级,又称蒲福风级。

在做风的预报时,首先应该分析气压场,即预报未来影响本地的天气系统如何移动,强度如何变化,是否有锋面过境,从而预报本站风向的变化。预报风力可按照气压梯度的变化,根据地转风和梯度风原理估算出近似值,比如气旋与锋面逼近时,风力一般都要加大。反气旋中心移近时,风力就要减弱,气压系统加强或气压梯度加大时风力就加大,而气压系统减弱或气压梯度变小时,风力就会减小。此外,为了尽可能地减少工厂排放的烟尘、废气对居民区的污染,城市规划尤其要考虑风的影响。而当风力超过一定程度时,还会影响军事行动的效果,比如使飞机偏离预定航道等。风速风向资料还广泛应用于建筑设计、输电线路设计、大气污染评价、风能资源开发等领域。所以,风的测量具有重要的意义。

在气象上,大气相对地面运动的水平分量叫作风,垂直运动叫对流,但现在有些科学家也把大气的垂直运动叫作垂直风场,或通量输送。单位时间气流运动距离叫作风速(见表 4.6)。风向是指风的来向,共计 16 个方位,如图 4.18 所示给出了风向的划分。平均风是瞬时风的时间平均值,瞬时风与平均风之差又称为脉动风。风的脉动特性是由气流的湍流特性引起的,强湍流所引起的风的急剧变化叫风的阵性。WMO 指出,在规定时段(一般指10 min)内,如出现正距平或负距平持续时间小于 2 min 的风速,则这个时段内的风称为阵风。

定义阵风度：

$$g_m = \frac{v_{max} - v_{min}}{v} = \frac{1}{N}\sum_{i=1}^{N} |\Delta v_i| / \bar{v}$$　　　　　(4.120)

式中 g_m 表示阵风度的大小；v_{max} 和 v_{min} 为规定时段(例如 10 min)内瞬时最大风速和瞬时最小风速，$\bar{v}$ 为该时段内的平均风速；N 为该时段内风的涨落次数；Δv_i 为 i 次风的涨落量。

目前在台站上常用的测风仪器有电接风向风速计、手持风向风速计、雷达测风、气球测风；研究上用的主要是超声风速计、三轴风速计、激光雷达、热线风速仪、气球测风。

表 4.6　风级的划分标准

级别	名称	风速			地面物特征
		Mile/h	m/s	km/h	
0	静风	<1	<0.2	<1	静止，烟直上
1	软风	1～3	0.3～1.5	1～5	烟表示风向，风向标不动
2	轻风	4～6	1.6～3.3	6～11	面部感觉有风，树叶沙沙响，风向标转动
3	微风	7～10	3.4～5.4	12～19	树叶和嫩枝动摇不息，轻薄的旗帜展开
4	和风	11～16	5.5～7.9	20～28	能吹起轻尘和碎纸，小树枝摆动
5	劲风	17～21	8.0～10.7	29～38	多叶树枝摇摆，内陆水面出现波纹
6	强风	22～27	10.8～13.8	39～49	大树枝摆动，电线有哨音，举伞困难
7	疾风	28～33	13.9～17.1	50～61	全树摇动，迎风行走困难
8	大风	34～40	17.2～20.7	62～74	可折毁树枝，人前感到阻力
9	烈风	41～47	20.8～24.4	75～88	轻型建筑物发生毁坏
10	风暴	48～55	24.5～28.4	89～102	陆地上少见，大树连根拔起，多数建筑物被毁坏
11	强风暴	56～63	28.5～32.6	103～117	陆地上极少遇到，发生大范围险情
12	飓风	>64	>32.7	>118	

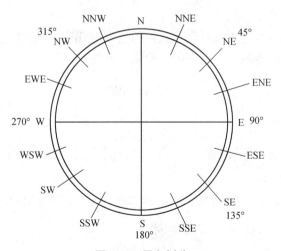

图 4.18　风向划分

4.4.2 风向的测量

气象上风向的测量仪器主要是风向标,其类型有单翼式、双翼式和流线型式,还有一种风向标的头部设计成飞机螺旋桨形式。风向标一般由指向杆、平衡重锤、旋转轴和尾翼组成。它的主要性能指标由灵敏度和稳定性来体现,其中灵敏性是指有良好的起动性能,随时反映风向的变化,减少轴摩擦,加大尾翼,加长后杆可以增加灵敏度;稳定性则体现在风向标有良好的动态性能,迅速跟踪风向变化。

当风向变动时,风向标必须迅速做出反应。假设风向标偏离风向的角度为 β,风尾板上受到一个力为 F_v,力作用中心距旋转轴的力臂为 γ_v,则单位角度风向所产生的扭力矩为

$$N = \gamma_v F_v / \beta \tag{4.121}$$

在风力作用下,风向标转动角速度为 $\beta = \mathrm{d}\beta/\mathrm{d}t$。

风标在线速度方向相对于空气运动的速度为

$$u\sin\beta + \gamma_v \mathrm{d}\beta/\mathrm{d}t \tag{4.122}$$

其中 $u\sin\beta$ 为平均风速在线速度方向上的投影分量;$v = \gamma_v \mathrm{d}\beta/\mathrm{d}t$ 为在角速度 $\beta = \mathrm{d}\beta/\mathrm{d}t$ 产生的线速度($v = \gamma_v \beta$)。作用于风标上的实际转动角为 β_v,而 β_v 理论上应为:

$$\beta_v = \arctan\frac{u\sin\beta + \gamma_v \dfrac{\mathrm{d}\beta}{\mathrm{d}t}}{u\cos\beta} \approx \arctan\frac{u\beta + \gamma_v \beta}{u} \approx \beta + \gamma_v \frac{\beta}{u} \tag{4.123}$$

当 β 很小时,$\sin\beta \approx \tan\beta \approx \beta$,$\cos\beta = 1$,$u$ 为风速,则风向标的运动方程

$$-J\frac{\mathrm{d}^2\beta}{\mathrm{d}t^2} = \gamma_v F_v = N\beta_v = N\beta + \frac{\gamma_v N}{u}\frac{\mathrm{d}\beta}{\mathrm{d}t} = N\beta + D\frac{\mathrm{d}\beta}{\mathrm{d}t} \tag{4.124}$$

式中 $\beta = \dfrac{\mathrm{d}^2\beta}{\mathrm{d}t^2}$ 为风向标转动角加速度,J 为转动惯量 $J = m\gamma_v^2$,m 为风标质量,$D = \dfrac{\gamma_v N}{u}$ 为空气动力阻尼。

(4.124)式右边第一项是气流对风标施加的扭力矩,第二项是空气对运动风标的阻尼力矩。如果 N,D 为常数,得风向标运动的二阶微分方程:

$$J\ddot{\beta} + D\dot{\beta} - N\beta = 0 \tag{4.125}$$

(4.125)式的解为:

$$\beta = \beta_0 \exp\left\{-\frac{D}{2J}t - 2\pi \cdot \mathrm{i}\frac{t}{t_0}\right\} = \beta_0 \exp\left\{-\frac{D}{2J}t\right\} \exp\left\{-2\pi \cdot \mathrm{i}\frac{t}{t_0}\right\} \tag{4.126}$$

上式中 $\exp\left\{-\dfrac{D}{2J}t\right\}$ 是振幅衰减项,$\exp\left\{-2\pi \cdot \mathrm{i}\dfrac{t}{t_0}\right\}$ 是谐振运动项,其中:β_0 为 t_0 时风向标的偏离角,t_d 为风向标的阻尼谐振周期

$$t_d = \frac{2\pi}{\left[\left(\dfrac{N}{J}\right) - \left(\dfrac{D}{2J}\right)^2\right]^{1/2}} \tag{4.127}$$

(4.127)式是一个典型的周期衰减运动。

当 $\dfrac{D}{2J}=0$，$D=0$，无阻尼，$\exp\left(\dfrac{D}{2J}t\right)=1$，$\beta_0$ 不衰减，此时 $t_d=t_0=\dfrac{2\pi}{\left(\dfrac{N}{J}\right)^{\frac{1}{2}}}$；当 $\dfrac{N}{J}=\left(\dfrac{D_0}{2J}\right)^2$

时，$\exp\left(-2\pi\mathrm{i}\,\dfrac{t}{t_d}\right)=1$，风标为单纯的衰减运动，此时风标的阻尼 $D=D_0$，D_0 为临界阻尼，

$$D_0=2\sqrt{NJ} \tag{4.128}$$

在这里阻尼比是指风标阻尼 D 与临界阻尼 D_0 的比值

$$\zeta=\frac{D}{D_0}=\frac{\gamma_v N}{u D_0}=\frac{\pi\gamma_v}{u t_0} \tag{4.129}$$

$$\frac{N}{D_0}=\frac{N}{2\sqrt{NJ}}\Rightarrow\left(\frac{N}{D_0}\right)^2=\left(\frac{N}{2\sqrt{NJ}}\right)^2=\frac{1}{4}\frac{N}{J}$$

导出

$$\frac{N}{D_0}=\frac{1}{2}\left(\frac{N}{J}\right)^{1/2},t_0=\frac{2\pi}{\left(\dfrac{N}{J}\right)^{1/2}} \tag{4.130}$$

以上两式得到

$$\frac{N}{D_0}=\frac{\pi}{t_0} \tag{4.131}$$

如果 $\zeta=1$，$D=D_0$，处于临界阻尼，方向标会迅速达到平衡；当 $\zeta>1$，$D>D_0$ 时，为过阻尼，风向标会缓慢到达平衡；当 $\zeta<1$，$D<D_0$ 时，为欠阻尼，风向标会在平衡处振动。

在实际工作中，有关风向标动态特征的几个重要参数应用谐振周期 t_d，无阻尼谐振周期 t_0 不方便计算，定义一个时间尺度 t_L，认为风向标经过 t_L 时间后，风向标偏离风向的角度由原先 $t=0$ 时的 β_0 衰减为 β_{tL}。

当 $t=0$，$\beta_0\to\beta_{tL}$，$\dfrac{\beta_{tL}}{\beta_0}=\dfrac{1}{L}$ 时

$$\beta=\beta_0\exp\left(-\frac{D}{2J}t\right)\exp\left(-2\pi\cdot\mathrm{i}\,\frac{t}{t_d}\right) \tag{4.132}$$

如果不考虑振动项，则

$$\frac{1}{L}=\frac{\beta_{tL}}{\beta_0}=\exp\left(-\frac{D}{2J}t_L\right) \tag{4.133}$$

$$\ln\frac{1}{L}=-\frac{D}{2J}t_L,t_L=-\frac{\ln\dfrac{1}{L}}{D/2J} \tag{4.134}$$

由 $D=\dfrac{\gamma_v N}{u}$，则

$$t_L=-\frac{\ln\dfrac{1}{L}}{\dfrac{\gamma_v N}{2Ju}}=4.611gL\,\frac{Ju}{\gamma_v N} \tag{4.135}$$

根据实验结果，扭力矩 N 的表达式为

$$N=\frac{1}{2}\rho u^2 S\gamma_v a_v \tag{4.136}$$

式中:ρ 为空气密度,$\rho=1.25$ kg/m^3,S 为风尾板面积,a_v 为扭力矩系数 $\left(\dfrac{c_v}{\beta}\right)$,$c_v$ 为空气动力系数,$\dfrac{1}{2}\rho u^2$ 为流体的动压。

另 t_0 为无阻尼风标的固有周期,ut_0 为单位时间,此时风标振动一次,气流所走距离叫作风程,由(4.132)式和(4.136)式得,$t=0$ 的风程:

$$ut_0=\frac{u\cdot 2\pi}{\left(\dfrac{N}{2J}\right)^{1/2}}=\frac{2\pi u}{(\rho u^2 S\gamma_v a_v/2)^{1/2}}J^{1/2}=7.95\left(\frac{J}{\gamma_v aS}\right)^{1/2} \qquad (4.137)$$

此时,阻尼比的表示公式为

$$\zeta=\frac{\pi}{u}\frac{\gamma_v}{t_0}=\frac{\pi\cdot\gamma_v}{2\pi\cdot u/\left(\dfrac{N}{J}\right)^{1/2}}=\frac{\gamma_v}{2u}\left(\frac{N}{J}\right)^{1/2}=\frac{\gamma_v}{2u}\left(\frac{\rho u^2 S\gamma_v a_v S/2}{J}\right)^{1/2}$$

$$=\frac{1}{2}\left(\frac{1}{2}\rho\right)^{1/2}\left(\frac{a_v\gamma_v^3 S}{J}\right)^{1/2}=0.395\left(\frac{a_v\gamma_v^3 S}{J}\right)^{1/2} \qquad (4.138)$$

当 $t=t_L$ 时风程可以用下式表示

$$ut_L=\frac{4.611g(L)Ju^2}{\gamma_v N}=\frac{4.611g(L)Ju^2}{\gamma_v\dfrac{1}{2}\rho u^2 S\gamma_v a_v}=7.31\frac{\lg(L)J}{\gamma_v^2 a_v S} \qquad (4.139)$$

风向标平衡重锤对风向标动态特性的影响从描述风向标动态特性的三个重要参数的(4.137)式、(4.138)式和(4.139)式中可看出都有转动惯量 J。因而,风向标的平衡锤必然影响风向标的动态特性。假设平衡锤在气流中也要受到一个扭力矩 N_w,整个风标系统受到的总扭力矩为 $N_T=N-N_w$(因平衡锤扭力矩方向与风标扭力矩方向相反)。

由于平衡锤的运动方向与其空气动力矩相反,则有

$$N_w\beta_v=N_w\beta-\frac{\gamma_w N}{u}\frac{\mathrm{d}\beta}{\mathrm{d}t} \qquad (4.140)$$

由于指向杆和平衡锤的受风面积很小,相对于风尾板所受的扭力矩 N_w 的作用可忽略不计,但是它的转动惯量必须考虑。风标系统对主轴的支点重力矩是平衡的,即 $m_v\gamma_v=m_w\gamma_w$。

那么,整个平衡系统的转动惯量则可写作

$$J\approx m_v\gamma_v{}^2+m_v\gamma_v^2\left(1+\frac{\gamma_w}{\gamma_v}\right)=\frac{m_v a_v\gamma_v^2 S}{Sa_v}\left(\frac{1}{\dfrac{1}{1+\dfrac{\gamma_w}{\gamma_v}}}\right)=\frac{a_v\gamma_v^2 S}{\dfrac{a_v}{\mu_v}\left(1+\dfrac{1}{1+\dfrac{\gamma_w}{\gamma_v}}\right)} \qquad (4.141)$$

设 $\mu_v=\dfrac{m_v}{S}$ 为风尾单位面积的重量,并令下述因子为风向标质量因子:

$$K_v=\frac{a_v}{\mu_v}\frac{1}{1+\dfrac{\gamma_w}{\gamma_v}} \qquad (4.142)$$

因而(4.137)式可写为

$$J = \frac{a_v \gamma_v^2 S}{K_v} \tag{4.143}$$

将(4.143)式代入(4.137)、(4.138)和(4.139)式,风向标的几个主要动态特性参数改写为 $t = t_0$ 时的风程

$$u \cdot t_0 = 7.95 \left(\frac{J}{\gamma_v a_v S} \right)^{1/2} = 7.95 \left(\frac{a_v \gamma_v^2 S}{\gamma_v a_v S K_v} \right)^{1/2} = 7.95 \left(\frac{\gamma_v}{K_v} \right)^{1/2} \tag{4.144}$$

$$\text{阻尼比} = 0.395 \left(\frac{a_v \gamma_v^3 S}{J} \right)^{1/2} = 0.395 \left(\frac{a_v \gamma_v^3 S K_v}{\gamma_v^2 a_v S} \right)^{1/2} = 0.395 \left(\gamma_v K_v \right)^{1/2} \tag{4.145}$$

$t = t_L$ 时的风程

$$u t_L = 7.37 \frac{J \lg(L)}{\gamma_v^2 a_v S} = 7.37 \frac{\lg(L) a_v S \gamma_v^2}{a_v S \gamma_v^2 K_v} = 7.37 \frac{\lg(L)}{K_v} \tag{4.146}$$

希望风标系统动态跟踪风向变动的性能要好,即 t_L 的值较小,关键在于有数值较大的质量因子 K_v。从式(4.138)可分析得到:① a_v 值较大,即气流动压 $\frac{1}{2}\rho u^2$ 能有效作用到风尾板上;② u 值较小,单位面积风尾板的质量小,意味着在制造风尾板时,必须选用强度高、比重小的材料;③ $\frac{\gamma_w}{\gamma_v} < 1$,因此,平衡锤离风标转动主轴的距离尽量缩小。

实际上大气环境中的风向是持续不断地变动的,这必将影响风向标的动态响应性能。考虑一个最简单的情况,假设风向维持一个振幅为 A、角频率为 ω 的周期性振动,式(4.124)变为

$$\frac{J}{N} \frac{d^2\beta}{dt^2} + \frac{D}{N} \frac{d\beta}{dt} + \beta = A \sin\omega\tau \tag{4.147}$$

或

$$\frac{1}{\omega_0^2} \frac{d^2\beta}{dt^2} + \frac{2\xi}{\omega_0} \frac{d\beta}{dt} + \beta = A \sin\omega\tau \tag{4.148}$$

式中 $\omega_0 = 2\dfrac{\pi}{t_0}$ 为风向标的无阻尼谐振频率;$A\sin\omega\tau$ 外力函数。在方程(4.147)、(4.148)中,如果我们令 $A\sin\omega\tau = 0$,即无外力,该方程将有三种特解,具体形式由过阻尼 $\xi > 1$,临界阻尼 $\xi = 1$,欠阻尼 $\xi < 1$ 决定。实验证明,$\xi = 0.6$ 时响应最佳。假定边界条件是:$t = 0$ 时,$\beta = \beta_0$,$\dfrac{d\beta}{dt} = 0$,当 $\xi > 1$ 时,

$$\beta = \beta_0 \exp(-\omega_0 \xi t) \left[\cos(\xi^2 - 1)^{1/2} t + \frac{\xi}{(\xi^2 - 1)^{1/2}} \sin\omega_0 (\xi^2 - 1)^{1/2} t \right] \tag{4.149}$$

当 $\xi = 1$ 时,

$$\beta = \beta_0 \exp(-\omega_0 t)(1 + \omega_0 t) \tag{4.150}$$

当 $\xi<1$ 时,

$$\beta=\beta_0 \frac{1}{(\xi^2-1)^{1/2}}\exp(-\omega_0\xi t)\cos[\omega_0(1-\xi^2)^{1/2}t-\alpha] \tag{4.151}$$

其中

$$\alpha=\arctan\frac{\xi}{(\xi^2-1)^{1/2}} \tag{4.152}$$

$$\omega=\omega_0(1-\xi^2)^{1/2} \tag{4.153}$$

ω 为观测的角频率,实际频率的 2π 倍,代入(4.151)式,则有:

$$\beta=\beta_0\frac{1}{(1-\xi^2)^{1/2}}\exp\left[\frac{-\omega\xi}{(1-\xi^2)^{1/2}}t\right]\cos(\omega t-\alpha) \tag{4.154}$$

因为方程(4.154)描述的是一个以 $\dfrac{2\pi}{\omega}$ 为周期的振动运动,所以相邻两个最大值之比可表示为

$$\frac{\beta_{n+1}}{\beta_n}=\exp\left[\frac{2(n+1)\pi+\alpha}{\omega}-\frac{2n\pi+\alpha}{\omega}\right]\left[-\frac{\omega\xi}{(1-\xi^2)^{1/2}}\right]$$

$$=\exp\left[-\frac{\omega\xi}{(1-\xi^2)^{1/2}}\left(\frac{2\pi+\alpha}{\omega}\right)\right] \tag{4.155}$$

当二阶方程有一个外力函数 $f(t)=A\sin\omega\tau$ 作用其上时,即:

$$\frac{1}{\omega_0}\frac{\mathrm{d}^2\beta}{\mathrm{d}t^2}+\frac{2\xi}{\omega_0}\frac{\mathrm{d}\beta}{\mathrm{d}t}+\beta=A\sin\omega\tau \tag{4.156}$$

它的解可以表示为通解与特解之和,即

$$\beta=c_1\exp[-\omega_0\xi t-\mathrm{i}\omega_0(\xi^2-1)^{1/2}t]+$$

$$c_2\exp[-\omega_0\xi t+\mathrm{i}\omega_0(\xi^2-1)^{1/2}t]+\frac{A\sin(\omega t-\beta)}{4\xi^2\left(\frac{\omega}{\omega_0}\right)^2+\left[1-\left(\frac{\omega}{\omega_0}\right)^2\right]^{1/2}} \tag{4.157}$$

其中:

$$\beta=\arctan\left(\frac{2\xi\omega_0\omega}{\omega_0^2-\omega^2}\right) \tag{4.158}$$

当 $\xi<1$ 时,第一、二项可以忽略,得

$$\beta=\frac{A\sin(\omega t-\beta)}{4\xi^2\left(\frac{\omega}{\omega_0}\right)^2+\left[1-\left(\frac{\omega}{\omega_0}\right)^2\right]^{1/2}}=GA\sin(\omega t-\beta) \tag{4.159}$$

其中放大率 G 可以表示为

$$G=4\xi^2\left(\frac{\omega}{\omega_0}\right)^2+\left[1-\left(\frac{\omega}{\omega_0}\right)^2\right]^{1/2} \tag{4.160}$$

当 $G>1$ 时,风向标指示振幅大于实际振幅;当 $G<1$ 时,风向标指示振幅小于实际振幅;当 $\omega=\omega_0$,阻尼比 ξ 很小时,易于发生共振。G 与风标特性参数的关系参见《现代气象观测》第 108 页图 5.6 所示,由图表明① 在 $\omega/\omega_0=1,\xi<0.4,G=1/(2\xi)>1$ 时,风向标发生

共振；② 在 $\omega/\omega_0 < 0.8, \xi = 0.6, G = 1$ 时，与实际风向标振幅接近，为最佳响应；③ 在 $\omega/\omega_0 > 1, \xi > 1, G < 1$ 时，风向标振幅小于实际风向振幅。

一个性能良好的风向标应能准确地反映连续变化的风向，另外，为了使风向资料具有可比较性，世界气象组织对风向标动态参数的选择原则上作了如下规定：① 在风速为 $2.58\ \mathrm{m/s}$ 时，风向标应在 $1\ \mathrm{s}$ 内使风向偏差衰减到 $1/\mathrm{e}$，即 $\dfrac{\beta}{\beta_0} = \dfrac{1}{\mathrm{e}}$。定义一个风向标的时间尺度 t_L，认为风向标经过 t_L 时间之后风向标偏离风向的角度由原先 $t = 0$ 时刻的 β_0 衰减为 $\beta_L, \dfrac{\beta_0}{\beta_L} = \dfrac{1}{L}$，由 (4.146) 式 $ut_L = 7.37\ \dfrac{\lg L}{ut_L} = 7.37\ \dfrac{\lg 2.718\ 28}{2.58} = 1.24$，取 $K_v \geqslant 1.25$，在更精确的测量中，对上述指标要求更高，可取 $K_v > 1.75$。② 阻尼比取 $0.3 < \xi < 1.0$。③ 风速工作范围取 $0.5 \sim 60.0\ \mathrm{m/s}$。④ 线性度和灵敏度取 $\pm 2 \sim \pm 5$。

4.4.3　风速的测量

旋转风杯风速计是风速测量的最常用仪器，它的感应部分是一个固定在旋转轴上的感应部件，一般由 3 个半球形的空心杯壳组成，杯壳固定在互成 120° 的支架上，杯的凹面顺着一个方向排列，支架固定在垂直的旋转轴上。

在稳定的风力作用下，风杯受到扭力矩而开始旋转，它的转速与风速成一定关系。设风速为 u，第 i 个风杯与空气相对运动速度 u_n

$$u_n = u - 2\pi nR\cos\theta_i \tag{4.161}$$

式中：n 是风杯每秒转数，R 是旋转半径，θ_i 是气流与杯内法线夹角。单位时间气流对风杯作用的有效质量是 $AC_n(\theta_i)\rho u$，其中 A 为风杯横切面积，$C_n(\theta_i)$ 是风杯为 θ_i 的压力系数，则作用于互成 120° 三个风杯的风压力为：

$$P_u = A\rho u(a_i u - 2\pi Rb_i n) \tag{4.162}$$

$$a_i = C_n(\theta_i) + C_n(\theta_i + 120°) + C_n(\theta_i + 240°)\cos(\theta_i + 240°) \tag{4.163}$$

$$b_i = C_n(\theta_i)\cos\theta_i + C_n(\theta_i + 120°)\cos(\theta_i + 120°) + C_n(\theta_i + 120°)\cos(\theta_i + 240°) \tag{4.164}$$

其中，a_i 为风杯的压力系数，b_i 为风杯的阻力系数，ρ 为空气密度，在风杯旋转时，它所受到的风压随风杯所处的 θ_i 角度而变化，但每转过 120°，则恢复到 0° 时的状态，如果取 0° $\sim$ 120° 范围内风压的平均值，(4.162) 式就可以化简为：

$$P_u = A\rho R(a_m u^2 - 2\pi Rb_m un) \tag{4.164}$$

a_m, b_m 取 a_i, b_i 在 θ_i 变化 120° 时的均值。

在风压下，组件受到的扭力矩：

$$M = A\rho R(a_m u^2 - 2\pi Rb_m un) = 2Nu^2 - Dun \tag{4.165}$$

当风速恒定时，风杯组件的转速应为某个固定数值，此时，组件受到的合力为 0，即扭力矩 M 正好与它的机械系统的动摩擦力矩 $B_1 n$ 以及静摩擦 B_0 相抵消。

$$B_1 n + B_0 = 2Nu^2 - Dun \Rightarrow n = \frac{2Nu^2 - B_0}{B_1 + Du} \tag{4.166}$$

当摩擦阻力矩很小可忽略不计时,(4.166)式可简化为:

$$n = \frac{2Nu}{D} \qquad (4.167)$$

对某一风杯风速计,扭力矩 N 和空气动力阻尼 D 一定,风杯的转速与风速成正比关系。当(4.166)式中 $n = 0$ 时(非 $u = 0$),则

$$2Nu_{min}^2 - B_0 = 0$$

$$u_{min} = \sqrt{\frac{B_0}{2N}} \qquad (4.168)$$

u_{min} 为风杯风速计的启动风速(风杯风速仪的检定曲线)。从(4.168)式可看出,启动风速取决于静摩擦力矩 B_0 和扭力矩 N。所以,高灵敏度低启动风速的风杯风速计,一般采用低静摩擦的悬浮式。虽然增大扭力矩也能减小 u_{min},但增大 N 势必增大风杯的横臂长度和质量。

对于风杯风速计来说,还需考虑它运动过程中的惯性,在实际响应过程中风杯风速计的转动方程为

$$2\pi J \frac{dn}{dt} + B_n n + B_0 = 2Nu_1^2 + Du_1 n \qquad (4.169)$$

方程中各项依次为转动扭力矩、动摩擦力矩、静摩擦力矩、扭力矩和空气阻尼力矩,整理后得

$$\frac{dn(t)}{dt} = -\frac{B_1 + Du_1}{2\pi J} n(\tau) + \frac{2Nu_1^2 - B_0}{B_1 + Du_1} \frac{B_1 + Du_1}{2\pi J} = \frac{1}{T}[n_1 - n(t)] \qquad (4.170)$$

其中:

$$T = \frac{2\pi J}{B_1 + Du_1} \approx \frac{2\pi J}{Du_1} = \frac{L}{u_1}, L = \frac{2\pi J}{D} \qquad (4.171)$$

n_1 是实际转速,$n(t)$ 是环境实际风速计转速,T 为风速计的时间常数,L 为尺度常数。时间常数越小越好,即风速越能及时反映实际环境风速,(4.170)式与温度计的散热方程 $\frac{dT}{d\tau} = -\frac{1}{\lambda}(T - \theta)$ 很相似。

除风杯风速计外,还有散热式的风速计和激光风速仪,散射式风速计又有两种类型,一种是旁热式热线风速计,另一种是直热式热线风速仪。旁热式热线风速计是利用被加热的金属丝在气流中散热,它的散热率与风速的大小有密切的关系,根据这一特性可制成测量风速的仪器。

假如以一定电功率的电流连续加热金属丝,热丝的温度与气温存在一定的差值,差值的大小随风速的大小而异,利用热丝的温差电动势可测定风速,利用这种原理制成的风速仪称作热线风速仪。热线风速仪有旁热式和直热式之分。

焦耳热会使具有电阻值的通电金属丝温度升高,与此同时,金属丝将通过它的表面向四周空气散热。电流提供的热功率为

$$dQ_1 = 0.24i^2 R_t = 0.24i^2 R_\theta [1 - \alpha(t - \theta)] \qquad (4.172)$$

其中: R_t 为加热后金属丝阻值, t 为金属丝温度, R_θ 为金属丝在环境温度下阻值, θ 为环境温度。在风速 v 的气流中,一根垂直于气流的金属丝的散热率为

$$dQ_2 = (A + B\sqrt{v})(t - \theta) \tag{4.173}$$

其中, A 为分子散热作用; $Bv^{1/2}$ 为气流作用; $t - \theta$ 为热线与气温差。当 v 较大时,忽略分子散热作用项 A ,且热交换达到平衡时有:

$$dQ_1 = dQ_2 \Rightarrow 0.24i^2 R_t = B\sqrt{v}(t - \theta) \tag{4.174}$$

由空气动力学原理,热线在气流中的散热率为

$$dQ_2 = hF(t - \theta) = h\pi Dl(t - \theta) = CRe^n \frac{k}{D}\pi Dl(t - \theta) = C\pi lk\left(\frac{evD}{\mu}\right)^n (t - \theta)$$

$$= C\pi lkD^n \mu^{-n}(\rho v)^n (t - \theta) = K(\rho v)^n (t - \theta) \tag{4.175}$$

其中: $h = CRe^n \dfrac{k}{D}$, k 为空气分子导热系数, $Re = \dfrac{\rho v D}{\mu}$, $K = C\pi lk\mu^{-n}D^n$,其中: h 为散热系数, D 为热线直径, l 为热线长度, C 和 n 为实验确定的系数, μ 为空气动力学黏性系数。

当 $dQ_1 = dQ_2$ 时:

$$0.24i^2 R_t = K(\rho v)^n (t - \theta) \tag{4.176}$$

(4.176)式测温电偶的电动势正比于冷热端温差,上式为

$$0.24i^2 R_t = K(\rho v)^n \xi_t \tag{4.177}$$

(4.177)式两边取对数:

$$C = \lg \frac{0.24i^2 R_t}{K} = n\lg(\rho v) + \lg \xi_t \tag{4.178}$$

热丝电阻 R_t ,加热电流 i ,分子导电系数 K 及 n 为常数,则(4.178)式简化为

$$C = ny + x \Rightarrow y = C - \frac{x}{n} \tag{4.179}$$

在双对数坐标纸上,纵轴为风速取对数 $\lg v$,横轴为电动势取对数 $\lg \varepsilon_t$ 即可得到热线风速仪的风速与输出电动势的线性关系。

在 $1 \sim 2$ m/s 的风速处出现折线,是因为雷诺数 Re 在 40 左右不连续。

旁热式热线风速计检定应用时应注意两点:

(1) 检定时和测量时的空气密度校正(使用前进行检定)

$$\rho v = \rho_0 v_r, v = v_r \rho_0 / \rho$$

(2) 方向校正,热线感应的风速 u 和环境实际风速 v 的关系为

$$u^2 = v^2(\sin^2\varphi + A^2\cos^2\varphi) \tag{4.180}$$

热线越长 A 值越小。

$$v = \sqrt{\frac{u^2}{\sin^2\varphi + A^2\cos^2\varphi}}, A < 1 \tag{4.181}$$

直热式热线风速仪的感应部分是一根直径为 $5\sim10\ \mu m$ 的铂金属丝,紧绷在支架上长度约几个至 $20\ mm$。由于较大的电流流经铂丝,它的温度要比环境空气温度高 $200\ ℃\sim500\ ℃$。直热式热线风速仪的铂金属丝,一丝两用,它既用来感应风速,又以它的电阻值确定热线的温度,它的感应方程为

$$0.24i^2R_t = K\ (\rho v)^n\ (t-\theta) \tag{4.182}$$

$$R_t = R_\theta[1+\alpha(t-\theta)] \tag{4.183}$$

$$\frac{i^2R_t}{R_t-R_\theta} = K_1\ (\rho v)^n \tag{4.184}$$

$$K_1 = \frac{K}{0.24\alpha R_\theta} \tag{4.185}$$

通常超声风速仪有三组测风探头,以测量 x,y,z 三个风速分量。超声风速仪响应速度很快,可每秒测量 20 次,测量范围为 $0.01\sim30\ m/s$。

激光风速仪(Laser Doppler Anemometer,LDA;Laser Doppler Velocimeter,LDV)是建立在激光技术和多普勒频移原理基础上,通过频率测量来测定风速的($F\rightarrow V$)。激光通过大气层时,大气层中的气溶胶粒子对入射光有散射效应,而运行的气溶胶粒子将使散射光的频率产生多普勒频移效应。在接收器内比较发射的参考光和散射光的频差,就可确定运载气溶胶粒子(Aerosol particle)的气流速度。激光风速仪有两大优点,一是可远距离遥测,响应速度快;二是完全不干扰自然流场。其仪器结构通常包括激光器(一般用 He-Ne 激光器,波长 $\lambda=632.8\ nm,\lambda=488\ nm,\lambda=514.5\ nm$),入射光学单元,多普勒频移频率

$\left(f_D = \frac{2u\sin\frac{\theta}{2}}{\lambda}, u = \frac{\lambda}{2\sin\frac{\theta}{2}}f_D\right)$,光学接收单元(接收运动流体中粒子的散射光,得到多普勒

频移频率 f_D),多普勒信号处理器(频率跟踪器、计数式处理器和光子相关器)和数据处理系统(包括模拟量、数字量转换成风速)。

对于激光测量风速来说,设照射光的频率为 f_0,粒子 P 的运动速度为 u,f_s 为粒子多普勒效应频率,e_0 为粒子入射光单位向量,e_s 为粒子散射光单位向量,c 为介质中的光速。根据相对论变换公式,经多普勒效应后,粒子接收到的光波频率为

$$f_1 = f_0\frac{1-u|e_0|/c}{\sqrt{1-(u|e_0|/c)^2}} \tag{4.186}$$

当 $u|e_0|\ll c$ 时,可得(4.186)式的近似式

$$f_1 = f_0\left(1-\frac{u|e_0|}{c}\right) \tag{4.187}$$

这就是在静止的光源和运动的粒子条件下,经过一次多普勒效应后的频率关系式。粒子作为运动的光源,以此频率向四周发射散射光。当静止的观测者(光检测器)从某一方向

上观测粒子的散射光时,由于它们之间存在相对运动,接收器接收到的散射光频率又会与粒子所接收到的不同,其频率为

$$f_s = f_1\left(1 + \frac{u|e_s|}{c}\right) \tag{4.188}$$

$\frac{u|e_s|}{c}$ 取正是因为选择 $|e_s|$ 向量由粒子朝向光检测器。将(4.187)式代入(4.188)式,当 $u=c$ 时,忽略高次项,可得经两次多普勒效应后的频率关系式为

$$f_s = f_0[1 + u(|e_s| - |e_0|)/c] \tag{4.189}$$

最后可得它与光源频率之差(多普勒频移),即

$$f_D = f_s - f_0 = \frac{1}{\lambda}|u(|e_s| - |e_0|)| = \frac{u(|e_s| - |e_0|)}{c}f_0 \tag{4.190}$$

因此,可设计一种光路,能使得接收器同时接收到两种频率的光,由光电接收器检测出差频来。

由两束频率相同的入射光,照射到运动的粒子 P 上。由前面多普勒频移原理

$$f_D = f_0 u(|e_s| - |e_0|)/c \tag{4.191}$$

对第一束入射光,接收器接收到的散射光频率为:

$$f_{s1} = f_i[1 - u(|e_{i1}| - |e_{s1}|)/c] \tag{4.192}$$

对第二束入射光,接收器接收到的散射光的频率为:

$$f_{s2} = f_i[1 - u(|e_{i2}| - |e_{s2}|)/c] \tag{4.193}$$

这两部分散射光在接收器上混频后,可测得差频为:

$$f_D = f_{s1} - f_{s2} = \frac{u(|e_{i1}| - |e_{s1}|)f_i}{c} = \frac{f_i}{c}u(|e_{i2}| - |e_{i1}| + |e_{s1}| - |e_{s2}|), \lambda_i = \frac{c}{f_i} \tag{4.194}$$

当 $e_{s1} = e_{s2}$,多普勒频移 f_D 是两部分光波频率之差。由两束入射光的单位矢量 e_{i1}, e_{i2} 与风速 u 的点乘积关系

$$u(|e_{i2}| - |e_{s1}|) = 2u\sin\frac{\theta}{2} \tag{4.195}$$

θ 是两束入射光的夹角,将(4.195)式代入(4.194)式得

$$f_D = \frac{2u\sin\frac{\theta}{2}}{\lambda_i}, u = \frac{\lambda_i}{2\sin\frac{\theta}{2}}f_D \tag{4.196}$$

由(4.196)式可见,当 λ 和 θ 一定时,粒子运动速度与多普勒频移 f_D 成正比。就是说,可以通过测量多普勒频移 f_D 而得到风速 u,这就是激光测量风速的原理。

在使用激光测风时需要注意一些事项,这些事项主要是由激光测速仪本身存在的问题引起的。激光风速仪测得的风速并不是真正的大气流动速度,而是悬浮于气流中的散射粒

子运动速度。因为粒子与流体的密度有显著差异,粒子不可能完全跟随流体运动,其速度总会有差异,这就造成了激光测量的误差。若以 u_p 为粒子速度,u_f 为流体速度,则由于粒子不完全跟随流体运动而造成的相对误差为

$$\delta = \frac{u_f - u_p}{u_f} \times \frac{100}{100} = (1-\eta) \times \frac{100}{100}, \eta = \frac{u_p}{u_f} \tag{4.197}$$

这就是激光测速时的粒子跟随问题:$\eta=1$,$\delta=0$,完全跟随;$\eta \geqslant 1$,$\delta \leqslant 0$,粒子超前于流体运动;$\eta \leqslant 1$,$\delta \geqslant 0$,粒子滞后于流体运动。

其他测风速仪器,如蜗杆风速表(齿轮转速与风速的关系)、电感式(电感、电压与风速的关系)、光电式(光电频率与风速的关系)、悬浮式(光电频率与风速的关系)和超声风速仪(接收声波时间与风速的关系)也可完成风速的测量。

4.4.4　风速检定仪

现有的风速检定仪器主要有三种,包括旋臂机、风洞和皮托管。旋臂旋转时,与空气产生相对运动,此时假定空气是静止的,其相对运动速度为

$$v = \frac{2\pi R n}{t} \tag{4.198}$$

式中 n 为旋臂转动圈数;R 为旋臂的半径;t 为旋臂转动 n 圈的时间。

同时记录风速仪的输出,如热线风速仪的输出电动势 ε_t,做出 v 的关系图或回归方程,来对风速仪进行鉴定。旋臂机的优点是转速稳定可调,同时可检定低风速,例如 0.2 m/s;其缺点是低风速时要保证室内静风(门窗不能漏风,人不能走动),高风速时要保证旋臂卷起的风要消除(旋臂周围树立栅栏),以消除大转速时室内气流造成的检定误差。

风洞实验装置是另外一种检定设备,世界上公认的第一个风洞是英国人于 1871 年建成的。美国的莱特兄弟于 1901 年建造了风速 12 m/s 的风洞,从而发明了世界上第一架飞机。风洞的大量出现是在 20 世纪中叶。德国在 1907 年就成立了"哥廷根空气动力试验院",并在此后不惜巨资修建了一批低速、高速、超高速和特种风洞,在世界上率先研制出喷气式飞机、弹道导弹;美国于 1915 年成立了国家空气动力研究机构。到目前为止,我国也已建成配套齐全、功能完备的各类风洞 140 余座,在风洞试验、数值计算、模型飞行试验等领域取得长足进步,空气动力学设备、技术和人才均跨入国际先进行列。1936 年清华大学建造了中国第一座自行设计的风洞。风洞采用回流式,最大直径为 3 m,试验段剖面为圆形,直径1.5 m。用在大气边界层风洞的尺寸如下:宽 3 m,高 2 m,长 32 m。风洞的结构主要包括:工作段,又称实验段,仪器就架设在这里,它是一个从上游到下游横截面积保持不变的管道。风速计安装在工作段之后,堵塞的面积不能超过 5%,因此,工作段的横截面积不能太小,截面形状有圆、椭圆、矩形和八角形。收缩段,此段上游截面积较大,往下游逐渐收缩到与工作段的截面积相同。收缩段的作用有三个:加速气流;降低工作段气流的湍流度;在工作速度不变的条件下,收缩比大的风洞可节约动力源的能量。扩散段,气流在风洞管道中流动时,由于摩擦引起的能量损失与风速的三次方成正比,因此气流经过工作段之后,需要逐渐加大管道直径,降低流速。回流段,只在回流式风洞中才有,它包括了第二扩散段以及四个 90°拐角,拐角内装有导流片,保证气流拐弯时流动均匀,具有运动场跑道的功能。

风洞风速的大小由电动机的转速决定,风扇驱动电机有两个绕组:一组绕在旋转铁心上,成为转子;另一组绕在外围铁壳上,称为定子。当定子被一个恒定电压供电时,改变与转子间的磁场,即可改变马达的转速,达到调节风洞风速的目的。风洞中风速的测量是借助风洞收缩段两个静压口的压力差来测量的。按照风洞的结构,低速风洞有两种基本类型,即直流式风洞和回流式风洞。

　　皮托管是风洞中的测风标准,感应头部由双层套管组成,内管称动压管,开口称移动开口,外管称静压管。它的开口处管壁上有一圈测压孔,称静压孔。动压管和静压管的出口接微压计。

习　题

1. 简述什么是温标?
2. 简述玻璃温度表测温原理。
3. 试述最高最低温度表测温原理。
4. 简述双金属片测温原理。
5. 当大气温度低于多少度时就不能使用水银玻璃温度表测量大气温度?
6. 简述平衡和不平衡电桥测温原理。
7. 推导线性化输出平衡电桥电阻 r_1,r_2,r_3 的计算式。
8. 简述温度热滞系数的物理意义及特性。
9. 如何测定温度表的热滞系数?
10. 一支热滞系数为 100 s 的温度表,温度 30 ℃时,观测环境 20 ℃的空气温度,精度要求为 0.1 ℃,需要多少时间才能观测?
11. 百叶箱气温日变化振幅 $A_0=10$ ℃,要求日振幅误差小于 0.1 ℃,计算热滞系数。
12. 气温测量中一般采用哪些方法预防辐射误差?
13. 温度热滞系数的物理意义及特性。
14. 毛发相对伸长量在什么温度时最大?
15. 气温测量中,一般采用哪些方法预防辐射误差?
16. 计算题。
　　(1) 将处在环境温度 $\theta=0$ ℃的温度表加热到 $T_0=10$ ℃,然后放入环境温度为 0 ℃ 的环境中,用秒表测定当 T_0 下降到 6.32 ℃时的时间,即为 λ。
　　(2) 阿斯曼通风干湿表,在通风 3 m/s 时,$\lambda=40$ s,如果在室内 $T_0=20$ ℃,移至室外测量环境温度 $\theta=10$ ℃的空气温度,要求精度为 0.1 ℃,问通风多长时间方可观测?
　　(3) 气温每小时升 3 ℃,$\lambda=300$ s,$\beta=3/3\,600$ ℃/s,求 $T-\theta$?
　　(4) 百叶箱内,气温变化振幅为 $A_0=5$ ℃,要求日振幅误差<0.05 ℃。a. 计算测温元件的热滞系数应该小于多少? b. 最高、最低气温出现时间相位落后引起的误差小于 5 分钟,求热滞系数?
17. 简述动槽式、定槽式水银气压表的观测原理。
18. 水银气压表误差主要有哪些? 说明原理。
19. 如果用水作为液体制成气压表,会有哪些优缺点? 提示:水的密度问题、凝固点、蒸汽压问题等。

20. 如何对水银气压表读数进行器差、温度、重力订正。

21. 简述空盒气压计、空盒气压表的测压原理。

22. 简述空盒气压计的弹性后效、弹性温度效应原理及其解决方法。

23. 简述沸点气压计测压原理。

24. 已知在北纬40°，海拔高度为120 m的气象站动槽式水银气压表的气压读数为988.2 hPa，器差为0.6 hPa，$t_h=25$ ℃，$r=0.6$ ℃/100，求：p_h，$p_海$，压差C。

25. 说明风标阻尼D与临界阻尼D_0比值的动力学关系。

26. 如何选择风向标的动态参数？

27. 旋转式风向风速表主要有哪几种？说明它们的测量原理。

28. 说明旁热式、直热式热线微风仪的测量原理及使用安装注意事项。

29. 说明激光风速仪的测量原理及其存在的问题。

30. 简述湿度测量的一些主要方法。

31. 简述干湿球温度表的测湿原理。

32. 干湿球温度表A值与哪些因素有关？

33. 为什么采用人工通风的干湿球温度表能提高测量精度？

34. 简述露点仪的测量原理。

35. 影响露点仪测量精度的因素有哪些？

36. 测量湿度的方法有哪几种？简述原理。

参考文献

1. 陈武框,郑学文,李昕娣.气象用水银气压表的使用及注意事项.气象水文海洋仪器,2008,3:94-96.

2. 洪贵生.大气气压与湿度的查算法及气候分类.设计通讯,1991(2):44-48.

3. 邓春健,吴占平,郑喜凤,等.数字测风经纬仪系统的设计和实现.测试技术学报,2005,19,3:283-286.

4. 郭艳君.高空大气温度变化趋势不确定性的研究进展.地球科学进展,2008,23(1):24-30.

5. 黄颖辉.基于DSP的超声风速测量.信息技术,2008,11:99-102.

6. 李建英,贺晓雷.水银气压表温度重力修正和重力引用问题.气象科技,2003,31(1):42-43.

7. 李英干,范金鹏.湿度测量.北京:气象出版社,1990.

8. 凌光坤.干湿球温度快速约算相对湿度.广东气象,2002,42.

9. 刘惠机.大气湿度测量:微波辐射计与控空仪的比较.电波与天线,1994,6:44-48.

10. 刘小勤,胡顺星,翁宁泉,等.瑞利激光雷达探测大气温度算法分析.大气与环境光学学报,2006,3(1):188-192.

11. 石碧青,洪海波,谢壮宁,等.大气边界层风洞流场特性的模拟.空气动力学,2007,25:376-382.

12. 石磊,梁伟群,李树山,等.工作级水银气压表比较检定不确定度评定.气象水文海洋仪器,2008,3:85-87.

13. 宋树礼,罗淇,杨茂水.自动站气压记录异常原因的诊断分析.气象水文海洋仪器,2008,3:37-38.

14. 徐明,朱庆春.风向风速测量仪设计.气象水文海洋仪器,2008,4:5-10.

15. 张文煜,袁久毅.大气探测原理与方法.北京:气象出版社,2007.

16. 赵柏林,张霭琛.大气探测原理.北京:气象出版社,1987.

17. 中央气象局.湿度查算表(乙种本).北京:气象出版社,1980.

19. 周守昌.电路原理（第二版）.北京：高等教育出版社，2004.

20. 周秀骥，陶善昌，姚克娅.高等大气物理学.北京：气象出版社，1999.

21. Yan Banghua and Weng Fuzhong. Applications of AMSR‐E Measurements for Tropical Cyclone Predictions Part Ⅰ. Retrieval of Sea Surface Temperature and Wind Speed，Advances in Atmospheric Sciences，2008，25(2)：227‐245.

22. Martin Wild，Hans Gilgen，Andreas Roesch，Atsumu Ohmura，Charles N. Long，Ellsworth G. Dutton，Bruce Forgan，Ain Kallis，Viivi Russak，Anatoly Tsvetkov. From Dimming to Brightening：Decadal Changes in Solar Radiation at Earth's Surface. Science，2005，847‐850.

推荐阅读

1. 张文煜，袁久毅.大气探测原理与方法.北京：气象出版社，2007.

2. 赵柏林，张霭琛.大气探测原理.北京：气象出版社，1987.

3. 邱金恒，等.大气物理与大气探测.北京：气象出版社，2005.

4. 周秀骥，陶善昌，姚克娅.高等大气物理学.北京：气象出版社，1999.

5. 李英干，范金鹏.湿度的测量.北京：气象出版社，1990.

6. 王魁汉等.温度测量实用技术.北京：机械工业出版社，2021.

7. Jacek Kucharski. Temperature Measurement (Second Edition). USA：Wiley，2001.

8. Korotcenkov，Ghenadii. Handbook of Humidity Measurement. UK：Taylor & Francis Ltd，2020.

9. 邵涛.大气压气体放电及其等离子体应用.北京：科学出版社，2022.

第 5 章
降水、积雪、蒸发与土壤温/湿度的测量

本章重点:掌握降水、积雪、蒸发与土壤温/湿度的测量原理和方法,了解其测量意义和仪器设计的发展方向。

§5.1　降水的观测

5.1.1　降水观测的意义和概况

在众多异常天气现象中,持续性强降水是发生最为频繁的事件之一,也是防灾减灾的关注焦点。在中国,旱涝问题一直是气象研究中重要的主题,与农业、民生有着非常直接的联系,而持续性强降水事件是导致洪涝的重要因素。对降水量的测量能够作为研究降水的重要资料,从而得到降水的规律,对预防降水造成的危害,服务生产生活都有着重要的意义。

近年来中国各地都发生过很多令人印象深刻并且损失巨大的气象灾害事件,例如,强台风几乎年年肆虐浙江、福建、广东等地,2006 年的超强台风"桑美"给整个中国东南部带来了巨大的损失;2008 年春节期间的南方持续性冰冻雨雪天气,给春节的喜庆气氛蒙上了一层阴霾,暴风雪造成多处铁路、公路、民航交通中断,不少地区的电信、供电、取暖均受到不同程度的影响;2010 年,云南遭遇百年一遇的特大干旱,干旱范围之大、时间之长、损失之大都是历史上少有的;2012 年 7 月 21 日,北京遭遇 61 年来的最强暴雨,此次暴雨造成 79 人死亡,上万间房屋倒塌,160 万人受灾,经济损失达到上百亿元。由于降水引起的堤坝决堤及泥石流等都造成不同程度人民生命财产损失,如:2024 年 5 月 1 日,广东省梅大高速公路由于强降雨导致塌方致48 人死亡,30 人受伤的特大事故。如果能够提前预知持续性极端天气的发生,那么就可以将损失降至最低。因此,持续性异常天气已成为近年来越来越被重视的一个研究课题。

中国具有长期上报雨泽的实践,有完备的观测和计算雨量的理论。我国关于雨量的测量可追溯到公元前 13 世纪的殷商时代,而不间断测量则是从南宋开始的,一直到明永乐年间。可是,我国数学方面的测量通常较为模糊,比如倾盆大雨,就是用盆来计量,且各地方器皿不同,所接得的雨水深度亦不同,难以比较,这是科学上不够严谨的表现,需要克服。

所以,测雨所用的都是些日常使用的一般容器,也有制造出专用的统一的雨量器。与现代雨量计最相像的仪器是 1722 年,由英国人霍斯利制造的,他用漏斗把雨水收集在一个玻璃量筒中,只要观看量筒上的刻度,雨量就一目了然,省去了称量雨水的麻烦。因此,霍斯利被誉为现代雨量计之父,他确立的雨量计标准也一直沿用至今。1723 年,英国皇家学会秘书朱林组织国内外的一些地方按照规定的雨量筒进行观测,并将资料集中到英国,绘制成雨

量直线。这是西方的第一个雨泽网,也是世界第一个国际雨量网。后来,经过几个世纪各国科学家们的不断改进,又出现了许多其他种类的雨量计,并且逐步向雨量自动记录的方向发展,其中最常用的便是虹吸管雨量计。

目前,雨量计生产厂家都在尽量将雨量计做得更小巧,操作更简单、方便。如翻斗式雨量计已具有无线数据传输功能,且显示器和翻斗杯呈现分体式。比较有代表性的是德国生产的雨量计,体积小巧,分体式无线传输,具有记录功能,并且带有室内室外温度记录功能。

雨量计的发明和完善,倾注了先辈们的大量智慧和心血,在气象学的发展史中经历了一个漫长而艰苦的过程。从远古时期的"天地测雨",到现代化的全自动降水测量,每一个进步(尽管有的仪器现在看起来已经很简陋了,但当初在设计时都是研究人员心血的结晶,作为后学者,我们应给予充分的尊敬)都为气象学的发展做出了不可磨灭的贡献。那么什么是降水呢?

降水是从云中降落或从大气沉降到地面的液态或固态水汽凝结物,包括雨、雹、雪、露、雾凇、白霜、雾和降水等。在一段时间内降落到地面的降水总量,用降水所覆盖的水平地表面的垂直深度来表示(固态降水用水的当量),降雪也可用覆盖在平坦水平表面上的新雪深度来表示。

降水量测量需要有精确的测量仪器才能保证其准确性,有雨量器和雨量计两种,大多数使用的是雨量器,比如漏斗式雨量器,而虹吸式雨量计和翻斗式雨量计就是专业的降水量测量仪器。

在降水量的测量和研究方面我国已经取得了显著的进展:① 中国大陆夏季降水日变化的区域特征明显。在夏季,东南和东北地区的降水日峰值主要集中在下午;西南地区多在午夜达到降水峰值;长江中上游地区的降水多出现在清晨;中东部地区清晨、午后双峰并存;青藏高原大部分地区是下午和午夜峰值并存。② 降水日变化存在季节差异和季节内演变。冷季降水日峰值时刻的区域差异较暖季明显减小,在冷季南方大部分地区都表现为清晨峰值。中东部地区暖季降水日变化随季风雨带的南北进退表现出清晰的季节内演变,季风活跃(间断)期的日降水峰值多发生在清晨或下午。③ 持续性降水和局地短时降水的云结构特性以及降水日峰值出现时间存在显著差异。持续性降水以层状云特性为主,地表降水和降水廓线的峰值大多位于午夜后至清晨;短时降水以对流降水为主,峰值时间则多出现在下午至午夜前。④ 降水日变化涉及不同尺度的山-谷风、海-陆风和大气环流的综合影响,以及复杂的云雨形成和演变过程,此外,对流层低层环流日变化对降水日变化的区域差异亦有重要影响。⑤ 目前数值模拟对中国降水日变化的模拟能力有限,且模拟结果具有很强的模式依赖性,仅仅提高模式水平分辨率并不能达到改善模拟结果的目的,关键是要减少存在于降水相关的物理过程参数化方案中的不确定性。

我国气象台站降水的观测一般包括降水量、降水时数和降水强度。就天气和气候应用来说,观测时次是每小时、每 3 小时和每日。对于某些应用性较强的科目来说,要在较短的时间去测量非常强的降水速率,就要求时间分辨率足够高。对于某些要求不高的应用,用观测间隔为数周和数月的储水式雨量器也是可以的。

降水量是指降落在地面上未经蒸发、渗透和流失的液态降水或固态降水的积水量。降水量以积水深度来表示,单位为 mm。对液态降水通常以毫米为单位。日降水量应当读到 0.2 mm,最好读到 0.1 mm;周和月的降水总量,至少应精确到 1 mm。日降水量的测量应定时进行,少于 0.2 mm 的降水通常作为微量降水。降水率的单位用单位时间内的长度表示,单位可表示为 mm/h。降雪测量以厘米及其十分位为单位,读到 0.2 cm。少于 0.2 cm 的降雪通常作为微量降雪。每日地面雪深的测量读到厘米的整数位。

降水时数是指降水实际持续的时间,以 h(小时)和 min(分)为单位。

降水强度是指单位时间的降水量,单位是 mm/h。降水时数和降水强度通常是在降水量自记仪上获得的。如前所述,降水量测量仪器有雨量器、虹吸式雨量计和翻斗式雨量计等。目前,一维和二维雨滴谱仪也已在市面出现,并逐步部署在气象观测站点,全雨滴谱探测系统也在研制中。

雨量器是测量降水最常用的仪器,通常是一个有垂直周边的开口承水器,承水器为正圆筒,主要用来测雨,需用一个漏斗与之连接。如图 5.1 所示。世界上各个国家所使用雨量器在水口的形状、尺寸以及雨量筒的高度上各不相同,因此,其测量值不具有严格的可比性。对收集到的降水要进行体积或重量测量可知雨量多少,重量测量特别适合于固体降水。雨量器受水口离地面的高度可在规定的高度中选取一种,也可与周围地表齐平。受水口应安置在预计的最大积雪深度之上,同时还应在地面反溅水可能到达的高度之上。对固体降水测量,受水口要高出地面,并在周围设置人工防风圈。

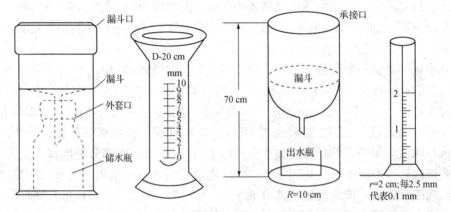

图 5.1　雨量器

若承接口的半径为 R,量杯的半径为 r,则降水量为 1 mm 时,在量杯中 h(mm)应为

$$h = \frac{R^2}{r^2} \tag{5.1}$$

我国现用的雨量器 $R=10$ cm,$r=2$ cm。由此可知,桶内积水深度为 1 mm 时,量杯内水深为 25 mm。因此,可将量杯上每 2.5 mm 刻制一条线,代表降水量为 0.1 mm。雨量器应安装在观测场内固定的架子上,承接口保持水平。我国规定承接口需距地面 70 cm,冬季积雪较深的地区,当积雪深度超过 30 cm 时,应距地 1.0～1.2 m。

气象上雨量器和雨量计具有某种程度的相似性,雨量计能连续记录降水量和降水时间,表示降水随时间的变化,并由此可计算出降水强度。虹吸式雨量计包括承接口、漏斗、自记系统(自计钟、自记纸、自记笔)、浮子、浮子室、虹吸管和盛水器等,外观如图 5.2 所示。

当有液体降水时,降水从承接口经漏斗进入浮子室。浮子室是一个圆桶容器,内装浮子,外接虹吸管,降水使浮子上升,带动自记笔在钟筒自记纸上画出记录曲线。当自记笔尖升到自记纸刻度的 10 mm 时,浮子室内的水恰好上升到虹吸管顶端,虹吸管开始迅速排水,使自记笔尖回到刻度"0"线,重新开始记录。因此,自记曲线的坡度可以表示降水强度。

雨量计应安装在雨量器附近的木桩或水泥基座上,承接口应水平,并用绳索拉紧。在这类雨量计中,雨水流入装有浮子的浮子室中,当浮子室内的水面上升时,浮子随水面升高而垂直移动,通过适当的机构带动自记笔在自记纸上移动。通过对集水器受水口、浮子、浮子室三者大小的调整,任何样式的自记纸都可以采用。为了提供一个有用时段(一般要求 24 小时)的记录,可将浮子室做得很大(在这种情况下自记纸需按比例压缩),或者是提供一种机制,当浮子室内水满时能自动快速地将水排尽,使自记笔回到自记纸的底线上。通常是采用虹吸管方式。实际的虹吸过程应该从预定的水位上开始,在虹吸过程的开始或结束,都不能有水的滴漏,一次虹吸过程的时间应不超过 15 秒。在有些仪器中,浮子室组件安装

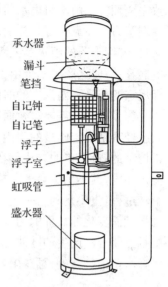

图 5.2　虹吸式雨量计

在刀口上,使装满水的浮子室失衡,而水的涌动促进了虹吸过程,当浮子室排空后,浮子室会回复到原来的位置。有的自记雨量计有一个强迫虹吸装置,虹吸过程不超过 5 秒钟。还有一种强迫虹吸装置是具有一个与主浮子室分开的小室,用来收集在虹吸过程中继续降落的雨水,待虹吸过程结束后将水排入主浮子室中,以保证降雨总量的正确记录。

翻斗雨量计适用于降雨率和降雨累计总量的测定,降雨率的测定可达 200 mm/h 甚至更高,如图 5.3 所示。翻斗式雨量计由感应器、记录器、电源组成。感应器安装在室外,由承接器、上翻斗、计量翻斗、计数翻斗和干簧管组成。记录器安装在室内,由计数器、记录系统、电路控制系统组成。感应器的工作过程是承接器中收集的降水通过漏斗进入上翻斗,当降水积到一定量时,由于水的重力作用,翻斗翻转,使降水进入汇集漏斗。

由汇集漏斗进入计量翻斗,当计量翻斗中的降水量为 0.1 mm 时,计量翻斗将降水倒入计数翻斗,使计数翻斗翻转 1 次。计数翻斗翻转时,与它相连的磁钢对干簧管扫描一次。干簧管因磁化而瞬时闭合一次,这样,降水量每达到 0.1 mm,就送出一个开关信号,通过记录器在记录纸上记下 0.1 mm 的降水量。其过程是降水→承接器→上翻斗→汇集漏斗→计量翻斗→计数翻斗翻转一次→送出一个信号→记录一个 0.1 mm 的降水量。

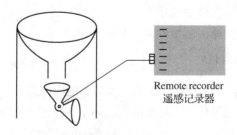

图 5.3　翻斗式雨量计

这种仪器的工作原理很简单,一个分隔成两部分的轻金属容器或斗,置于一个水平轴上并处于不稳定平衡的状态。在其正常位置时,斗应停靠在两个定位销之一上,定位销使斗不

致完全翻转。雨水由集水器导入斗的上部,设定的雨量进入斗的上部分后,斗变得不稳定并倾倒至另一停靠位置。斗的两部分设计成这样一种形式,雨水会从斗的较低部分流空,与此同时,继续降落的雨水落入刚进入位置的斗的上部。随着斗的翻转运动可用于操作一个继电器开关,使之产生一个由不连续的步进脉冲构成的记录,记录上每一步的距离代表技术指标规定的小量降雨发生的时间。如果需要详细的记录,规定的雨量不应超过 0.2 mm。

翻斗的翻转需要短暂而有限的时间。在其翻转的前半段时间,可能会有额外的雨水流入已经容纳规定雨量的斗内。在大雨时(250 mm/h),这一误差十分显著。但这种误差是可以控制的,最简单的方法是在漏斗底部安装一个类似虹吸管的装置引导雨水以可控的速率流入斗内,其不足是会平滑掉短时降水强度的峰值。此外,还可附加一个装置以加快翻斗的翻转过程,主要是利用一个小薄片受到从集水器注入的雨水冲击,从而给翻斗施加一个随降雨强度而变化的额外的力。因为翻斗雨量计适合于数字化方法,对自动天气站特别方便。由触点闭合所产生的脉冲,能用数据记录仪进行监测,还能对选择时段的脉冲进行合计以提供降水量值。此外,翻斗雨量计也可采用图形记录器。

5.1.2 降水观测的误差

引起降水观测的误差主要有三种因素,即雨水溅失、蒸发的损失和风的影响。雨水溅失,对大多数雨量器来说为 0.1~0.2 mm,把它作为器差是很容易消除的。蒸发所引起的误差与许多因素有关,如台站地理位置、气象条件(气温、风、湿度等)及仪器本身的结构、材料等。有关研究表明,各种类型的雨量器由于蒸发引起的平均误差是年降水量的3%~6%,单独观测误差是 0.3~0.5 mm。为了减小蒸发的影响,一般要求承水器接水面光滑,使雨水到达接水面很快通过漏斗;使用窄颈玻璃容器收集雨水,以便减少蒸发的影响;降水一经停止即进行测量等措施,或不用量杯转换而采用随降随测的测量系统。

风是影响准确测定降水量的主要因素。降雨时,观测误差取决于降水的类型与风速的大小。在降水量观测中,风导致仪器测量的降水量偏小,这是容易理解和想象的。在固态降水的情况下,被风吹走的降雪量随风速的增大而增加。由于低层风是随着高度的增加而增大的,因此,雨量器内收集的降水量,也随着仪器安置高度的增加而减少。

对大多数雨量器而言,风速是造成固体降水量少测最主要的环境因素。风速等数据可以通过测点的标准气象观测值算出,以提供每日的修正值。特别是如果风速不是在雨量器受水口的高度外测得的,那么在已知周围地表的平整度和周围障碍物视仰角的情况下,用平均风速的换算公式可求出受水口的风速。

根据下面的公式可以换算出雨量器受水口处的风速

$$u_{hp} = (\lg h z_0^{-1}) \times (\lg H z_0^{-1}) \times (1 - 0.024\alpha) u_H \tag{5.2}$$

其中,u_{hp} 为雨量器受水口处的风速,h 为受水口距地面高度,z_0 为粗糙度(冬季为 0.01 m,夏季为 0.03 m),H 为风速测量仪器距地面的高度,u_H 在距地面 H 高度上所测得的风速,α 为雨量器周围障碍物的平均仰角。

式(5.2)与场地情况密切相关,需要对站址环境状况和雨量器位置有详尽的了解。有防风圈的雨量器能够比无防风圈的雨量器采集到更多的降水量,特别是对于固体降水而言。因此,雨量器应以自然(如树林空地)方式或人工方式予以挡护,以减少风速对固体降水量测量的负面影响。

沾湿误差是人工观测的雨量器的另一种累积系统误差。这种误差的大小随降水的形态和雨量器的形式而变化,也是雨量器倒水次数的函数。平均沾湿误差每次观测可达到0.2 mm。在降水量每 6 小时测量一次的天气站,这种损失可能非常严重。在某些国家,沾湿误差占到冬季降水量的 15%～20%。在观测时进行沾湿误差修正是必要的,也是可行的。设计精良的雨量器,沾湿误差会很小。雨量器内壁应平滑且用不易受污染的材料制成,比如漆面是不合适的,但陶瓷面就很适用。此外,结构上的接缝应尽量少。

蒸发损失随雨量器形式和季节而变化。蒸发损失对于集水器内不带漏斗装置的雨量器是严重的问题,在春季尤甚。根据报告每天有超过 0.8 mm 的损失。冬季的蒸发损失相对夏季的月份要少得多,在 0.1～0.2 mm/日之间,但这些损失是累积的。设计精良的雨量器,其暴露的水面很小,通风也很小,还利用外层表面的反射以保持低水温。

很显然,在各种天气状况下,为使用不同的雨量器和防风圈所得到的资料具有可比性,对实际测量值进行修正是必要的。

在冬季,如果浮子室内收集的水有结冰的可能性,则有必要在雨量计内部安装加热装置(最好用恒温仪控制),这样可使浮子和浮子室免受损害,并使在结冰期间的降雨量仍得以记录下来。在有电源的地方,用小型加热器或电灯就很合适,没有电源的地方需要用另外的能源。一种简便方法是利用一段短的加热丝缠绕在集水器四周,并与大容量电池相连接。提供的热能必须保持在能防止结冰的最低需要水平,因为热量能使雨量计上方空气产生垂直运动和增加蒸发损失,从而降低观测的准确度。

翻斗雨量计的误差来源与其他雨量计有些不同,因此需要专门的预防措施和修正方法。其误差来源包括:① 大雨时翻斗翻转的水损失,虽能减少但无法根除。② 通常设计的翻斗,其暴露的水面与其容积相比较大,导致水分蒸发的损失明显,特别是在炎热地区,这种误差在小雨情形下也是显著的。③ 在毛毛细雨或很小的雨的情形下,记录的不连续性无法提供满意的数据,特别是降雨起止时间无法准确界定。④ 雨水可能附着于斗壁和斗边上,导致斗内残存水,翻转动作就需要克服这额外重量。经测试,打过蜡的斗翻转所需水量比未打蜡的斗少 4%。在没有调整斗的校准螺丝的情况下,由于表面氧化或受杂质污染以及由于表面张力的变化等原因而使斗的沾水性能改变,也使得容量的校准值发生改变。⑤ 从漏斗流入承水斗的水流可能导致略高的读数,这取决于进水嘴的尺寸、形式和位置。⑥ 由于雨量计的水平状态未调整好,仪器极易产生摩擦和使斗处于非正常平衡状态。

仔细的校准可对系统误差提供修正,仪器安置对翻斗雨量计测量值的影响可以像其他雨量计一样加以修正。在寒冷季节特别是对于固体降水进行测量可以用加热装置,但是,由于风和融雪的蒸发导致大的误差,加热的翻斗雨量计的测量效果非常差。因此,不提倡在冬季在一个长期处于 0 ℃以下的地区用这种雨量计进行降水测量。

5.1.3　雨量仪器常见故障及解决方法

如果发现雨量器故障现象为无信号,它的原因可能是线路故障、干簧管损坏、翻斗机械故障不能翻转、漏斗入水管堵塞、磁缸失磁、干簧管与磁钢缸距离是否合适等,观测员需要进行逐一排除。通常的处理方法是直接用万用表 10 欧姆挡测量传感器的信号输出端,用水以10 mm/min 的降水强度注入漏斗,检查计量翻斗在翻转过程中有无信号产生,正常时干簧管通过的电阻为零点几欧姆,干簧管未接通时的电阻为无穷大,如果相应元件损坏则要更换。另外,如果干簧管与磁钢缸距离较远,造成干簧管无法吸合,则要适当调整它们的距离。

倘若发现雨量器信号异常,则可能是干簧管虚焊、磁缸磁力减弱或翻斗翻转不灵活等造成干簧管有漏吸现象;还有一种可能是干簧管偏离中心位置,当计数翻斗翻动后产生反向的微小振动,磁钢就会吸合干簧管两次,产生 2 个脉冲信号等造成连吸现象。在这种情况下,需要重新焊接干簧管或更换磁缸;用清水翻斗轴颈和宝石承孔,如有损坏则应及时更换;调整干簧管的中心位置,如果是磁缸安装位置不正,则应取下重新安装粘牢。

假若发现雨量器测量结果差值较大,其可能的原因为调节基点影响了雨量系统的计量值准确度,而影响计量翻斗转动次数快慢的是雨量传感器中计量翻斗的基点定位螺钉间的距离。当基点定位螺钉间的距离越大,表明翻斗翻转时的时间长,翻转速度慢,翻转次数少,雨量测量小。反之,基点定位螺钉间的距离越小,表明翻斗翻转时的时间短,翻转速度快,翻转次数多,雨量测量大;翻斗盛水内壁如有泥沙、油污、杂物也会影响雨量的准确性。此种情况下的处理方法是计量翻斗 2 个定位螺钉中的一个旋转一圈,其测量误差的变化量为 $\pm39.5\%$,若将两个螺钉都顺时针或逆时针旋转一圈,其测量误差的变化量为 $\pm6\%$,调节好后应拧紧螺帽;另外,要求台站观测人员定期清洁雨量器,清理过滤网上的泥沙、油污和杂物,应用清水洗干净,切勿用手触摸翻斗内壁,以防油污黏附影响计量精度。

5.1.4　降水测量仪器的选址与安置

任何测量降水的方法都是为了获取所要代表的区域内(无论是天气尺度、中尺度或小尺度)真实降水的有代表性样本。场地的选择和测量的系统误差一样都是重要的。

最贴近场地周围的风场可引起当地降水量的增多或减少。通常,雨量器离障碍物的距离应大于障碍物与雨量器受水口高度差的两倍以上。对每一个场地,应当估算其障碍物的平均仰角,并绘制平面图,场地不宜选择在斜坡或建筑物的顶部。测量降雪和/或积雪的地点应当尽量选在避风的地方,最好的地点是在树林或果园中的空旷地方,或在树丛或灌木丛间的空旷地方,也可在有其他物体能对各个方向的来风起到有效屏蔽的地方。

然而,对液态降水,采用与地面齐平的雨量器可以有效地减少风的影响和场地对风的影响,或采用下列方法使气流在雨量器受水口上方水平流动。这些方法按其效果大小排列如下:① 将雨量器安装在有稠密而均匀的植被的地方。植被应当经常修剪,使其高度与雨量器受水口高度保持相同。② 在其他地方,可采用合适的围栏造成类似①的效果。③ 在雨量器周围装防风圈。

雨量器周围地表可用短草覆盖,或用砾石或卵石铺盖,但应避免像整块混凝土那样坚硬而平整的地面,防止过多的雨水溅入。

§5.2　积雪的观测

降雪是指在一段时间内(一般24小时)降落的新雪深度,但不包括飘雪和吹雪。为了测量其深度,雪这一名词还应包括直接或间接地由降水形成的冰丸、雨凇、冰雹和片冰。雪深通常指观测时地面上雪的总深度。积雪是指测站视野中,地面有一半以上被雪覆盖。目前气象台站主要测量积雪深度和雪压。

5.2.1　雪深的测量

雪深是指从积雪表面到地面的垂直深度,以 cm 为单位,取整数。一般可用量雪尺测量,雪尺是一根木质的长 100 cm、宽 4 cm、厚 2 cm 的直尺。测量时选 3 个不同点(一般相距 10 m 以上)进行测量,取其平均值。

在开阔地上的新雪深度用有刻度的直尺或标尺作直接测量。为了得到一个有代表性的平均值,应当在认为没有吹雪的地方进行次数足够的垂直测量。要特别注意不要测量早已积聚的陈雪,这可以预先将一块合适的地块打扫干净或在陈雪的上面放置一块由合适材料制成的平板(如一块漆成白色的表面略为粗糙的木板)来测量聚积其上的积雪深度。在斜坡面上(如有可能,应避开)的测量仍用测杆作垂直测量。如果有陈雪,由于位于下层的陈雪已被压缩和融化,用连续两次测量的总深度差值来计算新雪深度是错误的。在出现大面积吹雪的地方,需要做很多次的测量以得到有代表性的深度。

将雪尺或有同样刻度的测杆插入雪中至地表面来进行地面积雪深度的测量。在开阔地带,由于积雪被风吹起而重新分布,加之下面可能埋有冰层,使得雪尺不能插入,用这种方法去获取有代表性的雪深测量会有些困难。要注意确保测出总深度,包括可能存在的冰层深度。在每个观测站要作多次测量并取其平均。

对某些测雪杆,特别是用于边远地区的测雪杆,要漆上颜色交替的圆环或其他合适的标记,以提供测量地面总雪深的方便手段。可以从遥远地点或从飞机上用双筒或单筒望远镜从测杆或标记上读取雪深。测杆应漆成白色,以使测杆周围积雪的非正常融化减至最小。从空中测雪深的标志物是垂直杆(其长度可变,根据最大雪深来定)和在此垂直杆的固定高度上安装的横杆,作为测量点的定位标志。

在地面气象观测中雪压的观测相对来说比较特殊,也比较繁琐。观测员必须反复操作测量工具和读数,有一个比较长的观测过程,它只在冬季降雪达到观测标准时才读数,观测次数少,前后对比观测比较困难,往往会造成观测数据的正确与否不好判断,误差大小不好判断,不像压、温、湿等是连续观测的,又有自记,观测数据正确与否很明显。因此,做好雪压观测还不是很容易,应从以下几个方面入手,才能保证雪压观测数据的正确性。

5.2.2　雪压的测量

雪压是单位面积上的积雪质量,以 g/cm^2 为单位,取一位小数。当雪深为 5 cm 或以上时,一般用体积量雪器或称雪器测量,体积量雪器由一内截面积为 100 cm^2 的金属筒、小铲、带盖的金属容器和量杯组成。其取样方法是取样时,将量雪器垂直插入雪中直到地面,再利用小铲将雪样放入容器内,待雪融化后,用量杯测定其容量。

雪压可以用下式表示

$$p = \frac{M}{100} \tag{5.3}$$

M 为样本质量。观测取样时,同样取 3 个不同地点样本,取其平均值。

称雪器由带盖的圆筒(其截面积为 50 cm^2)以及秤和小铲组成,取样的方法同上。由于秤杆上每一刻度单位为 50 g,故 M 值用秤杆刻度数 m 乘 50 而得,即雪压。

$$p = \frac{M}{S} = 50 \times \frac{m}{50} = m \tag{5.4}$$

雪压观测中仪器的正确使用需要注意以下几个方面：

① 在估计观测雪压的日子,在观测前半小时应把称雪器拿到室外进行降温,注意不要把它放在有雪的地方,使称雪器的温度在观测时能和室外温度差不多。绝不可以因为观测时间紧迫,直接拿室温下的称雪器来测量雪压。那样在测量时可能会使筒外的雪融化冻结在筒上,不易擦掉,增加了筒的重量,使雪压增高;还可能造成秤杆沾雪融化和秤锤冻在一起,不能滑动;再就是筒内的雪融化冻结在内壁上,无法清除,影响下一次测量。

② 每次取样前应先清洁称雪器,检查秤的零点,把带盖的空圆筒挂在秤钩上,使秤锤上的刻线与秤杆上的零线吻合。这时秤杆应当水平,平衡标志是秤杆上的指针应与提手正中缺口相合。如果秤的零点不准时,须移动秤锤位置,使它平稳,并把秤锤的新位置作为零点。这叫做秤的校准,这一步相当重要,观测员往往由于天气寒冷、匆忙等因素只清洁称雪器而忘掉校准,导致 3 次取样差异较大,而本人当时并不能觉察。因此,零点不准,读出的数值肯定就不对了。

③ 取样。在测量雪深的地方,将圆筒向下垂直插入雪中直到地面。在降雪不久雪深不大的情况下,雪层往往很松,圆筒插入雪中不宜用力过大,让它自然下垂放下即可,锯齿形接触地面,如果用力过大,可能会使筒进入土中,筒内较多的泥土等物不易清除。拨开圆筒一边的雪,把小铲插到圆筒底沿下边,连同圆筒一起拿起,使筒口向上倾斜,雪样脱离小铲进入筒中。这时不应急于将雪样全部落入筒底,而应把筒口微向上横着,顺筒口向里看一下,里边有没有土粒、石子、杂草等物,如有应设法清除。如果杂物太多无法清除,则应倒掉雪样,清洁圆筒,重新校准秤,重新取样。在检查没有杂物后,将筒翻转,擦净沾在筒外的雪,把筒挂在秤钩上,移动秤锤,直到秤杆水平为止,读出秤锤准线对应于秤杆上的刻度,取一位小数。

§5.3 蒸发量的观测

5.3.1 关于蒸发的一些基本定义

实际蒸发量是指地表处于自然湿润状态时来自土壤和植物蒸发的水总量。潜在蒸散量是在给定气候条件下,覆盖整个地面且供水充分的成片植被蒸发的最大水量。因此,它包括在给定地区、给定时间间隔内的土壤蒸发和植被蒸腾,用深度表示。蒸腾则是植被的水分以水蒸气的形式传输进入大气的过程。

应当指出,广泛使用的潜在蒸腾量概念并不包括所有可能的条件,潜在蒸腾量这一术语要求更加详细的说明。

蒸发率定义为单位时间内从单位表面面积蒸发的水量,可以表示为在单位时间内单位面积所蒸发的液态水的质量或容积,通常表示为单位时间内从全部面积上所蒸发的液态水的相当深度。时间单位一般为一天,深度单位可用mm,也可用cm 表示。根据仪器的精密程度,通常测量的准确度为 0.10 到 0.01 mm。影响物体或地表蒸发率的因子,主要可分为两组:气象因子和表面因子,两者皆可限制蒸发率。而气象因子本身又可再分为能量变量和空气动力学变量。水从液态变为气态需要能量,而在自然界中这种能量主要由太阳辐射和地球辐射供给。空气动力变量,诸如地面风速及地面与低层大气间的水汽压差控制着蒸发水汽的输送率。

区别表面有无自由水存在的状况是有用的,这里重要的影响因子包括水量、水的状态以及那些影响水汽向空气或通过物体表面向空气输送过程的表面特性。例如,水汽输送到大气中的阻力取决于表面粗糙度。在干燥和半干燥地区,蒸发面的大小及形状也是极其重要的。植被蒸腾除已提到的气象及地面因子外,在很大程度上是由植物的特征和响应情况决定的。例如,包括气孔的数量和大小以及它们是开着的还是闭着的。气孔对水汽输送的阻力特征有日变化,但它也在很大程度上取决于土壤水分对根系的供给状况。

5.3.2　蒸发的测量方法

目前,直接测量自然水面或地表的蒸发或蒸散还不现实。然而,已经提出了几种间接测量方法可提供可信的结果。用蒸发器测量标准的饱和水面水分的损失,可分为蒸发表和小型或大型蒸发器。这些仪器既不直接测量自然水面的蒸发及实际的蒸散,也不测量潜在的蒸发。因此,所获得的观测是不能直接使用的,只有对此加以修正,才能得出湖面蒸发或自然表面实际的和可能的蒸散的可靠估计值。

蒸散器(蒸渗器)是一种置于地表以下,装满土壤并栽培植物的器皿或容器,可研究自然条件下的多相水文循环,它是一种用于多种目的的仪器。蒸散(或裸露土壤的蒸发)的估计可通过测量和平衡容器的所有其他水的收支水分,即降水、地下水排出、土壤体积储水量的变化等等,通常情况下不考虑表面径流的影响。如果保持野外土壤水分的容量,蒸散器也可用于估计土壤潜在的蒸发或覆盖植被的土壤的潜在蒸散。

对湖泊、水库以及小块土地或小的汇水区来说,蒸发的估计可通过水分收支、能量收支、空气动力学及其互补性途径完成。还应强调,不同蒸发器或蒸渗器代表物理上的不同测量。为了表征湖泊的蒸发或实际的、潜在的蒸发(蒸散),对不同仪器的修正因子必然是不一样的。因此,应该对此类仪器及其安装情况叙述得非常仔细和精密,以便尽可能地充分了解具体的测量条件。

蒸发表是一种测量潮湿、多孔表面水分损耗的仪器,潮湿的表面可以是多孔陶瓷的球、圆柱体或平板,也可以是装置了滤纸的圆盘并使其吸水达到水湿透状态。利文斯通(Livingstone)蒸发表有一个直径约5 cm的陶瓷球体作为蒸发元件,并通过一玻璃或金属管与储水瓶相连,作用于储水瓶中水面的大气压使球体维护水湿透。贝拉尼(Bellani)蒸发表由一个其顶部固定有着釉陶瓷漏斗的陶瓷盘组成,一个起储水作用并作为测量装置的滴定管将水引入。毕歇(Piche)蒸发表有一个与带有倒置刻度的圆柱管下端相连通的滤纸盘作为蒸发元件,圆柱管的另一端是封闭的,可由此管向滤纸盘供水。连续测量保留在刻度管内的水量,便可得出在任何给定时间内由于蒸发所失去的水量。

尽管常常认为蒸发表可以得出植物表面蒸发的相对测量值,但实际上这种测量值与自然表面蒸发不存在直接的相对简单的关系。利用精心按标准遮蔽安置的毕歇蒸发表的读数,已用来成功地得出估算所需的空气动力学项、风函数和饱和水汽压差值,后者是从彭曼(Penman)的联合方法出发并获得它们之间的相关关系之后而得出的。当有可能从经验上得出用蒸发表测出的水分消耗与自然表面水分损耗的关系时,可以预料,对各类型表面和不同气候条件下均会得出不同的关系式。所以尽管蒸发表对小规模调查似乎仍有用处,但在水资源调查中不会推荐使用蒸发表,除非没有其他数据可用。

现在正在使用的自记蒸发器,有好几种类型。通过从储水罐将水倒入蒸发器,或者当降水发生时从蒸发器内放水来保持蒸发器水面的高度不变,同时将加入的水量或放掉的水量记录下来。在某些蒸发器或蒸发池内,借助于在静水管内的浮子操纵一个记录器也可连续记录水面高度。

蒸散率可以从蒸散器水分收支的一般方程进行估计。蒸散量等于降水/灌水量减去渗漏量,再减去水储量的变化。因此,蒸散器的地块观测程序包括降水/灌水量、渗漏量及土壤水储量的变化。通过对植被培育的生长观测可以使该程序进一步完善。

降水或灌溉量(假如有的话)更适合于用标准方法在地面高度上测量。渗漏可以收集在桶中,其体积可定期测量或记录。水储量变化的精密测量可使用上述描述的称重技术。称重时应将蒸散器遮蔽起来,以避免风力负载的影响。体积测量方法的应用对蒸散量长期值的估计是相当令人满意的。采用这种方法,可测出降水和渗漏的量。假定观测期间水储量的变化为零,则在观测开始和结束时通过将土壤水分增至田间持水量,就可确定土壤含水量的变化。

为了模拟具代表性的蒸散率,蒸散器的土壤和植被覆盖应和周围环境相一致,而且应将仪器本身引起的干扰减小到最低程度。对蒸散器安装最重要的要求如下所述:为了保持土壤相同的流体力学属性,建议将蒸散器作为一个未受干扰的部件整块置入容器中。就疏松的可视为各自同性的土壤以及大的容器而言,必须一层一层地按一样的次序填充容器并具有自然纵断面相同的密度。为了模拟容器中的自然排水过程,必须防止底部限量排水。根据土壤结构,可能有必要人为造成空虚,保持底部空吸能力。

不同于土壤蒸发的微型蒸散器必须具有相当大的面积和足够的深度,其边缘应尽可能低,以确保培育的植被具有代表性且其生长不受限制。通常,蒸散器的安置应适应观测的要求,像蒸发器那样,地段应避开建筑物、单棵树及气象仪器等的影响。为了使平流的影响减至最小,蒸散器观测场应位于远离周围环境上风边沿相当距离的地方,即不小于 100 m 到 150 m,防止平流影响对于灌溉地表的测量来说特别重要。

目前使用的小型蒸发器为一口径 20 cm,高 10 cm 的金属筒。为防止鸟兽饮水,器口装有辐射状的铁丝网罩。蒸发器安装在观测场的雨量器旁边,器口水平,离地面高 70 cm。观测时,应在前一天用雨量杯取清水 20 mm 倒入蒸发器内,经 24 小时后,再测蒸发器内所剩的水量,减少的水量即为蒸发量,如 24 小时内有降水,蒸发量的计算公式为:蒸发量＝原量＋降水量－余量。

还有一种 E601 型蒸发器,由蒸发桶、水圈、溢流筒和测针组成。蒸发桶器口面积为 3 000 cm²。在桶壁上开有溢流孔,用胶管与溢流孔相连,以承接因降水从蒸发桶内溢出的水量。桶涂成白色,以减少太阳辐射。水圈是装置在蒸发桶外围的套,用以减少太阳辐射及溅水对蒸发的影响,测针用于测量蒸发器内的水面高度。

观测时,调整测针与水面相切,从游标尺上读出水面高度,读数可精确到 0.1 mm,则蒸发＝前一日水面高度＋降水量－测量时水面高度,其中降水量以雨量器的观测值为准。

蒸渗仪(Lysimeter,曾译作腾发器、蒸渗器等)是一种设在田间(反映田间的自然环境)或温室内(人工模拟自然环境)装满土壤的大型仪器,用来测量裸土蒸发量或作物的蒸腾、潜在蒸发量以及深层渗漏量。蒸渗仪可分为称重式和非称重式两种。非称重式蒸渗仪通过控制地下水位,测定补偿水量,国外也称谓排水型蒸渗仪,其安装操作简单,造价低,在我国被广泛应用。称重式蒸渗仪可分为液压式、机械式、电子称重式等,能测定短时段的腾发量,精度高,造价也高。土壤表面与植被系统的蒸散量测量是较复杂的,包括土壤表面的蒸发、植被的蒸腾等,它们与土壤含水量、水的径流、渗漏及大气的温度、湿度和风速有关。蒸散量＝当日土柱重量－前日土柱重量－降水量－浇灌量,若降水量＝0,浇灌量＝0,则蒸散量＝当日土柱重量－前日土柱重量。

5.3.3 通过测定其他气象要素计算蒸发量

通过测定其他气象要素计算蒸发量包括水汽湍流扩散法、涡动相关法、梯度法原理(湍流扩散法)、热量平衡方法、空气动力学方法和 Monteith 综合法。现分述如下:

1. 水汽湍流扩散法

由湍流及热力作用从地面损失的水分,称之为蒸发,从植被冠层损失的水分称之为蒸腾,蒸发与蒸腾之和为蒸散。一般蒸发与土壤含水量、大气热力、动力及大气层的水汽压、饱和水气压有关。另外,风速的增大有助于水汽的扩散输送,故蒸发率随风速增大而增大,所以,蒸发率 E 可简单地表示为

$$E = f(u)(e_s - e) \tag{5.5}$$

式中 $f(u)$ 通常采用以下形式

$$f(u) = A(1 + Bu) \ \text{或} \ f(u) = u^n \tag{5.6}$$

式中,u 为风速,A、B 和 n 分别为经验常数。

因此,在蒸发面适当高度测得风速,大气压力,干、湿球温度,即可计算蒸发率 E。其中

$$e = e_s - AP(T_d - T_w) \tag{5.7}$$

$$A = 0.622 \times 10^{-4} \ (\text{℃}^{-1})$$

上式中 e_s 为水面饱和水气压,e 为空中的水气压。

蒸发率公式可表示为

$$E = \frac{0.16\rho(q_1 - q_2)(v_2 - v_1)}{[\ln(z_2/z_1)]^2} \tag{5.8}$$

只要测出 z_1、z_2 高度上的比湿 q_2、q_1 和风速 v_2、v_1,就可以计算出蒸发率。对时间积分,即可求出蒸发量。这里 ρ 是气层空气密度。

2. 涡动相关法

地球表面能量、物质的输送是由大大小小极不规则的湍流涡旋完成的。通常把这种湍流运动分成两部分,即平均运动和脉动运动。对风速来说,平均速度用 $\bar{u}$、$\bar{v}$、$\bar{w}$ 表示,脉动速度用 u'、v'、w' 表示。因此,对任意时刻水平和垂直运动的瞬时值可表示为

$$u = \bar{u} + u', v = \bar{v} + v', w = \bar{w} + w' \tag{5.9}$$

$$\bar{u} = \frac{1}{T} \int_{t_0 - \frac{T}{2}}^{t_0 + \frac{T}{2}} u \, dt, \bar{v} = \frac{1}{T} \int_{t_0 - \frac{T}{2}}^{t_0 + \frac{T}{2}} v \, dt, \bar{w} = \frac{1}{T} \int_{t_0 - \frac{T}{2}}^{t_0 + \frac{T}{2}} w \, dt \tag{5.10}$$

式中 T 为进行平均的时间间隔，t_0 是时间间隔的中心，代表均值出现的时刻。

风速的上述特性，同样适用于其他要素，如温度、湿度等，θ'、q' 分别为位温脉动（或温度脉动）和比湿脉动，则

$$\theta = \bar{\theta} + \theta', q = \bar{q} + q' \tag{5.11}$$

$$\bar{\theta} = \frac{1}{T} \int_{t_0 + \frac{T}{2}}^{t_0 + \frac{T}{2}} \theta \, \mathrm{d}t, \bar{q} = \frac{1}{T} \int_{t_0 + \frac{T}{2}}^{t_0 + \frac{T}{2}} q \, \mathrm{d}t \tag{5.12}$$

$$\overline{\theta'} = \overline{q'} = 0 \tag{5.13}$$

对于近地气层，考虑到本层的特点，各种物理量，如动量、热量和水汽通量等的垂直输送作用要比水平方向输送的作用大得多，所以，我们着重考虑的将是这些物理量的垂直输送。从以上分析中可以得到启发，对于近地层动量、热量和水汽的输送，显然也是因为湍流脉动的结果。于是，动量、热量、水汽的垂直输送可写成

$$\tau = -\rho \overline{u'w'} \tag{5.14}$$

$$H = \rho C_p \overline{w'\theta'} \tag{5.15}$$

$$LE = \rho L_V \overline{w'q'} \tag{5.16}$$

$$F_{CO_2} = \rho \overline{w'c'} \tag{5.17}$$

$$F_{N2O} = \rho \overline{w'c'_{N2O}} \tag{5.18}$$

$$F_{CH_4} = \rho \overline{w'c'_{CH_4}} \tag{5.19}$$

u'、v'、w'、θ' 的测量一般是采用超声风速温度仪（Ultra-sonic anemometer/thermometer）测量，而 q' 则用 Layman Arfa（L-α）湿度仪测量。这样，我们了解了动量、热量以及水汽在近地面层中交换的过程。

3. 梯度法原理

因为 u'、v'、w'、θ'、q' 的测量和数据处理相对比较复杂，所以有没有用这些要素的平均值及其梯度值来计算的方法呢？于是人们首先就想到了利用湍流运动与分子运动的相似性进行模拟，即用虚拟的粘滞性系数、传导系数、扩散系数来表示动量或任何其他物理属性的输送，这些系数的定义与分子方面相应各系数的定义极为相似，统称为湍流交换系数。根据这种设想，可以写出任一物理属性的垂直扩散方程

$$F_s = -\rho K_s \frac{\partial \bar{S}}{\partial z} \tag{5.20}$$

式中 $\bar{S}$ 为任一要素值。对应相应的动量、热量、水汽、二氧化碳等的垂直扩散方程为：

$$\tau = -\rho \overline{u'w'} = \rho K \frac{\partial \bar{u}}{\partial z} \tag{5.21}$$

$$H = \rho C_p \overline{w'\theta'} = -\rho C_p K \frac{\partial \overline{\theta}}{\partial z} \tag{5.22}$$

$$LE = \rho L_V \overline{w'q'} = -\rho L_V K \frac{\partial \overline{q}}{\partial z} \tag{5.23}$$

$$F_{CO_2} = \rho \overline{w'c'} = -\rho K \frac{\partial \overline{c}}{\partial z} \tag{5.24}$$

式中 $\frac{\partial \overline{u}}{\partial z}$、$\frac{\partial \overline{\theta}}{\partial z}$、$\frac{\partial \overline{q}}{\partial z}$、$\frac{\partial \overline{c}}{\partial z}$ 分别为风速、温度、比湿和二氧化碳的垂直梯度。K 为湍流交换系数,可以理解为:当物理量的梯度为 L 时,单位时间内单位质量空气中所含物理量 S 因湍流作用而沿垂直方向输送的数量。K 的量纲是 L^2/S,以 cm^2/s 或 m^2/s 表示。

这样,我们把计算各种物理量沿垂直方向输送的任务归结于计算 K 的大小,只要把 K 确定了,计算各种物理量的通量问题就解决了。要确定 K 还需要更进一步求助于分子交换理论,引进所谓的混合长度的概念,这就是所谓的普兰德混合长理论。

根据这个理论,混合长可以比拟为"分子平均自由程"。假定:由于湍流运动,有一个湍涡(在湍流运动中类似于分子的最小单体,由一团靠得很近的流体组成)从原来的高度 z 处脱离出来,带了与该高度平均运动相应的动量,沿垂直方向到达新的高度 $z+L$ 处,在这里这个"湍涡"重新与主流相混合,有

$$L = \kappa z \tag{5.25}$$

κ 为 karman 常数,$\kappa = 0.35 \sim 0.40$,z 为高度。

$$K = Lu_* \tag{5.26}$$

$$u_* = L \frac{\partial \overline{u}}{\partial z} \tag{5.27}$$

$$u_* = \kappa z \frac{\partial \overline{u}}{\partial z} \tag{5.28}$$

如果能在两个高度上进行风速观测,得

$$u_* = \frac{\kappa (\overline{u_2} - \overline{u_1})}{\ln \frac{z_2}{z_1}} \tag{5.29}$$

于是

$$K = \frac{\kappa^2 (\overline{u_2} - \overline{u_1})}{\ln \frac{z_2}{z_1}} z \tag{5.30}$$

式中 $\overline{u_2}$、$\overline{u_1}$ 即为高度 z_2、z_1 上的平均风速。从上式可以看出,交换系数 K 的大小与两个高度的风速差(实际上就是风切变)成正比,同时还随离地面高度 z 的增加而线性增大。这是不难理解的,因为上下层之间风速差越大,垂直方向的动量交换就越多,湍流就越发展,K 就越大。另外,离地面愈高,地面影响就愈小,因而也愈有利于湍流运动的发展。

此外,在近地气层中的风廓线应是一对数曲线。由此,还可以引出地面粗糙度的概念

来。如果我们以地面某一高度 z_0 上风速 $u_0 = 0$ 代替式中的 z_1 和 z_2，于是就可得到

$$\bar{u}(z) = \frac{u_*}{\kappa} \ln \frac{z}{z_0} \tag{5.31}$$

(5.31)式为大气为中性时在近地面层中风速随高度的变化。

$$\bar{u}(z) = \frac{u_*}{\kappa} \ln \frac{z}{z_0} \varphi(R_i) \tag{5.32}$$

z_0 为粗糙度高度，它随稳定度而变化。在实际工作中作风速廓线线性回归，或将风速廓线图上曲线外延，及至它与代表高度的坐标轴相交，即平均风速为 0，这个高度就是粗糙度。

上面我们讨论的湍流运动都是指由于风的垂直切变，也就是动力因素引起的运动，称为动力湍流（强迫对流）。还存在一种由热力条件引起的对流，称为热力对流。在实际大气中，湍流运动总是在动力和热力（浮力）的共同作用下发生、发展起来的。里查逊（Richardson）数就是一个判别湍流运动消长的参数，可以从两个途径获得：一个是直接从平均运动动能转化为湍流，从贴地气层的能量平衡方程中导出；另一种则从因次理论角度求得，为一无因次数，其大小决定于位温、位温梯度、重力加速度和风速梯度。

$$R_i = \frac{g}{\theta} \frac{\frac{\partial \theta}{\partial z}}{\left(\frac{\partial u}{\partial z}\right)^2} \tag{5.33}$$

现在我们来讨论里查逊数的物理意义。里查逊数表明了流体沿垂直方向运动抵抗重力的做功率与湍流能量的供给率的比值，亦即表明了热力因素与动力因素的比例关系，说明稳定度条件对于交换的影响。

根据里查逊数可以了解大气中湍流发展的程度。我们可作如下三种情况讨论：① $\frac{\partial \theta}{\partial z} \geqslant 0$，$R_i \geqslant 0$，此时大气层结稳定，热力作用阻碍湍流运动的发展；② $\frac{\partial \theta}{\partial z} = 0$，$R_i = 0$，$R_i \leqslant R_{ic}$，大气温度层结是中性的；③ $\frac{\partial \theta}{\partial z} \leqslant 0$，$R_i \leqslant$ 某一个值，层结不稳定，湍流随着不稳定度的增加而加强。

由于湍流运动有明显的日变化，所以里查逊数也具有明显的日变化。早晨日出之后，地面急骤增温，$\frac{\partial \theta}{\partial z} \leqslant 0$，大气不稳定，湍流运动不断加强（$R_i$ 的负绝对值不断增加）。午后，达到负的极大值，此时湍流最为强烈，近地面层风速也达到最大。尔后，$\frac{\partial \theta}{\partial z}$ 的绝对值慢慢减小，到傍晚就开始出现逆温，由于稳定层结对湍流运动施加反向影响，阻碍它的发展，湍流减弱。

4. 热量平衡方法

这是一种以能量守恒定律为基础的计算方法，实际上是一种余项法。在环境生态研究中如有辐射平衡观测资料时，使用此法较好。地表面热量平衡方程为

$$R_n = -\rho C_p K \frac{\partial \bar{\theta}}{\partial z} - \rho L_V K \frac{\partial \bar{q}}{\partial z} + G \text{ 或 } R_n = H + LE + G \qquad (5.34)$$

其中 R_n 为辐射平衡，G 为初始辐射量，其余符号都是已知量。如果以差分代替微分，并从中解出 K，可得

$$K = \frac{(R_n - G)\Delta z}{\rho C_p \Delta\bar{\theta} + \rho L_V \Delta\bar{q}} \qquad (5.35)$$

将 $\frac{\partial \bar{\theta}}{\partial z}$ 和 $\frac{\partial \bar{q}}{\partial z}$ 写成差分形式 $\frac{\Delta\bar{\theta}}{\Delta z}$ 和 $\frac{\Delta\bar{q}}{\Delta z}$，则

$$(R_n - G) = -\rho C_p K \frac{\Delta\bar{\theta}}{\Delta z} - \rho L_V K \frac{\Delta\bar{q}}{\Delta z} \qquad (5.36)$$

或直接求出湍流热通量和蒸发耗热项，则有

$$H = -\rho C_p K \frac{\partial \bar{\theta}}{\partial z} = -\rho C_p \frac{(R_n - G)\Delta z}{\rho C_p \Delta\bar{\theta} + \rho L_V \Delta\bar{q}} \frac{\Delta\bar{\theta}}{\Delta z} = -\frac{R_n - G}{1 + \dfrac{L_V}{C_p}\dfrac{\Delta\bar{q}}{\Delta\bar{\theta}}} \qquad (5.37)$$

$$LE = -\rho L_V K \frac{\partial \bar{q}}{\partial z} = -\rho L_V \frac{(R_n - G)\Delta z}{\rho C_p \Delta\bar{\theta} - \rho L_V \Delta\bar{q}} \frac{\Delta\bar{q}}{\Delta z} = -\frac{R_n - G}{\dfrac{C_p}{L_V}\dfrac{\Delta\bar{\theta}}{\Delta\bar{q}} + 1} \qquad (5.38)$$

式中，$\Delta z = z_2 - z_1$、$\Delta\bar{\theta} = \bar{\theta}_2 - \bar{\theta}_1$、$\Delta\bar{q} = \bar{q}_2 - \bar{q}_1$ 在实际使用时可作一些具体规定。如以 $z_1 = 0.5\,\text{m}$、$z_2 = 2.0\,\text{m}$，对于海拔高度较低的地方，$\Delta\bar{q} = 0.622 \times 10^{-3} \cdot \Delta\bar{e}$（$\Delta\bar{e}$ 以毫巴为单位），$\rho = 0.001\,29\,\text{g/cm}^3$，$C_p = 0.24\,\text{cal/(g·deg)}$，$L_V = 600\,\text{cal/g}$ 代入式(5.35)、(5.37) 和(5.38) 后，可得实用的热量平衡法的计算式，有

$$K = \frac{0.81(R_n - G)}{\Delta\bar{\theta} + 1.56\Delta\bar{e}} \qquad (5.39)$$

$$H = \frac{(R_n - G)\Delta\bar{\theta}}{\Delta\bar{\theta} + 1.56\Delta\bar{e}} \qquad (5.40)$$

$$LE = \frac{(R_n - G)\Delta\bar{e}}{\Delta\bar{e} + 0.64\Delta\bar{\theta}} \qquad (5.41)$$

为了保证计算的精度，我们规定当满足

$R_n - G \geqslant 0.1$，$\Delta\bar{\theta} + 1.56\Delta\bar{e} \geqslant 0.5$，$\Delta\bar{e} + 0.64\Delta\bar{\theta} \geqslant 1.0$ 时，才能使用上述公式。

对于高山地区，上述计算式还需作气压和密度的高度订正，订正后的计算式分别为

$$K = \frac{0.81(R_n - G)}{\dfrac{p'}{p'_0}\Delta\bar{\theta} + 1.56\Delta\bar{e}} \qquad (5.42)$$

$$H = \frac{(R_n - G)\Delta\bar{\theta}}{\Delta\bar{\theta} + 1.56\Delta\bar{e}\dfrac{p'}{p'_0}} \tag{5.43}$$

上式中 p'_0 为本站气压、p' 为订正气压。

$$LE = \frac{(R_n - G)\Delta\bar{e}}{\Delta\bar{e} + 0.64\Delta\bar{\theta}\dfrac{p'}{p'_0}} \tag{5.44}$$

5. 空气动力学方法

空气动力学方法是根据近地面层空气动力学特征,计算能量和物质通量的输送过程。风速、温度、湿度、二氧化碳或氧化亚氮输送的梯度表达式为:

$$\frac{\partial\bar{u}}{\partial z} = \frac{u_*}{k(z-d)}\varphi_m \tag{5.45}$$

$$\frac{\partial\bar{\theta}}{\partial z} = \frac{-H}{\rho C_p k u_*(z-d)}\varphi_h \tag{5.46}$$

$$\frac{\partial\bar{q}}{\partial z} = \frac{-LE}{\rho L_V k u_*(z-d)}\varphi_w \tag{5.47}$$

$$\frac{\partial\overline{C_{N_2O,CO_2}}}{\partial z} = \frac{-F_{N_2O,CO_2}}{k u_*(z-d)} \tag{5.48}$$

由(5.45)式—(5.48)式可得

$$\tau = \rho k^2 (z-d)^2 \left(\frac{\partial\bar{u}}{\partial z}\right)^2 \varphi_m^2 \tag{5.49}$$

$$H = -\rho C_p k^2 (z-d)^2 \frac{\partial\bar{u}}{\partial z}\frac{\partial\bar{\theta}}{\partial z}(\varphi_m\varphi_h)^{-1} \tag{5.50}$$

$$LE = -\rho L_V k^2 (z-d)^2 \frac{\partial\bar{u}}{\partial z}\frac{\partial\bar{q}}{\partial z}(\varphi_m\varphi_w)^{-1} \tag{5.51}$$

$$F_{N_2O,CO_2} = -\rho k^2 (z-d)^2 \frac{\partial\bar{u}}{\partial z}\frac{\partial\overline{C_{N_2O,CO_2}}}{\partial z}(\varphi_m\varphi_{N_2O,CO_2})^{-1} \tag{5.52}$$

式中 k 为 Karman 常数,γ 为湿度表常数,$\gamma = \dfrac{C_p p}{\varepsilon L_V} = 0.67 \text{ hap℃}^{-1}$,$d$ 为位移长度($d = 0.63h$,h 为植被高度),φ_m、φ_h、φ_w、φ_{N_2O,CO_2}。

分别为风速、温度、湿度和二氧化碳及氧化亚氮的稳定度通用函数,它们的表达式为

$$\varphi_m\left(\frac{z}{L}\right) = 1 + \beta_m\frac{z}{L},\ \frac{z}{L} \geqslant 0 \tag{5.53}$$

$$\varphi_m\left(\frac{z}{L}\right) = \left(1 - \gamma_m\frac{z}{L}\right)^{-\frac{1}{4}},\ \frac{z}{L} \leqslant 0 \tag{5.54}$$

$$\varphi_h\left(\frac{z}{L}\right)=\varphi_w\left(\frac{z}{L}\right)=\varphi_{N_2O,CO_2}\left(\frac{z}{L}\right)=1+\beta_h\frac{z}{L},\frac{z}{L}\geqslant0 \tag{5.55}$$

$$\varphi_h\left(\frac{z}{L}\right)=\varphi_w\left(\frac{z}{L}\right)=\varphi_{N_2O,CO_2}\left(\frac{z}{L}\right)=\left(1-\gamma_h\frac{z}{L}\right)^{-\frac{1}{2}},\frac{z}{L}\leqslant0 \tag{5.56}$$

系数 β_m、γ_m 和 β_h、γ_h 见表 5.1。

表 5.1   风、温、湿稳定度函数表达式系数

β_m	γ_m	β_h	γ_h	k
4.7	15.0	6.4	9.0	0.35
7.0	16.0	7.0	16.0	
5.2	18.0	5.2	9.0	0.41
	16.0		16.0	0.40

$\frac{z}{L}$ 的计算：

$$\frac{z}{L}=\begin{cases}R_i,R_i\leqslant0\\[2mm]\dfrac{R_i}{1-5R_i},R_i\geqslant0\end{cases} \tag{5.57}$$

R_i 为 Richardson 数，L 为 Moni‐Obukhov 长度：

$$R_i=\frac{g}{\bar\theta}\frac{\frac{\partial\bar\theta}{\partial z}}{\left(\frac{\partial\bar u}{\partial z}\right)^2},\quad L=-\frac{\rho C_p\bar\theta\bar u_*^3}{kgH}$$

6. Monteith 综合法

Monteith 综合法的表达式为：

$$\lambda E=\frac{S(R_n-G)+\rho C_p\dfrac{(e_s-e)}{\gamma_v}}{S+\gamma\left(1+\dfrac{\gamma_s}{\gamma_v}\right)} \tag{5.58}$$

式中 S 为饱和水汽压斜率 $\frac{de_s}{dT}$，e_s、e 为观测高度的饱和水汽压和水汽压，γ 为干湿表常数，γ_s 为作物活动表面阻力 $s\cdot m^{-1}$，γ_v 为作物活动表面的水汽扩散阻力 $s\cdot m^{-1}$，它们的计算方法为：

$$\gamma_s=\frac{\rho C_p}{\gamma}\frac{e_s-e}{\lambda E} \tag{5.59}$$

$$\gamma_v=\gamma_{am}+6.266\left(\frac{u}{\gamma_{am}}\right)^{-\frac{1}{3}} \tag{5.60}$$

$$\gamma_{am} = \frac{\left\{ \ln\left[\frac{(z-d+z_0)}{z_0}\right] + \Phi_m \right\}^2}{k^2 u} \tag{5.61}$$

式中，$\Phi_m = \int_{d+z_0}^{z} \frac{(\varphi_m - 1)}{z} \mathrm{d}z$，$\varphi_m = \begin{cases} (1-16R_i)^{-\frac{1}{4}}, (R_i \leqslant -0.05) \\ 1, (-0.05 \leqslant R_i \leqslant 0.05) \\ (1-5R_i)^{-1}, (R_i \geqslant 0.05) \end{cases}$

§5.4 土壤湿度的观测

5.4.1 土壤含水量测量意义

土壤含水量是影响农作物收成与水土保持的重要因素之一，如图 5.4 所示土壤含水量和吸水力之间的关系。土壤湿度对于制定灌溉进程表、水与溶质流的评价、净太阳辐射潜热与显热的划分等方面都是很重要的。作为预测水源耗竭模式中的重要参量，土壤湿度在水文学中是很重要的。在大气数值模式中，陆气相互作用的模拟及水气循环的其他参量都要求测量土壤湿度，卫星遥感评价的验证也需要直接测量地表土壤水分。

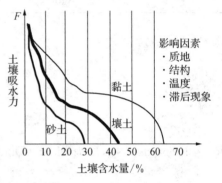

图 5.4 土壤含水量和吸水力之间的关系

土壤湿度的测量可用土壤含水量与土壤湿度位势的测定来表示。土壤含水量反映了土壤中水的质量与体积，而土壤湿度位势则反映土壤水分能量状态。农业学科非常关注土壤水分的测定，为满足土壤水分状态测量的广泛需求，许多仪器已发展到商业化的程度，使用最普遍的将在下面予以讨论，包括其优点与缺点。此外，对在不久的将来可能被广泛使用的新式仪器也予以简要讨论。

5.4.2 土壤湿度测量中的一些概念

称重技术是测量土壤含水量最为简单且被广泛运用的方法。因为此方法简单易行而且是直接测量，所以被用作其他方法参照的标准。定义在干质基础上的称重土壤湿度 θ_g 可表达为

$$\theta_g = \frac{M_{water}}{M_{soil}} \cdot 100 \tag{5.62}$$

此处 M_{water} 为土样中的水质量，M_{soil} 为烤干（100 ℃～110 ℃）后土样中的土质量。对于风干（25 ℃）的矿物土壤，称重土壤湿度通常小于 2%，但随着土壤水分达到饱和，其水含量会增到 25% 至 60%。但是称重取样法具有破坏性，使得土壤接近饱和时，取得准确的土壤含水量测量结果变得极为困难。通常，土壤湿度用体积表达。由于降水、蒸散量和溶质变化参量通常用容量表示，用体积表示的水含量更为有用。体积水含量 θ_V 可表达为：

$$\theta_V = \frac{V_{water}}{V_{soil}} \cdot 100 \tag{5.63}$$

此处, V_{water} 为水体积, V_{soil} 为土壤(土＋气＋水)总体积。土壤体积含水量的变化可从风干土壤的少于 10% 到临近饱和的矿物土壤的 $40\%\sim50\%$ 变化。由于水与土壤体积的准确测定存在困难,体积水含量通常间接测定。体积与称重土壤含水量有一定关系,该关系如下:

$$\theta_V = \theta_g \, \rho_b / \rho_w \tag{5.64}$$

ρ_b 是干土壤体积密度, ρ_w 是土壤水分密度。

土壤湿度位势是描述土壤水分能量状态的量,它对水分传输分析、含水量评价、土壤—植被—水相互作用等都很重要。两地土壤湿度位势的不同反映了水流的趋势,即由高位势流向低位势。由于湿度位势会随干燥而减少(负值变得更大),运移它所需的功就要增加,使得植物抽吸水变得困难。当植物吸水变得更困难时,植物水位势因此下降,最终导致植物受压,甚至枯萎。

通常,湿度位势描述土壤水力做的功,或在负位势下水从土壤中运移出来所需的功。总湿度位势 ψ_t(所有力场的综合效应)表达如下

$$\psi_t = \psi_z + \psi_m + \psi_0 + \psi_p \tag{5.65}$$

此处, z, m, o, p 分别为重力、基模、渗透以及压力位势。并非所有这些位势都以同一方式起作用,这些梯度在诱导流中亦并非始终有效。例如, ψ_0 需要一半渗透膜来引导流, ψ_p 将在饱和或积水条件下存在。在非饱和土壤和不涉及半渗透膜下应用最为现实,此时总湿度位势通常写成

$$\psi_t = \psi_m + \psi_z \tag{5.66}$$

含水量常被无量纲化,最典型的是用百分数。然而在处理水质平衡或连续方程时,应予以注意的是含水量并不是无量纲的。称重含水量是由每克土壤中水的克数来表示的(水克/干土克)。同样,体积含水量是由每单位体积干土壤中水的体积含量表示($V_水/V_{干土}$)。kPa 是表述湿度位势的典型单位,其数值等于 $J \cdot kg^{-1}$。历史文献中也有用以下单位表示的:巴、大气压、因每达平方厘米、尔格每克、厘米水柱、厘米汞柱、磅每平方英寸。

5.4.3　土壤湿度测量方法

有许多仪器可用来计量土壤湿度状态。土壤 θ_g 通过直接法测定。土壤 θ_V 则通常通过测定土壤特性或由置于土壤中物体的反应而间接测定。土壤湿度间接测定法是从置于土壤中受土壤含水量影响的物体的反应来推断 θ_V 的。测定土壤湿度常见的间接法包括放射方法、时间域反射法、原子磁场共振。测定湿度位势间接法包括张力表、电阻块和土壤干湿表。

无论现在用的什么方法,都不可能在不知道空间异质变率下描述一野外场的含水量。虽然土壤有向平衡土壤湿度位势运移的趋势,但并非与平衡含水量有很好的关联。尽管如此,表示变化系数的变率(平均值的标准偏差),其特征范围为 $15\%\sim35\%$。当含水量在具有一空间可信度的有限范围时,含水量变率随观测尺度的减小而减小。所幸的是,许多野外场尺度过程能产生土壤含水量准确度为 5% 量级的可接受结果。蒸腾的野外场尺度评价处于格点有效范围。然而,任何蒸腾评价的敏感度也是所利用模式的函数。

对于化学运移时间的评价,则受相当多的当地土壤性质和特征的影响。因此, 5% 量级的准确度对含水量评价是不够的。事实上,即使是 3% 的准确度,仅仅由于用于化学运移的

部分土壤孔隙而导致的含水量评价是无法接受的。相反,列出计算含水量分布的方程式则相当必要,此分布包括:第一要素(平均)、第二要素(偏差)、分布类型(正态、对数正态等等)。含水量分布可用来计算孔隙水速分布,孔隙水速正比于入流,反比于水速。水速分布于是可作为传递函数模拟的概率密度函数。

蒸渗器与土壤湿度测定有关。蒸渗器法是一种具有非破坏性的直接方法,间断或连续称重装满土壤的容器,即可确定容器中由土壤水分变化而引起的总质量变化。

为测定土壤质量含水量 θ_g,可用便利的工具将土壤样品从野外取来,即所谓的直接测定方法。常见工具有铁铲、手动螺旋钻、铲斗螺旋钻以及电动取心管。将土样置于防漏水、适合运往实验室、易于在电热炉烘干的称重容器内。烘干前后均需将土样与容器在实验室称重,其差值为土样中最初含水的重量。烘干时将开口容器置于 105 ℃ 电烤箱中,直至重量稳定在一常值,时间需要 16～24 小时。但若土样有机质的含量比较可观时,会发生过氧化使部分有机质从土样中丢失。虽难以确定发生过氧化的温度,但仍可通过将炉箱温度从105 ℃降至 70 ℃,以防止有机质的丢失。测定称重含水量用微波炉烘干甚为有效。此方法中,土壤水温迅速升至沸点,此时温度会由于水蒸发时的耗热而在一定时间内保持常值。但当土壤水吸收的能量超出水蒸腾所需能量时,温度会迅速上升。若土样中有石块时,温度就会升高到能够熔化塑料容器的程度,此时就得非常小心。也有其他几种不常用的土壤含水量的直接测定法,它们都仅限于一些个别情况。其中一种是把土样放于底部开孔的已称过皮重的容器,以确定其水分的重量。将土样浇上能置换水的甲醇,然后将甲醇点燃,多次重复此过程,直到称量土样能够测定干物质的重量。置换水所需甲醇的量取决于许多因素,如土样的多少、含水量、质地等。后一种方法由于土壤成分挥发而易于产生误差。

在其他参量中,土壤持水量与土壤质地和结构有关。取样中易将土壤破坏,从而改变其持水量。测定土壤湿度间接法可每次在同一观测点获得所需信息,而不破坏土壤水分系统。土壤含水量测量的间接法是辐射法,辐射法包括两种较为常见且适于测定土壤含水量的放射学方法。一种为中子散射法,基于高能(快)中子与土壤的氢核反应。另一方法则是伽玛射线通过土壤的衰减。二者均可用携带的装置在固定观测点测量,并要经细致校准,特别是对于将要安装仪器的土壤。使用任何放射发射器时必须有预防措施,必须遵守由制造商和卫生部门制定的辐射危害条例。当执行这些规则后,就不用害怕暴露在过量辐射中,不管使用频率如何,不论使用何种放射发射器,操作者应佩戴测辐射胶片,以便能估计辐照程度,并按月进行记录。

利用中子散射法原理的装置有两种,土壤表面表与深度探头。在两种装置中,发射高能(快)中子与其他物质相作用(引起中子热化),最终减速。与中子具有大约同样质量的氢核,是与中子碰撞中使之减速最为有效的土壤成分。因此,在中子探头附近减速的中子密度,与体积土壤含水量近似成正比。减速或热能化中子在中子发射装置周围形成一团云,其密度与大小反映了快中子的发射率与热能化间的一种平衡。每种中子发射装置内部是热能化中子检测器,它可以确定热能化中子云密度。但热能化中子云体积随含水量而变化,如:在湿土壤中,其半径仅 15 cm,而在干土壤中,半径则增至 35 cm。因所测体积随含水量而变化,此方法缺少高的分辨率,使之不可能确定含水量的不连续处。考虑土壤-大气间不连续的土壤界面会发生特别问题,因此,中子检测器不能用于 18 cm 深度以上的土壤层中。可用于 0～30 cm 土壤表面层的土壤含水量测定,此层土壤表层粗糙,精度随粗糙度会下降得较快。

中子深度探头包括一个高能中子放射源，一个慢热中子检测器，常设计成圆柱状。

探头由导线与主电器设备相连，以使探头进入预先安装的测管。放射源-检测器虽有几种配置，最理想的是在两个检测器中安置一个放射源。此配置有更大的球形影响区，能使其与土壤含水量有更多的线性反应。中子表面表常配备一个与土壤表面水平的热中子检测器，以及其后的一个快中子源。测管应是无缝的，且足够厚（标准的为 1.25 mm）以使其坚硬，但不能太坚硬以免测管自身对热化中子起作用。测管由不锈材料做成，如不锈钢、铝或其他塑料制品，但不可使用吸收慢中子的聚氯乙烯。探头插入管中不要卡住，常用 4 厘米直径的管就足够。应细心安装测管，避免弯曲。而且，在测管与土壤基质间不应存在空隙。当测管头部有电子元件覆盖时，要使管部伸出土壤表面约 15 厘米。所有测管均要有可移动盖以防止雨水侵入管内。

为提高试验可重复性，与土壤含水量直接相比较的不是所检测到的慢中子数，而是计数率（CR）。由下式给出

$$CR = \frac{C_{土壤值}}{C_{背景值}} \tag{5.67}$$

$C_{土壤值}$ 为土壤中检测到的热中子数，$C_{背景值}$ 为参考平台上检测到的热中子数。

所有中子检测器均配备能取得背景场数据的参考平台，平台通常是装运箱的一部分。仪器置于平台上，要读取一系列 10 个数据。读数持续时间虽因观测者而异，但通常观测时间为半分钟到一分钟。读数应为正态分布，即十分之三的读数应超出平均 ± 1 的标准偏差。此 10 个数据平均记为 C 背景值，而 C 背景值则由特定深度点处几个土壤读数平均决定。为便于校准，最好在测管周围取 3 个样，计算平均含水量，以与该深度处计算的平均 CR 相对应。应确定每个深度处 5 个不同含水量的最小值。一些校准曲线虽会相同，也应对每个深度分别进行校准。一个新检测的典型测定系数（r_2）应为 0.90～0.99。

中子衰减法能测定大范围内的体积土壤含水量，伽玛吸收法则可在每一厘米层进行扫描。此法虽具很高的分辨率，由于土壤异质使得小土壤体积测定存在较多的空间变化。（Gardner and Calissendorff，1967）。单探头伽玛装置测定因反射引起的衰减已不再被广泛使用。但对土壤密度与含水量均能测定的双探头伽玛装置，仍在被普遍使用。伽玛衰减能用数学表达为

$$I = I_0 e^{-\mu x \rho} \tag{5.68}$$

此处，I 为所测伽玛束强度，I_0 为未衰减的伽玛束强度，μ 为吸收物质的质量吸收系数，x 为吸收材料厚度，ρ 为吸收体密度。

对于给定质量吸收系数与吸收体厚度的伽玛衰减变化，与总密度变化有关。当伽玛射线随质量衰减时，只有干土壤密度的伽玛射线衰减已知，才能测定含水量，并且在含水量变化时，土壤干密度必须保持不变。若干土壤密度已知，土壤含水量则可由总密度与干密度值的差值而定。与中子衰减法不同，伽玛射线衰减法具有很高的空间分辨率。在垂直测量 2.5 cm 处具有很好的精密度。在气—水交界面 2.5 cm 以下，也能取得很准确的测量数据。由于比中子放射装置有更多的潜在危险性，使用伽玛放射装置时要多加小心。制造商应提供所有实践使用的防护物，仅当伽玛进入测管时，才能离开防护物。

此外，还有土壤-水介电系数测量方法，它是利用水与干土壤的介电常数差别较大（分别

约 80 和 3.5)而设计的,理论与实践上对关于土壤体积含水量和土壤-水系统介电常数间的关系式已被提出。这种方法是可靠、快速、非破坏性的体积含水量测定法,也没有放射发生器带来的潜在危害,而且此方法完全适于大尺度的自动数据收集计划。目前,两种被开发的测定土壤-水介电常数的新装置已商业化,并已国际化。第一种装置利用时域反射测定(TDR)技术,另一种介电常数测定器则固定于一特定的微波频率。其中时域反射法是相对较新的土壤介电常数的测定,该法将已知长度的一对平行杆植入土壤中,然后测定沿杆发射的电磁脉冲的传输时间。采样区基本是围绕平行测杆的柱体,被检测的是大量土壤的体积。理论上,介电常数对土壤表面积很敏感。但时域反射法则不太敏感,也无需在土壤表面区进行校准。被广泛接受的土壤-水介电响应由下式给出:

$$\theta_v = -0.053 + 0.029\varepsilon - 5.5 \cdot 10^{-4} + 4.3 \cdot 10^{-6}\varepsilon^3 \tag{5.69}$$

此处 ε 是土壤-水的介电常数,这一试验关系曾被其他研究者肯定,并表现为粗略地独立于组构和砂、砾含量。平行测杆通常隔开 5 cm,长度在几厘米到 30 厘米以上。测杆用金属材料制成,不锈钢最为常用。虽然要细心保持测杆平行,但轻微的偏离不会影响结果。

理论上,运用时域反射法信号衰减从一个单独数据就可独立测量土壤含水量和盐度,但这项工作仍处于不成熟阶段。更多的工作正在评议中,通过将测杆水平埋在不同深度处,检测得出含水量,然后用多路技术将测杆与现场数据记录器连接,可使该项技术自动化。

微波探测法是微波介电常数探头用末端开口的共轴电缆和安置在头部的反射计来测定特定频率的振幅与相位(通常在微波区)。土壤测定与空气相对照,常用已知介电特性的固体块或液体来校准。液体校准的一个优点是能保持测杆头与材料间的电连接。当使用单个小测杆头时,仅有小体积的土壤被测定。因此,此方法在实验室和点测量上效果很好,如用于野外场地,会受空隙变率问题的影响。探头探测的是一小体积土壤,与土壤的接触是关键的。

随着先进工程技术的发展,脉冲核磁共振(PNMR)与微波遥感被发展起来,它们可以快速测定土壤水分。脉冲核磁共振由于价格昂贵,所以在实际中该技术仍不全面。这种测量方法集中在氢原子磁矩与磁场间的相互作用上。传感器由电磁射频圈、调谐电容器组成,此方法可对土壤体积含水量进行即时测定而不受土壤质地,如有机质含量以及土壤密度等的影响。含有奇数个质子或中子的核子磁矩像条磁一样旋转,当置于一静止磁场时,磁矩沿与磁场平行的轴旋进。如果在静止磁场上以直角位置施加一个与氢原子旋进频率相等的振荡磁场,就会迫使氢原子的磁矩同向旋进。振荡磁场由电波频率发生器产生。被土样所吸收的能量于是能在振荡磁场信号衰减的同时被测出。吸附与分析衰减结果能提供有关自旋-自旋和自旋-晶格弛豫时间,再以此计算土样中的氢数量。现已建立和测试了装有原型 PNMR 装置的牵引车,此仪器能在种植期测定土壤含水量,也可用于收集地面资料来校准遥感仪器。PNMR 牵引车系统虽能准确测定土壤表面以下约 5 cm 的土壤湿度,但其精密度随深度而急剧下降。为使 PNMR 技术有效工作,必须保持磁场均匀,而在未受干扰的土壤内建立一均匀磁场,则大大限制了这项技术。可购置实验室 PNMR 装置,但实际运用则显得太昂贵。

随着空间对地探测科学技术的发展,评估土壤含水量、评价蒸散率及集水区域的植物应力,可使用空基仪器运用遥感技术测定。虽已广泛研究了红外线和微波能量水平,但仅在微波区有潜力能从空间平台上给出直接定量的土壤水分测量。微波技术分为被动式(辐射计)和主动式(氡)放射。被动式微波技术集中分析来自地球表面的自然微波发射,而主动式发射器则测定雷达反向散射波信号的衰减。两种方法均利用液体水与干土壤间介电特性的差别,它们均有利于陆面大范围内表面土壤-水的监控。对于被动微波测量,微波辐射计响应范围在发射率 $0.6 \sim 0.95$ 或更低。对于主动式微波测量,当土壤由干变湿时,观测到 10 dB 的反回增量。微波发射中,亮度温度 T_b 对应于发射率 β 及土壤温度 T_{soil},就是

$$T_b = \beta T_{soil} \tag{5.70}$$

T_{soil} 的单位为开(K),因为 β 依赖于土壤质地、表面粗糙度和植被,故实际土壤含水量与 T_b 经验相关。对于土壤含水量主动式微波测定,总反向反射信号应分别分为植被和土壤部分,并且植被遮盖会影响土壤部分。体积含水量与总主动反向反射 S_t 的关系为

$$\theta_V = L(S_t - S_v)(RA)^{-1} \tag{5.71}$$

L 为植被衰减系数,S_v 为植被反向反射,R 为土壤表面粗糙度项,A 为土壤湿度灵敏度项,但缺乏合适、独立的测定 R 和 A 的方法。因此,土壤含水量的主动微波响应只能凭经验来定。

习　题

1. 我国气象台站降水观测包括哪三个要素? 它们的单位是什么?
2. 简述积雪的测量方法。
3. 降水观测的仪器主要有哪三种? 简述测量原理。
4. 蒸发量观测的仪器有哪些? 简述 E601 蒸发器和 Lysimeter 蒸散量测定仪的测量原理。
5. 微气象法测量蒸发的方法有几种? 请写出能量平衡法、涡动相关法、梯度法、空气动力学法、Menteith 综合法的原理计算式。
6. 土壤湿度的测量方法。

参考文献

1. 黄茂栋,廖仕湘,杨立洪.广东汛期降水的时空分布特征.广东气象,2008,30,6:33 - 36.
2. 李伟雄.雨量仪器使用中常出现的问题及解决方法.气象研究与应用,2007,28,增刊:56.
3. 王倩怡,张耀存.P - σ 区域海气耦合模式对中国东部地区降水的模拟.南京大学学报(自然科学),2008,44,6:608 - 620.
4. 韦志刚,陈文,黄荣辉.青藏高原冬春积雪异常影响中国夏季降水的数值模拟.高原山地气象研究,2008,28,1:1 - 7.
5. 杨丽萍,乌日娜,闫伟兄.内蒙古积雪监测方法的研究.内蒙古草业,2008,20,2:45 - 49.
6. 张占良,班春芳.蒸发器(1ilt)观测资料的折算系数及其应用.山西气象,2008,3.
7. 张占良.如何做好雪压观测.山西气象,2005,1.
8. 中国气象局监测网络司.气象仪器和观测方法指南(第六版).北京:气象出版社,2005.
9. YU Shuqiu, SHI Xiaohui, LIN Xuechun. Interannual variation of East Asian summer monsoon and its impacts on general circulation and precipitation. J. Geogr.Sci.,2009,19:67 - 80.
10. CAO Yungang, YANG Xiuchun, ZHU Xiaohua. Retrieval Snow Depth by Artificial Neural Network Methodology from Integrated AMSR-E and In-situ Data-A Case Study in Qinghai-Tibet Plateau. Chin.

Geogra. Sci., 2008,18(4):356 – 360.

11. Doorenbos, J. and Pruitt, W. O.. Crop water requirements Irrigation and Drainage. Rome: Food and Agriculture Organization of the United Nations,1976.

12. Jury, W. A. and Roth, K.. Transfer Functions and Solute Movements Through Soil. Birkhauser Verlag AG, Basle, Switzerland, 1990:228.

13. Gee, G. W. and Dodson, M. E.. Soil water content by microwave drying: A routine procedure. Soil Science Society of America Journal, 1981,45:1234 – 1237.

14. Visvalingam, M. and Tandy, J. D.. The neutron method for measuring soil moisture content: A review. Journal of Soil Science,1972,23(4):499 – 511.

15. Gardner, W. H. and Calissendirff, C.. Gamma ray and neutron attenuation measurements of soil bulk density and soil water content. Proceedings of the Symposium on Techniques in Soil Physics and Irrigation Studies, Istanbul. International Atomic Energy Agency, Vienna, 1967:101 – 113.

16. Drungil, C. E. C., Abt, K. and Gish, T. J.. Soil moisture determination in gravelly soils with time domain reflectometry. Transactions of the American Society of Agricultural Engineers, 1989, 32:177 – 180.

17. Jackson, T. J.. Laboratory evaluation of a field-portable dielectric dielectric/soik moisture probe. IEEE Transactions on Geoscience Remote Sensing, 1990,28:241 – 245.

18. Paetzold, R. F., Gish, T. J. and Jackson, T. J.. NMR measurements of soil water content. Proceedings of the International Conference on the Measurement of Soil and Plant Water Status, Logan, Utah, 1978(1): 255 –260.

19. Jackson, T. J. and Schmugge, T. J.. Passive microwave remote sensing system for soil moisture: Some supporting research. IEEE Transactions on Geoscience and Remote Sensing, 1989,27:225 – 235.

20. Sevruk, B. and Zahlavova, L.. Classification system of precipitation gauge site exposure: Evaluation and application. International Journal of Climatology, 1994,14:681 – 689.

21. World Meteorological Organization. Guide to Hydrological Practices. Fifth edition, WMO – No. 168, Geneva,1994.

22. World Meteorological Organization. Papers Presented at the WMO Technical Conference on Instruments and Methods of Observation (TECO – 94) (Goodison, et al.). Geneva, 28 February-7 March 1994, Instruments and Observing Methods Report No. 57, WMO/TD – No. 588, Geneva,1994.

23. World Meteorological Organization. WMO Solid Precipitation Measurement Intercomparison: Preliminary Results (B. E. Goodison, et al.). Papers Presented at the WMO Technical Conference on,1994.

24. Instruments and Methods of Observation (TECO – 94). Geneva, 28 February-7 March 1994, Instruments and Observing Methods Report No. 57, WMO/TD – No. 588,Geneva,1994.

推荐阅读

1. 美国环境保护局编.降水测量系统质量保证手册.任官平,译.北京:中国环境科学出版社,1991.

2. 龚正元.降水观测仪器使用与维护.北京:气象出版社,1989.

3. Jerry M. Straka. Cloud and precipitation microphysics. Cambridge University Press,2009.

4. Deliang Chen, Alexander Walther, Anders Moberg, Phil Jones, Jucundus Jacobeit, David Lister (auth.). European Trend Atlas of Extreme temperature and precipitation records. Springer Netherlands,2015.

5. 周冬生,蒋兆宏.降水量观测.北京:中国水利水电出版社,2018.

6. Schmugge, Thomas, J. Land Surface Evaporation: Measurement and Parameterization. Germany: Springer, 2011.

第6章
辐射、日照时数和雷电探测

本章重点:掌握大气辐射基本物理量的概念、测量项目、测量原理、仪器及辐射基准等,了解热电型辐射表的原理,掌握日照时数及雷电的测量原理与方法,了解人工引雷在雷电研究中的作用。

§6.1 大气辐射的测量

众所周知,太阳辐射能是地气系统的主要能量来源。到达和离开地球表面的各种辐射能量是地气热量系统的最重要部分,几乎所有大气科学的问题都涉及辐射能的收支,因此,对辐射和日照时数的观测至关重要。现代大气辐射研究与大气遥感、气候模式发展密切相关。气象学家也越来越认识到正确处理大气中的辐射过程对数值天气预报和气候变化预测的重要性。20世纪50年代后,大气辐射理论的一个重要应用领域是大气遥感。大气遥感与气候模式发展的需求也极大地推动了大气辐射传输的研究。在大气辐射领域,太阳和地球辐射与行星大气中的分子、气溶胶和云粒子发生相互作用,同时也与地球表面发生相互作用,这种相互作用数十年来一直是大气物理学的一个重要研究方向。大气辐射与气候系统基本物理过程、与外部辐射扰动造成的大气温室效应密切相关,也与用遥感研究大气和地表参数的各种方法密切相关。

6.1.1 辐射的基本知识

测量辐射具有重要的意义,主要体现在以下几个方面:① 研究地球-大气系统中的能量转换及其随时间和空间变化的规律;② 分析大气成分中诸如气溶胶、水汽、臭氧等的特性和分布;③ 满足生物学、医学、农业、建筑业和工业对辐射的需求;④ 研究放射、出射和净辐射的分布和变化;⑤ 卫星辐射测量和算法的检验。以上不仅仅是测量辐射的意义,也是我们研究辐射的主要领域。到达地面的太阳辐射能量 99.9% 集中在 $0.17\sim4~\mu m$,其中 97% 的能量集中在 $0.29\sim3.0~\mu m$,通常称太阳辐射为短波辐射。地球表面、大气中的气体、气溶胶和云所发射的辐射为长波辐射,总称为地球辐射。地球表面的温度平均为300 K,辐射能量的 99.9% 集中在 $3\sim80~\mu m$,最大辐射波长为 $10~\mu m$。对于 200 K 的大气来说,辐射能量的 99.9% 集中在 $4\sim120~\mu m$ 的区域,最大辐射波长为 $14.5~\mu m$。在气象学中,把地球辐射和太阳辐射总称为全辐射。可见,光区辐射的 99% 位于波长 $0.4\sim0.76~\mu m$ 的谱区,波长小于 $0.4~\mu m$ 的为紫外辐射,大于 $0.76~\mu m$ 的为长波辐射。如图6.1所示为各种辐射的波长范围,表6.1和6.2也分别给出了大气辐射测量中常用到的波长范围和可见光分区。然而需要指出的是,尽管表 6.1、表 6.2 给出相关波长的明确区分,在实际工作中,我们可以看到在过渡区的划分上,不同科学家可能会给出不同的划分结果,但总体上过渡区的变化范围并不大,比如能见度的变化范围这里给出的是 $0.4\sim0.76\ \mu m$,而有的研究则给出的是 $0.4\sim0.7\ \mu m$。

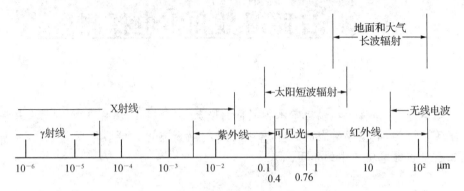

图 6.1　各种辐射的波长范围

表 6.1　大气辐射测量中常用到的波长范围

名　称		波长范围
紫外线		$100\text{Å}\sim0.4\ \mu m(1\text{Å}=10^{-10}\ m)$
可见光		$0.4\sim0.76\ \mu m$
红外线	近红外	$0.76\sim3.0\ \mu m$
	中红外	$3.0\sim6.0\ \mu m$
	远红外	$6.0\sim15\ \mu m$
	超远红外	$15\sim1\ 000\ \mu m$
微波	毫米波	$1\sim10\ mm$
	厘米波	$1\sim10\ cm$
	分米波	$10\ cm\sim1\ m$

表 6.2　可见光波段的波长范围

序号	色彩名称	波长范围(μm)
1	紫	$0.40\sim0.43$
2	蓝	$0.43\sim0.47$
3	青	$0.47\sim0.50$
4	绿	$0.50\sim0.56$
5	黄	$0.56\sim0.59$
6	橙	$0.59\sim0.62$
7	红	$0.62\sim0.76$

大气辐射测量研究涉及光与物质的相互作用,有一些基本的学科和学术概念需要掌握。首先,需要知道光学、几何光学、物理光学以及量子光学之间的区别。具体分别为光学是研

究光的本质、特性和传播规律的科学；而几何光学则是以光线在均匀媒介中直线传播的规律为基础的研究；物理光学则是在证明光是一种电磁波后的研究，主要涉及光的干涉和衍射现象；量子光学则是以现代理论对光的本质所达到的认识，即光具有粒子性和波动性，阐述光是一种能量。表 6.3 给出大气中的一些关于辐射的基本概念。

表 6.3　大气中的一些关于辐射的基本概念

序号	名称	定义
1	辐射	物体以电磁波或粒子流形式向周围传递或交换能量的方式。
2	辐射能	物体以辐射的方式传递交换的能量。
3	黑体	对于投射到该物体上所有波长的辐射都能全部吸收的物体称为绝对黑体。
4	辐射通量	单位时间内通过任意面积上的辐射能量，单位 $J \cdot s^{-1}$ 或 W。
5	辐射通量密度	单位面积上的辐射通量，单位 $J \cdot s^{-1} \cdot m^{-2}$ 或 $W \cdot m^{-2}$。
6	光通量	表征辐射通量在人眼产生光感觉的量，单位流明(lm)。
7	光通量密度	单位面积上的光通量，单位流明/米^2(lm $\cdot$ m^{-2})。
8	照度	单位面积上接收到的光通量，单位勒克斯 lx。
9	立体角	一个任意形状锥面所包含的空间称为立体角，符号 Ω，单位球面度(Sr)。
10	单位立体角	以 O 为球心，R 为半径作球，若立体角 Ω 截出的球面部分的面积为 R_2，则此球面部分所对应的立体角称为一个单位立体角，或球面度。
11	光度量	辐射量对人眼视觉的刺激值是主观的，不管辐射量大小，以看到为准，光谱光视效能是评定该刺激值的参数。
12	光视效能	人眼对不同波长的辐射产生光感觉的效率。
13	光视效率	以光视效能最大处的波长为基准来衡量其波长处引起的视觉。
14	太阳辐射强度	单位时间内投射到单位面积上的太阳辐射能量，单位 $W \cdot m^{-2}$。
15	太阳常数	当地球位于日地平均距离时(约为 1.496×10^8 km)，在地球大气上界投射到垂直于太阳光线平面上的太阳辐射强度。其变化范围为 1 325 $W \cdot m^{-2}$ ～ 1 457 $W \cdot m^{-2}$，我国采用的太阳常数值为 1 382 $W \cdot m^{-2}$。
16	太阳光量常数	大气上界，太阳辐射产生的平均光照强度，范围 1.35×10^5 ～ 1.4×10^5 lx。
17	太阳高度角(h)	太阳光线与地表水平面之间的夹角($0° \leqslant h \leqslant 90°$)，太阳高度角可由下式计算：$\sin h = \sin\varphi\sin\delta + \cos\varphi\cos\delta\cos\omega$，式中 φ 为观测点纬度，δ 为赤纬(太阳直射点纬度，即太阳直射光线与赤道平面之间的夹角)，ω 是时角，每 15° 为 1 小时(正午 $\omega=0$；上午 $\omega<0$；下午 $\omega>0$)。
18	太阳方位角(A)	太阳光线在水平面上的投影和当地子午线之间的夹角。可由下式计算：$\cos A = (\sin h \sin\varphi - \sin\delta)/(\cos h \cos\varphi)$，式中 A 值正南 $A=0$，正南以西 $A>0$，正南以东 $A<0$。

基尔霍夫(Kirchoff)定律又叫选择吸收定律，是大气辐射学中的基本定律之一，其意义是在一定温度下，任何物体对于某一波长的放射能力($e_{\lambda,T}$)与物体对该波长的吸收率($a_{\lambda,T}$)的比值，是温度和波长的函数，而与物体的其他性质无关，即

$$E_{\lambda,T} = \frac{e_{\lambda,T}}{a_{\lambda,T}} \qquad\qquad (6.1)$$

$E_{\lambda,T}$ 是波长和温度的函数。由基尔霍夫定律可以得到两个推论：① 对不同性质的物体，放射能力较强的物体，吸收能力也较强；反之，放射能力弱者，吸收能力也弱，黑体的吸收能力最强，所以它也是放射能力最强的物体。② 对同一物体，如果在温度 T 时它放射某一波长的辐射，那么，在同一温度下它也吸收这一波长的辐射。

除基尔霍夫定律外，还有斯蒂芬-波尔兹曼(Stefan - Boltzmann)定律和维恩(Wien)位移定律需要掌握。斯蒂芬-波尔兹曼(Stefan - Boltzmann)定律是指黑体的总放射能力 E_T 与它本身绝对温度 T 的四次方成正比，即 $E_T = \sigma T^4$，式中 $\sigma = 5.67 \times 10^{-8}\ \mathrm{W \cdot m^{-2} \cdot K^{-4}}$ 为斯蒂芬-波尔兹曼常数。该定律的意义在于物体温度愈高，其放射能力愈强。维恩(Wien)位移定律是指绝对黑体的放射能力最大值对应的波长 (λ_m) 与其本身的绝对温度 (T) 成反比，即：$\lambda_m = C/T$，如果波长以 nm 为单位，则常数 $C = 2.897 \times 10^3\ \mathrm{nm \cdot K}$。维恩位移定律反映的物理意义在于：① 物体的温度愈高，放射能量最大值的波长愈短，随着物体温度不断增高，最大辐射波长由长向短位移；② 太阳辐射是短波辐射，人体、地面和大气辐射是长波辐射。

6.1.2 辐射的基本量及观测项目

上面对辐射作了简单介绍，以下基本量中，辐射观测的物理量主要是辐射能流率，或叫辐射通量密度，即辐照度和辐射出射度，其单位为 $\mathrm{W \cdot m^{-2}}$。在各向同性辐射假设下，讨论辐射能流密度 E 和辐射率 L 的关系。因为总的通量密度为 $E = \int_0^{2\pi} L\cos\theta\,\mathrm{d}w$，在图 6.2 球面坐标系 (r, θ, φ) 中，立体角元 $\mathrm{d}w = \sin\theta\mathrm{d}\theta\mathrm{d}\varphi$。对于半球空间立体角为 $\int_0^{2\pi} \mathrm{d}w = \int_0^{\pi/2}\sin\theta\mathrm{d}\theta\int_0^{2\pi}\mathrm{d}\varphi$，所以 $E = \int_0^{\pi/2}\int_0^{2\pi} L\cos\theta\sin\theta\mathrm{d}\theta\mathrm{d}\varphi$。假定 L 与方向无关，即在各向同性辐射情况下，则 $E = \pi L$。WMO 对气象学中专用的辐射名称，即气象辐射观测项目的定义和符号做了详细统一的规定，气象学主要的辐射观测量见表 6.4，主要有：① 太阳直接辐照度 (S)。它包含了太阳周围一个非常狭窄的环形天空辐射。设透射到水平面上的太阳直接辐射辐照度记为 S'，则 $S' = S\,\sin h_\Theta$。② 散射辐射(辐照度)$(E_d\downarrow$ 或简记为 $D)$ 指水平面接收到的天空 2π 立体角减去日冕所张立体角内的大气等的散射辐射。③ 总辐射(短波辐照度)$(S' + E_d\downarrow)$ 或 $(S' + D)$ 指投射到地面水平面上太阳直接辐射和 2π 球面度天空散射辐射之和。④ 反射太阳辐射(辐照度)$(E_r\uparrow)$ 指地面对太阳直接辐射的反射辐射，又叫短波反射辐射。⑤ 净辐射(辐照度)(E^*) 指通过某水平面的短、长波辐射(又

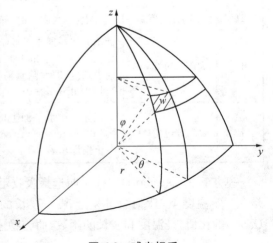

图 6.2 球坐标系

可以称为全辐射)的差额。表 6.5、表 6.6 给出了长、短波辐射和净辐射的一些解释。

表 6.4　辐射基本量

名称	符号	单位	定　义	关系
辐射能	Q	J	由辐射传递的能量	
辐射通量	φ	W	单位时间传递的辐射能	$\varphi = \dfrac{dQ}{dt}$
辐射能流率	M, F	$W \cdot m^{-2}$	单位时间内,单位面积上通过的辐射能	$\dfrac{d\varphi}{dt} = \dfrac{d^2Q}{dA\,dt}$
辐射出射度	M	$W \cdot m^{-2}$	某放射面所发射的辐射通量密度	$M = \dfrac{d\varphi}{dA}$
辐照度	E	$W \cdot m^{-2}$	入射到某接收面上的辐射通量密度	$E = \dfrac{d\varphi}{dA}$
辐射强度	I	$W \cdot sr^{-1}$	从源发出的给定方向单位立体角内的辐射通量(仅指点源)	$I = \dfrac{d\varphi}{d\Omega}$
辐射率	L	$W \cdot m^{-2} sr^{-1}$	通过垂直于给定方向上单位面积单位立体角内的辐射通量	$L = \dfrac{d^2\varphi}{d\Omega\,dA\cos\theta}$
曝辐射量	H	$J \cdot m^{-2}$	一段时间(如一天)辐照度的总量,即辐射总量	$H = \displaystyle\int_{t2}^{t1} E\,dt$

表 6.5　大气和地表长波辐射和净辐射含义

序号	名称	含　义
1	大气长波辐射通量 $L\downarrow$	也称大气逆辐射:$L\downarrow = \varepsilon_a \sigma T_a^4$,其中:$\varepsilon_a$ 为大气的比辐射率;σ 为斯蒂芬—波尔兹曼常数;T_a^4 为大气温度的四次方。
2	地表长波辐射通量 $L\uparrow$	$L\uparrow = \varepsilon_s \sigma T_s^4$,其中:$\varepsilon_s$ 为地表的比辐射率;σ 为斯蒂芬—波尔兹曼常数;T_s^4 为地表温度的四次方。
3	全辐射	短波辐射($0.3\sim3.0\ \mu m$)和长波辐射($3.0\sim100\ \mu m$)之和,称为全辐射。
4	净辐射(辐射平衡)	向下的短波辐射、长波辐射之和与向上的短波辐射、长波辐射之和的差值,即:$R_n = (Q\downarrow + L\downarrow) - (Q\uparrow + L\uparrow) = S' + D + L\downarrow - R_k\uparrow - L\uparrow$。夜间,短波辐射为 0,则 $R_n = L\downarrow - L\uparrow$。值得注意的是,地球长短波辐射能量是平衡的。

表 6.6　短波辐射的一些解释

序号	名　称	含　义
1	太阳直接辐射 S	垂直于太阳入射光的辐射通量。
2	水平面太阳直接辐射 S'	$S' = S\sinh = S\cos z$,其中:$h =$ 太阳高度角,$z =$ 天顶角。
3	散射辐射通量 D	太阳辐射经过大气或云的散射,以短波形式到达地面的辐射通量。
4	总辐射 Q	太阳直接辐射 S' 和天空散射辐射 D 到达水平面的总量,即 $Q = S' + D$。白天太阳被云遮蔽时,$Q = D$,夜间 $Q = 0$。
5	短波反射辐射 R_k	总辐射到达地面后被下垫面(地表)向上反射的那部分短波辐射分量 R_k;下面的反射率表示为 $A_k = R_k / Q$。

6.1.3 测量原理、仪器及辐射基准

测定辐射能是利用辐射能产生的热、电和化学等效应来进行的。仪器一般利用热效应，感应器用黑体制成，当然没有纯绝对黑体，一般黑体感应片能吸收入射辐射的 99% 左右。测量辐射增热的常见办法有两种：直接测温度法和补偿法。

直接测温度法是让感应器吸收辐射，温度上升，同时向周围环境传递热量，被测辐照度与感应器同支架间的温差成正比，测得该温差即可定出辐照度。补偿法是用两个面积相等且吸收率完全相同的感应器，一个由被测辐射加热到平衡状态，另一个同时用电流加热到同一温度。显然，两者单位时间内得到的热量相同。

由下式可算出待测辐照度：

$$S = \frac{cri^2\tau}{\delta Lb} \tag{6.2}$$

其中 r 为感应器电阻，i 为流过感应器的电流，τ 为通电加热时间，δ 为感应器的吸收率，L 和 b 为感应片的长和宽，c 为比例系数。

气象上测量辐射的仪器很多，按待测基本量、仪器视场角、光谱响应范围和主要用途可以分为多种类型，为认知方便，列在表 6.7 中。一般地，总辐射表有时取名为日射总量表（Solarimeter 或 Actinometer），净全辐射表有时取名辐射平衡表（Balansometer）或简称为净辐射表（Net Radiometer）。

表 6.7 测量辐射仪器

类 型	测量参数	主要用途	视场角
绝对日射表 （Absolute Pyrheliometer）	太阳直接辐射	一级标准	5×10^{-3} 近于 5°
日射表（Pyrheliometer）	同上	二级鉴定标准 台站网用	$5\times10^{-3}\sim2.5\times10^{-2}$
光谱日射表 （Pyrheliometer）	宽谱带太阳直接辐射（带滤光片）	台站网用	$5\times10^{-3}\sim2.5\times10^{-2}$
太阳光度计 （Suaphotometer）	窄谱带太阳直接辐射（例如用窄带干涉滤光片等）	标准台站网用	$1\times10^{-3}\sim1\times10^{-2}$ 近于 2.3°
总辐射表（天空辐射表） （Pyanometer）	短波总辐射，天空辐射，反射的太阳辐射	二级标准	2π
光谱总辐射表 （Spectral Pyanometer）	宽谱带太阳总辐射	台站网用	2π
短波净（总）辐射表 （Net Pyanometer）	短波净（总）辐射	二级标准 台站网用	4π
大气辐射表 （Pyrgeometer）	向上长波辐射（感应面向下看） 向下长波辐射（感应面向上看）	台站网用	2π
全波段辐射表 （Pyrradiometer）	全辐射（长波加短波辐射）	二级标准 台站网用	2π
净全辐射表 （Net Pyrradiometer）	净全辐射（长波加短波）	台站网用	4π

此外,还有反射率表(Albedometer),测量短波辐射;农业气象用的光量子感应器,测量植物光合作用有效辐射。植物选择性吸收太阳辐射,对植物正常生长发育起作用的是波长为 $300\sim740\ \mu m$ 的辐射能,是植物叶绿素所吸收的生理辐射,它参加光合作用,叫作光合作用有效辐射。

　　在气象观测中,大气辐射的观测与其他观测一样,也要注意其精度影响因素。通常,影响辐射观测的因素主要是通风方式,为减小自然对流对净辐射测量准确度的影响,所采用的设计方式可以有 3 种,即强迫通风方式、防风罩式和防风通风式。下面详细介绍这 3 种方式:

　　强迫通风方式是在辐射测量仪器设计时需要考虑的问题,以白克曼—维特莱净辐射表为典型,该表是以交流吹风机在上下辐射感应面上,同等地吹过 8.94 m/s 的固定气流,这样既减少了自然风的影响,又减少了感应面上水汽和水滴沉积物的蒸发冷却和灰尘沉积产生的噪音信号。需要注意的是,当风速大于 5 m/s 以及自然风与人工风相反时会产生误差。因上下感应面是暴露的,下雨时不能使用。

　　第二种是防风罩式,就是将上下感应面用能透过短、长波辐射的聚乙烯薄膜罩保护起来,内充氮气或干空气,以保持完好的半球形状。这种方式主要有标准型、便携型和微型 3 种类型。

　　第三种防风通风式是既有聚乙烯薄膜的防风罩,又采用送风方式,防止霜和雾的凝结。

　　气象数据大多是大时间范围、大空间范围的,为了实现气象数据的标准化和统一化,气象台站使用的仪器应该具有统一的技术指标。表 6.8 为辐射观测的主要技术指标,反映了环境影响、方向响应以及光谱响应等因素对辐射测量造成的影响,也可见辐射测量并不是那么简单的,要考虑太阳高度角等的影响。

表 6.8　辐射观测的主要指标

类别	一年之内的精密度(%)	非线性响应	环境影响	方向响应	光谱响应
总辐射表	±5.0	非线性(满刻度百分数)±2%	温度响应(工作范围内由环境温度变化引起最大的百分率误差)±2%	(晴天太阳高度角为10°时,对平均值的偏差百分数)<±5%	光谱灵敏度(对0.3～3 μm 平均吸收率的偏差百分数)±5%
全辐射表	±7.0	非线性(对平均值的偏差)±2%	温度相关性(−20 ℃至 40 ℃)(对平均值的偏差)±2%	方位误差(附加到10°高度角时余弦误差上)(对平均值的偏差)±5%,在 10°高度角时余弦响应误差±7%	0.3 ～ 75 μm,以 0.2 μm 间隔累计的光谱灵敏度(对平均值的误差)±5%
太阳直接辐射表	±1.0	最大时间常数±10 秒	/	/	/
散射辐射表	参照总辐射表	参照总辐射表	参照总辐射表	参照总辐射表	参照总辐射表
反射辐射表	参照总辐射表	参照总辐射表	参照总辐射表	参照总辐射表	参照总辐射表

图 6.3 为辐射表在台站安装时的位置布局图,一般的各辐射仪器应该统一安装在固定的支架上。在北半球,杆方向应该朝南,分别架设净辐射表、反辐射表、全辐射表、直接辐射表。具体位置的环境要求,见仪器地面观测场地的布局,如图 6.3 所示。热电型辐射表的原理:根据图 6.4,当感应面接收到辐射热能,并达到热平衡后的辐照度为:

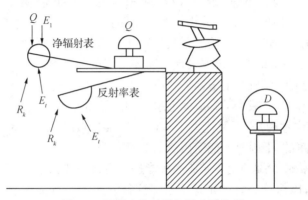

图 6.3 辐射在台站的架设大致位置

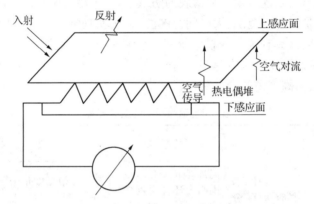

图 6.4 热电型辐射表原理结构示意图

$$R=(1-\gamma)E_R+H(T_1-T_2)+L(T_1-T_a)+f(v) \tag{6.3}$$

其中,E_R 为入射辐射,γ 为感应面的吸收率,H 为传导到冷端的传导系数($\mathrm{W \cdot m^{-2} \cdot K^{-1}}$),$L$ 为传导到空气的传导系数($\mathrm{W \cdot m^{-2} \cdot K^{-1}}$),$f(v)$ 是对流损失的热量,T_1 为感热面的温度(热端),T_2 为冷端温度,T_a 为空气的温度。式(6.3)中右边:第一项为反射损失的热量;第二项为传导到冷端损失的热量;第三项为传导到空气中损失的热量;第四项为对流损失的热量。

式(6.3)中略去了感应面长波辐射损失的热量。如果采取感应面加玻璃罩封闭措施,使得罩内风速 $v=0$,则 $F(v)=0$。并假设 $T_2=T_a$,同时 H,L,γ 对一个仪器是固定不变的,(6.3)式可改写为

$$R=\frac{H+L}{\gamma}(T_1-T_2)=A(T_1-T_2) \tag{6.4}$$

其中 $$A=\frac{H+L}{\gamma}$$

此时辐照度 R 的大小,取决于冷热端的温差($T_2 - T_1$)。冷热端温差使 n 对热电偶产生的电动势为:

$$V = nE_0(T_1 - T_2) \tag{6.5}$$

式中 E_0 为热电转换常数($40\mu V/℃$)。将(6.4)代入(6.5)式得:

$$V = nE_0\left(\frac{\gamma}{H+L}\right)R = KR \tag{6.6}$$

其中,

$$K = nE_0\left(\frac{\gamma}{H+L}\right)\left(\frac{\mu V \cdot K^{-1}}{W \cdot m^{-2} \cdot K^{-1}} = \mu V \cdot W^{-1} \cdot m^2\right) \tag{6.7}$$

K 称为辐射表的换算系数或灵敏度。(6.5)式表明辐照度越强,辐射表热电堆的温差就越大,输出的电动势也就越大,它们的关系基本上是线性的。因此,测量辐射输出电动势的大小,就可测定辐照度的强弱。这就是热电型辐射表的基本原理。

§6.2　日照的测量

日照时数的主要用途是表征当地的气候和描述过去的天气状况,可以认为日照时数较长的地区有较强的太阳光。日照的长短还与农业生产有紧密的关系,涉及作物的生长,因此日照时数也是气象台站经常要观测的一个项目。

日照时数定义为太阳直接辐照度达到或超过 $120 \ W \cdot m^{-2}$ 的各段时间的总和,以小时(h)为单位,取 1 位小数,日照时数也称实照时数,日照阈值——$120 \ W \cdot m^{-2}$,新设计的日照阈值控制在正负 20% 的偏差范围内。

可照时数又叫天文可照时数,是指在无任何遮蔽的条件下,太阳中从某地东方地平线到进入西方地平线,其光线照射到地面所经历的时间。可照时数可从天文年历或气象常用表查出,也可使用式(6.8)计算:

$$T = \frac{2}{15}\arccos(-\tan\varphi \cdot \tan\delta) \tag{6.8}$$

式中 T 为可照时数,φ 为该站纬度,δ 为太阳赤纬。

实照时数是指由于地物和云雾等遮蔽,某站实际受到太阳照射的时间,定义日照百分率＝[(实际时数)/(可照时数)]×100%,此外直接日射表是日照的标准仪器。

在日照测量时,需要注意影响日照时数的原因,以便合理地评估日照测量的结果。日照影响因子主要有 5 个方面:① 地理纬度影响太阳照射的高度角不同,从而导致同一天不同纬度的地理位置可照时数不同;② 云量、雾、降水日数等气象上的原因;③ 日照纸涂药的影响(如涂药方法得当与否、所用药品质量的好坏)等导致的日照观测仪器误差;④ 随着工业社会发展,大气污染加剧,空气中的烟雾、气溶胶颗粒不仅造成水平能见度减小,且散射并吸收太阳辐射,从而导致日照时数下降;⑤ 某些气象台站探测环境破坏,周围出现不符合要求的人为障碍物,从而影响日照时数测量值的准确性、代表性。

日照时数的测量目前主要使用烧痕法、直接辐射测量法、总辐射测量法、对比法和扫描法。烧痕法是由聚焦直接太阳辐射,产生烧焦记录,由烧痕读出日照时间;直接辐射测量法是直接检测太阳辐照度通过 $120\ \mathrm{W \cdot m^{-2}}$ 阈值的转换,由相应的向上和向下转换触发时间记录器记录日照时数;总辐射测量法是由总的太阳辐射度和散射太阳辐照度的总辐射测量,得出 WMO 推荐的直接太阳辐照度阈值;对比法是在某些传感器之间进行对比鉴别,这些传感器以不同的位置对着太阳,利用与 WMO 建议的阈值相当的传感器输出信号的特定差值进行测量比较来确定;扫描法是用连续扫描小范围天空的传感器接收的辐照度,与 WMO 建议的辐照度阈值相等的方法来进行鉴别。

目前,测量日照时数的日照计主要有以下几种商业设备:① 聚焦式或称康培司托克(Campbell‐Stokes)式日照计,它利用日光焦点在自记纸上燃出焦迹来记录;② 暗筒式或称乔唐式日照计,它利用日光在日照纸上留下感光迹线作记录;③ Foster 日照转换器,利用日光使一对硒光电池产生不平衡信号触发记录器记录;④ Marvin 日照计,它由一定辐射热驱使水银膨胀导致电路闭合来实现自记。后两种便于遥测,我国主要用前两种,目前在向遥测化发展。

日照计安装时的注意事项:日照计应安装在东南西三面无障碍物,终年从日出到日没阳光均能照射的空旷地点,安装时底座应保持水平,底座的南北线与地理正北对准,使管口朝北,这样表明管筒轴在子午面内,正午时日光恰好从两个小孔同时进入筒内。

§6.3　雷电探测

6.3.1　雷电监测的重要性及定义

雷电是发生在大气圈中伴随雷暴天气出现的一种瞬时高电压、大电流、强电磁辐射的灾害性天气现象。雷电活动对航空、航天、石油、化工、通信等关系着国计民生的系列行业都有着重要影响。随着全球气候的变暖,极端天气事件增多,雷电活动作为雷暴中的一个重要天气现象,对气候变化的影响及其响应问题越来越受到人们的关注。目前雷电气候学已成为大气电学研究领域的一个重要内容,人们也越来越多地认识到雷电活动在气候变化研究中的重要性。雷电活动高峰常常出现在太阳对地面加热达到峰值的数小时之后。在季节尺度上,全球雷电活动的高峰发生在一年中太阳对地加热达到峰值的几个月之后。就全球尺度而言,由于南北半球大陆不对称,相对于南半球,北半球夏季的雷电活动更加

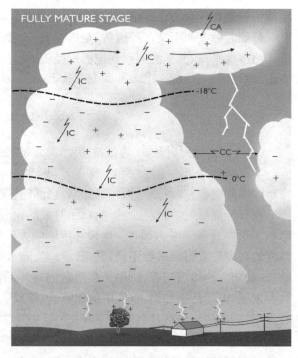

图 6.5　发生闪电云中的电荷分布

频繁。自200多年前美国科学家Benjamin Franklin发明避雷针以来,地面设施遭受直接或间接雷击的几率已大大降低。但近年来,随着社会经济的发展和现代化水平的提高,特别是信息技术(电子、通信等高新技术)的快速发展,雷电灾害的危害程度和造成的经济损失及社会影响日越来越大。雷电灾害已经被联合国列为"最严重的10种自然灾害之一",被国际电工委员会(IEC)称为"电子化时代的一大公害"。因此,对雷电活动的研究就显得尤为重要。

雷电也称闪电,一般当对流云云顶发展到 $-20\,^\circ\!\text{C}$ 等温线高度以上时,就会出现雷电,它是雷暴天气系统最基本的特征。地球上每秒大约有2 000多个雷暴在发生,并伴随着大量闪电,维持着由雷暴—电离层—晴天大气—地球所构成的全球电路。因为雷暴是带电的,一般假设雷暴是上部正电荷、中部负电荷和下部正电荷的电荷结构。下部正电荷较大的雷暴多出现在青藏高原等高海拔地区,常将下部正电荷区较大的雷暴认为是特殊型雷暴,而下部正电荷区较小的雷暴(这类雷暴多出现在低海拔地区,比如中国东部、南部)为常规型雷暴。图6.5给出了发生闪电时云中的一般电荷分布图,需要注意的是,实际电荷分布远比这个示意图复杂得多,这说明当我们进入研究阶段之后,教科书有些说法是需要斟酌并重新定义的,这也是科学研究的魅力所在。

目前根据闪电的不同形态和特征,可将闪电分为线状闪电、叉状闪电、带状闪电、火箭状闪电、片状闪电、热状闪电、球状闪电,根据闪电发生物体之间的不同还可以分为云地闪、正闪、负闪、云闪、云内、云气、云云球闪、地滚雷等等。

6.3.2 全球雷电监测活动及探测方法

雷电监测定位系统产生于19世纪20年代初,一直以来都为雷电的监测、防护和研究过程提供着强有力的数据支撑。随着探测手段的发展,美、法、俄等欧美发达国家都已经先后建立起全国性的雷电监测网,包括我国在内的其他发展中国家也正在通过地面实时监测,使雷电监测定位系统可以准确地探测雷暴的发生、发展、移动方向等活动特性及其他成灾情况等,从而可以重点在目标区域进行相关灾害性天气过程的监测和预报等,力争做到让雷电造成的损失降至最低点。雷电监测具有探测方位大、监测数据实时、连续快速的特点,雷电活动多伴随暴雨、飓风、冰雹等强对流天气现象,其发生类型、雷电极性和频数与冰雹、台风、龙卷风等灾害性天气过程的强度具有密切关系。在判断降水量、冰雹、飑线、龙卷风、微下击暴流的发生及演变过程中,雷电探测可以有效地提高灾害性天气预警预报等气象服务的能力和水平。

全球雷电监测主要有三种方式:① 天基的卫星观测;② 地基的舒曼共振法观测;③ 利用闪电产生的辐射对雷电进行的地基监测。1995年4月美国宇航局(NASA)成功地在两个气象卫星上装载了近红外闪电探测系统,可以探测全球范围内所发生的雷电活动,包括云闪(CC)和地闪(CG)。在卫星观测中,两个主要的闪电传感器是光学瞬态探测器(Optical Transient Detector,简称OTD)和闪电成像仪(Lightning Imaging Sensor,简称LIS)。OTD/LIS都是搭载在非太阳同步圆形轨道卫星上的,垂直向下观测雷暴云中雷电发出的强烈光脉冲,结合一个窄带干涉滤光器将影像聚焦在128像素×128像素的电荷耦合装置(CCD)焦平面上。OTD/LIS可以给出雷电发生的时间、经纬度、闪电光辐射能、持续时间等信息。OTD是闪电光学成像探测的第一台原理性样机,于1995年4月由Microlab - 1(OV - 1)卫星携带上天,并于2000年3月停止工作,其探测效率大概为50%。取而代之的 LIS 在 1997 年由热带测雨卫星（TRMM）携带上天，其轨道高度约 350 km，成为迄今卫星探测雷电的主要手段，其探测范围为 35°S～35°N，灵敏度比先前的 OTD 探测手段提高了 3 倍左右，探测效率也比 OTD 提高了 8 成，2001 年 TRMM 卫星轨道上升到 402.5 km，其探测范围及探测效率进一步得到了提高，OTD/LIS 雷电资料数据集的分辨率分别为 0.5°×0.5°与 2.5°×2.5°。

在雷电监测布网方面，从 2002 年开始，全球闪电定位网（WWLLN）就开始对全球范围内的雷电活动进行了监测，它是能够探测雷电发生的强度、方向、频率及其变化的仪器，已经有 46 个监测站遍布全球，这些监测站能成功捕捉到全球将近 30％ 的雷击，于 2011 年竣工，它的 60 个监测站点能够捕捉到地球上所有的雷电活动，能够帮助人们更好地了解雷电活动的微物理过程。

6.3.3　闪电探测方法

闪电位置是闪电的重要参数之一，利用闪电发生时产生的电磁脉冲辐射可以进行闪电位置的测量和确定。目前主要采用定向法和时差法，或者两者相结合的方法研究相应的探测仪器进行定位。

定向法利用南北向和东西向的两个正交环形天线，根据观测到的闪电水平磁场分量来确定闪电方向。定向法主要由以下原因引起误差：仪器误差是由于天线的定向精度引起的，这需要仔细地安装和调整设备，以减小这种仪器误差；从电离层反射回来的能量造成的，在距离 300～500 km 时，引起的误差最大，对于更大的距离或 100 km 以内的距离，该误差会变小。临近地下如果埋有导体，主要是地下管道和导线，会对定向法产生误差。在选址的时候需要克服地形的影响，以尽量减少测站周围的丘陵地形对定向法的影响。

时差法是利用闪电产生的电磁波到达不同测站的时间差来进行定位的，这是目前闪电定位的主要方法，它的探测准确度要比定向法高得多。时差法也有误差，其误差主要有两种：一种是闪电定位仪的测量误差，这种误差来源于所测闪电波到达不同站点时间差的精确度；另外一种是在探测站中间的区域，闪电定位精度高，而距离探测站较远的地方定位精度较差。因此，合理的站点设置对于闪电定位精度的提高是必要的。

6.3.4　大气电场的监测与人工引雷

由于大气和地面各自带有不同符号的电荷形成的电场，大气电场是存在于大气中而与带电物质产生电力相互作用的物理场。出现云、雾、降水等天气现象时，大气电场会发生变化，此时的电场是扰动天气电场。测量近地面大气静电场主要采用的是旋转式静电场仪，该仪器主要由探头和数据处理仪两部分组成，两者用电缆相连。

旋转式静电场仪是利用置于电场中的导体，其上产生感应电荷的原理来测量电场的。传感器为场磨式结构，它有两组形状相似的均为四块相互连接在一起的扇形金属片，分别称之为定子（感应片）和转子（接地屏蔽片）。当转子旋转时，使定子交替地暴露在外电场 E 中或被接地屏蔽片所遮挡，使 $E=0$。这样周而复始，便产生交变输出信号。定子上的感应电荷 $Q(t)$ 大小与外界电场强度 E 成正比：$Q(t)=-\varepsilon EA(t)$，其中 ε 为自由空间介电常数，一般近似取为真空介电常数 $\varepsilon_0=8.85\times10^{-12}$ F/m，$A(t)$ 为定子表面积，令 E 方向指向转子时为正。此感应电荷 $Q(t)$ 经过处理后，直接以数字的方式输出来表示被测电场的强度和极性。它的主要作用是将电场传感器在电场中产生的感应电流,变为能精确反映出所测电流的极性和强度的数值,并产生一些能便于数据分析和表示仪器作用的特殊功能,如时钟、时标、声光报警和数字显示等。其他监测设备还有大气平均电场仪、快/慢电场变化探测仪以及云闪探测系统等。

人工引发雷电技术是在一定雷暴条件下,向雷暴云发射一个拖带细长导线的小火箭,以引发雷电的专门技术。为实现对雷电电场特性的测量并反演雷电放电特性和形成机制,需要进行人工引雷工作,以便近距离对磁场进行定量测量,首次人工引发雷电于 20 世纪 60 年代在海上取得成功。1973 年,陆地人工引发雷电首次在法国取得成功。在以后的几十年里,日本、中国和巴西都进行了人工引发雷电研究。按引发方式不同,可分为传统引发和空中引发两种。

传统引发方式中引雷导线的底端直接与引流杆相连,导线的另一端连在火箭上。在合适的雷暴电场条件下,当火箭以 200 m/s 左右的速度升空时,引雷钢丝同时也被很快拉出。通常当火箭上升到几百米高度时,引雷导线顶端的电场已经比较强,由于尖端放电效应,会在导线顶端引发上行流光。随着上行流光进入云体,通常会有一段持续时间为几百毫秒的初始连续电流过程(Initial Continuous Current,ICC),之后是类似于自然雷电继后回击的放电过程。除少数人工引发雷电外,大部分人工引发雷电都是在上空为负电荷的情况下成功的,即人工引发雷电将云中的负电荷输送到了地面。虽然传统引发雷电中的直窜先导—回击过程与下行负云闪继后回击过程类似,但初始阶段存在明显不同。

为了再现自然雷电初始阶段中的梯级先导—首次回击过程,常采用空中引发方式。空中引发方式中的引雷导线与引流杆之间不是直接相连的,而是通过一段绝缘线与引流杆相连。由于引雷导线与引流杆之间有一段绝缘线相接,因此引发的雷电不容易通过引流杆,为了使引发雷电通过引流杆,通常在绝缘线底端用一段导线与引流杆相连。因此,在空中引发方式中,与引流杆直接相连的是一段导线,导线上面是一段绝缘线(法国采用的是 Kevlar 线,长度为 400 m),绝缘线上面是引雷导线。随着火箭上升,将在导线的上、下两端分别产生向上传输的正先导和向下传输的负先导。当下行的负先导接近地面时,一个上行的连接正先导将从地面目标物上激发,一旦这两个先导连接在一起,将在目标物和导线下端之间产生所谓的双向先导—首次回击过程。

我国于 1989 年采用自行研制的专用引雷火箭首次引雷成功。随后,在人工引发雷电技术前提下,对引发雷电先导特征、放电通道光学特征、人工引雷成功及失败个例的空间电场等进行了分析和数值模拟研究。所有这些,对提高雷电放电特征的认识、探求雷电物理机制都起到了非常重要的作用。然而,由于探测设备等方面的问题,国内直到 2005 年才测到了完整的微秒量级分辨率的雷电流和同步电磁辐射场资料。测量传统引发雷电流相对容易,而测量空中引发雷电流就目前来讲仍是一个难点。迄今为止,全世界空中引发雷电流的直接测量结果仅有几次。2005 年在山东进行的人工引发雷电实验(Shandong Artificially Triggering Lightning Experiment,SHATLE)中,采用空中引发方式成功引发雷电两次,但没有记录到相应的电流资料。同时,空中引发雷电因其放电过程接近自然雷电而具有更重要的实际应用价值。因此,测量雷电产生的近距离电磁场、反演雷电放电特征显得尤为重要。目前,全球雷电学的研究主要集中在高速成像演化及形成机理方面的工作。

习 题

1. 气象辐射能的测量项目有哪些?

2. 什么是总辐射、净辐射和直接辐射?

3. 简述短波辐射和长波辐射的定义。

4. 简述热电型辐射表的原理。

5. 简述日照时数。

6. 简述日照计的安装。

7. 什么是雷电?

8. 为什么要进行雷电的监测?

9. 人工引雷的目的和意义是什么?

参考文献

1. 陈渭民.雷电学原理(第二版).北京:气象出版社,2006.

2. 邓德文,周筠珺.全球雷电活动研究进展.高原山地气象研究,2011,31(4):89-96.

3. 董言治,周晓东.大气红外辐射模型与实用算法的研究进展.激光与红外,2003,6:412-416.

4. 范学花,陈洪滨,夏祥鳌.中国大气气溶胶辐射特性参数的观测与研究进展.大气科学,2013,37(2):477-498.

5. 冯桂力,郄秀书,袁铁,等.雹暴的闪电活动特征与降水结构研究.中国科学:地球科学,2007,37(1):123-132.

6. 葛正谟,郭昌明,严穆弘.灾害性天气中的地闪特征.高原气象,1995,14(1):39-46.

7. 郭军,任国玉.天津地区近40年日照时数变化特征及其影响因素.气象科技,2006,34(4):415-418.

8. 姜盈霓,程小军,胡信步.日太阳总辐射月均值的估算.可再生能源,2008,26(6):13-20.

9. 雷小途,张义军,马明.西北太平洋热带气旋的闪电特征及其与强度关系的初步分析.海洋学报,2009,31(4):29-38.

10. 李家启主编.雷电灾害典型案例分析.北京:气象出版社,2007.

11. 李良福,覃彬.雷电电弧放电效应及其危害机理研究.北京:气象出版社,2014.

12. 李跃清.近40年青藏高原东侧地区云、温度及日较差的分析.高原气象,2002,21(3):327-332.

13. 廖国男.大气辐射导论(第一版).周诗健,等,译.北京:气象出版社,1985.

14. 廖国男.大气辐射导论(第二版).郭彩丽,周诗健,译.北京:气象出版社,2004.

15. 刘燕.气象探测环境对日照时数的影响分析.安徽农业科学,2015,43(13):240-241.

16. 刘长胜,刘文保.大气辐射学.南京:南京大学出版社,1990.

17. 罗福山,庄洪春,何喻晖,等.KDY型旋转式电场仪.电测与仪表,1993,4:17-21.

18. 马启明.雷电监测原理与技术.北京:科学出版社,2015.

19. 潘伦湘,郄秀书,刘冬霞,等.西北太平洋地区强台风的闪电活动特征.中国科学 D:地球科学,2010,40(2):252-260.

20. 郄秀书,等.雷电物理学.北京:科学出版社,2013.

21. 郄秀书,吕达仁,卞建春,等.中高层大气瞬态发光事件(TLEs)及可能的影响.地球科学进展,2009,24(3):286-296.

22. 郄秀书.全球闪电活动与气候变化.干旱气象,2003,21(3):69-73.

23. 郄秀书,张义军,张其林.闪电放电特征和雷暴电荷结构研究.气象学报,2005,63(5):646-658.

24. 邱金桓,吕达仁,陈洪滨,王庚辰,石广玉.现代大气物理学研究进展.大气科学,2003,27(4):628－652.

25. 石广玉.大气辐射学.北京:科学出版社,2007.

26. 苏羡,蔡建初.人工引发雷电研究进展.气象研究与应用,2012,31(S1):365－366.

27. 孙凌,周筠珺,杨静.雷暴预警预报的研究进展.高原山地气象研究,2009,29(2):75－80.

28. 唐小萍,李亚兵.拉萨 40a 日照变化特征分析.西藏科技,2003,3:56－58.

29. 王晶,王项南,石建军,李超.用于太阳紫外辐射测量传感器的设计.海洋技术,2008,27(4):50－52.

30. 王振会.雷电科学与技术专业英语读物.北京:气象出版社,2007.

31. 魏光辉,万浩江,潘晓东.雷电放电数值模拟与主动防护.北京:科学出版社,2014.

32. 吴北婴,等.大气辐射传输使用算法.北京:气象出版社,1998.

33. 杨静.Red sprites 放电现象和相关雷电特征及影响研究.中国科学院寒旱区环境与工程研究所博士学位论文,2008.

34. 杨仲江.雷电灾害风险评估与管理基础.北京:气象出版社,2010.

35. 尹宏.大气辐射学基础.北京:气象出版社,1993.

36. 张敏峰,刘欣生,张义军.利用 GCM 模式对全球雷电活动的模拟分析.大气科学,2001,25(5):689－696.

37. 张义军,陶善昌,马明,等.雷电灾害.北京:气象出版社,2009.

38. 张义军,周秀骥.雷电研究的回顾和进展.应用气象学报,2006,17(6):829－834.

39. 赵瑾,张德海.星载毫米波亚毫米波辐射计定标的初步研究.遥感技术与应用,2008,23(6):717－720.

40. 中国气象局.雷电灾害风险评估技术规范.北京:气象出版社,2008.

41. 中国气象局.中国雷电监测报告.北京:气象出版社,2009.

42. 周筠珺,等.雷电监测与预警技术.北京:气象出版社,2015.

43. 周淑媛.日照时数与光照长度辨析.安徽农学通报,2015,21(7):27－28.

44. 周长春,谌贵瑚,师锐.寒潮研究及四川盆地寒潮概况.高原山地气象研究,2010,30(4):64－67.

45. Andreae M O,Rosenfeld D,Artaxo P,et al.. Smoking rain—clouds over the Amazon.Science,2004,303:1337－1342.

46. Barhch Ziv,Hadas Saaroni,Yoav Yair,et al.. Atmospheric Factors governing Winter Lighting Activity in the area of Tel Aviv.Israe1.13th International Conference on Atmospheric Electricity.Beijing,2007.

47. Christian H J,Blakeslee R J,Boccippio D J,et al.. Global frequency and distribution of lightning as observed from space by the Optical Transient Detector.J Geophys Res,2003,108:4005.

48. Franz R C,Nemzek R J,Winckler J R.Television image of a large upward electrical discharge above a thunderstorm system. Science,1990,249:48－51.

49. Hardman S F,Dowden R L,Brnndell J B,et al.. Sprite observation in the thunder storm in northern territory of Australia.Journal of Geophysical Research,2000,105:4689－4697.

50. Orville R E,Hufines G R,Nielsen Gammon,et al.Enhancement of cloud-to-ground lightning activity over House,Taxes.Geophys Res Lett,2001,28:2597－2600.

51. Price C,Penner J,Prather M.NO_x from lightning,Part I:globe ditribution base on lightning physics.J Geophys Res,1997,102:5929－5941.

52. Rakov V A. The Physics of Lightning. Surv Geophys,2013(34):701－729.

53. Ryu J H,Jenkins G S.Lightning-tropospheric ozone connections:EOF analysis of TCO and lightning data.Atmos Enviro,2005,39:5799－5805.

54. Steiger S M,Orville R E.Cloud-to-ground lightning enhancement over southern Louisiana.Geophys Res Lett,2003,30:doi:10.1029/2003 GL O17923.

55. Williams E R.Lightning and climate:A review.Atmos Res,2005,76:272－287.

推荐阅读

1. 刘长胜,刘文保.大气辐射学.南京:南京大学出版社,1990.

2. 周秀骥,陶善昌,姚克娅.高等大气物理学.北京:气象出版社,1999.

3. 廖国男著(美).大气辐射导论(第二版).郭彩丽,周诗健,译.北京:气象出版社,2004.

4. 石广玉.大气辐射学.北京:科学出版社,2007.

5. 王振会.雷电科学与技术专业英语读物.北京:气象出版社,2007.

6. 张义军,陶善昌,马明,等.雷电灾害.北京:气象出版社,2009.

7. 郄秀书,等.雷电物理学.北京:科学出版社,2013.

8. 莫月琴,杨云,王炳忠.现代气象辐射测量技术.北京:气象出版社,2008.

9. [德] Reinhold Röseman 著.气象环境应用中的太阳辐射测量概述.吕晶译.北京:电子工业出版社,2019.

10. 王炳忠.现代太阳辐测和地球辐射测量及标准.北京:气象出版社,2018.

11. 申积良,岳干钧.大气电与雷电形成和变化.北京:中国电力出版社,2017.

第7章
高空气象参数的获取与飞机观测

本章重点：了解高空气象参数和飞机观测的意义，掌握单、双经纬仪测风以及探空气球测风、无线电测风的原理，会灵活应用高空探测常用计算公式，并对高空探测器及飞机观测有初步的认识。

§7.1　高空气象参数的获取

7.1.1　高空气象参数测量的科学意义

高空气象观测主要用于探测地面至 3 万米高空的温度、气压、湿度、风向、风速等气象要素，为天气预报、气候分析、科学研究和国际气象数据交换提供及时、准确的高空气象资料。

对纷繁复杂的天气现象的研究，如果仅依赖于地面的气象要素，而没有与天气系统密切联系的高空气象要素的观测资料相结合，是无法深入发展下去的。高空气象探测技术正是为了满足大气科学发展的需求而诞生的，使用各种飞行器携带仪器探测高空气象要素和状态参数是高空气象观测的主要工作。高空观测是用气球将探空仪带入空中，探空仪在飞升过程中感应出周围空气的温度、气压和湿度，并将探测的气象要素转换为无线电信号，连续不断地发给地面接收系统，观测人员对接受的无线电信号加以整理计算，获得高空的温度、气压、湿度、风向、风速等气象要素。目前，又发展出探空仪携带气溶胶、臭氧或其他专业测量仪器，对高空相关探测大气成分进行直接测量的研究任务，这进一步促进了高空气象探测在空间环境研究中的应用。高空气象参数的获取对于研究高层大气环流状况、天气分析预报、航空飞行、环境污染研究以及军事应用等方面都具有十分重要的意义。实时高精度的高空气象探测资料也是军事气象保障的重要组成部分，它对炮兵弹道修正、航空兵飞行、空降兵空降、火箭和导弹发射等具有极为重要的意义。

16 世纪中期前，人类对于天气现象的了解还停留在感性认识阶段，探测手段和仪器较落后；到了 16 世纪末，大气探测技术有了较大的发展，其重要标志是从原始、零星的目测和定性测量逐渐发展到全球范围的系统、连续和定量的大气探测，近代的大气探测亦由此开始；自 18 世纪中叶以来，先后用风筝、载人气球携带仪器进行直接探测高空气象要素的试验；19 世纪末，法国、德国、美国发明和改进了探空气象仪，1896 年在欧洲组织国家间的探空气球探测试验是高空气象观测站网的雏形，随着气象气球和光学经纬仪的发展，逐步建立了小球经纬仪测风的方法；20 世纪 20 年代末，随着无线电技术的发展，法、德、芬兰等国家都开始研制无线电探空仪，将大气探测扩展到更广阔的三维空间，积累了大量的高空气象资料；20 世纪 20~30 年代,在电报、编报、短波无线电技术发展的基础上,先后研制成了无线电探空仪、无线电经纬仪和测风雷达等,为建立全球高空观测站网奠定了基础；20 世纪 40 年代,发展了气象火箭,探测高度可达 100 km 以上；自 20 世纪 60 年代以来,气象卫星和大气遥感技术的发展促进了全天候和全球性高空气象探测的发展。大量利用无线电遥测、遥控技术和电子计算机微处理机定量控制、实时处理是当前各高空观测系统的技术特点。目前世界上基本形成了雷达测风、无线电经纬仪测风、罗兰导航测风、GPS 测风体制四类系统,我国正在完成从机械探空仪到电子探空仪的过渡,大气三维精度的探测精度与探空的时空密度都大为提高。目前我国有常规高空探测站 120 个(不含港台),其中 7 个站为全球气候观测系统探空站,87 个站参加全球资料交换,此外,西藏、新疆还有 6 个小球测风站。

那么什么是高空气象探测呢? 可以这样简要回答,即为了了解高空大气物理的、化学的、光学的变化特征,以及这种变化对全球气候、环境所带来的影响,使人们对大气物理特性的发展变化规律有一个清醒的认识,能够更好地为人们生产生活服务,测定大气各高度层上的温度、湿度、气压、风向、风速,并辅助测量其他一些特殊项目,主要涉及大气成分、臭氧、辐射、大气电场等。其中高空风的测量主要是测量大气各高度层上的空气水平运动。

探测高层大气的方法可分为两类:① 间接法。在地面上利用探测仪器观测高层大气中的物理现象(如流星、曙暮光、极光等)来推算高层大气的成分、密度和温度,或通过研究声、光、电波在大气中传播的特性,及其透过大气时所发生的变化,探测大气各高度上的密度、温度和电离程度等。② 直接法。利用飞机、气球、火箭和卫星等升空工具,把探测仪器带到所要研究的高度上,测定飞行器周围的大气参数,或通过研究空间环境对飞行器的影响,如卫星的大气制动来探测大气密度。常规高空气象探测系统主要包括地面探空雷达、探空气球、探空仪三个部分,气球探空释放携带探空仪的探空气球,地面探空接收探空仪发送回地面的探空信息,进行探空信息的整理与传输。在高空气象探测过程中,将探空气球视作随空气流动的质点进行探测,获取大气中不同高度上的温度、湿度、气压、风向、风速随时间和空间分布的资料。气球上升过程中,大致保持 400 m/min 的升速,整个探测过程一般持续 75 分钟左右,最长工作时间可达 2 小时。探空需要在规定时间内完成,时间越长空间气象场会发生变化,对于资料的有效性会产生不利影响。

7.1.2 高空风的测量

高空风指的是地面上空各高度的空气水平运动,一般指从地面到空中 30 km 各高度层上的风向风速测定,此处的各高度根据所要研究的对象、目的和探测仪器的垂直分辨率联合确定。测量高空风对于了解大气层的运动状况,如区域和全球大气环流,包括海陆风、湖陆风、山谷风、城市热岛环流等具有重要意义,是研究全球及区域气候变化、准确预报天气现象的重要手段。高空风测量方法可以分为以下三类:利用示踪物随气球飘浮,观测示踪物的位移来确定空中的风向、风速；利用系留气球、风筝、飞机、气象塔等观测平台,使测风器安置在不同的高度上,根据气流对测风仪器的动力作用来测量空中的风向、风速；利用大气中的质点和湍流团块与无线电波、声波、光波的相互作用,由多普勒效应引起的频移变化,推算空中的风向、风速。

比如现在的无线电测风主要有两类:一是定向法,是由气球悬挂一个"探向发射机",地面上利用定向天线接收发射信号,测定气球的仰角、方位角,并在探空记录中求取,然后根据仰角、方位角、高度计算高空风。另外一种是定位法,主要是利用雷达来测定自由大气中的气球位置。它不仅测定气球的角坐标,而且能测定气球与雷达的距离,即斜距。由仰角、方位角、斜距计算高空风。风廓线雷达也可以实现边界层风场的测量,它是一种检测和处理大气湍涡回波强度和运动信息的全相参脉冲多普勒雷达,通过发射微波脉冲,接收大气中湍流涡旋对微波后向散射的多普勒频移来反演大气风廓线,同时依据大气物理和随机介质中电磁波传播理论反演大气光学湍流廓线,是新一代的气象业务装备和大气研究探测工具,具有广泛的应用前景。

7.1.3　单双经纬仪测风的基本原理

气球测风是以气球作为示踪物进行跟踪的高空测风方法,也是气象上广泛使用的测量方法。气球测风中使用的气球是一种充灌氢气(或氦气)的橡胶气球,由于空气浮力的作用,气球具有上升能力,其轨迹为一面随气流漂移,一面随气流上升,跟随大气流场的变化而变化。由于氢气在充灌气球时易爆,因此,氦气(纯度 99.99%)用得相对多一些,其缺点是价格比氢气高,使用成本相对较高。气球测风一般可分为光学经纬仪测风和无线电测风。光学经纬仪测风又可分为单双经纬仪测风和气球测风。无线电测风也可分为无线电定向系统测风、无线经纬仪测风、雷达测风以及导航测风等。在气象业务上常用经纬仪测风和雷达测风,而导航测风则用在人员不方便到达的远海及无人区进行遥测。

7.1.3.1　单经纬仪测风

单经纬仪测风通常假设气球的升速不变,利用一台经纬仪跟踪观测气球在空间每一分钟的仰角和方位角。由于气球升速不变(假设),所以高度可以由时间计算出来,根据几何原理,可以根据每分钟气球的仰角、方位角、高度 3 个值获得高空风速和风向的大小。

令等速上升气球的升速为 ω,α 为方位角,δ 为仰角,在 t 时刻气球上升的高度为 $H=\omega t$。气球在水平方向上的投影距离如图 7.1 所示为 $L=H\cot\delta$,水平风速为 $v=L/t$。

单经纬仪测风时首先要确定正北方向与气球水平位移的夹角;风速为测得风层的风速;第一点风向 $G_1=\alpha_1+180°$,第二点风向 $G_2=\alpha_2+180°+\theta_2$。以 D_2 表示 $t_1\sim t_2$ 内水平位移的线段 C_1C_2,将 D_2 分解为:xC_2,C_1x 两部分(如图 7.2 所示)。则

$$\overline{xC_2}=L_2-L_1\cos(\alpha_2-\alpha_1)=L_2-L_1\cos\Delta\alpha_2$$

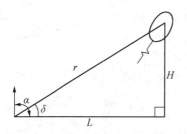

图 7.1　气球方位角仰角几何图示

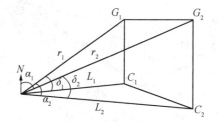

图 7.2　风向确定几何图

得 $\theta_2=\arctan\dfrac{\overline{C_1x}}{xC_2}$,$L_1=H_1\cot\delta_1$,$L_2=H_2\cot\delta_2$,$\overline{C_1x}=L_1\sin\Delta\alpha_2$,$H_1=\omega t_1$,$H_2=\omega t_2$,$H_1=\omega t_1$,$H_2=\omega t_2$(如图 7.3 所示)。

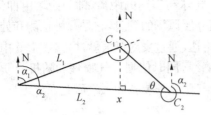

图 7.3 几何结构图一

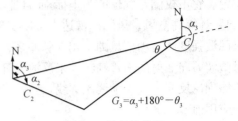

图 7.4 几何结构图二

$t_{n-1} \sim t_n$ 时间段内的平均风向,则:

$$\begin{cases} L_{rn} = L_n - L_{n-1}\cos(\alpha_n - \alpha_{n-1}) & L_{n-1} = H_{n-1}\cot\delta_{n-1},\ H_{n-1} = \omega t_{n-1} \\ L_{tn} = L_{n-1}\sin(\alpha_n - \alpha_{n-1}), & L_n = H_n\cot\delta_n,\ H_n = \omega t_n \end{cases} \tag{7.1}$$

所以(如图 7.4 所示)

$$\theta_n = \arctan\frac{L_{tn}}{L_{rn}} \tag{7.2}$$

$$G_n = \alpha_n \pm 180° \pm \theta_n$$

由于风速是单位时间内空气水平位移的距离。在 $0 \sim t_1$ 时段内,气球的水平位移为 D_2。

$$D_2 = \sqrt{L_{r2}^2 + L_{t2}^2} \tag{7.3}$$

$$v_2 = \frac{\sqrt{L_{r2}^2 + L_{t2}^2}}{t_2 - t_1} \tag{7.4}$$

同理,可推广到 $t_n \sim t_{n-1}$ 时段

$$v_n = \frac{\sqrt{L_{rn}^2 + L_{tn}^2}}{t_n - t_{n-1}} \tag{7.5}$$

见图 7.5。单经纬仪测风的不足之处是气球有上升、下沉之分,导致测量气流时的速度偏大或者偏小。

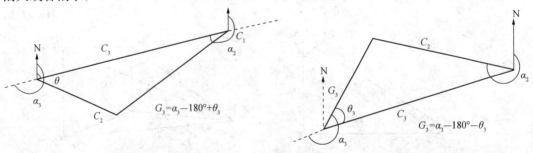

图 7.5 几何结构图三

7.1.3.2 双经纬仪测风

双经纬仪测风是为了克服单经纬仪测风的缺陷而提出的。单经纬仪的不足在于假设气球的升速是固定不变的,但实际上由于大气湍流的存在,气球不可能保持恒定升速,这就会

给测量结果造成误差。双经纬仪测风是把两台经纬仪分别安装在已知距离的两个观测点上,同时观测气球的运动,通过气球的仰角、方位角并通过空间几何关系计算气球的实际高度,然后计算各高度上的风向风速。双经纬仪测风需要一条已知长度和 A,B 两站高差的观测基线,见图 7.6。

为了计算方便和提高观测精度,基线的选择尽量垂直于盛行风向,或选择两条相互垂直的基线。h,b 已知,A 站选在楼顶平台,由放球点 B 站能清楚看到 A 站的球,A,B 站对气球视野相当开阔 $b=500\sim2\,000$ m(如图 7.7 所示)。

可以使用水平面投影法计算测风气球高度,如图 7.7 所示,观测点 A 的位置比 B 点高 h($AA'=h$),基线长度为 $b(A'B=b)$,如图 7.7 所示。在某一瞬时,如气球位置距离通过基线的铅垂面较远时,气球在 P 点,这时应采用水平面投影法。即将气球位置投影到 B 点所在的水平面上,然后利用 A,B 两点观测得到的 P 点方位角、仰角,计算出 P 点的高度。

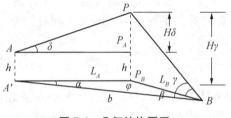

图 7.6　几何结构图四

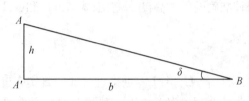

图 7.7　几何图示

气球位置 P 在 A 点所在水平面上的投影点为 P_A,在 B 点所在水平面上的投影点为 P_B,设 $PP_A=H_\delta$,$PP_B=H_\gamma$,H_δ,H_γ 分别为气球相对于 A 点及 B 点的高度,因 A、B 两点间的高度差为 h,所以有:$H_\delta=H_\gamma-h$。将气球实际位置投影到 A、B 两点水平面上,计算球高的方法,称水平面投影法,如图 7.6 所示。AP 为自 A 点经纬仪仰视气球的瞄准线,AP_A 是水平线,为 AP 在图 7.6 中 A 点所在水平面上的投影线,$A'P_B$ 就是 AP 在 B 点所在水平面上的投影线。由图显然有 $A'P_B=AP_A$,这是气球投影点距观测点 A 的水平距离。

令 $A'P_B=L_A$,$BP_B=L_B$,表示投影点距观测点 A' 和 B 的水平距离。α、δ 和 β、γ 可由 A、B 两点的经纬仪仰角和方位角观测得出。在平面三角形 $\triangle A'BP_B$ 中,设 $\angle A'P_BB=\varphi$,则有 $\alpha+\beta+\varphi=180°$,$\varphi=180°-(\alpha+\beta)$,根据正弦定理:

$$\frac{b}{\sin\varphi}=\frac{L_A}{\sin\beta}=\frac{L_B}{\sin\alpha} \tag{7.6}$$

由(7.6)式即可求出 P_A 对 A 点的水平距离

$$L_A=\frac{b\sin\beta}{\sin\varphi} \tag{7.7}$$

同理可得到 P_B 对 B 点的水平距离

$$L_B=\frac{b\sin\alpha}{\sin\varphi} \tag{7.8}$$

$\triangle AP_AP$ 和 $\triangle BP_BP$ 都是直角三角形

$$H_\delta=L_A\tan\delta \tag{7.9}$$

$$H_\gamma = L_B \tan\gamma \tag{7.10}$$

将式(7.7)和式(7.8)中的 L_A、L_B 分别代入式(7.9)、式(7.10)就得到 A、B 两点的高度计算公式：

$$H_\delta = \frac{b\sin\beta\tan\delta}{\sin\varphi} \tag{7.11}$$

$$H_\gamma = \frac{b\sin\alpha\tan\gamma}{\sin\varphi} \tag{7.12}$$

由式(7.11)、式(7.12)可见，由两架经纬仪观测同一气球，得出其方位角、仰角（α、β、δ、γ）后，将其数值及其基线长度 b 代入式(7.11)和(7.12)，即可计算出两站此时的气球高度。

由图 7.6 可见，式(7.11)和(7.12)计算的球高应符合 $H_\delta = H_\gamma - h$ 的关系。实际上由于观测中 α、β、δ、γ 的观测误差，使计算出的 H_δ、H_γ 存在误差，因而不满足这一关系。为了求得较准确的气球高度，一般取式(7.11)和(7.12)计算的球高平均值为气球高度，即

$$H_m = \frac{H_\delta + (H_\gamma - h)}{2} \tag{7.13}$$

H_m 比 H_δ 和 H_γ 更接近气球的真实高度。如果计算的 H_δ、H_γ 差值与 h 相差甚远，就说明两站观测误差太大。观测误差主要来源于以下三个方面：经纬仪水平未调准确；观测中 α、β、δ、γ 读数存在误差（读数时未将气球调到经纬仪十字叉处）或读错读数；两站读数不同时间等。在观测数据处理过程中一般都有检验数据质量的标准，例如，两站计算的球高相差多少为合格资料，相差多少为不合格资料。

在双经纬仪测风时，A、B 两站经纬仪架设固定、调好水平后，要互相瞄准对方，当 B 站经纬仪对准 A 站经纬仪时，调整 B 站方位盘刻度，使其读数为 $0°$；A 站对准 B 站经纬仪时，将方位盘刻度调整为 $180°$。

互对方位后，利用两站的观测数据求气球高度时，可以直接将经纬仪方位角读数代入公式计算。

下面分别将气球投影点在基线（南—北方向）的上方（东）和投影点在基线下方（西）的情况说明如下：以基线为南北方向，说明基线对方位，注意互换方位。

以 α' 表示 A 站经纬仪的方位角读数，β' 表示 B 站经纬仪的方位角读数。当气球投影点在基线上方（东面）P_B' 点时，则有

$$\begin{aligned}\alpha &= 180° - \alpha'\\ \beta &= \beta'\\ \varphi &= 180° - (\alpha+\beta) = 180° - (180° - \alpha' + \beta') = \alpha' - \beta'\end{aligned} \tag{7.14}$$

当气球投影点在基线下方（西面）P_B 点时，则有

$$\begin{aligned}\alpha &= \alpha' - 180°\\ \beta &= 360° - \beta'\\ \varphi &= 180° - (\alpha+\beta) = 180° - (\alpha' - 180° + 360° - \beta') = \beta' - \alpha'\end{aligned} \tag{7.15}$$

可见，两站互对方位后，无论气球投影点在什么位置，都可以将两站经纬仪的方位角读

数 α'、β' 直接代替 α、β 代入式(7.11)和(7.12)计算气球高度,如图 7.8 所示。

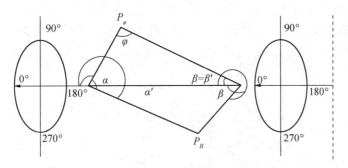

图 7.8　几何结构图五

因为气球高度一般为正值,所以取三角函数绝对值公式中的 φ 角,也可以用 $|\alpha'-\beta'|$ 代入,因此,水平投影法计算球高的公式可以写成如下一般形式:

$$H_{\delta}=\frac{b\sin\beta\tan\delta}{\sin\varphi}=\frac{b\sin\beta\tan\delta}{\sin(\alpha-\beta)} \tag{7.16}$$

$$H_{\gamma}=\frac{b\sin\alpha\tan\gamma}{\sin\varphi}=\frac{b\sin\alpha\tan\gamma}{\sin(\alpha-\beta)} \tag{7.17}$$

由式(7.16)和(7.17),可以推导出球高计算的相对误差 ΔH_{δ}、ΔH_{γ} 的公式

$$\Delta H_{\delta}=\frac{\Delta H_{\delta}}{H_{\delta}}=\arctan\beta\Delta\beta+\arctan(\alpha-\beta)(\Delta\alpha+\Delta\beta)+\frac{2\Delta\delta}{\sin2\delta} \tag{7.18}$$

$$\Delta H_{\gamma}=\frac{\Delta H_{\gamma}}{H_{\gamma}}=\arctan\alpha\Delta\alpha+\arctan(\alpha-\beta)(\Delta\alpha+\Delta\beta)+\frac{2\Delta\gamma}{\sin2\gamma} \tag{7.19}$$

式中,$\Delta\alpha$、$\Delta\beta$、$\Delta\delta$、$\Delta\gamma$ 是经纬仪测量角度时的偶然误差(包括两站读数不同时;读数时球不在十字叉中间;读错数据等)。ΔH_{δ}、ΔH_{γ} 是由于测量误差导致气球高度计算产生的误差。

在实际工作中,要求球高计算值的最大相对误差不能超过实际球高的 5%。分析式(7.18)、(7.19)中各项随 α、β、δ、γ 的变化情况可知,当 α(或 β)$\rightarrow$ 0°(或 180°),$(\alpha-\beta)\rightarrow$ 0°(或 180°),δ(或 γ)$\rightarrow$ 0°(90°)时,利用公式(7.16)计算气球高度,相对误差迅速加大,因此,使用水平面投影法计算球高会失去应有的精确度。

这相当于测风气球的位置在基线所在的垂直面附近,或距其非常远的情形。

根据球高的计算值,最大相对误差不得超过实际球高 5% 的要求,在观测中出现以下三种情况之一就不能使用水平面投影法:方位角 α(或 β)$\geqslant358°$,α(或 β)$\leqslant2°$;方位角之差 $\alpha-\beta\leqslant4°$ 或 $\alpha-\beta\geqslant176°$;仰角 δ(或 γ)$\geqslant88°$,δ(或 γ)$\leqslant2°$。

解决以上问题可采用垂直面投影法。

除水平面投影法之外,计算测风气球高度的方法还有垂直面投影法。垂直面投影法就是将气球在空间的位置投影到基线所在的垂直面上,利用在垂直面上的投影点由三角公式计算球高的方法。

如图 7.9 所示,P 点为气球所在的位置。将 P 点投影到基线所在的垂直面上,投影点以 P' 表示(PP' 是与水平面平行的直线),P_A、P_B 代表 P 点在 A 及 B 两点所在水平面上的投影点,而 P'_A、P'_B 则分别是 P_A、P_B 在基线所在垂直面上的投影点,AP_A 与 AP'_A 是在 A 点所在水平面上的水平线,BP_B 与 BP'_B 是在 B 点所在水平面上的水平线,AP' 及 BP' 是视线 AP 及 BP 在垂直面上的投影。自 A 点观测 P 的仰角为 δ、P' 的仰角为 δ',自 B 点观测 P 的仰角为 γ、P' 的仰角为 γ'。

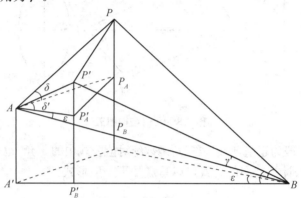

图 7.9　几何示意图一

从图 7.9 基线垂直面上的投影图可看出气球距 A 点的高度 $H_\delta = P'P'_A = PP_A$,距 B 点的高度 $H_\gamma = P'P'_B = PP_B$,AB 之间的长度用 C 表示,自 B 点视 A 的仰角以 ε 表示,显然,$\angle P'_A AB$ 等于 ε。

在 $\triangle AP'_A P'$ 中,$H_\delta = P'P'_A = AP'\sin\delta'$;在 $\triangle BP'_B P'$ 中,$H_\gamma = P'P'_B = BP'\sin\gamma'$。

只要求出 AP'、BP' 及 δ'、γ' 即可计算球高,根据正弦定理,在 $\triangle ABP'$ 中

$$\frac{AP'}{\sin(\gamma'-\varepsilon)} = \frac{C}{\sin[180°-(\delta'+\gamma')]} = \frac{BP'}{\sin(\delta'+\varepsilon)} \tag{7.20}$$

则有:

$$AP' = \frac{C\sin(\gamma'-\varepsilon)}{\sin(\delta'+\gamma')}$$
$$BP' = \frac{C\sin(\delta'+\varepsilon)}{\sin(\delta'+\gamma')} \tag{7.21}$$

所以

$$H_\delta = \frac{C\sin(\gamma'-\varepsilon)}{\sin(\delta'+\gamma')}\sin\delta' \tag{7.22}$$

$$H_\gamma = \frac{C\sin(\delta'+\varepsilon)}{\sin(\delta'+\gamma')}\sin\gamma' \tag{7.23}$$

下面找出 δ'、γ' 与 α、β、δ、γ 的关系。因为 $PP_A = AP_A\tan\delta$,$P'P'_A = AP'_A\tan\delta'$,而且 $PP_A = P'P'_A$,因此得到 $AP_A\tan\delta = AP_A\cos\alpha\tan\delta'$,即

$$\tan\delta = \cos\alpha\tan\delta' \quad 或 \quad \tan\delta' = \sec\alpha\tan\delta \tag{7.24}$$

所以 $AP_A\tan\delta = AP'_A\tan\delta'$,又因为 $\triangle AP_A P'_A$ 是直角三角形,而且 $AP'_A = AP_A\cos\alpha$,同理由 $\triangle BPP_B$,$\triangle BP'P'_B$ 及 $\triangle BP_B P'_B$ 三个三角形的关系求出

$$\tan\gamma' = \sec\beta \cdot \tan\gamma \tag{7.25}$$

利用式(7.24)和式(7.25)可计算 δ' 和 γ'，式中 α、β、δ、γ 都可由经纬仪测得。有了 δ' 和 γ' 的数值，即可由式(7.22)、式(7.23)计算气球高度。

在推导得出公式(7.24)和(7.25)时，气球投影点的位置在基线的上方，A、B 两站之间。如果投影点位置在 A、B 两站的外侧，则公式中的正负号需作相应变化。

当气球投影点在 A 站外侧时，如图 7.10 所示。

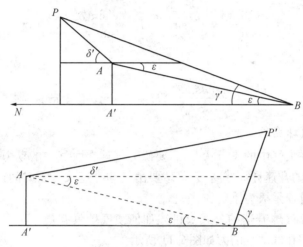

图 7.10　几何示意图二

这时计算球高的公式为：

$$H_\delta = \frac{C\sin(\gamma'-\varepsilon)}{\sin(\delta'-\gamma')}\sin\delta' \tag{7.26}$$

$$H_\gamma = \frac{C\sin(\delta'-\varepsilon)}{\sin(\delta'-\gamma')}\sin\gamma' \tag{7.27}$$

当气球投影点在 B 站外侧时，如图 7.10 所示。

这时计算球高的公式为：

$$H_\delta = \frac{C\sin(\gamma'+\varepsilon)}{\sin(\gamma'-\delta')}\sin\delta' \tag{7.28}$$

$$H_\gamma = \frac{C\sin(\delta'+\varepsilon)}{\sin(\gamma'-\delta')}\sin\gamma' \tag{7.29}$$

需要补充说明的是在选择测风基线时，需要考虑① 垂直于盛行风向；② 在风向多变区应选多条或交叉基线；③ 基线的长度。根据以上论述，垂直面投影法计算球高公式可以概述如下：

(1) 气球投影点在基线上方，此时
$$270°>\alpha>90°, 90°>\beta \text{ 或 } \beta>270°$$

$$H_\delta = \frac{C\sin(\gamma'-\varepsilon)}{\sin(\delta'+\gamma')}\sin\delta', \quad H_\gamma = \frac{C\sin(\delta'+\varepsilon)}{\sin(\delta'+\gamma')}\sin\gamma' \tag{7.30}$$

（2）气球投影点在 A 侧之外，此时

$$90°>\alpha \text{ 或 } \alpha>270°$$

$$H_\delta=\frac{C\sin(\gamma'-\varepsilon)}{\sin(\delta'-\gamma')}\sin\delta', H_\gamma=\frac{C\sin(\delta'-\varepsilon)}{\sin(\delta'-\gamma')}\sin\gamma' \tag{7.31}$$

（3）气球投影点在 B 侧之外，此时

$$\beta\geqslant90° \text{ 或 } \beta\leqslant270°$$

$$H_\delta=\frac{C\sin(\gamma'+\varepsilon)}{\sin(\gamma'-\delta')}\sin\delta', H_\gamma=\frac{C\sin(\delta'+\varepsilon)}{\sin(\gamma'-\delta')}\sin\gamma' \tag{7.32}$$

$$\frac{H_\delta}{b}=\frac{\tan\delta\sin\beta}{\sin(\alpha-\beta)}, H_\delta=5 \text{ km}, b>1 \text{ km} \tag{7.33}$$

7.1.3.3 探空气球测风

为了控制气球在大气中的飞行状态，需要研究气球在大气中的动力学性质。单经纬仪测风时，要根据气球的升速计算球高，云幕球要由气球升速及入云时间计算云高，所以控制及准确确定气球的升速是极为重要的。

下面将推导计算气球升速的公式及讲述如何使气球具有规定升速的问题。作用在气球上的力如图 7.11 所示。

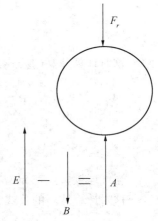

假设球内充灌氢气，其密度为 ρ_h，体积为 V，则球内气体的质量为 $\rho_h V$，所受重力为 $g\rho_h V$，设气球的球皮及其附加物的重量为 B，则整个气球所受向下的重力为：$g\rho_h V+B=mg$，m 为气球的总质量。

气球在大气中受到向上的浮力 $F=\rho Vg$，其中：ρ 为大气密度。气球在上升过程中，空气密度变化，但球皮随之自由膨胀，球内气体的密度及体积也随之而变，导致上升中浮力不变。

设球体内外的压强和温度在上升过程中保持不变，由气体状态方程：

图 7.11　气球受力图

$$V=\frac{nR_HT}{p}, \rho=\frac{p}{R_aT} \text{ 得 } F=\rho gV=n\frac{R_H}{R_a}g \tag{7.34}$$

n 为球内气体克分子数。可见，气球受到的浮力与球内气体质量成正比。如果 n、g 为常数，上升中气球所受浮力保持常数。

定义净举力 A 为气球所受浮力与重力之差，即

$$A=F-mg=(\rho-\rho_H)Vg-B \tag{7.35}$$

$$A=E-B \tag{7.36}$$

式中 E 称为总举力，是气球排开空气的重量与球内气体重量之差：

$$E=(\rho-\rho_h)Vg \tag{7.37}$$

气球在上升中无泄漏，mg 不变，F 也保持不变。因此，在上升过程中，净举力 A 为常数，E 也为常数。

气球在上升时，周围空气阻力 R 将作用于球面上，气球为正圆形，可认为阻力作用于球心，其方向与运动方向相反。设气球的上升速度为 w，根据实验，在 $2\ \text{m/s} < w < 100\ \text{m/s}$ 的条件下，有

$$R = \frac{1}{2} C_D \pi r^2 \rho w^2 \tag{7.38}$$

式中 r 为气球半径，C_D 为比阻系数，C_D 是雷诺数 Re 的函数：

$$Re = \frac{2r\rho w}{\eta} \tag{7.39}$$

η 是空气黏滞系数，在标准状态下 $\eta = 1.73 \times 10^{-5}\ \text{kgm}^{-1} \cdot \text{s}^{-1}$。

1. 气球升速公式

气球的运动方程为：

$$m\frac{\mathrm{d}w}{\mathrm{d}t} = F - mg - R \tag{7.40}$$

而

$$\frac{\mathrm{d}w}{\mathrm{d}t} = \frac{\mathrm{d}w}{\mathrm{d}z}\frac{\mathrm{d}z}{\mathrm{d}t} = \frac{1}{2}\frac{\mathrm{d}w^2}{\mathrm{d}z} \tag{7.41}$$

将(7.41)式及(7.35)式、(7.38)式代入(7.40)式

$$\frac{m}{2}\frac{\mathrm{d}w^2}{\mathrm{d}z} = A - \frac{1}{2}C_D\pi r^2 \rho w^2 \tag{7.42}$$

$$\frac{\mathrm{d}w^2}{\mathrm{d}z} + \frac{C_D\pi r^2 \rho}{m}w^2 - \frac{2A}{m} = 0 \tag{7.43}$$

如果取一薄层大气，C_D，r，R，ρ 取为常数，取初始条件 $z = 0$ 时，$w = 0$，则(7.43)式的解为

$$w^2 = \frac{2A}{C_D\pi r^2 \rho}\left[1 - \exp\left(-\frac{C_D\pi r^2 \rho}{m}z\right)\right] \tag{7.44}$$

由(7.44)式得气球的上升速度计算公式

$$w = \frac{1}{r}\sqrt{\frac{2A}{C_D\pi\rho}}\left[1 - \exp\left(-\frac{C_D\pi r^2 \rho}{m}z\right)\right]^{1/2} \tag{7.45}$$

$$z \to \infty,\ \text{有}\ w_\infty = \frac{1}{r}\sqrt{\frac{2A}{C_D\pi\rho}} \tag{7.46}$$

实际上，在气球上升过程中 w 很快将趋近于 w_∞。如果要计算达到 $0.98w_\infty$ 的高度是多少米，令：

$$\left[1 - \exp\left(-\frac{C_D\pi r^2 \rho}{m}z\right)\right]^{\frac{1}{2}} = 0.98 \tag{7.47}$$

则
$$\exp\left(-\frac{C_D\pi r^2\rho}{m}z\right)=0.04 \tag{7.48}$$

对 20 号球：$m=60\ \text{g}$，$r=35\ \text{cm}$，$\rho=1.3\ \text{kg/m}^3$，$C_D=0.4$，由(7.48)式：

$$-\frac{C_D\pi r^2\rho}{m}z=\ln 0.04=-3.22 \tag{7.49}$$

$$z=\frac{3.22m}{C_D\pi r^2\rho}=0.97$$

可见，气球释放后上升 0.97 m 就达到常风速值的0.98，上升 1.17 m 达到常风速值的0.99，因而可以认为气球在释放之后很快就按式(7.54)的计算值上升：

$$w=\frac{1}{r}\sqrt{\frac{2A}{C_D\pi\rho}} \tag{7.50}$$

因为空气阻力与 w^2 成正比，释放后气球在短时间内加速上升，阻力逐渐加大，很快就与净举力 A 达到平衡，然后等速上升。

应用(7.50)式计算气球的升速很不方便，因为在上升过程中气球不断膨胀，r 是变化的。

在气球内外的温度及气压相等的条件下，气球上升到各高度时的气球半径可由(7.30)和(7.51)式及球体积 $V=4\pi r^2/3$ 得：

$$A=\frac{4}{3}\pi r^2(\rho-\rho_H)g-B$$

$$r=\left[(A+B)\frac{3}{4\pi(\rho-\rho_H)g}\right]^{1/3} \tag{7.51}$$

由球内外温度压力相等：$\dfrac{\rho_H}{\rho}=\dfrac{R_a}{R_H}$，取 $\alpha=1-\dfrac{R_a}{R_H}$（氢气 $\alpha=0.90\sim0.93$），$\rho_H=(1-\alpha)\rho$，代入(7.51)式得：

$$r=\left[(A+B)\frac{3}{4\pi\alpha\rho g}\right]^{1/3} \tag{7.52}$$

由(7.52)式可见，$r\propto\left(\dfrac{1}{\rho}\right)^{1/3}$，上升中 ρ 变小，r 增大，将 (7.50)式代入 (7.52)式得

$$w=b\rho^{-1/6}\frac{A^{1/2}}{(A+B)^{1/3}}=b\rho^{-\frac{1}{6}}\frac{A^{\frac{1}{2}}}{E^{\frac{1}{3}}} \tag{7.53}$$

式中 $b=\left(\dfrac{4\alpha g\pi}{3}\right)^{1/3}\left(\dfrac{2}{C_D\pi}\right)^{1/2}$。

因此，控制球重及净举力，就可改变球的升速。在净举力及球重不变时，空气密度越小，升速越大，因而气球的升速随高度会稍有增大。见表 7.1。

在 $p_0=760\ \text{mmHg}$，$T_0=20\ ℃$，$\rho_0=1.205\ \text{kg/m}^3$ 时满足

$$w_0=b\rho_0^{-1/6}\frac{A^{1/2}}{E^{1/3}} \tag{7.54}$$

由(7.53)式、(7.54)式得

$$\frac{w}{w_0}=\left(\frac{\rho_0}{\rho}\right)^{1/6} \tag{7.55}$$

表 7.1　气球升速因密度随高度的变化

高度(km)	0	2	4	6	8	10
w/w_0	1.00	1.04	1.08	1.11	1.15	1.19

可见，气球升速在 5 km 高度上将比地面大 10%，10 km 处约大 20%。

如果令 $b_1=b/\rho_0^{1/6}$，取 A、E 单位为 g，w 单位为 m/min，我国采用的 b_1 与 A 的关系值如表 7.2 所示，并由此计算升速。

表 7.2　b_1 与 A 的关系值

A(g)	<140	150	160	170	180	190	200	210	220	230	>240
b_1	82.0	82.5	83.6	84.9	87.0	89.6	92.2	94.9	95.4	95.9	96.2

公式 (7.53) 可写为

$$w=b_1\left(\frac{\rho_0}{\rho}\right)^{1/6}\frac{A^{1/2}}{E^{1/3}} \tag{7.56}$$

2. 使气球具有规定升速的方法

在高空观测工作中，要求气球按统一规定的升速上升。测风气球的升速为 100 m/min，200 m/min 等。相应的球皮和附加物重也是事先给定的。为使气球具有规定的升速，根据 (7.56)式，就要按当时的空气密度要求充灌气球，使气球具有相应的净举力 A。实际工作中一般制作净举力 A 的查算表。求取 A 值的步骤：首先，根据释放气球时地面的气压 p、气温 T，按所需的规定升速 w 值，求出对应的标准密度升速值 w_0，由状态方程：$\frac{\rho}{\rho_0}=\frac{pT_0}{p_0T}$ 和公式(7.56)，得

$$w_0=w\left(\frac{\rho}{\rho_0}\right)^{1/6}=w\left(\frac{pT_0}{p_0T}\right)^{1/6} \tag{7.57}$$

由公式 (7.57)制成的标准密度升速值 w_0 表如表 7.3($w=100$ m/min 和 $w=200$ m/min)。

表 7.3　标准密度升速值 w_0

p(hPa) ＼ T(℃)	40	30	20	10	0	−10	−20	−30	−40	−50
790	100	100	100	101	102	102	103	104	105	105
780	99	100	100	101	102	102	103	104	104	105
770	99	100	100	101	102	102	103	103	104	105
760	99	99	100	101	101	102	102	103	104	105
750	99	99	100	100	101	102	102	103	104	104

$T(℃)$ / $p(hPa)$	40	30	20	10	0	−10	−20	−30	−40	−50
790	199	200	201	202	204	205	206	208	209	211
780	199	199	201	202	203	205	206	207	209	210
770	198	199	200	202	203	204	205	207	208	210
760	198	199	200	201	202	204	205	206	208	209
750	197	198	200	201	202	203	204	206	207	209

按 w、p、T 值查出 w_0 值。净举力查算表是由 w_0 及 B 值求 A 值。按公式(7.54)

$$w_0 = b\rho_0^{-1/6}\frac{A^{1/2}}{E^{1/3}} = b_1\frac{A^{\frac{1}{2}}}{(A+B)^{\frac{1}{3}}} \tag{7.58}$$

在标准密度升速 w_0、b_1 和物重 B 已知条件下,由(7.58)式制成净举力查算表 7.4($w=$ 100 m/min 以及 $w=200$ m/min)。

表7.4　净举力查算表

A / W ＼ B	95	96	97	98	99	100	101	102	103	104	105
11	10	11	11	11	12	12	12	13	13	14	14
12	11	11	11	12	12	13	13	14	14	14	15
13	11	12	12	12	13	13	13	14	14	15	15
14	12	12	12	13	13	13	14	14	15	15	16
15	12	12	13	13	14	14	14	15	15	16	16

A / W ＼ B	195	196	197	198	199	200	201	202	203	204	
36	180	182	183	184	185	186	187	189	190	191	
37	181	182	183	184	186	187	188	189	190	192	
38	181	183	184	185	186	187	188	190	191	192	
39	181	183	184	185	186	187	189	190	191	192	
40	182	183	184	186	187	188	189	190	192	193	

由 B 及 w_0 值可查出 A 值。向气球内充灌氢气时,可用平衡器控制其净举力。一般步骤为① 观测气压 P,温度 T;② 由 P、T 查标准密度升速值 w_0;③ 查出净举力 A;④ $A+B$(净举力＋球皮及附加物重)＝平衡器重＋砝码;⑤ 灌球到气球在空中平衡为止,即得到一规定升速的气球。

在上述步骤中,需要注意的是:a. 检查气球是否漏气;b. 平衡器加上砝码,充灌气球在空中平衡;c. 取下平衡器将气球口扎紧待放。

因氢气与空气中氧气混合后易引起爆炸,所以现场严禁出现明火、打闹碰出火花等。

7.1.4　高空温、压、湿的测量

高空温、压、湿的测量现在基本上实现了传感器的集成,即在一台仪器上实现多种气象参数的测量,许多测站同时探测所得的高空资料,可以用来绘制各种高空天气图表,分析天气系统的空间结构及其演变,从而为作出准确的天气预报提供重要条件。这些测站的探测资料也可直接用于航空和军事气象保障,因为飞机的飞行和高炮、火箭、导弹的发射等都受空间气象条件的影响。高空温度、气压、湿度测量的方法主要有:无线电探空仪探测、飞机探测、火箭探测以及卫星遥感探测和地基遥感探测等。根据探测目的,探空仪器可以分为如下类别:① 常规探空仪由上升的探空气球携带,升空 30～40 km,最长工作时间约 2 h,有效遥测距离 200 km,上升速度在 400 m/min 左右,进行空中温、压、湿的探测。② 低空探空仪由上升的测风气球携带,上升速度为 100 m/min 或 200 m/min,进行 3 km 以下某一气象要素的细微分布探测,如温度。③ 定高气球探空仪由定高气球携带,沿等高或等密度水平飞行时进行探测,水平探测范围可达 10 000 km 以上,工作时间为数天,定时、自动发射气象信号,探测项目除温、压、湿外,还有其他参量。④ 下投式探空仪由火箭、飞机或定高气球施放,探空仪由气球或降落伞携带下落,工作距离约 300 km,工作时间约几小时,可以在地面或飞机上接收其信号。⑤ 特种探空仪是对某一种大气参量(如臭氧探测)的专用探空仪。⑥ 标准探空仪是一种性能较高的探空仪,用来与常规探空仪进行对比,作为确定误差的参考基准。

目前,无线电探空仪系统主要由无线电探空仪及地面设备组成。其基本构造包括:① 气象要素感应器:常规探空仪具有温、压、湿感应器,分别用于感应和显示温压湿的变化。② 编码机构:主要是把温压湿感应器轮流地接入发信装置,控制发射机的工作状态,使感应器的形变量或电学参量的变化转换成某种方式的无线电信号,如脉冲、电码、频率等信号。③ 发信装置:是将探空信号发至地面的一种装置,由构造简单而轻巧的小型发射机和电源组成。④ 地面设备:地面接收设备随探空仪类型而异,一般为人工和自动两种,目前正向全面自动化接收及计算机处理的方向发展。

GZZ2 型筒式电码探空仪(59 型探空仪)是我国台站上测量空中温压湿的常规探空仪。它与经纬仪、雷达配合使用,可同时测量空中风。探空仪的测量范围:温度 +40 ℃～ -75 ℃;气压 1 050～10 hPa;湿度 100%～15%;平均灵敏度系数:温度 0.4～0.52 ℃/电码;气压 3.5～4.7 hPa/电码;湿度 0.9%～2.0%/电码。该型探空仪的结构主要由纸盒、机体和发信装置等部件构成。纸盒具有良好的防水和反射太阳辐射的能力,它的两侧分别装有铝质长筒型的温度通风防辐射罩和铝质 U 形的温度通风保护罩。盒的上部安装发信装置。盒内装有机体,机体由机架、感应器、编码机构等组成。为准确及时地获取空中温、压、湿、风的探测资料,必须严格地按照有关规定进行组织实施。无线电探空仪测量的误差来源主要有三类:① 由探空仪性能产生的误差——包括气象要素感应器的误差、编码及发射机的误差,探空仪的检定曲线精度不够和基值测定不准所导致的误差。② 由地面接收及记录整理产生的误差——包括计算机的误差、信号的记录及译换产生的误差。③ 各国探测体制或测量方法所依据的理论本身不完善等原因导致的误差。

除59型探空仪之外,常用下投探空测风从飞机上向下投送进行高层大气气象参数测量,利用气球携带探空仪进行的高空气象探测是目前民用和军用高空气象探测的主要业务手段。近年来也开始采用下投方式进行探测,代表系统是芬兰 Vaisala 公司研制的空基垂直大气廓线探测系统(Airborne Vertical Atmospheric Profiling System - AVAPS)如图7.12 所示。表 7.5 为 AVAPS 的探测性能指标。如图 7.12 所示为 AVAPS 探测示意图和软件主界面。在由气球携带探空仪上升进行高空气象探测时,由于气球系统的质量较小,可以忽略其惯性,认为气球在水平方向的运动就是水平气流的流动。但由于降落伞携带探空仪下降与前者不同,不能忽略降落伞系统的惯性,系统在垂直方向的下降速度有加速度,不能把系统在水平方向的运动作为水平气流的流动,所以需要发展相应的算法来进行修正,目前可以根据探空仪所测得的 GPS 卫星信号的多普勒频移,得到经修正后的水平风场和垂直下降速度。

表 7.5　AVAPS 的探测性能指标

项目		指　标
气压传感器(hPa)	测量范围	20～1 060
	测量准确度	±0.5
	分辨力	0.1
温度传感器(℃)	测量范围	−90～+40
	测量准确度	±0.1
	分辨力	0.1
湿度传感器(% RH)	测量范围	2～99
	测量准确度	±5
	分辨力	1
风(m/s)	测量范围	0～200
	测量准确度	±0.5
	分辨力	0.1

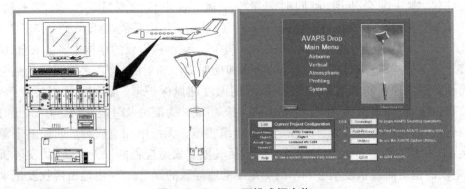

图 7.12　Vaisala 下投式探空仪

§7.2　飞机在高空气象观测中的应用

7.2.1　飞机气象观测的地位和作用

飞机气象观测,尤其是起飞、降落阶段获得的观测数据,大多集中在城市的周边,所以资料最直接的应用体现在较大的交通枢纽城市与机场的临近预报上。与其他气象观测手段不同,飞机气象观测的主要目标是探测高空大气状况及气象要素分布,垂直分辨率相对较高(<10 hPa),水平分辨率为百米量级,时间分辨率为几秒至几十秒,高于常规观测资料的分辨率。探测高度可达 100～200 hPa。飞机气象观测的项目一般包括,飞机位置和时间、温度、湿度、水平风矢量、垂直阵风、湍涡扩散率等,有时还包括大气的水汽资料、飞机颠簸和积冰等。此外,还有经纬度、气压、高度等,而民用飞机观测还包括高空风速、露点温度、结冰和湍流。目前国内航班航空器的飞机气象数据中继系统 AMDAR 资料中仅有高度、位置、风向、风速和温度数据,而多数国际航班还有气压、湍流、结冰等数据,少数商业飞机还有湿度资料。飞机探测资料配合其他气象资料可以连续和有效地监视机场及其附近区域的天气演变趋势,捕捉到一些常规资料难以发现的中小尺度天气系统,有助于极端天气的预警,如低空风速切变现象。因为飞机起飞和降落期间的气象观测相当于探空,观测结果具有较高的时空分辨率,经过质量控制后的飞机观测数据可以是常规探测数据很好的补充,南京大学大气科学学院已经将民航飞机观测资料用于动力气象方面的研究。

航空与气象的关系非常密切,不仅许多航空事故与气象有关,而且气象还直接影响飞行。飞机观测是航空气象研究的一个重要内容,航空气象包括航空气象学和航空气象勤务两个方面,是为航空服务的一门应用气象学科。航空气象勤务则是将航空气象学的研究成果有效地运用于航空气象保障中。航空气象的主要任务是研究气象要素和天气现象对航空技术装备和飞行活动的影响,组织以预报为主的有效气象保障,保证飞行安全和顺利完成飞行任务。航空气象还包括航空气候统计和区划,航空气象资料的整理编制、存储和检索等内容。

从 20 世纪 20 年代开始,为了满足飞行器设计的需要,美国首次编制了"标准大气"并于1976 年出版。20 世纪 30 年代,平流层飞行成功,促进了航空气象的发展,许多气象探空站和探空火箭站建立起来。高速飞机的出现和远程乃至全球飞行的成功,对航空天气预报的时效要求更高,提出获取全球范围气象情报的要求。航空气象开始采用先进技术,建立地面气象雷达站,并通过气象卫星开展全球数值天气预报业务。自 20 世纪 60 年代以来,航空运输量急剧增加,航空气象保障又进一步向自动化和系统化方向发展。有的机场已改用电视信道连续不断地提供气象情报。但是,晴空湍流、低空风切变、中小尺度天气、恶劣能见度等仍威胁着飞行的安全,成为现代航空气象亟待解决的问题。

7.2.2　气象参数的测量在飞机上的应用

现代商业飞机上已有进行自动气象测量的方法,其集合名称为飞机气象数据中继系统(AMDAR)。目前,专用于气象业务的长距离无人驾驶飞机携带采样仪器已能够用于某些特殊研究工作。AMDAR 系统工作在配有复杂的导航和其他传感系统的飞机上,包括测量空速、气温和气压等。在 AMDAR 系统中,这些设备用来实时编制和传送气象报告,报告中需包括水平风速和风向、气温、高度(相对于参照气压面)、湍流的测量以及飞机位置。气象观测的原始数据需进行多种修正和复杂的处理,才能得到可代表飞机周围自由气流中的真实气象测量值。

7.2.2.1　风速风向的测量

从飞机上测量三维风矢量。利用从飞机导航系统和空速系统获得的数据,加上从温度传感器获得的数据,可以计算出具有很高准确度的飞机相对于地面的速度 v_g 和空气相对于飞机的速度 v_a,即可得到风矢量。

$$v = v_g - v_a \tag{7.59}$$

矢量 v_g 和 v_a 需准确测量,因为典型的水平风(≈ 30 m/s)比飞机的地速和真空速(200 至 300 m/s)小很多。要完全解出这些三维矢量,需要测量飞机的俯仰角、坡度角、侧滑角以及飞机相对于气流的垂直攻角(如图 7.13 所示)。在正常水平飞行时,俯仰角、侧滑角和攻角都很小,可以忽略不计。但飞机操纵可能造成很大误差,不过操纵时一般只是坡度角有较大变化。所以计算风数据,通常把坡度角超过一定阈值时的数据排除。对于大多数应用,只测量风的水平分量,这时要求输入的数据缩减为只需空速、航向和地速。航向和地速取自导航系统,真空速需根据空速指示器的校正空速计算出来。水平风的分量 (u, v) 为:

$$u = -|v_a| \sin\varphi + u_g \tag{7.60}$$

$$v = -|v_a| \cos\varphi + v_g \tag{7.61}$$

式中 $|v_a|$ 是真空速的量值,φ 是相对于正北的航向,u_g 和 v_g 是地速的分量。

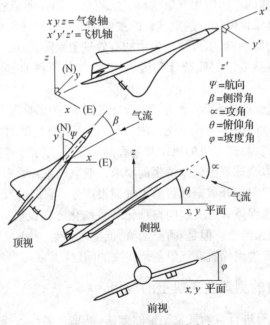

图 7.13　飞机参考轴及姿态角

7.2.2.2　气温和气压的测量

准确测量气温是推导其他气象要素的基础。很多商业飞机装备有内置型温度探头,见图 7.14。感应元件是一个铂电阻测温元件。元件腔的设计是让云水粒子分流,不致打在元件上,但有报道称在积云中元件被打湿。探头实际测得的温度是空气总温度(TAT)。而静止空气温度(SAT),即自由气流的温度,与空气总温不同。TAT 和测得温度 T_1 之间的关系:

$$T_0 = \frac{T_1}{\left[1+\lambda\,\dfrac{(\gamma-1)}{2}Ma^2\right]} \tag{7.62}$$

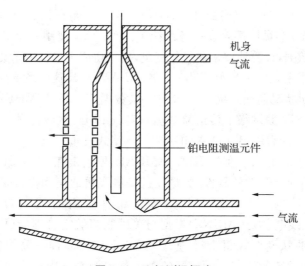

图 7.14　飞机测温探头

式中 γ 是干空气定压比热与定容比热之比(c_p/c_v);Ma 是马赫数(真空速除以自由大气中的音速);λ 是探头的恢复系数,它包括了空气黏性对 SAT 的效应和空气在测温元件上不完全阻滞的效应,详细的论述参见有关空气动力学的著作。

气压的测量中,静压可用接至静压头的电子气压表直接测得。虽然飞机压强传感器感受设计为测量静压(自由大气的压强)的,但这个变量并不直接在飞机气象报告中发布,需要调整为国际标准大气压值所对应的高度值。飞行在定常高度上的飞机实际上是在等压面上飞行,这简化了全球导航的规则。国际民航标准大气指的是在 11 km 以下气温随高度线性下降,每千米降低 6.5 ℃,海平面温度和气压分别为 15 ℃ 和 1 013.25 hPa,从 11 到 20 km,温度假设为常数,为−56.5 ℃。

在风速、风向、温度、气压、湍流和相对湿度的测量之中,由于飞机是在高速运动的,因此需要考虑飞机飞行的马赫数大小,对上述数值进行适当修正。

7.2.3　测量的准确度及实际的业务系统

温度和风矢量的计算是相互独立的,但都要用到空气静压,而后由高度表测量得到。在计算水平风矢量(或风速和风向)时的简化假设,严格要求不存在侧滑,而常规的飞机测量系统中又没有侧滑这个变量。因而,除非飞机是在水平飞行而且姿态调整很好,否则风的测量是不可靠的。对于大多数应用来说,坡度角被用作质量指标,风的计算是否合理,要视坡度角是否小于3°至5°而定。业务使用的结果表明,在所报告的数据中,风矢量的误差为1~2 m/s。温度测量的误差来源包括安装和传感器误差,以及包括马赫数计算在内的修正过程的不确定度所造成的误差。尽管所要求的处理过程很复杂,使用 ASDAR 的业务经验表明,在巡航高度上的平均温度误差在 1 ℃左右。飞机传感器系统的校准值可发生变化,推荐定期用同一机场和大约同一时间的探空资料和雷达风探测资料,与飞机上升或下降时的资料进行比对,来监测飞机系统的工作状况。

现在已有一系列 AMDAR 系统在业务运行,包括 ASDAR、KIM AMDAR、澳大利亚 AMDAR 以及北美的气象数据收集和报告系统(MDCRS)。ASDAR 是飞机到卫星的数据中继系统。ASDAR 在全球大气研究计划(GARP)第一次全球试验(FGGE)中提出的观测系统,已为很多 WMO 会员国部署在业务系统中。ASDAR 使用一个专用数据处理器从飞机系统中提取原始数据,计算所要求的气象变量,格式化成气象编码条文并经国际地球同步卫星的国际数据收集系统(IDCS)转发出去。KLM AMDAR 这个系统把为 ASDAR 开发的功能软件移植于飞机状况监测系统(ACMS)中,其数据用甚高频(VHF)飞机通信系统经由国际航空通信学会(SITA)网络下传给航线运营者(KLM),然后传送至荷兰皇家气象研究所(KNMI)气象中心,最后用 WMO AMDAR 编码格式发布。

澳大利亚 AMDAR 系统类似于 KLM AMDAR,但它是在 ASDAR 技术规格未完成时开发出来的,它使用独立开发的软件,数据用甚高频飞机通信和报告系统(ACARS)下传,用 AMDAR 编码格式广泛传播。MDCRS 在北美使用的气象数据收集报告系统(MDCRS)是航空无线电公司(ARINC)根据与美国联邦航空管理局(FAA)的合同开发出来的。这个系统接收从商业飞机上通过 ACARS 下传的多种各公司自定格式的气象报告,处理成通用格式后转发给华盛顿特区的国家气象中心。未来飞机气象数据中继系统(AMDAR)将全球空中导航系统的开发与通信系统的发展紧密联系在一起。因此,未来的空中导航系统会与一种自动航空监视(ADS:automatic dependent surveilance)系统的发展结合在一起。

§7.3 常规高空气象观测方式

目前气象业务部门使用的 59 型探空仪 701 二次测风雷达探测系统已工作了近 40 年,在我国气象事业发展中起到了重要的作用,随着气象现代化进程和电子技术的发展,电子探空仪——L 波段二次测风雷达、GPS 高空气象探测系统已开始投入业务使用。电子探空仪传感器主要包括:① 热敏电阻(或电容)是由阻容和其他器件组成的槽路来监测压、温和湿引起阻抗的变化;② 湿敏电阻(或电容)测量电参数值变化,从而得到要素值;③ 硅晶体(镍铬钛空盒)。

高空气象探测站要求周围的遮挡仰角不得高于 5°(下风向 120°内不得高于 2°)。高空气象探测站要建立基准位置标识,作为位置测量的基点。探测系统的设备要有良好的雷电防护措施。定时高空气象探测时次是指北京时 02 时、08 时、14 时、20 时,正点施放的时间分别是北京时间 01 时 15 分、07 时 15 分、13 时 15 分、19 时 15 分。氢气房必须与其他建筑相距 50 m 以上,要求通风良好,严禁烟火,室外要有明显的警示标志,并有健全的安全措施。化学制氢用的苛性钠、矽铁粉必须分别存放。氢气房要按照易燃易爆物设施、防雷标准设施安装雷电防护设施。

为了保证观测资料的准确性,高空气象探测业务所使用的仪器设备必须满足气象业务对于探测准确度的需求,根据当前科技发展水平和未来发展趋势,对气象装备的准确度提出了要求,具体见表 7.6。

表 7.6　高空气象装备测量准确度

气象要素	测量误差(绝对值) 基本要求(Ⅰ级)	WMO要求(Ⅱ级)	测量范围	风向/风速	误差	地面—100 hPa
温度	≤0.5℃	≤0.5℃	地面—100 hPa	风向	≤5° ≤2.5°	风速≤10 m/s
			100 hPa 以上—5 100 hPa			风速>10 m/s
	≤2.0℃	≤1.0℃	第一个对流层顶以下		≤5°	100 hPa 以上—5 hPa
湿度	≤5%RH	≤5%RH	第一个对流层顶以上		≤5° ≤10°	风速>25 m/s
	≤10%RH					风速≤25 m/s
气压	≤2 hPa		地面—500 hPa	风速	≤1 m/s ≤2 m/s	地面—100 hPa
	≤1 hPa	≤1 hPa	500 hPa 以上—5 hPa			100 hPa—5 hPa
					≤1 m/s ≤10%	风速≤10 m/s / 风速>10 m/s

严格依据维护说明或维修手册规定对高空探测设备进行定期维护保养,使其处于良好的工作状态。L 波段雷达的定期维护包括日常维护、季度维护、年维护三种。雷达的标定也是维护的一项重要任务,包括水平、方位角、仰角零度、光电机械轴一致性等内容,一般为每月进行 1 次。通过经纬仪与雷达的对比观测,检查雷达的工作状态,一般每年 8 次(分别于 2、4～9、11 月进行)。检测、校准仪器、仪表应保持良好的运行状态,其附件保持完整和齐备;必须严格执行操作规程。用于测量的标准仪器、仪表、设备及器具必须严格按计量法规、规范执行保养和计量校准。

而对于高空气象探测人员,则要求必须具有职业道德和规定的学历。掌握常规高空气象探测规范、高空气象探测专业基础理论和探测方法。熟练掌握业务运行的高空气象探测系列装备的技术原理和操作、检测、维护、校准方法,必须持有气象主管部门考核颁发的高空气象探测岗位证书。

探测前的准备工作主要包括设备准备和探空仪准备,具体为① 信号检查＋基值测定＋装配。② 气球准备,平均升速 400 m/s,探空仪与气球的连接,探空仪与气球之间的距离(30±1)m。③ 设备准备:主要是检查电源、UPS 供电情况,在电源供电正常的情况下,接通雷达系统电源,检查地面接收设备和结算计参数。探空仪准备包括发射信号检查、探空仪地面温、压、湿数据检查和雷达应答信号检查等内容。④ 基值测定主要是让探空仪充分感应,同时对探空仪测得的数据与标准器测得的数据进行比较,凡未达到规定要求的仪器,不得施放。⑤ 探空仪装配,即将探空仪各部件、电池等按照规定装配。

施放探空仪的时间需要在① 正点;② 施放地点:根据天气情况,施放地点应选在放球场内便于自动跟踪、不易丢球的位置,为避免近地层记录出现不连续或丢失部分资料,施放时探空仪高度与本站气压表应在同一水平面上,高差不超过 4 m,与瞬间观测的仪器应在同一位置,两者的水平距离不超过 100 m;③ 施放瞬间:施放瞬间压、温、湿、风等天气现象数据用地面气象仪器获取,云量、云状、天气现象则采取人工观测方式,瞬间观测应在施放前后 5 分钟内进行;④ 探测器件监控:密切注视探测系统工作情况,尽量取得完整、高质量记录;⑤ 终止探测:球炸＋信号消失;⑥ 重放球:可用数据未达 500 hPa(或 5 500 m)且不足 10 min。压温湿数据其中之一连续缺测或可信度底。近地面高空风失测,应在规定时间内补测。需要注意的是重放球在正点施放时间后 75 分钟内进行,若超过时限,可不进行重放。例如 7:15 分放球,若 8:30 前出现上述情况,则重放球,超过 8:30,则不再放球。近地层出现高空风缺测,指晴空或云高 3 km 以上时,记录未达 3 km(距地)等。当高海拔地区台站进行观测时,若数据已达 500 毫巴但记录不足 10 min,也必须进行重放球。关于 5 500 m 的要求,适用于选择大风的情况下。

实时探测数据处理主要包括① 地面层要素值:施放瞬间值作为地面层要素值。在气温低于−10 ℃时,取探空仪测得的湿度值为瞬间湿度值;② 探测原始数据的处理:指地面接收设备直接接收到的未经任何人工或计算机自动质量控制的来自升空仪器的压温湿及测风数据;③ 原始数据存储、存储格式、数据质量控制:自动质量控制,根据曲线的正常趋势,剔除明显错误值,并对曲线进行适度光滑;④ 人工质量控制,当接收信号不好、原始数据很乱时,自动质量控制结果可能明显有问题;⑤ 操作员可以在自动质量控制后或在自动质量控制前,启动人工质量控制模块,删除野值点;⑥ 探测系统测量误差订正,此处提到的质量控制,实际应理解为质量保证,主要是要确保观测资料的准确性。

在数据处理时用气压、温度、湿度计算位势高度(正算),同时用位势高度、温度、湿度计算气压(反算)和雷达数据计算探空仪 X、Y、Z 坐标,用经纬仪和探空高度数据计算探空仪 X、Y、Z,用探空仪 X、Y、Z 坐标计算风的东西、南北分量。建立准确、优化基本数据文件,计算规定输出数据,规定等压面为:1 000、925、850、700、600、500、400、300、250、200、150、100、70、50、40、30、20、15、10、7 和 5 hPa(当某规定等压面在测站海拔高度以下时,不计算)。规定高度层风,距地高度(m):300、600、900;海拔高度(km):0.5、1.0、1.5、2.0、3.0、4.0、5.0、6.0、7.0、8.0、9.0、10.0、10.5、12.0、14.0……,以后每 2 km 为一层。

按 WMO 和中国气象局要求编制 TTAA、TTBB、TTCC、TTDD 报为探空数据,PPAA、PPBB、PPCC、PPDD 为测风数据,CU 为气候月报报文。综合探测时要求发送 TTAA、TTBB、TTCC、TTDD、PPBB、PPDD 报表,雷达单测风时要求发送 PPAA、PPBB、PPCC、PPDD 报表。正常的发报时间为每日 10:00(或 22:00)前,气候月报每月 4 日 9:00 前发报。

附录：高空探测常用计算公式和参数

1. 地面气压计算公式

使用水银气压表计算地面气压公式

$$p_L = p + \Delta p_t + \Delta p_\Phi + \Delta p_H \tag{1}$$

式中：p_L 为地面气压；p 为经器差订正后的水银气压表读数；Δp_t 为气压读数的温度差订正值，$\Delta p_t = -p \times (0.000\,163\,4 \times t)/(1 + 0.000\,181\,8 \times t)$，其中 t 为经器差订正后的水银气压表附温（℃）；Δp_Φ 为气压读数纬度重力差订正值，$\Delta p_\Phi = -0.002\,66 \times p \times \cos 2\Phi$，$\Phi$ 为测站纬度；Δp_H 为气压读数高度重力差订正值，$\Delta p_H = -0.000\,019\,6 \times H \times p$，其中 H 为水银槽海拔高度（m）。

2. 水汽及地面相对湿度的计算

（1）纯水平液面饱和水汽压计算公式（适用温度范围：$-49.9\,℃ \sim 49.9\,℃$）

饱和水汽压采用 WMO 推荐的 Coff-Gratch 公式计算

$$\lg E_w = 10.795\,74\left(1 - \frac{T_0}{T}\right) - 5.028\lg\frac{T}{T_0} +$$
$$1.504\,75 \times 10^{-4}\left[1 - 10^{-8.296\,9\left(\frac{T}{T_0} - 1\right)}\right] +$$
$$0.428\,73 \times 10^{-3}\left[10^{4.769\,55\left(1 - \frac{T_0}{T}\right)} - 1\right] + 0.786\,14 \tag{2}$$

式中，E_w 为水平液面饱和水汽压（hPa）；T_0 为水的三相电温度，即 0 ℃ 的绝对温标值，取值 $T_0 = 273.15$ K；T 为绝对温度 $T = 273.15 + t\,℃$（K）。

（2）纯水平冰面饱和水汽压的计算公式（适用温度范围：$-79.9\,℃ \sim 0.0\,℃$）

$$\lg E_i = -9.096\,85\left(\frac{T_0}{T} - 1\right) - 3.566\,54\lg\left(\frac{T_0}{T}\right)$$
$$+ 0.876\,82\left(1 - \frac{T}{T_0}\right) + 0.786\,14 \tag{3}$$

式中：E_i 为纯水平液面饱和水汽压（hPa）；T_0 为水的三相点温度，即 0 ℃，取值 $T_0 = 273.15$ K；T 为绝对温度 $T = 273.15 + t\,℃$（K）。方程（2）、（3）与式（4.60）和（4.61）一致。

（3）空气中的水汽压

使用通风干湿表计算水汽压公式

$$E = E_{t_w} - A \times p(t - t_w) \tag{4}$$

式中，E 为空气中的水汽压（单位：hPa）；E_{t_w} 为湿球温度所对应的饱和水汽压，当湿球结冰时使用纯水平冰面饱和水汽压计算公式（3）计算，当湿球未结冰时使用纯水平液面饱和水汽压计算公式（2）计算（hPa）；A 为通风干表系数（℃$^{-1}$），湿球未结冰时 $A = 0.662$，湿球结冰时 $A = 0.584$；p 为测站气压（hPa）；t 为干球温度（单位：℃）；t_w 为湿球温度（℃）。

（4）相对湿度计算公式

$$U = E/E_w \times 100 （\%）\tag{5}$$

式中，U 为相对湿度；E 为空气中的水汽压（单位：hPa）；E_w 为干球温度所对应的纯水平液面饱和水汽压（hPa）。

3. 露点温度及温度露点差计算公式

（1）露点温度

$$T_d = \frac{273.3\left(\dfrac{7.5t}{273.3+t}+\lg U-2\right)}{7.5-\left(\dfrac{7.5t}{273.3+t}+\lg U-2\right)}\tag{6}$$

式中，T_d 为露点温度（℃）；t 为温度（℃）；U 为相对湿度（%）。

（2）温度露点差

$$\Delta T_d = t - T_d\tag{7}$$

式中，T_d 为露点温度（℃）；t 为温度（℃）。

4. 热敏电阻温度元件的误差订正

探空仪热敏电阻的温度元件存在着长波辐射误差、太阳辐射误差及滞后误差，对这些误差需要进行订正。热敏电阻温度元件不同其误差大小不同，为此其误差订正方法由厂家提供，经中国气象局审定。现以中国气象研究院开发的直径为 1 mm 的白色杆状热敏电阻为例加以说明。

（1）长波辐射误差

温度元件的长波辐射误差 PDTL

$$PDTL = 0.287 \times 10^{-8} \times (F - T^4)/Nu\tag{8}$$

其中，F 为温度元件接收到的长波辐射；$Nu = 1.14 + 0.014\,33\sqrt{p_w}$，为努塞特数；$p_w = 10\,200 \times [p(I-1) - p(I)]$，$p(I-1)$、$p(I)$ 为相继两分钟的气压（hPa）。

（2）太阳辐射误差

① 日高角计算

施放到第 I 分钟的日高角

$$h = \arctan\left(\frac{x}{\sqrt{1-x^2}}\right)\tag{9}$$

式中参数 $x = \sin(\delta)\sin(LTT \cdot FD) + \cos(\delta) \cdot \cos(LTT \cdot FD)\cos(ETT)$，其中 FD 为度转化为弧度的系数，其值为 $2\pi/360$；LTT 是测站纬度（度）；δ 为太阳视赤纬（弧度），$\delta = (0.006\,918 - 0.399\,912\cos\theta + 0.070\,257\sin\theta - 0.006\,758\cos2\theta + 0.000\,908\sin2\theta)$，其中 θ 为以弧度计的某施放日期角。由于热敏电阻温度元件的辐射误差对日高角的变化不很敏感，所以对日期的计算可不必太严格，即不考虑是否是闰年，每年都以 365 天计，则 $\theta = \left(DAYN + DAY - 1 + \dfrac{HOUR}{24}\right) \cdot \dfrac{360}{365} \cdot FD$，DAYN 为全年累积到上月底的总天数；DAY 为

施放日期；HOUR 为施放时的钟点数（北京时）；ETT 为时角（弧度），ETT＝[(12－BT)×15－(LGT－120)＋EQ/4]×FD，其中 LGT 是测站经度（度），EQ 为时差角（度），EQ＝0.017 2＋0.428 1cosθ－7.351 5sinθ－3.349 5cos2θ－9.361 9sin2θ；BT 为施放到第 I 分钟的北京时间，BT＝HOUR＋MIN/60＋I/60，HOUR 为施放瞬间（北京时）小时数，MIN 为施放瞬间分钟数，I 为施放后的分钟数，当参数 x＝1 时，h 为 90°。

② 太阳辐射误差计算公式

太阳辐射误差可以用下式表示

$$PDT=(0.85+REF \cdot \sin h) \cdot \frac{A}{Nu} \qquad (10)$$

其中，h 为日高角，REF 为地气系统（特别是云顶）的发射率，用如下计算式计算 REF＝2.43×$\left[0.286+0.6Nc\left(1-\frac{1}{CH+1}\right)+0.2\right]$，CH 为云层厚度（km），$Nc$ 为云量，最大为 1。

A 为太阳辐射强度随气压和日高角变化的削减因子：

$$A=\frac{1}{1+\dfrac{0.11}{0.038+\sin h}\times\dfrac{p(I)}{p(0)}} \qquad (11)$$

其中，$p(0)$ 和 $P(I)$ 分别为地面及施放 I 分钟后的气压，h 为日高角。如探空仪在云层以下，则(10)式应再除一层消减因子，即：

$$PDF=PDT/\left(1+1.11\times\frac{DH}{0.1+\sin h}\right) \qquad (12)$$

其中，DH 为上层云厚（km）。

（3）热敏电阻温度元件的滞后误差

热敏电阻的滞后系数 λ(s) 经理论计算和实验测试验证为：

$$\lambda=\frac{4.824}{KNu} \qquad (13)$$

式中 Nu 为努赛特数，K[单位:mW/(cm·℃)]为空气的导热系数，可用以下公式近似计算，当 H＜10 000 米，K＝0.2＋(10 000－H)/2 130 000；当 H≥10 000，K＝0.2，H 为探空高度。

滞后误差 dT_λ 为 dT_λ＝$-\lambda\dfrac{dT}{d\tau}$，$\dfrac{dT}{d\tau}$ 为大气垂直温度递减率。

5. 厚度及海拔高度计算公式

（1）相邻两气压层间的厚度

由大气静力学公式推导而来的相邻两气压层间的厚度计算公式：

$$H_2-H_1=\frac{R^*}{G}\bar{T}_v(\ln p_1-\ln p_2) \qquad (14)$$

其中，R^* 为气体常数，取值 2.870 5×10^6 尔格/克度；G 为标准重力加速度，取值

980.665 cm/s²；$\overline{T_v}$ 为层间平均虚温：$\overline{T_v}=\overline{T}\left(1+0.378\dfrac{\overline{U}\cdot\overline{E}}{\overline{p}}\right)$，$\overline{T}$ 为层间平均气温 $\overline{T}=$

$273.15+\bar{t}$，$\overline{U}$ 为平均相对湿度，$\overline{E}$ 为对水平的平均饱和水汽压，$\overline{E}=6.11\times10^{\frac{7.5T}{273.3+T}}$，$\overline{p}$ 为平均气压。由于大气压随高度按指数递减，有关大气压的平均、内插等计算都按其对数值进行，如：$\bar{p}=\exp[(\ln p_1+\ln p_2)/2]$，其中 p_1、p_2 分别为相邻两高度上的气压。

（2）各气压的海拔位势高度可由（14）式从下而上累加而得。

6. 雷达测量位势高度

使用雷达的斜距及仰角测量位势高度需要进行如下订正：

（1）大气折射引起的仰角测量误差为 $\tau-\delta$

$$\tau=\frac{n_0-n}{\tan E_0}\text{（弧度）} \tag{15}$$

$$\delta=\arctan\left(\frac{\dfrac{n_0}{n}-\cos\tau-\sin\tau\tan E_0}{\sin\tau-\cos\tau\tan E_0+\dfrac{n_0}{n}\tan E}\right) \tag{16}$$

$$n=1+N\times10^{-6} \tag{17}$$

$$N=\frac{77.6}{T}\left(p+4\,810\,\frac{e}{T}\right) \tag{18}$$

其中，n、N 分别为目标所在高度的折射指数和折射率，n_0 为地面 n 值；T、p、e 分别为目标所在位置大气的温度（K）、气压（hPa）、水汽压（hPa）；E_0 为地面实测目标仰角；E 为目标射线在目标高度的仰角。根据折射余弦定理

$$E=\arccos\left(\frac{n_0}{n}\cdot\frac{R}{R+Z}\cos E_0\right) \tag{19}$$

其中，R 为地球半径；Z 为气球高度；故准确仰角值 $E'=E_0-(\tau-\delta)$，实际计算表明，由于目标仰角高于 $6°$，因此，大气折射误差 $\tau-\delta$ 一般小于 $0.2°$。

（2）测距误差订正

由于电波在大气中的实际传播速度小于光速，由此引起的测距误差：

$$\Delta r\cong(\bar{n}-1)\cdot r\cong\left(\frac{n_0+n}{2}-1\right)\cdot r \tag{20}$$

其中，n 为目标所在高度的折射指数；n_0 为地面 n 值，见式（17）；r 为雷达测得的斜距读数。在距离达 200 km 时，Δr 可达 40 m，但此时由于目标仰角很低，由此引起的测高误差及测距相对误差很小，只有几米。

（3）球坐标中的几何高度计算公式

$$Z=R\cdot\left(\sqrt{1+\frac{r^2}{R^2}+\frac{2r}{R}\sin E}-1\right) \tag{21}$$

式中，R 为地球曲率半径，取值 6 378 km；r 为目标物斜距；E 为目标物仰角。

（4）几何高度－位势高度转换

$$H=\frac{g_{\varphi,0}}{G}\cdot\frac{RZ}{R+Z} \tag{22}$$

其中，H 为目标物的位势海拔高度；Z 为目标物的几何海拔高度；R 为地球曲率半径，取值同前；G 为标准重力加速度；φ 为纬度；$g_{\varphi,0}$ 为纬度为 φ 海平面处的重力加速度：

$$g_{\varphi,0}=980.616(1-0.002\ 637\ 3\cos2\varphi+0.000\ 005\ 9\ \cos^2 2\varphi) \tag{23}$$

7. 用雷达测高计算气压

用雷达测得的位势高度[见(22)式]计算气压时，可由(14)式变换而得：

$$p_2=\exp\left(\ln p_1-\frac{H_2-H_1}{H^*\ \overline{T}_v}\right) \tag{24}$$

式中，p_2 为上层气压；p_1 为下层气压；H_2 为上层位势高度；H_1 为下层位势高度；$\overline{T}_v$ 为层间平均虚温；H^* 为常数，$H^*=\dfrac{R^*}{G}$，R^* 为气体常数，取值 $2.870\ 5\times10^6$ 尔格/克度；G 为标准重力加速度，取值 980.665 cm/s^2。

8. 量得风层风向风速计算

（1）目标物水平距离

① 用仰角与斜距计算水平距离

$$L=r\cos E_0 \tag{25}$$

式中：L 为目标物的水平距离；r 为目标物的斜距；E_0 为目标物的仰角。

② 用仰角及高度计算水平距离

$$L=Z\cot E_0 \tag{26}$$

其中 L 为目标物的水平距离；E_0 为目标物的仰角；Z 为目标物的几何高度。将位势高度转换为几何高度的公式为

$$Z=\frac{HR}{\dfrac{g_{\varphi,0}}{G}R-H} \tag{27}$$

式中，H、R、$g_{\varphi,0}$、G 同式(22)和式(23)中的解释相同。

③ 曲率订正

由于地面是弯曲的，实际水平距离 $L'>L$

$$L'=(R+Z)\arcsin\left(\frac{L}{R+Z}\right) \tag{28}$$

其中，$\arcsin\left(\dfrac{L}{R+Z}\right)$，单位是弧度；$L'$ 为曲面水平距离；R 为地球半径，取值同前；Z 为目标的几何高度。由于在气球的飞行距离（约 200 km）内 L 与 L' 相差甚小，且风向风速是

以相邻1~4分钟间的水平距离变化计算的式(25)和式(26)代替(28)式,计算风的误差很小。

(2) 计算风的分量

① 风的东分量

$$v_东 = \frac{L'_前 \times \sin\beta_前 - L'_后 \times \sin\beta_后}{TS_后 - TS_前} \quad (m/s) \tag{29}$$

其中 $L'_前$ 为前一计算分钟的水平距离(m);$L'_后$ 为后一计算分钟的水平距离(m);$\beta_前$ 为前一计算分钟的目标物方位角;$\beta_后$ 为后一计算分钟的目标物方位角;$TS_后$ 为后一计算分钟的时间(s);$TS_前$ 前一计算分钟的时间,单位:s。

② 风的北分量

$$v_北 = \frac{L'_前 \times \cos\beta_前 - L'_后 \times \cos\beta_后}{TS_后 - TS_前} \quad (m/s) \tag{30}$$

式中解释见公式(29)。

(3) 计算风向 FD

风向角 θ

$$\theta = \arctan\frac{v_东}{v_北} \tag{31}$$

如 θ 为弧度单位应换算成度的单位,所得结果为 $-90 < \theta < 90$。以度为单位表示的风向 FD 应按以下方法求取。当 $v_北 = 0$ 时:$v_东 = 0$,则风向 FD 为静风(记 C);$v_东 > 0$,则风向 FD $= 90°$;$v_东 < 0$,则风向 FD $= 270°$。当 $v_北 > 0$ 时:$v_东 > 0$,则风向 FD $= \theta$;$v_东 < 0$,则风向 FD $= 360° + \theta$。当 $v_北 < 0$ 时:风向 FD $= 180° + \theta$。

(4) 计算风速 FV

$$FV = \sqrt{v_东^2 + v_北^2} \tag{32}$$

9. 内插计算公式

(1) 规定风层内插计算公式

规定等压面层、规定高度层、对流层顶、零度层、温湿特性层等层的风从与其相邻的上、下量得风层中内插求取

$$v = v_下 + (v_上 - v_下)\frac{T - T_下}{T_上 - T_下} \tag{33}$$

$$D = D_下 + (D_上 - D_下)\frac{T - T_下}{T_上 - T_下} \tag{34}$$

式中,D、v、T 为规定风层(需内插层)的风向、风速、时间;$D_下$、$v_下$、$T_下$ 为最接近规定风层的下层量得风层的风向、风速、时间;$D_上$、$v_上$、$T_上$ 为最接近规定风层的上层量得风层的风向、风速、时间。

（2）气压内插公式

由于大气压随高度按指数递减，因此大气压内插计算按其对数值进行，其内插公式为

$$p = \exp\left[\ln p_{\text{下}} + (\ln p_{\text{下}} - \ln p_{\text{下}})\frac{T - T_{\text{下}}}{T_{\text{上}} - T_{\text{下}}}\right] \tag{35}$$

式中：p、T 分别为需内插层的气压、时间；$p_{\text{下}}$、$T_{\text{下}}$ 为下层气压、时间；$p_{\text{上}}$、$T_{\text{上}}$ 为上层气压、时间。

（3）温度、湿度等其他要素的内插公式可参照（33）式、（34）式进行

10. 相对经纬度的计算

相对纬度偏移：

$$\Delta\delta = \arctan\frac{L \times \cos\beta}{R} \tag{36}$$

式中，$\Delta\delta$ 为相对纬度；β 为目标物方位角；R 为地球半径；L 为目标物水平距离，计算方法见附录 8.1 节。

相对经度偏移

$$\Delta\varphi = \arctan\frac{L \times \sin\beta}{R \times \cos\delta} \tag{37}$$

式中，$\Delta\varphi$ 为相对纬度；β 为目标物方位角；R 为地球半径；δ 为测站纬度；L 为目标物水平距离。

习　题

1. 测量高空风有哪些方法？
2. 风廓线雷达有哪些技术指标？
3. 简述经纬仪气球测风原理。
4. 单经纬仪测风的优缺点有哪些？
5. 双经纬仪平面投影法在什么情况下不能使用？
6. 简述双经纬仪垂直面投影法在三种情况下的球高计算公式。
7. 有一球的附加物重 13 g，充灌 $w = 100$ m/min 的气球，$p = 780$ mmHg，$T = -10$ ℃，查出 A，如果平衡器为 20 g，需要多少砝码；$B = 40$ g，$w = 200$ m/s，$p = 770$ mmHg，$T = 10$ ℃，查出 A，如果平衡器为 150 g，需要多少砝码，步骤是什么？
8. 简述测风雷达的原理和应用。
9. 为什么要进行高空温度、气压、湿度的测量？
10. 简述高空温度、气压、湿度测量的方法。
11. 简述根据探测目的的探空仪器分类。
12. 简述无线电探空原理。
13. 简述 59 型探空仪性能指标。
14. 探空仪释放前如何准备？

15. 简述 AVAPS 的探测性能指标。

16. 为什么要测量飞机马赫数？

17. 简述国际民航组织标准大气(ICAO standard atmosphere)的定义。

18. 简述湍流的分级及其对飞机飞行的影响。

19. 简述航空气象的主要任务。

20. 简述影响飞行的气象要素。

21. 简述高度表与实际高度的关系。

22. 飞行经历哪三个阶段？

23. 飞机在什么情况下易结冰？

参考文献

1. 大气探测文集编辑组.大气探测文集.北京：气象出版社,1983.

2. 曾宗泳,张骏,翁宁泉,等.温度微结构的高空气球观测.大气科学,1997,21(3):379-384.

3. 邓兵奎,刘高翔.提高航空气象从业人员的观测水平.中国科技信息,2008(8):28-29.

4. 邓春健,吴占平,郑喜凤,等.数字测风经纬仪系统的设计和实现.测试技术学报,2005,19(3):284-286.

5. 高慧.我国不同区域高空气象参数统计分析与湍流模式研究.中国科学院大学硕士学位论文,2012.

6. 关敏,谷松岩,杨忠东.风云三号微波湿度计遥感图像地理定位方法.遥感技术与应用,2008, 23(6):712-716.

7. 胡家美,李萍.国际航空气象预报的发展趋势.民航科技,2008(130):60-64.

8. 黄卓,李延香,王慧,等.AMDAR 资料在天气预报中的应用.气象,2006,32(9):42-48.

9. 贾朋群,胡英,王金星.民用航空气象观测综述.气象科技,2004,32(4):213-218.

10. 廖捷,熊安元.我国飞机观测气象资料概况及质量分析.应用气象学报,2010,21(2):206-213.

11. 林晔.大气探测学教程.北京：气象出版社,1993.

12. 刘开宇,王世权.中尺度数值模式在西南地区航空气象中的应用.高原山地气象研究,2007(51):69-71.

13. 马瑞平,廖怀哲.中国地区 20～80 km 高空风的一些特征.空间科学学报,1999,19(4):334-341.

14. 马永锋,卞林根,效存德,Lan Allison.积雪对南极冰盖自动气象站气温观测影响的研究.极地研究, 2008,20(4):299-309.

15. 牟艳彬.高原航空天气特征和航空气象服务保障.四川气象,2007(2):26-31.

16. 钱传海,李泽椿,张福青,等.国际热带气旋飞机观测综述.气象科技进展,2012,2(6):6-16.

17. 乔晓燕,马舒庆,陶士伟,等.商用飞机气象观测温度、风场随机误差分析.成都信息工程学院学报,2010, 25(2):201-205.

18. 孙学金,等.大气探测学.北京：气象出版社,2009.

19. 唐德全.稀奇古怪的雨.奇闻怪事,2007(4):42.

20. 拓瑞芳,金山,丁叶风,等.AMDAR 资料在机场天气预报中的应用.气象,2006,32(3):44-48.

21. 王晨稀,倪允琪.热带气旋飞机观测及其观测设计.高原气象,2010,29(4):1078-1084.

22. 王秀春,顾莹,李程.航空气象.北京：清华大学出版社,2014.

23. 王勇.航空气象预报员的一种培养途径.民航科技,2004,6(106):26.

24. 王振会.大气探测学.北京：气象出版社,2011.

25. 魏伟,叶鑫欣,王海霞,张宏升.飞机测风资料在大气边界层研究中的应用.北京大学学报(自然科学版), 2015,51(1):24-34.

26. 熊菁,秦子增,程文科.回收过程中高空风场的特点及描述.航天返回与遥感,2003,24(3):9-14.

27. 徐海.美国航空气象中心简介.民航科技,2006,115:38-40.

28. 易洪.湿度测量的新进展,国防军工热学、流量计量与测试技术交流会论文专集.计测技术,2008,28(增刊):1-3.

29. 余梦伦.CZ-2E 火箭高空风弹道修正.导弹与航天运载技术,2001,1:9-15.

30. 袁子鹏,陈艳秋,陈传雷,等.辽宁内蒙古 AMDAR 资料统计及个例预报应用.气象与环境学报,2006,22(1):64-67.

31. 张存华,徐学芳.场区高空风气候特点及预报.导弹试验技术,2002,4:57-59.

32. 张广兴,赵玲,孙淑芳.新疆 1961~2000 年高空温度变化的若干事实及突变分析.中国沙漠,2008,28(5):908-914.

33. 张韧,罗来成,愈世华,等.亚上空副热带高压中期变化的物理机制讨论.气象科学,1993,13(4):417-426.

34. 张伟星,王晓蕾.WGS-84 地心坐标系中高空风计算方法.气象科学,2005,25(5):484-489.

35. 张文煜,袁九毅.大气探测原理与方法.北京:气象出版社,2007.

36. 赵柏林,张霭琛主编.大气探测原理.北京:气象出版社,1987.

37. 中国气象局监测网络司.常规高空气象探测规范.北京:中国气象局监测网络司,2003.

38. 中国气象局监测网络司.气象仪器和监测方法指南(第六版).北京:气象出版社,2005.

39. 仲跻芹,陈敏,范水勇,等.AMDAR 资料在北京数值预报系统中的同化应用.应用气象学报,2010,21(1):19-28.

40. 周宁芳,屠其璞,贾小龙.近 50a 北半球和青藏高原地面及其高空温度变化的初步分析.南京气象学院学报,2003,26(2):219-227.

41. 周诗健.大气探测.北京:气象出版社,1984.

42. Abbott, I. H. and Von Doenhoff, A. E.. Theory of Wing Section. New York:Dover Publications, Inc.. Mineola, 1959:69.

43. Benjamin S G, Schwartz B L, Cole R E. Accuracy of ACARS wind and temperature observations determined by collocation.Wea Forecnsting, 1999, 14:1032-1038.

44. Cornman, L. B., Morse, C. S. and Cunning, C.. Real-time estimation of atmospheric turbulence severity from in-situ aircraft measurements. Journal of Aircraft, 1995,1(32):171-177.

45. Dommasch, D. O., Sherby, S. S. and Connolly, T. F.. Airplane aerodynamics. New York, Pitman, 1958:560.

46. Drfie C, Frey W, Hof A, et al.. Aircraft type-specific errors in AM DAR weather reports from commercial aircraft.Quarterly Journal of the Royal Meteorological Society,2008(134):229-239.

47. Fleming, R. J. and Hills, A. J.. Humidity profiles via commercial aircraft. Proceedings of the Eighth Symposium on Meteorological Observations and Instrumentation, Anaheim. California:1993(9):J125-J129.

48. Holland, G. J., McGeer, T. and Youngren, H.. The autonomous aerosondes for economical atmospheric soundings anywhere on the globe. Bulletin of the American Meteorological Society, 1992(73):1987-1998.

49. Lawson, R. P. and Cooprt, W. A.. Perfomance of some airborne thermometers in clouds. Journal of Atmospheric and Ocean Technolgy, 1990(7):480-494.

50. Moninger W R, Mamrosh R D, Pauley P M. Automated meteorological reports from commercial aircraft. American Meteorological Society,2003,84(2):203-216.

51. Nash, J.. Upper wind observing systems used for meteorological operations. Annales Geophysicae, 1994(12):691-710.

52. Proceedings of the Aeronautical Telecommnications Symposium on Data Link Integration，Annapolis. Maryland，1990(5)：209－216.

53. Sherman，D. J.. The Australian implementation of AMDAR/ACARS and the use of derived equivalent gust velocity as a turbulence indicator. Structures Report No. 418，Department of Defence，Defence Science and Technology Organistion，Aeronautical Research Laboratories，Melboume，Victoria，1985.

54. The National Weather Service and the Office of Oceanic and Atmospheric Research. Wind Profile Assessment Report and Recommendations for Future Use. U. S. Department of Commerce and National Oceanic and Atmospheric Administration，1994.

55. WMO. Aircraft meteorological data relay（AMDAR）reference manual. Geneva：WMO，2003.

56. World Meteorological Organization. Development of the aircraft to satellite data relay（ASDAR）system （D. J. Painting）. WMO Technical Conference on Instruments and Methods of Observation（TECO－92），Instruments and Observing Methods Report No. 49，WMO/TD－No. 462. Geneva，1992：113－117.

推荐阅读

1. 王秀春,顾莹,李程.航空气象.北京:清华大学出版社,2014.

2. 王振会.大气探测学.北京:气象出版社,2011.

3. 孙学金,等.大气探测学.北京:气象出版社,2009.

4. 张文煜,袁九毅.大气探测原理与方法.北京:气象出版社,2007.

5. 赵柏林,张霭琛.大气探测原理.北京:气象出版社,1987.

6. 周诗健.大气探测.北京:气象出版社,1984.

7. 大气探测文集编辑组.大气探测文集.北京:气象出版社,1983.

8. 林晔.大气探测学教程.北京:气象出版社,1993.

9. 庆锋,庄子波.飞行气象及应用.北京:中国民航出版社,2016.

10. 朱永锋,张明,周景锋,杨秋明.民用飞机防除冰系统.北京:航空工业出版社,2021.

第8章
天气和激光雷达在大气探测中的应用

本章重点：了解天气和激光雷达在大气科学中的探测地位和作用，掌握天气和激光雷达的工作原理、组成、技术指标以及信号采集等，理解激光在大气探测中的应用。

§8.1 雷达在大气探测中的应用

气象雷达（Radar：Radio Detector and Ranging）和激光雷达（Lidar：Light Detection and Ranging）均是主动遥感探测设备，属于非接触类遥感探测手段的一种。此处提到的遥感，字面的意思是遥远的感知。在大气科学中，遥感就是掌握和运用目标物体辐射、反射、散射电磁波能量的科学规律，来反演目标物的存在、状态和变化特征的工作方式。大气探测领域的遥感有如下几种分类方法：按照工作波段可以分为紫外、可见光、红外以及微波遥感；按探测器所处的位置可以分为对空（地基）和对地（卫星）遥感；如果按遥感的工作方式划分，又可以分为主动和被动遥感，它们分别为有源遥感和无源遥感。

雷达一词是外来语，其种类繁多，在大气中主要应用的是气象雷达和激光雷达，气象上的含义是使用无线电波进行探测和测距，而激光雷达的含义是光探测和测量。事实上，现代雷达技术已经远远超过了最初的测距目标，雷达技术出现于第二次世界大战爆发前，并在英伦三岛的保卫战中发挥了重要作用。第二次世界大战后，雷达技术得到迅速发展，出现了不同技术特点、不同用途的雷达。用于对大气中发生的各种天气现象进行探测的雷达统称为气象雷达，气象雷达已成为雷达家族中的一个重要成员。目前，气象雷达的种类已经很多，其中用来探测大气中云雨区的位置、分布、强弱及其变化的雷达统称为天气雷达或测雨雷达。在雷达的发射和接收部分，利用多普勒效应可测得降水粒子的运动信息，这样的天气雷达称为多普勒天气雷达，目前约有 1 000 部以上的天气雷达布设在世界各地。激光雷达以激光为光源，通过探测激光与大气相互作用的辐射信号来遥感大气。光波与大气的相互作用，会产生包含气体原子、分子、大气气溶胶粒子和云等有关信息的辐射信号，利用相应的反演方法就可以从中得到关于气体原子、分子、大气气溶胶粒子和云等大气成分的信息。目前在全球范围建成的用于探测对流层大气气溶胶和云的激光雷达探测网络有 EARLINET（European Aerosol Research Lidar Network），AD－NET（Asian Dust Network）和 MPLNET（Micro-Pulse Lidar Network）等。EARLINET 始建于 2000 年 2 月，到 2004 年共建成了 24 个激光雷达站点，主要用于监测和研究在欧洲范围内大气气溶胶的输送特征以及大气气溶胶对气候的影响。AD－NET 建立于 2001 年 2 月，主要在亚太地区用于监测亚洲沙尘暴的起源和沙尘粒子的输送,集中观测时间在每年的春季。MPLNET 雷达站点分布在美国国家航空和宇宙航行局(National Aeronautics and Space Administration,NASA)的 AERONET(Aerosol Robotic Network)站点中。全球的气象雷达和激光雷达监测网已经成为气象部门最重要的探测和监测手段之一。

§ 8.2 天气雷达

8.2.1 天气雷达的发展进程

如果以气象业务中使用的雷达技术体制为原则,天气雷达的发展可以分为四个阶段:

第一阶段是军用雷达的改装使用,20 世纪 50 年代以前,用于气象部门的天气雷达主要由军用的警戒雷达进行适当改装而成。二战后,雷达技术得到了快速发展,但在使用过程中,经常发现有气象云雨目标造成的雷达回波,对于军用空情警戒雷达而言,气象云雨目标的回波是干扰回波,而气象学家却想到可以利用这种回波来发现云雨目标的位置及强弱性质。因此,气象学家对军用空情警戒雷达进行改装,依据气象目标特点,对接收处理与显示部分进行适当的改装,如美国国家气象局(National Weather Service)用的 WSR-1、WSR-3,几乎都是由 ASR 系列雷达改装的。同样的,英国生产的 Decca41、Decca43 等也是改装自军用雷达。我国也曾在 20 世纪 50 年代末引进 Decca41 雷达用于监测天气,当时雷达选用的波长主要采用 X 波段,少量 S 波段,性能与军用的警戒雷达差不多。

第二个阶段是模拟式天气雷达,20 世纪 50 年代中期,开始根据气象探测的需求,专门设计用于监测强天气和估测降水的雷达,并命名为天气雷达。1957 年美国国家气象局生产了 S 波段 WSR-57 天气雷达,主要是在波长选择和信号接收处理上做了较多的考虑,对回波信号强度测量和图像显示方面做了不同于军用的要求,以适应气象目标的探测,用于监测大范围降水和定量估测降水。该时期的雷达属于模拟信号接收和模拟图像显示的雷达,观测资料的存储采用对显示器上显示的回波进行照相的方式,资料处理主要是事后的人工整理和分析。我国在 20 世纪 60 年代末 70 年代初也自行研制成功 X 波段 711 型天气雷达,以后又陆续研制成功 X 波段 712、C 波段 713、S 波段 714 等不同型号的天气雷达,技术水平与国外同一时期的产品相当。

第三个阶段是数字式天气雷达,20 世纪 70 年代以后,随着数字技术和计算机技术的发展和使用,计算速度的加快,使天气雷达信号与数据图像处理能力增强,天气雷达的定量处理达到了实时性的要求,天气雷达与计算机技术相结合,出现数字化的天气雷达系统,典型产品有美国的 WSR-74 天气雷达系统。同时也将数字技术与计算机技术用于对原有的模拟天气雷达进行改造,使其具有数字化处理功能。我国在改革开放之后,开始研究天气雷达资料的数字化处理问题,20 世纪 80 年代中期我国出现了数字化天气雷达改装与应用研究的高潮,进行了一些模拟天气雷达的数字化改造工作。

第四个阶段是多普勒天气雷达的布网使用。多普勒天气雷达出现于 20 世纪 70 年代,直到 20 世纪 90 年代才开始业务布网使用。刚开始出现的多普勒天气雷达主要用于科研性质,数量不多且集中在大学与科研机构,进行一些观测科研实验。由于多普勒天气雷达信息丰富、数据量大,因此受到回波资料处理速度慢和结果难以直观显示的困扰。直到 20 世纪

70 年代中期以后,计算机速度明显提高且出现彩色显示器,多普勒天气雷达的实时处理和实时显示问题才得以解决。美国的雷达气象研究人员开展了大量的观测与研究工作,组织了多普勒天气雷达和普通天气雷达的联合观测实验,实验结果进一步明确了多普勒天气雷达的优越性。1982 年美国国家气象局、运输部、国防部等部门联合开始招标研制新一代多普勒天气雷达,美国于 1988 年完成该项任务,正式定名为 WSR-88D,于 1990 年开始全面更换布设新一代多普勒天气雷达,到 1996 年结束,总计部署 196 部 WSR-88D,分布于美国本土、海外以及教育训练基地。WSR-88D 不仅有更强的探测能力,较好地定量估测降水的性能,还具有获取风场信息的功能,有丰富的应用处理软件,可为用户提供多种监测和预警产品。美国国家气象局在雷达设计完成后观测统计表明,WSR-88D 明显改善了对冰雹、龙卷风等强风暴天气的监测准确率,预警预报发布时间提前了。

我国也十分重视多普勒天气雷达技术的发展,1986 年从美国引进两部多普勒天气雷达,20 世纪 80 年代末研制成功中频锁相技术的多普勒天气雷达,1997 年上海市气象局引进一部 WSR-88D,20 世纪 90 年代后期研制成功全相参技术的多普勒天气雷达,到 20 世纪末我国已具备 X/C/S 三个波段多普勒天气雷达的研制生产能力,并已开始装备气象、民航、国防等部门。21 世纪初,中国气象局开始实施新一代多普勒天气雷达的业务布网工作,计划布设 158 部,其中 C 波段 71 部,S 波段 87 部。

8.2.2 天气雷达及雷达频率划分

天气雷达具有探测降水和由局部温度和湿度变化所引起的大气折射指数改变的功能,雷达回波也可由飞机、尘埃、飞鸟或昆虫产生,所以,需要将这些非雷达气象回波从雷达回波中剔出,以得到更精确的天气信息数据。最适合于大气探测和研究的天气雷达所发射的电磁脉冲位于 3 GHz~10 GHz 频段(相应于波长 3~10 cm)。这些雷达设计除用于探测和确定降水的区域、强度、移动,还包括降水类型的确定。此外,雷达较高的频率用于探测更小的水凝物,如云滴,甚至是雾滴;较低频率的雷达具有探测晴空大气折射指数变化的功能,可用于风廓线测量。它们可以探测降水,但它们的扫描功能受到要求达到有效分辨率的天线尺寸的限制。天气雷达发射的脉冲遇到天线目标后返回的信号称为回波,它具有相应的振幅、相位和偏振。全球范围内大多数业务雷达在分析受雷达波束照射(脉冲)体积内,与水凝物的尺度分布和数量有关的回波振幅特征方面投入大量力量较多。此振幅用以确定反射率因子(Z),然后通过应用经验关系,估算单位体积的降水质量或降水强度,主要应用于探测、勾画和估算大范围内的地面瞬时降水量。有些研究性雷达采用在两个发射的偏振方向上所测得的反射率因子和接收的波形,以便对降水和目标状态的量值和偏振特性进行研究,但目前在业务系统中尚未出现。多普勒天气雷达具有确定发射脉冲与接收脉冲之间相位差的功能,这种相位差可用来测量粒子的平均多普勒速度,它表示在脉冲体积内水凝物的径向位移速度分量的加权平均反射率。多普勒谱宽是该速度空间变率的度量,据此可表示云中风切变和湍流的某些特征。多普勒雷达比常规天气雷达观测增加了新的重要参量,大多数新的雷达系统均具有这种功能。现代天气雷达应适宜安装、运行和维护,使其性能最优化,以便为业务要求提供最佳资料。

天气雷达只是众多雷达中的一种,目前最新的雷达系统包括了军事和民用两个方面,主要包括① 增强性气象雷达,如 Nexrad 终端多普勒气象雷达、风廓线雷达、TRMM 卫星气象雷达以及机载风切变检测雷达;② 行星探索雷达,如用于探测金星的麦哲伦雷达;③ 干涉型合成孔径雷达,如用于场景的三维成像和对慢速运动表面目标的检测;④ 逆合成孔径雷达,可主要用于舰船的识别;⑤ 地面穿透雷达;⑥ 相控阵雷达,爱国者、宙斯盾、铺路爪和B-1B轰炸机雷达;⑦ 弹道导弹防御雷达;⑧ 高频超视距雷达;⑨ 战场监视雷达;⑩ 用于环境遥感的雷达;⑪ 改进的空中交通管制雷达;⑫ 具有复杂多普勒处理的新型多功能军用战斗机/攻击机机载雷达。根据 IEEE(Institute of Electrical and Electronics Engineers)美国电气及电子工程师学会标准,对雷达频率进行相应的划分,表 8.1 为 IEEE 标准雷达频率字母频段名称。表 8.2 为气象雷达波长和可探测的天气目标,可以看出,雷达种类繁多,应用在气象上的雷达仅仅是雷达家族中很小的一个族群。

表 8.1 IEEE 标准雷达频率字母频段名称

波段名称	标称频率范围	依据 ITU(International Telegraph Union 国际电信联)专用的雷达频率范围	波段名称	标称频率范围	依据 ITU,在第二栏中分配的专用的雷达频率范围
			Ku	12～18 GHz	13.4～14.0 GHz
HF	3～30 MHz				15.7～17.7 GHz
VHF	30～300 MHz	138～144 MHz	K	18～27 GHz	24.05～24.25 GHz
		216～225 MHz	Ka	27～40 GHz	33.4～36 GHz
UHF	300～1 000 MHz	420～450 MHz	V	40～75 GHz	59～64 GHz
		850～942 MHz	W	75～110 GHz	76～81 GHz
L	1～2 GHz	1215～1 400 MHz			92～100 GHz
S	2～4 GHz	2 300～2 500 MHz	mm	110～300 GHz	126～142 GHz
		2 700～3 700 MHz			144～149 GHz
C	4～8 GHz	5 250～5 925 MHz			231～235 GHz
X	8～12 GHz	8 500～10 680 MHz			238～248 GHz

表 8.2 气象雷达波长和可探测的天气目标

波长/cm	频率/MHz	波段	可探测的目标
0.86	35 000	Ka	云和云滴
3	10 000	X	小雨和雪
5.5	5 600	C	中雨和雪
10	3 000	S	大雨和强风暴
20	1 500	L	天气监视

§8.3　天气雷达的工作原理、组成及技术指标

8.3.1　天气雷达的测量原理

天气雷达及其对天气现象探测的原理最早是在 20 世纪 40 年代确立的,从那时起,在改善设备、提高信号和数据的处理以及解释说明方面,科学家和雷达工程师们进行了长期不懈的努力。下面对其原理做简要描述。

大多数天气雷达是脉冲雷达,即从一个定向天线按照固定频率发射出电磁波,电磁波以快速连续短脉冲的形式进入大气中。天线系统中的抛物面反射体把电磁能量聚集在方向性极强的圆锥形波束中,波束宽度随着作用距离的增加而增加。例如,标称的宽度为 1° 的波束,在作用距离为 50、100 和 200 km 时,分别扩展为 0.9、1.7 和 3.5 km。电磁能量的短脉冲串被所遇到的气象目标吸收和散射,一些散射能量又反射回雷达天线和接收机。由于电磁波以光速传播(即 2.99×10^8 m/s),通过测量脉冲发射及其返回的时间,就可以确定目标物的距离。在连续的脉冲串之间,接收机一直在接收返回的所有电磁波。从目标物返回的信号通常指雷达回波。

返回雷达接收机的回波信号强度是组成目标物的降水粒子浓度、尺度和水的相态的函数。因此,回波功率 Pr 提供了气象目标特征的测量方法,但并不是唯一的方法,它还依赖于降水形式和降水率。雷达距离方程把从目标物返回的功率与雷达特征及目标物参数相联系。功率测量值决定于任一瞬时的一个采样体积(脉冲容积)内从目标物散射的功率总量。脉冲体积的尺度决定于空间的雷达脉冲长度(h)和在垂直方向(φ_b)和水平方向(θ_b)的天线波束宽度,因此脉冲容积随着距离的增加而增加。由于返回到雷达的功率经过了一个双程路径,因此在空间上脉冲体积长度是脉冲长度的二分之一($h/2$),并且它不随距离变化。脉冲体积在空间的位置由天线的方位角和仰角及与目标物的距离来决定,距离(r)由脉冲到达目标并返回到雷达所需要的时间确定。

在脉冲体积中的粒子互相之间不断地混合,导致相位影响散射信号的强度,使其围绕平均目标强度有起伏。从天气目标进行单一的回波强度测量,它们是没有什么意义的。至少要将 25 到 30 个脉冲合成起来,才能得到对平均强度的合理估值。一般由积分器电路进行电子合成,通常进一步对脉冲进行距离、方位和时间的平均,以增加采样尺度,提高估值的准确度,尽管此方法可以提高准确度,但由此带来的是空间分辨率的降低。

雷达定向发射的电磁波在大气中近似以光束传播,当它碰到目标物时,就有一部分电磁波能量被散射返回,回来的信号(回波)被雷达接收机接收,并用显示器显示出来,从而根据发射波束的指向确定目标物的方向。根据目标物的后向散射截面确定的回波强度及回波的相位变化(多普勒频移)推断目标物(如云、雨、气溶胶及折射率起伏大的区域等)的特性。

假设目标离开雷达的斜距用 R 表示,则发射信号在 R 距离上往返两次经历的时间用 Δt 表示,目标的斜距 R 便可由下式表示为

$$R = \frac{1}{2} c \Delta t \tag{8.1}$$

式中 c 为光速。

雷达测量目标的方位角和仰角是依靠天线的定向作用去完成的,它辐射的电磁波能量只集中在一个极狭小的角度内。空间上任一目标的方位角和仰角,都可以用定向天线辐射的电磁波束的最大值(及波束的轴向)来对准目标,同时接收到目标的回波信号,这时天线所指的方位角和仰角便是目标的方位角和仰角。

8.3.2　天气雷达的组成

典型的天气雷达由发射系统、天线系统、接收系统、信号处理器和显示系统等部分组成。主要包括:① 定时器。在天气雷达系统中,定时器的作用是十分重要的,定时器就像一个指挥中心一样,由它输出的各种脉冲信号去控制雷达各个分机的工作,使各分机之间能够协调一致地工作。② 调制器。输往发射机的定时脉冲触发预调器,使预调器产生预调脉冲。预调器的作用有两个:一是把定时脉冲整形为矩形脉冲,二是确定调制脉冲的宽度。③ 发射机。气象雷达的发射机有两种工作方式:一种是以功率振荡器作为发射机的末级电路(例如磁控管振荡器),在调制脉冲的作用下,振荡器产生高频大功率的正弦振荡,这种方式称为功率振荡式。另一种方式为功率放大式或称为主振放大式。④ 雷达的天线系统。实际上是一个电磁能量的转换元件,在发射机工作时,它将发射机输出的高频大功率电能转换为电磁波能量向空间辐射。⑤ 天线收发开关。在气象雷达系统中,天线收发开关是使天线完成发射和接收双重任务的关键性元件。常用的天线收发开关的形式有由气体放电管组成和铁氧体换流器组成的两种形式。用气体放电管组成天线收发开关时,有接收机放电管(TR 管)和发射极放电管(ATR 管)。用微波铁氧体环流器组成天线收发开关时,常用具有三个或四个微波支路的环流器。⑥ 接收机。接收机的回波信号是一个十分微弱的高频信号,而且这种微弱的回波信号往往和干扰信号、噪声信号混杂在一起,因此在雷达接收机中总是把从天线上接收下来的回波信号首先经过低噪声高频放大,再送入混频信号。⑦ 信号处理器。信号处理器是电子技术和数字技术的结合,对回波信号进行处理,从而提取气象信息的设备。⑧ 显示器。显示器是雷达系统必备的一个终端设备。

8.3.3　气象雷达的主要技术指标

气象雷达的技术指标主要是描述有关雷达性能的各种参数,雷达的探测能力、精度,也是雷达定量探测的依据。这里叙述的雷达参数主要有工作波长、发射功率、天线增益、波束宽度、脉冲宽度、脉冲重复频率和接收机的灵敏度。工作波长见表 8.2。

雷达的发射功率是指发射机输出的高频振荡功率。脉冲重复频率可以用下式表达

$$F = \frac{1}{T} \tag{8.2}$$

式中 T 重复周期,F 是重复频率。

脉冲宽度是指调制脉冲的持续时间,用 τ 表示,单位为 μs。波束形状和波束宽度:波束形状是描写天线定向性的重要参数。选择波束形状时,应当考虑到以下几个方面的因素:角分辨能力、天线系统的结构尺寸。天线增益是在输入功率相等的条件下,实际天线与理想的辐射单元在空间同一点处所产生信号的功率密度之比,它定量地描述一个天线将输入功率

集中辐射的程度。灵敏度是雷达接收机的重要参数,它表示接收机对微弱信号的接收能力。灵敏度越高,表示接收微弱信号的能力越强,雷达的作用距离越远。

8.3.4　天气雷达方程和降水目标的雷达方程

天气雷达方程可以表示为

$$\bar{P}_r = \frac{\pi^3}{1\,024\ln 2}\left(\frac{P_t\tau G^2\theta\varphi}{\lambda}\right)\left(\frac{|K|^2 Z}{R^2}\right) \tag{8.3}$$

P_t 是峰值发射功率,G 是天线增益,θ 和 φ 分别是水平和垂直半功率点波束宽度,τ 是脉冲宽度,λ 为波长,$|K|^2$ 是与目标的折射指数有关的常数,对于水滴,$|K|^2 = 0.93$,R 是目标离开雷达的距离,c 是光速。

气象目标完全由在空间上呈随机分布的近似球形粒子的冰和(或)水组成。从目标体积后向散射的能量依赖于散射粒子的数量、尺度、组成、相对位置、形状和取向。总的后向散射能量是每个散射粒子后向散射能量的总和。

使用这一目标模式和电磁理论,可以导出一个关于雷达接收到的回波功率和雷达与目标物间距离及散射特征参数之间的关系方程。通常认为这是一个能够定量提供准确度很高的反射率测量值的关系式

$$\bar{P}_r = \frac{\pi^3}{1\,024\ln 2} \cdot \frac{P_t h G^2\theta_b\varphi_b}{\lambda^2} \cdot \frac{|K|^2 10^{-18} Z}{r^2} \tag{8.4}$$

这里 $\overline{P_r}$ 是雷达接收到的返回功率,它是数个脉冲的平均值,单位为 W;P_t 是雷达发射脉冲的峰值功率,单位为 W;h 为脉冲的空间长度($h = c\tau/2$,c 为光速,τ 为脉冲间隔);G 是天线作为各向同性发射体的增益;θ_b、φ_b 是天线辐射模式在 -3 dB 单向发射时分别在水平和垂直方向的波束宽度,单位为弧度;λ 是发射波的波长,单位为 m;$|K|^2$ 是目标物的折射指数因子;r 是从雷达到目标的斜距,单位为 m;Z 是雷达反射率因子(通常在对目标物性质不太了解时,认为它是等效反射率因子 Ze),因它是单位体积中降水粒子直径六次方的总和,故其单位为 $\text{mm}^6 \cdot \text{m}^{-3}$。

方程中第二项式包含各雷达参数,第三项包含依赖于目标物距离和特征的参数。除了发射功率之外,雷达参数是相对固定的,如果发射机以恒定输出工作并保持不变,则方程可以简化为

$$P_r = \frac{C|K^2|Z}{r^2} \tag{8.5}$$

这里 C 是雷达常数。

在方程建立的过程中隐含一些基本假设,在其结果的应用和解释中有着不同的重要性。它们是合理而真实的,但并不总是能够准确地满足,在特殊情况下会影响其测量结果。这些假设概述如下:① 目标物体积内的散射降水粒子是均一的绝缘球体,其直径与波长相比是很小的,在严格应用瑞利散射近似值时,即满足 $D < 0.06\lambda$;② 脉冲容积内充满了随机散射的降水粒子;③ 反射率因子 Z 对于所有取样脉冲容积是相同的,并且在取样间隔内是一个常数;④ 粒子全部是水滴或者全部是冰晶,即所有的粒子有同样的折射指数因子 K^2;⑤ 忽

略多次散射(粒子之间);⑥ 雷达和目标物体积之间的介质不产生衰减;⑦ 入射的和后向散射的波是线偏振的;⑧ 天线辐射模式的主要波瓣是高斯型的;⑨ 天线是横截面为圆形的抛物面反射体;⑩ 天线增益已知或者能够按照足够的准确度计算得出;⑪ 旁瓣对接收到的功率贡献可以忽略;⑫ 波束中的地面杂波对发射出信号的吸收可以忽略;⑬ 峰值发射功率(P_t)是天线的发射功率,即所有的波导损耗和雷达天线罩的衰减都已考虑;⑭ 测量得到的平均功率(P_r)是在足够多的脉冲基础上的平均值,或者能够代表目标脉冲容积的独立采样。

简化的表达式把雷达测量到的回波功率与雷达反射率因子 Z 相关(从而与降雨率相关)。这些因子及其相互之间的关系,对于从雷达测量的结果、对目标物强度的描述和对降雨量的估值是至关重要的。尽管有许多的假设,这一表达式提供了对目标物质量的合理估值方法。通过对假设中的因子做进一步考虑,可以改善估值结果。

8.3.5 气象雷达的标定

气象雷达的标定,就是通过一定的方法测定出雷达方程中第二项里所包含的雷达系统各个参数。

发射机输出功率的测量。利用雷达机上定向耦合器测定发射功率时,定向耦合器的过渡衰减量最好经过校验。此外,定向耦合器的结头不能接错,否则测量到的值将偏小。

最小可辨功率的测量。通常利用厘米波信号发生器测量最小可辨功率,这种发生器是气象雷达接收机中的基本仪器,它可以输出一个已知频率的信号,其振幅和频率能在规定的范围内调节。

接收机动态特性曲线的标定。接收机动态特性曲线的标定是确定其特性曲线的斜率,从而计算出平均回波功率。所谓动态特性曲线标定,换言之,就是在动态特性曲线上,由降水回波信号的释放输出幅度,确定相应的平均回波功率。

8.3.6 各目标物的回波特征

雷达回波按照目标物的性质,大致可以分为两类:(1) 非气象回波:① 地物回波;② 超折射地物回波;③ 海浪回波。(2) 气象回波:A. 降水回波:① 层状云降水回波——片状回波;② 对流云阵性降水——块状回波;③ 混合性降水——絮状回波。B. 非降水回波:① 云和雾的回波;② 晴空大气回波。

来自不同目标的雷达回波特征起伏包含了两种类型,即距离时间起伏和脉冲时间起伏。雷达能够实时探测降水云的三维结构时,雷达天线在计算机控制下可以有多种扫描方式,常用的有体积扫描和扇形扫描。

雷达通常采用带有高频放大器的超外差接收机。从目标返回的信号有天线接收后经收发开关进入低噪声高频放大器,然后与来自稳定信号源的本振信号相混,变成中频信号,此中频信号分成两路:其中一路经对数中频放大器,由幅度检波器检出视频包络信号,送模拟量显示器显示;另一路中频信号送入线性中放进一步放大,其输出分两路送给两个相位检波器,它们的幅度相等、相位相同。根据不同的需要,气象雷达配有下列几种主要的显示器:

1. 距离显示器(A/R 显示器)

A/R 显示器实际上就是一台专用的显示器,直接显示回波的强度和距离。接收机送来的视频信号加在垂直偏转板上,电子束垂直偏移的大小,便显示了回波信号的强弱。示波器的水平偏转板上加锯齿形扫描电压,电子束就周而复始地从左到右扫描,其周期正好等于雷达脉冲的重复周期,这样来自同一目标的回波就出现在固定的位置上。从扫描线的起点至发生垂直偏移处的扫描线长度即为目标的距离。

2. 平面位置显示(PPI 显示器)

当天线以一定仰角绕垂直轴旋转扫描时,目标位置显示在以雷达站为中心的极坐标系统中。当仰角为 0° 时,显示的就是目标的平面分布,同心圆则为距离圈;当仰角不为 0° 时,则显示的是锥面上目标物的位置,同心圆则为斜距。圆圈的圈上有方位角刻度。

3. 高度显示器(RHI)

这种显示器屏幕上的垂直线代表距离,水平线代表高度,探测时天线的方位角固定不动,天线仅上下反复做俯仰扫描,屏上的扫描线也随天线同步地上下扫描。

4. 等高平面位置显示器(CAPPI)

当雷达进行体扫描时,即天线仰角由低到高不断步进,每步进一次雷达均做一次 PPI 扫描,得到一系列 PPI 图像。然后将同一等高面上的目标回波按 PPI 方式显示出来,这样就得到不同高度平面上的回波分布。

8.3.7 误差来源

天气雷达的测量误差主要有以下几个方面:① 雷达波束充填。很多情况下,尤其在距雷达的距离很远时,脉冲体积内未被均一的降水完全充满。降水强度通常在小尺度上就有很大的变化,在距雷达很远的距离上,脉冲体积的尺度增加,同时地球曲率的影响变得重要起来。一般来说,距离小于 100 km,定量化的测量结果是有用的。这种影响对云顶高度测量和反射率的估值也是重要的。② 降水垂直分布的非均一性。进行雷达测量时,第一个感兴趣的参数通常是地面降水。由于波束宽度、波束倾斜和地球曲率的影响,降水的雷达测值比在相当大的深度上的平均值要高。这些测量结果依赖于降水垂直分布的详情,而且可能导致地面降水估值的较大误差。③ $Z\text{-}R$ 关系式的变化。已发现对于不同降水类型有各种 $Z\text{-}R$ 关系式,然而,单纯从雷达来看,无法对水凝物的类型和尺度分布的变化进行估值。在业务应用中,这种变化是误差的重要来源。④ 降水引起的衰减。由雨引起的衰减是十分重要的,尤其对于短波雷达(5 和 3 cm)。尽管雪引起的衰减比雨要小,它对较长路径的影响也是重要的。⑤ 波束的阻挡。取决于雷达的安装,雷达波束可能会因位于雷达和目标之间地形或障碍物的原因而被部分地或完全地遮挡住。这将导致对反射率的估值偏低,从而使降雨率估值也偏低。⑥ 天线罩沾湿引起的衰减。多数雷达天线通过一般由玻璃纤维制成的天线罩来对风和雨进行防护,工程设计制造的天线罩对辐射能量几乎没有损耗。例如,正常条件下,在 C 波段这种装置的双向损耗很容易控制在 1 dB 以下。然而,在强降水情况下,天线罩表面被水或冰蒙上一薄膜覆盖导致很强的与方位相关的衰减。⑦ 电磁干扰。来自其他雷达或装置的电磁干扰,例如微波通信线路,在某些情况下,可能是一个重要的误差因素。这种类型的问题很容易通过观测来识别,它可以通过改变频率、在雷达接收机中使用滤波器以及有时通过软件来协调解决。⑧ 地面杂波。地物杂波对雨回波的混淆可能给降水和风的估值带来很大的误差,可以通过制作良好的天线和选择好的站址来减小地物杂波。这种影响可通过杂波抑制硬件装置和信号与资料处理使之大大减小。在异常传播的情况下,地物杂波会大量增加。⑨ 异常传输。异常传输会使雷达波束的路径发生弯曲,因波束向地面折射而使地面杂波增加。它还可能导致雷达探测到远在正常距离之外的风暴,消除由于距离模糊给距离测定带来的误差。当大气中随着高度增加,湿度发生强烈递减,或温度发生强递增时,在这一些区域异常传输的发生比较频繁,由于异常传输引起的地物杂波很容易对未经培训的观测人员产生误导,而且对一般正常地物波的处理办法很难把它完全清除。⑩ 天线准确度。我们知道一个经过良好工程设计的天线系统位置准确度为 $0.2°$ 以内。在地面杂波或强降水回波出现时,可能由于雷达波束过宽或旁瓣的出现而产生误差。⑪ 电子稳定性。现代电子系统随着时间有很小的变化。这可通过使用良好的工程监测系统来加以控制,它将使电子系统的变动控制在小于 $1\ dB$ 范围内,或当发现故障时产生报警。⑫ 处理准确度。信号处理设计一定要能够充分利用系统的采样功能。对反射率、多普勒速度和谱宽的估值变化一定要保持在最小值,距离和速度模糊可能是重要的误差源。⑬ 雷达距离方程。通过雷达距离方程按气象参数 Z 对雷达接收功率的测量结果进行的解释过程中有许多假设,假设的不一致性可能导致误差。

§8.4 多普勒天气雷达

气象多普勒天气雷达的理论基础是电磁波的多普勒效应。所谓多普勒效应,是指波源相对于观察者运动时,观察者接收到的信号频率和波源发出的频率是不同的,而且发射频率和接收频率之间的差值和波源运动的速度有关。

多普勒天气雷达的发展和引入,为气象监视的观测提供了一个新的维度。多普勒雷达为在径向朝着或远离雷达方向的目标物速度提供了测量。多普勒技术还有一个优点是当速度场能在含噪声的 Z 场中区分出来时,对接近雷达噪声电平的低反射率目标有更高的灵敏度。当气象目标处于正常速度时,频率漂移与雷达频率相比较小,很难测量。一个较简单的做法是保持发射脉冲的相位,与接收到的脉冲相位相比较,然后确定相继脉冲之间的相位变化。相位随时间的变化量直接与频率漂移相关,它又相应与目标物速度相关。如果相位变化超过 $\pm180°$,速度的估值是模糊的。多普勒雷达能测得的最高不模糊速度是在超过四分之一波长的相继脉冲之间目标物移动的速度。在更高的速度时,需要附加的处理步骤以重新获得正确的速度。

最大不模糊多普勒速度依赖于雷达波长(λ)和 PRF,可以表示为

$$v_{max} = \pm \frac{PRF \cdot \lambda}{4} \tag{8.6}$$

最大不模糊距离可以表示为

$$r_{max} = \frac{c}{PRF \cdot 2} \tag{8.7}$$

于是,v_{max} 和 r_{max} 的相关关系可以通过下式表示

$$v_{max} r_{max} = \pm \frac{\lambda c}{8} \tag{8.8}$$

这些关系式表明了由于对 PRF 的选择带来的局限性。高一些的 PRF 能够提高不模糊

速度;较低的 PRF 能够增加雷达的作用距离。因此,在没有更好的技术以排除这些局限获取不模糊的资料之前,需要有相对合理的办法。从此关系式还可以看出波长较长时会受到更高的限制。在数值关系中,对于典型的 PRF 值为 1 000 Hz 的 S 波段雷达,$v_{\max}=\pm 25\ \mathrm{ms}^{-1}$,然而同样的 PRF 对于 X 波段雷达 $v_{\max}=\pm 8\ \mathrm{m/s}$。

由于返回脉冲的频移可以通过比较发射和接收脉冲的相位来得到,因此有必要知道发射脉冲的相位。在非相干雷达中,相继脉冲在开始时的相位是随机而且未知的,因此这样的系统不能用于多普勒测量,但它可用于前节描述的常规雷达操作中。

一些多普勒雷达是全相干的,它们的发射机采用非常稳定的频率源,其中脉冲之间的相位是确定而且已知的。半相干雷达系统其相继脉冲间的相位是随机但可以知道的,它们比较便宜而且使用更为普遍。典型的全相干雷达在高功率输出放大器中采用速调管,并且使接收机和发射机一样,来源于同样的频率源。这一方法大大降低了在半相干系统中出现的相位不稳定度,使地物杂波抑制得到改善,同时提高了对原本不易发现的晴空中弱天气现象的识别能力。非相干和半相干雷达的微波发射机通常使用磁控管,理由是相对简单并且花费较低,同时对于常规观测来说性能也是足够的。磁控管还有一个附带的优点是降低了对于随机相位产生的第二和第三级误回波(来自超过最大不模糊距离的回波)的多普勒响应,尽管在相干雷达中通过在发射机和接收机中引入已知的伪随机相位干扰,也能够达到同样的效果。

非相干雷达转化为半相干雷达系统相对比较容易。这一转换也应当包括更稳定的共轴类型的磁控管。反射率因子和速度数据均可从多普勒雷达系统中提取。典型的目标物是水汽凝结物(雨滴、雪片、冰丸、冰雹等),它们形状、尺度各异,并且由于水凝物体积中湍流运动和它们降落速度的影响,使它们以不同的速度移动。

用于处理多普勒参数的有两个复杂程度不同的系统。简单一些的脉冲对处理器(PP)系统,通过对相继脉冲进行时间域内的比较来提取平均速度和谱宽。另一个较复杂的系统使用快速傅里叶(Fourier)变换(FFT)处理器,在每一个采样体积内生成完整的速度谱。PP系统速度较快,计算强度较小,信号噪声较低。但较之 FFT,它的杂波抑制特征较差。然而,随着现代信号处理器的出现,前两个优点都不再是重要的因素了。

在气象多普勒雷达中,接收机和发射机是相干的,它除了提供散射信号的平均功率以外,还提供了信号随时间变化的信息。多普勒雷达测速通过估算移动目标群体产生的频移来进行。多普勒雷达还提供与脉冲体积内回波总功率和降水粒子谱宽有关的信息。平均多普勒速度等于按其截面积加权计算的散射体的平均运动。而且,对于接近水平的天线扫描来说,主要是指向雷达和背离雷达方向的空气运动。同理,谱宽就是速度分布的测量,即表示分辨体积内的切变或湍流。多普勒雷达通过参考发射信号和接收到信号的相位来测量返回信号的相位。通过把返回信号移相 $90°$,产生信号的同相分量(I)和正交分量(Q),从而确定相位。I 和 Q 是在固定距离位置的采样值,通过对它们进行收集并处理,来获取由 I 和 Q 的比率给出的平均相移。

为了通过雷达探测不同距离上的回波,对回波信号进行周期性的采样,通常约每微秒一次,以获取约每 150 m 距离上的信息。这种采样能够连续进行直至下一脉冲的发射时刻。按时间上的一个采样点(相对于距雷达的距离)叫作距离门。风暴和降水区各处的径向风速分量可在天线扫描时进行绘制。

在脉冲多普勒雷达使用中有一个基本问题是多普勒平均速度估值中如何除去速度模糊,即速度的重迭。一个时间变化函数的离散等空间取样,导致的最大不模糊频率等于采样频率 f_s 的二分之一。于是大于 $f_s/2$ 的频率即进入尼奎斯特间隔,($\pm f_s/2$)中是模糊的"重叠",并且认为是位于 $\pm \lambda f_s/4$ 区间内的速度,这里 λ 是发射功率的波长。

速度退除模糊技术包括双脉冲重复频率技术 DPRF 或连续性技术。在前项技术中,径向速度估值分别在两个具有不同最大不模糊速度的 PRF 上收集,然后合并起来,生成一个新的具有扩展不模糊速度的径向速度值。例如,使用标称不模糊速度分别为 16 和 12 m/s 的 PRF 值-1 200 和 900 Hz 的 C 波段雷达,从两个速度估值间的差异到扩展速度范围为 ± 48 m/s 的退除模糊速度,模糊的程度减小了。连续性技术依赖于具有足够多的回波,以辨别存在的模糊速度并通过假设速度的连续性(大于 $2 v_{\max}$ 时没有不连续性)对速度进行修正。使用过高的 PRF(约大于 1 000 Hz)会带来作用距离的限制,最大测量距离之外的回波可能会返回到基本距离区内并产生重叠。对于具有相干发射机的雷达(如速调管系统),回波将在主要距离中出现,对于相干-接收系统,第二行程回波会以噪声形式出现。

§8.5 雷达信号的传输和散射

电磁波在均一介质中沿直线按光速传播,地球大气是非均一性的,微波会在其传输路径上经受折射、吸收和散射。大气通常呈垂直分层,光线的方向随折射指数(或温度和湿度)和高度的变化而改变。当波遇到降水和云的时候,部分能量被吸收,散射到各个方向或返回雷达站。雷达信号的传输和散射主要涉及雷达波在大气中的折射和在大气中的衰减两个方面。

1. 雷达波在大气中的折射

电磁波的弯曲度可以通过使用的温度和湿度的垂直廓线预先知道。在正常大气条件下,波沿着向地球表面方向微微弯曲的曲线传播。射线的路径可能向上(次折射),也可能向地面弯曲(超折射)。在任一种情况下,波束的高度将会错误地采用标准大气假设。从降水测量的观点来看,最大的问题出现在超折射或"波导"情况下。射线会充分弯曲直至触及地球表面,从而导致地面回波无法正常接收。这种现象出现在折射指数随高度迅速减小的时候,例如,随高度增加,温度上升或湿度降低。这些回波在生成降水图时应进行处理。这种条件称为反常传播(AP)或 ANAPROP。一些"晴空"回波是由于某些地区的折射率因子不均一性而产生的,这些区域包括湍流区、稳定度增强层、风切变单体或强逆温层。这些回波通常以不同型出现,大多可以识别,但一定不能误认为降水场。

2. 雷达波在大气中的衰减

由于大气中的气体成分、云和降水的吸收和散射,使微波产生衰减,主要包括以下几个方面:① 气体引起的衰减,气体会使 3～10 cm 波段的微波产生衰减。大气中气体的吸收多数是由水汽和氧分子引起的。水汽引起的衰减和气压以及绝对湿度成正比,而且几乎随温度递减而线性地增加。至 20 km 高度,氧的浓度是相对均一的,衰减也与气压的平方成比例。由气体引起的衰减随着气候和季节的改变而有微小的变化。在天气雷达波长,气体引起的衰减在较远距离时显得非常重要,在超过 200 km 处衰减可累积到 3～4 dB。这时做一些补偿工作是必要的,而且它很容易自动完成。对于相应的作为距离的函数,在降水测量中作为距离函数的射线路径中的衰减量可以计算出来,同时它可以用于对降水场进行修正。② 水汽凝结物引起的衰减。水汽凝结物引起的衰减是由于其吸收和散射共同造成的,它是引起衰减的最重要来源,它依赖于粒子的形状、尺度、数量和组成。在单独使用雷达以定量方式进行测量时,这种依赖关系使得该项衰减很难克服。迄今为止,对于自动化业务测量系统来说,这一问题尚未获得令人满意的解决。然而,一定要认识到这种现象,并且利用一般性知识通过主观介入来减少它的影响。衰减与波长有关,在 10 cm 波长时衰减相当小,而 3 cm波长时衰减则十分显著。在波长为 5 cm 时,对于许多气候区来说,尤其在高的中纬度地区,这种衰减是可以接受的。除非应用于短距离测量,否则要获得较好的降水测量结果,我们建议不使用低于 5 cm 波长的雷达。对于雷达降水估值来说,可以作出关于衰减幅度的一般性描述。这种衰减依赖于目标的含水量,因此降水越多,衰减越强;云量少衰减也小;冰晶粒子的衰减要比液态粒子的衰减小得多。云和冰云引起的衰减很小,通常可以忽略。雪或冰粒子(或冰雹)的尺度可能演变为远大于雨滴的尺度,它们开始融化时会变湿,从而导致反射率大大增加,进而引起衰减量的增加,这一点可能导致对降水估值的曲解。③ 云和降水引起的散射。雷达探测和处理的信号功率(例如回波)是经过目标或水凝物的后向散射功率。后向散射截面定义为一个将与实际目标物同等的功率返回发射源的各向同性散射体的截面积。球形粒子的后向散射截面首先是由 G.mie 确定的。瑞利发现如果粒子直径与波长之比小于或等于 0.06,那么可以用一个更简单的表达式来确定后向散射截面积

$$\sigma_b = \frac{\pi^5 |K^2| D^6}{\lambda^4} \tag{8.9}$$

$|K^2|$ 是折射指数因子,对于液态水是 0.93,对于冰为 0.197。可由雷达功率测量值推导出目标的散射强度

$$Z = \frac{C \overline{P_r} r^2}{|K^2|} \tag{8.10}$$

④ 晴空散射,在没有降水性云的区域中,发现的回波多数是由昆虫或大气中折射系数的强烈变化而引起的。这些回波的强度很低,只能由灵敏度很高的雷达才能够探测到。晴空现象的等效 Z_e 值为 $-5 \sim -55$ dBZ,尽管这些并非真实的 Z 参数,产生回波的物理过程是完全不同的。对于降水测量而言,这些回波是信号中很小的"噪声",它们通常伴随一些气象现象出现,如海风或雷暴外流。晴空回波也可能伴随很低浓度的鸟和昆虫出现,尤其在鸟类和昆虫迁徙时,回波强度达到 $5 \sim 35$ dBZ 是完全可能的。尽管一般的雷达处理方法是用 Z 和 R 来分析信号,在晴空中的散射特性与水凝物的散射还是大不相同的。使用最广泛的表达方法是折射指数的结构参数 Cn^2,作为距离的函数,它是折射指数起伏的均方值。

§8.6　雷达的选择和安装

天气雷达是一个高效观测系统,雷达特征和气候条件决定了其具体应用的有效性。对一部雷达的设计,不可能使其对所有的应用都最有效。因此,可通过对雷达特性加以选择,从而最大限度地满足一种或多种应用,例如飓风探测。在雷达选型时价格也是一个重要的值得考虑的因素。通过参考雷达距离方程可以使这些特性之间的许多相关性具体化,以下

是对一些重要因素的概要说明：

1. 波长

波长越长，雷达系统的造价越高，尤其是对于可比较的波束宽度（也就是分辨率）相应的天线造价。它的原因既有材料用量的增加，也有在加大尺寸时为满足承受力而增加的难度。在天气雷达感兴趣的波段（S，C，X 和 K）中，雷达探测目标的灵敏度或能力与波长有很强的依赖关系，它也与天线尺寸、增益和波束宽度有重要的关系。对于同样的天线，对目标的可探测能力随着波长减小而增强，从 5 cm 到 3 cm 波长，灵敏度增加 10 dB。于是，波长越短，灵敏度越高。同时，波束宽度越窄，分辨率和增益越高。一个较大的缺点是短波长会引起较大的衰减。

2. 衰减

天气雷达射线在雨中的衰减最为显著，在雪和冰中的衰减次之，而在云和大气气体中的衰减更小。从广义来讲，S 波段的衰减相对较小并且一般不太明显。不考虑价格因素，S 波段雷达对穿透在中纬度和亚热带地区出现的包含湿冰雹的强风暴高反射率区是很重要的。X 波段雷达在短距离的衰减很严重，并且它们不适于对降水率进行估值，甚至不适合于用作监视，除非当较近风暴引起的远端阴影和衰减并不重要的情况下。C 波段雷达的衰减介于上述两者之间，对一般性应用而言，通常认为是一个较好的折中考虑，甚至也适用于探测热带气旋。

3. 发射机功率

对目标的探测能力与雷达输出脉冲峰值功率直接相关。然而，在实践中对由功率放大器技术决定的输出功率大小是有限制的。功率的无限制增大不是提高对目标探测能力最有效的手段，例如，加倍增加功率，仅能使该系统的灵敏度提高 3 dB。从技术上讲，最大可能输出的功率随着波长增加而增加。对接收机灵敏度、天线增益或波长选择的改善也许是提高探测能力的更好办法。一般情况下，功率管可以是磁控管和速调管。磁控管的价格较低但频率稳定性较差。对于多普勒雷达来说，速调管的稳定性是必备的。磁控管对一般气象应用来说是很有效的，今天许多多普勒雷达都基于磁控管。地面回波抑制和晴空探测应用都受益于速调管。另一方面，磁控管系统简化了对第二重回波的排除。在一般业务波长，常规雷达应能探测 200 km 处 0.1 mm·h^{-1} 量级的雨强，并且峰值输出功率量级约为 250 kW 或在 C 波段时更大一些。

4. 脉冲长度

脉冲长度决定了雷达在作用距离内的目标分辨率。距离分辨力或雷达区分两个分立目标的能力在空间上与 1/2 脉冲长度成比例。通常脉冲长度为 0.3~4 μs。脉冲长度为 2 μs 时分辨率为 300 m，0.5 μs 时为 75 m。假设脉冲体积内充满了目标，脉冲长度加倍，将使雷达的有效灵敏度增加 3 dB，然而却降低了分辨率；减小脉冲长度，则降低了灵敏度，然而却提高了分辨率。较短脉冲长度允许对所获取距离内的目标进行更多的独立采样，同时提高了估值准确度。

5. 脉冲重复频率（PRF）

PRF 应该尽可能高，以便在单位时间内获取最大数量的目标测量值。PRF 的主要限制是不对第二重回波进行探测。大多数常规雷达在雷达对天气观测的作用距离之外有不模糊距离，即使在 250 km 距离上，气象目标的有用距离也受到一个重要限制，即具有一定仰角的波束位于地面以上的实际高度。对多普勒雷达系统来说,高的 PRF 用于提高多普勒不模糊测量限制。PRF 因子不是明显影响价格的考虑因素,但它对系统性能有很强的影响。概要地说,高 PRF 可用于提高测量的采样数目,增大可测量的最大不模糊速度,允许更高的扫描速率;低 PRF 可用于提高可测量的最大不模糊距离,提供较低的占空比,降低估值的标准误差。

6. 天线系统、波束宽度、速度和增益

天气雷达通常用抛物面反射体的喇叭馈源天线来产生一个聚焦的狭窄圆锥形波束。两个重要的考虑因子是波束宽度(角分辨力)和功率增益,对普通天气雷达来说,天线尺度随所要求的波长和波束的狭窄度而增加。天气雷达波束宽度一般在 0.5°到 2.0°范围内。对于 C 波段波长,0.5°和 1.0°的波束宽度其天线反射体直径分别为 7.1 和 3.6 m;在 S 波段则分别为 14.3 和 7.2 m,天线系统和天线座的造价随反射体尺度的增加远大于线性增幅。此外尚有工程技术及代价的限制,天线塔也需要适当地选择以支持天线的重量。希望具有窄波束以使分辨率达到最大,同时增强使波束具有充满目标的可能性,这对较长距离探测尤为关键。对一个 0.5°的波束,方位角(和垂直的)正交波束宽度在 50、100 和 200 km 距离分别是 0.4、0.9、1.7 km。即使使用这些相对较窄的波束,在较远距离处的波束宽度仍相当大。天线增益也与波束宽度成反比,因此较窄的波束也可增强系统的灵敏度。对反射率和降水的估值要求名义上的最少目标命中数为测量结果提供可接受的准确度。在业务性旋转扫描模式中,波束一定要在目标上有一合理的停顿时间。因此,对天线旋转速度有一定限制,扫描周期也不能无限降低。对有意义的分散目标测量结果来说,在进行单独的估值之前,粒子群必定要有充足时间重新混合。雷达系统一般扫描速率约 3~6 r·min⁻¹。大多数天气雷达发射的电场矢量方向是按水平或垂直线性偏振的。这种选择并不是很明确,但是一般的偏振是水平的。水平偏振包括:① 海洋和地面的回波一般水平分量较少;② 水平方向的旁瓣较少,可对垂直方向提供较准确的测量结果;③ 来自降雨,由于降落水滴呈椭球形可引起更大的后向散射。然而,在低仰角来自平面地表的水平偏振波较多的反射可能产生多余的距离依赖效应。总的来说,窄的波束宽度会影响系统的灵敏度、探测能力、水平和垂直分辨率、有效距离和测量准确度。小的波束宽度的主要缺点是代价较高。基于这些原因,最小可承担的波束宽度充分证明能大大改善雷达的效能。

7. 雷达的安装

对安装天气雷达来说,最优站选择取决于使用的要求。对一个需开展风暴警报的限定区域,通常最好的协调原则是把设备置于在距离感兴趣的地区 20~50 km 处,并按主要风暴轨迹取其上风方。建议将雷达安装在略微离开高空风暴的轨迹,以避免当风暴经过雷达时带来测量方面的问题。同时,也应该注意在感兴趣的地区具有良好的分辨率,并且在风暴来临前作出较好的预警。在主要用于天气应用的雷达网中,在中纬度雷达站应设置在彼此间距 150 km~200 km 处。随着纬度接近于赤道,如果感兴趣的雷达回波常可到达高一些的纬度,相互间距应有所增加。在所有情况下窄波束雷达将对降水测量结果获得最好的准确度。

精确选择雷达站址,受到经济和技术因素的影响:① 建有到达雷达站的道路。② 有可供应用的电源和通信线路,通常必须附加商用的闪电保护装置。③ 土地价格。④ 贴近于调控和维护场所。⑤ 必须避免造成波束截断的障碍物,在高于水平面 1/2 波束宽度的角度上不能出现障碍物,或具有水平宽度大于 1/2 波束宽度的障碍物。⑥ 应尽量避免地物杂波。对于一个应用于相对短距离的雷达来说,有时经过仔细的站址考察和详细的地形图检验,可能发现在浅的凹陷处是一个相对平坦的区域。对于天线模式中的旁瓣来说,具有主波束的最小波束截断,该区域的边缘可作为天然的杂波防护栅栏。总之,站址考察应包括一台相机和光学经纬仪,对潜在障碍物进行检测。在一定条件下,使用移动雷达系统以确定站址的适用性是很有用的。对一些现代雷达在最大限度保留天气回波的基础上,可用软件和硬件对地物杂波进行大幅度抑制。⑦ 当雷达用于对热带气旋或在海岸线上的其他应用目的,需要进行长距离监视时,它通常设置在小山顶上。这样将会看见大量杂波,但在远距离上这些杂波也许并不是十分重要的。⑧ 每次对候选雷达站址的考察,应当包括仔细的电磁干扰检查,以尽量避免其他通信系统可能的干扰,如电视、微波通信通道或其他雷达,还应确定微波辐射对雷达站址周围居住人群身体没有可能的伤害。

§8.7 天气雷达的应用

任何一部雷达的特性不可能对所有的应用都是理想的,所以雷达系统的选择标准通常在满足某几项应用中达到最优化,但也可以指定最佳满足于特定的最重要应用。波长、波束宽度、脉冲长度和脉冲重复频率(PRF)的选择尤其重要。因此,用户在确定雷达指标之前应当在应用和气候学方面仔细地考虑。

1. 强天气探测和预警

雷达是一个在广阔区域内对强天气进行监测的唯一现实的地基监测手段。雷达回波的强度、范围和特征可用来识别强天气区,这些风暴包括可能伴随冰雹和破坏性风的雷暴。多普勒雷达为识别和测量伴随的阵风锋、下击暴流和龙卷的强风增加了一个新的手段。它标称的覆盖距离约 200 km,这一距离足够用于当地短距离内的预报和预警。雷达网可以用于扩展覆盖范围。目前,在自动化算法和风暴模式尚未建立起来之前,对天气现象的有效解释和预警需要敏锐的、受到过良好训练的工作人员。

2. 天气尺度和中尺度系统的监视

如果没有大山的遮挡,雷达可以在大面积区域内(例如距离 220 km,面积 152 000 km²)对有关天气尺度和中尺度风暴的天气进行几乎连续的监视。由于短距离内地面杂波和地球曲率的影响,实践中天气观测的最大距离约为 200 km。在大面积的水域上,其他观测方法通常不适用或不可能实现。雷达组网能够扩展覆盖面积而且也许更经济有效。雷达提供了一个对降雨进行描述的较好方法。在那些经常发生高强度和大范围降雨的地区,选择波长为 10 cm 的雷达进行天气监视可以得到保障。在其他一些区域,例如中纬度地区,波长为 5 cm 的雷达可能非常有效而且造价大大降低。除非在降雨和雪很少的情况下,否则波长为 3 cm 的雷达因为在降水中产生强烈衰减,效果不会很好。较窄的波束宽度可以提供更好的图像分辨率和在较远距离处发挥更高的功效。

3. 降雨量估值

雷达用于降雨强度估值有很长的历史,而且在时间和空间上对降水总量和分布具有较好的分辨率。大多数的研究工作与降雨有关,但是如果对目标物的组成有适当考虑和允许误差的情况下,也可以进行雪的测量。由典型雷达系统的地基降水估值是在典型值为

2 km² 的范围内,取 5～10 分钟时段,以 1°的波束宽度利用低仰角平面位置显示进行扫描。将雷达测量结果和现场雨量计的测值相比较,发现雷达估值的误差最大可能达到一倍。雨量计和雷达均对连续变化的参数进行观测,其中雨量计是在相当小的面积(100 cm²)内的采样,而雷达是对更大尺度体积内的采样数据进行积分处理。通过用仪器测值来调整雷达估值,可以增强两者之间的一致性。

4. 气象雷达产品

通过雷达观测可得出一系列气象产品,以支持各种应用。由天气雷达观测构成的产品取决于雷达的类型、信号处理特征以及相应的雷达控制和分析系统。大多数现代雷达能自动实施体积扫描程序,即天线在几种仰角下进行数次全方位旋转扫描。所有原生极面资料贮存在一个三维列阵中,通常也称为体积数据库,作为进一步进行资料处理和归档的资料源,通过应用软件可生成各种各样的气象产品并在高分辨彩色显示控制器上显示。用三维插值技术经过计算得出网格或像素的值和转换至 $x-y$ 坐标平面。对典型的多普勒天气雷达来说,显示的变量包括反射率因子、降雨率、径向速度和谱宽,每一图像的像素代表所选变量的彩色编码值。

下面列出了相关的雷达测量值及其气象产品:① 平面位置显示器(PPI)是在选择的高度上以极坐标的形式分别对全方位天线旋转中获取的变量进行显示。这是传统的雷达显示方法,主要用于天气监视。② 距离高度显示器(RHI)是显示在某一方位上一定高度扫描中获取的变量,典型扫描仰角从 0°到 90°。这也是传统的雷达显示方法,它能够显示详细的剖面结构信息,并且可以用来识别强风暴、冰雹和亮带。③ 等高平面位置指示器是特定高度上可变的水平剖面显示,由体积扫描数据通过内插形成。它用于强风暴的监视和识别,对于航空应用中对特定飞行高度上的天气进行监测也是十分有用的。④ 垂直剖面,这是对由用户定义的表面矢量(不一定通过雷达)上方进行可变的显示,它通过体积扫描数据内插得到。⑤ 柱最大值以平面的形式显示观测区域中每一点上变量的最大值。⑥ 回波顶,以平面形式显示所选反射率等值线的最高高度。反射率等值线通过搜索体积扫描数据获得,它是强天气和冰雹的指标。⑦ 垂直积分液态水(VIL)可以在任何指定的大气层面上进行平面显示,它是强风暴强度的指标。

除这些标准的或基础的显示之外,也能够生成其他产品以满足用户的特殊需要,比如水文学、临近预报或航空的要求:① 累积降水:对观测区域中的每一点随时间的累积降水进行估值;② 降雨集水总量面积积分累积降水;③ 速度方位显示(VAD),有时也叫作速度体积处理(VVP),它对雷达上方的垂直风廓线进行估测,通过在某一固定仰角上的单次天线旋转一圈计算得出;④ 风暴跟踪来自复杂软件的产品,用于确定风暴单体的轨迹,并预测风暴质心的未来位置;⑤ 风切变对用户指定高度上径向和切向的风切变进行估测。

§8.8　激光雷达在大气探测中的应用

8.8.1　激光雷达研究进展

激光是人类 20 世纪最重要的发明之一,它的出现几乎在所有技术领域引发了革命。激光与雷达之间更具有极为特殊的关系,事实上,激光器乃至其前身微波振荡器的发明在相当大的程度上都得益于雷达工程师们探索波长更短辐射源的努力。曾因对激光器的发明做出巨大贡献荣获 Nobel 奖的 Townes 就是一位杰出的雷达专家。用于激光雷达的激光波长一般情况下比无线电波长小 3～5 个量级，如此短波长的辐射一方面具有很高的单光子能量（例如，波长 400 nm 的辐射，单光子能量为 3.1 eV）；另一方面，在大气中传输时很少发生绕射。这就使激光雷达恰好弥补了无线电雷达的上述两点不足，可依据被检测物的生化特性对其加以鉴别，并对大气中以微粒形式存在的各种成分进行探测。军用激光雷达及激光雷达在军事领域的应用无疑是十分重要的。激光雷达可以用来探测大气光学参数，如能见度、气溶胶、烟雨、风、大气湍流、大气温湿压和大气成分的浓度等。

利用光波进行大气探测的首次应用是在 20 世纪 30 年代，那时激光尚未发明，当时作为云高测量仪。它利用普通的脉冲"白光"，通过计算云层反射回波时间来探测云底的高度。1960 年世界上第一台激光器问世之后，激光技术便被迅速地应用于大气探测，现代激光雷达技术也随之迅速发展起来。第一个有报道的利用激光雷达来探测大气的是 Fiocco 和他的同事，在美国麻省理工学院研制了一台红宝石激光雷达，用于对平流层和中层大气进行探测。几乎同时，Ligda 在美国斯坦福研究所也研制了一台红宝石激光雷达用于对流层大气的探测。随着激光技术日新月异的发展，以及先进的信号探测和数据采集处理系统的应用，激光雷达以它的高时间、空间分辨率和测量精度而成为一种重要的主动遥感工具。目前，激光雷达的种类已由早期的米散射激光雷达发展为差分吸收、喇曼、偏振、瑞利、多普勒和共振荧光激光雷达等多种类型的激光雷达。激光雷达的探测波长也由单一波长发展为多波长。激光雷达的载体由地基型发展为车载、船载、机载、球载及星载。这些激光雷达被广泛应用于探测大气气溶胶、能见度、大气边界层、大气污染气体、水汽、臭氧、大气风场、大气密度、大气温度和大气气压等。随着激光雷达技术的不断发展，它在大气、环境、气象、遥感、军事等领域会有更为广阔的应用前景。

1964 年 Ligda 和他的同事利用激光雷达进行对流层大气气溶胶探测时发现，由于大气中逆温的作用，大气气溶胶层对大气热平衡及大气运动产生影响。利用偏振技术探测云的报道最早在 1971 年，Schotland 等人利用偏振激光雷达测得尺度 10～2 000 μm 的水滴退偏振比小于 0.03，尺度在 20～100 μm 的混合云（既有冰晶又有水滴）退偏振比在 0.38 左右，尺度大于 350 μm 的冰晶卷云退偏振比大于 0.8。

我国第一台激光雷达是中科院大气物理所于 1965 年研制成功的。中国科学技术大学、中科院武汉物理所和武汉大学分别建立了用于高层大气 Na 离子观测的共振荧光激光雷达系统。青岛海洋大学建立了探测海洋大气边界层大气风场的多普勒激光雷达。进入 20 世纪 90 年代后，中国科学院安徽光学精密机械研究所研制的多种激光雷达在国际上报道后，我国激光雷达探测在国际上占有一席之地。该所 1991 年建立了国内最大的探测平流层大气气溶胶的 L625 激光雷达，1993 年底研制出我国第一台探测平流层臭氧的紫外差分吸收激光雷达，1997 年研制出用于对流层大气气溶胶和云观测的可移动式双波长 L300 米散射激光雷达，2001 年研制出探测大气臭氧、二氧化硫和二氧化氮的车载式测污激光雷达，2002 年研制出微脉冲激光雷达，2003 年研制出便携式米散射激光雷达和车载式双波长米散射激光雷达，2004 年研制出车载式拉曼-米散射激光雷达、偏振-米激光雷达和多普勒测风激光雷达，目前正在研制气象激光雷达和荧光-瑞利-米散射激光雷达。

地基探测对流层大气气溶胶和云的偏振-米激光雷达的发展趋势是小型化、自动化和网络化。目前在全球范围建成的用于探测对流层大气气溶胶和云的激光雷达探测网络有EARLINET、AD－NET 和 MPLNET 等。

　　EARLINET(European Aerosol Research Lidar Network)始建于 2000 年 2 月,到 2004年共建成了 24 个激光雷达站点,主要用于监测和研究在欧洲范围内大气气溶胶的输送特征以及大气气溶胶对气候的影响。如图 8.1 所示,给出了这些激光雷达站点的地理位置分布。在这些激光雷达站点不仅配备了偏振-米激光雷达,同时还配备了喇曼激光雷达。

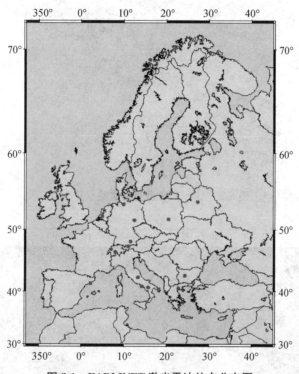

图 8.1　EARLINET 激光雷达站点分布图

　　AD－NET(Asian Dust Network)建立于 2001 年 2 月,主要在亚太地区用于监测亚洲沙尘暴的起源和沙尘粒子的输送,集中观测时间在每年的春季。如图 8.2 所示,给出了这些激光雷达站点的地理位置分布。每个激光雷达站点一般都配备了偏振-米激光雷达。

　　MPLNET(Micro-Pulse Lidar Network)雷达站点分布在美国国家航空和宇宙航行局(NASA,National Aeronautics and Space Administration)的 AERONET(Aerosol Robotic Network)站点中,如图 8.3 所示,给出了 MPLNET 激光雷达站点的地理位置分布。MPL激光雷达是米散射激光雷达,这些激光雷达站点主要用于研究沙尘、农作物的燃烧物、烟尘和大陆性大气气溶胶对云形成的影响、大气气溶胶的传输和极地云及降雪等。同时它还为空基和星载激光雷达提供数据验证。

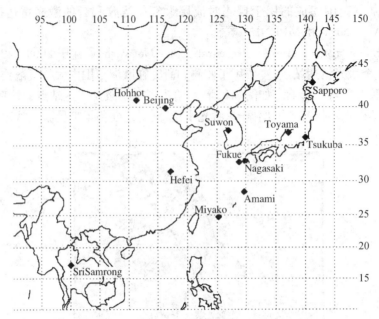

图 8.2　AD－NET 激光雷达站点分布图

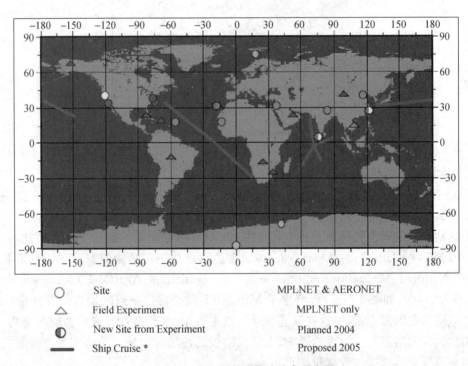

○	Site	MPLNET & AERONET
△	Field Experiment	MPLNET only
◑	New Site from Experiment	Planned 2004
──	Ship Cruise *	Proposed 2005

图 8.3　MPLNET 激光雷达站点分布图

　　虽然上述激光雷达观测网的建立获得了一些地区大气气溶胶和云的三维空间分布信息,但这些激光雷达也都集中在北半球大陆区域的小范围里,探测资料所能代表的地域仍然有限,而且在激光雷达探测数据和处理方法的一致性和可比性上尚有很多问题需要解决。由于大气气溶胶和云的时空分布十分复杂,具有很强的地域性,人们不可能在全球范围内建立密集的激光雷达观测网,而且在诸如大洋深处、高山及荒无人烟的沙漠地带根本无法建立激光雷达。因此,机载和星载激光雷达是获得全球范围里大气气溶胶和云的三维空间分布信息的最有效手段。

  NASA 的 Langley 研究中心于 1988 年着手空间激光雷达研制计划,即 LITE(Lidar In-Space Technology Experiment)。该项计划使用三波长米散射激光雷达对全球 60°N～60°S 范围内的大气气溶胶、云、大气边界层性质的空间分布进行探测,用于论证星载激光雷达进行大气探测研究的可行性。1994 年 9 月 9 日载有米散射激光雷达的"发现号"航天飞机成功发射,进行了空间激光雷达技术实验。LITE 是人类第一次实现了空基激光雷达对大气的探测,是激光雷达发展史上具有划时代意义的里程碑,它开辟了激光雷达大气探测的新纪元。图 8.4 为航天飞机上 LITE 米散射激光雷达的照片。表 8.3 给出了其主要技术参数。

图 8.4　LITE 米散射激光雷达在发现号航天飞机上

表 8.3　LITE 米散射激光雷达主要技术参数

波长(nm)	1 064	532	355
脉冲能量(mJ)	470	530	170
脉冲重复率(Hz)	10	10	10
接收望远镜直径(cm)	94.615	94.615	94.615
垂直分辨率(m)	15	15	15
水平分辨率(m)	740	740	740
质量(kg)	990		
仪器功耗(kW)	3.1		
轨道高度(km)	260/240	260/240	260/240

  由于航天飞机上的激光雷达工作时间有限,故必须发展在荷重和功耗方面满足卫星约束条件的星载激光雷达系统。因此,从 1999 年开始,美国 NASA 实施了地球科学计划 ESE (Earth Science Enterprise)。该计划将发射一系列卫星进行为期 10～15 年的地球大气、海洋、陆地、冰川和生物圈的探测,其目的是探测影响全球气候和环境系统的地球-大气系统的

变化特征。作为该计划的一部分,NASA 将研制一系列星载激光雷达,如地球科学激光测高系统 GLAS(Geoscience Laser Altimeter System),云大气气溶胶激光雷达红外探索卫星观测系统 CALIPSO(Cloud-Aerosol Lidar and Infrared Pathfinder Satellite Observation),植物冠层激光雷达 VCL(Vegetation Canopy Lidar)等。

其中 GLAS 主要用于全球冰层地形,大气气溶胶和云层垂直分布的探测。它装载在 ICESat 卫星上并于 2003 年 1 月 12 日成功地发射上天,预计运行期 3 年。GLAS 是人类第一台连续探测全球大气和地表的星载激光雷达系统,目前其探测资料尚未公布。如图8.5所示,为 GLAS 的结构示意图。表 8.4 给出了 GLAS 的主要技术参数。

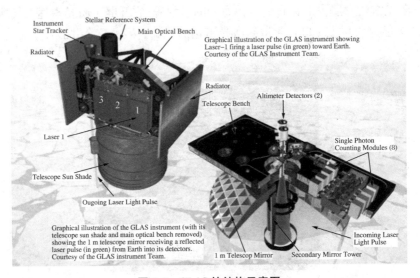

图 8.5　GLAS 的结构示意图

表 8.4　GLAS 的主要技术参数

探测目标	地表	大气气溶胶和云
使用波长(nm)	1064	532
激光脉冲能量(mJ)	74	30
脉冲重复率(Hz)	40	40
脉冲宽度(ns)	5	5
接收望远镜直径(cm)	100	100
接收视场(mrad)	0.5	0.16
接收光学系统带宽(nm)	0.8	0.03
探测器量子效率(%)	30	60
数据采集方式	A/D	光子计数
垂直采集分辨率(m)	0.15	75
质量(kg)	300	
平均功率(W)	300	

续表

探测目标	地表	大气气溶胶和云
数据率(kbps)	450	
仪器尺寸(cm)	175	
卫星高度(km)	600	

云大气气溶胶激光雷达红外探索卫星观测系统 CALIPSO 是由美国 NASA、Ball 公司、Hampton 大学与法国的 CNES 和 IPSL 联合研制的,原计划于 2004 年 10 月进入太空,现计划于 2005 年 9 月 20 日进入太空。CALIPSO 上装有双波长偏振米散射激光雷达。如图8.6 所示,给出了它的结构框图。表 8.5 给出了该激光雷达的主要技术参数。

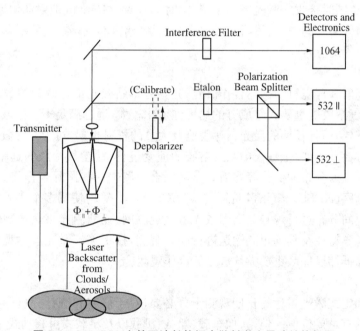

图 8.6　CALIPSO 上的双波长偏振米散射激光雷达结构框图

表 8.5　CALIPSO 双波长偏振米散射激光雷达的主要技术参数

激光器	二极管泵浦的 Nd:YAG 激光器
波长(nm)	532 和 1064
脉冲重复率(Hz)	20
接收望远镜直径(cm)	100
垂直采集分辨率(m)	30
水平采集分辨率(m)	333
数据率(Kbps)	316

各国在研制星载偏振米散射激光雷达的同时,积极推进测量全球臭氧、水汽等大气吸收气体的星载差分吸收激光雷达和测量全球风场的星载多普勒激光雷达的研制,开展关键技

术攻关。预计将来,除星载偏振米散射激光雷达以外,越来越多其他类型的星载激光雷达将进入地球轨道,进行全球大气环境的测量。

随着激光器、光电子技术及信号探测技术的发展,激光雷达及其在大气探测领域的应用越来越广泛,并逐步在国际大气合作研究计划中得到重视。其未来的发展过程和趋势主要有以下四个方面:

1. 功能多样化

随着激光雷达技术的发展,激光雷达已从最早的单波长 Mie 散射探测气溶胶的空间分布,发展到现在的多波长多功能化具备同时探测多种大气成分(气溶胶、云、水汽和臭氧等)的空间分布。同时,多波长激光雷达系统还可以提供气溶胶及其他大气成分的更多信息(它们的光学特性、浓度分布及相互关系)。如 A. Althausen 等发展的 6 个激光波长同时发射和 11 个接收通道同时接收的激光雷达系统,同时具备 Mie-Raman 散射和偏振功能,并通过多波长回波反演气溶胶的消光、体后向散射系数、尺度谱分布、有效半径及折射率指数,以及探测卷云与水汽等的分布。

2. 联网观测

随着大气辐射和环境科学国际合作研究的需要,单站激光雷达观测的数据虽然十分重要,但由于大气气溶胶等重要大气成分的局地性变化较大,远远满足不了区域性乃至全球大气合作研究的需要,而且长期的激光雷达观测及大量的资料积累,对于大气数值模式的检验和发展也十分必要。比如,全球火山灰气溶胶的演变过程、沙尘气溶胶的远距离输送、全球臭氧层的变化及温度分布的变化等均需要布网联合观测。一些国际合作研究计划,像全球平流层变化观测网(NDSC)、气溶胶特征实验(ACE‑I、II)等均使用多个激光雷达对一些重要大气成分的空间分布进行观测。欧洲激光雷达观测网、亚洲激光雷达观测网对亚洲大陆沙尘气溶胶的光学特性及其远距离输送进行联合观测,拉丁美洲激光雷达观测网则开展了对热带和南半球低纬度地区重要大气成分的合作观测。

3. 空间平台

地基单点固定式激光雷达的长期观测十分必要,对于研究和统计分析一些重要大气成分的变化规律具有重要价值。但是,像车载、船载、机载以及星载式可移动式平台,其机动性强,将更能发挥激光雷达的功能和作用,而且其观测资料更能代表区域性大气成分的分布。机载式和船载式可以在海洋上空观测,它们在一些区域性乃至全球性大气辐射和环境研究及多种仪器的有效对比实验中发挥了重要作用。如印度洋实验(INDOEX)、对流层气溶胶辐射强迫观测实验(TARFOX)、全球对流层实验(GTE)和太平洋地区微量成分变化(TRACE‑P)等。尤其是星载空间激光雷达,它能够进行全球范围内重要大气成分的主动遥感,并具有较高的时空分辨率和探测精度。Mie 散射、差分吸收及 Doppler 激光雷达等已向星载平台发展。1994 年 9 月美国 NASA 成功进行了空间激光雷达实验(LITE),尽管只有十几天的观测,但由于其实验数据的特殊价值而引起了各国科学家的极大关注。随后日本 NASDA 开展了空间激光雷达项目(ELISE)。最近,美国 NASA 开展研制新一代空间激光雷达系统(PISSCO‑CENA)。未来,星载激光雷达系统的准确度和精度可以通过利用更高输出功率的光源、更大口径的望远镜、高增益低噪音的光电检测技术等得到提高,而这些技术的改进将有望在未来几年内实现。美国 NASA 已经资助了几项研究用于研制大口径(直径 20~30 m)反射镜原型样机。而且,高功率、有效的激光器对很多不同类型的未来激光雷达系统而言都是关键技术,满足星载要求的 $100\sim400$ W 功率的激光雷达用激光器的可行性目前也在研究中。国内激光和激光雷达技术在航天领域也得到了广泛的应用,随着 2007 年 10 月 24 日首颗月球探测卫星"嫦娥一号"的发射成功,我国也将自己的地面、机载激光系统装置投入太空应用。"嫦娥一号"的有效载荷之一,月球轨道激光高度计由中国科学院上海技术物理所负责总体研制、上海光学精密机械研究所承担其中激光发射器的研究,这是我国第一套进入太空的固体激光应用系统,为我国开展激光雷达星载系统揭开了新的一页。

4. 商品化

由于激光雷达能够监测多种重要大气成分的空间分布,并具有测量范围大和时空分辨率较高等优点,具备其他地基手段不可替代的作用,因此其应用前景比较广阔。目前,单波长 Mie 散射激光雷达及测污差分吸收激光雷达已商品化。如美国 SESI 公司研制的微脉冲激光雷达系列,德国 ELIGHT 公司开发的车载测污激光雷达,美国 ORCA 及加拿大 OPTECH 公司开发的激光雷达系列以及中科院安光所近年来研制的车载测污激光雷达 AML-1、微脉冲激光雷达 MPL-A1 和便携式激光雷达 PML 等,都已经开始从实验室研究向商业公司的产品研制开发进行转变。

8.8.2　激光雷达的工作原理与分类

激光雷达是一种通过探测激光与大气中各种分子和大气气溶胶粒子等介质相互作用的辐射信号来反演大气性质的主动遥感工具,其工作的主要物理基础涉及激光辐射与大气介质间相互作用所产生的各种物理过程。

1. 激光辐射与大气介质的相互作用

当激光光束在大气介质中传播时,首先和传播路径上大气介质中的各种气体分子与大气气溶胶粒子发生能量转换,然后根据不同的转换机制将能量以不同的形式进行重新分配。按照分配结果主要存在三种物理过程:散射(Scattering)、吸收(Absorption)和发射(Emission)。散射是指激光传播路径上的粒子——任何一点物质——连续地从入射波中吸收能量,然后把吸收的能量再发射到以粒子为中心的全部立体角中。该粒子便成为散射能量(再辐射)的一个点源。吸收则是大气中的分子将吸收的能量以旋转、振动和能级跃迁三种内能形式附加在分子平均动能上,并不形成能量再发射。然而,由于大多数的较高能级为不稳定状态,因此具有这种能级的分子要发射辐射能量而跃迁到较低能级,这便是上述第三种物理过程——发射。在分子空间和分子活动的小范围内,每种形式的内能都被量子化为不连续的许可值或级,因此吸收和发射过程具有光谱的选择性和不连续性。

大气介质中粒子与激光辐射的相互作用使得粒子在影响激光辐射的同时也附加上许多粒子本身物理、化学和光学特征方面的信息,这就为激光雷达探测奠定了理论基础。而自然状态下,大气介质中的粒子与光辐射发生的散射、吸收和发射三种物理过程是相互影响,同时发生的,但其外在的表现却很微弱不易观测。由于激光本身具有诸如单色性好、相干性强、方向性好以及高亮度等不同于普通光源的一些特征,因而当激光在大气中传输时,使得散射、吸收和发射过程在一定条件下得到加强,有利于实际探测的要求。因此可以说,激光的产生是实现激光雷达遥感大气的技术基础。

针对不同类型的介质,其与激光辐射间的相互作用可细分为:球形气溶胶粒子对入射光的米(Mie)散射和分子的瑞利(Rayleigh)散射,由于它们的散射并不改变入射激光波长,属于弹性散射(Elastic scattering);大气成分对入射光产生的拉曼(Raman)散射、原子或分子的共振荧光(Fluorescence)散射及粒子运动产生的多普勒(Doppler)频移效应等,这些相互作用改变了入射激光波长,称为非弹性散射(Inelastic scattering);吸收(Absorption)过程主要指微量气体成分的光谱吸收效应。表8.6大体给出了激光与大气介质的相互作用截面数值与其可探测大气成分类型:

表8.6 激光与大气介质相互作用的典型截面数值与相应可探测大气成分

(λ_0为入射波长,λ_r为散射波长)

作用过程	介质类型	波长关系	作用截面(cm^2/sr)	可探测大气成分
瑞利散射	分子	$\lambda_r = \lambda_0$	10^{-27}	大气密度、温度
米散射	气溶胶	$\lambda_r = \lambda_0$	$10^{-26} \sim 10^{-8}$	气溶胶、烟羽、云等
拉曼散射	分子	$\lambda_r \neq \lambda_0$	10^{-30}(非共振)	痕量气体(H_2O,SO_2,CH_4)、气溶胶、大气密度、温度等
共振散射	原子、分子	$\lambda_r = \lambda_0$	$10^{-23} \sim 10^{-14}$	高层金属原子和离子 Na^+、K^+、Ca^+、Li 等
荧光散射	分子	$\lambda_r \neq \lambda_0$	$10^{-25} \sim 10^{-16}$	污染气体(SO_2,NO_2,O_3,I_2)
吸收效应	原子、分子	$\lambda_r = \lambda_0$	$10^{-21} \sim 10^{-14}$	痕量气体(O_3,SO_2,NO_2)等
多普勒效应	原子、分子	$\lambda_r \neq \lambda_0$		风速风向

表8.7表明,气溶胶 Mie 散射截面变化较大,而分子散射相对较弱。Raman 散射则具有散射波长不同于照射激光波长的特点,其散射强度要比分子散射还弱3个数量级左右。共振散射具有比分子散射强得多的特点,但因为在低层大气中分子的数密度较大,分子频繁碰撞而引起的猝灭效应使共振散射大为减弱,因此,这一特点只适合于高层大气的探测。荧光具有与共振散射类似的特点。分子的吸收截面远大于分子的其他散射作用截面,因此,利用分子的吸收效应是进行大气探测的重要途径之一。

2. 激光雷达工作原理和组成

激光雷达是传统雷达技术与现代激光技术相结合的产物。激光问世后的第二年,即1961年,科学家就提出了激光雷达的设想,并开展了研究工作。1962年意大利人 Fiocco 等用第一台红宝石激光雷达探测了80~140 km 高层大气中钠离子的分布,1963年美国 Stanford 研究所研制了用于对流层气溶胶探测的激光雷达 Mark I。自那时以来,随着激光、光电子、信号探测和数据采集等技术的发展,激光雷达技术及其在大气探测领域的应用得到迅速发展,并因其较高的时空分辨率和大的测量范围等而成为一种非常重要的主动遥感工具。激光雷达系统基本上是由激光发射、信号接收和数据采集及控制三部分组成。如图8.7所示,给出了一般激光雷达系

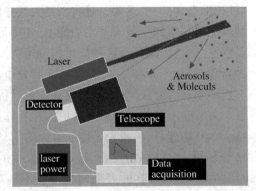

图8.7 激光雷达系统的原理框图

统的原理框图。

激光发射部分是产生和发射激光束的装置,它主要由激光器和发射镜片构成。激光器是激光雷达的心脏,它包括三个主要部分:一是能产生激光放大的工作物质;二是为保证振荡所需的谐振腔;三是其激励装置。为获得能量,激励装置一般采用光照射、气体放电和直接通电等方式。到目前为止,许多种激光器已成功用于激光探测大气领域,如固体灯泵激光器(Ruby、Nd：YAG、Ti：Sapphire、Cr：LiSAF 及 Ho，Tm：YLF/YAG 等)、气体激光器(CO$_2$、准分子 XeCl、XeF 及 KrF 等)、染料激光器、光参量 OPO、半导体激光器等。随着激光雷达应用领域和产品化的发展,具备高功率、波长可调谐性、窄线宽、小型化、长寿命及人眼安全等特性的激光器越来越受到青睐,尤其是商业化和空间激光雷达更注重于全固化和小型化系统。表 8.7 给出了一些常见激光器及其可用于探测的大气成分。

表 8.7　激光雷达应用中常用的激光器种类、波长及其可探测大气成分

激光器种类	输出波长(mm)	可探测大气成分及其原理
红宝石 Ruby	0.6943	气溶胶(Mie),云(Mie),水汽(DIAL)
Nd：YAG	1.064,0.532,0.355,0.266	气溶胶(Mie, Raman),云(Polarized),臭氧(DIAL),水汽(Raman),风速(Doppler)
染料 Dye(可调)	0.3～1.1	痕量气体(DIAL),气溶胶(Mie)
二氧化碳 CO$_2$	9.1～11	痕量气体(DIAL),气溶胶(Mie),风速(Doppler)
绿宝石 Ti：Sapphire	0.7～1.1	痕量气体(DIAL),气溶胶(Mie),水汽(DIAL)
Cr：LiSAF	0.25～0.3	
光参量 OPO	0.3～4	痕量气体(DIAL)
Excimer(XeCl, XeF, KrF)	0.308,0.351,0.248	痕量气体(DIAL),水汽(Raman)
Ho,Tm：YLF/YAG	2.05	风速(Coherent Doppler)
半导体 Nd：YLF	1.47,0.5235	气溶胶(Mie),云(Mie+Depolarized)

信号接收部分的主要功能是接收回波光信号,并根据不同波长分别导入相应的探测通道,主要包括接收望远镜、小孔光阑、分光装置、滤光片及探测器等。常用的接收望远镜类型有卡塞格林(Cassegrain)及牛顿(Newton)反射式系统。卡塞格林系统结构和体积比较紧凑,而牛顿反射式结构和调整比较简单。接收望远镜焦平面处通常放置小孔光阑,以限制接收视场角。分光装置包括普通的光学分色片、光栅光谱仪、标准具及法布里-珀罗(F-P)干涉仪等。探测器前通常放有窄带干涉滤光片或原子蒸汽滤光器等,用来压低天空背景光噪声及其他光的干扰。常用的探测器有光电倍增管(PMT)及雪崩光电二极管(APD),除要求它们具有较高的量子效率,较低的暗电流和热噪声以及良好的线性度等,还要求其能够覆盖若干个量级动态范围的信号。如:英国 THORN EMI 和日本 Hamamatsu 的光电倍增管及 EG&G 公司的硅雪崩管等。

数据采集及控制部分主要是用于确保激光发射、回波信号接收、数据采集、传送和存储步调一致地工作,其主要包括前置放大器、A/D 模数转换器或多道光子计数器、同步触发控制器、门控控制器及主控计算机。A/D 模数转换器的采样精度一般选用 8～12 bits,采集频率为 10～100 MHz,它比较适合采集低层较强的雷达回波信号,如对流层大气气溶胶和微量成分的探测。而光子计数器通常适用于采集光子量级的弱回波信号,计数频率达几百MHz,通道数较多,相邻两个计数脉冲的时间仅仅为几个 ns。光子计数器常用于平流层及

中间层大气探测激光雷达和 Raman 激光雷达系统。门控控制器的作用是利用光电倍增管的门控功能来控制其响应的时间间隔,进一步对应于探测的高度范围,以适应较大信号动态范围的探测要求。

3. 一般激光雷达方程

激光雷达方程是把回波信号功率跟激光雷达参数及探测目标物的光学特性参数定量地联系起来。

假设只有目标物的一次散射,且粒子群散射是独立散射;光束为圆锥形状,截面上光能流密度均匀分布;光束发射角、视场角都很小,且发射和接收望远镜光轴相互平行、间隔很小,可以认为接收的是目标物后向散射,不难推出激光雷达方程的一般表达式为

$$P_r = \frac{P_t c \tau A_0}{8\pi z^2} \eta \, \mathrm{e}^{-2\int_0^z k_t \, dz} \tag{8.11}$$

式中 $\eta = 4pb_0(z)$,为雷达反射率;$b_0(z)$ 是 z 处目标物体后向散射系数($\mathrm{m^{-1} \cdot Sr^{-1}}$),它一般是 z 的函数;k_t 是消光系数($\mathrm{m^{-1}}$);c 是光速($\mathrm{m \cdot s^{-1}}$);τ 是光脉冲宽度(s);P_t 是发射脉冲功率(W);A_0 是有效接收面积($\mathrm{m^2}$);P_r 是回波功率(W)。在激光雷达探测中常把(8.11)式改写为:

$$V(z) = \frac{b_A \beta_0(z)}{z^2} \mathrm{e}^{-2\int_0^z k_t \, dz}$$

$$b_A = \frac{A_0 E_T c \chi \xi_0 r_0}{2} \tag{8.12}$$

式中 $E_T = P_t$ 是发射脉冲能量(J);c 是激光雷达光学器件(包括接收望远镜、各种分色镜片和滤光片)的光学透过率,$c < 1$;ξ_0 是光电倍增管的灵敏度(A/W)和电子系统放大倍数的乘积;r_0 是光电倍增管的负载电阻(W)。

以上两式是充满区的激光雷达方程,当在过渡区时,需要考虑雷达重叠系数 $g(z)$ 的订正。重叠系数 $g(z)$ 定义为距离 z 处的有效照射面积与发射光束截面之比。一般重叠系数 $g(z)$ 的数值可以根据具体的激光雷达性能参数或实际水平测量方法得出。

公式(8.12)为激光雷达的基本反演公式,对于实际不同类型的激光雷达,根据其采用的探测原理对该雷达方程进行进一步扩展。

4. 激光雷达的主要分类

目前,激光雷达已广泛应用于大气探测领域。激光雷达种类繁多,按照现代激光雷达的概念,可以将其进行如下分类:按激光波段分,有紫外激光雷达、可见光激光雷达和红外激光雷达;按激光介质分,有气体激光雷达、固体激光雷达、半导体激光雷达和二极管激光泵浦固体激光雷达;按激光发射波形分,有脉冲激光雷达和连续激光雷达;按运载平台分,有地基激光雷达、车载激光雷达、机载激光雷达、船载激光雷达、星载激光雷达和便携式激光雷达等;按用途分,有激光测距仪、跟踪识别激光雷达、导航激光雷达、米散射激光雷达、大气监测激光雷达等。

下面着重讲解根据所探测大气成分和采用的探测原理不同,激光雷达所分的几种类型:

（1）米（Mie）散射激光雷达

米（Mie）散射激光雷达是最早用于大气探测的激光雷达,主要是利用大气气溶胶的后向 Mie 散射回波信号探测其消光系数或体后向散射系数的分布。常用的激光波长为 Nd：YAG 的二倍频输出 532 nm,探测范围从近地面至平流层 30 km 高空,并且它还能够在白天进行对流层中低层气溶胶的测量。此类激光雷达缺点是回波方程中含有气溶胶体后向散射系数和消光系数两个未知量,定量求解中必须预先假定这两个参数之间的关系。这种激光雷达技术发展比较早且比较成熟,系统结构简单,现在已向小型化和商品化发展,在大气环境及气溶胶相关的气候辐射领域等具有广泛用途。比如,美国 SESI 公司推出的微脉冲激光雷达。同时,该类激光雷达还在向空间平台化发展（机载、航天飞机载及星载等）,用于监测全球气溶胶和云的空间分布。如 1994 年美国 NASA 成功进行了航天飞机载激光雷达实验（LITE）,采用的为多波长 Mie 散射激光雷达系统；日本 NASDA 开展了空间激光雷达实验（ELISE）；美国 NASA 正在进行的空间激光雷达项目（PICASSO‐CENA）。另外,机载 Mie 散射激光雷达已在区域性大气化学物理研究中取得了宝贵观测资料。在国内,中科院大气物理研究所早在 20 世纪 60 年代成功研制红宝石 Mie 散射激光雷达,中科院安徽光机所也先后研制成功 L625 平流层气溶胶激光雷达、L300 车载式双波长 Mie 散射激光雷达以及便携式 Mie 散射激光雷达 PML 和微脉冲激光雷达 MPL‐A1 等,并投入长期大气气溶胶的连续观测。

（2）差分吸收激光雷达（DIAL）

该体制的激光雷达发射两种波长非常接近的激光脉冲,待探测气体成分仅对其中一个波长具有很强的吸收特性,而对另一种波长则为弱吸收或不吸收。将不同波长回波信号强度进行比较即可确定所含气体的浓度及其所处位置。因为许多气体都是光的吸收体,所以用这种方法测量微量气体具有很高的灵敏度。DIAL 激光雷达通常用于遥感大气中特定气体,其中最有效的一种应用便是追踪由事故性泄漏、提炼工艺过程的废弃物以及其他污染产生的有毒气体。由于 DIAL 激光雷达要求两个激光波长同时或交替发射,因此可调谐激光器（Dye、Ti：Sapphire、Cr：LiSAF、OPO 等）得到青睐,并已广泛用于探测大气臭氧、水汽及边界层污染成分（SO_2、NO_2 和 NO）等浓度分布。机载 DIAL 激光雷达已成功进行了多次实验,星载臭氧 DIAL 测量已受到越来越多的关注。中科院安徽光机所于 1994 年在原有 L625 激光雷达的基础上,建成我国第一台紫外差分吸收激光雷达,用于平流层臭氧分布的常规测量。

（3）拉曼（Raman）激光雷达

该激光雷达在测量大气中含量较高的气体方面潜力最大。当激光与气体发生拉曼散射时,其拉曼频移等于被测气体分子的振动或转动频移,其强度正比于气体分子的浓度。最初这种技术还不能用于大气分子遥感,而采用与拉曼频移波长相匹配的分光计或干涉滤光片则大大提高了拉曼激光雷达的信噪比,用法布里-珀罗干涉仪也可以明显地改造其探测的可选择性,另外傅里叶变换拉曼光谱仪的应用也有助于拉曼激光雷达技术的发挥。现在,拉曼激光雷达已成功地运用于大气分子（包括甲烷、二氧化硫、二氧化碳等）的探测,同时还已用于大气温度、密度以及水汽含量的测量。中科院安徽光机所于 1999 年在原有 L625 激光雷达的基础上,建成我国第一台拉曼散射激光雷达,主要用于对流层中部水汽混合比的夜晚探测。

（4）高光谱分辨率激光雷达（HSRL）

实际大气中，由于分子热运动及分子间碰撞会对入射激光波长产生加宽效应，其展宽的谱线宽度为 0.001～0.1 cm^{-1}。与分子的展宽谱线相比，气溶胶运动产生的加宽效应非常小。故可以用高光谱分辨能力滤光器将分子 Rayleigh 散射和气溶胶 Mie 散射信号分开同时接收，直接反演气溶胶的消光和体后向散射系数及空气分子密度温度等。与 Raman 激光雷达相比，其回波信噪比大大提高。与 Mie 散射激光雷达相比，其方程求解过程不需要假设气溶胶消光和后向散射系数的关系，但它要求发射激光波长很稳定且线宽要窄，接收通道具有高光谱分辨能力。如常使用种子注入稳频 ND：YAG 的二倍频输出 532 nm 波长激光作为发射光源，接收系统中使用高光谱分辨率能力的碘原子蒸汽滤光器或 F－P 干涉仪。

（5）瑞利（Rayleigh）激光雷达

通常认为 30 km 以上高空气溶胶的含量几乎可被忽略，激光雷达接收的大气回波基本上全是分子的 Rayleigh 散射信号，而且大气的衰减很小。因此，激光雷达接收的回波与分子的密度成正比，通过归一化回波信号可求出高层大气分子的数密度，然后结合理想气体方程及流体静力学方程可得到大气温度的分布。该类系统还可以通过连续观测大气温度或密度的波动，进一步研究中层大气重力波的活动。由于 30 km 高度以上大气的回波比较弱，故往往采用高功率发射激光器、大口径接收望远镜和弱信号光子计数技术等。近年来，直径 1 m 和 2 m 的大口径接收望远镜已先后成功用于瑞利散射激光雷达。由于全球中层大气温度分布的变化及极地大气物理化学过程受温度的调制，而高空火箭探空因费用较高而使用越来越少，卫星数据的距离分辨率较低，因而瑞利激光雷达探测平流层-中间层温度的分布及重力波等受到重视。

（6）共振（Resonance）散射激光雷达

共振荧光散射信号比一般的分子散射信号强几个量级，因此利用一些原子的共振散射，可以提高雷达的探测能力。但由于低层大气较高的密度会引起淬灭效应，故共振效应只可以探测中间层中金属碱原子的浓度分布及其活动情况。该类激光雷达系统要求发射激光波长一定要对应某一金属碱原子的共振散射谱线。另外，通过测量金属碱原子的浓度可以递推出中间层大气密度和温度的分布，从而提取出重力波的信息。如中科院武汉物理与数学所研制的 Na 原子共振荧光散射激光雷达，发射波长 589 nm 对应于 Na 原子的 D 共振谱线。此类激光雷达目前已用于中间层大气钙（Ca$^+$）和铁（Fe$^+$）等原子离子分布的探测。

（7）荧光（Fluorescence）激光雷达

荧光激光雷达的接收探测部分应设计为可以接收激光感应的荧光，而不是吸收和散射，它是由共振散射技术演变而来的。这种激光雷达主要用于油膜的监测和分类，并可测量油膜的厚度。同时，荧光雷达还可以在航天飞机上遥感 OH$^-$ 和 NO，用于测试水中有机物质的污染，测定叶绿素含量，检测稀有气体（如氙、氦）以及水和空气中的染料示踪物等。加拿大多伦多大学宇航研究所的 Measures 等于 1971 年研制出第一台用于探测海洋油污染的激光荧光雷达系统。1980 年，美国 NASA、NOAA 联合研制了 AOL（机载海洋激光雷达）系统，此系统可用于探测油污染和多种海水叶绿素荧光。1976～1982 年澳大利亚研制了 WRELADS－Ⅰ、Ⅱ光雷达系统，主要用于进行浅海水深探测和水下目标探测。加拿大遥感中心于 1981 年又研制了新型的 MK－Ⅲ型机载激光荧光雷达系统。1980 年德国水文研究所和 Oldenburg 大学研制了机载激光雷达系统，并进行了海水染料示踪实验。意大利电磁波研究所于 1987 年研制成功 FLIDAR-Ⅱ机载激光雷达系统,曾进行了海水油污染、海水荧光谱等测量。1987 年美国海军研究署(ONR)、海军研究实验室及国家空间技术实验室研制成功了新型的 ABS(机载水深测量)系统。此后,澳大利亚、日本、德国、瑞典、意大利等发达国家不断致力于该类型激光雷达系统的研究,以进一步提高探测性能,扩大其优势和应用领域。

(8) 多普勒(Doppler)激光雷达

由于粒子或分子运动对发射激光波长带来多普勒频移,且频移量大小与风速的大小成正比,因而通过检测频移量大小可以得到风场信息。目前,有相干和非相干两种方法进行多普勒激光雷达大气风场的测量。相干多普勒激光雷达需要外差调制,利用大气后向散射与本机振荡光信号同时在探测器上产生的相干叠加效应,然后输出差频量为 $f_s - f_i$ 的射频电信号及直流分量,经过放大和鉴频器,最后获得多普勒频移量 $f_d = f_s - f_i$。该类系统探测灵敏度和精度较高,但要求波长稳定的主激光器和本机振荡激光,系统较为复杂,而且其相干效应易受大气湍流的影响而限制了其有效探测距离。而非相干激光雷达用高分辨光谱的方法直接检测多普勒频移量,常用法布里-珀罗(Fabry-Perot)干涉仪或标准具及原子滤光器(I_2 蒸汽滤光器)等。该类系统关键是高分辨率光谱器及波长稳定性好的激光光源。由于大气风场及其切变对天气预报及航天器飞行等的重要性,目前美国及欧洲相继开展了机载和星载 Doppler 激光雷达的研制。我国青岛海洋大学已研制出相干多普勒激光雷达。中科院安光所也于 2002 年开始进行非相干多普勒激光雷达的研制,并已进入实际测量阶段。

另外,还有一类常见的比较重要的偏振激光雷达,它是利用非球形粒子对线偏振发射激光产生的退偏效应,可以有效地监测云和气溶胶粒子的形态,以区分云和气溶胶粒子的类型。近年来,新型飞秒激光雷达也引起了人们的极大兴趣。

8.8.3　激光雷达在气象上的应用

作为一种重要的主动遥感工具,激光雷达系统在现代高科技领域的应用越来越广泛。激光雷达按激光器工作物质的不同可以分为固体激光器、半导体激光器和气体激光器。固体激光雷达主要用于检测能见度、雾、云、温度分布、大气气溶胶以及大气中有害气体的成分。半导体激光雷达的优点主要表现在尺寸小、驱动简单和价格低等,这就为其用于测量云底高度提供了可能性。而气体激光雷达中,二氧化碳激光器是最具代表性的激光器,探测距离较远是其最显著的优势,工作主要处于红外波段,大气传输过程中衰减小,为环境和大气风场的监测工作做出了很多贡献。

1. 云、气溶胶和边界层的探测

气溶胶、云和边界层是影响气候变化的三个重要因素,它们的变化往往会影响大范围区域内的天气变化。大气气溶胶系统的作用是复杂的,悬浮于大气中的微粒直接相互作用可以将太阳光反射或者吸收,这些颗粒还可以间接地改变云的性质。对于天气的变化,云层不仅仅可以起到指示的作用,还可以对其进行调节,此外,地球气候系统的辐射能量收支也可以通过云进行调控,所以全球气候在很大程度上会根据云参数的变化而变化。边界层高度的确定与云、气溶胶特性变化规律同等重要,是大气边界层的重要参数,所以对于空气污染物的传输模式、扩散以及污染物预报模式而言,确定边界层并准确掌握其变化规律是首要任务。国外利用激光雷达对于云、气溶胶以及边界层的研究较深入,相继展开了利用一些星载激光雷达对云、气溶胶及边界层进行探测的工作。美国是这方面的先行者,继 1994 年 9 月,利用发现号航天飞机搭载激光雷达成功发射之后,于 2003 年又利用 ICESaT(Ice, Cloud and Land Elevation Satellite)卫星成功搭载了 GLAS(Geosciences Laser Altimeter System)激光雷达,实现了对 30 km 以上地球大气风速分布的测量。2013 年欧空局又提出了研究对地监测的新方法,ALADIN 现能扫描各个方向的光束,包括卫星的背面,它通过比较多普勒频移造成的光频移动,就能测量大气中的分子运动,由此能推算风速,并获得云、气溶胶的相关特性。气溶胶、云和边界层在地球辐射平衡、降水及云形成、各种非均匀和光化学反应中都扮演着十分重要的角色。目前使用激光雷达已可以成功探测物质燃烧、雾霾、烟尘、沙尘污染等各种类型气溶胶的光学特性、垂直分布、时空变化及浓度等。

2. 大气成分的探测

环境问题已成为当今社会的一个敏感话题,大气层环境的变化直接影响人类的生存和经济的发展。差分吸收激光雷达是最早应用于测量大气成分的仪器,它可以重复性测量大气痕量气体(CH_4、CO_2、NO_2、SO_2、O_3 等)。自 1975 年起,国外就开始使用这种仪器来探测大气成分,之后利用该类型激光雷达测量臭氧及其他痕量气体的技术就不断地在各个国家发展起来。目前监测网中大部分 O_3、NO_2 和 SO_2 的监测设备均为基点式仪器。通常都是利用球载探测仪来探测 O_3、NO 和 SO_2 的空间分布数据,但此方式获得的数据一般空间和时间分辨率都不高,在国家"863"计划信息获取与处理技术主题和中国科学院的支持下,2002 年 6 月,我国自主研制了车载测污激光雷达系统。该激光雷达在中科院大气物理研究所铁塔分部和北京市大兴区北藏乡的 O_3、NO_2、SO_2 测量值与地面仪器的测量数据基本相符,相关系数分别可达到 0.88、0.75 和 0.90,这表明车载测污激光雷达的测量结果可信度是很高的。

3. 大气温、湿度的探测

激光雷达探测大气温度分布的主要方法有瑞利散射法密度法,高光谱分辨率瑞利散射法,转动拉曼散射法和差分吸收法等。瑞利散射法密度法主要利用激光雷达探测大气分子密度变化,利用大气方程反演温度,所以主要用于气溶胶影响较小的对流层顶部及平流层的大气温度探测。而底层对流层范围内的大气温度探测,由于受温度的遥感灵敏度较低及易受地表产生的高密度气溶胶和白天太阳背景光的影响,底层大气高精度测温技术的研究一直是国际上激光雷达研究的前沿课题。目前对流层内的大气温度探测主要是高光谱分辨率瑞利散射法和转动拉曼散射法。激光雷达探测水汽的主要方法有振动拉曼散射激光雷达,即利用水汽分子和氮气分子所产生的振动拉曼散射谱线的强度进行水汽密度探测。差分吸收激光雷达,即通过发射 2 个激光波长,其中一个波长与水汽分子的某一吸收谱线重叠,利用两个波长回波信号的强度差进行水汽密度探测。相对湿度需要利用温度,所以温、湿度是一对相关性很强的大气参数。

激光雷达对大气温度的探测也起着至关重要的作用,主要有以下 3 种:瑞利散射激光雷达、拉曼激光雷达和高光谱分辨率激光雷达。目前,瑞利散射激光雷达凭借其空间分辨率高、探测灵敏度高和探测无盲区等优点,广泛应用于大气温度探测中。Fioeeo 等早在 1971 年就已成功利用瑞利散射激光雷达对大气温度进行了测量。除此之外,拉曼激光雷达在温度探测方面的应用也是比较常见的,该类型激光雷达根据其工作方式的不同可分为转动型和振动型。转动拉曼散射激光雷达可以实现对底层大气温度分布的测量,其探测主要是通过利用温度与分子的转动谱线强度的关系实现的,而探测对流层中上部大气温度分布则可以通过振动拉曼散射激光雷达接收到的回波信号获得。早在1967年,Leonard就首次提出了利用振动拉曼散射激光雷达来探测大气温度,并且成功利用波长为337.1 nm的激光探测到了1.2 km以内大气中的氮气浓度,与此同时还利用激光雷达接收了波长为365.8 nm的氮气的一级斯托克斯振动谱线。2011年西安理工大学建立了拉曼激光雷达系统,对纯转动拉曼散射激光雷达实现边界层底层大气温度的高精度探测进行了分析。据研究,拉曼回波散射信号的散射强度比值可以达到3.5 km左右,且在3.5 km以内温度下降率可达到3 K/km。此外,他们还利用探空气球对系统进行了标定。研究表明,实测拉曼激光雷达温度廓线与探空气球探测到的温度廓线初步实现了良好的吻合。在此基础上,利用拉曼激光雷达系统对西安城区大气进行了实验观测,结果表明,该系统的最低测温能力为2 km,相较于瑞利散射,其抑制率得到了很大的提高,系统的探测能力也得到了良好的改善。

瑞利-拉曼散射激光雷达则结合了两种激光雷达的优点,能对各高度的温度廓线实现高分辨率、高灵敏度的探测。2004年,中国科学院安徽光学精密机械研究所成功实现了利用瑞利-拉曼散射激光雷达探测大气温度分布。该激光雷达主要用于夜晚探测大气的温度分布,系统采用Nd:YAG激光器,三倍频后输出波长为355 nm的激光作为输出脉冲。为了获得对流层和平流层中上部大气温度的垂直分布廓线,采用弱光子计数技术,较准确地检测出了大气中分子振动拉曼散射和瑞利散射回波,并由此分析得到了对流层和平流层中上部大气温度的垂直廓线分布。为了保证所得数据的可靠性,其观测结果还分别与HALOE/UARS卫星和无线电气象探空仪获得的数据进行了比较。激光雷达获得的平流层温度垂直分布廓线和HALOE卫星进行比对结果显示,当高度处于25~65 km时,它们测量获得的结果具有较好的一致性,20个夜晚的平均温差小于2 K;而对流层温度廓线与无线电气象探空仪进行比对表明:当高度处于5~18 km时,其温度反映了基本一致的分布趋势,在6~16.5 km高度内,15个夜晚的平均温差小于3 K。这些结果都从一定程度上说明了瑞利-拉曼散射激光雷达对大气温度分布测量的准确性与可靠性。2010年南京信息工程大学为获取高时空分辨率的大气温度的垂直分布,也建立了用于大气温度廓线测量的瑞利-拉曼激光雷达。目前,利用高光谱分辨率激光雷达对气溶胶光学特性进行探测是研究的热门课题。欧洲空间局、美国国家航天航空局、日本的国立环境研究所以及国外很多高校都在展开对该种激光雷达的研究。

4. 激光雷达探测反演PM 2.5浓度

$PM_{2.5}$是目前环境空气检测中比较受关注的一项指标,人们可以通过它来判断空气污染情况,它对空气的质量和能见度等都有着重要的影响。2013年济南市环境监测中心站的何涛等利用激光雷达系统对$PM_{2.5}$浓度的精度进行了研究,给出了布设在中科院大气物理研究所铁塔上的BAM-1020颗粒物检测仪和激光雷达测量数据的对比观测结果。此外,他们还于2011年9月至10月之间进行了为期一个月的对比试验,观测$PM_{2.5}$浓度与激光雷达探测到的气溶胶消光系数的相关性,结果表明,两者之间具有良好的相关性。为了研究在垂直高度上反演的精度,利用线性回归模型建立了颗粒物浓度与消光系数之间的关系式,再结合铁塔实测的$PM_{2.5}$浓度,完成了对反演精度的探究。结果显示,激光雷达的反演结果与实测之间的相关系数基本均可达到0.9以上,两者之间的高相关系数说明了激光雷达反演$PM_{2.5}$的可靠性,这就为利用激光雷达研究大气中颗粒污染物的浓度及其空间分布状况提供了可能性,并为区域大气联防联控提供数据、制定政策。

5. 发展趋势

除上述所列探测目标之外,激光雷达还能对大气成分、能见度、水汽、风、钠层等进行探测,由此可见它在大气监测方面的应用非常广泛。在过去的几十年中,激光雷达作为一种新兴的主动遥感工具,在测量精度、空间分辨率、探测跨度等方面所具有的优势已使它被广泛应用于大气遥感、气象与气候、大气科学等领域。现阶段激光雷达在实际中的应用仍有缺陷,例如,较窄的波束加大了空间获取的难度,因而捕获目标只能控制在较小的范围内;受天气影响较明显,不能在一些天气(雨、雪、雾)下工作;其精度受大气光传输效应的影响,因此无法全天工作等。尽管如此,激光雷达还是受到了国内外研究学者的重视与关注,并提出了一系列的新技术以及数据处理和反演的新方法。目前,激光雷达探测大气的时间分辨率不断地提高,探测的跨度范围不断延伸。激光雷达的发展方向越来越广:它由仅夜晚探测向白天、夜晚均可探测发展,由单一波长向多波长发展,由单一探测功能向多探测功能发展。米散射激光雷达在反演气溶胶参数如消光系数时,必须对当时的大气状态等做一些假设,因而限制了其探测及数据反演精度,不利于大气的精准探测。高光谱分辨率激光雷达(HSRL)是在米散射激光雷达的基础上发展而来的一种高精度气溶胶探测技术,也是目前公认的与气溶胶拉曼探测激光雷达并列的两种可不需假定、直接探测气溶胶消光参数的技术之一。激光雷达现在已拥有若干区域性大面积空间覆盖的陆基激光雷达观测网,这样不仅能够获取区域性的大气参数三维空间分布特征,而且能够满足对气候、气象、环境等方面的研究和相关科研人员对探测数据的需求。基于在大气探测方面的特有优势以及世界各个地区激光雷达数据资料的不断累积,激光雷达一定会在天气预报模式与气候模式的资料同化系统中发挥更大的作用,为气候方面的相关研究做出更大的贡献。

此外,需要补充说明的是:星载激光雷达遥感技术作为主动遥感手段,具有高时空分辨率和昼夜连续探测的优势,在深空探测和对地观测等领域发挥了重要的作用。近三十年来,随着全固态激光器和探测技术的发展,星载激光遥感技术发展迅速,当前已实现火星、水星和地球等行星和月球的陆地三维高程、全球风场剖面以及全球温室气体等的高精度测量,这些应用具体包括深空探测激光雷达、对地测绘激光雷达、云和气溶胶探测激光雷达,风场探测激光雷达和温室气体探测激光雷达等。

习　题

1. 简述气象雷达的工作原理。
2. 简述雷达回波的分类和识别。
3. 简述遥感分类。
4. 简述 C 波段双基气象雷达系统的构成。
5. 简述毫米波双极化测云雷达的特点。
6. 简述遥感的定义和分类。
7. 简述目前最新的雷达系统。
8. 简述 IEEE 标准雷达频率字母频段名称。
9. 什么是激光?

10. 基于量子论观点，Einstein 于 1917 年首次提出，辐射与原子系统的相互作用应包含原子的哪三种过程？
11. 简述激光束的特点。
12. 简述激光雷达系统的组成。
13. 简述激光雷达的分类。
14. 简述激光雷达在大气中的应用方向及发展趋势。

参考文献

1. 巴克曼(C.G. Bachman).激光雷达系统与技术.北京：国防工业出版社，1982.
2. 白宇波,石广玉,田村耕一,等.拉萨上空大气气溶胶光学特性的激光雷达探测.大气科学,2000,24(4):559－567.
3. 北京大学物理系激光教研室编.激光测定大气污染发展简况,1973.
4. 伯广宇,谢晨波,刘东,等.拉曼激光雷达探测合肥地区夏秋季边界层气溶胶的光学性质.中国激光,2010,37(10):2526－2532.
5. 卜令兵,郭劲秋,田力,等.用于大气温度廓线测量的瑞利-拉曼激光雷达.强激光与粒子束,2010,22(7):1449－1452.
6. 陈良栋.天气雷达资料的分析和应用.北京：气象出版社,1991.
7. 陈卫标,周军,刘继桥,等.多普勒激光雷达及其单纵模全固态激光器.红外与激光工程,2008,37(1),57－60.
8. 次仁德吉.L 波段高空气象探测业务应急处理方法.工业技术,2013,32,119.
9. 大气物理研究所.激光在气象探测中的应用//中科院大气物理所集刊,第 1 号.北京：科学出版社,1973.
10. 何涛,侯鲁健,吕波,等.激光雷达探测反演 PM 浓度的精度研究.中国激光,2013,40(1):1－6.
11. 胡欢陵,王志恩,吴永华,等.紫外差分吸收激光雷达测量平流层臭氧.大气科学,1998,22(5):701－708.
12. 胡明宝.天气雷达探测与应用.北京：气象出版社,2007.
13. 华灯鑫,宋小全.先进激光雷达探测技术研究进展.红外与激光工程.2008,37(增刊):22－27.
14. 蒋南.激光雷达在环境监测中的应用和发展.电子科学技术评论,2005(1):15－18.
15. 焦中生,沈超玲,张云.气象雷达原理,北京：气象出版社,2005.
16. 李交通,朱海.机载激光雷达系统水下最大探测深度分析.四川兵工学报,2009,30(1):113－114.
17. 李强.大气探测激光雷达的进展研究.科技信息,2010,5;106.
18. 刘东.偏振-米激光雷达的研制和大气边界层的激光雷达探测.中国科学院安徽光学精密机械研究所博士学位论文,2005.
19. 刘刚,史哲伟,尤睿.美国云和气溶胶星载激光雷达综述.航天器工程,2008,17(1):78－84.
20. 刘君.大气温度及气溶胶激光雷达探测技术研究.西安：西安理工大学,2008.
21. 刘兴瑞,王芳.L 波段高空气象探测业务常见问题的应急处理.科技风,2015,3(下):44.
22. 刘玉丽,张寅超,苏嘉.探测低空大气温度分布的转动拉曼激光雷达.光电工程,2006,33(10):43－48.
23. 刘长盛,刘文保.大气辐射学.南京：南京大学出版社,1990:7－128.
24. 马振骅.气象雷达回波信息原理.北京：科学出版社,1986.
25. 施翔春,陈卫标,侯霞.全固态激光技术在航天领域的应用.红外与激光工程,2005,34(2):127－131.
26. 舒嵘,徐之海等.激光雷达成像原理与运动误差补偿方法.北京：科学出版社,2014.
27. 苏嘉,张寅超,胡顺星,等.利用转动拉曼测量大气气溶胶后项散射比.光谱学与光谱分析,2008,28(10):2333－2337.
28. 苏涛,黄涛,沙雪柱.C 波段双基气象雷达系统试验.安徽农业科学,2007,35(25):8051－8053.
29. 孙景群.激光大气探测.北京：科学出版社,1986.

30. 谭君.气象雷达常见故障分析.中国民航学院学报,2004,22(增刊):24-25.

31. 汤正兴,王志忠.机载激光应用综述.电光技术,2000,2:60-62.

32. 王春晖,陈德应.激光雷达系统设计.哈尔滨:哈尔滨工业大学出版社,2014.

33. 王青梅,张以谟.气象激光雷达的发展现状.气象科技,2006,34(3):246-249.

34. 王咏青,任健,黄兴友,等.多普勒气象雷达技术专利分析.气象科学,2008,28(6):703-708.

35. 吴永华,胡欢陵,胡顺星,等.瑞利散射激光雷达探测平流层和中间层低层温度.大气科学,2002,26(1):23-29.

36. 吴永华,胡欢陵,胡顺星,等.瑞利-拉曼散射激光雷达探测大气温度分布.中国激光,2004,31(7):851-856.

37. 伍志方,胡东明,梁玉琼.气象雷达新技术及其在防灾减灾中的应用.灾害学,2007,22(2):36-40.

38. 谢晨波.车载式 Raman-Mie 散射激光雷达的研制.中国科学院安徽光学精密机械研究所博士学位论文,2005.

39. 闫吉祥,龚顺生,刘智深.环境监测激光雷达.北京:科学出版社,2001.

40. 杨辉,刘文清,陆亦怀,等.北京城区大气边界层的激光雷达观测.光学技术,2005,31(2):221-223.

41. 尹青,何金海,张华.激光雷达在气象和大气环境监测中的应用.气象与环境学报,2009,25(5):48-56.

42. 虞雅贤等.激光气象雷达.北京:气象出版社,1987.

43. 张寅超,胡欢陵,邵石生.北京市大气 SO_2、NO_2 和 O_3 的激光雷达监测实验.量子电子学报,2006,23(3):346-350.

44. 中国科学院大气物理研究所.激光在气象探测中的应用.北京:科学出版社,1973.

45. 中国气象局大气探测技术中心.常规高空气象观测业务手册.北京:气象出版社,2011.

46. 中国气象局监测网络司.L 波段高空气象探测系统维护、维修手册.北京:气象出版社,2004.

47. 中国气象局监测网络司.L 波段高空气象探测系统业务操作手册.北京:气象出版社,2005.

48. 周军,岳古明,戚福第,等,大气气溶胶光学特性激光雷达探测.量子电子学报,1998,15:140-147.

49. 周诗健,孙景群.大气中的声光电.北京:科学出版社,1982.

50. 周秀骥,陶善昌,姚克亚.高等大气物理学.北京:气象出版社,1990.

51. 朱金山,刘智深,郭金家.高光谱分辨率激光雷达(HSRL)大气温度测量模拟.中国海洋大学学报,2005,35(5):863-867.

52. 祝鸿鹏,等.气象雷达与飞航安全研讨会论文汇编.台北,1990.

53. (美)E.J.麦卡特尼,等.大气光学(分子与粒子散射).潘乃先,毛节泰,王永生,译.北京:科学出版社,1988.

54. 陈卫标,刘继桥,竹孝鹏等,星载激光雷达遥感技术进展与发展趋势(特邀),中国激光,2024,51(11):1101011.

55. Ansmann, A., Althausen, D., Wandinger, U., et al.. Vertical profiling of the Indian aerosol plume with six wavelength lidar during INDOEX: A first case study. Geophysical Research Letters, 2000, 27(7): 963-966.

56. Ansmann, D., Muller D., Albert, A., et al.. Scanning 6-Wavelength 11-Channel Aerosol Lidar. Journal of Atmospheric&Oceanic Technology, 2000, 17(11): 1469-1483.

57. Behrendt A., Nakamura T., Onishi M., et al.. Combined Raman lidar for the measurement of atmospheric temperature, water vapor, particle extinction coefficient, and particle backscatter coefficient. Appl. Opt., 2002, 41(36): 7657-7666.

58. Doherty, S. J., Anderson, T. L., Charlson, R. J.. Measurement of the lidar ratio for atmospheric aerosols with at 180° Backscatter Nephelometer. Applied Optics, 1999, 38(9):1823-1832.

59. E. V. Browell. NASA Multipurpose Airborne DIAL System and Measurement of Ozone and Aerosol Profiles. Appl. Opt., 1983, 22(4):1403-1411.

60. G.Fiocco and L.D.Smullin. Detection of scattering layers in the upper atmosphere (60~140 km) by optical radar. Nature, 1963(199): 1257-1276.

61. Hauchecorne A., Chaninm L. Density and temperature profiles obtained by lidar between 35 and 70 km. Geophys Res Lett, 1980, 7: 565-568.

62. Honey，R. C.，Evans，W. E. Laser raser（lidar）for meteorological observations.Review of Scientific Instruments，1966，37（4）：393－400.

63. Kent，G. S.，Trepte，C. R.，Skeens，K. M.，et al.. LITE and SAGE Ⅱ measurements of aerosols in the southern hemisphere upper troposphere. Journal of Geophysical Research：Atmospheres，1998，103（D15）：19111－19127.

64. M. P. McCormick et al.. Scientific Investigations Planned for the Lidar In-Space Technology Experiment（LITE）. Bull. Am. Meteorol. Soc.，1993，74：205－214.

65. Noh，Y. M.，Kim，Y. J.，Muller，D. Seasonal characteristics of lidar ratios measured with a Raman lidar at Gwangju，Korea in spring and autumn. Atmospheric Environment，2008，42：2208－2224.

66. Olofsonk，F. G.，and Ersson，P.U.，Hallquist，M.，et al.. Urban aerosol evolution and particle formation during winter time temperature inversions. Atmospheric Enviroment，2009，43（2）：340－346.

67. Powell，D. M.，Reagan，J. A.，Rubio，M. A.，et al.. ACE－2 multiple angle micro-pulse lidar observations from Las Gal letas，Teneri，Canary Islands. Tellus B，2000，52（2）：652－661.

68. R.T.H.Collis，F.G.Fernald and M.G.H.Ligda. Laser radar echoes from a stratified clear atmosphere. Nature，1964（203）：1274－1275.

69. Raymond M. Measures. Laser Remote Sensing：Fundamentals and Applications. Malabar：Krieger Publishing Company，1992：205.

70. Stefanutti et al.. A four-wavelength depolarization backscattering lidar for polar stratospheric cloud monitoring. Appl Phys B，1992，55：13－17.

71. Tatarow，B.，Sugimoton. Estimation of quaz concentration in the tropospheric mineral aerosols using combined Raman and high-spectral-resolution lidars. J.Optics Letters，2005，30（24）：3407－3409.

72. Tesche，M.，Ansmann，A.，Mulier，D.，et al.. Particle backscatter，extinction，and lidar ratio profiling with Raman lidar in south and north China. Applied Optics，2007，46（25）：6302－6308.

73. Xie C. B.，Nishizawa T. Characteristics of aerosol optical properties in pollution and Asian dust episodes over Beijing，China. Appl Opt，2008，47（27）：4945－4951.

推荐阅读

1. 巴克曼（C.G. Bachman）（美）.激光雷达系统与技术.北京：国防工业出版社，1982.

2. 周诗健，孙景群.大气中的声光电.北京：科学出版社，1982.

3. 孙景群.激光大气探测.北京：科学出版社，1986.

4. 马振骅.气象雷达回波信息原理.北京：科学出版社，1986.

5. 孙景群.激光探测大气污染.北京：科学出版社，1992.

6. 闫吉祥，龚顺生，刘智深.环境监测激光雷达.北京：科学出版社，2001.

7. 焦中生，沈超玲，张云.气象雷达原理.北京：气象出版社，2005.

8. 胡明宝.天气雷达探测与应用.北京：气象出版社，2007.

9. 舒嵘，徐之海，等.激光雷达成像原理与运动误差补偿方法.北京：科学出版社，2014.

10. 王春晖，陈德.激光雷达系统设计.哈尔滨：哈尔滨工业大学出版社，2014.

11. 王英俭，胡顺星，周军，等.激光雷达大气参数测量.北京：科学出版社，2014.

12. 李柏.天气雷达及其应用.北京：气象出版社，2011.

13. 张培昌，魏鸣，黄兴友，胡汉峰.双线偏振多普勒天气雷达探测原理与应用.北京：气象出版社，2018.

14. 葛文忠等.天气雷达结构与原理.北京：气象出版社，2024.

第 9 章
卫星对地探测方法和 GPS 遥感

本章重点：了解卫星对地探测以及 GPS 在气象上的应用，掌握由卫星仪器直接测量的多种辐射量导出气象参数的途径，以及它们的准确度、代表性以及与地基观测数据的关系，理解卫星在气象上的应用，掌握气象卫星应用中最基本的概念、方法等。了解 GPS 探测的基本状况，掌握 GPS 探测原理。

§9.1 卫星对地探测方法

9.1.1 卫星遥感的地位和作用

卫星对地探测方法是大气遥感领域中的一个重要组成部分，大气遥感作为大气科学中的重要基础与技术支柱，是 20 世纪 60 年代以来迅速发展的一门年轻学科分支之一，也是大气科学发展的关键技术之一。它的发展一方面取决于气象与大气科学研究和应用发展对大气特征连续观测的需求，另一方面也是近代物理学、传感器与计算机信息技术、大气物理学密切结合的产物，是高技术与基础研究相结合的产物。电磁场理论、分子与原子光谱理论、波与介质相互作用的理论构成了遥感的基础原理。微波雷达与辐射计技术、红外技术、激光技术和光谱学技术、声学遥感器技术、卫星平台等航天航空平台技术以及计算机技术、通信技术是实现大气遥感的技术支柱。当前，大气遥感按工作平台（运载工具）分为航天遥感（大气层外：卫星、航天飞机）、航空遥感（大气层内：飞机、气球）以及地面遥感（汽车）；而按吸收的光谱则遥感可划分为可见光遥感、红外遥感、紫外遥感以及微波遥感。

20 世纪 80 年代中期以前，国内外大气遥感研究主要集中在建立理论体系、探索各种探测原理并进行相应的技术试验，而近 20 年的大气遥感则更多地从应用目标出发，采用多种遥感手段，融合非遥感手段和其他信息，更好地解决所面临的实际问题，而在这一过程中提出了新的理论问题和解决方案，如多种传感器遥感对多个大气与地表特征的同时遥感、四维同化问题等。在这些研究中大气遥感与大气动力学、物理学与化学研究，甚至与地球科学的其他分支更多地融合在一起，形成了地球环境的综合遥感与同化。自 20 世纪 90 年代以来新的遥感手段，如 GPS 遥感也得到了迅速的发展应用。

卫星探测技术的发展促进了卫星在气象学上的应用，1957 年苏联第一颗人造地球卫星上天，1960 年全球第一颗气象卫星美国 TIROS - 1 发射成功并发回了首幅卫星云图。1966 年以后，美国气象卫星开始向全球发布星上实时观测的卫星云图。在我国，中科院大气物理所首先于 1969 年研制成功低分辨率卫星云图接收设备（APT），随后又研制成功高分辨率卫星云图接收设备(HRPT)。1978 年在日本发射地球同步气象卫星(GMS)的同时,实现了地面信息卫星云图的接收。由于卫星云图的重要价值,其接收设备一开始便获得了推广,随后在 20 世纪 70 年代初开始,在陶诗言等气象学家的主持下,以台风与热带风暴等灾害性天气系统的云图分析为重点,同时发展了云图用于暴雨分析与预报、陆上强对流天气的监测等,迅速推动了卫星天气学的研究与应用。

20 世纪 70 年代,我国启动气象卫星发展计划,对大气遥感研究工作者提出了重大的挑战。在确定以卫星红外遥感大气温湿廓线作为主攻方向后,曾庆存及其研究组在国际已有工作的基础上,在理论基础特别是红外反演方面进行了深入分析,提出了系统的理论观点与反演方法,将数学物理基础与大气温湿分布以及地表特征相结合,澄清了国际上当时存在的一些理论上的混乱与不确切之处。系统地总结了卫星红外遥感大气温度和大气成分(特别是水汽)垂直分布的两类普遍性的遥感方程,即频谱法和扫描法适定性问题,建立了卫星红外遥感的理论系统。随后,我国科学家在卫星测温的通道选择问题、遥感温度的迭代法、经验正交函数的应用与改进,以及红外水汽遥感反演原理和方法方面都取得了显著进展。吕达仁和林海提出了微波主、被动联合遥感云雨分布的原理,并提出了一套迭代反演算法。这一原理和迭代反演算法也同样适用于飞机和卫星微波主、被动遥感云雨分布。基于这一原理,中科院大气物理所研制了双波长雷达-辐射计系统,用于地基降雨分布测量,取得了试验的成功。近几十年来,我国科学家为地基和卫星微波遥感、大气激光雷达探测方法、大气光学遥感、主被动遥感技术的发展做出了重要贡献。

9.1.2　卫星探测系统在大气研究中的特点

1960 年 4 月 1 日,NASA 发射了第一颗试验气象卫星——电视和红外观察卫星(TIROS-1-Television Infrared Observation Satellite),这是气象发展史上的里程碑。气象卫星的成像能力证明了应用卫星的必要性。典型的气象卫星能够获取图像,也能获取地表特征,即大气最低 20 km 的量化信息。气象卫星探测也有一定的局限性:由于卫星距地球较远,所以目前的探测设备均属间接式遥感仪器,它的探测分辨率,包括空间、时间和信号强度的分辨率受到一定的限制。此外,遥感信号的传输过程将受到路径内大气层的干扰,产生较大的误差。尽管遥感信号能够反演各种气象要素的空间、时间变化,但仍然依赖于定点观测资料进行定标和校准,即现在常说的辐射校正场。

对于地基观测来说,理想的情况下,全球模式需要一个约 5 000 个常规测站组成的站网来实现,最好均匀地分布于全球,每个站都测量地面气压、风、温度和湿度,以及从地表到 50 hPa 处多层上的风、温度和湿度,每日进行 2 到 4 次观测。然而实际上,在海洋区域是无法支持这样一个站网的,这样的站网造价高达 100 亿美元的量级。相比之下,通过 7 颗气象卫星组成的系统就能观测整个全球。为了监测数据的完整性,并取代那些即将失效的卫星,需要实行一个每年发射一定数量的新卫星的全球计划,并有确保业务的备份,去除发展费用,整个系统每年运行的费用不到 5 亿美元,所以发展空间对地观测就成为各国必须面对的科学和技术问题。

此外,根据区域和局部尺度的预报要求,需适当加强观测网的布网密度。尤其是用于临近预报(0~2 h)的气象场数据的获取,此时需要考虑以下几个方面的要求:① 能在快速的反应时间内用于有效的预报;② 高时间分辨率(对于对流为 5 min;对于锋面为 15 min);③ 高空间分辨率(能分辨 1 km 的对流特征和 3 km 的锋面特征)。为满足这些观测要求,需要附加常规观测网,作为对全球卫星探测系统的补充。

目前业务测量的具有不同分辨率和准确度的气象量主要包括:① 温度廓线,云顶温度及海表和地表温度;② 湿度廓线;③ 在云层高度的风和海表的风;④ 液态水及总水量和降水率;⑤ 净辐射及反照率;⑥ 云状及云顶高度;⑦ 臭氧总量;⑧ 冰雪的覆盖区及其边缘;⑨ 地基温压湿风场。

尽管卫星测量同时具有较好的水平和垂直空间分辨率,但其测量准确度大大不如地基测量。在大多数情况下,它们达不到应有的分辨率,也达不到应用和模式需要的准确度,把卫星和地表观测网结合起来使用是最好的方法。空基和地基的观测是互补的而不是相互替代的数据来源。应用卫星平台上的传感器来测量地球物理量和地基观测系统相比有其一定的优点和缺点,把它们总结在表9.1中。在大气科学的研究中,数值预报模式需要对多层大气及地表进行大气参数的频繁而准确的观测,观测与大气科学研究中的各种数值仿真模式相结合就能够实现对大气中各物理过程的准确理解。

表 9.1 卫星系统和地基观测系统的比较

优点	缺点
包括遥远陆地和海洋区域的全球覆盖	不能直接测量大气、海洋和水文参数
在大范围内实现高时空分辨率观测	定位准确度低、需要不断注意仪器校准和数据处理程序
可以测量参数的较宽量程范围	对于新仪器需要较长的研制时期
对于高容量数据有最好的费用-收益比	发射卫星和建造地面中央设备的费用巨大
许多参数同时测量	传感器的失效可能会导致数据全部丢失
在恶劣天气下仍能持续观测	在厚云(恶劣天气)下只能部分测量地表和低层大气参数
在某些情况下能穿过整个大气深度测量	大量数据要处理和存档,而且用户无法轻易修改数据收集

气象卫星基本上分为极轨卫星和静止卫星两大类:极轨卫星以一定周期绕地球旋转,轨道倾角接近于90°,因此其轨道倾角监区90°,就是卫星到达地球南北极偏离的度数;静止卫星多定点在赤道上空某一经度上,对赤道平面的偏离将导致卫星在南北方向产生一定的摆动。在卫星空中飞行过程中,为克服万有引力的作用必须保持一定的飞行倾角和高度,并按固定的周期飞行,其中过地心的卫星运行轨道所处的平面叫作卫星的轨道平面,卫星的轨道平面与地球赤道平面间的夹角即为卫星的倾角;而卫星高度则为卫星距地表面的垂直距离,一般以km为单位,通常情况下气象卫星的高度变化范围从 600 km 到 1 500 km 不等;卫星周期则是指卫星沿轨道绕地球运行一周所需的时间,以 min 为单位。一般的,为实现气象卫星对地的垂直探测,需要在工程上实现对卫星姿态的控制,那么什么是卫星姿态呢? 卫星姿态是指卫星的纵轴(或照相机等仪器的光轴)在空间相对轨道平面、地球表面、任何固定坐标系的取向,它决定观测仪器对准地表面的方式。在卫星姿态控制中主要有三种方式:① 自旋稳定,即让卫星绕自转轴以一定的角速度旋转,使其具有较高的角动量,在空间无空气阻力的情况下,卫星的角动量守恒,自转轴的方向保持不变,卫星的姿态就会稳定。② 轴定向稳定,即卫星自身不转,依靠三轴定向系统(由气体喷嘴、反作用轮及测量姿态偏差的感应元件等组成),使卫星在三个方向维持稳定的取向,目的是使卫星观测仪器正对地球表面。其中偏航轴控制卫星是否沿轨道飞行;横滚轴控制卫星左右摆动;俯仰轴控制卫星上下摆动。③ 重力梯度稳定,即利用重力梯度的作用,可以使卫星稳定。

9.1.3　我国风云卫星系列及发展趋势

早在 1969 年,国家提出了应该发展我们自己的气象卫星事业,为天气预报服务;20 世纪 70 年代末,国家开始了风云一号极轨气象卫星研制任务,并增加了风云二号静止气象卫星研制计划;1999 年到 2010 年我国气象卫星及应用发展计划使得我国逐步发展成为气象卫星强国,其中风云卫星技术和业务水平已进入世界先进水平行列:① 是世界上少数同时成系列发展极轨和静止系列气象卫星的国家和地区(美国、中国、欧盟);② 被世界气象组织(WMO)纳入全球业务气象卫星观测网,是中国对全球地球观测的重要贡献;③ 业务卫星平均工作寿命达到 5 年以上,其中 FY - 2C 达到 5 年以上,FY - 1D 达到 7 年以上(和欧、美、日相当);④ 业务运行成功率稳定在 99.5% 左右(领先指标);⑤ 部分应用技术和产品达到世界先进甚至领先水平(比如:图像定位精度、卫星测风、降水估计、沙尘暴以及全球臭氧等)。

目前,我国风云气象卫星主要分为极轨卫星和静止卫星两个系列。表 9.2 与表 9.3 分别给出了我国的极轨和静止气象卫星列表,已发射 14 颗气象卫星,9 颗在轨,其中极轨气象卫星为绕地球南、北极飞行,可获得全球观测资料,所获的探测数据主要用在改进天气预报模式,监测自然灾害、地球气候和生态环境等;而静止气象卫星则相对地球是静止的,可获取固定范围连续观测图像,主要用于天气监测和预报。目前,我国风云卫星的主要发展方向是① 高空间分辨率、高时间分辨率、高光谱分辨率以及高辐射准确度;② 全球和全天候;③ 多波段三个方向发展。为防灾减灾、应对气候变化做出更大的贡献。如图 9.1 所示,给出了我国风云系列气象卫星 2020 年发展规划图。此外,通过"多星在轨,组网观测",风云三号卫星能够实现全球、全天候、高光谱、三维、定量遥感的我国第二代低轨气象卫星系列。图 9.3 给出了我国风云三号卫星体系的发展概况图。

表 9.2　极轨气象卫星

1988.09.07	风云一号 A 星	试验	39 天
1990.09.03	风云一号 B 星	试验	158 天
1999.05.10	风云一号 C 星	业务	6.5 年
2002.05.15	风云一号 D 星	业务	10 年
2008.05.17	风云三号 A 星	试验业务	在轨工作
2010.11.05	风云三号 B 星	试验业务	在轨工作
2013.09.23	风云三号 C 星	业务	在轨工作

表 9.3　静止气象卫星

1997.06.10	风云二号 A 星	试验	约 6 个月
2000.06.25	风云二号 B 星	试验	约 8 个月
2004.10.19	风云二号 C 星	业务	8.5 年
2006.12.08	风云二号 D 星	业务	在轨工作
2008.12.23	风云二号 E 星	业务	在轨工作
2012.01.13	风云二号 F 星	业务	在轨工作
2014.12.31	风云二号 G 星	业务	在轨测试

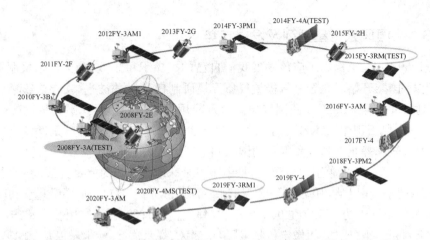

图 9.1 给出了我国风云系列气象卫星 2020 年发展规划图(引自国家卫星中心)

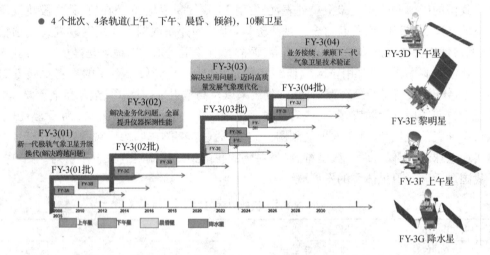

图 9.2 风云卫星体系的发展概况图(国家卫星气象中心胡秀清研究员惠许使用)

9.1.4 EOS 和 ESE 计划

Earth Observation System(EOS)卫星是美国航空航天管理局 NASA 地球观测系统计划中一系列卫星的简称,经过长达 8 年的制造和前期准备工作,第一颗 EOS 的上午轨道卫星于 1999 年 12 月 18 日发射升空,发射成功的卫星命名为 TERRA(拉丁语"地球"的意思),主要目的是观测地球表面。TERRA 卫星发射成功标志着人类对地观测新的里程的开始。NASA 在介绍 TERRA 卫星意义时采取的比喻是:"如果把地球比作一位从来没有做过健康检查的中年人的话,TERRA 就是科学家对具有 45 亿年历史的地球健康状况第一次进行全面检查和综合诊断的科学工具。"TERRA 的主要目标是实现从单系列极轨空间平台上对太阳辐射、大气、海洋和陆地进行综合观测,获取有关海洋、陆地、冰雪圈和太阳动力系统等信息,进行土地利用和土地覆盖研究、气候季节和年际变化研究、自然灾害监测和分析研究、长期气候变率和变化以及大气臭氧变化研究等,进而实现对大气和地球环境变化的长期观测和研究的总体战略目标。TERRA 上面的五台设备:① 云与地球辐射能量系统测量仪 CERES(Clouds and the Earth's Radiant Energy System);② 中分辨率成像光谱仪 MODIS (MODerate-resolution Imaging Spectroradiometer);③ 多角度成像光谱仪 MISR (Multi-angle Imaging Spectroradiometer);④ 先进星载热辐射与反射测量仪 ASTER (Advanced Spaceborn Thermal Emission and reflection Radiometer);⑤ 对流层污染测量仪 MOPITT (Measurements of Pollution in the Troposphere)。其中 MODIS 工作波长范围 400～1 440 nm,分 36 个波段,空间分辨率为 0.25～1 km,是迄今光谱分辨率最高的星载传感器。由于成像幅宽大(2 330 km),每 1～2 天可以获取全球地表数据,对陆地、海洋温度场测量、海洋洋流、全球土壤湿度测量、全球植被填图及其变化监测有重大意义。

EOS 是一个用一系列低轨道卫星对地球进行连续综合观测的计划,其主要目的是:实现从单系列极轨空间平台上对太阳辐射、大气、海洋和陆地进行综合观测,获取有关海洋、陆地、冰雪圈和太阳动力系统等信息;进行土地利用和土地覆盖研究、气候的季节和年际变化研究、自然灾害监测和分析研究、长期气候变率和变化以及大气臭氧变化研究等;进而实现对大气和地球环境变化的长期观测和研究的总体(战略)目标,其详细信息可在官方网站查找(http://eospso.gsfc.nasa.gov/)。该计划于 20 世纪 90 年代开始实施,用以观测获得全球系统的定量变化的目标。EOS 计划主要是科学认识全球尺度范围内整个地球系统及其作用机理,进而预测十年到一百年地球系统的变化及其对人类的影响。EOS 计划将全球当作一个完整的系统来进行观测和研究,考虑传统的地球科学各个分支学科之间的相互影响和作用,这就促成了研究和认识地球科学一个新的科学学科——地球系统科学计划(Earth System Science)的提出。EOS 包括了陆地覆盖和全球生产力、季节性和年性气候预报、自然灾害、长期气候变化、大气臭氧五个领域。同时,这种时间尺度从几十年到上百年、空间尺度覆盖全球或全球大部分区域的全球变化研究,又依赖于对地观测系统的发展。EOS 计划的三个组成部分:① EOS 科学研究计划;② EOS 资料和信息系统(EOSDIS-EOS Data Information System);③ EOS 观测平台。

继美国提出并实施 EOS 计划后,为解决一系列当前和未来地球系统科学研究面临的重大问题。1991 年由 NASA 发起了一项综合性计划——地球科学事业 ESE(Earth Science Enterprise,简称为 ESE),目的是通过卫星及其他工具对地球进行更深入的研究。ESE 计划衔接和包含了 EOS 计划,是 EOS 计划的延伸和发展。ESE 主要研究领域包括云、海、陆表、大气化学、水和能量循环、水和生态系统过程、固体地球等,已使人们更深入地完成数字地球概念的研究和理解。在大气卫星遥感科学中,EOS 计划和 ESE 计划具有重要的地位和作用,对于科学家们揭示地球系统科学中发生的物理过程和规律提供了直接的观测资料,至今仍发挥重要的作用。

9.1.5　业务卫星系统

需要指出,空间飞行器越稳定,其寿命就越长。当轨道高度低于 300 km 时,大气的拖曳阻力明显增大,卫星寿命大为减少。但在较高的轨道上,大气阻力很小,卫星寿命可达几年。因此,在设计空间运载工具时,必须考虑到在自由轨道上的失重和高真空状态,和地球表面相比材料有很不一样的性质,同时还存在高能粒子辐射以及微小的陨石尘。卫星运载工具作为一个承载监测地球和大气层仪器的支架,还须提供仪器必需的足够能源、温度控制、方位控制、数据处理系统和通信手段。能源通常由太阳能电池供应,并储存在蓄电池中,以便卫星在地球的夜晚一侧运行时使用,卫星搭载的传感器和其他电子设备将只在一定的温度范围内运作。因此,由电子设备产生的热量,或从入射辐射吸收的热量,必须由向外放射的长波辐射加以平衡。对温度的主动控制可通过控制姿态以改变净长波辐射来实现,或通过操纵增加或减少指向冷空间的辐射面积来实现。

在世界气象组织(WMO)年度进展报告中就包含了新的卫星传感器及其性能和旧的传感器运行的信息,具有广泛代表性且应用最多的是美国卫星上的传感器,卫星上装载的传感器用电磁辐射来观测大气。通过被动方式,即探测从地表或大气射出的电磁辐射;或通过主动方式,即用传感器产生的电磁辐射来探测大气和测量地表特征。为利用太阳辐射来观测陆地和海洋特征,采用 100 nm 到 1 μm 波长的电磁波。不过,探测海洋的放射辐射为 3~40 μm 和微波波段。并非所有这些波长范围都可用,因为大气并非在所有波长上均透射电磁辐射。

卫星上的传感器可以是被动的或主动的,绝大部分业务系统都是被动的(气象卫星也不例外),接收从大气或地球表面散射、反射或发射的电磁辐射。主动系统发射辐射,通常是微波,探测被散射或反射回卫星的辐射信号。传感器也可以分为扫描的和非扫描的。在任何一个瞬间包含由传感器接收到的信号的地球表面和大气所组成的立体角称为瞬时视场(IFOV),或者在地球表面叫作足迹。IFOV 的边界并没有一个从零到完全响应的区分,但确实存在一个确定的响应阈值,通过卫星传感器扫描可以使视场扩大。如果空间飞行器是通过自旋来保持稳定的,那么它的旋转就可以用作传感器扫描,也存在不同的机械和电子扫描系统。

在卫星传感器中所使用的许多望远镜,采用镜面来生成原始图像。镜面的优点是其镜头完全没有色差,但它必须是抛物面的,以避免球差。当前业务气象卫星用的传感器性能可通过以下 NOAA 极轨卫星和 GOES 地球静止卫星上所装载的成像器和探测器来获得直观的认识。

对于极轨卫星主要包括两个方面:

(1)极轨卫星中的成像器具有典型的代表性,也许在所有卫星传感器中,当今最知名和应用最为广泛的是改进的甚高分辨率辐射仪(AVHRR),自 1978 年在泰罗斯-N 系列卫星上开始应用。目前的 AVHRR 具有由安装在旋转盘上的滤波器选择出的 5 个光谱通道。一个通道在可见光波段(0.58~0.68 μm)观测,一个在近红外波段(0.72~1.0 μm),其他 3 个在热红外波段(3.55~3.93 μm;10.3~11.3 μm;11.5~12.5 μm)观测。星下点视场为约 1.1 km 的全分辨率图像,向全球的局地用户进行广播发送。选出的高分辨率数据和降级分辨率(4 km)的数据贮存在卫星上,以便转发给地球表面的接收站,通常是每条轨道下传一次。低分辨率图像同样也广播,它以天气传真的格式,可以用接收机和全向天线接收。

(2)极轨卫星的探测器由 3 个仪器阵列所得到的数据组成,统称为泰罗斯业务垂直探测器(TOVS)。它们包括一个 20 个通道的高分辨率红外探测器(HIRS),一个 4 通道的微波探测单元(MSU)和一个 3 通道的红外平流层探测单元(SSU)。包括通道数、星下点视场(FOV)、孔径、扫描视角、扫描行宽度、每行的观测像素数(步长)以及 NOAA 系统极轨卫星装载的 4 套仪器的数据量化等级。为了与 AVHRR 数据比较,表中也列出了相应的仪器参数。在 NOAA 极轨卫星上还有其他仪器,包括太阳后向散射紫外(SBUV)辐射计和地球辐射收支试验(ERBE)辐射计。通常,在中纬度,一颗极轨卫星每日从天顶经过两次。选择卫星在每一个经度处经过的白天时间,以使它能优化仪器的运行并减少从观测和传送数据至预报计算模式之间需要的时间。此外,一个 20 通道的微波探测器,即改进的微波探测单元(AMSU)在 NOAA-K 上开始使用,使飞行器的数据流大幅度增长。

与之相似的地球静止卫星具体涵盖：

（1）美国的地球静止卫星直到 GOES-7（全部采用自旋稳定）上的辐射计名字反映了成像器的基本特征，即用可见光和红外自旋扫描辐射计（VISSR）来获得它的成像通道。对 VISSR 大气探测器（VAS），它现在包括 12 个红外通道，8 个平行的可见光视场（0.55～0.75 μm）以 1 km 的分辨率观测由太阳照亮的地球表面。

（2）卫星探测器的 12 个红外通道在从 3.945 到 14.74 μm 的波段内观测向上的地球辐射。其中，2 个是窗区通道观测表面辐射，7 个观测大气二氧化碳吸收带的辐射，剩下的 3 个通道观测水汽带的辐射。对这些通道的选择能起到对大气层内不同高度观测辐射的效果。通过一个数学反演过程，就可以获得低层大气及平流层中与不同高度对应的温度估计值，还能得到在几个深层中的大气水汽含量的估计。VAS/VISSR 包括可见光和红外通道的星下点视场，扫描角（在空间飞行器上），每帧在地表的宽度、像素数和每一像素的数据量化等级。

（3）在 GOES 卫星上还有两个用于数据采集的附加系统（辅助传感器）。3 个传感器组合成为空间环境监测器（SEM），它们报告太阳的 X 射线发射水平，并监测磁场强度和高能粒子的到达速度。一个数据收集系统接收位于地面的数据收集平台发送来的报告，并通过一个脉冲转发器，把这些送往中央处理设备。平台的操作员也可通过直接广播收到他们的数据。1994 年发射的 GOES-8 有 3 轴稳定系统，而不再使用 VAS/VISSR 系统。

9.1.6　卫星遥感的基本原理

从物理本质上来说，卫星遥感的基本原理是大气辐射传输理论，基尔霍夫定律指出介质可以吸收特定波长的辐射，同时也能发射同样波长的辐射，发射速率是温度和波长的函数，这是热力学平衡条件下介质的基本性质。详细的辐射传输理论已有很多优秀的著作出现，其中具有代表性的是周秀骥等编著的《高等大气物理学》、石广玉编著的《大气辐射学》、美国 K. N. Liao 编著的 *An Introduction to Atmospheric Radiation* 以及 Chandrasekhar 具有里程碑意义的专著 *Radiative Transfer* 等。在这里，我们只对卫星遥感的基本原理进行简要表述。

卫星对地观测是当前地球科学研究与气候、环境、生态、资源应用中的关键基础和手段之一。虽然各种研究与实际应用的目标和方法具有较大的差异，即存在各自的物理和应用模型，但其首要的一步是要从卫星对地观测所得上行（地外）散射辐射率 L_s 中区分大气和地表各自的贡献，然后再从各自的贡献中去分析反演大气和地表的物理参数。从物理实质上看这是地-气系统辐射传输的退耦合问题。对地表遥感而言，即为大气订正问题；而对大气遥感而言，则是地表背景作用的扣除问题。

确切地说，这是同一个问题的两个方面。对同一波长而言，卫星对地观测在同一时刻只有一个测值，而至少有两个或两个以上的未知量（即大气光学厚度和地表反照率），因此问题的解是不确定的，必须增加新的信息，以解决反演求解的不确定性。从原理和应用上，可以有多种途径来解决这一问题。对于稳定不变的地表（如沙漠），可以等待最为晴朗的大气状态以获得数据；另一种途径是通过地基测量获得大气或地表的特性数据，从而可结合卫星测量来定量获得另一方面的数值。例如，由于气溶胶在许多情况下水平均匀分布较大，可由一个地点的大气测量来补充卫星遥感数据，以获得周围区域地表反射率的分布。反之，如已知地表反射率特性，则可以由卫星观测反演大气状态随时间的变化。还有一类方法就是通过几个波段比值的算法来减弱大气的作用，而获得地表特征的某种表达,其中较为熟知的是归一化植被指数(NDVI),以及类似的改进型抗大气植被指数(ARVI)。随着科学与应用需求的增加,对地表和大气的动态监测已经成为必需,例如海气和陆气相互作用,气候与植被生态相互作用的动态监测。这类动态监测需要同时监测地表和大气参数,而不是只关心某种理想和典型情况。这种研究并不总是具备实时的地基观测条件,因此最理想的方法是单独利用卫星所测资料同时区分和定量反演大气与地表参数。

从物理上可以由多波长法、多角度法、偏振法或其中的组合方法来实现同时的遥感。所谓多波长方法,就是利用大气特性和地表特性某种谱依赖关系的先验知识(这种知识可以是严格的定量关系,也可以是满足待定参数控制的函数关系,而参数值本身要从遥感反演中来获取)来减少待求未知量个数,从而获得确定的同时反演值。多角度遥感方法则是对同一大气-地表系统,利用卫星飞行经过当地上空时对同一"目标区"测量,进行大气和地表的同时反演。同样,这是基于对大气和地表方向散射特性的某种先验知识的定量反演,这时一般要假定大气水平均匀。

由于大气分子和气溶胶散射具有较强的偏振特性,地表也有各自的偏振特性,因此利用卫星对地观测所得的偏振信息也提供了区分大气和地表并实现定量遥感的可行性。自 20 世纪 90 年代以来,国际上一系列对地观测卫星计划中包括了多个多波长、多角度和具有偏振测量能力的传感器,例如日本 ADEOS 卫星(1996 年 8 月～1997 年 6 月)上所载多波段海洋水色扫描光谱仪 OCTS 和其中的法国多波段、多角度、偏振探测器 POLDER,美国的水色卫星 SeaWiFS 多波长扫描光谱仪,以及 1998 年上天的美国 EOS - AM 卫星所载中分辨率成像光谱仪 MODIS。我国也正在发展空间对地观测的成像光谱仪技术。上述卫星探测器的投入应用为同时遥感地表与大气提供了极好的基础。

1. 卫星微波遥感基础

考虑的是平面平行大气,且是用微波对非降水云进行云中液态水的反演研究,云粒子的半径远小于微波波长,满足 Rayleigh 近似条件,云粒子的吸收截面远大于其散射界面,散射可以忽略。另外,海洋和陆地在微波波段都不能看成是黑体,因此从卫星上接收的微波辐射传输方程可表示为

$$I_\nu(0) = \varepsilon_\nu B_\nu(T_{space}) \tau_\nu(p_s, 0) + \int_{p_s}^0 B_\nu[T(p)] \times \frac{\partial \tau_\nu(p, 0)}{\partial p} dp + (1 - \varepsilon_\nu)[\tau_\nu(p_s, 0)]^2 \cdot$$

$$\int_{p_s}^0 \frac{B_\nu[T(p)]}{[\tau_\nu(p, 0)]^2} \frac{\partial \tau_\nu(p, 0)}{\partial p} dp + (1 - \varepsilon_\nu)[\tau_\nu(p_s, 0)]^2 B_\nu(T_{space}) \tag{9.1}$$

式中,$I_\nu(0)$ 是卫星接收到的频率为 ν 的向上辐射强度,由于卫星离地面较高,所以可以认为卫星所处的位置气压为 0。ε_ν 是地表比辐射率,$B_\nu(T)$ 是温度为 T 的普朗克函数。$\tau_\nu(p_s, 0)$ 是气压 $p = p_s$ 到气压 $p = 0$ 这一层大气的透过率。下标 s 代表地面,下标 space 代表宇宙背景。可以看出,辐射强度是地表温度、地表比辐射率、宇宙背景的辐射温度、大气透过率的函数,其中大气透过率还是温度和湿度廓线的函数。因为宇宙背景辐射项在高于 5 GHz 频率时相对其他项来说很小($T_{space} \approx 2.7$ K),所以绝大多数情况下可以忽略。式(9.1)右边 4 项分别表示地表向上发射辐射贡献项、大气向上直接发射辐射贡献项、大气向下发射辐射经地表反射后再向上传输的辐射贡献项、宇宙背景辐射经地表反射后再向上传输的辐射贡献

项。由于粒子的散射主要与粒子的截面积相关,而吸收则主要与粒子的体积有关,因此在 Rayleigh 近似的假设下,大气的吸收直接取决于云中液态水的总量而和粒子的大小分布无关,方程(9.1)为卫星微波遥感的基本理论方程。

2. 地表和大气数值对辐射贡献物理基础

晴空大气卫星对地光学观测,一般采用平面分层大气辐射传输模式作为定量计算和模拟的基础。此时其表达式为

$$
\begin{cases}
\mu \dfrac{\mathrm{d}I(\tau,\mu,\varphi)}{\mathrm{d}\tau} = I(\tau,\mu,\varphi) - \dfrac{\overline{\omega}}{4\pi}\int_0^{2\pi}\int_{-1}^{1} I(\tau,\mu',\varphi')P(\tau,\mu,\varphi;\mu',\varphi')\mathrm{d}\mu'\mathrm{d}\varphi' \\
\qquad\qquad\qquad - J(\tau,\mu,\varphi) \\
J(\tau,\mu,\varphi) = \dfrac{\overline{\omega}}{4\pi}(\Delta F_0)P(\tau,\mu,\varphi;\mu_0,\varphi_0)\mathrm{e}^{-\tau/\mu_0}
\end{cases}
\tag{9.2}
$$

上式中,τ 为大气光学厚度,作为垂直方向的大气自变量,I 为散射辐射强度,(μ,φ) 为其方向,$\mu=\cos\theta$,θ 和 φ 分别为天顶角和方位角,ΔF_0 为太阳入射地外辐照率,μ_0 为太阳入射光天顶角余弦。J 为散射辐射源函数,在可见和近红外段由直射太阳辐射构成;ω 为大气的单次散射反照率;P 为大气的散射相函数。ω 和 P 是由大气中的空气分子散射、气体吸收和气溶胶散射/吸收共同构成的,若以 τ_m、τ_g 和 τ_a 分别表示分子散射、气体吸收和气溶胶光学厚度,则各自的单次散射反照率为 ω_m(等于 1),ω_g(等于 0)和 ω_a,而大气整体单次散射反照率为

$$
\omega = \frac{\tau_m + \omega_a\tau_a}{\tau_m + \tau_g + \tau_a}
\tag{9.3}
$$

相应地

$$
P = \frac{\tau_m P + \omega_a\tau_a P_a}{\tau_m + \omega_a\tau_a}
\tag{9.4}
$$

其中,P_m 和 P_a 分别为分子和气溶胶散射相函数。对地表双向反射率记为 $A(\mu,\varphi;\mu',\varphi')$,在漫反射即朗伯面情况下,记为 A。为简化起见,所有 I、A、τ、ω、F_0 等均理解为特定波长 λ 的值。

假定大气层上下 ω 和 P 保持一致,且只考虑入射太阳光的大气单次散射和朗伯面地表的单次反射,定义卫星传感器所在方向为 $(\mu_0,\mu_s,\varphi_{0s})$,且 φ_{0s} 表示卫星与太阳相对方位角。若以卫星所测的辐射率用表现反射率 $r_s(A,\mu_0,\mu_s,\varphi_{0s})$ 表示,则 r_s 可以表达为

$$
\begin{aligned}
r_s(\tau,A,\mu_0,\mu_s,\varphi_{0s}) &= I(\tau,A,\mu_0,\mu_s,\varphi_{0s})/\mu_0 F_0 \\
&= \frac{\omega P(\mu_0,\mu_s,\varphi_{0s})}{4(\mu_0+\mu_s)}\left\{1-\exp\left[-\tau\left(\frac{1}{\mu_0}+\frac{1}{\mu_s}\right)\right]\right\} + A\exp\left[-\tau\left(\frac{1}{\mu_0}+\frac{1}{\mu_s}\right)\right]
\end{aligned}
\tag{9.5}
$$

(9.5)式右端第一项为大气单次散射贡献,可称为大气单次散射路径辐射。第二项为经过大气衰减的地表反射贡献。(9.5)式给出了在单次散射近似条件下,大气和地表对卫星所测表面反射率贡献的明确定量关系。从中可以看出,大气层辐射正比于 ω 和 P,随 τ 的增大而增大。而地表贡献则被大气衰减削弱,随 τ 的增大迅速减小。(9.5)式只是最为简化的近似,由于大气层本身的多次散射贡献和地表的多次反射贡献,该式必然要作修正。

根据 Chandrasekhar 的近似表达式

$$I(\tau,\mu_0,\varphi_0;\mu_s,\varphi_s)=I_a(\tau,\mu_0,\varphi_0;\mu_s,\varphi_s)+F_d(\tau,\mu_0)T(\tau,\mu_s)A/[1-s(\tau)A] \quad (9.6)$$

上式右端第一项包括了大气多次散射,右端第二项中 F_d 为地表入射的近似量,T 为大气在卫星方向的整层透过率。与(9.5)式相比,(9.6)式中增加了 $[1-s(\tau)A]$ 的多次地表反射订正,其中 $s(\tau)$ 为大气半球反照率。由(9.6)式的定性分析可知,A 值越大(亮地表),多次反射贡献越大。对(9.6)式作近似展开,可得

$$I(\tau,A,\mu_0,\varphi_0;\mu_s,\varphi_s)=I_a(\tau,\mu_0,\varphi_0;\mu_s,\varphi_s)+F_d(\tau,\mu_0)T(\tau,\mu_s)A$$
$$+F_d(\tau,\mu_0)T(\tau,\mu_s)s(\tau)A^2 \quad (9.7)$$

由(9.7)式可以更清楚地看出大气和地表各自的作用。对较暗地表,显然右端的 A^2 项所起作用会很小。值得指出的是,(9.5)式或(9.6)式中,I_a、F_d、T、s 各项在考虑实际大气多次散射情况下并没有(9.5)式那样简单的解析表达形式,其中每一项均需要利用辐射传输方程加以计算才能获得数值结果。而对遥感应用而言,重要的是获得数值关系,建立起明确的以 τ、A 等为自变量的数值关系。(9.7)式为这种应用提供了建立数值关系的形式框架。

9.1.7 卫星遥感仪器

卫星遥感仪器测量大气和地表下垫面发射、反射和透射的电磁波,按其工作原理又可分为被动式和主动式两大类。被动式仪器接收来自目标物自身的发射、反射和透射电磁波信号;主动式仪器则能发射较强功率的电磁波辐射,测量经目标物反射或散射回来的回波信号。被动式大气遥感主要是利用地球大气发射的热辐射信号进行气象要素和大气物理现象的探测。如利用大气热辐射信号(大气微波热辐射信号和大气红外热辐射信号)相应的仪器主要有(1)利用大气微波遥感的仪器——微波辐射计;(2)利用大气红外辐射遥感的仪器——扫描辐射计。上述卫星遥感仪器所具备的基本组件包括:① 定向跟踪或扫描部件,用于获取二维空间各个位置上的信息;② 电磁波辐射收集器,由透镜、反射镜或微波天线组成,它们将目标物的信号聚集在探测器的成像平面上,并经过特殊的部件进行信号处理;③ 检测器,将已处理的电磁波辐射信号处理为电信号;④ 电子处理部件,将检测器的信号转换为所需的测量值;⑤资料储存单元;⑥主动式仪器目标物照明系统或电磁波辐射信号处理为电信号;⑦定标源,用来定期检验标定仪器的标尺和灵敏度。目前已应用的搭载在各种卫星平台上的传感器见表9.4。

表 9.4 已有的搭载在各种卫星平台上的传感器

传感器类型	传感器名称	卫星平台	幅度/km	分辨率/m
可见光近红外传感器	MSS	LandSat series	185	80
	AVHRR 1-3	NOAA 17	2 900	1 100
	AWiFS	IRS P7	740	56
	CCD	INSAT 3A	全球覆盖	1 000
	ETM +	LandSat 7	185	15
	GeoEye-1 MS	GeoEye	15	1.56

续表

传感器类型	传感器名称	卫星平台	幅度/km	分辨率/m
被动微波传感器	LISS I - IV	ResourceSat - 1, 2	70	5.8
	ZY - 3 MS	ZY - 3	52	5.8
	MODIS	Terra, Aqua	2 330	250
	OCM	OceanSat 1, 2	1 440	236
	ESMR	Nimbus 5	1 280	25 000
	SMMR	Nimbus 7	600	22 000
	MSMR	OceanSat 1	1 360	22 000
	SSM/I	DPMS	1 400	15 000
	AMSR - E	Aqua	1 445	4 000
	MRW	EnviSat	20	20 000
	MWR	Sentinel 3	20	20 000
	SAR	SeaSat	100	25
	AMI SAR	ERS 1, 2	100	10
	ASAR	EnviSat	100	28
主动微波传感器/全成孔径雷达	RISAT SAR	RISAT 1	30	3
	SAR	Sentinel 1	50	8
	RadarSat SAR	RadarSat 1, 2	20	3
主动微波传感器/光学传感器	GLAS	IceSat	NA	70
	ALT	SeaSat	2	NA
	RA	ERS 1, 2	NA	16
主动微波传感器/雷达高度计	RA - 2	EnviSat	NA	NA
	Siral	CryoSat 2	NA	NA
	SRAL	Sentinel 3	NA	300
	ASCAT	Metop A	500	25 000
主动微波传感器/散射计	SASS	Seasat	500	50 000
	Scat	OceanSat 2	1 400	2 500 000

在考虑仪器遥感的过程中,需要注意波长选择的要求,比如氧气在微波区有两个较强的吸收带,中心波长分别在:① 5 mm（60 GHz）。由若干条吸收线组成的共振吸收带组成,共计 46 根,微波遥感大气温度分布利用氧分子 5 mm 波段。在此波段,氧气对微波能强烈吸收,而其他气体吸收较少,且氧气的时空变化小,比较恒定。② 2.53 mm（118 GHz）。单线式的吸收线水汽分子在微波区有两条共振吸收线:1.348 cm（22.235 GHz）和 0.164 cm（183.3 GHz）,氧分子 2.53 mm 吸收线则用来遥感高层大气温度分布。大气中的氧分子和水汽分子对于

微波有强烈的吸收,因而必然在这些波段有强烈的辐射。目前已知的是,空基和地基测得的微波辐射亮度温度与大气水汽总含量基本上呈线性关系。大气将它们作为热噪音源信息向上和向下传播。与红外辐射相比,它们有着各自的优、缺点:① 红外辐射强于微波辐射,它的测量精度却低于微波辐射,而且微波的测量灵敏度也很高。② 更重要的一点还在于红外辐射受云的干扰大,微波处于较长的波长,可以穿透云层,一般高云的影响完全可以略去,因而能够反演出有云地区大气层的温度廓线。目前,地基遥感大气水汽常用的波段是 8 mm 与 1.35 cm;气象卫星遥感海洋上空水汽总含量可使用波段是 1.35 cm;对于红外辐射计常用的波段分布在 $0.7 \sim 100\ \mu m$;而地气系统发射的红外辐射强度的峰值位于 $10 \sim 20\ \mu m$ 波段;对于 CO_2 的遥感来说,其吸收带中心波长是 15 μm,范围为 $12.5 \sim 16.7\ \mu m$,在 4.3 μm 也有一个强吸收带;H_2O 在 6.3 μm 有一处吸收带,范围为 $5 \sim 8.3\ \mu m$;O_3 强吸收带中心是 9.6 μm;CH_4 和 N_2O 的强吸收带为 7.66 μm 和 7.8 μm;大气窗区:大气对辐射传输的干扰很少,主要分布于 $8.3 \sim 12.5\ \mu m$、$10.5 \sim 12.5\ \mu m$ 和 $3.5 \sim 4.0\ \mu m$,可用来遥感云雨、大气和海洋的物理光学特性。

含有丰富水汽(或冰水)的云作为重要的气象要素,在大气能量分配、辐射传输以及水循环系统中起着不可忽视的作用,因此对云的有关参数的遥感对于大气科学的各个领域都具有重要意义。其中云相态的识别又具有基础科学意义。那么,什么是云相态呢?云相态指的是云所处的热力学状态,即液态或固态,不同的相态类型具有不同的吸收和散射特性,其变化伴随的热动力学过程,将直接影响各种尺度天气系统的形成与演变。云相态不仅是云参数研究的重要内容,而且是反演其他云微物理参数的前提。云微物理参数的各种反演模型都是根据不同的相态类型建立的,准确识别云的相态对于提高光学厚度、有效粒子半径等云光学和微物理参数的反演精度尤为重要。可用于云相态反演的星载遥感源见表 9.5。此外,还有 NASA 的 A - Train 系列卫星也可以实现云的相态遥感,详细信息参见其官方网站(http://www.nasa.gov/mission_pages/a-train/)。

表 9.5　可用于云相态反演的主要卫星及传感器

卫星及传感器	国家	发射时间	分辨率/km	所用通道/μm
NOAA16(17、18)/AVHRR - 3	美国	2000.09.21(2002.06.24,2005.05.20)	1.1	1(0.58~0.68), 3A(3.55~3.93), 3B(1.58~1.64), 4(10.3~11.3), 5(11.3~12.5)
TERRA(AQUA/MODIS	美国	1999.12.08(2002.05.04)	0.25, 0.5, 1	1(0.620~0.670), 6(1.628~1.652), 7(2.105~2.135), 29(8.400~8.700), 31(10.780~11.280), 32(11.770~12.270)
ENVISAT/SCIAMACHY	欧空局	2002.03.01	30×60	0.991~1.75
MSG - 1(2)/SEVIRI	欧空局	2002.08.28(2005.12.21)	3	1(0.56~0.71), 3(1.50~1.78)
FY - 1C(3A)/VIRR	中国	1999.05.10(2008.05.27)	1.1	1(0.58~0.68), 4(10.3~11.3), 6(1.58~1.64)

卫星及传感器	国家	发射时间	分辨率/km	所用通道/μm
ADEOS-1/POLDER1	日本、法国	1998.08.17	6.2	0.865
ADEOS-2/POLDER2	日本、法国	2002.12.14	6.2	0.865
PARASOL/POLDER3	美国、法国	2004.12	5×6	0.865
CALIPSO/CALIOP	美国	2005.04.15	垂直0.03	0.532，1.064
NPOESS/VIIRS	美国	2010	0.4～0.8，0.8～1.6	共22个通道，9个可见光和近红外通道，8个短波和中波红外通道，4个热红外通道，1个低照度条件下的可见光通道

9.1.8　气象卫星接收系统和资料处理

1. 气象卫星接收系统

气象卫星在空间获取资料以后可以 3 种方式向地面发送：一种是卫星将观测到的资料储存在卫星内部的磁带上，当其经过地面指令站上空时，卫星根据地面指令站发出的指令，将储存在卫星磁带上的资料迅速发送给指令站，对于这种方式，一般地面站无法接收，具有相当高的保密性；另一种是卫星在获得观测资料以后并不储存在卫星上，而是直接向地面发送，卫星一面运行一面向地面发送资料，这种发送方式称作实时发送或自动图片发送，简称 APT 或 HRPT；还有一种是卫星一面观测一面发送资料，但是由于采用软件或硬件对卫星发送资料进行加密，一般的地面卫星接收站也无法收到卫星资料，只有那些具有解密功能的卫星接收站能接收。对应卫星的发送方式，地面接收站也分成两种：一种是指令接收站，它具有庞大的卫星信标信号的跟踪天线，能发指令给卫星，控制卫星的工作状态和向地面发送资料，还具有高性能的大型计算机，对卫星资料进行各种加工处理，制作各种业务使用产品；另一种是自动图片接收站，称为 APT 接收站，它具有接收卫星实时向地面发送各种资料的功能。APT 地面接收站的设备分为高分辨率 APT 站（又称 HRPT 站）和低分辨率 APT 接收站。

卫星上的扫描辐射仪对地球进行扫描，每对地球扫描一次就得一条扫描线，每一条扫描线包含一系列地面目标物发出的辐射信号，这些辐射信号经过处理后以超高频信号向地面发送。卫星云图的接收过程则是卫星观测和资料发送的逆过程，就是把接收的超高频信号还原成图像电信号，然后将电信号变成光信号，再用计算机显示器或者相纸（胶片）显示出来。一些在天气图上分析不出来的热带"云团"尺度的天气系统从卫星云图中可以发现。有许多云团和天气图上的系统（如台风、东风波、高空冷涡）是相联系的，但是也有一些云团在天气图上反映不出来，这些云团有时候也能引起强烈的暴雨和大风天气现象。卫星云图还被广泛应用于其他天气系统的分析，包括温带气旋和高空切断冷涡、锋面云系、高空急流云系、西南低涡等天气系统的分析。自 20 世纪 80 年代初以来，气象卫星云图已广泛应用于各种尺度天气学的分析与预报应用中,出现了大批应用研究成果。可以说,卫星云图分析已经成为天气学研究中的基础部分和基本手段之一。为了使显示的卫星云图不失真,必须满足下面三个条件:(1) 同步:所谓同步是指卫星扫描镜旋转的扫描速度与地面计算机显示器上的扫描线显示速度相同。如果两者显示速度不一致,便会使图片发生歪斜。(2) 同相:这是指卫星对地球每一次扫描的起始端与计算机显示器上扫描线起始端的位置相同,即在同一时刻卫星与计算机显示器上的扫描线处在相对应的位置上。要实现同相,先要实现同步。若没有同步,即使是第一条扫描线的位置相同了,也不会有所有的扫描线同相。对于卫星图像信号中每一条扫描线的起始都有一同步信号,在对卫星讯号的处理中,只要识别同步信号就可以实现同步。(3) 合作系数。为了使卫星观测到的目标物与计算机显示的图像尺度比例一致,也就是在长、宽方向上有相同的放大或缩小倍数,通常把扫描线密度与扫描线长度的乘积称作合作系数。

天线是卫星接收设备中重要的组成部分,HRPT 地面接收天线为焦距 $f = 1\,080$ mm,口面直径为 3 m 的旋转抛物面,它接收卫星发送来的右旋圆极化波,反射会聚成左旋圆极化波,为置放在焦点上的螺旋天线头所接收,然后经阻抗变换,通过主馈线送至高频放大器。由天线头和抛物面反射体所形成的波束宽度为 $4° \sim 5°$。天线系统包括:① 天线控制系统,天线控制系统有手动和自动跟踪两种;手动跟踪是根据事先计算好的卫星方位角和仰角通过按键控制马达转动,将天线头对准卫星。自动控制可以通过两种方式实现,一是采用步进跟踪体制,比较天线前后跟踪时刻的信号大小,确定天线是否向前步进,如果走步后的信号大于前一步的信号,天线继续向前,否则后退一步。另一种是由计算机根据卫星轨道计算出所能接收的轨道,算出每一时刻卫星的位置,并据此发出信号控制天线系统。② 前置高平放大,位于天线底部,它的目的是将天线接收到的信号放大,不致使卫星电信号在电缆传输过程中损耗。同时通过变频等处理,将其高频信号变为较中频信号。③ 高频分机,包括高频放大机和下变频器。④ 一体化板,包括以下几部分,解调器、比特同步器、帧同步器、缓冲器、DMA 方式进机接口等以及计算机卫星处理系统。

2. 卫星资料处理系统

卫星资料处理系统主要包括数据收集、管理、定位、定标,数据格式编排和压缩、质量控制、数据订正等。卫星资料首先进行预处理,即先将原始的高分辨率图像资料进行卫星资料重新格式化,并分离成各种不同产品的数据流。将地球定位和仪器标定参数附加到资料中,成为在网格上准确定位的数据。需要注意卫星数据处理过程中的一些关键环节:① 数据的临边订正,即卫星扫描的图形只在星下点的位置处于电磁波辐射的垂直入射方向,大多数像素点以一定倾斜角度向卫星接收仪器发射辐射,越靠近扫描线边缘的单元,入射角越小,而且通过大气的路径也越长,因而卫星收到的辐射较弱。假设同一条扫描线的大气或地表辐射温度相同,其接收到的信号计数值也会不同。对于这种影响必须采用适当的方法予以修正,包括可见光、红外和微波辐射均需进行修正。② 晴空辐射修正,即在一些情况下需要进行云况和云量判别,因此首先要确定云污染的程度,计算出云量和云高,然后分情况,舍弃或修正这些像素点的资料。③ 廓线反演,这里可能包括温度、湿度和臭氧含量的反演。④ 风迹云计算,即利用云体随风被动移动的特点,可以测得高空风场的资料,但必须注意两点:一是选择云体的特征不为稳定少变的云中;另一点是云体的移动受到除气流运动以外的其他因素制约,例如波状云。

以欧洲空间局静止气象卫星(METEOSAT)数据处理为例,该卫星提供的图像是由一个多谱段辐射计一条线一条线地生成。METEOSAT 围绕它的旋转轴以每分钟 100 转的速率旋转,从东向西扫过地球的水平线。一个镜面在每次旋转中从南向北移动一小步,在 25 分钟内完成对地球的一次完整扫描(其中包括 5 分钟用来为下一次扫描重新设定镜面)。可见光图像由 5 000 条线组成,每线 5 000 个像素,相应于星下点 2.5 km 的分辨率(纬度高则分辨率降低)。两张红外图像都由 2 500 条线构成,每条线 2 500 像素,给出星下点分辨率为 5 km。在扫描仪观测空间时,图像以每秒 333 000 比特的速率一线接着一线地进行数字化传输。这些传送不是为了最终的用户,而是直接传到地面站,在那里由欧洲空间管理中心(ESOC)处理并通过 METEOSAT 的 2 个分立通道向用户发送。

主要资料用户站(PDUS)所接收到的第一个通道是高质量的数字化图像。第二个通道传送二级资料用户站(SDUS)接收模拟形式的图像,即天气图传真(WEFAX),这是绝大部分气象卫星(包括极地轨道)的标准使用形式。SDUS 接收在 METEOSAT 的视场中覆盖不同地球表面区域的图像。按每日时间表传送,每 4 分钟一幅图像。SDUS 也接收 DCP 的传送。除了接收和发送图像外,METEOSAT 目前还有 66 个通道用于将 DCP 数据从边远站传送到地面站。其中一半保留作为国际用途,即可动的 DCP 从一颗静止气象卫星的视场进入另一颗的视场。剩下的用于固定的、局域的 DCP。每一通道可以容纳由它们的报告频次和报告的长度允许的 DCP 数目。因此,依照所有的 DCP 每 3 小时一次的报告时间和每一分钟的信息以及每个之间有一个 30 秒的缓冲时间(以允许时钟转移),每个通道可以容纳 120 个 DCP,一共可以容纳 7 920 个。

9.1.9　卫星云图

卫星上的仪器在某一波谱段(可见光、红外大气窗区或吸收带)遥测的辐射,经转换接收,以图形方式显示,即成卫星云图。卫星云图是气象卫星最易且最早进行的观测项目之一,也是最早在气象业务发挥作用的卫星资料。卫星云图为天气预报提供云参数、大气流场和各种大气物理过程等重要的气象信息,能监视常规天气图上无法发现的诸如中、小尺度灾害性天气现象;更重要的是卫星云图能提供海洋、人烟稀少的高原和沙漠地区的气象资料。同时由于卫星云图的时空分辨率高,对于监测海洋、地理、农作物生长和森林火灾有重要作用。随着卫星探测技术的高速发展,卫星观测通道越来越多,图像的种类大大增加,经处理后定量的卫星资料也越来越多,卫星云图的应用表现出广阔的前景。卫星云图分为可见光云图和红外云图两个类型:① 可见光云图是卫星扫描辐射仪在可见光谱段测量来自地面和云面反射的太阳辐射,如果将卫星接收的地面目标物反射的太阳辐射转换为图像,卫星接收的辐射越大,就用越白的色调表示;而接收的辐射越小,则用越暗的色调表示,这就得到可见光云图。在可见光云图上,物像的色调决定于反射太阳辐射的强度。而卫星接收的反射太阳辐射决定于入射到目标物上的太阳辐射,以及目标物的反照率。入射至目标物的太阳辐射又与太阳高度角有关。因此,在可见光云图上物像的色调与其本身的反照率和太阳高度角有关。② 红外云图上的色调分布反映的是地面或云面的红外辐射或亮度温度分布,在这种云图上色调越暗温度越高,卫星接收的红外辐射越大;色调越浅温度越低,辐射越小。根据卫星云图上的色调差异可以估计地面、云面的温度分布。红外云图上地表的色调随季节、纬度和昼夜有明显的变化。

在卫星云图上,云的识别可以根据以下 6 个判据:结构形式、范围大小、边界形状、色调、暗影和纹理。具体如下:

1. 结构型式

即是指目标物对光不同强度的反射或其辐射的发射所形成的不同明暗程度物像点的分布式样,这些物像点的分布可以是有组织的,也可以是散乱的,即表现为一定的结构型式。卫星云图上云的结构型式有带状、涡旋状、团(块)状、细胞状和波状等。由云的结构型式有助于识别云的种类和云的形成过程,如冬季洋面的开口细胞状云系是由积云或浓积云组成的,它是冷空气到达洋面受海面加热变形而形成的;大尺度的带状云系主要是由高层云和高积云组成的;团状云块一般是积雨云等。由云的分布型式有助于识别天气系统,如锋面、急流呈带状云系,台风、气旋(低压、冷涡)具有涡旋结构等。在一张云图上,常包含许多复杂型式,并且有些型式是相互重叠的,这种重叠型式常是由于陆地地貌、水、冰雪和云同时存在引起的,或者是由于高、中、低云同时造成的,这种复杂型式的分析要很仔细,可借助不同时间和多通道云图相互比较,以及对物像的认识,判别结构型式和形成原因。

2. 范围大小

即根据云的类型不同,其范围也不同。如与气旋、锋面相连的高层云、高积云和卷云的分布范围很广,可达上千千米;而与中小尺度天气系统相连的积云、浓积云和积雨云的范围很小。因此,从云的范围可以识别云的类型、天气系统的尺度和大气物理过程。如在山脉背风坡一侧出现的相互平行排列的细云线,就能知道这是山脉背风坡一侧重力波引起的。

3. 边界形状

在卫星云图上,各类物像都有自己的边界形状,所以根据不同的边界可以判别各类物像。各种云的边界形状有直线的、圆形的、扇形的,有呈气旋性弯曲的,也有呈反气旋性弯曲的,有的云(如层云和雾)的边界十分整齐光滑,有的云(积云和浓积云)的边界则很不整齐。云的边界还是判别天气系统的重要依据,如急流云系的边界整齐光滑,冷锋云带呈气旋性弯曲等。

4. 色调

即色调有时也称亮度或灰度,它是指卫星云图上物像的明暗程度。不同通道图像上的色调代表的意义也不同。如可见光云图上的色调与物像的反照率、太阳高度角有关。对云而言,其色调与它的厚度、成分(水滴或冰粒子性质)和表面的光滑程度有关。云的厚度越厚,反照率越大,色调越白,大而厚的积雨云的色调最白,因此由云的色调可以推算云的厚度。在相同的照明和云厚条件下,水滴云要比冰云白。对水面的色调取决于水面的光滑程度、含盐量、浑浊度和水层的深浅。一般地说,光滑的水面(风很小)表现为黑色;水层越浅,水越浑浊,则其色调越浅。在红外云图上,物像的色调取决于其本身的温度,温度越高色调越黑。由于云顶温度随大气高度增加而降低,云顶越高,其温度越低,色调就越白,因此,根据物像的温度能判别云属于哪一种类型和地表。积雨云和卷云的色调最白,夏季白天沙漠地区,温度高,色调很黑。在短波红外云图上,白天物像一方面反射太阳辐射的同时其以自身的温度发出短波红外辐射,所以图像上的色调不仅取决于反照率,还取决于温度,使得图像十分复杂,根据色调识别物像很困难。在水汽图上,根据色调可以识别水汽分布,同时由水汽图也能判别积雨云和卷云。

5. 暗影

其定义是在一定太阳高度之下,高的目标物在低的目标物上的投影,所以暗影都出现于目标物的背光一侧边界上。暗影只能出现于可见光云图上,它反映了云的垂直分布状况,由暗影可以识别云的类别。在分析暗影时要注意以下几点:一是暗影的宽度与云顶高度有关,云顶越高,暗影越宽。二是暗影的宽度与太阳高度角有关,太阳高度角越低,迎太阳一侧云的色调越明亮,背太阳光一侧出现暗影。所以冬季中高纬度地区或早晨的卫星云图上,一些较高云的暗影较明显。而太阳高度角较高时,如低纬度地区或中午前后时间,即使是卷云或积雨云也难以从云图上见到暗影。三是在上午的卫星云图上,暗影出现于云的西边界一侧,若是下午的云图,暗影出现于云区的东边界一侧。四是暗影只能出现于色调较浅的下表面上,如低云、积雪或太阳耀斑区内容易见到暗影。在分析暗影时要将云的裂缝与暗影区分开。

6. 纹理

其定义是指云顶表面或其他物像表面光滑程度的判据。云的类型不同或云的厚度不一,使云顶表面很光滑或者呈现多起伏、多斑点和皱纹,或者是纤维状。由云的纹理可以识别不同种类的云:如果云顶表面很光滑或均匀,表示云顶高度和厚度相差很小,层云和雾具有这种特征;如果云的纹理多皱纹和斑点,就表明云顶表面多起伏,云顶高度不一,积状云具有这种特征;如果云的纹理是纤维状,则这种云一定是卷状云。有时候在大片云区中出现一条条很亮的或很暗的条纹,可以是直线或弯曲的,这些条纹称"纹路"或"纹线",这种纹线与云的走向有关。如果云的纹理为皱纹和斑点,则云面多起伏,云厚不一;如果很光滑和均匀,则云顶高度和厚度比较齐;如果是纤维状,则常为卷云。

9.1.10　卫星遥感在大气科学中的典型应用

卫星遥感在大气科学研究的众多领域已经得到了广泛的应用,在此简要列出几个应用以起到导引作用,具体如下:

1. 卫星遥感探测上层大气风场

1991 年,美国航空航天局(NASA)发射了一颗上层大气研究卫星 UARS(Upper Atmosphere Research Satellite),搭载了 1 台研究上层大气(80～300 km)风场(风速、温度、压强、气辉体发射率等)的广角迈克尔逊干涉仪 WIND Ⅱ (Wind Imaging Interferometer),开创了被动式探测上层大气风场的先河。在 WIND Ⅱ 利用光学方法成功探测上层大气风场的基础上,其设计原理又被多种仪器所效仿,但不同探测模式下新干涉仪的一些关键技术又对 WIND Ⅱ 进行了改良。这些探测风场的干涉仪均基于多普勒频移,利用干涉成像光谱技术及 CCD 探测元记录干涉信号的强度和调制度,这类干涉仪有下列 3 类 7 种:卫星携带上天观测地球大气风场的风成像光谱干涉仪(WIND Ⅱ)、同温层风场输运干涉仪(Stratospheric Wind Interferometer for Transport Studies,SWIFT)、中层层成像迈克尔逊干涉仪(Mesospheric Imaging Michelson Interferometer,MIMI)、波成像迈克尔逊干涉仪(Waves Michelson Interferometer,WAMI),在地面观测地球大气风场的偏振大气迈克尔逊干涉仪(Polarizing Atmospheric Michelson Interferometer,PAMI)、风成像干涉仪 (E-Region Wind Interferometer,ERWIN)以及飞到火星轨道探测其大气风场的火星动力学大气观测仪 (Dynamics Atmosphere Mars Observer,DYNAMO)。

目前,被动式探测大气风场的国外研究机构有加拿大空间署(CAS)、加拿大 York 大学的地球空间科学研究中心(CISS)和法国空间中心(CNRS)。国内对大气风场被动探测的研究始于 20 世纪末,目前中科院西安光机所和西安交通大学对上层大气风场的探测原理、极光(气辉)谱线、实验室模拟和定标模式正在进行研究。高层大气风场的研究无疑对于地球系统科学发展以及邻近空间的探索具有重要科学意义和军事价值。

2. 应用卫星遥感技术监测大气痕量气体

近年来的研究表明,全球大气由于人类活动正经历快速变化,大气痕量气体及浓度随着人类活动的发展发生了巨大的变化,各种温室气体通过温室效应导致全球变暖,BrO,NOx,CH_4 等各种痕量气体对大气臭氧的破坏已经引起了全球大气科学家的关注。例如:由来自对流层人类排放的 CFCs、HFCs 和卤代烃类等导致的两极平流层臭氧洞,全球对流层臭氧的剧增,对流层 CO_2、CH_4、N_2O 和 O_3 等温室气体的增加等。同时痕量气体还可以参与光化学反应,降水化学和在气溶胶中的气—固转化,间接对全球的生态环境以及气候变化造成严重影响。许多学者在对流层的反演方面做了工作,例如:全球及部分区域对流层 O_3 的时空分布及变化研究;对流层 O_3 与厄尔尼诺、北大西洋涛动等气候因子的相关分析;大陆间污染物的输送等。现有典型的几种卫星大气成分遥感探测器:

全球臭氧监测仪(Global Ozone Monitoring Experiment,GOME)是 1995 年 4 月 21 日发射的 ERS-2 上的一台臭氧层探测设备,卫星的轨道高 771～797 km,倾角 98.5°,降交点的地方太阳时间为 10:30am,轨道周期为 100.5 分钟,轨道截距为 25.1°,GOME 是一个四通道中精度光谱仪,覆盖光谱范围为 240～790 nm,光谱分辨率为 0.17～0.33 nm。

臭氧监测仪(Ozone Monitoring Instrument,OMI)是美国国家航空航天局(NASA)于 2004 年 7 月 15 日发射的 Aura 地球观测系统卫星上携带的 4 个传感器之一。臭氧监测仪由荷兰和芬兰与 NASA 合作制造,是继 GOME 和 SCIAMACHY 后的新一代大气成分探测传感器,轨道扫描刈幅为 2 600 km,空间分辨率是 13 km×24 km,一天覆盖一次全球,有 3 个通道,波长覆盖范围为 270～500 nm,光谱分辨率为 0.5 nm (IAM),可以获得逐日、直接的全球低层 O_3 以及 NO_2、SO_2、HCHO、BrO、CO_2 等影响空气质量的污染物测量结果,还包括气溶胶紫外指数和云检测产品等等,并可将结果以空前的空间分辨率传输,这有助于科学家了解污染物的长途输送及其复杂性。OMI 的观测结果有助于我们更好地了解臭氧层空洞怎样对未来平流层冷却做出反应,为科学家对影响平流层臭氧层与气候的物理和化学过程提供了新的认识途径,有助于科学家监测全球污染的产生和重新认识气候变化将怎样影响平流层与臭氧层的恢复。

扫描成像吸收光谱大气制图仪(SCIAMACHY)是欧洲空间局(ESA)在 2002 年 3 月 1 日发射的大型环境监测卫星(ENVISAT-1)上搭载的 10 大载荷之一。我国的风云三号携带了紫外臭氧探测仪,上面首次搭载大气成分探测仪,可以得到臭氧的总量信息和垂直廓线信息。

3. 卫星遥感获取海面风速

在气象学中,海面风场是行星边界层下界面的边界条件之一,在气候模式中占据重要地位。在海洋动力过程中,它不仅是形成海上波浪的直接动力,而且也是区域和全球海洋环流的关键性动力,因为表层环流由风控制,如果知道了海面风场,就易估计表层动量通量,进而估计 Ekman 抽吸和 Sverdrup 输送。在海洋—大气动力系统中,风场本身就是一个至关重要的因素。因此,在诸如海浪、海流和风暴潮等数值模型中,一般均需要首先确定风场作为输入因子。此外,海面风速对海面温度、全球生化过程和水文循环等也有重要影响。所以,海面风场的观测与分析是研究海洋动力过程的重要基础。

目前,散射计、微波辐射计和高度计是三种主要的海面风场传感器。散射计具有 $25\sim50$ km 的分辨率,其时间重复周期一般为 $2\sim3$ 天;微波辐射计的分辨率较低(约 50 km),可它的刈幅很宽,能达 1 000 km 以上,载有微波辐射计的卫星较多,通常有 2 颗(或以上)卫星同时运行,因此,微波辐射计资料通常具有较短(小于 2 天)的重复周期;高度计沿轨方向具有很高的分辨率(约 7 km),但轨道间的间距($140\sim300$ km)很大,重复周期也较长(约 $10\sim17$ 天)。这三种传感器的精度一般也不相同,且仅散射计具有风向信息。对这三种遥感风速的复合分析应从两方面考虑:一方面,利用统计分析确定海面风速时空模态特征和主成分分量,并结合对遥感信息提取模式的分析,研究建立遥感风场信息的质量权重评估方法和质量权重因子及其依赖关系,以确定多源信息复合分析中输入信息的权重因子并建立输出产品误差分析模式;另一方面,根据大气边界层理论,建立海面风场数值诊断模式,对遥感海面风场和相关常规信息(风场、气压场等)进行数值同化,获得复合分析风场产品。

4. 卫星遥感监测空气质量

随着全球及区域尺度内空气污染问题的日益突显,利用卫星遥感进行大气探测的技术也得到了不断发展。如对气溶胶、灰霾、近地面颗粒物(PM2.5/10)、污染气体、温室气体的遥感反演原理的建立,使得建立多源卫星空气质量监测系统具有十分的迫切性。

在我国乃至全球范围内,大气污染已对公众健康和生态安全构成了巨大的威胁。2014 年世界卫生组织最新发布的一份报告显示,全球每年大约有 700 万人死于空气污染,空气污染已成为全球最大的单一环境健康风险。国务院于 2013 年 9 月颁布了大气污染防治行动计划,规定到 2017 年重点区域环境空气质量有所改善,并对京津冀、长三角、珠三角等主要区域规定了具体细颗粒物的下降指标。随着大气环境问题受到越来越高的重视,获取大气污染物准确的时空分布、来源及传输路径已经是大气环境治理最急迫的任务。目前,对大气污染成分的常规监测主要是通过地面仪器进行连续采样监测,这种观测站点数量有限,难以掌握区域尺度的大气污染物分布状况。与传统的地面站点式监测相比,卫星遥感具有大区域范围内连续观测的优势,能够在不同尺度上反映污染物的宏观分布趋势,为大气污染的全方位立体监测提供重要的信息来源,并可以在一定程度上弥补地面监测手段在区域尺度上的不足。因此,卫星遥感监测大气空气质量具有重要的研究意义和应用价值。

利用卫星遥感技术监测气溶胶和气体等空气质量相关参数的历史始于 20 世纪七八十年代。随后的数十年里,科学家们利用地球静止轨道环境业务卫星(GOES)研究了美国中西部地区大面积颗粒物污染情况,并将其应用于美国东北部颗粒物污染研究;通过利用总臭氧测绘光谱计(TOMS)的大气 O_3 柱总量数据和 SUVB 提供的平流层 O_3 廓线数据来计算对流层 O_3 柱浓度,并将其应用于监测美国东部近地面 O_3。随着美国 Terra 卫星(搭载中分辨率成像光谱仪 MODIS 和对流层污染测量仪 MOPITT)、Aura 卫星(搭载臭氧监测仪 OMI 和对流层放射光谱仪 TES)、Aqua 卫星(搭载光栅式大气红外探测仪 AIR)、Metop 系列卫星(搭载超高光谱红外大气探测仪 IASI)、Suomi NPP 卫星(搭载跨轨迹红外探测器 CrIS 和臭氧剖面制图仪 OMPS),欧洲的 ERS‐2 卫星(搭载全球臭氧监测仪 GOME)、ENVISAT

卫星(搭载大气化学成分测量仪器 SCIAMACHY)和 PARASOL 卫星(多角度偏振探测仪 POLDER)等的成功发射,利用卫星遥感技术对空气质量的监测和分析能力得到了显著提升。近年来,我国也先后发射了搭载有大气污染探测传感器的风云(I,Y)系列气象卫星、环境(HJ)系列卫星和高分(GF)系列卫星,为我国环保、气象等部门提供了有力的决策支持。

5. 热带气旋卫星定位

大尺度台风云系形态识别、风场结构分析、云体温湿反演、时空运动匹配是热带气旋卫星遥感客观定位的主要研究内容,结合运动特征的混合智能算法将是热带气旋中心定位的未来方向;此外,建立集成多种资料和算法的热带气旋综合客观定位系统,也有利于提高热带气旋中心定位的稳健性和准确率。

总的来说,热带气旋云系可分为两大类:有眼和无眼。有眼类热带气旋云系反映在卫星云图上,是在一片高亮度的云区核心存在一块特征明显的暗区,即云眼。云眼通常产生于热带气旋成熟期,具有圆形眼、同心双套圆眼、椭圆形眼、半圆环眼、不规则眼、破碎眼等形状。云眼通过肉眼虽清晰可辨,但气旋中心位置仍需仔细确定。无眼类热带气旋云系根据其形状和外围螺旋云带特征可分为螺旋性云系、非对称性云系和类圆性云系,在卫星云图上分别表现为弯曲云带型、风切型、中心密闭云区覆盖型。无眼类热带气旋或是处于生成期或衰亡期,或是眼区被高层薄云遮挡,因此特征不明显,中心位置辨认难度较大。无论有眼无眼,热带气旋都具有旋转中心(绕着自身中心高速旋转同时又向前移动)。云系形态识别定位法主要是利用图像处理、模式识别、人工智能等技术在可见光、红外、微波遥感图像基础上对上述有眼形状特征、无眼云型特征、整体旋转特征等进行识别、提取,进而确定中心位置。目前,发展结合运动特征的混合智能算法可能成为热带气旋中心定位的未来方向。

将卫星遥感热带气旋云眼中心、风场中心、温度中心、湿度中心、旋转运动中心等特征融合起来,形成热带气旋各个发展阶段的规则特征数据库,运用智能学习算法综合判识热带气旋中心,既符合台风的物理特征过程,又充分利用了各种信息源实现自动化,理论上该方法将适用热带气旋任何阶段且具有极高的定位精度。此外,有必要建立集成多种资料和算法的热带气旋综合客观定位系统,它将有利于校正或剔除热带气旋中心多属性、倾斜、不重合以及卫星偏差等引起的中心定位分歧,提高热带气旋中心定位的稳健性和准确率,同时叠加气压场、海温场等更多观测资料将有助于分析预报热带气旋移动路径的时空变异,基于系统还可方便制作热带气旋中心位置的监测预报产品,以辅助决策乃至分析、制作事后的热带气旋最佳路径数据集。

此外,在针对诸如沙尘暴监测,沙尘天气微气象学,湍流输送特征研究,极地海冰变化监测,云中液态水含量,海洋颗粒有机碳浓度,海洋及湖泊水色遥感研究,海草碳通量的卫星遥感监测,土壤湿度和海洋盐度卫星全球探测,赤潮以及大气 CO_2 浓度的反演方面,卫星遥感都发挥了重要的作用。经过几十年的发展,遥感对地观测的空间信息研究在技术上已从可见光发展到红外、微波,从单波段发展到多波段、多极化和多角度,从空间维拓展到光谱维,遥感平台高、中、低轨探测结合,一个多层次、立体、多角度、全方位和全天候的对地观测系统业已形成,未来的发展将向高光谱、高时空分辨率、高精度和高稳定性方向发展。

§9.2　GPS 遥感在气象上的应用

9.2.1　全球导航系统现状

1957 年 10 月,世界上第一颗人造地球卫星的发射成功,标志着空间科学技术的发展跨入了一个崭新的时代,随着人造地球卫星的不断发射,利用卫星进行定位测量及导航就成为了现实。全球定位系统(Global Positioning System,GPS)是 20 世纪 70 年代由美国国防部研制的新一代卫星导航定位系统,该系统可向人类提供高精度的导航、定位和授时服务。

所谓卫星定位技术,就是指人类利用人造地球卫星确定测量站点位置的技术。最初,人造地球卫星作为一种空间观测目标,由地面观测站对卫星的瞬时位置进行摄影测量,测定测站点至卫星的方向,建立卫星三角网。同时也可利用激光技术测定观测站至卫星的距离,建立卫星测距网。用上述两种方法均可实现大陆同海岛的联测定位,解决了常规大地测量难以实现的远距离测定问题。1958 年 12 月,美国海军和詹斯·霍普金斯(Johns Hopkins)大学物理实验室为了给北极核潜艇提供全球导航,开始研制一种卫星导航系统,称之为美国海军导航卫星系统(卫星多普勒测量),简称 NNSS(Navy Navigation Satellite System)。在该系统中,由于卫星轨道面通过地极,因此称为"子午(Transit)卫星系统"。1959 年 9 月美国发射了第一颗试验性卫星,经过几年试验,于 1964 年建成该系统并投入使用。1967 年美国政府宣布该系统解密并提供民用。在美国子午卫星系统建立的同时,苏联于 1965 年也建立了一个卫星导航系统,叫作 CICADA,该系统有 12 颗卫星。

虽然子午卫星系统对导航定位技术的发展具有划时代的意义,但由于该系统卫星数目较少(6 颗工作卫星),运行高度较低(平均约 1 000 km),从地面站观测到卫星通过的时间间隔也较长(平均约 1.5 小时),而且因纬度不同而变化,因而不能进行三维连续导航,加上获得一次导航所需的时间较长,所以难以充分满足军事导航的需要。从大地测量学来看,由于它的定位速度慢(测站平均观测时间 1～2 天)、精度较低(单点定位精度 3～5 m,相对定位精度约 1 m)。因此,该系统在大地测量学和地球动力学研究方面受到了极大限制。为了满足军事和民用部门对连续实时三维导航的需求,1973 年美国国防部开始研究建立新一代卫星导航系统,即为目前的"授时与测距导航系统/全球定位系统"(Navigation System Timing and Ranging / Global Positioning System,NAVS TAR/GPS)(见表 9.6)。GPS 相对于其他导航定位系统的特点:功能多、用途广、定位精度高以及实时定位。

表 9.6　NNSS 和 GPS 参数比较

系统特征	NNSS	GPS
载波频率/GHz	0.15,0.40	1.23,1.58
卫星平均高度/km	约 1 000	约 20 200
卫星数目/颗	5～6	27(3 颗备用)
卫星平均运行周期/min	107	718
卫星钟稳定度	10^{-11}	10^{-12}

除美国大力发展全球导航定位系统(GPS)之外,现有的导航系统还有中国的北斗卫星导航系统(BeiDou Navigation Satellite System,BDS)、俄罗斯的格洛纳斯(GLONASS)和欧盟伽利略计划(GALILEO)。在 2014 年 11 月 17 日至 21 日的会议上,联合国负责制定国际海运标准的国际海事组织海上安全委员会,正式将中国的北斗系统纳入全球无线电导航系统。这意味着继美国的 GPS 和俄罗斯的"格洛纳斯"后,中国的导航系统已成为第三个被联合国认可的海上卫星导航系统。

中国正在实施北斗卫星导航系统建设,根据系统建设总体规划,2020 年左右,建成覆盖全球的北斗卫星导航系统。北斗卫星导航系统空间段由 35 颗卫星组成,包括 5 颗静止轨道卫星、27 颗中地球轨道卫星、3 颗倾斜同步轨道卫星,至 2012 年底北斗亚太区域导航正式开通时,正式系统已发射了 16 颗卫星,其中 14 颗组网并提供服务,分别为 5 颗静止轨道卫星,5 颗倾斜地球同步轨道卫星(均在倾角 55°的轨道面上),4 颗中地球轨道卫星(均在倾角 55°的轨道面上)。截止到 2024 年 9 月 19 日,我国在西昌卫星发射中心发射了第五十九颗,及第六十颗北斗导航卫星,基本实现全球精准卫星定位。目前,我国正在将 GPS 大气探测原理应用在北斗卫星中,以拓展我国北斗卫星导航系统在大气中的科学应用。

9.2.2　GPS 大气探测

GPS 的广泛应用已深入经济建设和科学技术的许多领域,而且新的应用领域也在不断扩展。GPS 大气探测(GPS 气象学)就是 GPS 在大气科学领域的遥感应用技术。GPS 大气探测是 20 世纪 80 年代后期兴起的利用 GPS 主动遥感地球大气的技术,通过测量穿过大气层的 GPS 信号的延迟来获得大气折射率,进而从中得到温度、气压和湿度等信息。GPS 气象学自 20 世纪 90 年代由 Bevis 提出基本原理和方法后,历时十余年的发展进入实质性的研究阶段,研究成果也逐渐由试验阶段向推广和使用阶段发展,时至今日利用 GPS 载波相位测量的天顶延迟对大气可降水量进行预测已经可以达到 1~2 mm 的精度,使其为进一步研究气候变化、改善数值天气预报的初始场等提供了可行性。

GPS 遥感技术应用于气象中,给气象部门测定大气参数提供了新的手段,它可以补充现有的无线电探空仪(radiosonde)、无线电水汽辐射计(Water Vapor Radiometer,WVR)所测量的气象数据,从而改善大气中水汽参数的时空分辨率。根据 GPS/MET 观测平台的不同可分为两大类:地基探测和空基探测。相应的 GPS 气象学可以分为:① 地基 GPS 气象学(Ground-based GPS/MET),即利用地球表面静止的 GPS 接收机来接收 GPS 卫星信号,连续地对地球的大气参数进行测量。② 空基 GPS 气象学(Space-based GPS/MET),即主要利用安置在低轨卫星上的 GPS 接收机来接收 GPS 卫星信号,采用掩星法对大气参数进行测量。地基 GPS 气象学是将 GPS 接收机安放在地面上,就同常规的 GPS 测量一样,通过地面布设 GPS 接收网的测量结果来估计一个地区的气象要素。空基 GPS 气象学就是利用安装在低轨卫星(Low Earth Orbit, LEO)上的 GPS 接收机来接收 GPS 信号,当 GPS 信号与 LEO 卫星上 GPS 接收机天线经过地球上空对流层时 GPS 信号会发生折射,这一测量大气折射的方法叫作掩星法,该方法是 20 世纪 60 年代美国喷气推进实验室 JPL 和 Stanford 大学为研究行星大气层和电离层而发展起来的,通过对含有折射信息的数据进行处理,可计算出大气折射量,从而估计出气象元素的大小。所谓 GPS 掩星法,是指在地球掩挡住 GPS 卫星之前,卫星所发出的无线电信号穿过大气层,此时的信号由一个安装在低轨卫星平台上的 GPS 接收机所接收,用于遥感大气参数。

由于传播介质的密度不同,信号在传播过程中会发生折射,传播路线产生弯曲。同时,传播速度产生延迟。而大气密度是随着高度变化的,路径越长其变化和延迟就越大。在低轨(高度<1 000 km)上的GPS接收机在上升或下降过程中,如果GPS信号穿过大气层与某颗GPS卫星发生了无线电联系就发生了掩星事件。每次掩星的基本观测量是信号穿过电离层和中性层时,接收机接收的无线信号产生相变,在消除由卫星运动所产生的几何影响以及相关误差后,就可以分离出由大气层所引起的那部分相变,从这些相变观测数据中可以推得电离层和中性层的折射率断面。由于大气折射率是温度、气压和水汽的函数,因此从中可以推出电离层的电子密度、中性层的温度、气压和水汽等大气参数。不像无线电探空仪和微波辐射计那样需要将所测的气象元素不断地校正,GPS无线电掩星技术提供了一个自身检校系统,GPS无线电掩星技术内在的稳定性使其成为最适合精确记录天气变化的监测系统。利用GPS-LEO掩星技术探测地球大气是一种全新的大气探测方法,与其他探测方法相比,掩星探测具有下列特点:(1) 探测不受云雨的影响,可全天候探测;(2) 反演精度高,在对流层上部、平流层下部温度反演精度可达到1 K;(3) 垂直分辨率高,在平流层垂直分辨率接近1.0 km,在对流层则可达200~500 m;(4) 不需定标,长期稳定性好;(5) 全球覆盖。

在GPS高精度测量中,最基本的观测量是卫星至GPS接收机天线无线电信号的传播时间,这一传播时间受大气影响而产生额外延迟,这种延迟主要是电离层和中性层大气层作用的结果。其中电离层延迟可以利用双频信号将其影响消除,但中性层大气层的影响,不能通过一定的观测手段将其影响消除,只能通过一定的模型将其影响降到最低程度。空基GPS气象学巨大的潜在价值就在于它可以提供大量的全球性数据。这样的数据可以通过观测折射率差断面的变化来监测全球的气候变化,这将有助于改进大气初始状态和天气预报的精度,尤其是在极端缺少数据的广阔海洋。利用这些数据可以分析大气状态,并从分析中得到用于各种气候的天气状况研究的关键物理过程。在对流层温度分布已知的区域,像热带海洋上,也可以得到对于总折射率差断面的水汽分布,从而计算出温度的断面;相反,在干燥的两极地区和对流层顶层,水汽分布稀少,因而可以确定出温度面。

但GPS掩星探测也有不足,即其本质上属于临边探测,因此也存在水平分辨力低的问题。掩星探测的沿迹水平分辨率为200~600 km,典型值为300 km;由于大气低层水汽和温度对折射率的贡献无法分离开来,即存在水汽模糊问题,无法直接由掩星探测数据同时准确反演得到低层大气温度廓线和水汽廓线;在热带和其他对流层低层区域,水汽水平分布不均引起掩星信号多径传播,反演的折射率廓线会存在较大误差。

9.2.3 GPS大气探测原理

GPS遥感大气水汽含量的基本原理如下:

GPS信号穿过中性层时主要受两方面的影响:(1) GPS信号在大气中传播速率要比真空中慢;(2) GPS信号传播路径将产生弯曲,两种延迟都是由于在传播路径上大气折射率的变化所引起的。信号的时间延迟可以用增加的传输路径长度来表示,增加的路径长度可表示如下

$$\Delta L = \int n(s)\mathrm{d}s - G \tag{9.8}$$

式中$n(s)$是弯曲路径s上的大气折射指数(refractive index),它是位置的函数。G是GPS卫星与接收机之间的直线长度。式(9.8)也可写成

$$\Delta L = \int [n(s)-1]ds + (s-G) \qquad (9.9)$$

式中，s 是 GPS 无线电信号传输时实际的弯曲路径长度，它与 G 不同。式(9.9)右方第一项是中性层对信号传播速度的影响，也把它称为光学延迟(optical delay)；第二项是信号路径弯曲的影响，也把它称为几何延迟(geometrical delay)，该项是很小的，当高度角大于 15° 时，其值不超过 1 cm。

由于 $(n-1)$ 的数值很小，为方便计，令

$$N=(n-1)\times 10^6 \qquad (9.10)$$

N 称为中性大气折射率差(refractivity)，它是大气密度的函数，或者说是气压。气温和水汽含量的函数，其关系式为

$$N=77.6p/T+3.73\times 10^5 p_v/T^2 \qquad (9.11)$$

式中 p 是大气压，单位是 mbar，T 是绝对温度(K)，p_v 是水汽分压(mbar)。在标准大气条件下，式(9.9)的误差不超过 0.5%。在大多数情况下，式(9.9)中的第一部分比第二部分大得多，第一部分是干气部分(即天顶静力学部分)，它与大气压和绝对温度有关；第二部分是湿气部分，它与水汽分压和绝对温度有关。天顶静力学延迟比较有规律，可以按不同的模型推算出来，如 Saastamoinen 模型和 Hopfield 模型，其他模型可以从这两种模型演变而来。根据 Saastamoinen 模型，天顶静力学延迟(ZHD)可以写为

$$ZHD=(2.276\ 8\pm 0.002\ 4)\times p_s/f(\theta,H) \qquad (9.12)$$

式中，$f(\theta,H)=1-0.002\ 66\times \cos(2\theta)-0.000\ 28\times H$，ZHD 代表天顶静力学延迟，单位是 mm，$p_s$ 是测站大气压，单位是 mbar，θ 是测站纬度，单位是度，H 是测站大地高，单位是km。

根据 Hopfield 天顶延迟改正模型，天顶静力学延迟可以写为

$$ZHD=77.6\times 10^{-6}\times p_s\times (h_d-h_s)/(5T_s) \qquad (9.13)$$

$$h_d=40\ 136+148.72\times (T_s-273.16) \qquad (9.14)$$

式中 p_s 是测站上的地面大气压(mbar)，T_s 是测站上的绝对温度，h_d 是中性大气层顶部高于大地水准面的有效高度(m)，h_s 是测站的高程(m)。GPS 应用于大气遥感的关键问题是中性层大气天顶延迟参数的估算，高精度的 GPS 数据处理软件都可以估算大气延迟参数，它们可以同时推算出测站坐标、卫星轨道和天顶延迟参数。在高精度 GPS 数据处理软件中，估算总的中性层天顶延迟的常用方法有两种：一种是最小二乘估计，即在每个特定时间间隔里，在每个测站上确定一个参数；另一种是利用卡尔曼滤波把估值当作一个随机过程来处理，在两种估计方法中，均假定 GPS 天线周围的大气是各向同性的。总的中性延迟可以分为干气(或天顶静力学)延迟部分和湿气延迟部分。从估算出的总中性层天顶延迟中减掉表面气压中所推得的天顶静力学延迟，就得到我们所需要的天顶湿延迟，而表征大气水汽情况的量通常有两个：一个量是综合水汽量(Integrated Water Vapor，IWV)，即每单位面积上水汽的质量，其高度可以理解为往上无限的延伸；另一个量是可降水分(Preeipitable Water Vapor，PWV)，它相当于同样水汽含量的水柱高，可理解为某一时刻大气中的水汽在达到饱和时凝结成水的全部降水量，即

$$PWV = IWV / \rho \tag{9.15}$$

式中 ρ 是液态水的密度。大气综合水汽（IWV）与天顶湿延迟（ZWD）的关系可用下式表示

$$IWV = k_1 \times ZWD \tag{9.16}$$

式中

$$k_1 = 10^{-6}(k_3 T_m^{-1} + k_2')R_V \tag{9.17}$$

$$k_2' = 22.1 \tag{9.18}$$

$$k_3 = 3.737 \times 10^5 \tag{9.19}$$

$$T_m = \int (p_V / T)\mathrm{d}z / \int (p_V / T^2)\mathrm{d}z \tag{9.20}$$

$$R_V = 4.613 \times 10^6 \tag{9.21}$$

其中 k_2' 和 k_3 是大气折射常数，单位为 mbar，P_V 是某点上的水汽分压，单位是 mbar，R_V 是水汽的气体常数，单位为尔格/克·度，T 是同一点上的绝对温度（K），转换因子 k_1 在此公式中的单位是 M·kg/m³，由 (9.16) 式、(9.17) 式可以看出，由 GPS 数据推算大气综合水汽时，转换系数 k_1 最好在不同地区不同季节采用不同 T_m 值来推算，若采用单一的 T_m 值将会产生较大的误差。T_m 的大小取决于地面温度、对流层温度断面和水汽分压的垂直分布。推算 T_m 实际值的最好方法是利用当时运作的气象模型，从短暂预报的断面数据中推算。由于缺少相应数据，一般采用统计分析的方法，推出 T_m 相对表面温度 T_s 的线性回归公式。国外推出的适合于中纬度地区的线性回归公式如下

$$T_m = 70.2 + 0.72 T_s \tag{9.22}$$

式中 T_m 的单位是 K，误差是 ±4.74，相对误差小于 2%，推算 PWV 的平均误差小于 4%，对于某一地区的不同季节，如按统计回归的方法从 T_s 推出 T_m，就可以解决转换系数 k_1 的问题。一组连续的准实时的 IWV（或 PWV）数据可以用于数值天气预报，从而对水汽分布提供强有力的约束力，并改进对大气初始状态的分析，研究表明，在转化过程中可以从综合数据中产生一个水汽的垂直分布。若每 10 分钟测定一次 IWV 或 PWV，则这种时间尺度使得这些数据特别适合于监测严重的暴风雨、大冰雹、龙卷风等所迅速形成的恶劣天气。由于从 GPS 数据推算的是 PWV 的综合值，所以借助这些数据可以观测到从传统测量中无法观测的大气特性。若空中的暖空气和冷空气突然变化，则两气团之间狭窄的过渡带称之为空中冷锋，在这个过渡带内的气象要素和天气现象变化是非常剧烈的。利用地面上的水汽辐射计和 12 小时升空一次的无线电气象探空仪是很难监测到的。此外，由于信号受到干扰，卫星辐射计也难以提供有用的数据。因此，在此情况下，连续的 PWV 数据将具有极大价值。

9.2.4　GPS 和北斗监测系统基准站建设

地基 GPS 探测大气水汽含量具有探测精度、时间分辨率高、容易标定、设备可综合利用等诸多优点，因而受到许多国家气象部门的高度重视，得到了迅速的发展。美国已在全国建

成了由 18 个部门的 1 000 个 GPS 接收站组成的综合应用探测网,并在其业务产品中每小时生成一张全国水汽总量分布图。日本在其全境布设了 1 200 个 GPS 接收站,进行大气水汽总含量监测和其他方面的综合应用。德国等欧洲国家均建成了由多部门组成的 GPS 综合应用网。目前我国已建成由 27 个基准站组成部分的地壳形变观测网,中国气象局与河北省建成了北京 GPS 水汽探测业务试验网,上海也建成了长三角 GPS 综合应用网。

地基 GPS 技术因其高时空分辨率、低费用、高精度、全天候已被公认为获取大气水汽的最有力工具。2012 年底,随着北斗卫星导航系统基本覆盖亚太地区,北斗导航系统逐步替代 GPS 作为地基水汽研究的主要探测手段。2013 年 3 月,气象部门首个基于北斗的水汽电离层监测系统在湖北省进行建设。该项目利用我国自主的北斗卫星导航系统,在地面水汽电离层监测领域,研发新的业务设备和应用软件,获取高时间分辨率的水汽和电离层电子密度资料,实现对水汽观测时间密度提高至每日 24 次以上,全面提升我国导航卫星气象观测水平,为气象预报提供高精度、高时间分辨率、高可靠性的观测资料。

GPS 基准站包括观测墩、GPS 观测系统、防雷设施和供电系统 4 个部分:① GPS 观测墩建设在气象观测场,按土层观测墩建设要求建设,观测墩地面部分高为 3.5 m,墩体为钢筋混凝土结构,墩顶预埋天线强制对中标志,整体做防震防水处理。GPS 天线严格居中水平放置在观测墩顶端,上盖有玻璃钢天线罩防雨防尘。② GPS 观测系统包含 GPS 天线、GPS 接收机、馈线和传输网络,GPS 天线接收的卫星信号由馈线传输给观测室内 GPS 接收机,GPS 接收机形成数据流通过气象业务内网传输至气象局 GPS 数据收集处理中心。③ 防雷设施分为室外和室内两部分,室外观测墩内钢筋笼与观测场防雷地网等电位连接,且整体在观测场避雷铁塔有效保护范围内,能有效防止直击雷损坏天线设备。④ 供电系统均采用在线式 UPS,电池能为通信和 GPS 设备提供大于 24 h 供电。

9.2.5　GPS 遥感技术在气象学的应用

1. 大气层、电离层、地球引力场探测

COSMIC (Constellation Observing System for Meteorology, Ionosphere and Climate) 计划的技术基础是 GPS(Global Positioning System)无线电掩星技术。1997 年中国台湾地区的 NSPO 和美国的 UCAR、JPL、NRL(the Naval Research Laboratory)、德克萨斯州大学、亚利桑那州大学、佛罗里达国立大学以及其他合作伙伴共同发展了 COSMIC 计划(耗资近 1 亿美元,其中中国台湾地区占 80%,美国占 20%),旨在遥感、通信等技术领域的发展,希望解决一些重要的地球科学问题,其根本任务是气象及空间天气的研究和预报、气候监测以及大地测量,同时也致力于研究军事和国防安全相关的敏感问题。COSMIC 是一个由 6 颗低轨卫星组成的用于天气、气候和电离层观测的空基 GPS 星座观测系统,从 2006 年 9 月开始每天可提供覆盖全球的 2 000~3 000 个掩星点,掩星过程可提供从 40 km 高空到近地面的大气温、压、湿的廓线资料。

COSMIC 是一项多学科卫星任务,致力于对目前地球科学的一些最感兴趣的问题(包括大气层、电离层、地球引力场等方面)的研究。在气象学领域,COSMIC 数据将能够用于研究全球水汽分布以及绘制大气水汽的大气动态分布图,这在相当程度上可以对天气分析和预报起决定性作用。观测数据的高垂直分辨率将提供精确的重力位势,探测从对流层上部到平流层的重力波,并加深对对流顶层与平流层交换过程的了解。COSMIC 的另一个重要目标是证

实它对数值天气预报模型性能的改进,特别是对极地和海洋区域数值天气预报的改进。

COSMIC 以长期稳定性、高分辨率、高精度和广覆盖范围监测地球的大气层,为检测气候变化、分离影响气候的自然和人为因素以及测试气候模型收集数据;可得到上对流层的折射率数据,期望能由此解释关于热带对流在气候反馈中的作用的争论;利用赤道太平洋地区大气剖面数据,增强与厄尔尼诺事件有关的气候变化研究,这对其他远洋及深海区域亦为重要;使科学家能监测到全球大气层对局部地区事件(例如大规模的火山爆发、科威特石油火灾或印度尼西亚森林大火等)的反应。在电离层领域,COSMIC 数据将为模型测试和初值假定提供稠密、精确和全球性的电子密度测量数据,从而加速空间天气物理模型的发展。同时,COSMIC 得到的大量高性能电离层观测数据将推进空间天气的研究。当太阳风暴的影响在全球范围内传播时,科学家将能够观测到全球电离层对太阳风暴影响的反应,由此促进空间天气预报技术的发展。

2. GPS 资料在气象中的应用

(1) GPS 水汽观测

中国科学院上海天文台的学者在我国较早开展了 GPS 气象学及其在剧变天气分析中的应用研究。由于折射指数和气象变量有一定关系,因此通过地基 GPS 气象学的一些最新观测手段和分析技术,如通过 GPS 倾斜观测(即沿 GPS 卫星的方向)获得斜向路径延迟(Slant Path Delay,SPD)和斜向气象量,如斜向水汽量(Slant Water Vapor,SWV),再采用断层扫描成像技术(Tomography,又译为层析成像)可反演出大气温度、水汽廓线的概貌,但由于受观测网几何形状及斜向延迟中噪声的制约,目前还不能捕获廓线的细节。因此,GPS 倾斜观测及其斜向水汽的反演正成为地基 GPS/MTE 研究的一个新热点,美、日等国已在该领域进行了不少试验和研究。

(2) GPS 资料同化

为提高数值天气预报的能力,更具吸引力的应用是将大气折射角(Refraction Angle)、GPS 数据反演的大气水汽总量(GPS－PWV)等物理量直接同化到高分辨率的全球或中尺度天气预报模式中去,以提高数值天气预报的精确性。因为对于通常情况下接收的天顶总延迟资料,虽然无法反演出大气温度和湿度的垂直廓线,但可利用折射指数或折射角的 GPS 观测值进行资料同化,即将 GPS 原始观测的折射角直接同化到数值天气预报系统中去,以便为数值预报模式提供更准确的初始场资料。在 GPS 气象资料同化研究中,除大气折射角数据外,GPS－PWV 也可作为一个强约束条件引入中尺度数值天气预报模式,以达到改进水汽场的分析质量,提高预报准确率的目的。德国与丹麦、芬兰合作,建立了 20 多个 GPS 接收站获取 GPS－PWV 资料,并用于数值模式的资料同化方案中。

(3) GPS 测风

利用 GPS 技术探测高空风也是一项极具潜力的应用。传统的无线电探空系统花费的人力、物力和时间都是巨大的。而应用 GPS 探空仪测风,其探测精度高,能实现自动跟踪,并易于进行资料采集及后期处理的全自动化,节省人力、物力。另外,GPS 接收机体积小、重量轻、携带方便,可取代地面观测站庞大的测风雷达,可方便地进行非常规的气象观测,如进行机载下投式探空观测或在原来无法设站的高原、海洋上用 GPS 探空进行特殊的实时加密观测。芬兰、英国等国已进行了 GPS 测风试验,并已研制出相应的样机,对比试验的结果证明:GPS 测风系统稳定、可靠,并与风廓线雷达测风结果一致。因此,GPS 探空测风系统将在未来的高空气象探测业务中扮演重要角色。香港天文台从 1997 年开始在高空气象观测业务工作中使用 GPS 测风技术。中国气象局也就 GPS 高空气象探测系统进行了技术论证并开始研制工作,已在"2001—2015 年气象事业发展规划"中计划推进 GPS 新型探空系统的业务布点。信息产业部第 20 所也已研制出 GPS 气象数据探空仪。利用卫星云图研判台风中心位置,往往有 20~50 km 的误差。为改进台风监测及预报,台湾大学与美国飓风研究中心合作,在台风季节租用飞机飞到台风上空 13 km 处投掷 GPS 探空仪,以取得详尽的台风中心位置、风暴半径结构及周边大气环境等数据。这项研究有助于增进对台风动力学理论的认识,提高台风路径、风力和降雨量预报的准确性。

(4) 全球变化监测

为了更好地监测温室效应产生的全球暖化效应,现已利用 GPS、测高雷达,结合传统的水准测量和验潮技术来监测海平面变化。美国、德国、西班牙在大西洋沿岸建立了 16 个 GPS 监测站对海平面变化进行监测;美国在南阿拉斯加建立了 10 个 GPS 测站监测冰川的变化;在南极、格陵兰人们已开始用 GPS 结合卫星测高、合成孔径雷达干涉测量技术来监测冰盖的变化。1994 年我国也参加了由多个国家在南极的观测站主办的"国际南极 GPS 会议",研究南极板块运动及南极地形变化。我国还计划在沿海地区建立多个 GPS 监测站,结合卫星测高和验潮站,监测沿海地区海平面的变化。另外,从 GPS/MET 数据计算的大气折射率是大气温度、湿度和压力的函数,因此大气折射数据也可作为"全球变化指示器"直接用于全球变化的监测和研究。

3. GPS 气象学的发展趋势

数值天气预报模式必须用三维温度、压力、湿度和风等资料作为求解大气控制方程组的初值。目前提供这些初始化数据的观测网的时空分辨率极大地限制了数值预报模式的精度,而 GPS/MET 观测系统可进行全天候、全球范围的探测,加之其观测值的高精度和高垂直分辨率,可明显改进数值天气预报的水平,提高数值天气预报的时效性、准确性和可靠性,更好地满足现代社会对气象预报更早、更准、更细的精细化要求。分析 GPS - PWV 及其时间变化与局地环流、地形以及降水时段、强度和范围等因子的关系,将其直接用于剧烈天气过程(如梅雨、锋面、台风)的分析和预报业务,对 GPS - PWV 用于短时灾害性天气(如雷暴、暴雨)的临近预报(Nowcasting)进行试验;使用高时空分辨率的 GPS 水汽观测作为独立的数据源,可用于数值预报模式水汽场输出结果的校正。未来大气探测系统中在地基 GPS 组网遥测水汽、GPS 测风探空仪、GPS 大气臭氧探空仪、LEO 空基 GPS 技术、自动气象站 GPS 自动授时系统、人工影响天气过程中作业飞机的 GPS 轨迹以及 GPS 与其他探测手段相结合等诸多方面,GPS 技术将广泛应用于大气探测业务,以获取更多、更高精度的气象信息。全球平均温度和水汽含量是反映全球气候变化的两个重要指标。与目前传统的探测方法相比,GPS/MET 探测系统能够长期稳定地提供相对高精度和高垂直分辨率的温度垂直分布廓线,特别是在对流层顶和平流层下部。更为重要的是,"全球变化指示器"的大气折射资料,可直接用于全球气候学和水分循环研究,对流层顶、对流层/平流层大气交换以及平流层臭氧研究,气候变化、气候变率的检测以及火山的气候效应等方面的研究。另外,GPS/MET 提供的温度垂直分布廓线还可用于卫星遥感臭氧的研究。GPS 在其他领域,诸如:空间气象学研究及空间天气预报、电离层电子密度探测和电离层物理研究以及大型野外联合科学试验都具有重要的作用。

习　题

1. 简述卫星探测的优缺点。

2. 简述卫星的发展简史。

3. 简述卫星的轨道形状及参数种类。

4. 简述决定卫星姿态的三种方式。

5. 简述 EOS 和 ESE 计划的目的。

6. 什么是被动式大气遥感和大气热辐射信号？

7. 简述 O_3 和 H_2O 的微波吸收带。

8. 简述卫星遥感的辐射传输基本原理？

9. 简述红外波段范围。

10. 简述 CO_2、H_2O、O_3、CH_4、N_2O 的吸收带。

11. 简述大气窗区的范围。

12. 了解大气红外遥感原理。

13. 简述红外辐射仪的构成。

14. 什么是 GPS 气象学？

15. 简述 GPS 的探测原理。

16. 什么是掩星探测技术？

17. COSMIC 的科学任务是什么？

18. GPS 在气象学上的应用及发展趋势是什么？

参考文献

1. 柏延臣,冯学智,李新.基于被动微波遥感的青藏高原雪深反演及其结果评价.遥感学报,2001,5(3)：161－164.

2. 曹云昌,方宗义,夏青.地空基 GPS 探测应用研究进展.南京气象学院学报,2004(4)：565－570.

3. 曹云昌,胡雄,符养,等.山基和地基 GPS 联合探测大气折射率廓线的试验研究,高科技通讯,2008,18(8)：857－862.

4. 曾庆存.大气红外遥测原理.北京：科学出版社,1974.

4. 陈洪滨,吕达仁,魏重,等.空基微波辐射计遥感晴天大气可降水量：不同通道组合和高温函数形式的效果的比较分析.大气科学,1996,20(6)：757－762.

6. 陈建,张韧,安玉柱,等.SMOS 卫星遥感海表盐度资料处理应用研究进展.海洋科学进展,2013,31(2)：295－304.

7. 陈俊平,王解先,陆彩萍,等.GPS 监测水汽与水汽辐射计数据的对比研究.大地测量与地球动力学,2005,25(3)：125－128.

8. 陈俊勇.GPS 气象遥感技术.测绘通报,1997(9)：2－4.

9. 陈联寿.关于台风路径趋势与大形势环流关系的初步探讨//台风会议文集.上海：上海人民出版社,1972.

10. 陈良富,陶金花,王子峰,等.空气质量卫星遥感监测技术进展.大气与环境光学学报,2015,10(2)：117－125.

11. 陈世范.GPS气象观测应用的研究进展与展望.气象学报,1999,57(2):242-251.

12. 戴铁,石广玉,漆成莉,等.风云三号气象卫星红外分光计探测大气 CO_2 浓度的通道敏感性分析.气候与环境研究,2001:16(5):577-585.

13. 丁一汇.南支槽与台风高空流场的相互作用及其对天气的影响//全国气象卫星云图应用会议文集,1976.

14. 董超华,张文健.气象卫星遥感反演和应用论文集(上、下册).北京:海洋出版社,2001.

15. 杜明斌,杨引明,丁金才.COSMIC反演精度和有关特性的检验.应用气象学报,2009,20(5):586-593.

16. 杜晓勇,毛节泰.PS-LEO掩星探测现状和展望.高原气象,2008,27(4):918-931.

17. 段婧,毛节泰.气溶胶与云相互作用的研究进展.地球科学进展,2008,23(3):252-261.

18. 方宗义,张运刚,刘志权,等.GPS/MET初步研究报告//方宗义.气象学(GPS/MET)研究论文汇编.北京:国家卫星气象中心,1997:1-34.

19. 郭华东,许健民,倪国强,等.对地观测系统与应用.北京:科学出版社,2001.

20. 郭陆军.国际GPS/MET地基和空基应用研讨会.气象科技合作动态,2003,2:26.

21. 郭鹏,洪振杰,张大海.COSMIC计划.天文学进展,2002,20(4):324-326.

22. 何平,徐宝祥,周秀骥,等.地基GPS反演大气水汽总量的初步试验.应用气象学报,2002,13(2):179-182.

23. 胡雄,曾桢,张训械,等.无线电掩星技术及其应用.电波科学学报,2002,17(5):549-556.

24. 黄嘉佑.气象统计分析与预报方法(第三版).北京:气象出版社,2004.

25. 黄荣辉,袁重光,曾庆存.用经验正交函数展开的方法来反演气温垂直廓线,气象卫星的红外遥测及反演.北京:科学出版社,1977:26-34.

26. 黄润恒.利用激光闪烁测风的设想.大气科学,1977(1):44-49.

27. 霍娟,吕达仁.全天空数字相机观测云量初步研究.南京气象学院学报,2002,25(2):241-246.

28. 姜景山.面向21世纪的中国微波遥感技术发展.中国工程科学,1999,1(2):78-81.

29. 兰小机,余红丽,戢武平,等.基于GML原理的GPS气象学预警研究.地球物理学进展,2012,27(4):1294-1297.

30. 雷国文,李丽,李卫红,等.GPS在气象中的应用.山西气象,2006(3):57-59.

31. 黎光清.求解大气红外间接遥测反演问题的最佳途径.气象学报,1984,42(4):23-36.

32. 李成才,毛节泰,李建国,等.GPS遥感水汽总量.科学通报,1999,3:333-336.

33. 李崇银,张道民,曾庆存.关于大气湿度垂直分段红外遥测.大气科学,1976(1):21-26.

34. 李国平,黄丁发.GPS气象学研究及应用的进展与前景.气象科学,2005,25(6):651-660.

35. 李四海,王宏,许卫东.海洋水色卫星遥感研究与进展.地球科学进展,2000,15(2):190-196.

36. 李晓岚,张宏升.我国沙尘天气微气象学和湍流输送特征研究进展.干旱气象,2010,28(3):256-264.

37. 李玉兰,王作述,等.卫星云图上云系与台风路径的关系.中国科学院大气物理研究所集刊(第2号).北京:科学出版社,1974.

38. 李征航,徐晓华.全球定位系统(GPS)技术的最新进展.测绘信息与工程,2003,28(2):29-30.

39. 李征航,赵晓峰,蔡昌盛.利用双频GPS观测值建立电离层延迟模型.测绘信息与工程,2003,28(1):41-44.

40. 林海,魏重,吕达仁.雨滴的微波辐射特征.大气科学,1981,5(2):188-197.

41. 林龙福,吕达仁,刘锦丽,等.不同侧边界条件下水平有限降水云的微波辐射模式研究.大气科学,1994,18(16):729-738.

42. 刘基余,李征航,等.全球定位系统原理及其应用.北京:测绘出版社,1993.

43. 刘锦丽,窦贤康,张凌,等.降水分布的空基遥感.遥感与技术应用,1999,14(4):1-7.

44. 刘伟东,项月琴,郑兰芬,等.光谱数据与水稻叶面积指数及叶绿素密度的相关性分析.遥感学报,2000,

4(4):279 - 283.

45. 刘旭春,张正禄.单站 GPS 遥感水汽含量范围的确定及结果分析.北京测绘,2006,3:10 - 40.

46. 刘毅,吕达仁,陈洪滨,等.卫星遥感大气 CO 的技术与方法进展综述.遥感技术与应用,2011,26(2):247 - 254.

47. 刘志赵,刘经南,李征航.GPS 技术在气象学中的应用.测绘通报,2000(2):7 - 8.

48. 吕达仁,陈洪滨.平流层和中层大气研究的进展.大气科学,2003,27(4):761 - 781.

49. 吕达仁,段民征.卫星对地观测中大气与地表辐射贡献的参数化.大气科学,1998,22(4):638 - 648.

50. 吕达仁,霍娟,陈英,等.地基全天空成像辐射仪遥感的科学、技术问题和初步试验//童庆禧主编.中国遥感奋进创新 20 年.北京:气象出版社,2001:114 - 120.

51. 吕达仁,林海.雷达和微波辐射计测雨特性比较及其联合应用.大气科学,1980,4(1):30 - 39.

52. 吕达仁,王普才,邱金桓,等.大气遥感与卫星气象学研究的进展与回顾.大气科学,2003,27(4):552 - 566.

53. 梅安新,彭望碌,秦其明,等.遥感导论.北京:高等教育出版社,2001.

54. 浦瑞良,宫鹏.高光谱遥感及其应用.北京:高等教育出版社,2000.

55. 齐义泉,施平,王静.卫星遥感海面风场的进展.遥感技术与应用,1998,13(1):56 - 61.

56. 乔延利,杨世植,罗睿智,等.对地遥感中的光谱偏振探测方法研究.高技术通讯,2001(7):36 - 38.

57. 邱金桓,吕达仁,陈洪滨,等.现代大气物理学研究进展.大气科学,2003,27(4):639 - 663.

58. 邱盘桓.从空间遥感大气气溶胶光学厚度和植被的原理和反演方法研究//吕达仁.地球环境和气候变化探测与过程研究.北京:气象出版社,1997:71 - 77.

59. 任建奇,严卫,叶晶,等.云相态的卫星遥感研究进展.地球科学进展,2010,10:1052 - 1060.

60. 石广玉.大气辐射学.北京:科学出版社,2007.

61. 舒宁.微波遥感原理.武汉:武汉测绘科技大学出版社,2000.

62. 宋淑丽,朱文耀,丁金才,等.上海 GPS 网层析水汽三维分布改善数值预报湿度场.科学通报,2005,50(20):2271 - 2277.

63. 宋淑丽,朱文耀,廖新浩.地基 GPS 气象学研究的主要问题及最新进展.地球科学进展,2004(2):250 - 258.

64. 孙学金,赵世军,余鹏.GPS 掩星切点水平漂移规律的数值研究.应用气象学报,2004,15(2):174 - 180.

65. 唐远河,张淳民,陈光德,等.卫星遥感探测上层大气风场的关键技术研究进展.物理学进展,2005,2:142 -152.

66. 王桂芬,曹文熙,殷建平,等.海洋颗粒有机碳浓度水色遥感研究进展.热带海洋学报,2012,31(6):48 - 56.

67. 王明星.大气化学(第二版).北京:气象出版社,1999:340 - 342.

68. 王普才,忻妙新,魏重,等.西太平洋热带海域的水汽和云的变化特性.大气科学,1991,15:11 - 17.

69. 王小亚,朱文耀,严豪健,等.地面 GPS 探测大气可降水量的初步结果.大气科学,1999,23:605 - 612.

70. 王鑫,吕达仁.利用 GPS 掩星数据分析青藏高原对流层顶结构变化.自然科学进展,2007,17(7):191 - 193.

71. 王毅.国际新一代对地观测系统的发展及其应用.北京:气象出版社,2006.

72. 王勇,柳林涛,梁洪有,等.基于 GPS 技术的高原与平原地区可降水量的研究.大地测量与地球动力学,2006,26(1):88 - 91.

73. 卫星资料联合分析应用组.用卫星云图预报台风的方法(上).气象,1980(9):24 - 26.

74. 卫星资料联合分析应用组.用卫星云图预报台风的方法(下).气象,1980(10):25 - 27.

75. 吴小成,胡雄,官晓艳.山基 GPS 掩星折射率与探空折射率比较.地球物理学进展,2008,23(4):1149 - 1155.

76. 徐桂荣.孙振添,李武阶,等.地基微波辐射计与 GPS 无线电探空和 GPS/MET 的观测对比分析.暴雨灾害,2010,29(4):315－321.

77. 徐伟声,李江风.GPS 气象学及其应用研究.安徽农业科学,2009,37(13):6098－6100.

78. 徐晓华,李征航.GPS 气象学研究的最新进展.黑龙江工程学院学报,2002(1):14－18.

79. 薛永康,林海.地对空微波遥感温度水汽廓线的联合求解.气象学报,1984,42(4):423－430.

80. 杨顶田,刘素敏,单秀娟.海草碳通量的卫星遥感检测研究进展.热带海洋学报,2013,32(6):108－114.

81. 杨光林,刘晶淼,毛节泰,等.西藏地区水汽 GPS 遥感分析.气象科技,2002,30(5):266－272.

82. 杨何群,杨引明.热带气旋卫星遥感客观定位方法研究进展.热带海洋学报,2012,31(2):15－27.

83. 杨一鹏,韩福丽,王桥,等.卫星遥感技术在环境保护中的应用:进展、问题及对策.地理与地理信息科学,2011,27(6):84－89.

84. 岳迎春,吴北平.GPS 在气象学中的应用.全球定位系统,2003,28(4):29－31.

85. 张俊荣.我国微波遥感现状及前景.遥感技术与应用,1997,12(3):58－63.

86. 张卡,盛业华,张书毕.遥感新技术的若干进展及其应用.遥感信息,2004,2:58－62.

87. 张立功,许霞,夏青.GPS 技术在气象学上的应用.甘肃科技,2007,23(10):85－87.

88. 张兴赢,张鹏,方宗义,等.应用卫星遥感技术监测大气痕量气体的研究进展.气象,2007,33(7):3－14.

89. 张云华.海洋综合微波遥感技术.电子科技导报,1997(2):27－29.

90. 赵柏林,等.微波遥感大气层结的原理和实验.中国科学,1980(9):874－882.

91. 赵高祥,汪宏七.由卫星测量确定地面温度和比辐射率的算法.科学通报,1997,42(18):1957－1960.

92. 赵思雄.用卫星云图估计台风高低空流场的相互作用及其对天气的影响,全国气象卫星云图接收应用会议文集,1976.

93. 赵燕曾,谢威光.强电场中水滴放电的初步研究//周秀骥.雷暴探测和雷电物理研究(中国科学院大气物理研究所专刊第 4 号).北京:科学出版社,1976:12－23.

94. 赵增亮,孙泽中,韩志刚,等.NPOESS/VIIRS 及其云图产品的应用.气象科技,2008,36:341－344.

95. 中国科学院大气物理研究所.卫星云图的接收分析.北京:科学出版社,1974.

96. 中国科学院大气物理研究所微波遥感组.中国晴空和云雨大气的微波辐射和传播特性.北京:国防工业出版社,1982:161.

97. 仲凌志,刘黎平,葛润生.毫米波测云雷达的特点及其研究现状与展望.地球科学进展,2009,24(4):383－391.

98. 周若,蔡宏.湖北省北斗水汽电离层监测系统基准站设计与实施.气象科技,2014,42(4):601－604.

99. 周秀骥.大气微波辐射起伏及其遥感.大气科学,1980,4(4):293－299.

100. 周秀骥,黄润恒,吕达仁.一类遥感探测方程界的理论分析//大气探测问题的研究.北京:科学出版社,1977:1－11.

101. 周秀骥,吕达仁,周明煜.中国大气物理学大发展与赵九章//叶笃正.赵九章纪念文集.北京:科学出版社,1997:87－92.

102. 周秀骥,等.大气微波辐射及遥感原理.北京:科学出版社,1982:178.

103. 朱宗申,李玉兰,等.卫星云图在台风路径和台风分析中的初步应用//台风会议文集.上海:上海人民出版社,1972.

104. Atlas D.,C.W.Ulbrich,and R.Meneghini.The multiparameter measurement of rainfall radio.Science,1984,19 (1):3－22.

105. Burrows J P,Holzle E,Goede A PH,Visser H and W.Sciamachy.Scanning imaging absorption spectrometer for atmospheric chartography.Acta Astronautica,1995,35(7):445－451.

106. Cho H-M,Nasiri S L,Yang P.Application of CALIOP measurements to the evaluation of cloud phase derived from MODIS Infrared channels.Journal of Applied Meteorology and Climatology,2009,

48(10):2169 - 2180.

107. Dixon J T. An introduction to the global positioning system and some geological applications. Rev Geophysics，1991，29(2):249 - 276.

108. European Space Agency. COME Global Ozone Measuring Experiment Users Manual，ESA SP.1182，ESA/EC，Noordwk，1995.

109. Feng D.，B. Herman，et al.. Preliminary Results from the GPS/MET Atmospheric Remote Sensing Experiment. The Preceedings of IGS 95 workshop，1995:139 - 145.

110. Hajj，G.A.，ER. Kursinski，et al. Initial Results of GPS/LEO Occultation Measurements of Earth-atmosphere Obtained with GPS - MET Experiment，The preceedings of IGS 95 workshop，1995:144 - 153.

111. Holben B. N. et al.. Aerosol retrieval over land from AVHRR—application for atmospheric correction. Geose L Remote Sens，1992(30):212 - 222.

112. Hooker，S B. et al.. An overview of Sea WiFS and Ocean Color NASA Technique Memo 104566 NASA/GSFC. 1992 Sea WiFS Technique Report Series，Vol. 1. Work of the US Gov. Public Use Permitted，1992.

113. HU Chengda. Research on Microwave Remote Sensing of Atmospheric water. Acta Scientiarum Naturalium Universitatis Pekinensis，1997，33(3):354 - 357.

114. Huiaing E J，Comes Pereira L M. Errors and Accuracy Estimates of Laser Data Acquired by Various Laser Scanning Systems for Topographic Application. ISPRS Journal of Photogrammetry and Remote Sensing，1998(53):245 - 260.

115. Climate Change 2013: The Physical Science Basis. Working Group I Contribution to the Fifth Assessment Report of the Intergovernmental. IPCC. 2013.

116. King M D，et al.. Remote sensing of cloud，aerosol，and water vapour properties from the Moderate Resolution Imaging Spectrometer(MODIS). IEEE Trans，Geosci Remote Sens.1992(30):2 - 27.

117. Kuo Y - H，Wee T K，Sokolovskiy S，et al. Inversion and error estimation of GPS radio occultation data. J Meteor Soc Japan，2004，82:507 - 531.

118. Kursinskil E Robert，George A Hajj，Stephen S Leroy，et al. The GPS radio occultation technique. TAO，2000，11(1):53 - 114.

119. Lesterl L. Yuan，Richard A. Anthes，et al.. Sensing Climate Change Using the GPS. J. Geophys. Res. 1993，V01.98，D8:14925 - 14937，

120. Chance，K.. OMI Algorithm Theoretical Basis Document，Volume Ⅳ，Smithsonian Astrophysical Observatory，Cambridge，MA，USA，ATBD-OMI-02，Version 2.0，August 2002.

121. Li Shuyong，Wang Bin. The time-saving numerical method for GPS/MET observation operator. Progress in Natural Science，2001，11 (12):924 - 930.

122. Loiselet J M，Strieker N，Menard Y，et al.. GRAS-Metop's GPS-based atmospheric sounder. ESA Bulletin，2000，102:38 - 44.

123. Lu Daren and Duan Minzheng. Strategy of simultaneous remote sensing of aerosol optical depth and surface reflectance with space-borne spectrometry. Optical Remote Sensing of the Atmosphere and Clouds. SHE proceedings series，3501:2 - 11(Invited paper).

124. Luo Yunfeng，Lu Daren，Zhou Xiuji，et al.. Characteristics of the spatial distribution and yearly variation of aerosol optical depth over China in last 30 years. J. Geophys. Res.，2001，106(D13):14501 - 14513.

125. Melbourne W G，Thomas P Yunck，Hager B H，et al.. GPS GeoScience Instrument for EOS and Space Station. JPL Proposal to NASA AO OSSA - 1 - 88，1988:81.

126. Michael Bevis，Steven Businger，et al.. Remote Sensing of Atmospheric Water Vapor Using the GPS. J.

Geophys. RES. ,Vol.97,No.D14:15878 – 15801.

127. Mousa J A, Tsuda T. Inversion algorithm for GPS downward looking occultation data: simulation analysis. J. Meteo. Soc. Japan,2004,82(1B):427 – 432.

128. Olsen S C and Randerson J T. Differences between surface and column atmospheric CO_2 and implications for carbon cycle research. Journal of Geophysical Research,2004,109(D2).

129. Panel on Climate Change Cambridge. New York,NY,USA:Cambridge University Press.

130. Qiu Jinhuan. A method for spaceborne synthetic remote sensing of aerosol optical depth and vegetation reflectance. Adv. Atmos. Sci. ,1998,15(1):17 – 30.

131. Ragne Emardson T. ,Gunnar Elgered, et al.. Three Months of Continuous Monitoting of Atmospheric Water Vapor with a Network of GPS Receivers. J. Gcophys. Res.1998,Vol.103,No.D2:1807 – 1820.

132. Richard A Anthes,Christian Rocken,Kuo Ying – Hwa. Applications of COSMIC to meteorology and climate. TAO, 2000, 11(1):115 – 156.

133. Riedi J,Marchant B,Platniek S,et al.. Cloud thermodynamic phase inferred from merged POLDER and MODIS data. Atmospheric Chemisty and Physics Discussions,2007,7(5):14103 – 14137.

134. Tanre. D, Holben. BN, and Kaufman YJ. Atmospheric correction algorithm for NOAA – AVHRR products, theory and application. IEEE Trans Geosci Remote Sens, 1992;3023l – 30248.

135. Thomas P Yunck, Liu Chao-han, Randolph Ware. A history of GPS sounding. TAO, 2000，11(1): 1 – 20.

136. Tucker C J and P J Seller. Satellite remote sensing of primary production. Int J. Remote Sen. , 1985,7: 1395 – 1416.

137. Wu Beiying and Lu Daren. Remote sensing of rainfall parameters by laser scintillation correlation method—complete equation and numerical simulation. *Advance in Atmopheric Sciences*, 1984,1(1): 19 – 29.

138. Zufada J C, Hajj G, Kursinski E R. A novel approach to atmospheric profiling with a mountain-based or airborne GPS receiver. J Geophys Res,1999,104(D20):24435 – 24447.

推荐阅读

1. 周秀骥,陶善昌,姚克娅.高等大气物理学(上/下册).北京:气象出版社,1991.

2. 石广玉.大气辐射学.北京:科学出版社,2007.

3. 李天文等.GPS原理及应用.第3版.北京:科学出版社,2015.

4. 丁金才.GPS气象学及应用.北京:气象出版社,2009.

5. S. Chandrasekhar. Radiative Transfer. Clarendon Press,1950.

6. K.N. Liou. An Introduction to Atmospheric Radiation (2 ed.). Academic Press,2002.

7. Xu, Guochang. GPS Theory, Algorithms and Applications. Second Edition. Springer Berlin Heidelberg, 2007.

8. Emilio Chuvieco. Earth Observation of Global Change: The Role of Satellite Remote Sensing in Monitoring the Global. Springer,2008.

9. John J. Qu, John J. Qu,Wei Gao,M. Kafatos,Robert E. Murphy,Vincent V. Salomonson. Earth Science Satellite Remote Sensing. Springer,2007.

10. 周志鑫.卫星遥感图像解释.北京:国防工业出版社,2022.

11. 匪迦.北斗星辰.杭州:浙江文艺出版社,2023.

第 10 章
微波遥感大气探测

本章重点:对微波遥感所使用的频段有初步认识,掌握微波遥感大气探测基本原理以及微波与大气的相互作用,并对常用的微波辐射测量仪器的原理和性能有一定了解。

§10.1 微波频谱

电磁波谱覆盖范围很广,包括可见光、微波、无线电波以及宇宙射线等。类似于图 6.1,从图 10.1 可知,微波是电磁波谱的一部分,它的频率和波长介于红外和无线电波之间。国际上通常认为微波频谱范围为 10^9 Hz~$3×10^{11}$ Hz(1 GHz~300 GHz),对应波长范围为 1 mm~30 cm。实际上,微波频谱并没有严格意义上规定的频率或波长范围。现在也有一些科学家认为,微波频谱应包括直至频率为 10^{12} Hz(1 000 GHz),对应波长为 0.3 mm 的亚毫米波段。电磁波谱是有限的资源,在大气探测的研究中所使用的微波是受国际电信联盟(International Telecommunication Union,简称 ITU)保护的频率,避免与通信和军事等其他应用所使用的频率相互重叠产生不必要的电磁干扰。

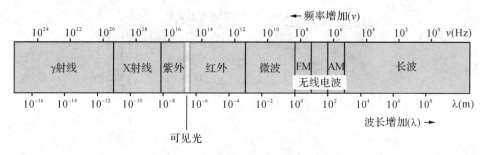

图 10.1 电磁波谱

微波的发展和应用,无论是在日常生活还是科学研究中,都有非常重要的贡献。日常生活中使用的微波炉和手机,以及科学研究使用的雷达等都与微波有着很深的渊源。关于微波的历史,可以追溯到两百多年前电磁学的发展,从最初关于电和磁的认识,到法拉第发现电、磁和光的相互联系。1868 年英国科学家麦克斯韦发表了他的电磁理论,建立了麦克斯韦方程组,预言了电磁波的存在,这是 19 世纪物理学发展的重要成果,也被认为是微波遥感历史上最重要的历史转折。20 世纪初,人们开始逐渐对电磁波有了一定的了解。从 20 世纪三四十年代开始,微波逐渐用于射电天文研究。在 20 世纪 50 年代末,微波开始用于对地遥感,并在地球科学的一些领域有了广泛应用。科学家们开始使用微波辐射计进行气象、海洋和水文等观测,并获得了第一幅关于地球的微波辐射图像。20世纪90年代后,伴随着卫星技术的发展,微波遥感技术发展更加迅速。关于微波遥感的详细发展历史可以参考乌拉比等人的著作。近年来,国外陆续发射了多颗搭载了微波辐射计的气象卫星并组网观测。我国也陆续发射了多颗气象和海洋卫星,搭载了微波载荷,对大气、海洋、地表及降水等参数进行观测,微波探测技术也日趋成熟。在全球气候变化和环境变化受到广泛关注的今天,微波遥感也逐渐向着高精度高分辨率探测全面发展。

微波遥感是使用工作在微波波段的仪器进行遥感探测。微波遥感分为主动微波遥感和被动微波遥感。主动微波遥感是指利用微波仪器主动发射微波信号,并接收被目标物反射回来的微波信号的一种遥感手段。常见的主动微波遥感仪器主要包括雷达微波散射计、微波辐射计等。雷达工作原理及其在大气探测方向的应用已经在前述章节中详细介绍了,这里不再赘述。与主动微波遥感形成对比的是被动微波遥感。顾名思义,被动微波遥感并不主动发射微波信号,它通过被动地接收目标物发出的微波辐射对其物理特性进行研究。被动微波遥感观测中常用的仪器被称为微波辐射计。

微波遥感、光学遥感和可见光遥感都是遥感的重要手段,各具特点,互为补充。微波遥感具有全天时和全天候特征。全天时遥感是指微波遥感不依赖于太阳作为照射源,可以二十四小时对目标物发出的微波辐射进行探测。全天候则是指微波具有一定穿透云层和雨区的能力,不受天气影响,即使在恶劣的天气条件下也能实现对目标物进行微波探测。

图10.2为我国风云三号卫星上搭载的微波和红外载荷对地遥感图像。其中,微波载荷的通道频率为10 GHz和89 GHz,红外为10.7 μm波段。通过比较可知,利用微波遥感图像可以准确区分陆地和海洋边界。红外波段受大气吸收和云雨等影响较大,在有云的情境,只能探测接近云顶部的位置,而微波能穿透云层,可以获得地表特征。与红外云图相比,微波图像的分辨率相对较差,无法分辨云的细节。

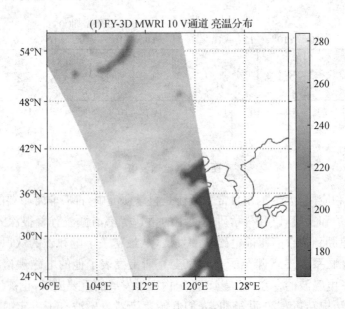

(1) FY-3D MWRI 10 V通道 亮温分布

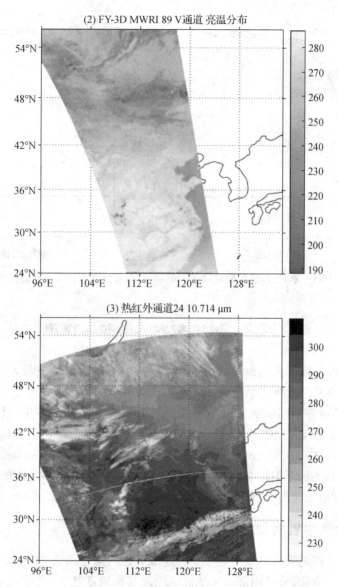

图 10.2　从上到下依次为风云三号 D 星微波 10 GHz 通道，
89 GHz 通道，红外 10.7 μm 通道亮温图

　　云和雨对微波传播的影响不同。图 10.3 表示了不同类型的云和雨对微波的透射比例。冰云对微波的传播影响最小，其次是水云，雨比云的影响更大。当频率较低、波长较长时，云和雨对微波传播的影响甚至可以忽略；随着微波频率增加，云雨对微波信号传播的衰减影响会变得严重，微波透波率减小。微波也能穿入植被，它穿透植被的能力主要取决于植被的密度、含水量和微波波长等。高频率短波长的微波穿透能力较差，低频率长波长的微波穿透能力相对较强。

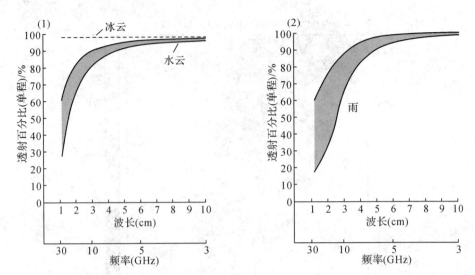

图 10.3　冰云、水云和雨对微波的影响（散射百分比与波表之间的关系）

§10.2　微波与大气的相互作用

通过了解微波波段的大气散射、吸收等物理特性，可以获得微波与大气相互作用特征，进而利用微波遥感监测大气参数变化。在不同微波频段，微波与大气相互作用不同。这种相互作用，决定了观测不同的大气参数所需微波频段差异。前一节中，已经介绍了在 1～15 GHz 范围内，即使有云和中等降雨，大气仍是透明的，透波率达到 90% 以上。利用水汽分子的谐振吸收（如 22.2 GHz 和 183.3 GHz）和氧气分子的谐振吸收（50～70 GHz 和 118.7 GHz）附近频率的辐射测量可以获得大气温度和湿度垂直廓线分布。弱吸收的频段称为窗口频段，可用于地表、云和降水的观测。

10.2.1　大气中氧气和水汽的吸收作用

气体分子对微波的吸收和发射主要是分子能级之间量子跃迁的结果。当一个孤立分子的量子化能级发生变化，分子内部电子从低能级向高能级跃迁时，电磁波能量就会被吸收；反之，原子从高能级向低能级跃迁时，电磁波能量就会被发射。分子的运动会导致分子能级发生变化，原子核在其平衡位置附近发生振动，分子绕其中心转动，以及电子相对原子核运动，不管是哪种运动方式，都会产生能量变化，分别对应振动能量、转动能量和电子能量。分子内部能量的变化是这三种能量变化之和。

单一跃迁对应一条谐振吸收线，这条吸收线频率 f_{lm} 与对应的内部能量变化是相对应的，

$$f_{lm} = \frac{\Delta E}{h} \tag{10.1}$$

其中，h 为普朗克常数，$h = 6.626\,070\,15 \times 10^{-34}$ J·s；f_{lm}（Hz）是两个能态跃迁的谐振频率；能量变化则为高能级 E_h 和低能级 E_l 的能级差 $\Delta E = E_h - E_l$。

如果分子内存在多个跃迁,会产生多条吸收谱线,这些谱线是由线条分明的频谱线所构成。但是,由于分子处于不断运动中,与大气中的其他气体分子或介质等发生碰撞,会导致能级宽度发生变化,使得谐振吸收线具有一定宽度,产生谐振吸收谱。也因此,分子吸收谱线由线条分明的频谱线变成了具有一定频带宽度的吸收谱,谱线宽度的增加称为线增宽,如图 10.4 所示。这种由于碰撞而增宽的机制被称为压致增宽。同时,当温度升高时,分子运动加快,造成分子能级跃迁所发射和吸收频率产生多普勒频移,使吸收谱线增宽的机制为温致增宽。在微波波段,对于平流层和对流层来说,压致增宽是谱线增宽的主要原因,也是大气吸收的主要因素。只有当大气压较低时(一般认为当大气层高度大于 70 km,气压小于 1 hPa 时),温致增宽作用才会逐渐变得明显。

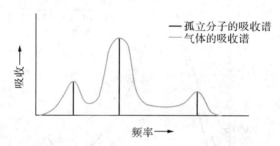

图 10.4　单个孤立分子的吸收谱和含有多个分子气体线增宽的吸收谱

用线形函数描述吸收谱相对于谐振频率的形状。微波波段常用的压致增宽线形函数有 Lorentz 线形和 Van Vleck-Weisskopf 线形。其中,Lorentz 线形是最简单的,可表示为

$$F_L(f, f_{lm}) = \frac{1}{\pi} \frac{\gamma}{(f - f_{lm})^2 + \gamma^2} \tag{10.2}$$

式中,γ(Hz)为线宽参数,定义为 1/2 峰值强度处频带宽度的一半,如图 10.3 所示; f_{lm}(Hz)为吸收线的中心频率。

当线宽参数 γ 远小于吸收线的中心频率时,Lorentz 线形函数适用;当 γ 与中心频率相当时,通常采用 Van Vleck-Weisskopf 线形函数,用式(10.3)表示:

$$F_{vw}(f, f_{lm}) = \frac{1}{\pi} \frac{f}{f_{lm}} \left[\frac{\gamma}{(f - f_{lm})^2 + \gamma^2} + \frac{\gamma}{(f + f_{lm})^2 + \gamma^2} \right] \tag{10.3}$$

在微波波段,Gross 线形函数与 Van Vleck-Weisskopf 线形函数差别不大,仅在谐振中心频率的远翼存在一定差别。在红外区,这两种线形差别变得明显,采用 Van Vleck-Weisskopf 函数将带来一定的误差,此时用 Gross 函数更接近实际的结果。Gross 线形函数可表示为

$$F_G(f, f_{lm}) = \frac{1}{\pi} \frac{4 f f_{lm} \gamma}{(f^2 - f_{lm}^2)^2 + 4 f^2 \gamma^2} \tag{10.4}$$

多普勒宽度与分子温度有关,与分子的能级变化无关,处于不同能级的分子均可能具有相同的多普勒线增宽。用 γ_D 表示由于多普勒频移造成的谱线宽度参数,多普勒温致增宽用高斯线形函数表示。

$$F_{GS}(f,f_{lm}) = \frac{1}{\sqrt{\pi}\,\gamma_D} \exp\left(-\frac{(f-f_{lm})^2}{\gamma_D^2}\right) \tag{10.5}$$

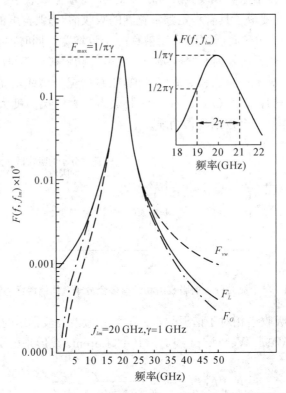

图 10.5 Lorentz、Van Vleck-Weisskopf 和 Gross 三种线形函数

实际上,温致增宽和压致增宽是同时存在的。以压致增宽的 Lorentz 线形为例,当温致增宽和压致增宽作用相当时,所观测到的线形既不是我们常见的 Lorentz 线形,也不是简单的高斯线形,而是具有一定频移的分子围绕与运动速度有关的新中心谐振频率 f'_{lm} 构成新线形分布。在这种情况下,总线型是高斯线型和 Lorentz 线形函数的卷积,用 Voigt 线形函数描述如下:

$$F_D(f) = \int_0^\infty F_L(f,f'_{lm}) F_G(f'_{lm},f_{lm})\mathrm{d}f \tag{10.6}$$

在频率 f 处的吸收系数是频谱内所有吸收线导致的吸收贡献之和。压强为 P,温度为 T,对应气体分子的吸收系数 κ（Np·m^{-1}）可表示为

$$\kappa(f,P,T) = \sum_{i=1}^N n_i S_i F_L(f,f_{lm,i}) \tag{10.7}$$

式中,i 表示第 i 条吸收线,谱内共有 N 条吸收线;n_i 为单位体积内的吸收分子总数;S_i（Hz）为线强度,是由单位体积内气体温度以及分子参数决定的。

20 世纪 60 年代开始,实验室测量分子吸收技术得到发展。在微波波段,大气中的氧气和水汽分子呈现出非常明显和强烈的吸收频带,尤其在对流层和平流层底部,氧气和水汽的

吸收是占主要作用的两种气体。在微波波段，二氧化碳、氮气、臭氧等气体吸收作用较弱，其他微量气体和痕量气体的吸收可以忽略。

1962 年美国给出了标准大气，提供了中纬度区域平均条件下温度、压力等廓线分布。大气主要成分是分子态的氮和氧，所占体积约为大气总体积的 78% 和 21%，海平面干燥空气密度是 $1.225\,kg/m^3$。除氮分子和氧分子这两种主要成份外，大气中还有多种气体分子，如水汽分子、二氧化碳分子等，它们占有的体积百分比数不到 1% 或更小。因此，在频率 f，大气压强 P，温度 T，水汽含量 ρ_{wv} 的情况下，大气吸收（κ^{atmos}）可认为是氧气分子谐振吸收（κ^{O_2}），水汽分子谐振吸收（κ^{wv}），氧气非谐振吸收谱（κ^{nonres}）以及水汽连续吸收谱（$\kappa^{wv,con}$）等共同作用的结果，如式（10.8）。

$$\kappa^{atmos}(f,P,T,\rho_{wv})=\kappa^{O_2}+\kappa^{wv}+\kappa^{nonres}+\kappa^{wv,con} \tag{10.8}$$

其中，氧气和水汽分子谐振吸收可根据式（10.7）计算得到。氧气非谐振吸收被认为与干燥空气折射的衰减有关。随频率变化的水汽连续谱（continuum）被认为是水分子和氧分子、氮分子等相互作用和红外等较高频率水汽吸收谱线的远翼吸收贡献造成的。

大气中的氧气体积占比超过 20%，在 300 GHz 以下的微波频段，处于电子基态的氧气分子由于其电子自旋和分子转动耦合产生非零磁矩，导致氧气可以产生纯转动光谱，在 50～70 GHz（～5 mm）形成了共振吸收带，在 118 GHz 附近产生一条单独的吸收谱线。计算氧气分子的吸收时不仅要考虑吸收带内谱线的线形叠加，还需要考虑谱线叠加产生的干涉效应。当压强大于 0.1 hPa 时，氧气分子使用压致增宽的线形函数。非零磁矩导致原子能级分裂的同时，也会导致谐振吸收线产生分裂（分裂后的吸收线间隔通常为若干 MHz），这种现象被称为 Zeeman 分裂效应。Zeeman 分裂主要发生在上层大气（通常认为 35 km 以上大气层），这对于上层大气遥感非常重要，在选择微波探测通道的时候应予以考虑。同时，Zeeman 分裂对线形会产生影响，分裂的吸收线也会受到多普勒频移和压致增宽影响。

水汽分子是具有一个电偶极子的极性分子，受外来辐射能量影响，转动能级跃迁在 22.235 GHz 和 183.31 GHz 频率上产生转动谱线。水汽分子在频率高于 300 GHz 的微波频段以及远红外波段还有很多强吸收线，这些吸收线的远翼延伸到微波波段，产生微波吸收。大气中总水汽吸收谱可表示为水汽连续谱吸收与水汽分子谐振吸收之和。水汽分子在微波频段的谐振线形可采用压致增宽的 Van Vleck-Weisskopf 线形函数等描述，水汽连续吸收谱则一般是根据实际测量结果和经验公式计算得到。

图 10.6 给出了标准大气压、室温条件下的微波大气吸收系数。在晴空条件下，大气中的氧气吸收和水汽吸收是导致微波信号衰减的主要原因。在氧气和水汽吸收谐振频率附近，大气吸收作用非常强烈。由于大气中的氧气分布比较均匀，不会发生剧烈变化，氧气吸收系数的变化被认为是大气温度的重要指示。因此，微波遥感常使用氧气吸收线及其附近的频率作为大气温度探测通道的频段。水汽吸收作用对大气中的水汽含量敏感，利用水汽吸收谐振线附近的频段可用于大气中的水汽含量探测。因此，水汽吸收线附近的频率常用于大气湿度探测。对水汽分子和氧气分子等吸收影响不敏感的微波频段称为大气窗区，如图 10.1 中提到的 10 GHz，这些频段受大气谐振吸收影响较小，连续谱吸收是产生微波衰减的主要原因。窗区可用于地球表面观测，同时，这些窗区频段对大气中的云层和降水引起的微波衰减非常敏感，也是微波遥感中常用于云和降水结构观测的重要频段。

Liebe 在 1981 年、1985 年、1987 年、1989 年和 1993 年分别发表了五篇论文,讨论大气对微波的吸收(衰减)和相位延迟效应,发展了 1 000 GHz 以内宽带微波传输模型(Microwave Propagation Model,简称 MPM)。随后,Rosenkranz 在计算水汽分子压致增宽的线宽参数时,考虑水汽分子自身碰撞和水汽分子与外来分子碰撞效应,并在 2005 年提出了对大气吸收模型的修正。2001 年 Pardo 等利用现有的宽带测量技术,根据地基测量结果对 1 600 GHz 内大气吸收模型进行了实验测量验证,发展了 ATM 模型。Clough 等开发了逐线辐射传输模型(LBLRTM),在气候研究界广泛使用,并利用时空匹配的辐射和探空测量对 20～30 GHz 大气吸收进行了比较。基于 LBLRTM 的拓展模型 MONORTM,也常被用于微波毫米波段辐射传输计算。

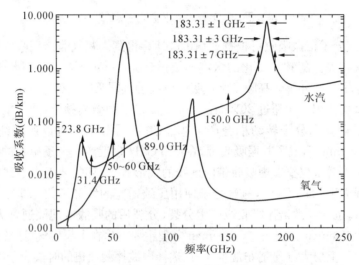

图 10.6　1～250 GHz 微波频率范围内的大气吸收系数

10.2.2　云雨的吸收和散射

大气中除了常见的大气分子外,还存在大量固态或液态水凝物小粒子(如云雨粒子等)时,这些粒子会吸收和散射微波辐射。由于微波波长与大气云雨粒子尺寸相当,对云和降水粒子的散射作用非常敏感,这也是微波能用于云和降水探测的主要原因之一。这些粒子对微波的作用,与大气体积内的小粒子密度、形状、尺寸和谱分布等均密切相关。微波波段,通常假定小粒子在该体积内是随机分布的,该体积内所有单个小粒子的散射贡献叠加,即为该体积内所有粒子的总贡献。

当入射电磁波照射到云雨粒子时,入射波能量会在空间内重新分配,其中一部分能量会被粒子吸收,一部分将继续沿着入射波方向传播,一部分则被散射到其他各个不同方向,与入射波方向相同的散射波传播方向为前向散射方向,与入射波方向夹角为 180°的方向发生的散射被称为后向散射。通常用散射截面和吸收截面分别描述粒子被入射波照射后散射和吸收入射波的能力。由于散射方向是 4π 空间范围,为了更好地描述粒子散射能力,引入了散射矩阵。散射矩阵的各个元素不仅与粒子特性有关,与入射波方向和散射波方向也有关。

假设大气中的雨滴为球形,虽然这种假设与实际情景不同,但是可以有助于理解散射的物理过程。微波波段,常用米理论(Mie Theory)计算球形粒子散射和吸收,得到任意半径球体对电磁波散射和吸收的解。假设入射电磁波频率为 f（波长为 λ），粒子半径为 r，几何横截面积为 πr^2，介质球粒子复折射指数 m 实部和虚部分别为 m_r 和 m_i（$m = m_r + im_i$），粒子尺寸参数定义 $x = 2\pi r/\lambda$。

用 4×4 散射相位矩阵定义 4π 全空间的散射效果，连接入射和反射电磁波的斯托克斯矢量（Stokes Vector）。对于轴对称的球形粒子来说，散射矩阵（Scattering Matrix）可简化为：

$$\boldsymbol{M}_{sca} = \begin{bmatrix} S_{11} & S_{12} & 0 & 0 \\ S_{12} & S_{11} & 0 & 0 \\ 0 & 0 & S_{33} & S_{34} \\ 0 & 0 & -S_{34} & S_{44} \end{bmatrix} \tag{10.9}$$

散射矩阵中的每一个元素 S_{ij} 均与入射波和散射波方向有关。S_{11} 表示散射到某个方向的能量与入射能量的比值，也被称为散射相函数，图 10.7 给出了不同尺寸参数所对应的相函数。

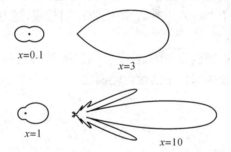

图 10.7　复折射指数 $m = 1.33 + i0$ 的不同尺寸参数球形粒子对应的散射相函数

粒子的吸收截面 σ_{abs} 表示粒子吸收功率与入射波的功率密度之比，散射截面 σ_{sca} 则表示粒子散射到 4π 空间的功率与入射波功率密度的比值。消光则是定义为由于吸收和散射导致的电磁波衰减，消光截面 σ_{ext} 为吸收截面和散射截面之和，

$$\sigma_{ext} = \sigma_{abs} + \sigma_{sca} \tag{10.10}$$

粒子吸收截面与粒子几何横截面积之比称为吸收效率 Q_{abs}，散射效率 Q_{sca} 为散射截面与粒子截面的比值，消光效率 Q_{ext} 为吸收效率与散射效率之和。

$$Q_{abs} = \frac{\sigma_{abs}}{\pi r^2} \tag{10.11}$$

$$Q_{sca} = \frac{\sigma_{sca}}{\pi r^2} \tag{10.12}$$

$$Q_{ext} = Q_{abs} + Q_{sca} \tag{10.13}$$

根据米理论推导出了球粒子的散射效率 Q_{sca} 和消光效率 Q_{ext}，具体推导过程和表达式在相关文献中可以找到，这里不再赘述。

复折射指数是计算和衡量粒子散射和吸收能力的重要参数之一。对于冰粒子来说，由于复折射指数虚部数值比较小,因此,冰粒子的散射效率较大,吸收效率较小。对于雨粒子来说,复折射指数常数的虚部较大,吸收效率更强一些。

当粒子半径远小于入射波的波长($r \ll \lambda$),且满足$|mx| \ll 1$时,米散射可简化为瑞利近似表达式,对应的散射截面、吸收截面和消光截面可分别表示为

$$\sigma_{sca} = \frac{2\lambda^2}{3\pi} x^6 |K|^2 \tag{10.14}$$

$$\sigma_{abs} = \frac{\lambda^2}{\pi} x^3 Im(-K) \tag{10.15}$$

$$\sigma_{ext} = \sigma_{abs} + \sigma_{sca} \tag{10.16}$$

其中,$K = \frac{m^2-1}{m^2+2}$。

球形粒子的半径远小于入射电磁波的波长时,σ_{abs}随x^3变化,σ_{sca}随x^6变化,我们可以用瑞利近似来代替米理论求解粒子的散射。瑞利散射区粒子的吸收截面通常比散射截面要大得多。这也说明了当粒子半径较小时,它的吸收作用较强,随着粒子半径增大,散射作用会逐渐增强。

云和雨粒子在空间中是随机分布的,粒子之间的散射场互不相干。一定体积的总散射截面等于在这个体积内所含全部粒子的散射截面之和。单位体积内总散射截面被称为体散射系数。

$$\kappa_{sca} = \int_0^{r_{max}} N(r)\sigma_{sca}(r)dr \tag{10.17}$$

其中,r为粒子半径。κ_{sca}为体散射系数,单位是 Np/m(或者 dB/m);$N(r)$为粒子尺寸分布(drop size distribution,简称 DSD,也被称为粒子谱分布),表示单位体积内单位尺寸的粒子数浓度,单位是 $m^{-3}m^{-1}$。体吸收系数和体消光系数的定义与体散射系数的定义类似。

10.2.3 地球表面的散射和发射

地球表面的微波辐射与微波波长和表面特性相关。根据地表微波辐射可以分辨地表为陆地表面还是海洋表面,也可以获得陆表植物覆盖、土壤湿度和海洋表面盐度等信息。

在微波波段,通常认为地球表面为朗伯面或者镜面。当地球表面的高度变化比电磁波波长小得多,则认为该表面是光滑的,可当作镜面。镜面边界的反射和透射服从斯涅尔定律,当电磁波从一种介质传输到另一种介质时,会发生折射,入射角等于反射角,折射角与两种介质的折射率相关。对微波而言,平静水面、光滑金属表面等均可认为符合镜面反射规律(反射角等于入射角)。

发生漫射的粗糙表面被称为朗伯面,朗伯面相对于入射波长是粗糙的,表面高度变化与电磁波波长相当。朗伯面电磁波反射服从朗伯余弦定律,即朗伯面的单位表面积向指定方向立体角内反射的辐射通量(功率)和该指向方向与表面法线夹角的余弦成正比。如图 10.8 所示,假设入射波的亮度为 B,单位面积为 dA,单位立体角为 $d\Omega$,那么法向反射的辐射通量则为 $Bd\Omega dA$;与法向夹角为 θ 方向的单位立体角单位面积内的辐射通量则为

$B\cos\theta\mathrm{d}\Omega\mathrm{d}A$。

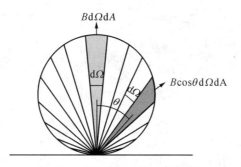

图 10.8　朗伯面及朗伯余弦定律

地表微波发射率是用来描述地球表面辐射特性的重要参数之一。地球表面的微波散射和发射是非常强的辐射背景。根据基尔霍夫能量守恒定律,理想地表发射率 ε(emissivity)和地表反射率 a(albedo)的关系满足:

$$1 = \varepsilon + a \tag{10.18}$$

影响陆地表面发射率的因子主要是陆表的几何形状和结构,如陆地粗糙度、植被覆盖度和种类等。陆表发射率与陆表土壤水分含量成反比,土壤湿度越高,陆表发射率越低,而土壤湿度越低,陆表发射率越高,如图 10.9 所示。陆地微波发射率模型用于描述积雪、沙漠、植被覆盖地表等类型的地表微波辐射特性。与海洋表面微波发射率相比,陆地表面的微波发射率较高且变化范围较大(0.4～1.0),如图 10.10 所示。

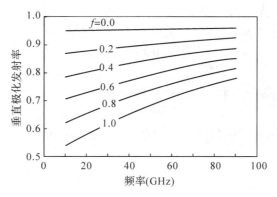

图 10.9　土壤湿度与地表微波发射率的关系

海面的风浪使得海面变得粗糙,因此,海面电磁波反射也变得复杂。海面发射率一般采用参数化的双尺度物理模型。双尺度模型假设海浪散射表面由大尺度波动和小尺度扰动组成,小尺度扰动叠加在大尺度波动表面上。其中,均方差小于微波波长的小尺度扰动散射特性用小扰动理论处理,曲率半径大于波长的大尺度波动则利用反射场叠加作用进行计算,不仅需要考虑海浪造成海面形成随机起伏的大尺度粗糙表面的影响,也要考虑水滴气泡混合的泡沫对海面发射率的贡献。

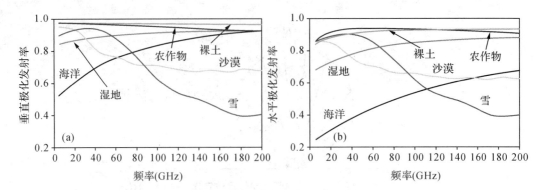

图 10.10　不同表面的微波发射率(a)垂直极化(b)水平极化

10.2.4　微波辐射传输基本原理

辐射传输方程最早是为解决星体大气辐射特性提出来的,用来描述辐射和物质的相互作用。由于大气的吸收和散射作用,使得小柱体内辐射亮度在距离为 ds 的衰减为

$$dI_{ext} = I(s + ds, \theta, \varphi) - I(s, \theta, \varphi)$$
$$- \kappa_{ext}(\theta, \varphi) I(s, \theta, \varphi) ds \qquad (10.19)$$

其中,dI_{ext} 表示大气柱体消光作用引起的在 (θ, φ) 方向辐射亮度衰减,$I(s, \theta, \varphi)$ 为入射波的辐射亮度,与位置和方向相关,$\kappa_{ext}(\theta, \varphi)$ 为消光系数,是衡量大气消光作用的物理量。

将式(10.19)两侧去除 (s, θ, φ),可简化为

$$\frac{dI}{I} = d(\ln I) = -\kappa_{ext} ds \qquad (10.20)$$

假设大气小柱体的路径从 s_1 到 s_2,对上式积分得到

$$\ln I(s_2) - \ln I(s_1) = -\int_{s_1}^{s_2} \kappa_{ext} ds \qquad (10.21)$$

定义

$$\tau = \int_{s_1}^{s_2} \kappa_{ext} ds \qquad (10.22)$$

为 s_1 到 s_2 的光学厚度。

对式(10.21)进行积分,可以表示为

$$I(s_2) = I(s_1) \exp\left(-\int_{s_1}^{s_2} \kappa_{ext} ds\right) \qquad (10.23)$$

式中 $T = \exp\left(-\int_{s_1}^{s_2} \kappa_{ext} ds\right)$ 则表示 s_1 到 s_2 路径范围内的透波率,T 值的范围为 $0\sim1$。

在吸收入射波能量的同时,也向外辐射能量,

$$dI_{abs} = \kappa_{abs}(\theta,\varphi)B(T,s)\,ds \tag{10.24}$$

其中，dI_{abs} 表示大气吸收的辐射亮度，$B(T,s)$ 为柱体在温度为 T 时对外发射的辐射亮度，$\kappa_{abs}(\theta,\varphi)$ 为衡量介质吸收能力的物理量。

大气小柱体散射来自空间各方向的辐射，进入接收辐射计方向的辐射亮度为

$$dI_{sca} = \iint I(s,\theta',\varphi')M(\theta,\varphi,\theta',\varphi')d\theta'd\varphi'ds \tag{10.25}$$

其中，dI_{sca} 表示介质柱体散射的辐射亮度，$I(s,\theta',\varphi')$ 为来自 (θ',φ') 方向的辐射亮度，$M(\theta,\varphi,\theta',\varphi')$ 为衡量介质散射能力的散射矩阵，为辐射亮度从 (θ',φ') 方向散射到 (θ,φ) 方向的能力。

假设大气为平面平行大气，并且在水平方向是对称的（与方位角 φ 无关）。这样，根据辐射亮度的损失与补偿，在高度 z 上，经过介质小柱体传输之后辐射亮度的变化，可表示为

$$\frac{dI(z,\theta)}{ds} = -\kappa_{ext}(\theta)I(s,\theta) + 2\pi\iiint I(s,\theta')\,M_{sca}(\theta,\theta')d\theta' + \tag{10.26}$$
$$\kappa_{abs}(\theta)B(T(z))$$

由于大气吸收、散射和消光作用导致辐射亮度发生变化，这种变化主要是由于入射的辐射亮度经介质消光作用而衰减，减少了沿着接收辐射计方向上传输的辐射亮度；介质因本身的吸收作用，在吸收入射辐射亮度的同时，将向外发射辐射亮度；来自空间的辐射亮度被介质散射到沿着接收辐射计方向传输的辐射亮度。其中，消光作用使得入射的辐射亮度衰减，而吸收作用和散射作用将补偿由于介质的消光作用而产生的辐射衰减。消光作用的产生主要是由于介质的散射和吸收作用，将沿着接收辐射计方向传播的辐射亮度散射到其他方向，并且吸收入射的辐射亮度，将其发射到其他方向。

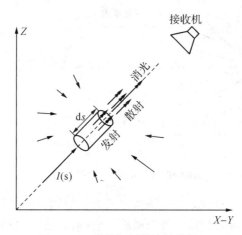

图 10.11　微波辐射传输基本原理

§10.3　微波遥感探测仪器

10.3.1　微波辐射计工作基本原理和系统

微波辐射计是被动式的接收系统,由天线和接收机两部分组成。天线接收来自目标物的微波辐射随角度分布的方式,是通过天线增益方向图实现的,如图 10.12 所示。增益是衡量天线将输入功率按特定方向定向辐射的能力,天线视场范围内的总辐射和增益方向图有关。天线半功率波束宽度也称为 3 dB 波束宽度或半功率角,是描述天线方向图主瓣最大功率一半的角度区域。天线主瓣功率高,旁瓣功率低,可以减少除主波束外其他方向的微波辐射。对于地基微波辐射计来说,旁瓣功率低可有效降低来自地表的辐射能量,星载微波辐射计的旁瓣功率低则可以降低来自卫星或者其他非目标体的辐射。

微波辐射计天线系统常采用反射面天线,利用反射面将特定方向入射的能量聚焦,从而被馈源喇叭接收。抛物面反射天线是一种常见的反射面天线形式,这种反射面将馈源喇叭置于抛物面焦点处,入射电磁波被抛物面反射并聚焦到位于焦点处的馈源喇叭,达到接收入射微波能量的目的。一些微波辐射计系统采用反射面天线旋转的方式将反射面旋转接收到的辐射能量反射进入接收机,从而达到扫描的目的。这样,无需旋转整个系统,只需将反射面天线进行机械转动即可。为了保护微波系统的内部结构,会使用天线罩覆盖整个系统。这时,可能需要考虑天线罩对入射微波能量的衰减。同时,由于天线罩也有温度,天线罩的自身微波辐射叠加在入射微波信号上,导致系统噪声增加,可能对系统产生一定的影响,尤其天线罩上的覆盖物更会影响接收信号,需及时清除。

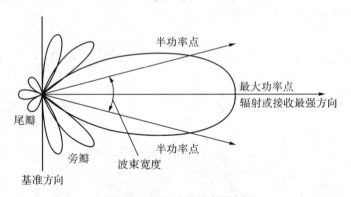

图 10.12　天线增益方向图

微波辐射计的接收机负责放大和检测接收到的辐射,如图 10.13 所示。一般来说,辐射计是采用超外差接收机原理设计的。外来微波辐射(射频信号)经过天线反射面反射进入馈源喇叭,与本振产生的本振信号混频后,输入的射频信号下变频到所需中频信号。经过中频放大和滤波后,由平方律检波器检波输出。平方律检波器输出电压与系统接收到的总功率成正比。除了超外差方式外,接收机也可以采用直接检测(直接射频采样),这样系统中不需要混频单元和本振单元。直接检测的方式不需要进行变频,整体硬件设计更简单,但是受限于采样率等因素局限。

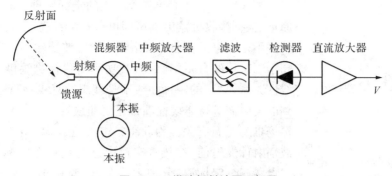

图 10.13　微波辐射计原理框图

在微波波段,处于热平衡的黑体所发射的功率 P 与其物理温度 T 成正比。因此,理想无损的微波系统接收的总功率表示为

$$P = kT\Delta B \tag{10.27}$$

式中 k 为玻尔兹曼常数, $k = 1.38 \times 10^{-23}$ J·K^{-1}, ΔB 为辐射计带宽。

假设目标为温度 300 K 的黑体,使用一个带宽为 1 GHz 的接收机去接收黑体的辐射,那么,微波系统收到的功率为 10^{-12} 量级。可以说,微波辐射计是测量目标物微波辐射的高灵敏度设备。

10.3.2　定标基本原理和定标误差

微波辐射计的输出形式为电压。微波遥感应用中通常只关心目标物的物理特性,即亮温。当目标物为理想黑体时,目标物的物理温度即为其亮温。对微波辐射计的定标过程是通过建立测量电压和目标物理特性之间的相互关系,达到定标的目的。微波辐射计采用平方律检波,也就是说平方律检波器输出电压与系统接收到的总功率成正比,输出电压与目标亮温是线性关系。因此,在定标过程中,通过测量两个已知温度的理想黑体的电压,可以建立输出电压和亮温的对应关系,这种方法被称为两点定标法。两个已知温度的理想黑体分别当作定标冷源和定标热源。电压和亮温关系的定标方程斜率,也就是接收机定标增益,定义如下:

$$G = \frac{T_{热} - T_{冷}}{V_{热} - V_{冷}} \tag{10.28}$$

假设微波接收机所接收到的目标辐射被称为目标温度 T_b,对应的电压为 V_b,那么,可以通过拟合直线得到

$$T_b = G(V_b - V_{冷}) + T_{冷}$$

$$或$$

$$T_b = G(V_b - V_{热}) + T_{热} \tag{10.29}$$

式中, $T_{热}$ 和 $T_{冷}$ 分别表示热源温度和冷源温度, $V_{热}$ 和 $V_{冷}$ 分别表示热源电压和冷源电压。

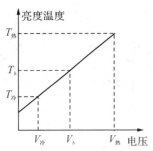

**图 10.14　微波接收机的传统
两点定标原理图**

图 10.14 给出了微波接收机的定标原理。利用这个定标原理，根据接收机输出电压即可获得天线亮温。然而，微波系统并不是完美的线性系统，平方律检波器输出电压可能含有高于二次项的分量，导致接收功率与目标物温度不是完美的线性关系，对应的定标曲线不是理想的直线，两点定标方法得到的亮温需进行非线性项订正。非线性亮温与仪器状态和目标场景的亮温有关。为获得该非线性亮温，卫星上搭载的微波辐射计发射前，在热真空罐中进行热真空定标试验。试验中设置三个定标源，分别为冷源、热源和变温源。其中，冷源是由浸润液氮的理想黑体提供，温度约为 80 K（液氮沸点温度），热源是温度约为 330 K 的理想黑体，第三个定标源则为控温变温源，模拟对地观测场景。在试验过程中，变温源温度从 80 K 连续变化到 330 K。通过观测已知亮温的热源和冷源电压，由此确定该微波接收机定标增益。当变温源温度从 80 K 逐渐增加到 330 K 时，通过定标方程计算该温度对应的线性亮温与变温源的实际物理温度，得到微波系统的非线性亮温。测试时的变温源实际物理温度和线性定标方程得到的温度差值，即为非线性亮温。卫星发射后，定标冷源通常采用宇宙背景亮温，热源采用已知温度的控温黑体，非线性亮温沿用地面测试的非线性系数实现微波系统在轨定标。

实际上，进入微波接收机前的辐射温度是由天线接收的。天线接收到的亮温定义为天线亮温。从天线亮温 T_a 到目标亮温 T_b 还需要进行天线定标。天线参数误差会导致定标偏差，从而影响整个微波系统的精度。天线的旁瓣、交叉极化、背瓣溢出等均会影响定标结果，需在天线定标过程考虑。但是，受制于热真空罐的体积容量，有些尺寸较大的天线系统无法与接收机系统集成进行整体定标，只能分别对天线系统和接收机系统定标。假设天线主瓣接收的辐射全部来自目标亮温 T_b，主瓣外的其他等效辐射亮温为 T_b'，主瓣效率为 η。那么，天线亮温 T_a 和目标亮温 T_b 的关系可表示为

$$T_a = \eta T_b + (1-\eta) T_b' \tag{10.30}$$

定标方程中待确定的各项参数均可能导致定标亮温的误差。因此，定标误差主要来源非常广泛，包括冷定标源亮温误差、热定标源亮温误差、接收机特性误差以及天线系统误差等。

卫星上搭载的微波载荷观测资料至今已经积累了几十年，考虑到太空辐射对仪器的影响，仪器部件可能发生老化等，各项定标参数也会发生变化，对这些历史数据进行长期定标研究是非常必要的。地面微波辐射计的测量和维护相对而言较为简便，冷源采用 80 K 液氮黑体，热源为室温黑体，可以不定期对仪器进行标定，保证定标精度。

此外，还可以通过探空资料分析对定标结果进行校正。除了前面介绍的传统两点定标法进行辐射定标外，地基微波辐射计还可以采用 Tipping-Curve 的方法，这种方法利用晴空条件下大气透波率与观测仪器俯仰角余弦的关系，建立输出电压和亮温的函数，实现微波辐射计的定标。

10.3.3　微波辐射计系统性能参数

信噪比 S_n 定义了仪器接收信号与系统噪声的比值。对于传统的接收机来说，如果要准

确可靠地提取接收信号,需要信噪比 $S_n \gg 1$。 但是对于微波系统来说,微波辐射计的待测信号功率通常比接收机的功率小得多,因此,要求辐射计灵敏度非常高,才能精密测出很小的输入信号。

　　微波探测器的性能由微波系统灵敏度表示,是仪器观测场景最小可检测到的变化,可表示为 NEΔT(noise-equivalent temperature difference)。系统噪声和接收机功率增益波动引起的不确定性决定了辐射计的辐射测量灵敏度。仪器的系统噪声温度是接收机的输入噪声温度和天线温度之和。当系统噪声温度为零时,表示该仪器为理想无噪接收机。在测量过程中,系统噪声最主要的来源是热噪声,这是温度高于绝对零度的物质普遍特性。热噪声也称为高斯白噪声,幅度服从高斯分布。接收机增益变化则可能是射频端,或者混频器和中频部分等引起的。仪器灵敏度计算公式如下:

$$\Delta T = \left[(\Delta T_N)^2 + (\Delta T_G)^2 \right]^{1/2}$$
$$= T_{sys} \left[\frac{1}{\sqrt{\Delta B \tau}} + \left(\frac{\Delta G_s}{G_s} \right)^2 \right]^{1/2} \tag{10.31}$$

式中,T_{sys} 为仪器的系统噪声温度,ΔB 为系统带宽,τ 为系统单次测量所需积分时间,G_s 为接收机增益,ΔG_s 为接收机增益起伏。

　　从灵敏度的计算公式可知,增加测量的积分时间和带宽可以提高系统灵敏度。由于系统噪声温度和接收机增益无法准确测量,上述公式可用于辐射计灵敏度的估计。实际上,灵敏度是通过对稳定目标源的亮温标准偏差测量得到的。当目标源的亮温稳定无变化时,辐射计输出亮温的变化可以反映接收机由于自身噪声温度和增益变化引起的辐射计输出扰动,这种变化被认为是系统灵敏度。对于微波仪器来说,用于定标的热源或者冷源均可当作稳定目标源。此时,对应的辐射计灵敏度根据稳定目标源的均方根标准偏差计算得到,

$$\Delta T = \sqrt{\frac{1}{N-1} \sum_{i}^{N} (T_{b,i} - \overline{T_b})^2} \tag{10.32}$$

式中,N 表示共为 N 次测量,i 为第 i 次测量,$T_{b,i}$ 表示第 i 次测量的目标亮温,$\overline{T_b}$ 为稳定目标源的 N 次测量均值。

　　在辐射计观测过程中,常常会发现接收的亮温会受到外来环境干扰影响(如地面射频干扰、天线旁瓣亮温变化等),导致上式计算得到的仪器灵敏度并不稳定。因此,一些研究推荐使用 Allan 方法计算仪器热噪声灵敏度,与传统的亮温标准偏差公式相比,Allan 标准差方法表现的是仪器热噪声性能指标。Allan 标准偏差计算的灵敏度不随观测轨道和时间发生变化,已经广泛用于星载微波辐射计衡量仪器灵敏度,包括美国业务卫星搭载的 ATMS(Advanced Technology Microwave Sounder)微波探测仪等。

　　Allan 标准差统计方法中,假设对目标源进行 N 次测量,将这 N 次测量分为 K 组,分组样本测量数为 M,满足 $K=N/M$。Allan 标准差表示如下:

$$\Delta T_{allan} = \sqrt{\frac{1}{2 M^2 (N-2M+1)} \sum_{j=1}^{N-2M+1} \left(\sum_{i=j}^{j+M-1} (T_{b,i+M} - T_{b,i}) \right)^2} \tag{10.33}$$

如果 $M=1$ 时,可简化为

$$\Delta T_{allan} = \sqrt{\frac{1}{2(N-1)}\sum_{i}^{N-1}(T_{b,i+1}-T_{b,i})^2} \qquad (10.34)$$

以风云三号微波成像仪某一轨的测试结果为例，如图 10.15 所示。将该轨数据分为四组，其中第二组数据为洋面，观测数据较为稳定。比较这两种方法计算得到的仪器灵敏度可知，第二组数据中 Allan 灵敏度与均方根灵敏度结果相差小于 0.1 K，这说明这两种方法在目标稳定时结果基本一致。不管在何种观测区域，Allan 灵敏度基本不发生改变，基本不受地面环境和接收机状态的影响。

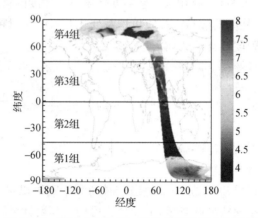

图 10.15　微波成像仪某一轨的热源观测电压数据

表 10.1　使用均方根及 Allan 方法计算得到的灵敏度对比

通道频率和极化(GHz)	第 1 组		第 2 组		第 3 组		第 4 组	
	均方根	Allan	均方根	Allan	均方根	Allan	均方根	Allan
10 V	0.53	0.30	0.31	0.30	1.01	0.30	0.56	0.30
10 H	0.67	0.31	0.27	0.31	1.37	0.31	0.67	0.31
18 V	0.48	0.39	0.30	0.39	0.58	0.39	0.56	0.39
18 H	0.55	0.41	0.36	0.41	0.70	0.41	0.70	0.41
23 V	0.32	0.33	0.30	0.33	0.40	0.33	0.43	0.33
23 H	0.48	0.36	0.42	0.36	0.39	0.36	0.50	0.36
36 V	0.23	0.23	0.27	0.23	0.40	0.23	0.36	0.23
36 H	0.28	0.21	0.28	0.21	0.54	0.21	0.54	0.21
89 V	0.41	0.49	0.46	0.49	0.46	0.49	0.53	0.49
89 H	0.42	0.47	0.52	0.47	0.50	0.47	0.49	0.47

10.3.4　几种常见的微波辐射计

根据微波辐射计的用途，通常将其分为探测仪(sounder)和成像仪(imager)两类。微波探测仪通道频率一般位于微波频谱的氧气或者水汽吸收线附近，用于温湿度等廓线观测，成像仪通道频率则是位于窗口区域,受氧气和水汽吸收影响较弱,用于地表参数和云雨等观测。

微波辐射计有多个频率通道,可以包含更多大气辐射信息,能有效改善大气垂直结构的探测效果,也可以进行方位扫描,探测不同观测角度的大气参数。美国 Radiometrics 公司生产的 MP‑3000A 型号微波辐射计共有 35 个探测通道,通带带宽为 300 MHz,其中 21 个通道为 K 波段湿度探测通道(22～30 GHz),14 个通道为 V 波段温度探测通道(51～57 GHz)。MP‑2500A 除了不包括 K 波段接收机外,其他配置与 MP‑3000A 相同;MP‑1 500 A不包括 V 波段接收机;MP‑183A 则是 183 GHz 通道的接收机。德国 RPG 公司 HATPRO(Humidity and Temperature PROfiler)微波辐射计共 2 个波段 14 个通道,其中 7 个通道位于 22～31 GHz,用于大气湿度廓线和液态水探测,另外 7 个通道则是位于 51～58 GHz,用于大气温度廓线探测。这些地基微波辐射计通常都会携带大功率吹风机,保证天线罩无雨雪等覆盖,减少辐射污染影响。DP‑RR(Dual Polarization Rain Radiometer)型号是工作在 6 GHz、10 GHz、19 GHz 和 36 GHz 多频段双极化微波辐射计,主要用于地基降雨观测。

图 10.16　美国 Radiometrics 公司生产的 MP‑3000A 微波辐射计

(https://radiometrics.com/)

图 10.17　德国 RPG 公司生产的 HATPRO 微波辐射计

(https://www.radiometer-physics.de/)

先进技术微波探测器(ATMS)是美国极轨气象卫星上搭载的载荷,主要用于改进全球大气温度和湿度的垂直探测能力,应用到数值天气预报业务系统。ATMS的通道特征和探测目的如表10.2所示。基于TRMM卫星搭载的微波成像仪TMI,美国宇航局和日本宇宙航空研究开发机构联合研制了全球降水测量卫星GPM,于2014年2月发射成功,其上搭载的微波成像仪(GMI)是主要载荷之一,可以提供全球降水等数据产品。GMI在传统两点定标的基础上增加了一个内部噪声源,分别叠加在热源和冷源亮温上,实现四点非线性定标,提高了辐射计定标精度。

表10.2　ATMS通道参数及探测目的(谷松岩等,气象卫星微波大气遥感)

	通道频率(GHz)	通道极化	带宽(GHz)	灵敏度(K)	主要探测目的
1	23.8	QV	0.27	0.9	可降水、云中液态水
2	31.4	QV	0.18	0.9	可降水、云中液态水
3	50.3	QH	0.18	1.20	表面发射率
4	51.76	QH	0.40	0.75	表面发射率
5	52.8	QH	0.40	0.75	100 hPa 大气温度
6	53.596±0.115	QH	0.17	0.75	700 hPa 大气温度
7	54.40	QH	0.40	0.75	400 hPa 大气温度
8	54.94	QH	0.40	0.75	250 hPa 大气温度
9	55.50	QH	0.33	0.75	180 hPa 大气温度
10	57.290 34	QH	0.33	0.75	90 hPa 大气温度
11	57.290 34±0.217	QH	0.078	1.20	50 hPa 大气温度
12	57.290 34±0.322±0.048	QH	0.036	1.20	25 hPa 大气温度
13	57.290 34±0.322±0.022	QH	0.016	1.50	10 hPa 大气温度
14	57.290 34±0.322±0.010	QH	0.008	2.40	6 hPa 大气温度
15	57.290 34±0.322±0.004 5	QH	0.003	3.60	3 hPa 大气温度
16	88.20	QV	2.0	0.5	窗区
17	165.5	QH	3.0	0.6	大气湿度
18	183.31±7	QH	2.0	0.8	大气湿度
19	183.31±4.5	QH	2.0	0.8	大气湿度
20	183.31±3.0	QH	1.0	0.8	大气湿度
21	183.31±1.8	QH	1.0	0.8	大气湿度
22	183.31±1.0	QH	0.5	0.9	大气湿度

我国从20世纪90年代开始自主研发了风云气象卫星上搭载的微波遥感仪器。2008年风云三号卫星A星发射成功,装载了微波温度计(MWTS)、微波湿度计(MWHS)和微波成像仪(MWRI)等三个被动微波遥感载荷,并陆续实现了业务运行。此后又陆续发射了风

云三号 B 星,C 星,D 星,E 星和 F 星,均搭载了微波辐射计。目前在轨的风云三号温度计通道频率范围为 50～60 GHz,通道数达到 17 个,通过各通道对不同垂直高度大气温度的探测信息获得大气温度廓线。改型的微波湿度计(MWHS - II)共有 15 个通道,探测频率在 118 GHz 和 183 GHz 附近。设置在 183 GHz 水汽吸收线附近的通道可以实现对大气湿度垂直结构的探测,独有的 118 GHz 探测频点,可有效提取上层大气温度和降水结构信息。微波成像仪由 5 个频率,10 个通道组成,通道中心频率分别为 10.65 GHz,18.7 GHz,23.8 GHz,36.5 GHz 和 89 GHz,每个频率均具备水平和垂直双极化。微波成像仪对全球水循环观测发挥了重要作用,可用于大气可降水总量、土壤湿度、积雪深度等地球物理参数探测。

§10.4 微波遥感在大气探测中的应用

天气对人类社会和生活有着重要的影响。获得大气垂直结构信息,提高天气预报的准确率是人类非常迫切的需求。微波遥感是获取大气参数和监测降水的有效手段。

10.4.1 水汽和温度廓线

利用微波遥感可以反演大气温度和湿度这两个基本气象要素。目前常用的反演方法有统计反演方法和物理反演方法,这两种方法都是建立在微波辐射传输方程的基础上的。20 世纪七八十年代开始,许多卫星资料处理系统中使用统计反演方法来反演大气温湿度参数。直至 21 世纪初,物理反演法才逐渐取代了统计回归反演法。

统计反演方法的本质是线性回归模型。首先,利用微波辐射传输方程模拟不同大气条件下的亮温,然后通过建立亮温与大气温度和湿度廓线的统计相关性来计算对应的回归系数。在此基础上,当微波辐射计的观测亮温给定后,便可以利用此前计算的回归系数反演获得大气温度和湿度廓线。

有效的统计回归方程和计算相应的回归系数,是统计反演法的关键。在反演大气温度和湿度参数过程中,尽可能利用所有通道的观测信息,包括不同通道不同观测角度对应的亮温。统计回归反演法不需要每次反演时计算大气透过率,计算速度快。每一层的大气气压层温度可表示为微波探测仪各个通道亮温的线性组合,

$$T(P) = C_0(P, \theta) + \sum_i^N C_j(P, \theta) T_{b,i}(P, \theta) \tag{10.35}$$

式中 θ 为微波辐射计的观测角度;C 表示大气层不同观测角对应的回归系数;$T_{b,i}$ 为第 i 通道的观测亮温,与气压层和观测角相关,共有 N 个通道;T 为大气层垂直温度廓线。

物理反演法的求解过程是迭代计算过程。首先,给出大气温度和湿度廓线作为初始值,辐射传输模型计算得到的亮温与微波仪器的观测亮温比较,然后通过对初始温度和湿度廓线的调整,使得计算得到的辐射亮温最接近实际观测亮温,最终确定反演结果。物理反演可采用一维变分方法,具体过程可参考拓展阅读(Rogers,2000)。探空资料可用于验证反演大气温湿度廓线的算法精度。

当然,不管是使用哪种方法,水汽和温度廓线反演都是一个病态问题,要获得的大气参数数目要比观测亮温通道数目多。因此,这两种方法都存在一定的局限性,不能完美解决所

有问题。统计方法受限于统计样本,反演结果存在不确定性,而物理反演方法可能引入了微波辐射传输模型的误差,导致反演结果不准确。

10.4.2 降水观测

对降水的研究是微波大气探测的重要组成部分。由于降水结构的时空变化,微波遥感因其独有的灵敏度成为监测降水的有效手段。在降水过程中,雨滴发射增强了微波辐射信号,而降水结构中存在的冰粒子散射会削弱星载微波辐射计接收到的微波辐射。

与大气温湿度廓线统计反演法相似,降水反演可以通过建立微波亮温与降水参数的经验关系来统计分析降率。国内外研究学者利用多种手段不断优化了统计反演方法,从而提高反演精度,如多通道微波遥感组合(微波低频对强降水敏感和微波高频对冰晶粒子散射敏感)、主被动微波遥感结合(雷达降雨率与微波亮温的物理关系)等。降水物理方法反演则通过求解微波辐射传输方程实现。该方法中,针对大气水凝物的物理特征进行了许多假设,利用水凝物的散射特征对大气透过率的影响,建立亮温与降雨的关系,最终获得降雨率。

由于海洋表面发射率较低,因此,海洋背景辐射亮温较低,与降水信号相比要弱得多,海表发射和雨滴发射在微波低频波段可以区分开来。陆地表面与海洋表面相比,陆地表面的发射率高且由于陆表复杂的表面粗糙度和植被覆盖等导致陆表发射率变化范围大。陆表的降水反演算法需要考虑陆表分类,通过识别陆表类别去除陆表背景辐射,达到反演的目的。

10.4.3 热带气旋观测

热带气旋是发生在热带及亚热带海洋上的涡旋性低压系统。发生在东北太平洋和大西洋的热带气旋被称为飓风,发生在西北太平洋的热带气旋被称为台风。热带气旋对其路径上的海域产生扰动,从气旋中心向外的几百千米范围内的风场、温湿场、云雨特征分布等都是热带气旋研究所关注的。由于微波可以探测到热带气旋下层的气旋结构,且对相关参数较为敏感,是热带气旋探测的主要手段之一。

微波辐射计可以对热带气旋暖心结构的垂直温度分布进行探测,从而监测热带气旋强度变化和反演热带气旋风场分布。云雨结构发展过程可以反映热带气旋强度的变化。微波观测获得热带气旋的降水特征,云雨粒子对微波的散射和吸收,接收到的微波辐射信号包含了云雨粒子的信息,可进一步分析和预测热带气旋的发展。目前,科研工作者结合微波和红外仪器的观测资料研究了热带气旋不同发展阶段的降水分布特征,进一步建立了热带气旋降水反演算法。此外,利用中尺度数值预报模式,通过微波辐射传输模型模拟微波观测数据,还可以分析微波通道对热带气旋热力特征的响应。

习 题

1. 微波辐射计一般采用什么频段观测云雨,什么频段观测温湿度?
2. 微波辐射计的定标原理是什么?
3. 如何计算微波辐射计的灵敏度?
4. 微波遥感探测大气的优缺点。
5. 讨论微波遥感探测有哪些具体的应用。

参考文献

1. 董克松,谢鑫新,何嘉恺,李雪,孟婉婷,王平凯.星载微波成像仪灵敏度稳定性分析.2021,25(10):2076-2082.

2. 谷松岩,王振占,马刚等编著.气象卫星微波大气遥感.北京:科学出版社,2021.

3. 王强主编.综合气象观测.北京:气象出版社,2012.

4. 乌拉比,穆尔,冯建超著.微波遥感第一卷,微波遥感基础和辐射测量学.侯世昌,马锡冠等译.北京:科学出版社,1988.

5. Woodhouse 著.微波遥感导论.董晓龙,徐星欧,徐曦煜译.北京:科学出版社,2014.

6. Alan Basist, Claude Williams, Norman Grody, Thomas F. Ross, Samuel Shen, Alfred T. C. Chang, Ralph Ferraro, and Matthew J. Menne. Using the Special Sensor Microwave Imager to Monitor Surface Wetness. Journal of Hydrometeorology, 2001, Vol.2: 297-308.

7. Antonella D'Orazio, M. De Sario, T. Gramegna, Vincenzo Petruzzelli, F. Prudenzano. Optimisation of tipping curve calibration of microwave radiometer. Electronics Letters, 2003, vol.39: 905-906.

8. Craig F. Bohren, and Donald R. Huffman. Absorption and Scattering of Light by Small Particles. WILEY-VCH Verlag GmbH & Co. KGaA, 1998.

9. Ed R. Westwater, Susanne Crewell, Christian Maetzler, and Domenico Cimini. Principles of Surface-based Microwave and Millimeter wave Radiometric Remote Sensing of the Troposphere. Quaderni Della Società Italiana Di Elettromagnetismo, 2005, vol.1: 50-90.

10. Fuzhong Weng, and Quanhua Liu. Satellite Data Assimilation in Numerical Weather Prediction Models. Part I: Forward Radiative Transfer and Jacobian Modeling in Cloudy Atmospheres. Journal of the Atmospheric Sciences, 2003, Vol.60: 2633-2646.

11. Fuzhong Weng. Passive Microwave Remote Sensing of the Earth. Wiley-VCH Verlag GmbH & Co. KGaA, 2017.

12. Iain H. Woodhouse. Introduction to Microwave Remote Sensing, CRC Press, part of Taylor & Francis Group LLC, 2006.

13. Marc Schneebeli, and Christian Maetzler. A Calibration Scheme for Microwave Radiometers Using Tipping Curves and Kalman Filtering. IEEE Transactions on Geoscience and Remote Sensing, 2009, Vol.47: 4201-4209.

14. Vincenzo Levizzani, Christopher Kidd, Dalia B. Kirschbaum, Christian D. Kummerow, Kenji Nakamura, F. Joseph Turk. Satellite Precipitation Measurement. Springer Nature Switzerland AG, 2020, Volume 1.

15. Yong Han, and Ed R. Westwater. Analysis and Improvement of Tipping Calibration for Ground-based Microwave Radiometers. IEEE Transactions on Geoscience and Remote Sensing, 2000, vol.38: 1260-1278.

推荐阅读

1. 陈洪滨,尹红刚,何文英著.星载主动微波遥感云和降水技术与应用.北京:科学出版社,2020.

2. 谷松岩,王振占,马刚等编著.气象卫星微波大气遥感.北京:科学出版社,2021.

3. C. D. Rogers. Inverse Methods for Atmospheric Sounding: Theory and Practice. World Scientific, Singapore, 2000: 238.

4. Fuzhong Weng. Passive Microwave Remote Sensing of the Earth. Wiley-VCH Verlag GmbH & Co. KGaA, 2017.

第11章
大气成分监测技术

本章重点:掌握大气中不同化学成分相关物理化学特性的监测原理和技术,并侧重于那些被列入基本大气成分观测业务的常见空气污染物。此类观测通常与本教程前面各章中介绍的基本气象要素的观测紧密关联。

§11.1 大气成分监测的意义

大气是一个多组分多相态的体系,其化学成分和相关物理特性对环境空气质量以及天气和气候均有重要影响。同时,大气是一个动态的系统,其成分不断与植被、海洋和生物有机体进行着交换:由大气本身的化学过程、生物活动、火山喷出、放射性衰变和人类工业活动产生,而通过大气中的化学反应、生物活动、物理过程(如粒子形成)以及海洋和陆地的沉积和吸收从大气中去除。大气成分监测是地球大气探测的重要组成部分,它观测记录着地球大气的组成及其变化,为探究引起这些变化的物理、化学和生态过程等提供可靠的基础资料。

大气成分按其浓度可以分为主要成分(体积浓度为百分之几,如 N_2、O_2 和 Ar)、微量成分(浓度为 1 ppmv—1‰,如 CO_2、H_2O、CH_4 等)和痕量成分(浓度<1 ppmv,如 CO、SO_2、O_3、NO_x、VOCs、气溶胶等),按其在大气中的滞留时间(寿命)可分为准定常成分(寿命为 $10^4 \sim 10^7$ 年)、可变成分(几年到十几年)和快变成分(<1 年)。大多数被认为是空气污染物的大气成分(即在其浓度大大超过正常背景水平的地区)都有自然和人为来源。通常,大气成分监测研究着重关注短寿命的微量成分和痕量成分,其源、汇及浓度的时空分布变化较大,且参与各种大气化学过程、影响大气环境,有的甚至还参与大气辐射平衡影响了气候变化。因此,监测大气成分的主要目的,一方面是研究大气污染成分的浓度变化特征及清除机制,提出有效措施以减轻对环境的负面影响、保护人类健康;另一方面也是评估大气成分对地气系统能量平衡、自然生态系统等的影响,用以积极应对气候变化和生态环境恶化。

大气成分有极强的流动性和程度不一的化学活性,采用先进研究手段、测量技术和地基、空基、天基一体化观测(如图11.1),能够实现对区域环境灵敏、准确、快速、稳定的三维立体探测。当前,卫星、雷达等大气成分遥感能力的提升成为推动大气化学快速发展的重要动力,先进探测技术和设备的开发进一步增强了大气化学成分的测量能力,网络化观测技术成为获得高时空覆盖率观测数据的重要手段。新技术的不断发展和应用,使得某些大气化学成分监测手段和分析方法不断得到改进和完善。然而,用于定量和定性测定大气组分的方法通常较为复杂,仪器多种多样,有时不易操作。因此,为了准确、可靠地测量,除了正确的操作外,设备必须定期校准,质量控制和质量保障(QA/QC)对于获取可靠监测数据至关重要。

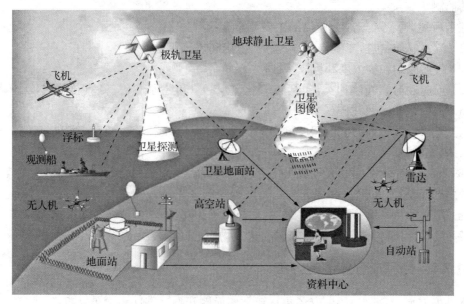

图 11.1　大气成分地基、空基、天基一体化观测
(引自世界气象组织(WMO)全球观测系统(GOS))

　　本章主要对上述成分测量和 QA/QC 的方法原理进行阐述,并对有代表性的观测技术做简略介绍。具体观测过程中,大多要求有一定职业水准的专业人员深入参与,才能获得好的结果。

§11.2　大气成分监测的内容和方法

11.2.1　大气成分监测的内容

　　通常,大气化学成分监测的研究内容包括大气气体成分监测、大气颗粒物质监测、降水化学监测、大气放射性物质监测,以及完善和发展相应可靠的、高灵敏度的检测技术和分析方法等。

　　大气气体成分的监测主要包括气体浓度变化和地表源气体排放的通量观测。大气中颗粒物质的监测包括对其物理特性、化学组成和光学特性的测量。大气中颗粒物分一次污染物和二次污染物:一次污染物是直接进入大气中的尘粒,颗粒大小一般为 $1\sim20\ \mu m$,大部分大于 $2\ \mu m$;二次污染物颗粒较小,其大小为 $0.01\sim1.0\ \mu m$。其中最有意义部分是可被人们吸入的那部分,即大于 $0.1\ \mu m$ 和小于 $5\sim10\ \mu m$。此范围的颗粒物在大气中持续的时间比其他直径的粒子要长,这部分颗粒物不仅在公共卫生方面具有重要意义,而且对能见度降低和参与大气反应也具有显著影响。降水化学监测主要包括湿沉降量测量,云、雾、雨滴化学监测和酸雨测量。其中,酸雨测量主要是对湿沉降中化学组分的监测分析和对大气中与酸雨形成有关的微量气体成分等的监测。大气中的放射性物质主要包括天然放射性元素、宇宙辐射产生的放射性同位素以及原子能试验和利用过程中产生的同位素。从大气环境化学的角度来讲,对大气中放射性物质的监测主要是指对放射性沉降、放射性气溶胶以及放射性污染的监测。

综上所述,通常大气成分监测的主要要素有:

(1) 温室气体:包括二氧化碳、氟氯烃、甲烷和氧化亚氮;

(2) 气溶胶颗粒物浓度和组成特征;

(3) 反应性污染气体种类:包括二氧化硫(SO_2)和还原性硫、氮氧化物($NO_x = NO + NO_2$)和还原性氮、一氧化碳(CO);

(4) 光化学氧化剂:臭氧(O_3,包括地面臭氧、臭氧柱总量、垂直廓线和前体物气体)、H_2O_2、PAN 等;

(5) 辐射和光学厚度或大气透明度:包括浑浊度、太阳辐射、紫外 B 辐射、能见度、大气气溶胶颗粒总负荷、水汽;

(6) 沉降的化学组分:包括硫和氮的化合物干、湿沉降,重金属(随降水)的湿沉降;

(7) 放射性核素:包括氪-85、氡、氚、选定物质的同位素组成。

11.2.2 大气成分监测的方法

大气成分监测比较通用的方法是仪器现场监测和大气采样实验室分析。

1. 仪器现场监测

仪器现场监测是指将监测仪器安装在观测现场直接测量或使用相应传感器进行遥感测量,一般采用人工定时或自动化连续监测。这种监测方式的基本特点是可以在现场对某一大气成分要素进行实时连续监测,从而获得该要素随时间的连续变化图像。适用观测项目包括:

(1) 大气中某些气体的浓度监测,如二氧化碳监测、一氧化碳监测等;

(2) 气体通量监测,如二氧化碳通量、水汽通量测量等;

(3) 气溶胶浓度和尺度谱监测,如利用光电粒子计数器等测量;

(4) 干、湿沉降量监测,如利用干湿沉降测量仪、虹吸式雨量计等测量;

(5) 大气混浊度测量,如利用大气混浊度计、太阳光度计等测量;

(6) 大气中放射性核素测定等。

2. 大气采样实验室分析

大气采样是大气成分探测中使用最广泛的方法,可用于几乎所有大气环境化学要素监测。常用的采样方法包括应用样品收集器直接采样,应用吸附法、吸收法或低温冷凝法富集采样,以及依靠污染物分子扩散或渗透作用的无动力采样。大气采样的优点是简便易行,缺点是要对样品进行适当处理和室内分析,不易实现实时监测。适用观测项目包括:

(1) 大气中气体浓度的采样分析,适用于除臭氧和其他易挥发气体之外的所有气体;

(2) 大气中的颗粒物质浓度和粒度分布,可分别用过滤法和分级采样法来进行采样;

(3) 大气中颗粒物质的化学组分测定;

(4) 大气中干、湿沉降量的测定;

（5）大气中干、湿沉降化学组分的测定；

（6）大气中放射性核素的测定。

大气采样后将对得到的样品进行实验室分析。传统的分析建立在化学分析方法基础上，经典、准确，有较高灵敏度。当前，随着现代物理分析方法广泛应用，出现越来越多简便、快速、准确、灵敏度非常高的新方法，例如光谱法、原子吸收法、色谱法、质谱法等。

11.2.3 大气采样系统

大气采样系统一般包括采样头、采样泵、流量测量和控制装置以及样品收集器（人工采样）或分析室（自动监测仪器）四部分（如图 11.2）。具体的采样系统构成随监测目的不同而不同。

1. 采样头

采集气体的采样头一般为伸出房顶的垂直圆形管道，入口带有防雨伞帽，管道材料选用不与污染物反应的惰性材料，如不锈钢、聚氯乙烯、聚四氟乙烯等。在室内或室外临时性采样时可不用采样头，而直接收集于收集器。采集气溶胶污染物时，收集器直接置于防风雨罩内或另专门设计采样入口。

2. 流量测量和控制装置

流量是指单位时间通过某一断面的流体体积或质量。流量和控制装置常使用流量计或恒流装置。常用流量计包括转子流量计、孔口流量计、湿式流量计和质量流量计等。转子流量计可用于 30 L/min 以下的流量测量，原理是当气体由下端进入时，转子下端的环形空隙截面积小于上端，造成上端气体流速小于下端，所以下端的压力大于上端，于是转子上升，直到压力差与转子重量相当。常用的恒流装置有流量控制阀、精密限流孔等。对于小流量（<0.5 L/min）一般采用针型阀或精密限流孔。

3. 采样泵

采样泵为采样的抽气动力。采集气态污染物，一般需要的流量较低（0.5～2 L/min），可以采用薄膜泵、电磁泵，适用于与气泡吸收管、固体吸收剂小柱配合采样。采集气溶胶污染时，需要的流量较大（5～100 L/min），可采用挂板泵、小型旋片式真空泵。轴流风机和多级风机可应用于流量大于 100 L/min 的情况。一般大流量采样器上的流量可高达 1.8 m^3/min，为了克服采样泵抽气时的流量脉动，可在进气口接一个气流缓冲装置。

4. 样品收集器

样品收集器根据采集对象不同而不同。气态样品收集装置包括玻璃注射器、塑料袋、气泡吸收管、U 形管多孔玻板吸收管、固体吸收小柱、不锈钢瓶、玻璃瓶等。气溶胶污染物的样品收集装置包括小型冲击式吸收管、大型冲击式吸收管、滤料、静电采样器、串级撞击式采样器、小旋风采样器等，收集器中的样品最终送至实验室进行分析。对于仪器自动监测，一般样气随载气直接进入仪器中的分析室进行实时检测分析。

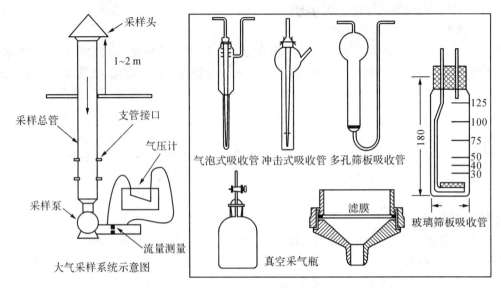

图 11.2　大气采样系统及部分样品收集装置

§11.3　大气气态成分监测的理论和技术

大气中的气态污染成分主要有含硫化合物(H_2S、SO_2、DMS、COS 等)，含氮化合物(NO、NO_2、NH_3、HNO_3 等)，CO 和有机物(烃、醛、酮等)，光化学氧化剂(O_3、H_2O_2、PAN 等)，卤素化合物(HF、HCl、氢氟碳化物等)以及放射性物质。各国政府为了保护和改善生活生态环境、保障人体健康，大多设立了环境空气质量标准，并制定规范对其中重要成分进行监测。为了研究大气环境和大气化学中的科学问题，研究者也建立了各类监测站点对更多的污染物进行观测。此外，温室气体(CO_2、CH_4、N_2O、SF_6、氟利昂、哈龙等)影响全球气候，也是 WMO 及各成员国气象部门开展大气本底观测、大气成分基本观测、环境气象观测的重要内容。根据《环境空气质量标准(GB 3095—2012)》，表 11.1 和 11.2 列出了我国国家标准中规定的污染气体和主要温室气体的监测项目及分析方法。本节主要对这些气态污染物的监测理论和技术进行介绍。

表 11.1　我国主要环境监测污染物及其分析方法

污染物项目	臭氧(O_3)	二氧化氮(NO_2)	一氧化碳(CO)	二氧化硫(SO_2)
实验室分析方法	靛蓝二磺酸钠分光光度法(HJ504)、紫外光度法(HJ590)	盐酸萘乙二胺分光光度法(HJ479)	非色散红外法(GB 9801)	甲醛吸收-副玫瑰胺分光光度法(HJ482)、四氯汞盐吸收-盐酸副玫瑰苯胺分光光度法(HJ483)
自动分析方法	紫外荧光法、差分吸收光谱分析法	化学发光法、差分吸收光谱分析法	气体滤波相关红外吸收法、非色散红外吸收法	紫外荧光法、差分吸收光谱分析法

表 11.2　主要温室气体的分析方法

温室气体	二氧化碳 (CO_2)	甲烷 (CH_4)	氧化亚氮 (N_2O)	六氟化硫 (SF_6)
实验室分析方法/自动分析方法	非散射红外测定方法、光腔衰荡光谱测定法、气相色谱-火焰电离检测器测定法	光腔衰荡光谱测定法、气相色谱-火焰电离检测器测定法	光腔衰荡光谱测定法、气相色谱-电子捕获测定法	气相色谱-电子捕获测定法

11.3.1　朗伯-比尔定律(Lambert-Beer Law)

朗伯-比尔定律是光通过物质时被吸收的定律,适用于所有电磁辐射和所有吸光物质,包括气体、固体、液体、分子、原子和离子。朗伯-比尔定律是吸光光度法、比色分析法和光电比色法的定量基础。

朗伯-比尔定律可简单阐述为:一束单色光照射于一吸收介质表面,在通过一定厚度的介质后,由于介质吸收了一部分光能,透射光的强度就要减弱。吸收介质的浓度愈大,介质的厚度愈大,则光强度的减弱愈显著(如图 11.3),其比例关系为:

$$A = \log_{10} \frac{I_0}{I} = \log_{10} \frac{1}{T} = \varepsilon l c \tag{11.1}$$

其中 A 为吸光度,I_0 为入射光的强度,I 为透射光的强度,T 为透射比或透光度,ε 为吸光物质的吸收系数或摩尔吸收系数,c 为吸光物质的浓度(单位为 g/L 或 mol/L),l 为吸光物质的厚度,一般以 cm 为单位。

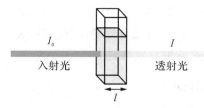

I_0　　　　　　　　I

入射光　　　　　　透射光

l

图 11.3　朗伯-比尔定律示意图

朗伯-比尔定律的物理意义是:当一束平行单色光垂直通过某一均匀非散射的吸光物质时,其吸光度 A 与吸光物质的浓度及吸收层厚度成正相关关系。当介质中含有许多吸光组分时,只要各组分间没相互作用,在某一波长下,介质的总吸光度是各组分在该波长下吸光度的和,这一规律称为吸光度的加合性。根据朗伯-比尔定律的基本原理,使用不同的检测器件发展出了很多种不同的监测方法,主要有以下几种:吸收光度法、原子吸收光谱、非色散红外气体分析技术(NDIR)、光声光谱技术(PAS)、可调谐半导体激光吸收光谱(TDLAS)、光腔衰荡技术(CRDS)。

11.3.2　分光光度法

分光光度法是通过测定被测物质在特定波长处或一定波长范围内光的吸收度,对该物质进行定性和定量分析的方法。它具有灵敏度高、操作简便、快速等优点,是生物化学实验中最常用的实验方法。许多物质的测定都采用分光光度法。在分光光度计中,将不同波长的光连续地照射到一定浓度的样品溶液时,便可得到与不同波长相对应的吸收强度。如以波长(λ)为横坐标,吸收强度(A)为纵坐标,就可绘出该物质的吸收光谱曲线。利用该曲线进行物质定性、定量的分析方法,称为分光光度法,也称为吸收光谱法。用紫外光源测定无色物质的方法,称为紫外分光光度法;用可见光光源测定有色物质的方法,称为可见光光度法。分光光度法的应用光区包括紫外光区、可见光区、红外光区。依据光谱区,分光光度计可分为:紫外分光光度计($200\sim400$ nm 的紫外光区)、可见分光光度计($400\sim760$ nm 的可见光区)、红外分光光度计($2.5\sim25~\mu m$)。如果吸光质点是原子,其仪器称为原子吸收分光光度计。各种分光光度计的基本组成是:光源系统、分光系统、吸收系统和检测系统。

利用靛蓝二磺酸钠分光光度法监测 O_3 的原理是:空气中的 O_3 在磷酸盐缓冲剂存在下,与吸收液中黄色的靛蓝二磺酸钠等量反应后,褪色生成靛红二磺酸钠,然后在 610 nm 处测量吸光度。此法干扰较多,如空气中 Cl_2、NO_2 会产生正干扰,较高浓度的 SO_2($>750~\mu g/m^3$)、H_2S($>110~\mu g/m^3$)、PAN($>1~800~\mu g/m^3$)、HF($>2.5~\mu g/m^3$)等能产生负干扰,此方法适用于测量高含量的 O_3,当采样体积 $5\sim30$ L 时测定范围为 $0.03\sim1.20$ mg/m^3。

同样,利用紫外光度法监测 O_3 的原理是:基于臭氧对 254 nm 波长的紫外光有特征吸收。测量时气样以恒定流速进入紫外臭氧分析仪的气路系统,当波长为 254 nm 的紫外单色辐射通过吸收池(含有 O_3 的被测自然空气或涤除了 O_3 的零气)后,光检测器检测的光强度分别为 I 和 I_0,则可得空气样的透光率值(I/I_0),最终仪器的微处理系统可以利用 Lambert-Beer 定律求出空气样中 O_3 的浓度。一些气体会对紫外臭氧测定产生干扰,如苯乙烯(>20 mg/kg)、苯甲醛(>5 mg/kg)、硝基甲酚(>100 mg/kg)和反式甲基苯乙烯(>100 mg/kg)。总体上,紫外光度法设备简单,无需试剂和气体消耗,灵敏度高、响应快、线性好,适用于连续自动监测,已为美国环保局认可并广泛应用,但该仪器造价较高。另外,采用 Dobson 和 Brewer 臭氧分光光度计,在曙暮光时,测量来自天顶的太阳的紫外散射光,应用逆转效应(Umkehr)反演方法来获取臭氧廓线。

11.3.3　非色散红外法(NDIR)

非色散红外法(NDIR)是一种红外吸收分析方法。利用物质能吸收特定波长的红外辐射而产生热效应变化,将这种变化转化为可测量的电流信号,以此测定该物质的含量。NDIR 采用一个广谱的光源作为红外传感器的光源,因为并没有一个分光的光栅或棱镜将光进行分光,所以叫非色散。光线穿过光路中的被测气体,透过窄带滤波片,到达红外探测器。通过测量进入红外传感器的红外光强度,来判断被测气体的浓度。当环境中没有被测气体时,其强度是最强的,当有被测气体进入气室之中,被测气体吸收掉一部分红外光,这样,到达探测器的光强就减弱了。通过标定零点和测量点红外光吸收的程度和刻度化,仪器仪表就能够算出被测气体的浓度了。操作简单、快速,常用于分析对红外辐射有较强吸收的气态物质,如一氧化碳、二氧化碳、甲烷、氨等。测定空气中一氧化碳、水中总有机碳的非色散红外法被列入国家标准分析方法。

例如,利用非色散红外法测定一氧化碳,该方法测定范围为 $0\sim6.25$ mg/m^3,最低检出浓度 0.3 mg/m^3。其原理是,当 CO 气态分子受到红外光($1\sim25~\mu m$)照射时,将吸收特征波长的红外光引起分子振动能级和转动能级的跃迁,产生振-转吸收光谱(红外吸收光谱)。在一定浓度范围内,吸收光谱的峰值(吸光度)与气态物质浓度之间符合朗伯-比尔定律,因此,通过测定吸光度即可确定气态物质的浓度。如图 11.4 所示,从红外光源发射出能量相等的两束平行光。一束为参比光束,通过滤波室(内充 CO 和水蒸气,用以消除干扰光)、参比室(内充不吸收红外光的气体,如氮气)射入检测室,其 CO 特征吸收波长光强度不变。另一束光为测量光束,通过滤波室、测量室射入检测室,测量室样气中 CO 使光束强度减弱,且含量越高减弱越多。检测室中,金属薄膜将其分隔为上下两室(均充等浓度 CO 气体),在金属薄膜一侧还固定一圆形金属片,距薄膜 0.05～0.08 mm,二者组成一个电容器。由于射入检测室的参比光束强度大于测量光束,使得室内上下气体存在温度差异,气体膨胀压力下室大于上室,使金属薄膜偏向圆形金属片,从而改变了电容器两极间的距离,改变了电容量。采用电子技术将电容量变化转变成电流变化,经放大及信号处理后,由指示表和记录仪显示和记录测量结果。这种检测器称为电容检测器或薄膜微音器,由其变化值可得气样中 CO 的浓度。CO 的红外吸收峰在 4.65 μm 附近,而 CO_2 在 4.3 μm 附近,水蒸气在 3 μm 和 6 μm 附近,它们的存在会对 CO 的测定产生干扰。因此,在测定前要用制冷剂或通过干燥剂除去水蒸气;用窄带光学滤光片或气体滤波室将红外辐射限制在 CO 可吸收的窄带光范围内,来消除 CO_2 的干扰。

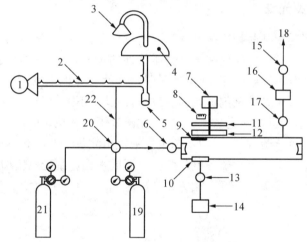

1—风机;2—多支管;3—进气口;4—房顶;5—除湿装置;6—颗粒物过滤器;7—马达;8—红外光源;9—带通滤波器;10—红外检测器;11—截光器;12—相关轮;13—放大器;14—数据输出;15—泵;16—流量控制器;17—流量计;18—排空口;19—标准气体;20—四通阀;21—零气;22—进样管路。(引自中华人民共和国国家环境保护标准 HJ 965—2018《环境空气 一氧化碳的自动测定 非分散红外法》)

图 11.4　非色散红外吸收法 CO 监测仪示意图

11.3.4　化学发光法

化学发光法是物质在进行化学反应过程中伴随的一种光辐射现象,它主要是依据化学检测体系中待测物浓度与体系的化学发光强度在一定条件下呈线性定量关系的原理,利用仪器对体系化学发光强度的检测,而确定待测物含量的一种痕量分析方法。化学发光法可以分为直接发光和间接发光。直接发光是最简单的化学发光反应,由两个关键步骤组成:即激发和辐射。如 A、B 两种物质发生化学反应生成 C 物质,反应释放的能量被 C 物质的分子吸收并跃迁至激发态 C^*,处于激发的 C^* 在回到基态的过程中产生光辐射。这里 C^* 是发光体,此过程中由于 C 直接参与反应,故称直接化学发光。例如,乙烯化学发光法是基于臭氧和烯烃反应会发生化学发光的原理,用乙烯和空气样按一定流量比混合,用光电器件测量空气样中 O_3 与乙烯反应所发出的近紫外光强度并换算得到臭氧浓度值。测量中,样气被连续抽进仪器的反应室与乙烯反应生成激发态的甲醛($HCHO^*$),当 $HCHO^*$ 回到基态,放出光子(反应式见式(11.1))。光子通过石英片后被光电倍增管接受,转变为电流,经过放大后被测量。电流大小同臭氧浓度成正比,用臭氧标准气体标定仪器的刻度值即可知臭氧浓度。

$$2O_3 + 2C_2H_4 \longrightarrow 4HCHO^* + O_2$$
$$HCHO^* \longrightarrow HCHO + h\upsilon \tag{11.1}$$

间接发光又称能量转移化学发光,它主要由三个步骤组成:首先反应物 A 和 B 反应生成激发态中间体 C^*(能量给予体);当 C^* 分解时释放出能量转移给 F(能量接受体),使 F 被激发而跃迁至激发态 F^*;最后,当 F^* 跃迁回基态时,产生发光。

11.3.5 紫外荧光法

紫外荧光法是指利用某些物质被紫外光照射后处于激发态,激发态分子经历一个碰撞及发射的去激发过程所发生的能反映出该物质特性的荧光,可以进行定性或定量分析的方法。由于有些物质本身不发射荧光(或荧光很弱),这就需要把不发射荧光的物质转化成能发射荧光的物质。例如用某些试剂(如荧光染料),使其与不发射荧光的物质生成络合物,各种络合物能发射荧光,再进行测定。例如,二氧化硫分子受波长 190 nm~230 nm 的紫外光照射后产生激发态二氧化硫分子,返回基态过程中发出波长 240 nm~420 nm 的荧光,在一定浓度范围内样品空气中二氧化硫浓度与荧光强度成正比。用光电倍增管及电子测量系统测量荧光强度从而得到 SO_2 的浓度。相关化学反应如式(11.2)所示:

$$SO_2 + h\upsilon \longrightarrow SO_2{}^*$$
$$SO_2{}^* \longrightarrow SO_2 + h\upsilon \tag{11.2}$$

此方法的主要干扰物质是水气和芳香烃化合物。H_2O 的影响在于 SO_2 可溶于水造成损失并且 SO_2 遇水会产生荧光猝灭,芳香烃化合物的影响在于其被 190~230 nm 紫外光激发也能发射荧光。可用半透膜渗透法或反应室加热法除去水,可用装有特殊吸附剂的过滤器预先除去有机物。

基于紫外荧光法的 SO_2 监测仪一般由气路系统及荧光计两部分组成(见图 11.5)。通常,采样气流速度为 1.5 L/min。空气样品经除尘过滤器后通过采样阀进入渗透膜除水器、除烃器到达荧光反应室。荧光计脉冲紫外光源发射脉冲紫外光经激发光滤光片(光谱中心 220 nm)进入反应室,SO_2 分子在此被激发产生荧光,经发射光滤光片(光谱中心 330 nm)投射到光电倍增管上,将光信号转换成电信号,经电子放大系统等处理后直接显示浓度读数。反应后的干燥气体经流量计测定流量后排出。

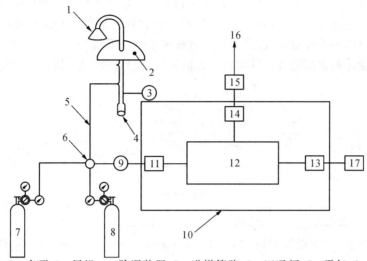

1—进气口；2—房顶；3—风机；4—除湿装置；5—进样管路；6—四通阀；7—零气；8—标准气体；
9—颗粒物过滤器；10—二氧化硫测定仪；11—碳氢化合物去除器；12—反应室；13—信号输出；
14—流量控制器；15—泵；16—排空口；17—数据输出。(引自中华人民共和国国家环境保护标
准 HJ 1044—2019《环境空气 二氧化硫的自动测定 紫外荧光法》)

图 11.5　紫外荧光 SO₂ 监测仪气路系统示意图

11.3.6　差分吸收光谱分析法(DOAS)

差分吸收光谱技术(Differential Optical Absorption Spectroscopy,简称 DOAS)是一种
光谱监测技术,其基本原理就是以被测气体在紫外和可见光波段的差分吸收光谱特征为基
础,利用空气中气体分子的窄带吸收特性来鉴别气体成分,并根据窄带吸收强度来推演出微
量气体的浓度。该方法具有原理和结构简单、响应速度快、精度高等优点。凭借其低廉且简
单的设备装置和出色的监测能力,DOAS 技术在国外的大气监测领域内已经被广泛应用,
其分类可根据有无光源分为主动 DOAS 和被动 DOAS,根据光程长短分为长光程 DOAS 和
短光程 DOAS。DOAS 广泛用在紫外和可见波段范围,监测标准污染物 O_3、NO_2、SO_2 和苯
系物等,测量的种类仅限于对该波段的窄吸收光谱线的气体成分,其对于大气平流层中的易
反应气体 OH、NO_3 和 HONO 的测量十分有效。和其他传统光学监测方法相比,可同时监
测多种成分,但是其监测中受水汽和气溶胶影响较大。差分吸收光谱系统测量精度高,测量
浓度下限低;测量无需取样,可同时对多种大气污染成分进行监测,测量一种气体浓度的时
间在 30 s 和 30 min 之间,轻便,方便使用和移动,操作简单,维护方便,运行成本低,测量长
期无人看守,自动进行,可连续、实时在线测量,可以应用于固定和流动测量。

DOAS 一般由光源、发射光学系统、角反射镜、接收光学系统、光谱仪、光电转换器、
A/D 转换器、计算机硬件及软件系统等组成(如图 11.6)。氙灯发出的光,经过望远镜发射到
大气中,在经过大气传输后的另外一端放置一个角反射器,它截获了部分辐射光,并且将其按
原路返回。被返回的部分光能量到达接收望远镜并被聚焦在光纤(FSFOG)的输入窗上,
FSFOG 将光导引到光谱仪的入射狭缝上,光谱仪对入射光进行分光,在光谱仪出射窗的不

同位置上获得接收光的光谱信号（按波长从大到小或者是从小到大的顺序排列）。探测器将光谱信号转换成电信号，并传送到 A/D 转换器转换成数字信号存储在计算机中，因为每个气体分子有它独特的吸收谱线，谱线的变化就提供了区分吸收气体和确定它们浓度的可能。所以应用专门设计的数据处理软件对接收光谱信号进行处理，就可以获得污染气体的浓度。

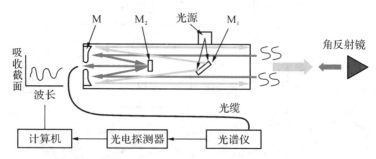

图 11.6　差分吸收光谱系统结构原理框图（引自 https://www.rympo.com/h-nd-237.html）

11.3.7　光腔衰荡光谱测定法（CRDS）

光腔衰荡光谱测定法（Cavity Ring-Down Spectroscopy，简称 CRDS）是一种非常灵敏的光谱学方法。它可用来探测样品的绝对光学消光，包括光的散射和吸收。它已经被广泛地应用于探测气态样品在特定波长的吸收，并可以在万亿分率的水平上确定样品的摩尔分数。

光腔衰荡光谱装置包含了一个用于照亮高精细度光学谐振腔的激光光源和构成谐振腔的两面高反射率反射镜（如图 11.7）。当激光和谐振腔的模式共振时，腔内光强会因相长干涉迅速增强。之后激光被迅速切断，以探测从腔中逸出光强的指数衰减。在衰减中，光在反射镜间被来回反射了成千上万次，由此带来了几到几十公里的有效吸收光程。如果吸光物质被放置在谐振腔内，则腔内光子的平均寿命会因被吸收而减少。一套光强衰荡光谱装置测量的是光强衰减为之前强度的 1/e 所需要的时间，这个时间被称为"衰荡时间"，可以被用来计算腔内吸光物质的浓度。

光腔衰荡光谱相较于其他吸收光谱方法有两个主要的优点：（1）它不会受到激光强度波动的影响。在大多数吸收测量中，光源光强必须假定是稳定的，不会因有无样品而改变。任何光源光强的漂移都会在测量中引入误差。在光腔衰荡光谱中，衰荡时间并不取决于激光的强度，则这种激光强度的波动都不再是问题。因其不依赖于激光强度，使得光腔衰荡光谱不需要用到外部标准进行校准或对照。（2）由于它具有非常长的吸收长度，其非常灵敏。在吸收测量中，最小可探测吸收正比于样品的吸收长度。由于光在反射镜之间被来回反射了很多次，使得它有非常长的吸收长度。例如，激光脉冲来回通过一个 1 m 的光腔 500 次，就会带来 1 km 的有效吸收长度。同时，几乎所有小的气相分子（如 CO_2、H_2O、CH_4、N_2O 等）均具有特有的近红外吸收光谱，但它们吸收而形成的峰值太低不利于检测，因此，传统的红外光谱仪最好的灵敏度在 ppm 级。然而，CRDS 技术通过长达 20 km 的有效路径（腔室的物理长度是 25 cm，经过连续反射后其有效路径超过 20 km）科学地解决了这个限制，可以在极短的时间内监测到 ppb 水平甚至 ppt 水平的气体。该监测系统组成包括进气管线、低温除水装置、样品进样控制单元、光腔衰荡光谱分析仪、标准气系列、数据采集记录单元。测量频率小于 1 s。

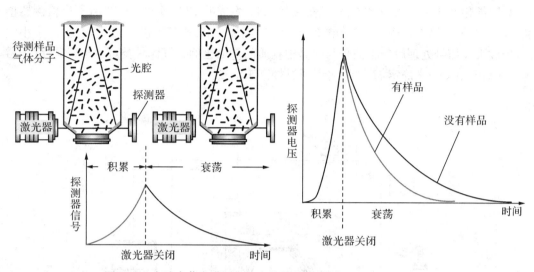

图 11.7　光腔衰荡光谱测定法工作原理图（引自 www.pri-eco.com）

11.3.8　气相色谱法（GC）

气相色谱法（Gas Chromatography，简称 GC）是在以适当的固定相做成的柱管内，利用气体（载气）作为移动相，使试样（气体、液体或固体）在气体状态下展开，在色谱柱内分离后，各种成分先后进入检测器，用记录仪记录色谱谱图（如图 11.8）。按色谱操作形式来分，气相色谱属于柱色谱，根据所使用的色谱柱粗细不同，可分为一般填充柱和毛细管柱两类。一般填充柱是将固定相装在一根玻璃或金属的管中，管内径为 2～6 毫米。毛细管柱则又可分为空心毛细管柱和填充毛细管柱两种。空心毛细管柱是将固定液直接涂在内径只有 0.1～0.5 毫米的玻璃或金属毛细管的内壁上，填充毛细管柱是近几年才发展起来的，它是将某些多孔性固体颗粒装入厚壁玻管中，然后加热拉制成毛细管，一般内径为 0.25～0.5 毫米。

气相色谱法中可以使用的检测器有很多种，最常用的有火焰电离检测器（FID）、热导检测器（TCD）和电子捕获检测器（ECD）。这两种检测器都对很多种分析成分有灵敏的响应，同时可以测定一个很大范围内的浓度。TCD 从本质上来说是通用性的，可以用于检测除了载气之外的任何物质（只要它们的热导性能在检测器检测的温度下与载气不同），而 FID 则主要对烃类响应灵敏。FID 对烃类的检测比 TCD 更灵敏，但却不能用来检测水。由于TCD 的检测是非破坏性的，它可以与破坏性的 FID 串联使用（连接在 FID 之前），从而对同一分析物给出两个相互补充的分析信息。有一些气相色谱仪与质谱仪相连接而以质谱仪作为它的检测器，这种组合的仪器称为气相色谱-质谱联用（GC－MS，简称气质联用仪）。

在对装置进行调试后，按各单体的规定条件调整柱管、检测器、温度和载气流量。进样口温度一般应高于柱温 30～50 ℃。如用火焰电离检测器，其温度应等于或高于柱温，但不得低于 100 ℃，以免水汽凝结。色谱上分析成分的峰的位置，以滞留时间（从注入试样液到出现成分最高峰的时间）和滞留容量（滞留时间×载气流量）来表示。这些在一定条件下，就能反映出物质所具有的特殊值，并据此确定试样成分。根据色谱上出现的物质成分的峰面积或峰高进行定量。例如，气相色谱-离子火焰检测器（GC－FID）测定 CO 流程为：大气中的 CO、CO$_2$ 和 CH$_4$ 经色谱柱（TDX-01 碳分子筛柱）分离后，气样由氢气流携带，在（360±10）℃镍催化剂作用下，CO 和 CO$_2$ 都还原为 CH$_4$，生成的 CH$_4$ 通过氢火焰离子化检测器检测。CH$_4$ 在氢火焰中燃烧，形成带电离子，这些离子被收集在带电的电极上，产生一个小电流，经放大及信号处理后产生信号与样品中物质的量成比例。气体种类可由出峰顺序（先后为 CO、CH$_4$、CO$_2$）来确定，其浓度可以通过峰高来定量。

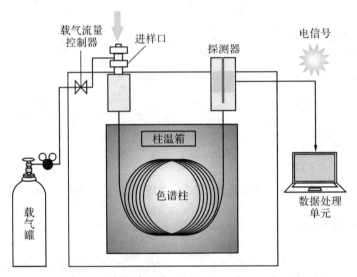

图 11.8　气相色谱法示意图（引自 https://laboratoryinfo.com/gas-chromatography-principle-applications-procedure-and-diagrams/）

11.3.9　放射性气体的监测技术

放射性气体主要由核电厂、其他工业过程和从前的核武器试验所产生。不同组分的浓度有差别，浓度足够高时对人类有负面影响。大气中放射性污染物的输送、扩散、沉降和凝结的动力学与其对应的非放射性物质近乎相同。放射性物质可使周围空气电离并使颗粒物带电，从而有可能改变那些与带电效应有关的过程。个别的放射性同位素或其特定混合物的辐射性质，对于确定放射性物质进入受体的量和性质以及导致的放射剂量都有重要意义。

一、氡（Rn）

氡是由镭的 α 衰变所产生的一种惰性气体，其半衰期为 3.82 天。由于从土壤的排放通量一般是海洋的 100 倍，氡通常用来作为气团在近期内经历过陆地的示踪物。夏威夷 Mauna Loa 站的研究结果中，已经确认了来自局地源的短期变化和来自远方大陆的长期输送。与其他观测相结合，氡的数据在评价大气输送模式和判别大气本底状况时是一个有效的依据。由于在大气中滞留时间较短，而且地表释放速率有很大的变动范围，氡观测数据的解释因站点而异的情况十分明显。氡-222 经过 5 代衰变后生成相对稳定的具有 22 年半衰期的铅-210，其中的两代是 α 衰变，衰变的中间产物化学性质活泼并很快形成复杂的水合离子，极易附着于颗粒物或地表。Rn 的测定方法包括闪烁室法、固体径迹探测法和活性炭被动吸附法。

1. 闪烁室法

此法是典型的氡测量方法。其原理是用滤膜除去空气中所有氡的衰变产物,而让惰性的氡气体通过,然后将氡导入一个大的腔室(金属或有机玻璃制成的闪烁室,500～700 mL),室内涂有 ZnS(Ag)闪烁体,底部透明窗口供测量用。室上部有两个通气孔,用于充气和抽气。Rn 在室内衰变产生 α 粒子,由一个闪烁计数检测器测量其 α 射线 Rn 活度。仪器的响应取决于多种因素,如流量、腔室尺寸、衰变产物捕获效率、采样时间间隔和计数器效率等。一般的采样频率是每小时一至两个样品。

2. 固体径迹探测法

此方法让空气自由扩散到装有固体径迹探测器(CR - 39)的杯中,Rn 子体被杯口处的滤膜阻止,杯内 Rn 衰变产生的 α 粒子在径迹片上留下痕迹。在实验室做简单的蚀刻处理后,在显微镜下作径迹计数。已知累积 Rn 浓度下观察径迹计数响应,从而确定一个径迹对应的 Rn 浓度,再除以暴露时间,就求出暴露期间的平均 Rn 浓度。

3. 活性炭被动吸附法

此方法将装有活性炭(强吸附能力)的容器暴露于空气中,一定时间后,立即密封容器,运回实验室。将活性炭放置 3 h 后(Rn 与子体达到放射性平衡),在 NaI(TI)γ 谱仪上进行测量。活性炭所吸附的 Rn 可由其子体特征 γ 射线(或峰群)强度来确定。活性炭吸附 Rn 和环境空气中平均 Rn 活度以及暴露时间存在函数关系,可通过刻度确定。

二、氪- 85(^{85}Kr)

氪- 85 是一种具有放射性的稀有气体,半衰期为 10.76 年,主要放射平均能量为 251 千电子伏特(keV)的 β 粒子。^{85}Kr 主要来源于核燃料再处理工厂和各种核反应堆。1945～1963 年核武器试验释放的 ^{85}Kr 约占大气中总量的 5％,而其自然源基本可忽略。放射性衰变实际上是 ^{85}Kr 从大气中去除的唯一机制。目前大气中 ^{85}Kr 的背景浓度大约是 1 Bq/m^3(Bq 为放射性活度,称为贝可),并且每 20 年增加一倍。这一浓度水平的 ^{85}Kr 对人体无害,但是由 ^{85}Kr 衰变引起的空气电离将影响大气的电性质。如果 ^{85}Kr 持续增长,大气过程和性质如大气电导、离子流、地球磁场、云凝结核及气溶胶的形成,闪电频度可能发生变化,从而干扰地球的热平衡和降水类型。^{85}Kr 可导致很多后果,需要对它进行监测。

测量 ^{85}Kr 时,用浸泡在液氮中的木炭来采集空气样品,样品准备作色层分离并降至低温,通过一个富集器,再用氩载气流解吸。离开色谱柱的混合物被送入液体空气冷阱,再用火花检测器进行辐射测定分析。^{85}Kr 测量的精密度取决于该信息的应用,研究气候变化只需要大气浓度的量级,在这种情况下,低于 10％ 的精密度就满足要求了。可是,^{85}Kr 作为示踪物用于研究传输和混合过程时则需要 1％ 的精密度。^{85}Kr 的测量为全球尺度传输模式和混合特性的验证以至于校准提供了有效的工具。

§11.4　大气气溶胶监测的理论和技术

大气气溶胶是指悬浮在大气中固态、液态微粒和空气共同组成的多相体系,一般也将其中的颗粒称为气溶胶。气溶胶来源多样、化学组成复杂,常见的气溶胶包括来自自然过程的沙尘和海盐气溶胶,以及主要由人类活动产生的碳气溶胶(元素碳 EC 和有机碳 OC 气溶胶)、硫酸盐(SO_4^{2-})、硝酸盐(NO_3^-)和铵盐(NH_4^+)气溶胶。为了精确地描述大气气溶胶物理化学性质的时空变化,评估和研究气溶胶的气候、生态和环境效应,需要对大气气溶胶的物理特性(质量浓度、数浓度及其粒径分布、单颗粒的形态等,见表11.3)、光学特性(光学吸收系数、光学散射系数、光学厚度,见表11.4)、化学特性(元素组成、可溶性离子成分的组成、碳质成分的组成,见表11.5)等进行测量。

表 11.3　大气气溶胶物理特性监测方法和技术

监测项目	粒径大小	质量浓度	尺度谱分布	吸湿性和挥发性
分析方法	旋风分离器、冲击切割器、电迁移粒径筛分仪、光学粒径分级技术	现场滤膜采样-实验室称重法、微震荡天平法、β射线法、光散射法	空气动力学颗粒物数谱仪、颗粒物光学计数器	双差分电迁移分析仪

表 11.4　大气气溶胶光学特性监测方法和技术

监测项目	能见度	散射/消光系数	复折射指数
分析方法	前向散射能见度仪	积分浊度计	积分片法、光声光谱法和反演法

表 11.5　大气气溶胶化学特性监测方法和技术

监测项目	元素组成	可溶性离子成分的组成	碳质成分的组成
分析方法	气溶胶质谱仪	气溶胶质谱仪、Marga	EC/OC 分析仪

11.4.1　大气气溶胶物理特性的测量原理和技术

一、颗粒物切割与分级技术

气溶胶粒径大小是其最基本的物理属性,其度量方式有空气动力学等效直径、光学等效直径等。常用的颗粒物分级技术,包括旋风分离器、冲击切割器、电迁移粒径筛分仪或光学粒径分级技术。

1. 旋风分离式切割器

如图 11.9(a)所示,它主要利用离心力原理对特定粒径段的颗粒物进行切割,常见的有 PM_{10} 旋风分离器和 PM2.5 旋风分离器,在线监测和膜采样中均有广泛应用。

2. 冲击切割器

如图 11.9(b)所示,它的原理是利用不同粒径颗粒的冲击惯性不同,合理设计冲击板的孔数和孔径,即可获得不同切割粒径的颗粒物。主要用于进气口颗粒物的分离,如 PM_{10} 在线切割,以及颗粒物分级膜采样,如常用的串级撞击式气溶胶分级采样器。

3. 电迁移粒径筛分仪(DMA)

如图 11.9(c)所示,它主要通过颗粒物的电迁移性对颗粒物进行粒径分级,这种分级方法主要用于颗粒物数谱分布测量与超细颗粒物化学组分测量中的粒径分级。

4. 光学粒径分级技术

上述三种方法对应的颗粒物粒径是空气动力学等效直径。光学粒径分级技术是通过激光测量颗粒物的光散射属性反演获得其光学等效直径,仅通过统计方法获得气溶胶的整体光学性质和粒径分布特征,并不进行粒径切割或者筛分。

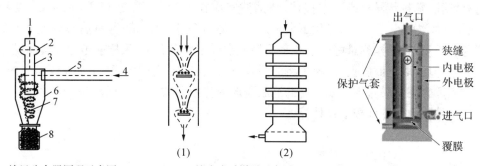

(a) 旋风分离器原理示意图　　(b) 撞击式采样器示意图　　(c) 电迁移粒径筛分仪

1 空气出品;2 滤膜;3 气体排出管;　(1) 撞击捕集原理 (2) 六级撞击式采样器
4 空气入口;5 气体导管;6 圆筒体;
7 旋转气流轨道;8 大粒子收集器

图 11.9　部分粒径切割和分级设备

(引自冯启言等《环境监测》和 www.yi-win.com)

二、质量浓度采样和自动监测技术

颗粒物的环境效应和健康效应与其质量浓度密切相关。根据测量粒径范围的不同,气溶胶质量浓度测量的项目分别有:总悬浮颗粒物(TSP,空气动力学粒径小于等于 100 μm 的气溶胶)、可吸入颗粒物(PM$_{10}$,空气动力学粒径小于等于 10 μm 的气溶胶)、细颗粒物(PM$_{2.5}$,空气动力学粒径小于等于 2.5 μm 的气溶胶)、亚微米颗粒物(PM$_1$,空气动力学粒径小于等于 1 μm 的气溶胶)等。

传统的测量方法通常为现场滤膜采样-实验室称重法。其原理是,使用抽气泵抽取环境空气通过已准确称量的滤膜,空气中的颗粒物被截流在滤膜上,经过一定时间后,再次称量滤膜质量。使用高精度电子天平,在小于 40% 的相对湿度条件下称量采样前后的滤膜质量,根据滤膜的质量增加和采样空气体积计算气溶胶质量浓度。用到的仪器设备包括采样器(如图 11.10)、抽气泵、高精度电子天平、恒湿操作箱。选择合适的粒径切割器可用于 TSP、PM$_{10}$、PM$_{2.5}$ 等的质量浓度观测。

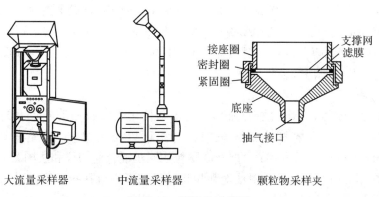

大流量采样器　　　中流量采样器　　　颗粒物采样夹

图 11.10　颗粒物采样器

采样器放置高度应为 3～5 m(相对高度为 1～1.5 m)。大流量采样器一般用于屋顶、广场等广阔的室外环境中,室内一般用中、小流量采样器。大流量采样器通常一次采样 6～8 h 或 24 h,视颗粒物的浓度和需要而定;中/小流量采样器可定时采样或连续采样。采样不能在雨、雪和风速大于 8 m/s 等天气条件下进行。采样前,应用 X 光看片机仔细检查滤膜,不得有针孔、颗粒状异物或其他损伤;清洁滤膜应在平衡室(温度 15 ℃～35 ℃,温差不大于 3 ℃,相对湿度小于 50%,变化不大于±5%)平衡 24 h 后称重;称量滤膜读数到 0.1 mg,记下滤膜质量与编号,称量好的滤膜平展地放在滤膜保存盒中,采样前不允许将滤膜弯曲或折叠。采样后,取下滤膜夹,用镊子将滤膜取下,以长边中线对折滤膜,使采样面向内,然后小心放入适合的滤膜盒内。采样后的滤膜需放入与空白滤膜同样的环境中平衡 24 h,然后称重。颗粒物质量浓度按下式计算:

$$C = \frac{m_2 - m_1}{V_s} \tag{11.3}$$

式(11.3)中 C 为待测颗粒物的质量浓度(mg/m³),m_2、m_1 分别为采样前后滤膜的质量(mg),V_s 为采样体积(采样流量×采样时间,m³)。

随着观测技术的发展,现在越来越多的地面台站应用仪器实时在线监测气溶胶的质量浓度,相关的监测技术主要有微振荡天平法、β射线法、光散射法等。

1. 微振荡天平法

此方法是基于锥形元件微量振荡天平原理,即锥形元件在一定流量环境中振荡,振荡频率由元件物理特性和滤膜质量(包括沉积其上的颗粒物质量)决定。常见仪器有美国 Thermo Fisher Scientific 公司生产的 TEOM1400、TEOM1405 以及 TEOM＋动态膜补偿(FDMS)系列等。仪器通过采样泵和流量计控制环境空气以恒定流量通过采样滤膜,颗粒物沉积在滤膜后,仪器测量固定间隔时间前后的两个振荡频率,计算出相应滤膜上的颗粒物质量,从而得到这段时间内的颗粒物质量浓度。此方法监测 PM_{10} 通过了美国 EPA 认证;在监测 $PM_{2.5}$ 质量浓度时,需安装补偿模块"补偿"易分解挥发组分的质量。此外,在进样管路中加装冷凝湿度控制器也可达到较理想的监测性能。

2. β射线法

此方法的工作原理是 β射线在通过颗粒物时会被吸收,当能量恒定时,β射线的吸收量与颗粒物质量成正比。颗粒物对 β射线的吸收与气溶胶的种类、粒径、形状、颜色和化学组成等基本无关。常见的仪器有美国 Thermo Fisher Scientific 公司生产的 FH62C - 14、5014i,美国 Metone 公司生产的 BAM - 1020 和日本堀场公司生产的 APDA - 371。测量时,颗粒物被捕集到滤膜上,当 ^{14}C 射线源产生的低能 β射线透过滤膜时,强度发生变化,仪器可以根据此变量计算出颗粒物质量浓度。

3. 光散射法

此方法是基于微粒的 Mie 散射理论,即对于与使用光波长相等或较大的颗粒,光通过颗粒物时光能衰减的主要形式是光散射。光源可以用可见光、激光或红外线。美国 Thermo Fisher Scientific 公司生产的 5 030 颗粒物同步混合监测仪和法国 ESA 公司生产的 MP101M 都应用 β射线法和光散射法对颗粒物质量浓度进行在线监测,选择合适的粒径切割器可以测量 PM_{10} 或 $PM_{2.5}$。

三、尺度谱分布监测技术

针对粒子的不同尺度范围和不同的分散相（液态或固态粒子），其测量的方法如表 11.6 所示。由于大气气溶胶粒子尺度跨越 5 个数量级，故对其整个尺度的数浓度（尺度谱分布）进行测量，应采用各种方法进行联合测量。常用的监测方法和仪器如下：

表 11.6　大气气溶胶各种探测技术下相应的尺度范围

固体或液体分散介质	方法	超微显微	光学显微镜	光散射	沉积	离心沉积	撞击
	尺度范围（μm）	0.01～2	0.4～100	0.1～30	1～50	0.05～20	0.05～30
固体分散介质	方法	电子显微	扩散分离	电迁移	吸附	凝结核计数	渗透
	尺度范围（μm）	0.000 5～5	0.002～0.05	0.005～1	0.002～50	0.001～0.15	0.5～100

1. 空气动力学颗粒物数谱仪（APS）

可以同时实现颗粒物粒径和数浓度的监测。其原理是加速喷嘴加速采样气流，使其中不同尺度粒子（惯性不同）产生不同的加速度（它们通过检测器的时间不同），在检测区内加速离子直线通过 2 束平行激光，产生单独的连续双峰信号，双峰间时间间隔（飞行时间）与颗粒物的粒径一一对应，同时脉冲信号数量对应该尺度粒子的数浓度。代表性仪器为美国 TSI 公司的 APS3320 和 APS3321，如图 11.11 所示。

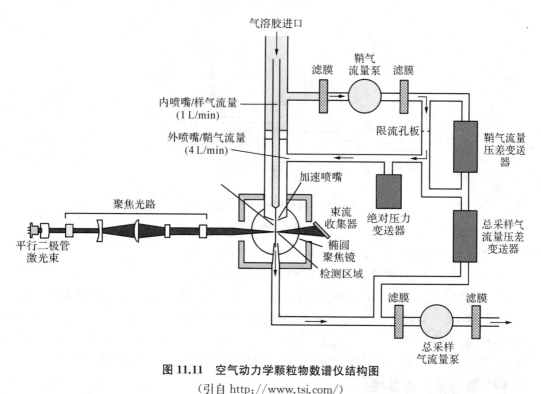

图 11.11　空气动力学颗粒物数谱仪结构图

（引自 http://www.tsi.com/）

2. 颗粒物光学计数器（OPC）

此方法可以同时监测颗粒物粒径和数浓度。其原理是利用测量单个颗粒物通过强光束所散射光线来测定其大小。散射的光线被采集到光检测器而转变为电信号,通过电压的脉冲与校正曲线进行比较获得颗粒物的尺寸分布。校正曲线是通过测量已知化学成分和尺寸的球形颗粒物的电信号获得。采用具有代表性的颗粒物群作为标准可以获得被测颗粒物的尺寸分布。OPC 上使用的检测光源主要有两种:激光(单色光)和白光(白炽光),白炽光可以检测到 300 nm、激光检测限可达 50 nm。目前商业化的 OPC 大部分采用激光作为光源,如德国 Grimm Aerosol Technique 公司的 OPC1.108 系列仪器。

3. 颗粒物凝结计数器及其与粒径筛分仪联用(DMA‑CPC)

颗粒物凝结计数器(CPC)可以检测大于某一粒径段所有颗粒物的数浓度。如图11.12所示,其工作原理是颗粒物通过充满正丁醇的饱和蒸汽云雾室,然后进入冷凝室,很短的时间内颗粒物即可以长大到几微米,然后颗粒物通过激光束,所产生的脉冲即可以间接计算出通过激光束颗粒物的个数。单独使用 CPC,可以获得颗粒物的总数浓度。但 DMA(尺度分离)与 CPC 联用,则同时还可以获得颗粒物数浓度粒径谱分布,常见的联用系统如美国 TSI 公司的 SMPS3936 等。美国 MSP 公司生产的宽范围颗粒物分光计(WPS)则同时联用了 DMA、CPC 与 OPC 监测技术。

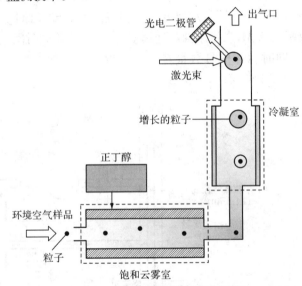

图 11.12 颗粒物凝结计数器原理图

(引自 www.grimm-aerosol.com)

4. 静电颗粒物计数仪及其与粒径筛分仪联用(DMA‑FCE)

静电颗粒物计数器(FCE)原理是利用静电计计数带电的颗粒物,一般和 DMA 配合使用。通常粒径分级后(经过 DMA)的荷电细颗粒物进入法拉第筒,被高灵敏度的静电计和放大器计数。FCE 不需要冷凝媒介和温度控制让超细颗粒物长大,也没有激光部件,因此,理论上不受粒径大小的限制,整个系统实际运行中主要受到粒径筛分仪性能的影响。代表性仪器是德国 Grimm Aerosol Technique 公司生产的法拉第筒静电颗粒物粒径扫描仪(SMPS+E)。

四、吸湿性和挥发性

颗粒物吸湿性和挥发性在线测量主要采用双差分电迁移分析仪(TDMA)进行,TDMA 应用两套 DMA+CPC 进行测量。吸湿性双差分电迁移分析仪(HTDMA)可以测量颗粒物在不同相对湿度下的增长情况和混合状态,可以测量粒径范围为 20~450 nm 的颗粒物的吸湿行为。一般,通过第一个 DMA(DMA1)选取一部分颗粒物用 CPC 测量数浓度,另一部分经过湿化进入第二个 DMA(DMA2)和 CPC 测量吸湿后颗粒物粒径谱分布。近年来 HTMDA 被广泛地应用于气溶胶吸湿性的研究中,但主要用于实验室模拟研究。挥发性双差分电迁移分析仪(VTDMA)可以测量颗粒物的挥发性,设计原理与 HTMDA 相似,将 DMA1 筛选后的颗粒物进行加热处理,确保具有一定挥发性或加热分解后产生挥发性组分全部挥发,然后通过 DMA2 对气溶胶样品分级和 CPC 测量。

11.4.2 大气气溶胶光学特性的测量原理和技术

大气气溶胶颗粒物的存在直接影响了光在大气中的传播,造成光在大气中的衰减。大气中气溶胶颗粒物对光的散射和吸收特性是影响激光束传播的主要因素之一,因此需要进行监测。

一、能见度

如图 11.13 所示,前向散射能见度仪是以测量大气介质前向散射光获得大气消光系数从而得到大气能见度的仪器。前向散射能见度仪,除了有发射器和接收器之外,还有相应的仪器控制单元电路。主散射角 33°,采样空间体积为 200 cm³。当光照射到采样空间的大气粒子和分子上时,接收器就会接收到相应的散射光信号,再根据光电转换及相应的计算就可以得到大气能见度。

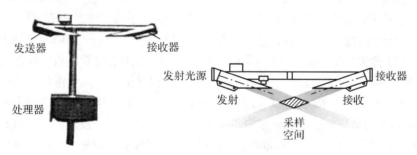

图 11.13　能见度仪结构原理图

二、散射/消光系数 σ_{sp}

积分浊度计是一种能够探测气溶胶粒子散射特性的高精度仪器。光散射系数是气溶胶的特性之一,但它很容易变化,积分式浊度计测量光散射的角积分得出散射系数,然后根据朗伯-比尔定律计算总的消光系数。图 11.14 给出了积分浊度计的结构原理图。

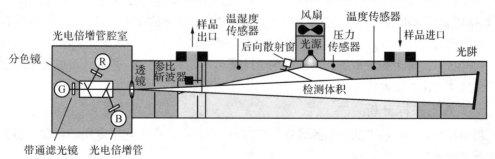

图 11.14　TSI3563 积分式 3 波长气溶胶浊度计结构原理图

(引自 http://www.tsi.com/)

目前,积分浊度计广泛应用于气溶胶粒子的散射/消光系数 σ_{sp} 的测量,在地基和机载应用项目中还被用于能见度、边界层气溶胶的光学厚度的测量以及粒子谱的反演。浊度计测量大气光的散射方法由 Beuttell 和 Brewer 首先研究,并设计出第一批积分浊度计,产生一个近似于余弦权重散射函数的信号,其量值为散射部分的消光系数。Charlson 完成了标准积分浊度计的初始设计,可测量气溶胶的散射系数。随着光学测量电子技术的发展,特别是经过 Crosby 和 Kaerber 以及 Charlson 和 Ahignist 两次较大的技术改进,开发了多波长浊度计。20 世纪 80 年代至 90 年代,利用积分浊度计测量不同化学组分气溶胶的散射作用,广泛用于评估气溶胶直接引起的气候效应的测量研究。国内关于积分浊度计的应用研究工作开展得较少,且集中在对大气气溶胶的散射系数和沙尘粒子光学特性的监测上。

三、大气气溶胶复折射指数

气溶胶粒子折射率虚部 m_i 是决定大气气溶胶吸收特性的重要参数,在大气辐射收支平衡中起着重要的作用,气溶胶辐射强迫效应的正负在很大程度上取决于其折射率虚部的大小。因此,许多研究人员对气溶胶粒子折射率虚部 m_i 的测量方法进行了研究。如果能够测量得到气溶胶粒子的吸收系数,则可以在对大气气溶胶特性做了某些假定的前提下采用 Mie 散射理论推算出 m_i,也可以通过测量单个或小采样体积的气溶胶粒子在不同散射角下的散射函数来反演气溶胶的折射率。对气溶胶复折射指数 m_i 的测量方法可以分为积分片法、光声光谱法和反演法三类。

积分片法直接测量采样得到的气溶胶粒子样品的吸收系数。该方法简单易行,因此较为常用,但是由于积分片法在测量中改变了气溶胶粒子的自然悬浮状态,滤膜收集到的粒子的光学特性可能与实际大气中的情况有所不同;该方法忽略了多次散射效应和后向散射以及一些界面反射等的影响,也可能会造成较大的测量误差。光声光谱法测量气溶胶粒子吸收光的能量后产生的声波来确定粒子的吸收系数,可以进行实时测量。使用能量较高的入射光可提高测量的灵敏度,但会造成粒子中某些成分的蒸发而引起测量误差。反演法,比如根据 OPC 测量的粒子谱分布对气溶胶折射率虚部敏感的特点,利用 OPC 和太阳辐射计同时测量的结果确定气溶胶折射率虚部,并同积分片法的测量结果进行了对比,结果较为合理。

11.4.3 大气气溶胶化学成分的测量原理和技术

大气中颗粒物的化学性质以多种方式影响环境。有毒气溶胶如重金属,特别是铅(Pb)、镉(Cd)、砷(As)和亚挥发性有机化合物,如多氯联苯类化合物(PCBs)生成的粒子,对人类和动物的生殖、神经、内分泌、免疫系统以及酶功能变异等有广泛的不良效应。海盐、硫酸盐、硝酸盐等亲水性气溶胶是活跃的云凝结核,能控制云滴的浓度和尺度谱分布,从而影响云的寿命、云量、云反照率以及整个气候。土壤颗粒、生物碎屑等疏水性气溶胶作为冰核,能影响降水量。为进一步了解气溶胶影响全球变化的趋势和程度,测量气溶胶化学性质的时空变化率是十分重要的。

一、人工采样分析

最简单和最直接的方法是用滤膜收集气溶胶,再在实验室内使用专用的仪器设备进行化学成分的分析。

采样时,利用抽气泵不断地抽取空气,使之经过滤膜,滤膜过滤收集大气颗粒物样品。

需要控制流速,记录采样的总时间、采样时的温度和气压,通过气体方程计算得到流经滤膜的空气的标准体积。仪器包括粒径切割器、便携采样器和滤膜。滤膜可采用石英纤维、Teflon 滤膜或玻璃纤维滤膜。一般分析含碳成分用石英膜,其他用 Teflon 膜。单级采样进行全样品分析,而多级采样可进行尺度谱分析。

样品送到中心实验室进行化学分析时,用水萃取气溶胶颗粒的可溶部分;再用离子色谱分析其阳离子和阴离子浓度;不可溶部分一般采用中子活化分析(INAA)、质子诱发 X 射线发射光谱(PIXE)、电感耦合等离子体质谱(ICP - MS)等方法分析其元素组成。亚挥发性组分一般用气相色谱-电子捕获检测器或气相色谱-质谱进行分析。

二、在线测量技术

1. 气溶胶质谱(AMS)

AMS 是实现细颗粒物多种化学组分综合在线监测的有力手段。其原理是利用一套动力学透镜将颗粒物聚焦成很细窄的粒子束,这些粒子束进入一个高真空舱(气体被泵以不同流速抽走)。高温高真空条件下,在表面粗糙、被加热的钼片上超细颗粒物中的挥发性、半挥发性组分首先挥发出来,然后在高能电子或电离激光作用下离子化,这些离子通过质谱进行化学成分分析。AMS 系统还可以提供细颗粒物的质量粒径谱分布,颗粒物的空气动力学粒径是通过其飞行时间(旋转光束断路器打开的时间起至达到化学检测器的时间)确定的,如图 11.15 所示。

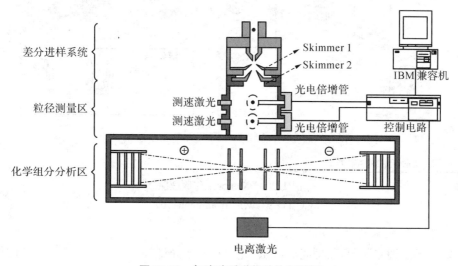

图 11.15　气溶胶质谱仪结构原理图

(引自 http://rsd.dicp.ac.cn/produ_ms_aerosol_tofms.html)

2. 水溶性离子组分

气溶胶水溶性离子组分在线分析系统原理是使用蒸汽喷射气溶胶捕集装置连续或准连续收集的气溶胶样品,采用阴、阳离子色谱在线分析液化后的气溶胶水溶性无机阴阳离子组分。在空气样品进入蒸汽喷射气溶胶捕集装置之前,需要分离样品中的气态污染物与气溶胶颗粒,实现这种分离主要有两种方式:涂层吸收和扩散分离。涂层吸收即在仪器特定管路的内壁上涂附碱性(酸性)涂层,去除 SO_2、HCl、HF、HNO_2、HNO_3 等酸性气体和 NH_3 碱性气体,而颗粒物随气流进入蒸汽喷射气溶胶捕集装置被液化收集。PILS 气溶胶液化采样分析系统即采用这种方式。扩散分离则基于湿式扩散管,利用气体分子与颗粒物惯性和扩散性的差异,使气态污染物被附着在扩散管管壁的吸收液吸收,而气溶胶则穿过扩散管到达蒸汽喷射气溶胶捕集区被液化收集。这种方式在实现颗粒物化学组分在线监测的同时,还可在线监测 SO_2、HCl、HF、HNO_2、HNO_3 和 NH_3 等气态污染物的浓度。

目前代表性仪器有瑞士万通公司的在线气体组分及气溶胶监测系统(MARGA)、戴安公司的 URG-9000 系列在线离子色谱(URG-AIM)。如图 11.16 所示,MARGA 的采样系统由两大部分组成,捕获可溶性气体的旋转式液膜气蚀器(WRD)和捕获气溶胶的蒸汽喷射气溶胶收集器(SJAC)。真空泵以 16.7 L/min 的速度抽取空气样品,在进样口的旋风分离器用于对颗粒物的大小进行筛选(PM_{10} 或 $PM_{2.5}$)。可溶性气体被 WRD 定量吸收,由于气溶胶和气体的扩散速度不同,气溶胶通过 WRD 并被与之连接的 SJAC 捕获,经过凝聚的气溶胶在旋风分离器中与气流分离开。至此,空气样品被分为可溶性气体、气溶胶和不可溶性气体三部分,其中前两种(被液体吸收)分别从 WRD 和 SJAC 流出,被分析箱中的 25 ml 滴定管收集,除气并与内标混合后,被定量地注入阳离子色谱和阴离子色谱进一步化学分析。

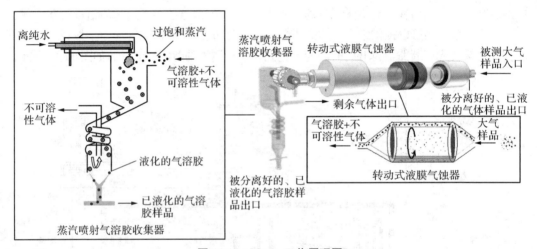

图 11.16　Marga 工作原理图

(引自 www.metrohm.com.cn)

3. 碳黑在线监测仪

主要基于三种监测原理,即光衰减法、光声法和激光诱导白炽光法。光衰减法的理论依据是大气气溶胶的光吸收特性和碳黑质量浓度存在相关性。基于这种方法的碳黑监测仪装有多角度吸收光度计,光度计测量前后反射半球区域内采样滤带上的颗粒物对光的吸收和散射。基于发射迁移理论,并且进一步考虑了沉积的气溶胶内部和气溶胶及采样滤带之间的多级反射,仪器数据倒置运算法可得到碳黑质量浓度。美国 Thermo Fisher Scientific 公司的 5012 系列多角度光散射黑碳气溶胶分析仪即采用了这种原理。光声法的原理是样品空气通过谐振器时被调制成方波的激光束(具有与谐振器匹配的共振频率)照射,谐振器中的气样吸收部分光能被周期性地加热,加热气体的膨胀形成了一个压力波声源,根据方波激光加热的周期、产生的压力波声源频率和激光强度即可计算得到碳黑气溶胶的吸光系数和光散射系数,从而可以得到质量浓度。美国 DMT 公司生产的三波段光声碳黑监测仪即基于此方法。激光诱导白炽光法的原理是强激光照射碳黑升温至汽化时可以发出可见白炽光,其辐射强度与颗粒中碳黑的质量呈正比。基于此原理的单颗粒黑碳光度计可以同时获得碳黑质量浓度及其粒径分布。

4. 元素碳和有机碳(EC/OC)在线分析仪

主要采用光热法,分为热光透射法和热光反射法。基于热光透射法的仪器一般用恒定的流速把待测颗粒物采集到石英滤膜上。首先,滤膜和颗粒样品在纯氦气(He)的环境中逐级升温致使 OC 被加热挥发(该过程中也有部分 OC 被炭化,即热解碳);然后,样品又在氦/氧(He/O$_2$)混合气环境中逐级升温,使 EC 被氧化分解为气态氧化物。这两个步骤的分解产物都随着载气经过填充了二氧化锰的氧化炉被转化为 CO$_2$ 后,由非色散红外 CO$_2$ 检测器定量检测。整个过程中都有一束激光照在石英滤膜上,这样在 OC 炭化时该激光的透射光强度会逐渐减弱,而在 He 气切换成 He/O$_2$ 混合气并加温时,随着热解碳和 EC 的氧化分解,激光的透射光会逐渐增强。透射光强度恢复到起始强度的时刻定义为 OC/EC 的分割点(该时刻之前检测的碳量就定义为起始时的 OC,之后检测到的对应于起始时的 EC)。热光反射法的原理与热光透射法相似,但采用的升温程序不同,并且根据反射激光的强度来分割 EC 和 OC。此类仪器有美国 Atmoslytic 仪器公司生产的 DRI 系列 EC/OC 分析仪、Sunset Laboratory 公司的 EC/OC 分析仪等。

§11.5　大气干湿沉降的测量原理和技术

11.5.1　大气干沉降的测量原理和技术

在没有降水的条件下,由于湍流运动、分子运动、重力等的作用,污染物在大气中输送、扩散时,不断地被下垫面(包括陆面、水面和植被等)吸收,形成由大气向地面持续的迁移过程,这种无降水参与的迁移过程叫干沉降。

污染物从低层大气到下垫面的迁移,主要有三种物理过程:污染物从大气边界层(厚约 1 km)中通过湍流输送作用,向地表黏性的片流层(厚 1～2 mm)迁移;由于片流层湍流消失,污染物通过分子扩散作用,向下输送到表面;表面(植被、土壤、水面和雪面等)对物质的吸附。如果接收体表面对污染物没有吸附作用,干沉降对该污染物就没有去除作用。

从上述过程可以看出,影响干沉积的因素相应可分为三类,即微气象变量、沉降物质本身的特性以及沉降表面的性质,具体包括:

1. 微气象变量

影响干沉降过程的微气象因素是摩擦速度、粗糙度等空气动力学特征量,流场分布,大气稳定度,风、温、湿的平均场和湍流结构参数,逆温层高度等主要因子。湍流是大气边界层主要的运动形式,湍流越强,污染物散布的空间范围越大,从而更有利于干沉降。决定近地层湍流强弱的主要因子是下垫面的粗糙度和大气的层结状况。下垫面越粗糙,摩擦力越大,气流运动受阻,湍流越强。低层大气的层结状况对湍流起主要作用,大气层结越不稳定,湍流越能得到加强和发展。理论研究表明,摩擦速度越大,风速越小,干沉降受阻越小,越有利于污染物的干沉降。

2. 沉降物质本身的特性

影响气体污染物干沉降的主要因素有气体的溶解度、化学活泼性、布朗运动、湍流扩散及与表面溶解度平衡时的分压等等。其中气体溶解度尤为重要,在水中发生的反应和水中已溶解气体的量,对气体的干沉降有较大的影响。如果气体溶于水而没产生不可逆的化学反应,则干沉降阻力将随水中气体溶解量的增加而增加。对于颗粒污染物,粒子的直径、密度、形状、状态、表面性质、静电性质、化学成分等是影响干沉降的主要因素。直径小于 $0.1\ \mu m$ 的微粒,其质量输送主要受布朗扩散控制,布朗扩散系数随粒径的减小而增加,直至接近气体的扩散系数。粒径大于 $1\ \mu m$ 的颗粒,干沉降主要受重力影响,粒径为 $0.1\sim1\ \mu m$ 的颗粒受重力和布朗扩散的共同影响。

3. 沉积表面的特性

沉积表面有多种类型,如城市、农田、森林(针叶林、落叶林、热带雨林等)、水面及冰面等等,不同的沉降表面有不同的动力学特征和热力学特征,从而对干沉降产生不同的影响。对于生物性沉积表面,植被结构、植被生长状况、植被表面液质渗出情况、植被本身所含污染物本底浓度、表面潮湿度和植物生理状态等等都是影响干沉积过程的微观因子。对于非生物性沉积表面,沉积表面的酸碱度、粗糙程度、多孔性、含水量及污染物本底大小是影响干沉积大小的主要因素。

为了描述干沉降过程,Chamberlain 和 Chadwick 引入干沉降速度 V_d,它被定义为沉降通量(即单位时间、单位面积上的沉降量)F_0 和污染物在近地面的浓度 $C(x,y,0,t)$ 之比。对于陆面,参考高度取 $1\sim1.5\ m$,对于海面取 $10\sim15\ m$。此定义虽然不能具体解释干沉降的物理机制,但能反映各种物理机制对干沉降贡献的总效应。上述影响干沉降过程的三方面因子必然直接影响着干沉降速率的大小,进一步决定着化学物种的干沉降通量。

如表 11.7 所示,测量干沉降量的方法通常有直接测量法、梯度测量法、脉动通量法。

表 11.7　不同干沉降量测量方法的优缺点

编号	测量方法	主要优点	主要缺点
1	风洞 静态容器	直接测量,能很好地控制大部分实验条件	沉积表面选择受限制,假定沉积仅限于表面附近,模拟典型的混合污染物有困难,不能很好地模拟实际大气的混合作用
2	表面沉积测量	直接测量	除特殊示踪剂外,几乎不可能获得满意结果。化学反应可能对测量结果产生干扰
3	烟云衰减测量	直接测量	很难对非均匀表面做计算。污染物与大气成分化学反应的干扰太大,需要得到烟云垂直剖面,依赖于精度不高的烟云扩散模式,需要可控的沉积条件
4	浓度梯度测量:测量平均浓度廓线以建立向下通量	不受化学反应的干扰,可由测量获得总的沉积效应。单点测量即可获得有代表性数据	间接测量。依赖垂直扩散系数的测量,需要可控的沉积条件和较详细的物质下垫面条件
5	脉动通量测量(涡旋相关法):需要测量浓度脉动和垂直风速分量脉动标准差	不受化学反应的干扰,可由测量获得总的沉积效应。单点测量即可获得有代表性数据	需要灵敏的、反应迅速的仪器,对大多数目前关心的污染物还没有适用的仪器

一、大气降尘总量

大气降尘是指从空气中自然降落于地面的颗粒物,其直径多大于 10 μm。大气降尘量的标准测定方法是重量法,所需仪器包括集尘缸(内径(15±0.5)cm,高 30 cm)、玻璃蒸发皿、分析天平、试剂等。

采样时,在集尘缸中加入适量的水(夏季可加入 0.05 mol/L 的硫酸铜溶液 2.00～8.00 mL 以抑制微生物和藻类的生长,在冰冻季节可加入适当浓度的乙醇或乙二醇溶液作为防冻剂),放置在采样点让空气中的颗粒物自然降落在缸内。采样点附近不应有高大建筑物及局部污染源。集尘缸放置高度应距地面 5～15 m,相对高度应为 1～1.5 m,以防受扬尘影响。按月定期取回集尘缸。在实验室,样品从集尘缸内转移至蒸发皿后,经蒸发、干燥称量;根据蒸发皿加样前后的质量差及集尘罐口的面积,计算出大气降沉量值。结果以每月每平方公里降尘的吨数表示。计算按下述公式进行:

$$M = \frac{(m_s - m_a) \times K}{S} \tag{11.4}$$

(11.4)式中 M 为降尘量(g·m^{-2}·mon^{-1})、m_s 为降尘量加瓷蒸发皿质量(g)、m_a 为 105 ℃烘干后的瓷蒸发皿质量(g)、S 为集尘缸缸口面积(m^2)、K 为 30 d 与每月实际采样天数(精确到 0.1 d)的比例系数(mon^{-1})。若采样时加入硫酸铜溶液,则按下式计算:

$$M = \frac{(m_s - m_a - m_0) \times K}{S} \tag{11.5}$$

(11.5)式中 m_0 为采样时加入的硫酸铜溶液蒸发至干后的质量(g)。

二、大气降尘组分

大气降尘组分测定的内容包括:非水溶性物质、苯溶性物质、非水溶性物质的灰分、非水溶性可燃物质、pH 值、硫酸盐和氯化物含量、水溶性物质的灰分、水溶性的可燃物质、灰分总量、可燃性物质总量、固体污染物总量等。采用重量法或化学分析法,视不同组分而定。

测定所需仪器包括:集尘缸(内径(15±0.5)cm,高 30 cm)、称量瓶(高型 3 cm×6 cm)、布氏漏斗(直径 80～100 cm)、抽滤瓶(1 000 mL)、索氏脂肪提取器(60 mL)、电热水浴锅(4～6 孔)、微量滴定管(5～10 mL)、高温熔炉(最高温度 1 000 ℃)、电热干燥箱(最高温度 250 ℃)、玻璃干燥器(直径 30 cm)、真空泵(体积流量为 30 L·min^{-1})、精密分析天平(感量 0.1 mg)等(如图 11.17)。所需试剂包括氯化钠标准溶液、硝酸银标准溶液、饱和溴水、浓盐酸、氯化钡溶液(ρ=0.1 g·mL^{-1})、铬酸钾溶液(ρ=0.1 g·mL^{-1})、氢氧化钠溶液[c(NaOH)=0.05 mol·L^{-1}]、硫酸溶液、硝酸银溶液(ρ=0.01 g·mL^{-1})、酚酞指示剂、苯(分析纯)。

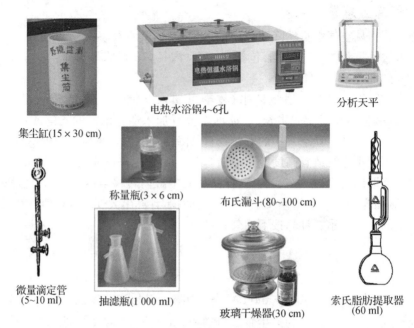

集尘缸(15×30 cm)　电热水浴锅4~6孔　分析天平

称量瓶(3×6 cm)　布氏漏斗(80~100 cm)

微量滴定管(5~10 ml)　抽滤瓶(1 000 ml)　玻璃干燥器(30 cm)　索氏脂肪提取器(60 ml)

图 11.17　降尘成分测定的相关仪器

大气降尘组分测定需要对样品进行严格的检查和准备工作。首先检查样品,记录集尘缸中尘粒的物理形状,如果发现有树叶、小虫等异物,可镊子夹出,小心用水在集尘缸上冲洗,然后弃去。如果发现有异种污染物(如石块等)进入时,样品不可进行分析。将集尘缸中的沉淀物移入 1 000 mL 烧杯中,用淀帚擦下缸底粘着物质,并用少量水冲集尘缸缸壁至无灰尘为止。烧杯盖上至第二天使不溶物沉淀后进行分析。当收集的集尘缸样品是干的或仅残留极少量水时,在分析之前,应加水把溶液体积至少补足到 200 mL。补充后应该把样品于室温下放置 24 h,使可溶性物质溶解后进行分析。若所收集的水中加有防冻剂,可将全部样品在电热板上加热蒸发至少量体积。用水将剩余物质加至 500 mL 体积,静止 12 h 后进行分析。

(1) 非水溶性物质的测定

先将称量瓶和无灰滤纸称重至恒重,再将烧杯中的样品用已恒重的无灰滤纸抽吸过滤,收集沉淀物,包好放入原称量瓶中,在 105 ℃ 干燥箱中干燥 2 h～3 h,取出放于干燥器中,冷却 50 min,称量,再干燥 1 h,直至恒重为止(两次质量之差在 ±0.4 mg)。用下式计算非水物质的含量:

$$M = \left(\frac{m_2 - m_1}{S}\right) \times K \qquad (11.6)$$

(11.6)式中 M 为非水溶性物质的含量($g \cdot m^{-2} \cdot mon^{-1}$)、$m_2$ 为称量瓶＋滤纸＋样品的质量(g)、m_1 为称量瓶＋滤纸的质量(g)、S 和 K 同(11.3)式。

此沉淀物用作苯溶性物质的测定,滤液用作水溶性物质的测定。为便于分析和计算,可将滤液调至加 500 mL 体积(滤液多时,应加热浓缩至 500 mL 体积)。

(2) 苯溶性物质的测定

将干燥的带有非水溶性沉淀物的滤纸放入索氏脂肪提取器中,加入 40 mL 苯,在水浴锅上加热提取 4 h,取出提取过的沉淀物仍放回同编号的称量瓶中,在空气中干燥至苯完全挥发,在 105 ℃ 干燥箱中干燥 1 h,在干燥器中冷却 50 min,称重直至恒重。苯提取前后质量之差即为苯溶性物质的质量,用下式计算苯溶性物质的含量:

$$D = \left(\frac{m_2 - m_1}{S}\right) \times K \tag{11.7}$$

(11.7)式中 D 为苯溶性物质的含量($g \cdot m^{-2} \cdot mon^{-1}$)、$m_2$ 为苯提取前称量瓶＋样品＋滤纸的质量(g)、m_1 为苯提取前称量瓶＋样品＋滤纸的质量(g)、S 和 K 同(11.3)式。经苯提取后的沉淀物做非水溶性物质的灰分测定。

(3) 非水溶性物质灰分的测定

将用苯提取后的沉淀物和滤纸放入已恒重的坩埚内,置入高温炉(600 ℃～800 ℃)烧灼 1 h,取出放入干燥器中冷却 50 min,称重直至恒重。用下式计算非水溶性物质的灰分含量:

$$B_1 = \left(\frac{m_2 - m_1 - P}{S}\right) \times K \tag{11.8}$$

(11.8)式中 B_1 为样品中非水离性物质灰分的含量($g \cdot m^{-2} \cdot mon^{-1}$)、$m_2$ 为非水溶性物质灰分＋坩埚质量＋滤纸灰分质量(g)、m_1 为坩埚的质量(g)、P 为滤纸灰分质量(g)、S 和 K 同(11.3)式。

(4) 非水溶性可燃物质的含量为非水溶性物质的含量减去其灰分的含量。

(5) pH 值的测定

取 10 mL 滤液,用 pH 计或精密石蕊试纸测定样品的氢离子浓度。

(6) 硫酸盐的测定

取 200 mL 滤液,加 2 mL 饱和溴水、5 mL 浓盐酸,煮沸,直到溴完全去除为止,趁热缓缓加入 10 mL 氯化钡溶液($\rho = 0.1 \ g \cdot mL^{-1}$),边加水边用玻璃棒搅拌,静置过夜。用无灰滤纸并洗涤,至无氯离子为止(用 1％硝酸银溶液滴加到滤液中不产生混浊)。将滤纸和沉淀移到已恒重的坩埚中烘干,然后放入高温炉(600 ℃)烧灼 1 h,取出放入干燥器中冷却 50 min,称重直至恒重。用下式计算硫酸盐的含量:

$$M_{SO_4} = \frac{(m_2 - m_1 - P) \times 2.5 \times 0.411\,5}{S} \times K \tag{11.9}$$

(11.9)式中 M_{SO_4} 为硫酸盐的含量($g \cdot m^{-2} \cdot mon^{-1}$)、$m_2$ 为硫酸钡＋坩埚质量＋滤纸灰分质量(g)、m_1 为坩埚的质量(g)、P 为滤纸灰分质量(g)、2.5 为滤液总体积预测定液体体积之比、0.411 5 为硫酸钡换算成硫酸盐的系数、S 和 K 同(11.3)式。

(7) 氯化物的测定

取 50.0 mL 滤液,加入 3 滴酚酞指示剂,用 0.05 mL 氢氧化钠溶液或 0.05 mL 硫酸溶液调节样品恰使酚酞指示剂从粉红到无色。加入 0.5 mL 铬酸钾($\rho = 0.1 \ g \cdot mL^{-1}$),用硝酸银标准液滴定,终点为淡橘红色为止。记录所用硝酸银标准液的体积,用下式计算氯化物的含量:

$$M_{Cl} = \frac{(V \times 0.000\,5 \times 10)}{S} \times K \tag{11.10}$$

(11.10)式中 M_{Cl} 为氯化物的含量（g·m^{-2}·mon^{-1}）、V 为所用硝酸银标准液的体积（g）、0.000 5 为 1 mL 硝酸银溶液相当于氯的克数、10 为滤液总体积与预测定液体积之比、S 和 K 同(11.3)式。

（8）水溶性物质的测定

取 200.0 mL 滤液，放在已恒重的瓷蒸发皿中，在电热板上蒸干，在 105 ℃ 干燥箱中干燥 1 h，再于干燥器中冷却 50 min，称重直至恒重为止。用下式计算水溶性物质的含量：

$$A = \left(\frac{(m_2 - m_1) \times 2.5}{S} \right) \times K \tag{11.11}$$

(11.11)式中 A 为水溶性物质含量（g·m^{-2}·mon^{-1}），m_2 为加入样品蒸干后蒸发皿质量（g），m_1 为蒸发皿质量（g），2.5 为滤液总体积与测定液体积之比，S 和 K 同(11.3)式。此水溶性物质留作其灰分测定。

（9）水溶性物质灰分的测定

将蒸发干燥的水溶性物质，在高温炉中（600 ℃）烧灼 30 min，取出放入干燥器中冷却 50 min，称重直至恒重。用下式计算水溶性物质的灰分含量：

$$B_2 = \left(\frac{(m_2 - m_1) \times 2.5}{S} \right) \times K \tag{11.12}$$

(11.12)式中 B_2 为水溶性物质灰分的含量（g·m^{-2}·mon^{-1}）、m_2 为灰分＋蒸发皿质量（g）、m_1 为蒸发皿质量（g）、2.5 为滤液总体积与测定液体积之比、S 和 K 同(11.3)式。

（10）水溶性可燃物质为已知水溶性物质的含量减去其灰分的含量。

（11）灰分总量为已知水溶性物质灰分含量和非水溶性物质灰分含量之和。

（12）可燃性物质总量为已知水溶性可燃物质的含量和非水溶性可燃物质的含量之和。

（13）固体污染物总量为已知水溶性物质的含量和非水溶性物质含量之和。

11.5.2　大气湿沉降的测量原理和技术

大气中的雨、雪等降水形式及其他水汽凝结物，如云、雾和霜等都能对空气污染物，包括气体和粒子起到清除作用，该过程称为湿沉降或湿清除。通常，把由降水造成的污染物清除过程称为雨除（或雪除），这种过程将空气污染带到地面。按照湿清除所在高度分成云下清除(washout)和云内清除(rainout)。因为这两种过程联系紧密，实际应用中一般都把两者合在一起考虑。

在云内，云滴相互碰并或与气溶胶粒子碰并，同时吸收大气气态污染物，在云滴内部发生化学反应，这个过程叫污染物的云内清除或雨除。雨滴在下落过程中，冲刷着所经过空气中的气体和气溶胶，雨滴内部也会发生化学反应，这个过程叫污染物的云下清除或冲刷。气溶胶质粒的湿清除是指大气气溶胶颗粒参与云滴的形成，并在云滴增长和发展为降水的过程中，被云滴、雨滴收集而随降水下落至地面的过程。气溶胶的湿清除过程包括云内过程和云下过程，分别洗脱大气中不同层次上的气溶胶。

空气污染物的湿清除过程是由降水和污染物之间相互作用及其演变过程完成的。因此,降水和空气污染物的各种性状对于湿清除过程的发生、持续时间、强度、位置等均有重要影响,例如雨雪发生的时间、位置、强度等宏观指标决定了湿清除过程发生的可能性、频率和强度;云和降水中的夹卷、电荷、雪晶形态、雨滴谱等微观特性同样对湿清除的强度有重要意义。空气污染物的浓度时空分布及其变化更直接地决定了对湿清除强度的估算。粒子污染物的尺度谱、密度、荷电状况、吸湿性和可溶性以及凝聚、吸附、吸收、碰并等作用,气体污染物的可溶性、吸收、解吸作用以及扩散、混合和可能发生的化学反应等都对湿清除有决定性作用。

一般湿沉降的监测项目包括降水量、pH 值、电导率、酸碱度、硫酸根离子(SO_4^{2-})、硝酸根(NO_3^-)、铵离子(NH_4^+)、氯离子(Cl^-)、氟离子(F^-)、钙离子(Ca^{2+})、镁离子(Mg^{2+})、钠离子(Na^+)和钾离子(K^+)等。因此,一般分为两个阶段:样品采集和实验室分析。雨水样品的收集和保存一般用聚四氟乙烯等性能稳定的塑料器皿,玻璃或不锈钢器皿可能带来钠离子、铁离子的干扰。当雨、雪天气在某地发生时,移去人工采集器的盖子,或自动开启自动采集器的盖子采集湿沉降样品。采样间隔根据观测目的和分析的精确度要求,可以是一场雨、每日、每周或每月。从以往的监测经验看,每日采样并在每天规定时间检查采样器是最科学有用的方式,因为样品可快速保存,从而防止不稳定物种产生明显的生物降解。每日数据也使源-受体模式处理中的操作简化。每周采样规程中的所有事件都以 7 天为周期,可能会影响某些离子的测量,但也明显降低了耗费。在一些网络中,作为质量控制的一部分,酸性(pH)和电导率在现场测定,运往实验室之前要在样品中加入杀虫剂(如氯仿或百里酚)。实验室或分析机构收到样品时,分析阶段就开始了。

1. 降水量

监测项目湿沉降量是从天空落到地面上的液态或固态(经融化后)降水,未经蒸发、渗透、流失而在水平面上积聚的厚度,单位为毫米(mm)。测量方法为人工采样测定或仪器自动监测,装置有标准降水收集器(雨量器)或现在常用的自动降水采样装置(翻斗式雨量计、虹吸式雨量计)。

2. 电导率

电导率通常作为综合质量保证计划的一部分进行测量。电导率定义为距离 1 cm,截面积为 1 cm² 的电极间所测得的电导,用 K 表示,单位 S/cm。它是用数字来表示降水样品传导电流的能力,这种能力主要与降水总离子浓度、离子的电荷和水含半径、浓度及测量时的温度有关。降水中含有的无机酸、碱、盐具有良好的导电作用。而有机化合物在降水中离解率低,且浓度也低,对降水电导率影响较小。

通常使用电极法测定降水的电阻率,电阻率的倒数即为电导率。其测定原理:降水的电阻随溶解的离子数量增加而减少,电阻减少,其倒数电导则增加。所用仪器和试剂包括电导仪、恒温水浴仪、标准氯化钾溶液(0.01 mol/L)。步骤包括温度调节、电极常数的测定和样品测定。

3. pH 值

pH 定义为水中氢离子浓度的负对数。通常称 pH<5.60 的降水为酸雨。人为源排放的 SO_2、NO_x 经氧化形成硫酸盐、硝酸盐等酸性气溶胶是形成酸雨的主要原因。自然源排放的有机化合物经氧化作用形成的甲酸、乙酸等也能使降水中的 pH 值降低至 4.8~5.0。

pH 值通常用电极法测定,其原理为以饱和甘汞电极为参比电极,以玻璃电极为指示电极,组成电池。在 25 ℃下,溶液中每变化一个 pH 值单位,电位差变化 59.1 mV。将电位表刻度转化为 pH 刻度,可直接读出溶液的 pH 值。

测定 pH 所用仪器和试剂包括酸度计或离子活度计、校正用的 pH 标准溶液等。测定步骤包括(1) 启动仪器预热;(2) 用两种或三种标准缓冲溶液对仪器进行定位和校正;(3) 测量前用水冲洗电极 2~3 次,用滤纸把水吸干,将电极插入水样中,用磁力搅拌棒搅动水样,读数 2~3 次。测量完毕用水冲洗电极,把甘汞电极擦干并套上橡皮套,玻璃电极浸泡在蒸馏水中。

4. 离子

雨水中的离子包括硫酸根离子、亚硝酸根离子、硝酸根离子、氯离子、氟离子、铵离子、钾离子、钠离子、钙离子、镁离子等,其来源和测量方法如表 11.8 所示。

表 11.8　雨水中不同离子的来源和测量方法

编号	离子	来源	监测方法
1	硫酸根离子	气溶胶中的可溶性硫酸盐,自然源及人为污染源排放的硫氧化物经氧化产生	经典的硫酸钡比浊法、改良硫酸钡比浊法、铬酸钡-二苯碳酰二胼分光度法和离子色谱法
2	硝酸根离子	空气中 NO_x 经光化学反应生成硝酸盐,并随降水沉降	紫外分光光度法、镉柱还原-盐酸萘乙二胺分光光度法和离子色谱法
3	亚硝酸根离子	空气中 NO_x 经光化学反应生成亚硝酸盐,并随降水沉降	盐酸萘乙二胺分光光度法和离子色谱法
4	氯离子	气溶胶中的氯化物溶解、气态氯化氢的污染以及海雾中的氯化物	硫氰酸汞分光光度法和离子色谱法
5	氟离子	主要来自工业污染、燃料及空气颗粒物中的可溶性氟化物	氟试剂分光光度法和离子色谱法
6	铵离子	来自空气中的氨及颗粒物中的铵盐	纳式试剂分光光度法、次氯酸钠-水杨酸分光光度法和离子色谱法
7	钾、钠离子	扬尘及海盐	空气-乙炔火焰原子吸收分光光度法和离子色谱法
8	钙、镁离子	土壤扬尘、沙尘	原子吸收分光光度法、络合滴定法、偶氮氯膦Ⅲ分光光度法和离子色谱法
9	甲酸、乙酸	植被排放的异戊二烯、单萜烯及其他 VOC 经光化学氧化而形成	离子色谱法

当前,离子色谱是测定上述离子快速、灵敏、选择性好的方法。它是利用离子交换原理和液相色谱技术测定溶液中阴离子和阳离子的一种分析方法,因此,离子色谱是液相色谱的一种,如图 11.18 所示。

离子色谱是利用不同离子对固定相亲合力的差别来实现分离的。离子色谱的固定相是离子交换树脂,离子交换树脂是苯乙烯-二乙烯基苯的共聚物,树脂核外是一层可离解的无机基团,由于可离解基团的不同,离子交换树脂又分为阳离子交换树脂和阴离子交换树脂。当流动相将样品带到分离柱时,由于样品离子对离子交换树脂的相对亲和能力不同而得到分离。由分离柱流出的各种不同离子,经检测器检测,即可得到一个个色谱峰。根据出峰的保留时间以及峰高可定性和定量样品的离子。

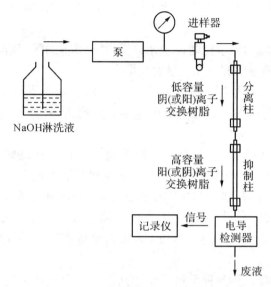

图 11.18　离子色谱结构流程图

§11.6　大气成分监测的质量保证和注意事项

11.6.1　大气成分监测的质量保证

大气化学成分监测必须进行有效的质量保证,目的是使监测得到的大量数据准确可比,质量保证应该贯穿在监测工作的全过程中。一般,大气化学成分监测数据必须具有代表性、准确性、精密性、完整性和可比性,才能认为是科学的、有效的。其中,数据的代表性取决于样品的代表性,数据的准确性和精密性取决于现场监测的仪器和实验室状况,数据的完整性取决于监测样品的完整性,数据的可比性取决于分析方法、仪器、基准物的质量。因此,质量保证的主要内容包括以下几项:

(1) 对仪器设备进行校准,包括流量测量设备的校准、时间测量设备的校准、分析仪器的校准、玻璃量器的校准、采样系统的校准;

(2) 进行基本性能的验证,包括空白值测定、测限的确定、校验曲线的验证;

(3) 进行仪器的对比,包括对比方法、标准气体的配置;

(4) 分析方法的统一和验证,包括标准分析方法、分析方法的验证、平行测定精度、重复测定精度。

例如,世界气象组织(WMO)已建立了全球大气监测网(GAW),来协调由 WMO 成员国实施的大气化学成分测量。为了保证 GAW 计划中确定和维持稳定可靠的数据质量,达到研究、监测和评估的目的,WMO 设立了质量保证/科学活动中心(QA/SAC)。QA/SAC 已在国际认同的研究机构和组织中建立了一个全球同盟,目的是分担质量、保证责任和交换科学认识(尤其是在标准气校准领域)。过去,WMO 致力于在世界的大部分地区发展主要监测项目,而在设备的标准化和制订严格定义或应遵循的质量保证/质量控制策略方面进展不大。现阶段的挑战是创建综合的、周密协调的、完整的监测计划,提供具有良好质量的信息,来满足区域和全球尺度人类适应过程的研究和评估。QA/SAC 的战略计划优先顺序如下:

(1) 建立稳定和一致的质量控制程序,用互联网和其他国际网络,发展全球数据交换能力,从而获取和发布高质量的和已知质量的数据;

(2) 明确划分并规定该计划中各个领域的专门小组、运行支持小组、各个科学顾问组、秘书处等的领导责任,提高 WMO 秘书处的整体支持能力,在计划和报告方面做更多的努力等,从而加强 GAW 的领导能力;

(3) 通过明确划分 GAW 的组织结构、征募世界上最出色的研究者和研究机构参与GAW 的领导层和计划活动,与国家级的气象和水文机构紧密配合,从而使这些国家及组织支持和参与 GAW 的活动等,建立 GAW 的中心机构并扩展其后备基地;

(4) 通过稳定现有站的运行、选择性地扩充观测能力、在世界上站点稀少及尚未覆盖的地区增加站点、在容纳能力上继续努力,使 GAW 的全球和区域性成员间协调一致,从而改善和扩展观测网络;

(5) 通过积极活动将范围延伸至科学界,使 GAW 的数据产品更具有可读性和有效性,并通过更多的努力来支持那些主要依赖于 GAW 数据的模式、应用和科学评估,从而扩展GAW 数据的使用范围;

(6) 与地基、飞行器、卫星和其他遥感观测技术成为一体,使 GAW 融入三维全球观测网络中,并通过改进 GAW 网络来达到其拥有准实时监测能力的目的。

11.6.2　大气成分监测注意事项

大气化学成分监测有 3 个最基本特点:(1) 监测内容广,涉及气象学、大气物理学、大气光学、生态学、环境污染学等要素;(2) 监测技术复杂,涉及红外技术、光电技术、光声技术、采样技术、微量分析技术等高灵敏度的检测技术和分析方法;(3) 监测精度要求高。因此,组织监测的过程中对监测人员、监测场点均有较高的要求。

监测、分析人员的最基本要求包括:按规范选择好监测或采样场地,并注意保护场地周围环境。操作时尽量避开局地临时性污染的可能影响,尤其是种植活动、采暖、炊烟、工业活动等的影响。大气化学成分监测工作人员必须明确职责,实行责任制。对监测和分析仪器认真进行维护和管理,保证仪器正常运转,所有操作应合乎规范,按仪器使用说明进行,以确保获取资料的有效性。如出现故障,应及时排除或更新,并认真填写记录。做好观测记录,认真管理观测技术档案,保证所获数据的完整性,防止数据的意外丢失。

大气化学成分选择监测场点时要求场地具有代表性、可靠性、可比性,或者具有某种环境代表性,或者能获得某一地区的背景值。因此,选择监测场点的注意事项包括:

(1) 场(点)四周无遮蔽物,空气流畅。选择开阔地带,风向的上风口。

(2) 监测或采样点应有一定的高度,以尽量避开大气边界层的影响。采样点的高度由监测目的而定,一般为离地面 1.5~2 m 处,常规监测采样口高度应距地面 3~15 m,或设置于屋顶采样。

(3) 注意保护场地周围环境。较长期固定测场(点)的选择应考虑到今后一定时间内场(点)周围环境不应有明显的变化。

（4）监测场（点）的选择应避开临时的局地污染源和其他人类活动，尤其是种植活动、采暖、炊烟、工业活动等。

真实采样环境十分复杂，很难给出通用的布点方案。只有遵从以上原则，综合大气质量测量系统操作经验、大气质量的估计、大气扩散现场和理论研究、大气化学与物理、大气污染效应等专业知识，并注意研究区域排放源分布、污染物浓度的变化、地形、气象、人口、后勤供应、经济问题等情况，才能选择到有代表性的监测最佳采样点。

此外，为了对某一过程或某一化学环境进行评价，经常要求在一定空间范围内建立对某些化学元素的监测网（图 11.19），例如背景浓度监测网、干沉降监测网、湿沉降监测网、酸雨监测网、大气放射性物质监测网等。在有代表性区域内，一般按工业密集的程度、人口密集的程度、城市和郊区，增设采样点或减少采样点。无论是哪类监测网，在建立和运行过程中都必须保证所使用仪器和分析方法的一致性，或按标准化规定实施，保证按统一的监测和分析规范进行，以确保所获资料的可靠性和可比较性。

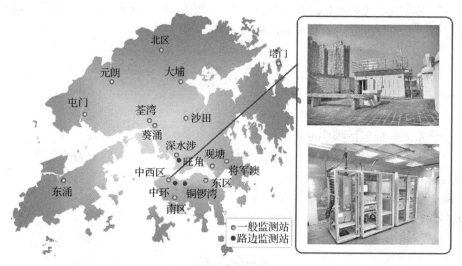

图 11.19　大气成分监测站点和区域网络（以香港环境保护署空气质量
监测网和中西区监测站为例，引自 www.epd.gov.hk）

§11.7　大气成分监测的发展趋势

当今，局地、区域和全球尺度各种大气成分的浓度和空间分布均发生了显著变化，由此而引发了全球变暖、臭氧层破坏、酸性沉降、空气质量下降、大气能见度降低等一系列问题，给地球环境、全球气候和生态系统带来了重大影响，对当今人类社会可持续发展构成了巨大威胁，也使科学界和各国政府面临着严峻挑战。

历史上就曾发生过多起世界瞩目的严重空气污染恶性事件：如 1952 年 12 月英国伦敦发生光化学烟雾，4 天约造成 4 000 人的死亡；1962 年伦敦的光化学烟雾又使 700 多人丧生。近几十年来，干旱、洪涝、高温、暴雨、沙尘暴等极端天气、气候事件频发，这些事件的发生均与大气成分的变化有着极为密切的联系。如今，一系列的重大生态、环境问题不仅是国际学术竞争中的热点领域，还涉及政治、经济、环境、外交等方方面面，大气成分的观测与研究已经成为国际科学前沿关注的焦点,同时,也事关国家安全和环境外交。

因此,建立大气成分观测网,开展大气成分及相关特性的长期、准确和可靠的观测,认识大气成分及其变化,开展大气成分的预测、预报,并以此为基础提高天气预报的准确率和气候预测的可靠性,应对由大气成分变化导致的气候变化和恶性灾害事件,实现人与自然的和谐统一,促进经济、社会、人口、资源和环境等的协调发展,是维护社会发展和经济增长的重要内容之一。

大气成分监测是防治大气污染的重要手段,它通过加密布置区域监测网,在宏观上可以构建高时空分辨率的精细监测网,精确监测区域内各种空气污染物的浓度变化及异常状态,有助于环境管理部门了解区域污染成因及传输通道的演变过程,在微观上可以及时锁定污染源,为一线环境管理人员提供了一种有效仪器。

另外,卫星、雷达、无人机等大气成分遥感能力的进一步提升将推动大气化学的快速发展,先进探测技术和设备的开发将进一步增强大气化学成分的测量能力,网络化观测技术成为获得高时空覆盖率观测数据的重要手段。新技术的不断发展和应用,将使得某些大气化学成分监测手段和分析方法不断得到改进和完善。

习　题

1. 大气成分探测具有哪些基本的特点?
2. 大气采样系统一般包括哪些部分?
3. 请列出至少五项我国环境空气质量标准(GB 3095—2012)中规定的污染物项目,并列出每种污染物的至少一种分析方法。
4. 大气降尘组分测定的内容包括哪些?
5. 简述DOAS及其不同于传统监测方法的鲜明特点。

参考文献

1. 崔九思等.大气污染监测方法.北京:化学工业出版社,2001.
2. 方双喜,周凌晞,臧昆鹏,等.光腔衰荡光谱(CRDS)法观测我国4个本底站大气CO_2.环境科学学报,2011,31(3):624-629.
3. 冯启言,肖昕,李红艺,云贵春.环境监测.徐州:中国矿业大学出版社,2007.
4. 国家环境保护总局.环境空气质量自动监测技术规范.北京:中国环境出版社,2005.
5. 国家环境保护总局.空气和废气监测分析方法.北京:中国环境科学出版社,2003.
6. 韩永,王体健,饶瑞中,王英俭等.大气气溶胶物理光学特性研究进展.物理学报,2008,57(11):7396-7407.
7. 贺千山,毛节泰.微脉冲激光雷达及其应用研究进展.气象科技,2004,32(8).
8. 胡敏,邓志强,王轶,等.膜采样离线分析与在线测定大气细粒子中元素碳和有机碳的比较.环境科学,2008,12(29):3297-3303.
9. 兰紫娟,黄晓锋,何凌燕,等.不同碳质气溶胶在线监测技术的实测比较研究.北京大学学报(自然科学版),2011,1(47):159-165.
10. 李绍英等.环境污染与监测.哈尔滨:哈尔滨船舶工程学院出版社,1993.
11. 李宗恺,潘云仙,孙润桥.空气污染气象学原理及应用.北京:气象出版社,1985.

12. 林振毅.凝结核计数器的原理和研究进展.中国科技信息,2008,6:265～269.

13. 刘文清,崔志成,刘建国,等.大气痕量气体测量的光谱学和化学技术.大气痕量气体测量的光谱学和化学技术,2004,21(2):204 - 210.

14. 刘毅,吕达仁,陈洪滨等.卫星遥感大气 CO_2 的技术与方法进展综述.遥感技术与应用,2011,26(2):247 -254.

15. 马立杰,黄海军,龚建明等.对流层污染测量仪(MOPITT)原理及其应用.海洋科学,2006,30(2):81 - 84.

16. 秦瑜等.大气化学基础.北京:气象出版社,2003.

17. 王锋平,张玉钧,刘文清,齐锋,詹锴.长程差分吸收光谱中快速扫描光谱仪设计与性能分析.量子电子学报,2003,20(6):666 - 670.

18. 王庚辰.气象和大气环境要素观测与分析.北京:中国标准出版社,2000.

19. 吴忠标.大气污染监测与监督.北京:化学工业出版社,2002.

20. 伍德侠,魏庆农,刘世胜,等.大气碳黑气溶胶检测仪的研制.分析仪器,2007,2:7 - 9.

21. 岳玎利,周炎,钟流举,等.大气颗粒物理化特性在线监测技术.环境科学与技术,2014,37(5):64 - 69.

22. 曾凡刚.大气环境监测.北京:化学工业出版社,2003.

23. 张晓春等.大气成分观测业务规范.北京:中国气象局,2012.

24. 朱元,郑海洋,顾学军,等.大气气溶胶的检测方法研究.环境科学与技术,2005,28(增刊):175 - 177.

25. Anlauf, K. G., et al.. A comparison of three methods for measurement of atmospheric nitric acid and aerosol nitrate and ammonium. *Atmospheric Emvironment*, 1985, 19: 325 - 333.

26. Baker, J. E. (Ed.). Proceedings From A Session at the SETAC Fifteenth Annual Meeting, 30 October - 3 November 1994, Denver Colorado, SETAC Press, Pensacola, Florida, 1997:347 - 377.

27. Baldocchi, D. D., Hicks, B. B. and Meyers, T. P.. Measuring biosphere-atmosphere exchanges of biologically related gases with micrometeorological methods. Ecology, 1988, Volume 69, Number 5: 1313 - 1340.

28. Bigelow, D. S.. Siting and Sampling Characteristics of the National Atmospheric Deposition Program and the National Trends Network: Regional Influences. EMEP Workshop on Data Analysis and Presentation, Cologne, Federal Republic of Germany, 15 - 17 June 1987, EMEP/CCC-Report 7/87, Norwegian Institute for Air Research, Postboks 64 - N - 2001 Lillestrom, Norway, December 1987: 149 -160.

29. Chamberlain, A.C., and Chadwick, R.C.. Deposition of airborne radioiodine vapor. Nucleonics, 1953, 8: 22 - 25.

30. Charlson, R. J., et al.. Oceanic phytoplankton, atmospheric sulphur, cloud albedo and climate. Nature, 1987, 326: 655 - 661.

31. Charlson, R. J., et al.. Perturbation of the northern hemisphere radiative balance by backscattering from anthropogenic sulfate aerosols. Tellus, 1991, 43AB, pp. 152 - 163.

32. Cheng Y F,Eichler H,Wiedensohler A,et al.. Mixing state of elemental carbon and non-light-absorbing aerosol components derived from in situ particle optical properties at Xinken in Pearl River Delta of China. Journal of Geophysical Research,2006,111(D20):No. D20204.

33. Dlugokencky, E. J., et al.. Atmospheric methane at the Mauna Loa and Barrow observatories: Presentation and analysis of in situ measurements. Journal of Geophysical Research, 1995, Volume 100, Number D11:23, 103 - 113,

34. Dong H. B., Zeng L. M., Hu M., et al.. Technical note: The application of an improved gas and aerosol collector for ambient air pollutants in China. Atmos. Chem. Phys., 2012, 12: 10519 - 10533.

35. Elkins, J. W., et al.. Airborne gas chromatograph for in situ measurements of long lived species in the

upper troposphere and lower stratosphere. Geophysical Research Letters, 1996, Volume 23, Number 4, pp. 347 – 350.

36. Gillett, R. W. and Ayers, G. P.. The use of thymol as a biocide in rainwater samples. Atmospheric Environment, 1991, Volume 25, Number 12, pp. 2677 – 2681.

37. Hansen, A. D. A., et al.. Aerosol black carbon and radon as tracers for air mass origin over the North Atlantic ocean. Global Biogeochemical Cycles, 1990, 4, pp. 189 – 199.

38. Harris, J. M. and Kahl, J. D.. A descriptive atmospheric transport climatology for the Mauna Loa observatory using clustered trajectories. Journal of Geophysical Research, 1990, Volume 95, Number D9, pp. 13651 – 13667.

39. Hicks, B. B., et al.. Dry deposition inferential measurement techniques-I: Design and tests of a prototype meteorological and chemical system for determining dry deposition. Atmospheric Environment, 1991, Volume 25A, Number 10, pp. 2345 – 2359.

40. IGAC Newsletter, No.35, 2007

41. James, K. O.. Quality Assurance Report. NADP/NTN Deposition Monitoring, Laboratory Operations, Illinois State Water Survey, Champaign, Illinois, 1991.

42. Keene, W. C., and Galloway, J.N.. Organic acidity in precipitation of North America. Atmospheric Environment, 1984, Volume 18, Number 11, pp. 2491 – 2497.

43. Keene, W. C., Galloway, J. N. and Holden, J. D, Jr.. Measurement of weak organic acidity in precipitation from remote areas of the world. Journal of Geophysical Research, 1983, 88: 5122 – 5130.

44. Klemm, O., et al.. Low to middle tropospheric profiles and biosphere/troposphere fluxes of acidic gases in the summertime Canadian Taiga. Journal of Geophysical Research, 1994, 99: 1687 – 1698.

45. Kok, G. L., et al.. An airborne test of three sulfur dioxide measurement techniques. Atmospheric Environment, 1990, 24: 1903 – 1908.

46. Komhyr, W. D., et al.. Atmospheric carbon dioxide at the Mauna Loa observatory, 1: NOAA global monitoring for climatic change measurements with a nondispersive infrared analyzer, 1974 – 1985. Journal of Geophysical Research, 1989, Volume 89, Number D5, pp. 7291 – 7297.

47. Liu, S. C., McAfee, J. R. and Cicerone, R. J.. Radon 222 and tropospheric vertical transport. Journal of Geophysical Research, 1984, Volume 89, Number D5, pp. 7291 – 7297.

48. Luke, W. T., and Valigura, R. A.. Methodologies to estimate the air-surface exchange of atmospheric nitrogen compounds. In: Atmospheric Deposition of Contaminants to the Great Lakes and coastal waters (J. E. Baker, Ed.). Proceedings from A Session at the SETAC Fifteenth Annual Meeting, 30 October – 3 November 1994, Denver Colorado, SETAC Press, Pensacola, Florida, 1977, 347 – 377.

49. Luke, W. T.. Evaluation of a commercial pulsed fluorescence detector for the measurement of lowlevel SO_2 concentrations during the gas-phase sulfur intercomparison experiment. Journal of Geophysical Research, 1997, Volume 12, Number D13, pp. 16255 – 16265.

50. Novelli, P. C., et al.. Reevaluation of the NOAA/CMDL carbon monoxide reference scale and comparisons with CO reference gases at NASA/Langley and the Fraunhofer Institut. Journal of Geophysical Research, 1994, Volume 99, Number D6, pp. 12833 – 12839.

51. Novichkov, V.. Measurement Content of Krypton – 85 in Earth Atmosphere and Validate of Global Model of Atmospheric Transport. IGAC-SPARC-GAW Conference on Global Measurements of Atmospheric Chemistry, Toronto, Canada, 20 – 22 May 1997.

52. Orsini D. A., Ma Y., Sullivan A., et al.. Refinements to the particle-into-liquid sampler (PILS) for ground and airborne measurements of water soluble aerosol composition. Atmospheric Environment,

2003, 37: 1243 – 1259.

53. Parungo, F., et al.. Aerosol particles in the Kuwait oil fire plumes: Their morphology, size distribution, chemical composition, transport, and potential effect on climate. Journal of Geophysical Research, 1992, Volume 97, Number D14, pp. 15867 – 15882.

54. Peterson, J. T. and Rosson, R. M.. Climate Monitoring and Diagnostics Laboratory. Summary Report 1992, No. 21, Environmental Research Laboratories, Boulder, 1993.

55. Prinn, R. G., et al.. The atmospheric lifetime experiment, 1: Introduction, instrumentation, and overview. Journal of Geophysical Research, 1983, Volume 88, Number C13, pp. 8353 – 8367.

56. Roberts, J. M.. The atmospheric chemistry of organic nitrates. Atmospheric Environment, 1990, 24A, pp. 243 – 287.

57. Sachse, G. W., et al.. Fast-response, high-precision carbon monoxide sensor using a tunable diode laser absorption technique. Journal of Geophysical Research, 1987, Volume 92, Number D2, pp. 2071 – 2081.

58. Slade, D. H. (ed.). Meteorology and Atomic Energy. United States Atomic Energy Commission. Office of Information Services, 1968.

59. Smith J.N., Moore K.F., McMurry P.H., et al.. Atmospheric measurement of sub – 20 nm diameter particle chemical composition by Thermal Deposition Chemical Ionization Mass Spectrometry. Aerosol Science and Technology, 2004, 38: 100 – 110.

60. Snith, R. A.. Air and Rain: The Beginnings of a Chemical Climatology. Longmans, Green, London, 1972.

61. Thomas, J. W., and LeClare, P. C.. A study of the two-filter method for radon – 222. Health Physics, 1970, 18: 113 – 122.

62. United States Environmental Protection Agency. National Air Quality and Emissions Trends Report, 1995. EPA 454/R – 96 – 005, Office of Air Quality Planning and Standards, Research Triangle Park, North Carolina, 1996.

63. United States Environmental Protection Agency. Deposition of Air Pollutants to the Great Waters: Second Report to Congress, EPA 453/R – 97 – 011, Office of Air Quality Planning and Standards, Research Triangle Park, North Carolina, 1997.

64. Weeks, I. A., et al.. Comparison of the carbon monoxide standards uscd at Cape Grim and Aspendale. In: Baseline Atmospheric Program 1987 (B. W. Forgan and G. P. Ayers, eds.). Australian Government Department of Science and Technology, Canberra, Australia, 1989: 21 – 25.

65. World Meteorological Organization. Global Atmosphere Watch Guide. Global Atmosphere Watch Report No. 86, WMO/TD-No. 553, Geneva, 1993.

66. World Meteorological Organization. Report of An Expert Consultation on ^{85}Kr and ^{222}Rn: Measurements, Effects and Applications. Global Atmosphere Watch Report No. 109, WMO/TD – No. 733, Geneva, 1995.

67. World Meteorological Organization. Report of the Meeting of Experts on the WMO World Data Centres (E. W. Hare). Global Atmosphere Watch Report No. 103, WMO/TD – No. 679, Geneva, 1995.

68. World Meteorological Organization. The Strategic Plan of the Global Atmosphere Watch (GAW). Global Atmosphere Watch Report No. 113. WMO/TD – No. 802, Geneva, 1997.

69. Zhang Q., Stanier C.O., Canagaratna M.R., et al.. Insight into the chemistry of new particle formation and growth events in Pittsburgh based on Aerosol Mass Spectrometry. Environmental Science and technology, 2004, 38:4797 – 4809.

推荐阅读

1. 崔九思等.大气污染监测方法.北京:化学工业出版社,2001.
2. 秦瑜等.大气化学基础.北京:气象出版社,2003.
3. 唐孝炎等.大气环境化学(第二版).北京:高等教育出版社,2006.
4. 王庚辰.气象和大气环境要素观测与分析.北京:中国标准出版社,2000.
5. Seinfeld, J.H., Pandis, S. N.. Atmospheric chemistry and physics:From air pollution to climate change. 3rd ed. New Jersey:John Wiley & Sons, 2016.
6. 秦瑜,赵春生编著.大气化学基础.北京:气象出版社,2003.
7. 王明星,郑循华编著.大气化学概论.北京:气象出版社,2005.
8. 廖宏,李楠.新编大气化学教程.北京:科学出版社,2024.

附录:缩写提示

1. CMDL:Compact Multi-band Data Link
2. COS:Carbon oxysulfide 氧硫化碳
3. CRDS:Cavity Ring-Down Spectroscopy 光腔衰荡光谱
4. DMS:Dimethyl sulfide 二甲基硫
5. ECD:Electron Capture Detector 电子捕获检测器
6. FPD:Flame Photometric Detector 火焰光度检测器
7. FID:Flame Ionization Detector 火焰离子检测器
8. GAW:Global Atmospheric Watch 全球大气观测网
9. GC:Gas Chromatography 气相色谱
10. MS:Mass Spectrum 质谱
11. NDIR:Non-Dispersive Infra-Red 非色散红外
12. NMHC:Non-Methane Hydrocarbon 非甲烷碳氢
13. PAN:Peroxyacetyl nitrate 过氧乙酰硝酸酯
14. PILS:Particle-Into-Liquid Sampler 颗粒物液化采集器
15. PM2.5:空气动力学直径小于 $2.5\ \mu m$ 的颗粒物
16. ppmv、ppbv:为体积混合比浓度单位,分别表示单位体积百万分之一(parts per million,10^{-6})和十亿分之一(parts per billion,10^{-9})
17. QA/QC:质量保障(Quality Assurance),主要是事先的质量保证类活动,以预防为主/质量控制(Quality Control),主要是事后的质量检验类活动为主
18. QA/SAC:Quality Assurance/Science Activity Centre 质量保障科学活动中心
19. WMO:World Meteorological Organization 世界气象组织

第 12 章
生态探测技术

本章重点:掌握生态探测的主要方法,包括卫星遥感观测技术、箱式观测法、涡度相关法和通量梯度法,以及这些技术在测量温室气体排放通量中的应用。了解稳定性同位素技术在识别和量化生态系统中不同温室气体源汇贡献方面的应用。

§12.1 生态探测概论

生态系统(Ecosystem)是由生物群落及其生存环境共同组成的动态平衡系统,这一概念由英国植物生态学家坦斯利(A.G.Tansley)在 1935 年首次提出来生态系统观测/探测属于大气圈层与生物圈相互作用部分的研究内容。非生物的物质和能量、生产者、消费者、分解者是生态系统的主要组成成分。生态系统类型众多,一般可分为自然生态系统和人工生态系统。自然生态系统还可进一步分为水域生态系统和陆地生态系统。陆地生态系统(terrestrial ecosystem)是指地球陆地表面由陆生生物与其所处环境相互作用构成的统一体。这一系统占地球表面总面积的 1/3,以大气和土壤为介质,生境复杂,类型众多。按生境特点和植物群落生长类型可分为森林生态系统、草原生态系统、荒漠生态系统、湿地生态系统以及受人工干预的农田生态系统。该系统的第一生产者主要是各种草本或木本植物,消费者为各种类型的草食或肉食动物。在陆地的自然生态系统中,森林生态系统的结构最复杂,生物种类最多,生产力最高,而荒漠生态系统的生产力最低。水域生态系统(aquatic ecosystem),是指在一定的空间和时间范围内,水域环境中栖息的各种生物和它们周围的自然环境所共同构成的基本功能单位。按照水域环境的具体特征,水域生态系统可以划分为淡水生态系统和海洋生态系统。淡水生态系统又可以进一步划分为流水生态系统和静水生态系统,前者包括江河、溪流和水渠等,后者包括湖泊、池塘和水库等。海洋生态系统又可以进一步划分为潮间带生态系统、浅海生态系统、深海大洋生态系统。尽管在不同的自然生态系统中有着不同的生物主体和与之对应的环境、资源,但是各个自然生态系统之间,以及各种生物主体之间,乃至各种环境、资源之间并非彼此孤立,而是彼此联系、相互作用的。全球大尺度下代表性的自然生态系统对大气和气候具有显著调节作用。

生态系统及整个生物圈是地球的生命支持系统,是人类赖以生存和发展的物质基础。生态系统复杂有序的结构和强大的功能系统,使其自身具有较强的维持和调控能力,同时也给人类社会、经济和文化生活提供了许许多多必不可少的物质资源和良好的生存条件。生态系统的能量流动推动着各种物质(如 CO_2)和元素(如碳、氮、硫、磷)在生物群落与无机环境间循环,对整个大气圈、生物圈、水圈和岩石圈等的物质循环和能量流动有重要推动作用。尤其是生态系统与大气圈之间的相互作用对气候变化响应等方面的研究具有重要意义。生态探测即为对生态系统中能量流动和物质循环等各生物化学过程的探测技术。

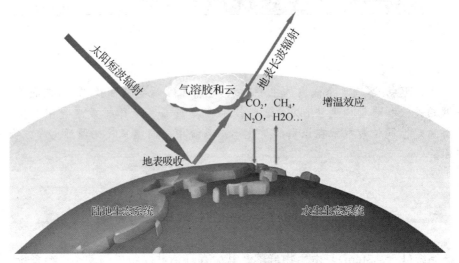

图 12.1　生态系统与大气相互作用对气候变化的影响

地表生态系统和大气边界层一起组成一个复杂的开放系统。生态系统吸收太阳辐射而得到能量,并与其上的大气层进行各种形式的能量、动量和物质交换,这种复杂的生态—大气相互作用导致了地球上气候、环境和生态系统的多样性。生态—大气相互作用可以在全球尺度上调控和引导地球气候系统。陆地生态系统是这方面的主要参与者,在大气和陆地生态系统之间,它们可以释放或吸收温室气体,如二氧化碳(carbon dioxide, CO_2)、甲烷(methane, CH_4)和氧化亚氮(nitrous oxide, N_2O),以及其他痕量气体,如一氧化氮(nitric oxide, NO)、一氧化碳(carbon monoxide, CO)、二氧化硫(sulfur dioxide, SO_2)和氨气(ammonia, NH_3)等。同时生态系统也会排放气溶胶和气溶胶前体,并控制能量、元素和动量之间的交换。本章将重点阐释生态—大气相互作用中温室气体的吸收和排放。

二氧化碳的相对分子质量为 44.009 5,是大气中最重要的人为源温室气体(greenhouse gas, GHG)。大气中 CO_2 的含量约为 0.03%～0.04%,贡献着约 66% 的全球辐射效应。自工业革命以来,化石燃料的燃烧使大气 CO_2 浓度从工业革命前的 278 ppm 上升到了 2018 年的 407.8 ppm,并且还在以 2.26 ppm yr^{-1} 的速度在增长(如图 12.2)。陆地生态系统既可以通过光合作用吸收 CO_2,又可以通过呼吸作用释放 CO_2,因此,生态系统与大气之间的净 CO_2 交换对评估生态系统碳汇潜力和预测气候变化趋势有重要作用。

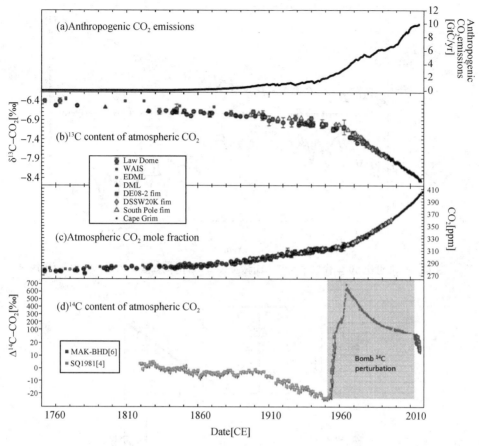

图 12.2　工业革命以来大气 CO_2 浓度及其 [13]C 和 [14]C 同位素变化趋势（WMO，2019）

甲烷的相对分子质量为 16.043，是大气中除 CO_2 之外第二大人为源温室气体，贡献着约 17% 的全球辐射效应。约 40% 的 CH_4 来源于湿地等自然排放，另外 60% 来源于稻田、畜牧业、天然气燃烧等人为排放。在过去几十年中，大气 CH_4 浓度从工业革命前的 722 ppb 增长到了 2018 年的 1 869 ppb（如图 12.3）。氧化亚氮的相对分子质量为 30.007，是继 CO_2 和 CH_4 之后的第三大温室气体，对全球增温的贡献率约为 7.9%。N_2O 平均在大气中停留 116 年，且具有较高的增温潜能（global warming potential，GWP），在 20、100 和 500 年的时间尺度上，单位质量 N_2O 的直接全球增温潜能分别是 CO_2 的 289、298 和 153 倍。除显著的温室效应以外，N_2O 从对流层逃逸到平流层中后，与平流层中的臭氧发生光化学反应，从而导致臭氧层的消耗。联合国环境规划署（United Nations Environment Programme，UNEP）2013 年发布的《削减 N_2O 排放保护气候和臭氧层》指出，蒙特利尔议定书禁止氟氯烷烃的使用之后，N_2O 逐渐取代氟氯烷烃成为当前最重要的臭氧层消耗物质。

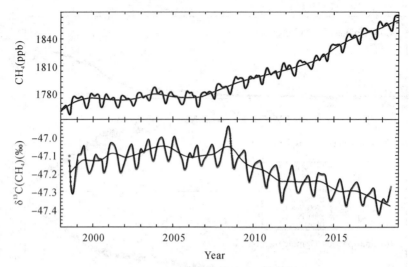

图 12.3　20 世纪 60 年代以来大气 CH₄ 浓度及其¹³C 同位素变化趋势（WMO 2019）

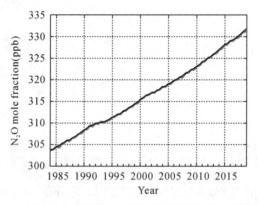

图 12.4　20 世纪 80 年代以来大气 N₂O 浓度变化趋势（WMO 2019）

　　自从 Haber-Bosch 合成氨工艺发明以来，农业生产中人为氮肥的大量使用导致大量的 N_2O 排放到大气中。世界气象组织（World Meteorological Organization，WMO）报告指出，2018 年大气 N_2O 浓度已上升至 331.1 ppb，与工业革命之前相比增长了 23%，并且还在以 0.95 ppb yr^{-1} 的速度增长（如图 12.4）。如表 12.1 所示，约 64% 的 N_2O 来源于自然排放，36% 来源于人为排放，其中人为源又可分为工业源和非工业源。工业源的排放强度和分布情况可通过现代信息技术和统计技术得到比较准确的估算结果，而非工业源的排放强度因其自身的复杂性带来的观测及研究的困难，估算难度较大，在源与汇的定量上存在很大的不确定性。

表 12.1　全球 N_2O(单位 Tg N yr^{-1})源和汇(IPCC,2021)

	1980~1989	1990~1999	2000~2009	2007~2016
人为源				
化石燃料燃烧和工业过程	0.9(0.8~1.1)	0.9(0.9~1.0)	1.0(0.8~1.0)	1.0(0.8~1.1)
农业	2.6(1.8~4.1)	3.0(2.1~4.8)	3.4(2.3~5.2)	3.8(2.5~5.8)
生物质和生物燃料燃烧	0.7(0.7~0.7)	0.7(0.6~0.8)	0.6(0.6~0.6)	0.6(0.5~0.8)
废水处理	0.2(0.1~0.3)	0.3(0.2~0.4)	0.3(0.2~0.4)	0.4(0.2~0.5)
河流、河道、海岸带等	0.4(0.2~0.5)	0.4(0.2~0.5)	0.4(0.2~0.6)	0.5(0.2~0.7)
海洋大气沉降	0.1(0.1~0.2)	0.1(0.1~0.2)	0.1(0.1~0.2)	0.1(0.1~0.2)
陆地大气沉降	0.6(0.3~1.2)	0.7(0.4~1.4)	0.7(0.4~1.3)	0.8(0.4~1.4)
其他气候变化和土地利用直接效应	0.1(−0.4~0.7)	0.1(−0.5~0.7)	0.2(−0.4~0.9)	0.2(−0.6~1.1)
总人为源	5.6(3.6~8.7)	6.2(3.9~9.6)	6.7(4.1~10.3)	7.3(4.2~11.4)
自然源和汇				
河流、河口、海岸带	0.3(0.3~0.4)	0.3(0.3~0.4)	0.3(0.3~0.4)	0.3(0.3~0.4)
海洋	3.6(3.0~4.4)	3.5(2.8~4.4)	3.5(2.7~4.3)	3.4(2.5~4.3)
自然植被覆盖的土壤	5.6(4.9~6.6)	5.6(4.9~6.5)	5.6(5.0~6.5)	5.6(4.9~6.5)
大气化学	0.4(0.2~1.2)	0.4(0.2~1.2)	0.4(0.2~1.2)	0.4(0.2~1.2)
地表吸收	−0.01(−0.3~0)	−0.01(−0.3~0)	−0.01(−0.3~0)	−0.01(−0.3~0)
总自然源	9.9(8.5~12.2)	9.8(8.3~12.1)	9.8(8.2~12.0)	9.7(8.0~12.0)

目前大气中公认的 N_2O 汇以大气化学降解作用为主,其次土壤、海洋等地表吸收也是 N_2O 汇之一。但 N_2O 在大气中通过化学作用的降解量和被地表吸收的量远远小于其自然和人为排放量,因此,N_2O 源汇存在极为不平衡的现象。

温室气体测量是生态—大气相互作用的重要课题,是研究温室气体源和汇的基础,对温室气体分布评估和应对气候变化有重要意义。温室气体测量分为大气温室气体浓度测量和排放通量测量,通量研究的主要对象是生态系统尺度的植被—大气界面或土壤—大气界面的物质流。自 20 世纪 50 年代起,各国相关研究机构相继在全球不同地区建立大气本底监测站。1957 年,美国 Mauna Loa 本底监测站率先开始对 CO_2 浓度的长期监测,此后全球观测站点不断增多,并陆续扩展到对 CH_4、N_2O 等温室气体的监测。世界气象组织在 1989 年开始建立全球大气观测网(global atmosphere watch programme,GAW),目前已经成为全球最大、功能最全的国际性大气成分监测网络。经过二十多年的发展,迄今共有 65 个国家的 400 多个本底监测站加盟到 GAW 网络,开展包括大气温室气体、同位素等多种成分的长期监测。目前国际社会引用的全球大气温室气体浓度信息主要来自 GAW,但全球大气观测网的监测站点地理分布不均,欧美国家站点分布较多,亚洲、非洲等地区站点分布较少(王薇,2013)。

本章将主要介绍生态—大气相互作用过程中温室气体通量及同位素观测技术,以期更好地理解生态—大气相互作用对区域甚至全球气候变化的影响。

§12.2　卫星遥感和箱式观测法在生态研究中的应用

12.2.1　卫星遥感观测技术

卫星遥感是目前全球范围获取空间覆盖的温室气体柱浓度分布的主要观测手段之一，也是实现高精度、高时空分辨率碳排放获取的常规监测手段。大气 CO_2 和 CH_4 的卫星探测基本可分为热红外光谱探测和近红外光谱探测两类。其中，热红外传感器主要利用亮温数据进行探测，由于地表和近地面大气温度接近，热发射特性较为相似，热红外探测对近地面及边界层的温室气体含量不够敏感，因此，目前星载温室气体探测技术主要利用的是近红外高光谱。目前已发射的温室气体监测卫星包括日本的 GOSAT 和 GOSAT-2、美国的 OCO-2 和 OCO-3、中国的 TanSat 等。此外，欧洲的 ENVISAT、Sentinel-5p，中国的 GF-5 和 GF-5(02)、FY-3D、DQ-1 等大气综合探测卫星也搭载了温室气体传感器，具备获取 CO_2 或 CH_4 分布信息的能力（见表 12.2）。

表 12.2　主要温室气体监测卫星

参数	卫星		
	GOSAT(GOSAT[b])	OCO-2(OCO-3[c])	TanSat
发射时间	2009-01	2014-07	2016-12
轨道类型	太阳同步极轨	太阳同步极轨	太阳同步极轨
轨道高度/km	666	705	708
交点地方时	降轨 13:00	升轨 13:30	升轨 13:30
重复周期/d	3	16	16
传感器	TANSO-FTS	三波段光栅光谱仪	ACGS
探测技术	迈克尔逊干涉分光	高分辨率光栅分光	CO_2 双通道高光谱分辨率
幅宽/km	790	10.6	18
空间分辨率/km	10.5	1.29×2.25	2
光谱通道[a]/nm	758—775(0.03) 1 563—1 724(0.07) 1 923—2 083(0.11) 5 556—14 286(2.14)	758—772(0.042) 1 594—1 619(0.076) 2 042—2 082(0.097)	758—778(0.04) 1 594—1 624(0.13) 2 042—2 082(0.16)
探测参数	XCO2、XCH4	XCO2	XCO2

注：[a]表示高光谱通道显示光谱范围(xx—xx)，括号内的数值为光谱分辨率；多光谱通道显示中心波长，括号内的数值为光谱宽度。

[b]表示主要差异：GOSAT-2 的 FTS-2 增加了 CO_2 的 2.3 μm 弱吸收通道；CAI-2 观测拓展到紫外至短波红外的 7 个波段。

[c]表示主要差异：OCO-3 安置在国际空间站上，采用 ISS 轨道(高度 400 km)，空间分辨率为 1.6 km×2.2 km，幅宽 13 km，同时增加双轴指向镜模块，可进行"快照区域地图"模式观测，实现中纬度地区加密观测，重访周期变为 1 d。

CO_2 卫星遥感的基本原理是利用高光谱传感器探测到 CO_2 吸收带(主要包括 $1.6~\mu m$ 的弱吸收带和 $2.0~\mu m$ 的强吸收带)辐射光谱,去除多种影响因素的干扰后提取 CO_2 含量信息,并结合 O2 - A 吸收带($0.76~\mu m$)估算的大气分子数浓度进一步计算。目前应用于卫星数据获取 CO_2 柱浓度的反演法可归为经验统计方法和物理方法两大类。经验统计法的基本思路是基于大量卫星观测数据、辅助资料构建包括不同地理位置和季节变化的庞大训练样本集,利用统计回归或神经网络算法对 CO_2 分布进行估算。经验统计方法虽然可避免复杂辐射传输计算,但受样本集选取、模型简化、缺少误差估计等影响,反演误差较大,难以获取可靠的全球 CO_2 卫星产品,因此,该方法一般用于提供物理算法需要的先验廓线。物理方法从高精度辐射传输计算出发,将反演问题转变为求解非线性数学方程最优解的问题,从而实现 CO_2 柱浓度的反演。

温室气体卫星反演采用的物理方法主要包括基于差分吸收光谱 DOAS(Differential Optical Absorption Spectroscopy)的反演算法和基于最优估计理论的全物理算法 FP(Full Physics)等。其计算方法如下:

(1) 差分吸收算法。差分吸收算法的基本原理是利用低阶多项式将消光截面的慢变部分(消光随波长缓慢变化,例如气溶胶米散射、分子瑞利散射等) 和快变部分(消光随波长快速变化,主要是气体吸收)进行分离,从而实现吸收气体浓度的定量获取,在痕量气体反演中得到广泛应用。近红外通道气体吸收截面随温度、压强变化较大,德国不莱梅大学研究团队发展了改进的 DOAS 算法,包括 WFM-DOAS(Weighting Function Modified-DOAS)算法和 BESD(Bremen Optimal Estimation-DOAS)算法等。WFM-DOAS 算法将模拟的归一化辐亮度 Imod 表示为线性辐射传输形式:

$$\ln I_i^{mod}(\widehat{V},\widehat{a}) = \ln I_i^{mod}(\overline{V}) + \sum_{j=1}^{J} \frac{\partial \ln I_i^{mod}}{\partial V_j}\bigg|_{\widehat{V}_j} \times (\widehat{V}_j - \overline{V}_j) + P_i(\widehat{a}) \tag{12.1}$$

式中,下标 i 表示第 i 个探元的中心波长,V_j 表示第 j 种吸收气体(共 J 种)的柱含量。向量 a 中的元素为多项式 P_i 的系数。上标"^"和"—"分别表示反演值和模拟值。WFM-DOAS 在反演过程中通过调整各光谱处的辐射强度模拟值,基于最小二乘法获得模拟光谱 Imod 和观测光谱 Iobs 的最佳匹配,从而实现气体柱浓度的反演:

$$\sum_{i=1}^{m}(\ln I_i^{obs} - \ln I_i^{mod}(\widehat{V},\widehat{a}))^2 \equiv \parallel RES \parallel^2 \longrightarrow \min \tag{12.2}$$

式中,RES 表示拟合光谱残差向量。

(2) 全物理算法。全物理算法的基本原理如图 12.5 所示,利用高精度辐射传输模型 (F),根据待求状态向量 x 的初始猜测值 x_a,模拟气体吸收波段观测光谱 y,通过最小化代价函数式(12.3),并经迭代式(12.4) 求解非线性问题方程待反演参数的最大似然解,实现 CO_2 及其他状态向量参数的反演:

$$\delta = (\boldsymbol{y} - \boldsymbol{F}(x))^{\mathrm{T}} \boldsymbol{S}_\varepsilon^{-1}(\boldsymbol{y} - \boldsymbol{F}(x)) + (\boldsymbol{x}_a - \boldsymbol{x})^{\mathrm{T}} \boldsymbol{S}_a^{-1}(\boldsymbol{x}_a - \boldsymbol{x}) \tag{12.3}$$

$$\boldsymbol{x}_{i+1} = \boldsymbol{x}_i + (\boldsymbol{K}_i^{\mathrm{T}}\boldsymbol{S}_\varepsilon^{-1}\boldsymbol{K}_i + \boldsymbol{S}_a^{-1})^{-1}(\boldsymbol{K}_i^{\mathrm{T}}\boldsymbol{S}_\varepsilon^{-1}(\boldsymbol{y} - \boldsymbol{F}(\boldsymbol{x}_i)) + \boldsymbol{S}_a^{-1}(\boldsymbol{x}_a - \boldsymbol{x}_i)) \tag{12.4}$$

式中,$\boldsymbol{S}_a$ 和 $\boldsymbol{S}_\varepsilon$ 分别为先验协方差矩阵和观测协方差矩阵,$\boldsymbol{K}$ 为 Jacobian 矩阵,下标 i 表示第 i 次迭代。FP 算法精度较高,是目前全球在轨 CO_2 卫星普遍采用的反演算法。

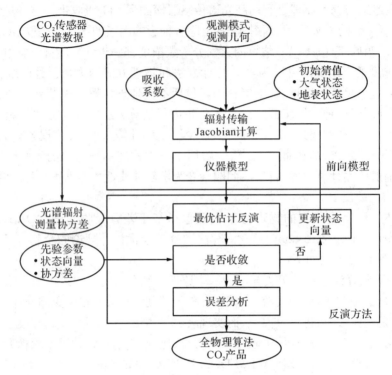

图 12.5　CO_2 全物理反演算法原理和基本过程

12.2.2　箱式观测法

　　近二十年来,测量地表大气间温室气体交换的方法取得了很大进展,最常用的方法是箱式法和微气象学方法。箱式法在测量农田、草地和森林土壤的温室气体排放中应用最广泛,箱式法通常和测量气体浓度的气象色谱法相结合。箱式法是在一定表面积的土壤及其植被上方放置特定大小的封闭箱体,通过测量封闭箱体内被测气体浓度随时间的变化来计算该气体的地表交换通量。根据箱内气体与外界是否有气体交换,箱式法分为静态箱法和动态箱法。

　　静态箱法是在通量箱内气体与外界不发生任何交换的情况下,测定封闭箱体内被测气体在一段时间内的浓度变化,最终获得该气体在被测地表上方的交换通量。静态箱法中,被测气体的通量密度 $F_g(\mathrm{kg \cdot m^{-2} \cdot s^{-1}})$ 由下式确定:

$$F_g = \frac{V}{A} \times \frac{\mathrm{d}C_g}{\mathrm{d}t} \tag{12.5}$$

这里 $C_g(\mathrm{kg \cdot m^{-3}})$ 是箱内大气中待测气体的浓度,$A(\mathrm{m^2})$ 是箱子的底面积,$V(\mathrm{m^3})$ 是顶部空间的体积,$t(\mathrm{s})$ 是时间。

　　动态箱法的工作原理是让固定流量的空气通过箱子的顶部空间,通过测定进入和离开顶部空间空气中待测气体的浓度,计算被测地表上方该气体的交换通量。在动态箱法中,地表上方被测气体的通量密度 F_g 由下式确定:

$$F_g = v\frac{C_{g,0} - C_{g,i}}{A} \tag{12.6}$$

式中 $v(\mathrm{m}^3 \cdot \mathrm{s}^{-1})$ 是体积流速,$C_{g,0}(\mathrm{kg} \cdot \mathrm{m}^{-3})$ 和 $C_{g,i}(\mathrm{kg} \cdot \mathrm{m}^{-3})$ 分别是离开和进入箱子的大气中待测气体的浓度,$A(\mathrm{m}^2)$ 是箱子的底面积。

在实际的应用中,静态箱法比动态箱法应用得更多,因为通常情况下,静态箱法比动态箱法仪器更简单,且更容易探测到较大的浓度变化。箱式法概念简单,操作容易,成本较低。同时,该方法不需要大的实验场地,仪器便携。由于排放气体的浓度在较短的时间一般有较大的增加,因此,该方法高度灵敏。测量气体浓度的传感器既不需要快速响应,也不需要高的精度。为了测量同样大小的通量密度,箱式技术的气体传感器需要的精度是微气象方法用到的气体传感器的精度的 1‰,即箱式法中同样的气体传感器探测的精度是微气象法能探测的值的 1‰。但是,在静态箱中,箱内气体浓度的增加会改变地表的排放速率;在动态箱中,箱内和箱外大气间的压强差会造成土壤到箱内或相反方向的气体通量,导致通量的高估或低估。并且,箱式法的代表尺度一般很小(通常从 0.01 到 1 m^2),不适合大面积的测量或区域的测量。

§12.3　微气象观测法在生态监测中的应用

涡度相关法(eddy covariance,EC)和通量梯度法(flux gradient,FG)是常用的微气象观测法,可进行原位连续通量观测。使用涡度相关法和通量梯度法在单点上观测的通量信号是通量贡献区内不同位置地面通量的加权平均,可以代表一定区域的通量交换信息。

涡度相关法被认为是观测生态系统与大气之间能量和物质交换的直接方法,其计算原理不基于任何假设且无需经验参数,并且已有较完善的理论和实践验证,已经被广泛应用于不同生态系统的物质及能量观测。根据涡度相关法的基本原理,需要对观测的目标气体进行高频采样($\geqslant 10\mathrm{Hz}$),当前的技术可实现对 CO_2、CH_4、水汽浓度较为稳定的高频观测,而且有比较完备的涡度相关系统可供使用,但是对其他一些痕量气体(如 N_2O)和稳定同位素的观测要么仪器昂贵、购置和维护成本高,要么没有高频观测仪器。同时,涡度相关系统中的三维超声风速仪的路径较长,对架设高度有一定要求,不适合对风浪区(即观测点与上风向下垫面边界之间的距离)很小的下垫面进行观测。

涡度相关方法的观测原理是基于大气中风速脉动和所关注的物理量脉动的协方差乘积对大气气体通量进行确定。其计算公式为:

$$F_c = \overline{\omega \rho_c} \tag{12.7}$$

式中 F_c 代表气体 c 的湍流通量值,ω 是三维风速的垂直风量,ρ_c 表示气体 c 的质量密度,基于 EC 观测原理,对于公式中各分量需使用具有较高时间分辨率、响应速度以及高精度的仪器进行观测。

相比于涡度相关法,通量梯度法对目标气体的采样频率要求没有那么高,能够在无高频仪器可供使用的情况下实现对目标气体的浓度观测,同时观测高度可以离地面更近,对于风浪区较小的下垫面更加适用。对于同位素观测而言,通量梯度法不受限于 Keeling 曲线方法的简单假设,是更可靠的观测方法。因此,该方法被广泛用于森林、草地、农田、沼泽、泥炭地和小型水体的温室气体和同位素通量的观测研究中。此外,通量梯度法也被用于其他痕量气体的通量观测,如森林内外的 H_2 通量、草地气态汞通量和大气汞循环研究。

通量梯度法是一种微气象学方法,微气象学方法是对大气边界层内的湍流通量进行的观测,有植被存在的近地边界层结构如图 12.6 所示。在植被景观中,黏滞效应可以忽略,空气运动以湍流为主。空气湍流出现的最低位置是植被冠层内。冠层的正上方是粗糙子层,其厚度约为冠层高度的 1 倍。冠层上方为常通量层,其高度约为几十米,该层内动量、热量和气体通量几乎不随高度变化。通量观测通常应该在常通量层中进行。微气象学方法是对湍流通量的观测,因此,需要在不稳定及中性层结条件下湍流发生时进行,在不稳定条件下,植被冠层上方 CO_2 浓度、风速的垂直廓线如图 12.6 所示。CO_2 浓度和风速的垂直廓线在零平面位移(d)以上呈对数形式。CO_2 浓度在植被冠层上方较高,冠层处最低,近地面较高,这主要是植被冠层的光合作用吸收引起的。风速在冠层内部较小,零平面位移高度至冠层以上随高度增大。

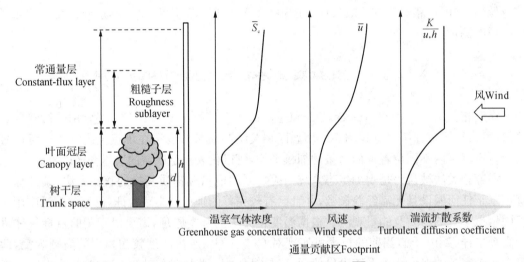

d—零平面位移;h—冠层高度;K—湍流扩散系数;$\overline{S_c}$—CO_2浓度;

$\overline{u}$—风速;u_*—摩擦速度(赵佳玉等,2020)。

图 12.6　白天典型森林内部及上方的大气分层以及温室气体浓度、风速和中性层结条件下的湍流扩散系数廓线示意图

微气象学方法的理论基础是质量守恒原理,以 CO_2 为例,根据质量守恒原理,在通量贡献区内的一个控制体积里,净生态系统交换(即整个生态系统与大气之间的净交换)等于以下各项的总和:储存项、涡度协方差项、水平平流项、垂直平流项和水平通量辐合辐散项。同时观测各个方向上的平流通量和湍流通量是很难实现的,因此,通常在宽阔、均匀、平坦的下垫面上开展观测,假设水平平流、垂直平流和通量辐合辐散项可以忽略不计。此外,假设储存项是 CO_2 收支过程中的小项。因此,净生态系统 CO_2 交换就等于涡度协方差项,在近地边界层内对质量守恒的连续方程进行一阶闭合假设,可以得到湍流协方差项,即湍流通量项等于物质浓度梯度与湍流扩散系数的乘积,即

$$F_c = -\bar{\rho}_d\, K_c\, \frac{\bar{S}_{c,2} - \bar{S}_{c,1}}{z_2 - z_1} \tag{12.8}$$

式中,以 CO_2 为例,F_c 为 CO_2 通量,参数 K_c 为 CO_2 的湍流扩散系数,$\bar{S}_c$ 为 CO_2 浓度,$\bar{\rho}_d$ 为干空气质量密度,z_1 和 z_2 为两个观测高度,负号表示湍流通量的方向是高值指向低值。这就是通量梯度法。在没有高频采样的仪器可供使用的情况下,只需要观测两个高度的平均状态变量(如 CO_2 浓度),采用有限差分的形式计算湍流通量。要实现通量梯度方法的观测,除了要准确观测浓度梯度以外,还需要计算湍流扩散系数,中性层结条件下的湍流扩散系数(K)与摩擦速度(u_*)和冠层高度(h)函数 $K/(u \times h)$ 在植被内部及上方的垂直廓线如图 12.6 所示,从地面到冠层,$K/(u \times h)$ 逐渐升高,在冠层顶以上,则基本保持不变。而在稳定和不稳定条件下,还需要进行稳定度校正。

通量梯度法成功应用的前提条件是目标气体浓度梯度的准确观测。要实现对气体浓度梯度的准确观测,对气体分析仪和采样系统有如下要求:首先,分析仪的准度和精度足够高;其次,采样系统的响应更新时间足够快,分析仪能够在很短的时间内在上下进气口之间完成切换,以确保上下进气口观测到的是同一个空气团的特性。目前,通量梯度法中常使用的分析仪大多基于新型光谱技术,如可调谐二极管激光吸收光谱(tunable diode laser absorption spectroscopy,TDLAS)、离轴积分腔输出光谱(off-axis integrated cavity output spectroscopy,OA-ICOS)和波长扫描光腔衰荡光谱(wavelength-scanned cavity ring-down spectroscopy,WS-CRDS)等,相比传统的红外光谱,这些新型的激光光谱技术具有更高精度、准确度以及响应速度快等优势。但是为了避免仪器由于工作时长造成的系统偏差,需要使用标准气体对仪器进行必要的标定。此外,采用一台仪器在两个进气口之间进行切换观测,能避免采用两台分析仪产生系统偏差。

要确保同一个空气团特征能够被上下进气口都观测到,就要求观测系统能够在很短时间(<1 min)内实现在两个进气口之间的切换,典型的观测系统设置如图 12.7 所示。在两个进气口采样,进气口需要做防蚊虫处理,再接过滤器;然后经过缓冲瓶,滤除掉高频信号;再经过三向电磁阀,要么通往分析仪观测气体浓度,要么通往旁路流出观测系统。

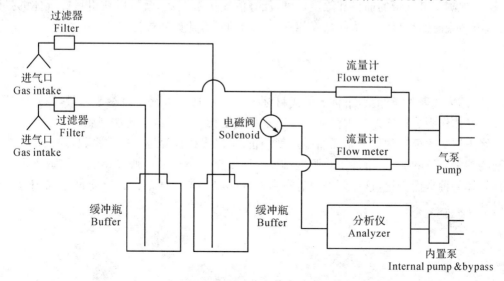

图 12.7   通量梯度观测系统示意图

此外,湍流扩散系数常用的计算方法包括:基于莫宁-奥布霍夫稳定度校正方程的空气动力学模型(AE 模型)、波文比法、修正波文比模型(MBR 模型)和基于中性层结假设的风廓线模型(WP 模型)等。以下重点介绍目前应用比较广泛的 AE 和 MBR 模型。

空气动力学模型是基于动量通量计算公式和莫宁-奥布霍夫相似理论计算目标气体的湍流扩散系数。该模型的前提假设为:(1) 风切变产生的湍涡对动量和标量的输送能力相同,因此,在中性和稳定层结条件下,热量和标量的湍流传输系数与动量的传输系数相同;(2) 浮力产生的湍涡对标量的输送能力大于对动量的输送能力,因此,在不稳定条件下,标量的湍流扩散系数大于动量的湍流扩散系数,但是痕量气体(水汽、CO_2 和其他痕量气体)的湍流扩散系数与热量的湍流扩散系数相同;(3) 建立在光滑表面观测结果基础之上的莫宁-奥布霍夫相似理论适用于陆地植被生态系统,可以用于生态系统的湍流传输系数的稳定度校正。

空气动力学模型首先计算中性条件下光滑表面上动量的湍流扩散系数(K),计算公式基于动量通量计算公式推导得到,为冯卡门(von Karman)常数(k)、摩擦风速 u_* 和观测高度(z)的乘积,即 $K = kzu_*$。基于上述三个前提假设,得到气体湍流扩散系数的计算公式:

$$K = k u_* \times \frac{z_g}{\varphi_h} \tag{12.9}$$

式中,$k \approx 0.4$;u_* 可由涡度相关法观测获得;z_g 为上下进气口测量高度的几何平均高度,$z_g = (z_1 z_2)^{1/2}$;φ_h 为基于莫宁-奥布霍夫相似理论得到的稳定度参数的普适函数,具体计算过程可以参照 Dyer 和 Hicks(1970)的方法,在中性层结条件下取值为 1,不稳定条件下小于 1,稳定条件下大于 1。

空气动力学模型的优势在于考虑了大气稳定度变化对湍流扩散系数的影响,但难点在于要计算稳定度函数,就需要准确地观测摩擦风速和感热通量,这需要利用涡度相关法,增加了参数获取难度。此外,稳定度校正方法的不确定性会引起误差,特别是在风速较小的情况下误差较大。

修正波文比模型的前提假设是目标气体与参考标量(感热或水汽)的湍流扩散系数相同,通过观测参考标量的通量和浓度梯度,反算湍流扩散系数,就可以获得目标气体的扩散系数,再与观测的目标气体浓度梯度相乘,就得到通量,计算公式为:

$$F_t = F_r \frac{S_{t,2} - S_{t,1}}{S_{r,2} - S_{r,1}} \tag{12.10}$$

式中,下标 r 代表参考标量,下标 t 指代目标气体。通常将水汽作为参考标量,CO_2 和 CH_4 等温室气体作为目标气体。水汽通量一般采用涡度相关法或波文比法观测。

修正波文比模型的优势是无需稳定度校正,可以直接计算湍流扩散系数,缺点是需要同时观测参考气体的通量,增加了观测的难度。该模型一个重要的假设是湍流扩散系数不随目标气体的种类而变化,这一假设只有在目标气体和参考气体的源汇在空间上均匀分布的情况下才能成立。

§12.4　稳定性同位素技术

12.4.1　稳定性同位素技术基本概念

大多数情况下,世界各地的生态系统测量站测量的是生态—大气之间交换的温室气体或其他痕量气体的净通量,而这些净通量只是反映了不同成分之间的平衡。以 CO_2 为例,两个相反的通量对净通量有贡献,即光合吸收通量和呼吸释放通量,区分不同通量对生态—大气净交换量的贡献,对理解源汇的时空分布、生态系统的碳收支等非常重要。测量生态系统不同成分的稳定同位素是确定这些不同生物化学过程对生态—大气交换贡献的有力工具,当这个工具和通量测量相结合时,能够得到更多的源汇信息。

化学元素中存在着质子数目相同,但是中子数目却不一定相同的元素,就像氕、氘和氚这一类的元素都仅有 1 个质子,中子个数分别为 0、1、2。这样的元素称之为同位素,生态系统中常用同位素及其丰度见表 12.3。由于原子核稳定程度是不同的,因此,同位素又可以分为放射性同位素和稳定同位素。放射性同位素的原子核不稳定,自发地进行放射性衰变或核裂变而转变为其他类核素的同位素。稳定同位素的原子核稳定,不会衰变或核裂变。某种元素的各同位素相对含量用同位素丰度(isotopic abundance)表示,也称相对丰度。而自然界中重同位素的相对丰度较低,例如 ^{15}N 的相对丰度约为 0.365%,为了方便比较,我们使用同位素比值(isotope ratio,R)的概念来表示:$R=$ 重同位素丰度/轻同位素丰度。在稳定同位素地球化学和生态学研究中,同位素比值在反映同位素组成变化时不够明显,为此人们更倾向于用某元素(sample)的稳定同位素比值相对标准(standard)同位素比值的千分差表示,记为 δ 值:

$$\delta(\permil) = \left(\frac{R_{sam}}{R_{std}} - 1\right) \times 1\,000 \tag{12.11}$$

式中下标 sam 和 std 分别表示测试样品(sample)和标准样品(standard),^{13}C 的国际标准为美国南卡罗来纳州白垩系皮狄组地层内的美洲似箭石(Pee Dee Belemnite, PDB),^{15}N 的国际标准为大气中的 N_2,$^2H(D)$ 和 ^{18}O 的国际标准为标准平均海洋水(SMOW)。当 $\delta < 0$ 时,表示样品中重同位素相对标准物贫化,当 $\delta > 0$ 时表示样品中重同位素相对标准物富集。

表 12.3　生态系统常用同位素丰度

元素	同位素	丰度(%)	国际通用标准物质
氢(H)	^1H	99.985	V-SMOW
	^2H	0.0155	^2H:^1H=0.000 155 76
碳(C)	^{12}C	98.892	V-PDB
	^{13}C	1.108	^{13}C:^{12}C=0.011 237 2
氮(N)	^{14}N	99.635	大气中的氮
	^{15}N	0.365	^{15}N:^{14}N=0.003 676 5

元素	同位素	丰度(%)	国际通用标准物质
氧(O)	^{16}O	99.759	水用 V-SMOW；CO_2 用 V-PDB
	^{17}O	0.037	V-SMOW：^{18}O：^{16}O＝0.002 005 2
	^{18}O	0.204	V-PDB：^{18}O：^{16}O＝0.002 067 2

由于同一元素的同位素原子(分子)之间在物理性质、化学性质和核性质上的差异,表现在同一系统内发生的反应过程中,底物和产物在同位素组成上的差异称为同位素效应(isotope effect)。根据零点能量原理,分子中重同位素反应比较慢,轻同位素反应比较快,导致底物较重同位素相对富集,产物较轻同位素相对富集。同位素以不同比例在不同物质间的分配,称为同位素分馏(isotopic fractionation)。分馏的大小一般用同位素分馏系数 α 表示,即:

$$\alpha = \frac{R_p}{R_s} \qquad (12.12)$$

式中,R_s 和 R_p 分别表示底物(substance)和产物(product)的同位素比值(如 $^{15}N/^{14}N$)。为了更好计算同位素效应的大小,一般用同位素富集系数 ε 表示:

$$\varepsilon = (\alpha - 1) \times 1\,000 \qquad (12.13)$$

12.4.2 主要温室气体分子特征及其同位素检测

1. 主要温室气体分子特征

CO_2 分子形状是直线形的,其结构曾被认为是:O＝C＝O。但 CO_2 分子中碳氧键键长为 116 pm,介于碳氧双键(键长为 124 pm)和碳氧三键(键长为 113 pm)之间,故 CO_2 中的碳氧键具有一定程度的三键特征。现代科学家一般认为 CO_2 分子的中心原子碳原子采取 sp 杂化,2 条 sp 杂化轨道分别与 2 个氧原子的 2p 轨道(含有一个电子)重叠形成 2 条 σ 键,碳原子上互相垂直的 p 轨道再分别与 2 个氧原子中平行的 p 轨道形成 2 条大 π 键。

CH_4 是最简单的烃,由一个碳和四个氢原子通过 sp3 杂化的方式组成,因此 CH_4 分子的结构为正四面体结构,四个键的键长相同、键角相等。在标准状态下 CH_4 是一无色无味气体,一些有机物在缺氧情况下分解时所产生的沼气其实就是 CH_4。CH_4 由碳和氢两种元素组成,这两种元素都存在着同位素,即碳元素的 ^{12}C 和 ^{13}C 同位素和氢元素的 H 和 D 同位素。

N_2O 的分子是直线型结构,其分子式为 N≡N—O,这种不对称结构导致中间和边缘的氮原子在同位素分馏效应中具有不同的分馏系数,通常中间和边缘的氮原子分别被称为 α 和 β 氮原子(如图 12.8)。N_2O 分子中 ^{15}N 在 N^α 和 N^β 中富集程度的不同称为 N_2O 位嗜值(site preference,SP)。N_2O 同位素特征值相关的计算公式如下:

$$\delta^{15}N^i = \frac{^{15}R_{sam}}{^{15}R_{std}} - 1 \, (i = \alpha, \beta, bulk) \qquad (12.14)$$

$$\delta^{15}N^{bulk} = \frac{\delta^{15}N^{\alpha} + \delta^{15}N^{\beta}}{2} \tag{12.15}$$

$$\delta^{18}O = \frac{{}^{18}R_{sam}}{{}^{18}R_{std}} - 1 \tag{12.16}$$

$$SP = \delta^{15}N^{\alpha} - \delta^{15}N^{\beta} \tag{12.17}$$

式中下标 sam 和 std 分别表示测试样品(sample)和标准样品(standard)。

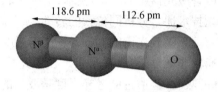

图 12.8　N_2O 分子结构

2. 同位素质谱分析技术

同位素比值质谱(IRMS)技术的实现过程是样本分子首先在高度真空的条件下离子化,并通过摄入过多的能量而裂解成多个碎片离子。这些碎片离子在磁场力的作用下进入质量分析器,并被按照不同的质荷比进行分离,之后进入离子检测器,最终形成相应的质谱图。质谱分析仪是实验室中最为常见的化学分析仪器,具有灵敏度高、所需样品量小、稳定性好的特点,并且能够实现对多种化合物的分析检测。常用的双进气口 IRMS 对 $\delta^{13}C$ 的测量精度能达到 $0.01‰$,而连续流动 IRMS(CF-IRMS)对 $\delta^{13}C$ 的测量精度约为 $0.1‰$。对于研究生态系统气体交换的外场测量来说,IRMS 仪器笨重,运行技术要求较高,很难进行现场实时测量,并且该技术的数据时间分辨率较低。

气相色谱-同位素比值质谱仪(GC-IRMS)联用技术是常用的温室气体同位素分析技术(如图 12.9)。GC-IRMS 技术的工作原理为:利用连续流 ConFlo 接口将气相色谱(GC)和稳定同位素比值质谱仪(IRMS)连接,天然气样品通过微量进样针进入 GC,借助高纯载气(He),气体样品经过 GC 中毛细管色谱柱的时候会发生分离,紧接着,载气(He)将 CO_2 气体带入 IRMS 中,对稳定同位素比值进行测定。GC-IRMS 联用法具有检测精度高、可以一次性同时分析组分较多的气体、分析速度快、操作简便等优势。GC-IRMS 联用技术的产生及快速发展,很大程度上推进了稳定碳、氢、氧等同位素的测定等工作,也被广泛应用在生态—大气相互作用等研究中。

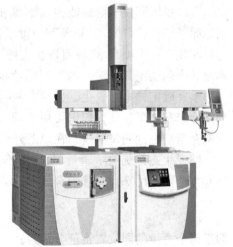

图 12.9　气相色谱-同位素比值质谱仪

3. 同位素光谱分析技术

近来发展的光谱技术有潜力克服传统的 IRMS 技术的限制,已经出现了多种光谱技术

来测量 CO_2、CH_4 和 N_2O 的稳定同位素。理论上,分析包含同位素的样品红外光谱特征,可以确定同位素的比值。光谱技术利用了这样的事实,即分子的不同同位素会影响分子振动和转动能量状态的分布,因此,不同的同位素有它自己的转动-振动红外光谱。和其他分子一样,分子同位素可以作为一个单独的分子,根据其独特的红外吸收特征,把它与其他分子的吸收谱区分。因此,光谱技术通常能提供每个同位素的浓度信息,而不是同位素比值。

最早出现的光谱技术是非色散红外(NDIR)技术,非色散红外仪器简单、成本低,但其光谱分辨率较低。目前,基于激光吸收光谱的技术已经成功地用于连续、实时地测量大气稳定同位素中,包括可调谐二极管激光器(TDLAS)技术、量子级联激光(QCLAS)吸收光谱技术、腔衰荡光谱技术等。激光技术通常分析同位素的转动-振动跃迁形成的一个或多个短波段,其测量精度较高,这其中,基于吸收光谱的 QCLAS 技术精度最高,接近传统的 IRMS 方法的精度。然而,这些仪器通常非常复杂,成本昂贵。在激光技术中,调节窄带激光光源测量同位素的一个或两个选择的吸收线,透过的激光强度是波长的函数。但是,给定的激光器只有一个窄的波长调节范围,因此,通常只能用来分析一个或两个同位素。

与激光光谱方法不同,傅里叶变换红外光谱(FTIR)技术测量样品的宽带红外光谱,能同时分析样品中的多种成分。中红外光谱波段尤其适合同位素的测量,因为在这个波段,每个同位素有其自身的振动—转动光谱,因此,FTIR 技术可以在中红外波段较宽的转动—振动带来拟合同位素的红外光谱。该技术能用同一个光谱直接分析不同的同位素特征,已经成功地用于大气中温室气体的稳定同位素测量。FTIR 技术在大气样品中直接测量不同同位素分子的绝对浓度,并由此确定同位素的比值,可以在外场中设置光谱仪,样品预处理简单,可以实现连续实时测量红外光谱并分析样品。

12.4.3　同位素技术探测生态系统温室气体源汇

气体稳定同位素信号能为其来源和归趋提供示踪信息,是源汇分析的重要研究手段。国际原子能机构(IAEA)和 WMO 原子能机构在第 65 届大会期间发布了一项温室气体足迹打印联合技术项目,该项目旨在支持世界各地的专家使用稳定同位素来测量温室气体的释放并准确确定其来源。国际原子能机构参考材料专家 Federica Camin 说:"通过收集空气样本并确定样本二氧化碳含量中碳同位素的比率,科学家们可以检测气体是如何被释放的并确定其来源。这些知识可用于帮助制定更有效的气候政策和行动。"本小节将以 CO_2 为例介绍稳定性同位素技术在源汇分析中的应用。

假设生态系统的净通量(F_N)由不同同位素特征的两个通量(F_1 和 F_2)和组成,例如 CO_2 的光合吸收(F_1)和呼吸释放(F_2),则:

$$F_N = F_1 + F_2 \tag{12.18}$$

假设每个通量的同位素特征分别为 δ_N、δ_1 和 δ_2,根据质量守恒定律,可以得到:

$$\delta_N F_N = \delta_1 F_1 + \delta_2 F_2 \tag{12.19}$$

结合式(12.18)和式(12.19)可得:

$$F_1 = \frac{\delta_N - \delta_2}{\delta_1 - \delta_2} F_N \tag{12.20}$$

$$F_2 = \frac{\delta_1 - \delta_N}{\delta_1 - \delta_2} F_N \tag{12.21}$$

根据式(12.20)和式(12.21),只要确定了 δ_N、δ_1、δ_2 和 F_N,就可以确定对净通量有贡献的两个不同源的组分。

以光合作用和呼吸作用 CO_2 源分析为例,生态系统的净 CO_2 交换量(NEE)包括光合吸收通量(F_p)和呼吸释放通量(F_R)即:

$$F_N = F_R + F_P \tag{12.22}$$

把式(12.22)中的每项乘以各自的同位素比值,得到 $^{13}CO_2$ 的同位素通量(isoflux):

$$\delta^{13}C_N F_N = \delta^{13}C_R F_R + \delta^{13}C_P F_P \tag{12.23}$$

$\delta^{13}C_N$ 是生态系统净交换的同位素成分,$\delta^{13}C_R$ 是生态系统呼吸的碳同位素成分,$\delta^{13}C_P$ 是光合作用的碳同位素比值。

生态系统呼吸的碳同位素比值 $\delta^{13}C_R$ 可以用 Keeling 图或通量比值方法确定。20 世纪 50 年代,Keeling C. D.基于质量守恒首次提出了大气 CO_2 混合比的变化和其碳同位素成分变化之间的关系,并用两源混合模式来解释大气中碳同位素成分的变化。这个模式假定在生态系统中物质的大气浓度(C_C)是背景浓度(C_B)和生态系统中源或汇的贡献(C_S)的结合:

$$C_C = C_B + C_S \tag{12.24}$$

公式两边都乘以每个成分的碳同位素比值,并移项得到:

$$\delta^{13}C_C = \frac{C_B(\delta^{13}C_B - \delta^{13}C_S)}{C_C} + \delta^{13}C_S \tag{12.25}$$

Keeling 证明如果两个源的同位素比值在测量期间不随时间变化,即 $\delta^{13}C_B$ 和 $\delta^{13}C_S$ 不随时间变化,则大气中 CO_2 的 $\delta^{13}C_C$ 与 CO_2 浓度的倒数有线性关系。Keeling 图线性回归的 y 轴截距即为额外源的同位素特征 $\delta^{13}C_S$。Keeling 方法的中心假设为两个源的混合必须以两个有效源的简单组合来进行,即在采样时间空间内,所有子源的相对贡献保持不变。应用 Keeling 图方法的主要困难在于截距远离测量数据。CO_2 和 $\delta^{13}C$ 测量的小误差也许导致截距很大的不确定度。因此,要求 CO_2 和 $\delta^{13}C$ 的测量精度很高。相对传统的质谱方法,除了量子级联激光吸收光谱(QCLAS)技术外,目前现场测量稳定同位素的大多数光谱技术精度较差(约 0.2‰到 0.8‰)。由于光谱技术获得的数据较多,可以把 CO_2 和 $\delta^{13}C$ 的测量进行平均,这会明显提高 Keeling 图截距确定的精度。

光合作用的同位素特征 $\delta^{13}C_P$ 可以用下式计算:

$$\delta^{13}C_P = \delta^{13}C_C - \Delta_{canopy} \tag{12.26}$$

式中 Δ_{canopy} 是植被冠层光合作用的同位素分馏效应。根据叶片尺度上的理论,Δ_{canopy} 可用下式计算:

$$\Delta_{canopy} = \frac{\delta^{13}C_B - \delta^{13}C_R}{1 + \delta^{13}C_R} \tag{12.27}$$

$\delta^{13}C_B$是背景大气的同位素比值,可以直接测量得到或取全球大气本底值,结合以上公式即可确定光合作用和呼吸作用通量的大小及其对CO_2净通量的贡献。

习 题

1. 工业革命以后大气中主要温室气体是如何变化的,这种变化如何影响气候变化?
2. 如何探测陆地生态系统的温室气体通量?
3. 主要温室气体的同位素分析检测方法包括哪些?

参考文献

1. 李正强,谢一淞,石玉胜,等.大气环境卫星温室气体和气溶胶协同观测综述.遥感学报,2022,26(5):795 - 816.
2. 王薇.温室气体及其稳定同位素排放通量测量技术和方法研究.中国科学技术大学,博士学位论文,2013.
3. 赵佳玉,肖薇,张弥,等.通量梯度法在温室气体及同位素通量观测研究中的应用与展望.植物生态学报,2020,44,305 - 317. DOI:10.17521/cjpe.2019.0227.
4. WMO. WMO Greenhouse Gas Bulletin:The state of greenhouse gases in the atmosphere based on global observations through 2018. Geneva,World Meteorological Organization,2019.

推荐阅读

1. 李长生.IGBP:陆地生态系统与大气相互作用调研报告.地球科学信息,1988(1):13 - 15+5.
2. 刘巧辉.基于IPCC排放因子方法学的中国稻田和菜地氧化亚氮直接排放量估算.南京农业大学,博士学位论文,2017.
3. 刘树华,邓毅,胡非,梁福明,刘和平,王建华.森林生态系统与大气边界层相互作用的数值模拟.应用生态学报,2004(11):2005 - 2012.
4. 薛红喜,李峰,李琪,等.基于涡度相关法的中国农田生态系统碳通量研究进展.南京信息工程大学学报:自然科学版,2012,4(3):7.
5. 曾庆存,曾晓东,王爱慧,Robert E. Dickinson,Samuel S.P. She.大气和植被生态及土壤系统水文过程相互作用的一些研究.大气科学,2005,29(1):13.
6. 中国环境监测总站编.生态环境监测技术.北京:中国环境科学出版社,2014.

第 13 章
大气边界层测量方法

本章重点：掌握大气边界层的基本概念、运动特征和演变规律,理解湍流运动的基本特征和形成原因,了解气象观测塔的架设及仪器布置,气象塔阴影效应和塔层以上部分的边界层观测,超声风速仪的测风原理。掌握涡度相关法测量通量的基本原理和边界层资料的处理和分析方法。

§13.1　大气边界层

大气边界层是地气系统中连接地球表面与自由大气的气层,也是连接大气圈与地球系统其他圈层的主要通道,地表与自由大气之间的物质、动量、热量和水汽交换必须通过边界层方能实现。开展对边界层内部基本气象要素、天气现象、大气污染物等的探测是认识边界层结构特征、边界层内物质输送/扩散过程以及边界层内大气运动规律的重要手段。对边界层内部物质、能量等交换过程的观测研究能够改进数值模式中边界层内部的各参数化方案,从而提高大气数值模式对天气、气候和环境的预测和预报精度。

13.1.1　大气边界层简介

大气边界层又称行星边界层,简称边界层,是指大气中受下垫面(地表)影响最强烈的垂直气层,也是对流层中与下垫面直接发生相互作用的一薄层空气。人类生活和生产活动主要发生在这里(如图 13.1 所示)。边界层内的空气占整个大气层空气质量的 10%,其厚度随下垫面的变化从几十米到几千米,平均厚度一般在 1 km～2 km。受太阳辐射日变化的影响,边界层厚度具有明显的日变化特征。在陆地上,晴朗的白天大气边界层的厚度在正午时

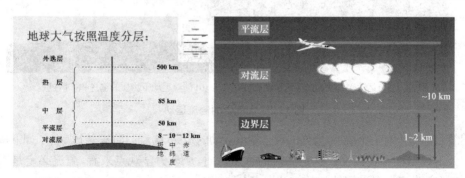

图 13.1　大气垂直分层示意图

刻可超过几千米,而夜间仅 100～300 m;海上的边界层厚度日变化相对较小,变化范围从几百米到一千米左右。

在水平均匀的地表上,按照动力学特征,一般可将边界层简单地分为两层:近地层和上层。近地层又称为表面层,是边界层的最底层,它直接与地表接触,受地表影响最为强烈,因此该层内的气象要素有明显的日变化。近地层的厚度比整个边界层小一个量级,一般为几十米。在近地层,大气主要受地球表面的动力和热力的影响,气团运动的时空尺度小,气象要素随高度剧烈变化,在这一层里,湍流应力远大于分子黏性应力,而科氏力和气压梯度力在该层可忽略不计。由于近地层厚度薄,可近似地认为该层中的动量、热量、水汽以及其他物质的铅直输送通量几乎不随高度变化,故该层又称为常通量层。近地层底层与地表直接接触的约 1 m 的气层称为贴地层,该层内的分子黏性应力与湍流应力同等重要,地表的粗糙程度直接影响该层的空气运动特征。边界层上层又可称为外层或者 Ekman 层,其位置是从近地层顶到边界层顶,在这一层里,湍流应力、科氏力和气压梯度力同等重要,气团的运动同时受这三个力的共同影响。

边界层因地表面性质的不同可分为海洋边界层、城市边界层等。除按动力学特征对边界层进行垂直分层外,根据边界层日变化特征可将白天的边界层分为近地面层、混合层和夹卷层,将夜间的边界层分为近地面层、稳定边界层和残留层,各层之间大气运动特征差异显著。

13.1.2 湍流

湍流运动是边界层内大气的主要运动形式,边界层内的流体运动几乎总是处于湍流状态。大气边界层内主要的物理过程就是湍流运动引起的动量、热量、水汽和各种物质的扩散和输送过程。大气边界层的理论是以湍流理论为基础,湍流理论发展到一定程度才得以有大气边界层理论的出现。湍流是一种不规则运动,其特征量在时间和空间上是随机的(如图13.2 所示)。到目前为止,科学界尚未给出一个统一、严格的关于湍流运动的定义。Karman和 Taylor(1938)指出:湍流是流体和气体中出现的一种无规则流动现象,当流体流过固体边界或流固流体相互流过时会产生湍流;也有人认为湍流运动除了不规则运动外,在时空上表现出随机的、不规则的涡旋(eddy)运动。

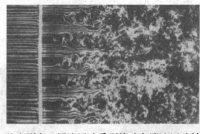

(a) 从左到右:层流运动受到扰动向湍流运动转变   (b) 湍流运动下物质的输送和扩散过程

图 13.2　大气中的湍流运动

尽管目前尚未有一个统一、严格的关于湍流运动的定义,湍流运动基本上具备了如下特征:

(1) 不规则性和随机性。这是湍流的重要性质,从动力学观点来看,湍流必定是不可预测的,故研究湍流大多采用统计的方法。

(2) 扩散性。这是湍流的另一个重要性质,如果某种流体运动虽然是随机的,但是它在周围的流体中不出现扩散现象,那么该运动肯定不是湍流,例如喷气式飞机的尾迹。湍流的扩散能力比分子运动产生的扩散强得多。

（3）大雷诺(Reynolds)数性质。湍流是一种在大雷诺数条件下才出现的现象,其中非线性起主导作用。在湍流的发展过程中,假设某层流中特征尺度为 l 的某一区域产生了扰动速度 u,那么其特征时间尺度为 $t=l/u$,此扰动具备的动能为 u^2,而单位时间产生的扰动动能为 $u^2/t \approx u^3/l$。扰动速度的局地梯度为 u/l,按照湍流的流体力学理论,单位质量流体湍能耗散率为 $\varepsilon = \nu u^2/l^2$,$\nu$ 为分子黏性系数。因此,湍流要想维持甚至发展,必需满足其能量产生的效率大于流体湍能的耗散率:$u^3/l > \nu u^2/l^2$,即 $lu/\nu > 1$。其中 lu/ν 即为雷诺数 Re。由此可看出,Re 越高,越容易出现湍流,大气边界层内的雷诺数可达到 10^8,因此一般总是处于湍流状态。

（4）涡旋性质。湍流中充斥着大大小小的涡旋,湍流运动是不同尺度涡旋运动的叠加,是以高频扰动涡旋为特征的有旋三维(准二维)运动,单个涡旋例如大气中二维的龙卷风不是湍流运动。边界层内最大的湍涡尺度与边界层的厚度相当,最小的湍涡尺度只有几个毫米。

（5）耗散性。湍流运动由于分子的黏性作用要耗散能量,因此,它是一个耗散系统。大尺度湍涡将能量传递给小湍涡,小湍涡将能量传递给更小的湍涡,最后由分子黏性的耗散作用将湍能转变成热能。因此,只有不断地从外部供给能量,湍流才能够维持或者发展,太阳辐射或者风切变就是大气湍流的主要能量来源。

（6）连续性。湍流是一种连续介质(如大气)的运动现象,因此,满足连续介质动力学的基本规律,其运动可用大气的运动方程(Navier-Stokes方程)来描述。

（7）流动特性。湍流不是流体的物理属性,而是流体的运动属性,所以不同流体的湍流特征往往也不一样,例如边界层湍流与尾迹湍流。正因为如此(湍流依赖于外部条件,如边界条件),工程上很难对湍流进行统一的模式处理,但是湍流的一些本质特征是普适的,寻找这些普遍规律正是湍流理论研究的中心任务。

（8）记忆特性或者相关性。湍流运动在不同时刻或者空间不同位置上并非相互独立而是相互关联的,这种关联随着时间间隔或者空间距离的增大而变小,最后趋于零。

（9）间歇性。大气湍流在时间和空间上不是平稳和均匀的,而是间歇性的。湍流的间歇性可分为内间歇和外间歇。内间歇是指充分发展的湍流场中某些物理量(特别是高阶统计量)并不是在空间每一点或者每一时刻都存在的,表现出奇异性。内间歇更偏向于小尺度湍流运动,例如能量耗散率(与速度梯度的平方有关),不是均匀分布在流场中的,相反,在有些区域非常活跃,在另一些区域则非常微弱。内间歇性可进一步划分为耗散尺度及惯性尺度两个方面,其特征各不相同。对耗散尺度,耗散量涨落的非 Gauss 行为随尺度的减小而增加,而且间歇特征与 Re 有关,随 Re 的增加而更加非 Gauss 分布等。对于惯性尺度,间歇特征与 Re 无关,表现在速度差分布函数的非 Gauss 分布,陡峭度随尺度的减小而增加(胡非,1995;陈京元等,2005)。湍流外间歇是指湍流区与非湍流区边界表现出时空的不确定性,其更偏向大尺度湍流。从时间上看,湍流与非湍流、强湍流和弱湍流交替出现;从空间上看,湍流与非湍流、强湍流和弱湍流共存并且交织在一起,且有明显的分界面。例如,积云与蓝天之间的界面。间歇现象是近代湍流研究的重大发现之一。

（10）猝发与拟序结构。湍流的猝发与拟序结构也是近代湍流研究的重大发现,在湍流混合层和剪切湍流边界层中存在大尺度的相干结构和猝发现象。所谓的相干结构,是指在相互作用中保持的一种有序的动态图像,因此,说明了湍流并不完全是无秩序和无内部结构的运动。大气边界层湍流场中经常存在这种有组织的相干结构。例如,白天的对流涡旋结构、螺旋结构(如图 13.3 所示)和夜间的多层逆温结构,又例如湍流温度场和湿度场中存在的斜坡结构等,都是大气湍流相干结构的典型例子。

图 13.3　湍流的拟序结构(螺旋结构)

湍流根据其形成的原因可分为热力湍流、机械湍流和惯性湍流。热力湍流也称为对流湍流或者自由对流,是由于地面受太阳辐射加热后暖空气热泡上升、冷空气下沉形成的湍涡(如图 13.4 所示)。

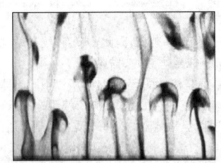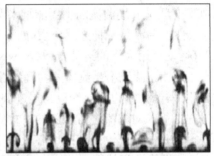

图 13.4　热力作用产生的湍流运动

机械湍流也称为强迫对流,可由风切变产生,例如,地表的摩擦阻力使得近地层风速小于上层风速,可使平稳气流演变成湍流(如图 13.5 所示)。

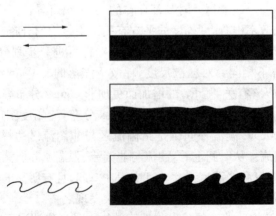

图 13.5　机械湍流形成的示意图

大的涡旋运动边缘可产生小的涡旋运动,因此,大涡旋中的一部分惯性能量转移给了小涡旋,从而产生新的湍流运动称之为惯性湍流。惯性湍流是切边湍流的一种特定形式,由更大的涡旋产生切边。以下几种假说和定义是需要关注的:

1. 泰勒(Taylor)假说(波动冻结假说)

湍流不是流体的物理属性,而是流体的运动属性,因此,在实际大气观测中很难得到某个瞬间湍流的空间分布。Taylor(1938)指出在湍涡发展时间尺度大于其平移过传感器时间的特定情况下,当湍流平移过传感器时,可以把它看作是凝固的。这样,就可以把本来用作时间函数对湍流的测量变为相应的空间上的测量。例如,假设一直径 100 m 的湍涡前后温差 5 ℃,10 秒后被 10 m/s 的平均气流吹至下风方向,如图 13.6 所示。温度在湍涡内随空间的分布转化成了固定位置传感器上测得的温度随时间的变化。

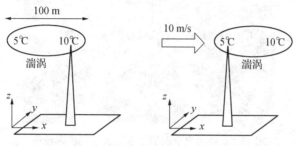

图 13.6　尺度 100 m 的湍涡移动示意图

泰勒假说的基本前提是假设把湍涡凝固,即 $\dfrac{\mathrm{d}\xi}{\mathrm{d}t}=0$,其中 ξ 是湍涡内的任一变量。为此,

有 $\dfrac{\partial\xi}{\partial t}=-u\dfrac{\partial\xi}{\partial x}-v\dfrac{\partial\xi}{\partial y}-w\dfrac{\partial\xi}{\partial z}$,对于一维的空间温度,如图 13.6 所示的时空关系可表示为

$\dfrac{\partial T}{\partial t}=-u\dfrac{\partial T}{\partial x}=-0.5\ ℃/s$。由此可见,泰勒假说必须满足一定的条件方能使用,即湍涡必

须是各向同性的平稳湍流,湍涡变化极小。泰勒假说使得对湍流的观测成为可能,图 13.7 是实测的大气边界层内湍流风速的时间序列。把相对平稳的湍涡内部风速空间分布的测量转化成风速在某一点上随时间变化的测量。

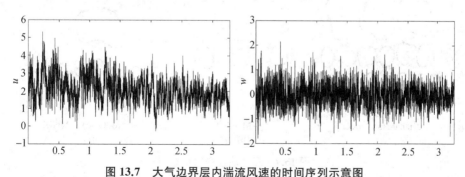

图 13.7　大气边界层内湍流风速的时间序列示意图

2. 湍流谱和能量级串

单个涡旋不是湍流,大气边界层内的湍流总是由很多尺度大小不同而又相互叠加的湍涡构成的(如图 13.8 所示),而把这些不同尺度湍涡的相对强度定义为湍流谱。最大的湍涡

尺度与边界层厚度相当,最小的湍涡尺度只有几毫米。由于分子黏性的耗散作用,小尺度湍涡的强度非常弱;当湍流由于热力或者动力原因被激发出来后,其能够携带一定的湍能,由此并能够裂解或者激发出小的湍涡,从而使得湍流的能量向下传递,即湍流的能量级串。在没有外部能力持续供应的情况下,湍流将最终耗散消失。正如理查森所言:"大涡用动能哺育小涡,小涡照此把儿女养活。能量沿代代旋涡传递,最终耗散在黏滞里。"

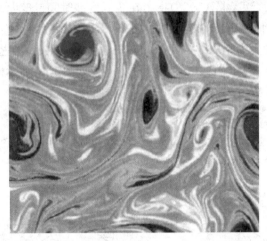

图 13.8   各种尺度湍涡相互叠加的湍流彩绘图

能量级串按湍流裂解的形式可分为 Richardson 模式、β 模式和同步级串(Synchro-Cascade)模式。Richardson 模式认为能量是均匀级串的,即一个大的湍涡平均裂解成两个小湍涡,两个小湍涡又同时裂解成四个更小的湍涡,以此类推(如图 13.9(a)所示),该模式不能很好地刻画湍流的间歇性。β 模式认为在流动由层流转向湍流的过程中,能量由大涡直接向小涡级串,从空间上看,在给定尺度上的能量传输率不是各向同性的,而是间歇脉动的(如图 13.9(b)所示),该模式缺少令人信服的物理解释。同步级串模式则认为一个大尺度湍涡可同时裂解成各种尺度的小湍涡,在物理图像上反映级串过程并不是均匀地由大涡向小涡的逐级裂解,而是一次性裂解便形成包括大、中、小、微尺度的涡旋运动(如图 13.9(c)所示)。

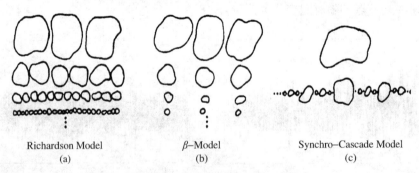

Richardson Model β–Model   Synchro–Cascade Model
(a)   (b)   (c)

图 13.9   三种能量级串示意图

3. 谱隙和雷诺数

由低层大气运动的功率(能)谱(如图 13.10 所示)可以看出,不同尺度的天气系统其特征尺度不同,如气旋的时间尺度约 100 小时,湍流的时间约 0.01 小时。两种系统之间存在能量的间隙称之为谱隙。

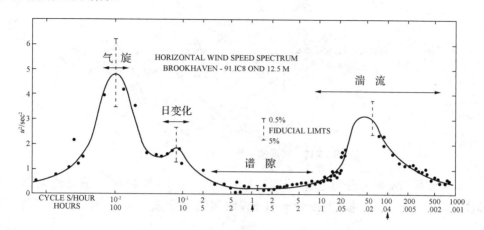

图 13.10　低层大气运动的功率谱示意图

同理,在不同强度的湍流谱之间同样存在谱隙。如图 13.11 所示,明显存在周期大约 30 min 到 1 h 的风速变化。两小时内平均风速从 6 m/s 减小到 5 m/s。

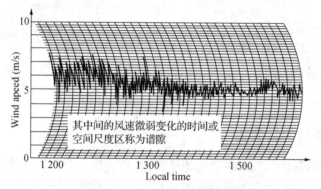

图 13.11　湍流风速的时间序列图

谱隙的存在使得我们能够对不同强度的流场进行分离。对某一特定时间段内的流场,利用雷诺分解可将风速、温度等变量分解成平均量和扰动量两个部分(如图 13.12 所示),其中平均部分表示平均风速、平均温度等的影响,扰动部分则表示叠加在平均风速或者温度之上的湍流影响。虽然湍流运动复杂,随时间、空间的变化极不规则,但是雷诺平均有一定的规律性。利用雷诺分解可将大尺度变化与湍流分开,如图 13.11 所示,由于谱隙的存在,可将风速实测资料在 30 min 到 1 h 的时间内取平均,从而消除湍流相对于平均值的正、负偏离,然后在对应时间内将瞬时风速减去平均风速即可得到湍流风速:$u'=u-\bar{u}$,u' 为湍流风速,u 为瞬时风速,$\bar{u}$ 为平均风速。

在雷诺分解过程中,任一变量 A 可分解为 $A=\bar{A}+a$,$\bar{A}$ 为平均量,a 为扰动量。那么雷诺平均满足 $\bar{A}=\overline{\bar{A}+a}=\bar{A}+\bar{a}$,即 $\bar{a}=0$。对于二阶量的雷诺平均 $\overline{AB}$,则可表示为 $\overline{AB}=\overline{(\bar{A}+a)(\bar{B}+b)}=\bar{A}\bar{B}+\overline{ab}$,其中的 $a\bar{B}=b\bar{A}=0$,更高阶量以此类推。

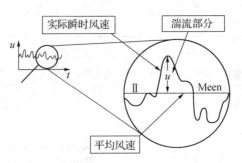

图 13.12　将风速进行雷诺分解的示意图

对某一变量求平均可分为三类,分别是时间平均、空间平均和系综(或系统)平均。对于时间平均是应用于某一时段,对变量求和或在时间域 T 上进行积分,再除以变量样本数或者时间域 T: $^t\overline{A(s)}=\dfrac{1}{N}\sum_{i=0}^{N-1}A(i,s)$ 或 $^t\overline{A(s)}=\dfrac{1}{T}\int_0^T A(t,s)\mathrm{d}t$ 。其中离散情况下,$t=i\Delta t$,$\Delta t=T/N$,N 为样本数。对于时间平均,是应用于空间某一特定区域,对变量求和或在某一空间域 S 上进行积分,再除以变量样本数或者空间域 S:$^s\overline{A(t)}=\dfrac{1}{N}\sum_{j=0}^{N-1}A(t,j)$ 或 $^s\overline{A(t)}=\dfrac{1}{S}\int_0^S A(t,s)\mathrm{d}s$ 。其中离散情况下 $s=i\Delta s$,$\Delta s=S/N$,N 为样本数。系综平均是指对 N 个同样的试验求和再除以总的样本数 N:$^e\overline{A(t,s)}=\dfrac{1}{N}\sum_{k=0}^{N-1}A_k(t,s)$ 。对于均匀、平稳的湍流而言,时间平均、空间平均和系综平均三者是一致的,即各态遍历。

13.1.3　边界层的日变化

湍流运动是边界层内大气的主要运动形式,近地表热力和动力的共同作用决定了湍流的强度。由于太阳辐射对地表加热具有明显的日变化,因此,大气边界层也具有显著的日变化特征,导致白天和夜间的大气边界层结构有着显著的差异。白天由于地表接收太阳辐射后被加热,边界层内的湍流运动使得这些热量向上传递,空气处于不稳定层结状态,这时的边界层称为对流边界层(不稳定边界层)(如图 13.13(a)所示),其湍流尺度和强度较大,厚度可达几百米甚至几千米;而夜间则相反,地面因长波辐射冷却后,热通量是向下的,空气处于稳定层结状态,这时的边界层称为稳定边界层或夜间边界层(如图 13.13(b)所示),湍流尺度和强度小,厚度较低,只有二三百米。

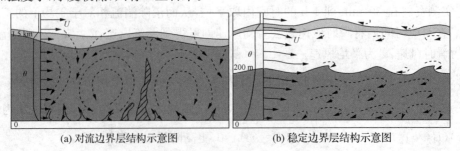

(a) 对流边界层结构示意图　　　　(b) 稳定边界层结构示意图

图 13.13　大气边界层结构日变化示意图

大气气溶胶可作为观测边界层随时间演变过程的示踪物,边界层内湍流的发展程度直接决定其对气溶胶粒子的输送和扩散能力。为此,在边界层内气溶胶的垂直分布随时间的变化可在一定程度上反映边界层厚度的日变化过程。

夜间湍流强度弱,边界层厚度小,气溶胶主要被限制在 300 m 以下,日出以后,随着湍流的发展,气溶胶粒子被输送、扩散至更高的气层,午后可到达 1.8 km 左右,日落后随着边界层高度降低,气溶胶粒子重新集中在近地层。

13.1.4 边界层的重要性

边界层大气的主要运动特征是湍流,对边界层内的大气起着输送、扩散和耗散的作用。其重要性表现在以下几个方面:首先,整个大气的能量来源是太阳辐射,而太阳辐射的大部分是穿过大气后再被地面吸收,然后通过边界层湍流输送给大气;地气之间的温差会引起两者之间进行感热交换,感热交换是大气中的重要热源和热汇。其次,地表面特别是海洋是大气中水汽的来源,蒸发进入大气的水汽由湍流输送和各种形式的垂直输送进入上层大气,形成云和降水,甚至是雷暴和台风天气;洋面边界层内的风切变也是海洋的主要能源之一。第三,大气中不同性质的气团实际上就是全球不同地区与下垫面平衡的边界层,研究大气边界层有助于进一步认识不同性质气团的特征。第四,各种天气现象(如霜、露、雾、温度等)的预报实际上都是边界层预报。第五,大气污染物大部分集中在边界层内,边界层内湍流运动的强度极大程度决定着大气的污染水平。第六,人类的生产生活和作物的生长均在边界层内进行。第七,除水汽外,作为云凝结核的气溶胶粒子也是通过边界层的输送作用方能到达自由大气,从而参与云的微物理过程。最后,大约 50% 的大气动能被耗散在边界层内。

大气边界层气象学已成为大气科学中一门重要的基础理论学科,其研究内容主要包括:① 大气边界层中的湍流特征研究;② 边界层中各种物理量(如动量、热量、水汽等)的湍流输送和气溶胶、二氧化硫、二氧化碳等的湍流扩散机理研究;③ 大气边界层结构特征的研究,即对大气边界层内风速、气温、湿度等气象要素的垂直分布及其随时间变化规律的研究;④ 大气边界层的辐射传输;⑤ 蒸发、霜、露、雾、霾等天气现象研究。其中,对边界层探测的研究是推动其理论研究的重要基础和前提。

§ 13.2 大气边界层探测平台

边界层和近地层问题在气候系统监测和气候系统模式中的重要性越来越受到重视,边界层探测是当前气象业务发展的重要业务内容。大气边界层研究的重点在于大气湍流和大气边界层结构的研究,因此,大气边界层探测与常规气象探测的不同点在于大气边界层探测强调大气湍流和大气边界层结构的观测。除常规的气象观测以外,大气边界层探测还需要一些非常规的气象仪器或观测平台进行探测,如利用气象塔这样的观测平台,在塔上安装能测量大气温度、风速等大气特性的慢响应观测仪器,对塔层以内大气风、温、湿的垂直分布进行观测,进行大气边界层结构的研究;利用系留汽艇观测边界层内风、温、湿的垂直分布;在塔上安装快响应仪器,进行大气湍流特征和大气湍流扩散机制等的研究;利用声雷达、激光雷达等遥感仪器,对边界层风速和温度的垂直结构进行探测研究等等。

大气边界层探测分为两类:直接探测和间接探测。直接探测是指利用边界层探测中的常用观测平台,包括观测杆、系留气球、等容气球、观测塔、百叶箱、无线电探空仪、观测飞机等对边界层进行探测。间接探测是边界层探测的间接探测方法,其代表性的探测系统包括微波雷达、声雷达、激光雷达和无线电声学探测系统等。

13.2.1 气象铁塔探测平台

为了进行大气湍流和边界层结构的研究和模式验证,我们需要不同高度上风速、气温、湿度等气象要素的平均和湍流观测资料,气象塔是观测这些气象要素垂直分布最好的平台。与其他观测平台相比,气象塔具有如下的优点:① 时空同步;② 全天候的实时观测,能够得到海量的观测资料;③ 可信度较高,相比较卫星、雷达、移动观测车、系留气艇等,气象塔上所测的资料是直接利用各种气象观测仪器所探测的资料,不需要资料反演处理,而且能较好代表所测地点的特征;④ 多用途,除观测风、温、湿等常规气象资料外,根据科研需要,可以将气象塔发展成一个多样化的观测平台。

随着大气边界层和污染扩散研究工作的开展,二战后,世界各国陆续建造了装有各种气象观测仪器的专用气象塔,初期塔高约 100 m,后来有达 400 m 以上的。此外还有利用电视塔、电信塔等高层建筑安装气象仪器进行观测的,其高度更高。如图 13.14 所示,分别为美国 Boulder 气象塔(300 m)、日本筑波气象塔(213 m)和我国北京 325 m 气象塔的全景照片。

(a) 美国Boulder气象塔   (b) 日本筑波气象塔   (c) 中国北京325 m气象塔

图 13.14

北京 325 m 气象塔于 1979 年 8 月建成,是我国第一座专用气象观测塔,是一个研究城市边界层很好的平台。该塔垂直共有 15 层,观测高度分别位于 8、15、32、47、63、80、102、120、140、160、180、200、240、280 以及 320 m。在 47、120 和 280 m 处架设了三层超声风速用来观测高频的风、温脉动,在 120 m 和 47 m 高度上架设了两套 Licor7500 用来观测水汽和 CO_2 脉动。目前,该塔已发展成一个多样化的观测平台,除了传统的风速、风向、温度、湿度垂直梯度观测以外,塔上还安装了包括能见度、辐射等多种气象要素以及 PM_{10}、$PM_{2.5}$、

NO_x 和 O_3 等污染物的全自动探测仪器,可以对这些要素进行全天候的连续观测。在北京 325 m 气象塔建成以后,参照 325 m 气象塔的设计和修建,我国于 1984 年在天津建造了另一座高 255 m 的气象塔。在长三角地区,南京大学仙林校区地球综合观测基地搭建了 72 m 的气象铁塔,该塔分为 6 层(4 m、9 m、18 m、36 m、54 m、72 m)进行梯度观测,2 层(25 m 和 50 m)进行涡度相关系统的观测。在粤港澳大湾区,深圳市气象观测梯度塔 356 米进行边界层的分层观测。

除了上面传统的大型气象观测塔以外,近年来随着全球变化研究逐渐成为当今国际科学研究的热点问题,为了获得地气之间 CO_2、水汽和能量交换的第一手资料,全球范围内相继建立了大量的湍流通量观测站,并利用通量观测塔进行这些要素的湍流观测。此外,为了更好地评价我国的风能资源,近几年国家气象局建立了风能观测网,架设了气象观测塔。

在架设气象塔时,必须满足以下条件:① 无论地面水平与否,气象塔架设时要保持塔身的铅直,横杆保持水平。② 气象塔观测塔应有防雷装置。③ 固定塔身的纤绳每隔 10 m 左右应有一层,以保持塔的稳定性。纤绳与塔边应在同一垂直面上,并与地面成 60°夹角。④ 支撑塔身和固定纤绳的底座要牢固。⑤ 太阳能板应面朝正南,并与水平面成 60°夹角。⑥ 数据采集箱架设在塔身的北面 1～1.5 m 高度处。⑦ 除特别要求外,风、温、湿梯度观测传感器一般架设在 2 m 和 10 m 高度上。梯度观测超过 3 层的气象塔站,相邻 3 层的风、温、湿梯度传感器布设高度应尽可能满足关系:$z_2 = \sqrt{z_1 z_3}$。因此,一般情况下,建议的边界层气象塔站观测高度分别为:0.5 m、1 m、2 m、4 m、8 m、16 m、32 m ……

气象塔的阴影效应或者塔体效应会影响实际测量,它产生的原因是由于安装感应元件的铁塔、伸臂和支架可以影响气流,尤其是在气象塔的下风方向,由于气流受尾流结构的强烈影响,即使对于低结构数密度的塔,不同组成部分造成的尾流综合影响有可能大于一个由封闭塔队气流形成的同样的阻尼区影响,因此在测量梯度和通量时会引起误差。铁塔由于结构数小和空隙大,可以考虑将元件安装于略大于塔体处的迎风方向。大多数铁塔的结构数集中在 0.2～0.3,元件安装不小于铁塔最大截面的 1.5 倍。如只需一层观测时,则可考虑安装于铁塔顶部。

温度廓线的测量要求精度达到 0.01 ℃,分辨率为 0.005 ℃。设计良好的铂电阻、热敏电阻、热电偶和晶体温度仪都能满足上述精度和分辨率要求。铂电阻及晶体温度传感器以其稳定性好经常被选用,其中晶体温度传感器的精度最高,稳定性最好。热电偶是目前所有温度传感器中唯一一种不需要激励源类型的传感器,它可以从根本上消除由于激励源引起的测量误差。其次,热电偶能够测量两点间的温度差,因此在农田小气候测量时常用其来测量两个高度上的温度差。

风速廓线的测量仪可分为风杯式风速传感器及螺旋桨式风速传感器(如图 13.15 所示),其中风杯式风速传感器使用最为广泛。

风杯式风速传感器的优点表现在:能够感应水平方向上 360°各个方向的风,且对垂直方向的风速不太敏感;结构简单、牢固,可长时间工作。精确地测量近地层的风速廓线要求风速传感器的启动风速小于 0.5 m/s,精度高于 0.1 m/s。近地层风速廓线测量时,由于测量高度较低,各层之间的距离较小,风速差也较小,故传感器的精度至关重要。风杯式风速传感器也有其缺点,即存在着"过高"现象。

(a) 风杯式风速传感器　　　　　　　　(b) 螺旋桨式风速传感器

图 13.15　风杯式和螺旋桨式风速传感器

螺旋桨式风速传感器不存在"过高"现象,但在风速测量过程中必须使转动轴与风向保持一致,所以螺旋桨式风速传感器常与风向标配合使用。

湿度可能是测量最为困难的气象要素之一。湿度测量的方法很多,用于气象塔廓线测量的湿度传感器也比较多,主要有干湿球法、露点湿度表和高分子吸湿材料制作的湿度传感器。其中干湿球测试法是野外试验中经常采用的一种方法,该类型仪器便宜,测量原理简单,在 0 ℃~25 ℃范围、相对湿度 20%~80%的范围内有相当高的测量精度,但在 0 ℃以下,湿球会冻结,误差随之急剧增加,因此冬季不宜采用干湿球法进行湿度测量。

露点湿度表以其精度高、稳定性好成为近地层湿度廓线测量的首选仪器,但该仪器价格昂贵,操作和维护比较复杂,特别是湿度表的镜面必须定期清洁和标定。

最常用的相对湿度传感器为芬兰 Vaisala 公司产的 Humicap,该传感器是一种高分子湿敏电容(如图 13.16 所示),由玻璃基板(a)、基片金属膜电极(b)、感湿膜(c)、表面金属电极(d)和引线(e)等组成。

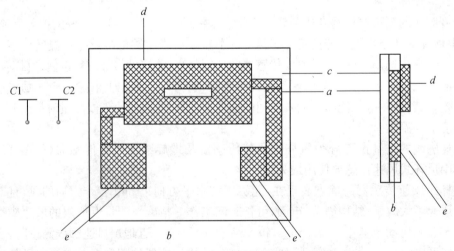

图 13.16　Humicap 湿度传感器示意图

13.2.2　系留气球

用于大气边界层廓线直接测量的仪器主要包括低空探空仪和系留气球探空仪,系留气球探空仪是大气边界层探测的主要工具之一,它可以测量地面到 1 000 m 高度的大气温度、湿度、风速、风向、气压等气象要素和气溶胶浓度、数谱以及臭氧浓度等大气成分的垂直廓线及其随时间的变化或测量特定高度上气象要素的长期变化。

系留气球探空仪由传感器、信号发送器、气球或气艇、系留绳、绞车、地面接收机等部分组成,其中传感器根据测量需要可分为气象要素传感器和大气成分传感器。系留气球的示意图如图 13.17 所示。温度、湿度传感器由两个相同的线性热敏电阻组成,其中一个为包裹了一层纱布的湿球,用于测量大气中的干湿球温度,为了提高测量精度,在电路设计中只测量干球温度及干湿球温度差。测量范围从 −50 ℃ 到 50 ℃,精度为 ±0.5 ℃。压力传感器采用电容式空盒压力传感器,测量从地面至 1 000 m 高度的气压,测量精度为 ±1 hPa。风速测量使用轻便三杯式风速传感器,测量范围从 0.5 到 20 m/s,精度为 ±0.25 m/s。使用风杯式传感器的好处是该传感器在 15° 角的倾斜范围内对倾斜不太敏感,从而能够减小气球或者气艇在上升或者下降过程中由于摆动倾斜而造成的误差。在空中测量风向时并没有固定的参考物,风向传感器只好利用地磁作为参考,风向传感器由一漂浮在油中的指南针、一个环形电阻和控制继电器组成,由于油中漂浮的指南针所受的转动力矩很小,其能够一直保持指南,从而确定气艇在空中的方向。

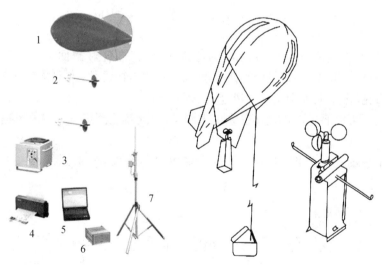

图 13.17　系留气球探空系统示意图

近年来,大气成分的探空得以实现,LOAC 型气溶胶探空仪可用来连续测量大气中的固态颗粒物数浓度,测量范围为 0.3～50 μm,分 19 个谱段,其测量原理是采用激光散射的方式对颗粒物进行扫描监测。LOAC 包含一个激光室,一个采样泵,一个配有光电二极管的电子检测器,以及电池、采样管等。臭氧探空仪(ECC Ozonesonde)包含采样泵、电解池、电池等设备,用来测量臭氧浓度的垂直廓线。其工作原理是基于臭氧和碘化钾溶液的氧化还原反应。当臭氧与电解池中的碘化钾溶液相遇时,自由碘被氧化游离出来,当在溶液中放入阴、阳两个电极时,这些碘分子会在阴极上重新还原成碘离子,碘离子会在阳极附近发生反应生成碘分子。这一氧化还原反应过程中所形成的流动电流与单位时间内同碘化钾溶液发生反应的臭氧量成正比。最终根据反应池内产生的电流大小来确定空气中所含的臭氧量。

13.2.3 遥感探测平台

大气边界层探测中的间接探测主要依赖遥感探测系统,包括声雷达、风廓线雷达、激光雷达等。

1. 声雷达

声雷达主要用于探测边界层大气的风速、风向、温度梯度以及风速脉动和温度脉动谱的空间分布和随时间的连续变化。声雷达探测的基本原理就是用声雷达向大气发射一个固定频率的声波,由于大气中风速和温度的非均匀性,对声波产生散射,通过观测大气对声波的散射特性,就可以得到风速、温度等气象要素的空间分布和随时间的变化。声雷达方程如下:

$$P_r = P_T \eta_T \eta_r \sigma(\theta) \frac{c\tau}{2} \cdot \frac{A_r}{h^2} \cdot e^{-2ah} \tag{13.1}$$

其中,P_r 是声雷达接收到的电功率,P_T 是发射的电功率,η_T 是发射时的电-声转换系数,η_r 是接收时的声-电转换系数,$\sigma(\theta)$ 是散射截面,c 是声速,τ 是发射脉冲宽度,A_r 是天线有效面积,h 是探测高度,α 是衰减系数。当声雷达系统的参数给定后,(13.1)式中除了散射截面 $\sigma(\theta)$ 外,其他参数均为已知量。根据局地各项同性的湍流理论,声波散射截面公式可表示为:

$$\sigma(\theta) = 0.03 K^{-1/3} \cos^2\theta \left(\frac{c_v^2}{c^2} \cos^2 \frac{\theta}{2} + 0.13 \frac{c_T^2}{T^2} \right) \left(\sin \frac{\theta}{2} \right)^{-11/3} \tag{13.2}$$

其中,$\sigma(\theta)$ 是单位容积、单位立体角、单位入射功率的散射截面,K 是发射声波波数($= 2\pi/\lambda$),θ 是散射角,C_T 和 C_v 分别是温度和风速的结构常数,T 是大气绝对温度。由散射截面公式可见,由于大气中温度和风速的非均匀性,引起了 θ 方向上的散射截面变化,其散射能量的大小可以通过声雷达接受系统来测量,由此就能测定大气中的风速、温度等气象要素。

声雷达结构示意图如图 13.18 所示,主要由显示系统、发射系统和接收系统三部分组成。

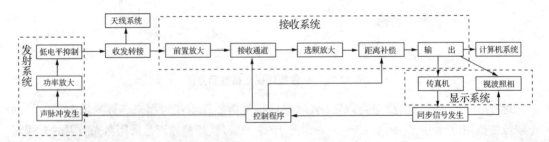

图 13.18 单点声雷达示意图

声雷达天线由扬声器(收、发换能器)、抛物面反射体和声屏蔽围墙组成。扬声器放置在抛物面天线的焦点上,使声能聚焦、收发共用。声屏蔽围墙起吸声隔声作用,减小环境噪声的影响,从而提高信噪比。天线具有较好的指向性。接收到的回波信号通过传真记录器和示波照相记录下来,也可以将信号送入计算机直接进行计算。

在对温度的测量上,当散射角 $\theta=180°$ 时,有

$$\sigma(180°)=0.003\,9\,K^{\frac{1}{3}}\left(\frac{c_T}{T}\right)^2 \tag{13.3}$$

根据局地各向同性湍流理论可知温度的结构常数 $c_T^2\propto\left(\dfrac{\mathrm{d}T}{\mathrm{d}Z}\right)^2$,由声雷达方程可知在后向散射情况下,声雷达接收到的回波功率与温度梯度的平方成正比,即 $P_r\propto\left(\dfrac{\mathrm{d}T}{\mathrm{d}Z}\right)^2$。由声雷达的示意图给出的单点声雷达系统,一用传真记录器记录,就可以得出大气中温度层结随高度和时间的连续变化。图片中黑度大的,表示回波强,即温度梯度大,黑度越小,表示回波越弱,温差越小。从传真图片中,可以很直观地了解边界层大气中逆温层、热对流、混合层结构、重力回波等的变化。公式 $P_r\propto\left(\dfrac{\mathrm{d}T}{\mathrm{d}Z}\right)^2$ 中,回波功率与温度梯度的平方成正比,虽然公式中不能区分温度层结的正负,但从传真图片上根据回波形状就很容易区分逆温层和热对流。

声雷达测风的方法较多,包括达角方法、多普勒频移方法、相干方法以及相关测风方法等。如声雷达测风的多普勒频移方法是垂直向上发射一个固定频率的声脉冲,当声波碰到运动着的散射体时,散射回来的信号与发射频率产生一个多普勒频偏,此频偏的大小与散射体运动的速度成正比。因此,只要精确地测出多普勒频偏的大小,就可测出风速的大小。

2. 风廓线雷达

风廓线雷达主要以晴空大气作为探测对象,利用大气湍流对电磁波的散射作用进行大气风场等要素的探测。风廓线雷达能够提供以风场为主的多种数据产品,其基本数据产品有水平风廓线、垂直风廓线以及反映大气湍流状况的折射率结构常数 C_n^2 廓线等。

风廓线雷达的测风是采用多普勒效应原理来测量风向、风速的,因此风廓线雷达也要采用多普勒收发体。风廓线雷达通过依次发射 3 个(或 5 个)指向的波束,其中 1 个为垂直指向(以下简称中波束),另两个(或 4 个)为方位正交的倾斜指向,分别测出各波束指向的多普勒速度,在风场水平均一假设前提下可联立解得 3 个风分量。实际工作中,风廓线雷达可以采用 3 个波束完成测风,也可以采用 5 个波束来测风。以东、北和中 3 个波束测风为例,设斜波束的仰角为 α,雷达在东、北和中波束指向测得的径向速度分别为 v_{re}、v_m 和 v_{rz},如图 13.19 所示。以 u 和 v 分别代表东方向和北方向上的风速分量,w 为垂直气流速度。各波束测得的径向速度以远离雷达为正,则可得如下方程式

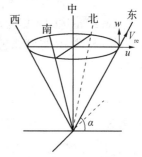

图 13.19　天气波束位置分布图

$$\begin{cases}v_{re}=u\cos\alpha+w\sin\alpha\\v_m=v\cos\alpha+w\sin\alpha\\v_{rz}=w\end{cases} \tag{13.4}$$

通过解上述方程式,可以得到风向和风速为

$$\begin{cases} v_{\text{风速}} = \sqrt{u^2 + v^2} \\ \beta_{\text{风向}} = \arctan(u/v) \end{cases} \quad\quad\quad (13.5)$$

在多数情况下,大气层近似满足风场水平均一的条件,因为风廓线雷达探测时所需要的均匀空间范围并不大。以斜波束仰角 75° 为例,可以算得不同波束之间的距离随高度的变化,见表 13.1。

表 13.1 波束之间的空间距离随高度的变化

波束方位	探测高度/km			
	0.1	0.5	1.0	2.0
斜波束和中波束间的距离/m	25	127	253	506
方位正交的两个斜波束间的距离/m	36	180	358	716
方位为180°的两个斜波束间的距离/m	50	254	506	1012

风廓线雷达的信号处理流程如图 13.20 所示。雷达的信号处理分系统从接收机得到正交的 I、Q 视频信号后,依次对 I、Q 信号进行滤波、时域平均、加窗处理、快速傅里叶变换(FFT)谱分析、频域滤波、谱平均等处理。A/D 转换完成 I、Q 视频信号的数字采样。时域滤波可以对干扰回波进行一定的抑制。时域相干平均可以提高回波信噪比,同时降低 FFT 运算点数,减少计算时间。谱分析方法目前采用的基本上都是 FFT 分析。频域滤波可以进一步消除地物等杂波干扰。在 FFT 运算完并作求模运算之后进行的谱平均也可以提高信号信噪比。

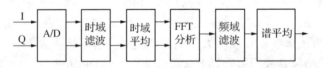

图 13.20 风廓线雷达信号处理流程

风廓线雷达的数据处理流程如图 13.21 所示。通过对信号处理部分输出的回波功率谱进行目标检测,在得到谱的各阶矩之后,就可以求得风廓线,然后再进行质量控制后输出显示。

图 13.21 风廓线雷达数据处理流程

目标检测是指从整个回波信号功率谱上识别出信号谱峰,在确定出噪声电平的基础上,通过对高出噪声电平以上的信号谱进行计算,可求得一阶矩(即多普勒速度)、二阶矩(即多普勒速度谱宽)和信噪比。一致性平均方法是对同一指向波束在同一距离门处多次测量的多普勒速度进行的平均处理,这是去除飞机、汽车等短时间存在的孤立干扰的简单、实用、有效的方法。在计算出风廓线之后,通过采用风切变检查、连续性检查、二维中值性检查等手段,对计算得到的数据可信度进行判断。数据显示时,对判断为可疑和无效的数据可以不显示,也可以采用不同的颜色予以区分说明。

3. 激光雷达

激光雷达是探测大气边界层气溶胶垂直分布的主要工具之一,并广泛应用于激光大气传输、全球气候预测、气溶胶辐射效应及大气环境等研究领域。大量实验证明激光雷达可应用于边界层高度的探测,包括对复杂地形下垫面、海洋以及城市边界层的探测。通常,大气边界层与上部自由大气的交界处存在一个逆温层。该逆温层将大量的气溶胶粒子束缚在逆温层下部的大气边界层内。同时,由于边界层里的空气对流混合充分,层内气溶胶粒子的浓度随高度的增加变化不大,而在自由大气中,气溶胶浓度要比边界层内低很多,这一特征反映在雷达回波上就是在边界层顶回波信号的快速衰减,由此得到大气边界层的高度。

目前,国内外使用激光雷达探测大气边界层的方法是梯度法。梯度法简单实用,其利用激光雷达距离平方校正回波信号的梯度变化情况来查找边界层高度。激光雷达接收到的米散射回波信号方程可以用下式表示

$$P(z) = P_0 CY(z) z^{-2} [\beta_a(z) + \beta_m(z)] T_a^2(z) T_m^2(z) \tag{13.6}$$

式中 $P(z)$ 是激光雷达接收距离 z 处气溶胶粒子和空气分子的后向散射回波信号;P_0 是激光发射功率;C 是激光雷达系统常数;$Y(z)$ 是几何因子;$\beta_a(z)$ 和 $\beta_m(z)$ 分别是大气气溶胶和大气分子的后向散射系数;$T_a(z) = \mathrm{e}^{-\int_0^z \alpha_a(z')\mathrm{d}z'}$ 和 $T_m(z) = \mathrm{e}^{-\int_0^z \alpha_m(z')\mathrm{d}z'}$ 分别是大气气溶胶粒子与大气分子透过率;α_a 和 α_m 分别是大气气溶胶粒子和大气分子消光系数。上述回波信号方程可化为

$$P(z)z^2 = P_0 CY(z) [\beta_a(z) + \beta_m(z)] T_a^2(z) T_m^2(z) \tag{13.7}$$

激光雷达距离平方校正回波信号 $P(z)z^2$ 在一定程度上反映了大气气溶胶浓度随探测高度变化的情况。由于覆盖逆温的作用,大量的大气气溶胶粒子富集在边界层内,故边界层到自由大气直接的气溶胶浓度就会发生变化。$P(z)z^2$ 的梯度 $D(z)$ 的变化即代表大气气溶胶梯度变化。$D(z)$ 可表示为

$$D(z) = \mathrm{d}[P(z)z^2]/\mathrm{d}z \tag{13.8}$$

该梯度最大的位置就是大气边界层的高度。

13.2.4 其他探测平台

1. 经纬仪气球探测

测风经纬仪是一种跟踪观察和测定空中测风气球仰角、方位角的光学仪器。我国气象台站所使用的测风经纬仪型号较多,有 58 式、53 式、CFJ-1 型(70-1 式)等。尽管各种形式的测风经纬仪在结构和性能上有些差别,但基本构成原理是相同的。以 CFJ-1 型光学测风经纬仪为例,其基本结构由光学系统、读数装置、转动系统、定向机构、水平调整和照明装置等组成。

气象测风气球可分为膨胀型和非膨胀型两类。膨胀型气球的球皮由天然橡胶或合成橡胶制成。为了保持球皮的弹性,橡胶内要适当加入耐寒、耐臭氧、耐光老化的助剂,此外还要

加入防静电的物质,以防氢气爆炸。球内充气后,球内外压力差很小,气球可随大气压的降低而自由膨胀,气球可一直上升到破裂为止。这种气球一般在大气垂直探测中应用,如高空风测量用的测风气球。另一种是非膨胀型气球,它的球皮由聚乙烯塑料膜、聚酯薄膜制成。球皮有伸缩性,可保持一定形状,一般在超压状态下工作,用于水平探测,如平移气球或定高气球。

膨胀型测风气球充满氢气,施放之后就在大气中自由上升。如果空中没有风,那么气球就会垂直上升而无水平方向的位移。如果空中有风,那么气球就会做合成运动,产生水平方向的位移。由于气球的质量很小,随气流移动的惯性很小,可近似地看作是空气质点,因此它的水平位移具有气流的方向和速率。

经纬仪测风方法包括单经纬仪定点测风和双经纬仪基线测风。单经纬仪定点测风通常假定气球的升速不变,利用一台经纬仪跟踪观测气球在空间每一分钟的仰角和方位角。由于升速不变,高度可由时间推算确定。根据气球测风法的基本原理,由每分钟的仰角、方位角和高度3个定位参量可计算高空风。由上可见,在单经纬仪测风中至关重要的是气球升速不变的假定是否成立,以及实际工作中如何确定气球的上升速度,有关经纬仪测风在第7章中已有阐述,这里不再赘述。

2. 无线电探空

光学经纬仪测风方法虽然有设备简单、经济的优点,但容易受到天气和自然条件的限制,往往满足不了天气预报、气象保障工作的需要。为弥补这方面的不足,目前已广泛地利用无线电方法来测量高空风。无线电探空系统主要由气球、探空仪和地面接收设备两大部分组成。其中探空仪主要由感应器、编码机构和发射装置组成。通过气球携带,无线电探空仪的感应器可以探测到感应器所在点大气的温度、气压、湿度等气象要素值,经过编码机构的信号转换,可以将它们转换成无线电信号向地面接收设备发送。经过地面接收设备的接收和处理,可以获得气球升空路径的大气温度、湿度和气压。无线电探空仪包括电码式探空仪和数字式探空仪。

目前已广泛地利用无线电方法来测量高空风,其中可分为无线电定向法和无线电定位法。定向法,是由气球悬挂一个"探向发射机"(一般与探空仪发射机兼用)升空,地面上利用定向天线接收发射机信号,测定气球的仰角、方位角,并从探空记录中求取高度。然后,根据仰角、方位角、高度计算高空风,如20世纪50年代我国的无线电定向测风仪。定位法,是利用雷达来测定自由大气中的气球位置。它不仅测定气球的角坐标,而且能测定气球与雷达的距离,即斜距,由仰角、方位角、斜距计算高空风。

3. 飞机探测

自20世纪70年代,随着大气探测技术的发展,对边界层的探测从近地面延伸到了整个边界层,其中的飞机观测在边界层探测中扮演非常重要的角色。飞机探测是指通过飞机携带气象仪器或者大气成分仪器开展对大气中的气象要素和大气成分的观测,它是由天基、地基和空基组成的综合大气探测体系中的重要组成部分。随着经济快速发展和生活水平不断提高,气象、气候变化和大气环境越来越受到人们的关注,为了满足高分辨率的气象和空气质量预报的需求,观测资料需要进行加密。除卫星遥感和地面加密自动站外,飞机观测资料也是不可缺少的非常规资料来源之一(详见第7章)。

§13.3　大气边界层通量测量

13.3.1　通量

　　湍流运动是大气边界层的主要运动形式,除了对常规气象要素(如风、温、压、湿等)的平均量进行测量外(如前面章节所述),还需借助高灵敏度的探测仪器对边界层内的脉动量进行测量,包括风速脉动、温度脉动、水汽脉动等。通量是指单位时间通过单位面积流体的某一属性量的输送。如热通量和水汽通量可定义为风速分量乘以热量和水汽含量,表示通过某一方向的单位面积所传输的热量和水汽量。上述两个标量的通量传输可分解为 x、y 和 z 三个方向(如图 13.22 所示),而对于动量通量,因风速本身是一个矢量,因此动量通量是一个二阶张量。

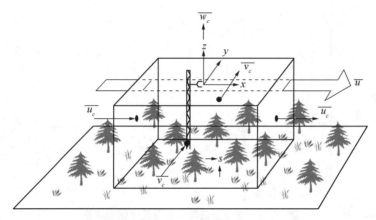

图 13.22　大气中通量输送示意图

　　根据雷诺分解可知流体运动可分为平均运动和脉动运动两部分,因此属性输送也分别由这两部分运动引起。对于平均场而言,热量、水汽和动力通量可分别表示为

$$\rho c_p(\overline{\theta}\,\overline{u},\overline{\theta}\,\overline{v},\overline{\theta}\,\overline{w})、\rho(\overline{q}\,\overline{u},\overline{q}\,\overline{v},\overline{q}\,\overline{w})和\rho\begin{bmatrix} \overline{u}^2 & \overline{uv} & \overline{uw} \\ \overline{vu} & \overline{v}^2 & \overline{vw} \\ \overline{wu} & \overline{wv} & \overline{w}^2 \end{bmatrix}$$

而对于湍流场,则可表示为

$$\rho c_p(\overline{\theta'u'},\overline{\theta'v'},\overline{\theta'w'})、\rho(\overline{q'u'},\overline{q'v'},\overline{q'w'}) 和 \rho\begin{bmatrix} \overline{u'^2} & \overline{u'v'} & \overline{u'w'} \\ \overline{v'u'} & \overline{v'^2} & \overline{v'w'} \\ \overline{w'u'} & \overline{w'v'} & \overline{w'^2} \end{bmatrix}$$

其中,ρ 为大气平均密度,c_p 为大气定压比热,q 为比湿,θ 为位温。在水平均一条件下,水平方向的感热通量和潜热通量为零,假设风向为 x 方向,且不随高度变化,横向的通量为零。那么,动量通量、感热通量、水汽通量和潜热通量可表示为

$$\tau = \rho(-\overline{u'w'} - \overline{v'w'}) \tag{13.9}$$

$$H = \rho c_p \overline{w'\theta'} \tag{13.10}$$

$$E = \rho \overline{w'q'} \tag{13.11}$$

$$L = lE = \rho l \overline{w'q'} \tag{13.12}$$

式中，l 为蒸发潜热。

在垂直方向上，湍流通量的输送方向与被输送量的平均属性廓线有关，如图 13.23 所示。对于任一变量 S，如果其平均量在垂直方向上随高度递减如图 13.23(a) 所示，那么在某一点上给定一个向上（向下）的扰动，将会引起变量 S 正（负）的脉动，那么此时的通量 $\overline{w'S'} > 0$，通量方向向上。如果 S 的平均廓线随高度递增（如图 13.23(b) 所示），那么其在垂直方向上的通量为负值，方向向下。

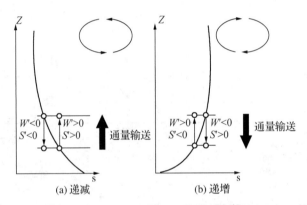

图 13.23 湍流通量与平均属性廓线的关系

13.3.2 近地面通量观测

在大气科学、生态学和陆面过程研究中，近地层湍流通量观测占据十分重要的位置，这主要是由于以下两方面的原因：① 在气候预测、天气预报和环境污染为目的的大尺度和中尺度模式中，以及在污染扩散、城市街渠、大涡模拟等微尺度数值模式中，下垫面的湍流通量参数化是十分关键的，直接决定模式的模拟能力。目前国内外与边界层有关的研究通常是通过组织边界层观测试验，基于观测场地的物质、能量交换等物理过程，设计或改进适用于当地或相关区域的地气通量参数化方案。② 全球变化是国际科学研究的热点问题，自 19 世纪中期工业革命以来，大气中 CO_2 的浓度就一直呈现增加的趋势，逐渐成为导致全球变暖的主要因素之一。为了获得地气之间 CO_2、水汽和能量交换的第一手资料，全球相继建立了大量的湍流观测站并组成了观测网络，如国际上的全球通量观测网络（FLUXNET，file:///F:/China/Web_Pages/country.cfm.htm）、地球系统协同观测与预报（CEOPS）、高度复杂和非均匀城市下垫面的湍流通量观测计划（Bubble 计划）等。FLUXNET 通量站已超过 300 个，其中亚洲 45 个。

国内基于不同的研究目的相继建立了通量观测基地，如针对非均匀下垫面湍流通量研

究的白洋淀综合观测站。为了认识城市边界层的结构特征和湍流通量特征,在北京 325 m
气象铁塔的第 47、120 和 280 m 高度架设了三层超声风速仪,在 120 和 47 m 高度上架设了
两套 Licor7500,用以观测水汽和 CO_2 通量脉动。为了了解典型季节日遗化学武器销毁设
施所在地的大气边界层结构和湍流扩散特征,掌握该地区的大气扩散规律,包括边界层风、
温垂直廓线及其时间演变规律、逆温层厚度和混合层高度、湍流结构和湍流扩散参数等,以
及由地形引起的局地环流和冬季下雪时的天气背景对当地边界层的影响等,建立了哈尔巴
林观测站。

同时,为了监测生态系统中的边界层特征和 CO_2 通量特征,开展了农田、森林、草地、湿
地(如图 13.24 所示)、荒漠、海洋、城市等地的边界层特征和通量观测。

(a) 森林   (b) 草原

(c) 湿地   (d) 农田

图 13.24　生态系统的通量观测站

尤其在城市生态系统中,城市地区已经变成全球碳排放的重要贡献者;都市化进程使不
断增加的汽车和其他人为 CO_2 排放加速了全球变暖的进程;已有的观测表明,城市环境下
CO_2 通量几乎为净排放,并且其排放强度远大于其他生态系统,但很少有实验记录城市环境
下实际的 CO_2 通量以及它们的扩散特征,特别是在亚洲地区更少(如图 13.25 所示),我国北
京站是其中的一个。

边界层的通量测量方法包括:涡度相关法(Eddy covariance,EC 法)、梯度法(廓线法)和
鲍恩比方法。下面将对这三种方法进行介绍。

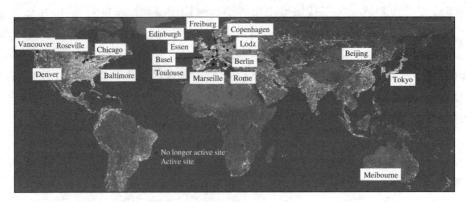

图 13.25　2006 年全球城市通量观测网络分布情况（Urban FluxNet）

13.3.3　涡度相关法

涡度相关是指大气中某一变量与垂直速度的协方差，如潜热通量或者水汽通量中的 $\overline{w'q'}$，即为垂直速度脉动与比湿脉动的协方差。涡度相关法的基本思路是通过直接测量风、温、湿等的脉动量来计算相应的通量大小，其原理是从物质、能量守恒方程出发，经过一系列的简化而得到的具体的通量表达式。

1. 物质、动量和感热通量推导

选择垂直于地表的一个体元 V 内的空气为研究对象（如图 13.22 所示），利用连续方程，分析该体元内物质 ξ 的收支情况。其中该方框的上边界是 B_t，下边界是地表 B_0，侧边界是 B_s，并且上边界 B_t 平行于地表 B_0。通过一定时间尺度上对该体元内的物质变化体积分，可以得到该体元内的物质收支方程，如下所示：

$$0 = \frac{1}{\Delta t}\int_V (\xi(t_2)-\xi(t_1))\mathrm{d}V - \sum_i \int_V \overline{S}_i\mathrm{d}V + \int_{B_t}(\overline{\xi\boldsymbol{u}})\cdot\boldsymbol{n}_{\mathrm{out}}\mathrm{d}B_t +$$

$$\int_{B_s}(\overline{\xi\boldsymbol{u}})\cdot\boldsymbol{n}_{\mathrm{out}}\mathrm{d}B_s - \int_{B_0}(\xi\boldsymbol{u}_\xi)\cdot\boldsymbol{n}_{\mathrm{in}}\mathrm{d}B_0 + \sum_i\int_{B_t}\overline{\boldsymbol{J}}\cdot\boldsymbol{n}_{\mathrm{out}}\mathrm{d}B_t +$$

$$\sum_i\int_{B_s}\overline{\boldsymbol{J}}\cdot\boldsymbol{n}_{\mathrm{out}}\mathrm{d}B_s - \sum_i\int_{B_0}\overline{\boldsymbol{J}}\cdot\boldsymbol{n}_{\mathrm{in}}\mathrm{d}B_0 \qquad (13.13)$$

式中，$\boldsymbol{u}$ 是风速，$\boldsymbol{u}_\xi$ 是物质 ξ 的速度，忽略地表大气的扩散作用，此时可取 $\boldsymbol{u}=\boldsymbol{u}_\xi$，$\boldsymbol{n}_{\mathrm{out}}$ 是垂直于体元 V 的向外的单位向量，$\boldsymbol{n}_{\mathrm{in}}$ 是垂直于地表指向体元的单位向量。由方程可见，地表物质的收支方程由 8 项组成，等式右边从左到右依次表示：存储各种化学产生过程，上边界的对流输送，侧边界的平流输送，地表排放，以及其他物质在上边界、侧边界，以及下边界输入、输出的影响。

假设化学产生过程是使得体元 V 内的物质 ξ 总量发生变化的唯一过程，利用上述物质收支方程，我们可以得到地表排放（即地表通量）方程

$$F(\rho_\xi) \equiv \frac{1}{B_0}\int_{B_0}(\overrightarrow{\rho_\xi\boldsymbol{u}_\xi})\cdot\boldsymbol{n}_{\mathrm{in}}\mathrm{d}B_0 (=\text{地表排放})$$

$$= \frac{1}{B_0\Delta t}\int_V[\rho_\xi(t_2)-\rho_\xi(t_1)]\mathrm{d}V - \frac{1}{B_0}\int_V\overline{S}_{\mathrm{chem}}\mathrm{d}V - \frac{1}{B_0}\int_V\overline{S}_{\mathrm{vap}}\mathrm{d}V +$$

$$\frac{1}{B_0}\int_{B_t}\overline{(\rho_\xi\boldsymbol{u}_\xi)}\cdot\boldsymbol{n}_{\mathrm{out}}\mathrm{d}B_t+\frac{1}{B_0}\int_{B_s}\overline{(\rho_\xi\boldsymbol{u}_\xi)}\cdot\boldsymbol{n}_{\mathrm{out}}\mathrm{d}B_s \tag{13.14}$$

其中，ρ_ξ 是物质成分 ξ 的浓度，并且 ρ_ξ 不包含固态或者液态的 ξ。由方程该可见，地表物质通量方程总共包括 5 项：存储项，化学产生过程，水汽蒸发输送，上边界的垂直对流输送和侧边界的水平平流输送。

同样，根据热力学第一定律可推导出感热通量表达式

$$H\equiv\overline{\boldsymbol{J}_{hZ}}\mid_{z=0}=\frac{1}{B_0\Delta t}\int_V\Delta[\rho_d(c_{pd}T+b_d)]\mathrm{d}V+\frac{1}{B_0\Delta t}\int_V\Delta[\rho_v(c_{pv}T+b_v)]\mathrm{d}V+$$

$$\frac{1}{B_0\Delta t}\int_V\Delta(\rho_d\varphi_d)\mathrm{d}V+\frac{1}{B_0\Delta t}\int_V\Delta(\rho_v\varphi_v)\mathrm{d}V+\frac{1}{B_0\Delta t}\int_V\Delta(\rho_d\mid\boldsymbol{u}_d\mid^2/2)\mathrm{d}V+$$

$$\frac{1}{B_0\Delta t}\int_V\Delta(\rho_v\mid\boldsymbol{u}_v\mid^2/2)\mathrm{d}V-\frac{1}{B_0}\int_V\overline{Q}\mathrm{d}V-\frac{1}{B_0}\int_V\overline{M}\mathrm{d}V-\frac{1}{B_0}\int_V\overline{C}\mathrm{d}V+$$

$$\frac{1}{B_0}\int_{B_t}\overline{[\boldsymbol{J}_r+\rho_d(h_d+\varphi_d+\mid\boldsymbol{u}_d\mid^2/2)\boldsymbol{u}_d+\rho_v(h_v+\varphi_v+\mid\boldsymbol{u}_v\mid^2/2)\boldsymbol{u}_v]}\cdot\boldsymbol{n}_{\mathrm{out}}\mathrm{d}B_t+$$

$$\frac{1}{B_0}\int_{B_s}\overline{[\boldsymbol{J}_r+\rho_d(h_d+\varphi_d+\mid\boldsymbol{u}_d\mid^2/2)\boldsymbol{u}_d+\rho_v(h_v+\varphi_v+\mid\boldsymbol{u}_v\mid^2/2)\boldsymbol{u}_v]}\cdot\boldsymbol{n}_{\mathrm{in}}\mathrm{d}B_s-$$

$$\frac{1}{B_0}\int_{B_0}\overline{[\boldsymbol{J}_r+\rho_d(h_d+\varphi_d+\mid\boldsymbol{u}_d\mid^2/2)\boldsymbol{u}_d+\rho_v(h_v+\varphi_v+\mid\boldsymbol{u}_v\mid^2/2)\boldsymbol{u}_v]}\cdot\boldsymbol{n}_{\mathrm{out}}\mathrm{d}B_0-$$

$$\frac{1}{B_0}\int_V\overline{\frac{\mathrm{d}p}{\mathrm{d}t}}\mathrm{d}V \tag{13.15}$$

方程(13.15)感热收支方程总共包含了 13 项：干空气存贮的焓能，水汽存贮的焓能，干空气存贮的势能，水汽存贮的势能，干空气存贮的平均动能，水汽存储的平均动能，化学过程损耗，摩擦损耗，体积压缩损耗，垂直对流输送，水平平流输送，地表排放（感热通量）以及气压相关项。

除去通常的存储、水平平流输送、垂直对流输送以及下垫面摩擦，影响体元 V 内的大气动量发生变化的物理因素还有降水和浮力的拖曳作用。因此，动量收支方程可表示为

$$-\tau\equiv\boldsymbol{J}_{\mathrm{fz}}\mid_{z=0}$$

$$=\frac{1}{B_0\Delta t}\int_V\Delta(\rho_d\boldsymbol{u}_d(t_2)-\rho_d\boldsymbol{u}_d(t_1))\mathrm{d}V+\frac{1}{B_0\Delta t}\int_V\Delta(\rho_v\boldsymbol{u}_v(t_2)-\rho_v\boldsymbol{u}_v(t_1))\mathrm{d}V-$$

$$\frac{1}{B_0}\int_V\overline{\boldsymbol{R}}\mathrm{d}V-\frac{1}{B_0}\int_V\overline{\boldsymbol{B}}\mathrm{d}V+\frac{1}{B_0}\int_{B_t}(\rho_d\overline{\boldsymbol{u}_d\otimes\boldsymbol{u}_d}+\overline{\rho_v\boldsymbol{u}_v\otimes\boldsymbol{u}_v})\cdot\boldsymbol{n}_{\mathrm{out}}\mathrm{d}B_t+$$

$$\frac{1}{B_0}\int_{B_s}(\rho_d\overline{\boldsymbol{u}_d\otimes\boldsymbol{u}_d}+\overline{\rho_v\boldsymbol{u}_v\otimes\boldsymbol{u}_v})\cdot\boldsymbol{n}_{\mathrm{out}}\mathrm{d}B_s-$$

$$\frac{1}{B_0}\int_{B_0}(\rho_d\overline{\boldsymbol{u}_d\otimes\boldsymbol{u}_d}+\overline{\rho_v\boldsymbol{u}_v\otimes\boldsymbol{u}_v})\cdot\boldsymbol{n}_{\mathrm{out}}\mathrm{d}B_0 \tag{13.16}$$

方程(13.16)右边由左到右依次是干空气存储、水汽存储、降水拖曳损耗、浮力拖曳损耗、上边界的垂直对流输送、侧边界的水平平流输送以及地表摩擦产生。

由上述方程可见，物质、感热和动量通量非常复杂，为此要做进一步的简化。由连续方程可知 $\dfrac{\mathrm{d}\rho_\xi}{\mathrm{d}t}=\dfrac{\partial\rho_\xi}{\partial t}+\nabla\cdot\rho_\xi\boldsymbol{V}=\overline{S_\xi}$。忽略分子黏性并对其进行雷诺分解可得到体元内物质 ξ

的通量收支方程

$$\frac{\partial \overline{\rho_\xi}}{\partial t}+\left(\frac{\partial \overline{u}\ \overline{\rho_\xi}}{\partial x}+\frac{\partial \overline{v}\ \overline{\rho_\xi}}{\partial y}\right)+\left(\frac{\partial \overline{u'\rho_\xi'}}{\partial x}+\frac{\partial \overline{v'\rho_\xi'}}{\partial y}\right)+\frac{\partial \overline{w\rho_\xi}}{\partial z}=S_\xi \tag{13.17}$$

假设体元满足下列条件：① 平稳（定常）湍流；② 水平均匀（平流可以忽略）；③ 近地面存在常通量层；④ 影响通量的各种程度的涡旋都已被测到；⑤ 测量到的通量代表仪器所在的下垫面。此时，湍流输送（方程第 4 项）为地气输送的唯一机制，便可得到地间物质的通量

$$F(\rho_\xi)=\overline{\rho_\xi w}|_{\delta z} \tag{13.18}$$

同理，动量通量和感热通量可分别简化为

$$-\tau_\xi=\overline{\rho_d uw}|_{\delta z}+\overline{\rho_v uw}|_{\delta z}, \tag{13.19}$$

$$H=\overline{\rho_d(c_{pd}T+|\boldsymbol{u}|^2/2w)}|_{\delta z}+\overline{\rho_v(c_{pv}T+|\boldsymbol{u}|^2/2w)}|_{\delta z}-\overline{\rho_v c_{pv}Tw_v}|_0 \tag{13.20}$$

感热通量可进一步简化

$$H\equiv F(\rho c_p T):c_p\ \overline{\rho w T}|_{\delta z}$$
$$=c_p(\overline{\rho}\ \overline{w}\overline{T}+\overline{\rho}\ \overline{w'T'}+\overline{w}\ \overline{\rho'T'}+\overline{T}\ \overline{\rho'w'}+\overline{\rho'w'T'}) \tag{13.21}$$

2. 韦伯（Webb）修正

值得注意的是，简化后的物质、动量和感热通量均含有表达式：$\overline{w\zeta}$，根据雷诺分解可将其分解成 $\overline{w\zeta}=\overline{w}\ \overline{\zeta}+\overline{w'\zeta'}$。而在前面的假设中，在利用涡度相关法计算通量时，我们假设了平均垂直速度 $\overline{w}$ 是为零的，而实际的实验资料也表明，虽然 $\overline{w}$ 的量级的确非常小（约 0.1 mm/s），但平均垂直速度是客观存在且其通量输送的贡献也非常大。在安装超声风速仪时，我们不能保证仪器绝对垂直于下垫面，尤其是长期垂直于下垫面。然而水平方向风速的一个很小的分量，也会对平均垂直速度产生很大的影响。假设超声风速仪的垂直方向与下垫面的法线之间存在 0.1°的夹角（这个角度属于安装超声风速仪时的误差允许范围），水平风速为 2 m/s，那么此时水平风速在超声风速仪垂直方向上的分量约是 0.1 mm/s，与实际平均垂直速度 $\overline{w}$ 的量级相当。因此，我们不能直接利用超声风速仪所测的垂直风速平均求其平均垂直速度。为了计算 $\overline{w}$，Webb 等人假设干空气通量为零，从理想气体状态方程出发，间接给出了求解平均垂直速度的表达式

$$\overline{w}=(1+\mu\sigma+k)\frac{\overline{w'T'}}{\overline{T}}+\mu\sigma\frac{\overline{w'\rho_v'}}{\overline{\rho_v}} \tag{13.22}$$

其中，$\mu\equiv\dfrac{m_a}{m_v}\sim 1.6$，$\sigma\equiv\dfrac{\overline{\rho_v}}{\overline{\rho_a}}\sim 0.015$。由于 Webb 修正是理想条件下涡度相关法计算通量的经典修正方法，并且其对通量的贡献非常重要，因此，有关通量计算也主要是利用了 Webb 修正计算平均垂直速度的通量贡献，如果考虑地表摩擦作用，那么 Webb 修正可写成

$$\overline{w}=(1+\mu\sigma+k)\frac{\overline{w'T'}}{\overline{T}}+\mu\sigma\frac{\overline{w'\rho_v'}}{\overline{\rho_v}}+2k\frac{\overline{w'u'}}{\overline{u}} \tag{13.23}$$

其中，$k \equiv \dfrac{\overline{\rho u^2}}{2 \overline{p}}$。由方程可见，平均垂直速度的形成总共有三个物理过程：感热输送、水汽蒸发，以及下垫面的摩擦导致的动量变化。这是因为：① 当地气之间存在垂直感热输送时，会导致贴近地表的气体膨胀，从而产生净的平均垂直速度，即热上升，冷下沉，因此热通量能够产生平均垂直速度；② 由于单位质量的液态水体积小于气态水蒸气的体积，因此蒸发过程是使得大气中气体增加的很有效的源，而降水过程则是大气中气体减少的汇，因此对于局地通量来说，水的相变也会产生净的垂直速度；③ 由于地表摩擦作用，将会使得大气平流速度减小，从而产生大量的物质堆积，由于重力作用，堆积的气体将会下沉，因此对于局地通量来说，摩擦作用将会产生向下的净速度。

通过修正后的物质通量公式为

$$F(\rho_\xi) = \overline{\xi} \left(\frac{\overline{\xi' w'}}{\overline{\xi}} + (1 + \mu\sigma + k) \frac{\overline{w' T'}}{\overline{T}} + \mu\sigma \frac{\overline{w' \rho_v'}}{\overline{\rho_v}} + 2k \frac{\overline{w' u'}}{\overline{u}} \right) \tag{13.24}$$

水汽通量公式为

$$E \approx F(\rho_v) = \overline{\rho_v} \left((1 + \mu\sigma + k) \frac{\overline{w' T'}}{\overline{T}} + (1 + \mu\sigma) \frac{\overline{w' \rho_v'}}{\overline{\rho_v}} + 2k \frac{\overline{w' u'}}{\overline{u}} \right) \tag{13.25}$$

感热通量公式为

$$H \equiv F(\rho c_p T) \sim c_p F(\rho T) = c_p \overline{\rho T} \left((1 + \sigma) \frac{\overline{w' T'}}{\overline{T}} + \sigma \frac{\overline{w' \rho_v'}}{\overline{\rho_v'}} \right) \tag{13.26}$$

动量通量公式为

$$\tau = -\overline{\rho} \overline{u} \left(\frac{\overline{w' u'}}{\overline{u}} + \sigma \frac{\overline{w' T'}}{\overline{T}} + \sigma \frac{\overline{w' \rho_v'}}{\overline{\rho_v}} \right) \tag{13.27}$$

在实际测量中，利用涡度相关系统的仪器（如超声风速仪、热线风速仪、白金丝温度仪、Lyman-α 湿度仪等）直接测量大气中的温度、风速、水汽等脉动量即可直接求出相应的通量大小。例如实际观测中获得了垂直速度和某一物质浓度的时间序列（图 13.26），假设平均垂直速度 $\overline{w}$ 真实，该物质在垂直方向上的通量 $\overline{w' c'} = \dfrac{1}{N} \sum_{i=1}^{N} (w_i - \overline{w})(c_i - \overline{c})$，其中 N 为该序列总的样本数。

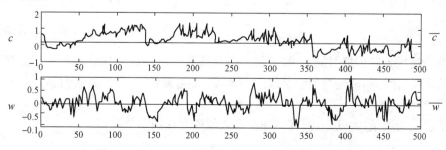

图 13.26 观测的垂直速度（下）和某一物质浓度（上）

涡度相关法在计算通量过程中简单、直接,但在使用涡度相关系统测得的数据时必须注意以下几个问题:首先要对湍流资料进行质量控制和质量保证,包括查找野点、查找随机脉冲、替换插值、去噪等;其次是对通量进行修正,如 Webb 修正、高频修正、低频修正等。

3. 超声风速仪测温度和风速脉动

常用的快响应风速元件有热线风速仪和超声风速仪。热线风速仪的基本原理是通过计算当流体沿垂直方向流过加热的金属丝时,带走金属丝的一部分热量,使金属丝温度下降,根据强迫对流热交换理论,可导出热线散失的热量与流体速度之间的关系。但热线风速仪受大气污染后标定值易偏离,仪器容易损坏。比较而言,超声风速仪则没有这方面的问题,它比较适合于长时间(野外)的高频风速和气温连续观测。除超声风速仪外,白金丝温度仪也可用来测量温度脉动。但白金丝温度仪由于易受冰、雪、强风等的影响而造成元件丝断裂,不宜用于长期观测。

超声风速仪测量原理如图 13.27 所示,图中 R_1 和 R_2 是相对放置的一对换能器,里面的压电晶体是收、发两用型的。当对换能器 R_1 施加脉冲电压时,可产生超声脉冲信号并发射出来,此时换能器 R_2 能够接收到,并把超声信号转化成电信号,输入超声风速仪的芯片中。反之,当在 R_2 上施加脉冲电压时,其发射出的超声脉冲信号能被 R_1 接收,并将超声信号转换成电信号,输入超声风速仪的芯片中。

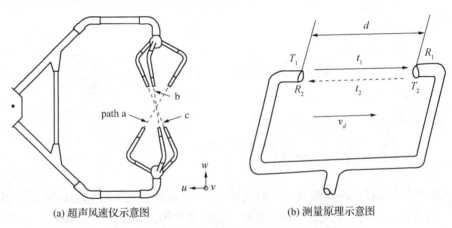

(a) 超声风速仪示意图　　(b) 测量原理示意图

图 13.27　超声风速仪示意图和测量原理示意图

设大气中的声速为 c,v_d 为风速沿该方向的分量,那么超声波由换能器 R_2 传到换能器 R_1 所需时间为 $t_1=d/(c+v_d)$,其中 d 为声程,即 R_1 与 R_2 换能器之间的距离。同理,超声波由 R_1 到 R_2 所需时间为 $t_2=d/(c-v_d)$。联立 t_1 和 t_2 可求得风速和声速分别为 $v_d=\dfrac{d}{2}\left(\dfrac{1}{t_1}-\dfrac{1}{t_2}\right)$ 和 $c=\dfrac{d}{2}\left(\dfrac{1}{t_1}+\dfrac{1}{t_2}\right)$。由此可见,风速和声速是声程 d、声波沿顺风方向传播时间 t_1 和声波沿逆风方向传播时间 t_2 的函数。因此超声风速仪的测速技术归根于测量声波在空气中的传播时间,利用适当的电子线路和装置,就能实现这个时间的测量,进而实现超声风速的测量。

对于温度的测量,大气声速、超声虚温和大气压存在如下关系:

$$c=20.067T_{se}^{1/2}=20.067\left[T\left(1+0.378\dfrac{e}{p}\right)\right]^{1/2} \tag{13.28}$$

因此,已知气压和水汽分压后,根据声波在大气中的传播速度便可求出大气温度。

超声风速温度仪利用声学方法测量三维风、温脉动,它具有以下的优点:① 没有机械转动部件,不存在机械磨损和因结冰而冻住转动部件的问题;② 响应时间快,精度高、量程宽、输出线性,在大气湍流等要素进行精密测定时使用较广,并且可以对气象要素进行全天候的观测;③ 是一种绝对测量的仪器,不需经常标定。

自 20 世纪中叶超声风速仪发明以来,随着实际问题和科学研究的需求越来越高,超声风速仪的开发研制已经获得了长足的发展和改进,仪器外形和其他各方面的性能指标也都有很大的改进和提高。但由于生产厂家的不同,超声风速仪的外形和相应的技术参数、性能等都存在较大的差异(如图 13.28 所示)。国际上最流行的,国内外科研单位购买最多的国外超声风速仪主要有两种:① 侧重于基础研究用的(所谓"研究型")超声风速仪,为英国 Gill Instrument 生产的 R3 型超声风速仪,其外形结构如图 13.28(a)所示,技术参数如表 13.2 所示。② 用于一般观测的超声风速仪,为美国 Campbell Scientific,Inc 所生产的 CSAT3 超声风速仪,外形结构如图 13.28(b)所示,技术参数如表 13.2 所示。

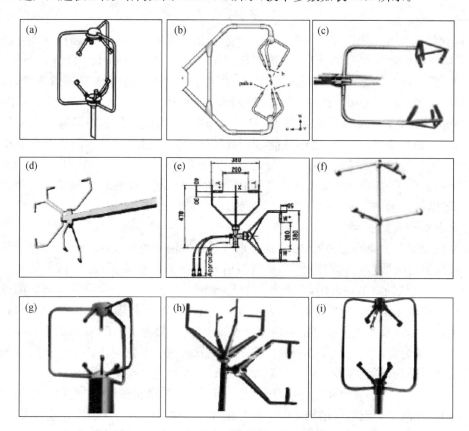

图 13.28　国内外主要使用的超声风速仪声阵的外形结构

(a) R3,Gill;(b) CSAT3,Campbell;(c) UW,NCAR;(d) K - Probe,ATI;

(e) TR61C,Kaijo Denki;(f) USA - 1,Metek;(g) Model 81000,R. M. Young;

(h) UAT - 1,IAP;(i) UAT - 2,IAP。

表13.2 国内外主要使用的超声风速仪的主要参数

声阵	声程 (mm)	换能器直径 (mm)	1/d	正交	最大采样 频率(Hz)	最大风速 (m/s)
R3,Gill(英国)	150	11	14	N	100	45
CSAT3,Campbell Sci（美国）	120	6.4	19	N	60	30
UW,NCAR(美国)	200	10	20	N	20	—
K－Probe,ATI(美国)	150	10	15	Y	10	30
TR90－AH,Kaijo. Denki(日本)	50	5.5	9	Y	—	—
USA－1,Metek(美国)	175	20	9	N	50	60
Model 8100, R. M. Young(美国)	150	13.8	11	N	32	40
UAT－1,IAP(中国)	150	11	14	Y	40	30
UAT－2,IAP(中国)	150	11	14	N	100	40

中国科学院大气物理研究所在我国最早开始了超声风速仪的研究,具有20多年的经验积累,早期研制的第一代(FA－11)和第二代(Ultrasonic Anemometer Thermometer－1,UAT－1,如图13.28(h)所示)超声风速仪已经在北京325 m气象塔长期连续观测,西太平洋科学考察,北极科学考察,青藏高原地气交换观测,中国气象局沙尘暴监测网站以及航空航天气象保障和高速铁路安全保障等获得广泛应用。但是前两代超声风速仪在采样频率(最高到20 Hz)和精度、空气动力学性能、多台仪器组网、数据通信等方面还存在着很多不足。同样,国外的超声风速仪也存在不足之处。因此,对新一代超声风速温度仪(Ultrasonic Anemometer Thermometer－2,UAT－2)的研制提出了要求,目前UAT－2已经生产出样机,其外形结构如图13.28(i)所示,技术参数如表13.2所示。

4. 其他脉动量的测量

湿度脉动测量主要有三种方法,分别是水汽对紫外辐射的吸收(Lyman－α湿度仪)、水汽对红外辐射的吸收(红外湿度计)和微波折射与湿度的依赖关系(微波折射仪)。其中,Lyman－α湿度仪最简单和常用,它需要一个Lyman－α源,一个氧化氮探测器。源以及探测器管道需要以氟化镁作为窗口,因为大多数与其他物质对紫外辐射是不透明的,氧化氮探测器的截止频率以及氟化镁窗口精确地分开了原子氢(波长为121.56 μm)的Lyman－α射线,因此滤去了由源产生的氢发热释放出来的其他发射线。水汽对Lyman－α射线的吸收能力特别强,使得有可能在较短的吸收路径(1 cm)上进行大气湿度的测量。

LI－7500A开路二氧化碳/水汽分析仪是一个高速的、高精密的、非色散红外气体分析仪,可以精确地测量湍流空气结构中的二氧化碳和水汽密度。通过涡动协方差技术,这些数据跟超声风速仪测量的空气湍流数据一起使用,来计算二氧化碳和水汽通量。

13.3.4 梯度法(湍流扩散法)

涡度相关法通过直接测量气象要素的脉动量可直接计算出通量的大小,但该方法对测量的设备和技术要求较高,对数据资料的处理比较复杂,在某些地区条件不具备的情况下用该方法测量通量有一定的难度。那么,能否通过一定的方法,直接用这些要素的平均值及其梯度值来计算通量呢？基于湍流运动与分子运动的相似性，用虚拟的黏滞性系数、传导系数、扩散系数来表示动量或任何其他物理属性的输送，这些系数的定义与分子方面相应各系数的定义极为相似，这些系数统称为湍流交换系数。根据这种设想，可以写出任一物理属性的垂直扩散方程（K 理论）：$F_s = -\rho K_s \dfrac{\partial \bar{s}}{\partial z}$，$s$ 为任一要素，$\dfrac{\partial \bar{s}}{\partial z}$ 为该要素的垂直梯度，K_s 为要素 s 的湍流交换系数，可理解为 s 的某一梯度大小时，单位时间内，单位空气中所含物理量 s，因湍流作用沿垂直方向输送的数量。所以 K_s 的量纲是长度的平方除以时间：$L^2 \cdot t^{-1}$，用 $cm^2 \cdot s^{-1}$ 或者 $m^2 \cdot s^{-1}$ 表示。

相应的动量、感热、潜热和二氧化碳通量可分别表示为

$$\tau = -\rho \overline{w'u'} = \rho K \frac{\partial \bar{u}}{\partial z} \tag{13.29}$$

$$H = \rho c_p \overline{w'\theta'} = -\rho c_p K \frac{\partial \bar{\theta}}{\partial z} \tag{13.30}$$

$$L = \rho l_v \overline{w'q'} = -\rho l_v K \frac{\partial \bar{q}}{\partial z} \tag{13.31}$$

$$F_{CO_2} = \rho \overline{w'c'} = -\rho K \frac{\partial \bar{c}}{\partial z} \tag{13.32}$$

因此，各个通量的计算可归结于对湍流扩散系数 K_s 大小的计算和对应物理量梯度 $\dfrac{\partial \bar{s}}{\partial z}$ 的计算。

根据 Monin-Obukhof（M－O）相似理论，在中性层结（$\partial \bar{\theta}/\partial z = 0$）的条件下，仅有机械湍流，由 π 定理可以导出风速廓线和湿度廓线分别为 $\dfrac{\partial \bar{u}}{\partial z} = \dfrac{u^*}{kz}$ 和 $\dfrac{\partial \bar{q}}{\partial z} = \dfrac{q^*}{kz}$。其中 k 是卡尔曼常数，一般取 0.4，$u^* = [(-\overline{u'w'})^2 + (-\overline{v'w'})^2]^{1/4}$ 是摩擦速度；$q^* = -\overline{w'q'}/u^*$ 是摩擦湿度或者特征湿度。同理，$\theta^* = -\overline{w'\theta'}/u^*$ 是摩擦温度或者特征温度。在下边界有

$$\bar{u}(z = z_0) = 0$$

$$\bar{\theta}(z = z_0) = \theta_0$$

$$\bar{q}(z = z_0) = q_0$$

对风速、位温和湿度廓线进行积分，可得到中性层结条件下风、温、湿的廓线方程分别为：

$$\bar{u}(z) = \frac{u^*}{k} \ln \frac{z}{z_0} \tag{13.33}$$

$$\bar{\theta}(z) = \theta_0 \tag{13.34}$$

$$\bar{q}(z) = \frac{q^*}{k} \ln \frac{z}{z_0} + q_0 \tag{13.35}$$

其中 z_0 为速度 $\bar{u}$ 为零所在的高度，称之为地表粗糙度，它随稳定度而变化。在实际观测中，

可将测量风速进行线性回归,或将风速廓线图上曲线外延及至它与代表高度的坐标轴相交,所对应的高度即为粗糙度。

在非中性层结的情况下,大气处于稳定或者不稳定状态,动力因子和热力因子同时发生作用,此时根据 M-O 相似理论可导出近地层风速、温度和湿度的无量纲化微分形式的普适廓线方程分别为

$$\frac{kz}{u^*}\frac{\partial \bar{u}}{\partial z}=\varphi_m\left(\frac{z}{L}\right) \tag{13.36}$$

$$\frac{kz}{\theta^*}\frac{\partial \bar{\theta}}{\partial z}=\varphi_h\left(\frac{z}{L}\right) \tag{13.37}$$

$$\frac{kz}{q^*}\frac{\partial \bar{q}}{\partial z}=\varphi_q\left(\frac{z}{L}\right) \tag{13.38}$$

式中,$L=\dfrac{Tu_*^2}{kg\theta^*}$ 为 M-O 长度,g 和 T 分别是重力加速度和大气温度。根据 K 理论:$-\overline{w'u'}=K_m\dfrac{\partial \bar{u}}{\partial z}$；$-\overline{w'\theta'}=K_h\dfrac{\partial \bar{\theta}}{\partial z}$；$-\overline{w'q'}=K_q\dfrac{\partial \bar{q}}{\partial z}$,可得到湍流动量、热量、水汽交换系数分别为：

$K_m=\dfrac{ku^*z}{\varphi_m\left(\frac{z}{L}\right)}$，$K_h=\dfrac{ku^*z}{\varphi_h\left(\frac{z}{L}\right)}$ 和 $K_q=\dfrac{ku^*z}{\varphi_q\left(\frac{z}{L}\right)}$。

近地层风速、温度和湿度的无量纲化微分形式的普适廓线方程进行积分,可以得到上述三个要素积分形式的方程分别为

$$\bar{u}=\frac{u^*}{k}\left[\ln\frac{z}{z_0}-\psi_m(\zeta)\right] \tag{13.39}$$

$$\bar{\theta}=\theta_0+\frac{\theta^*}{k}\left[\ln\frac{z}{z_0}-\psi_h(\zeta)\right] \tag{13.40}$$

$$\bar{q}=q_0+\frac{q^*}{k}\left[\ln\frac{z}{z_0}-\psi_q(\zeta)\right] \tag{13.41}$$

其中,$\zeta=z/L$ 为大气稳定度,$\psi_s(\zeta)=\displaystyle\int_{\zeta_0}^{\zeta}[1-\varphi_s(\zeta)]\mathrm{d}\ln\zeta$ 为稳定度修正函数,$s=m$、h 和 q。通常假设 $\varphi_q(\zeta)=\varphi_h(\zeta)$,即有 $\psi_q(\zeta)=\psi_h(\zeta)$。从相似理论本身无法得到无量纲化函数 $\varphi_s(\zeta)$ 的表达式,但其可根据观测实验给出对应的经验公式。如在稳定情况下 $\zeta>0$,动量和感热无量纲化函数可分别表示为 $\varphi_m(\zeta)=1+\beta_m\zeta$ 和 $\varphi_h(\zeta)=a+\beta_h\zeta$；在不稳定情况下 $\zeta<0$,动量和感热无量纲化函数可分别表示为 $\varphi_m(\zeta)=(1-\alpha_m\zeta)^{-1/4}$ 和 $\varphi_h(\zeta)=a(1-\alpha_h\zeta)^{-1/2}$；根据拟合计算可知 $\beta_m=\beta_h=4.7,a=0.74,\alpha_m=15$ 和 $\alpha_h=9$。将普适的无量纲化公式代入稳定度修正函数的积分公式,可计算出对应的稳定度修正函数。在稳定情况下动量和感热的稳定度修正函数分别为 $\psi_m(\zeta)=\beta_m\zeta$ 和 $\psi_h(\zeta)=\beta_h\zeta$；不稳定情况下则分别为 $\psi_m(\zeta)=\ln\dfrac{(1+x_m)^2}{2(1+x_m^2)}-\arctan\left(x_m+\dfrac{\pi}{2}\right)$ 和 $\psi_h(\zeta)=2\ln\dfrac{1+x_h^2}{4}$。其中,$x_m=(1-\alpha_m\zeta)^{1/4}$,$x_h=(1-\alpha_h\zeta)^{1/4}$。

为此,通过经验方法得到动量、热量和水汽无量纲化公式后便可求出对应的湍流交换系数 K_m、K_h 和 K_q;积分求得大气稳定度修正函数后便可求出任一高度上风速、温度和湿度的垂直廓线函数 $\partial \bar{u}/\partial z$、$\partial \bar{\theta}/\partial z$ 和 $\partial \bar{q}/\partial z$。对于上述方程中的变量 u^*、θ^*、L、z/L 和 q^*,首先,可基于通量廓线的关系式,如 $\dfrac{kz}{u^*}\dfrac{\partial \bar{u}}{\partial z} = \varphi_m\left(\dfrac{z}{L}\right)$,根据已测量的某两层或者多层的变量差分值如 $\dfrac{\Delta u}{\Delta z}$ 代替梯度值 $\dfrac{\partial \bar{u}}{\partial z}$,并给定一对 u^* 和 θ^* 适当的初值,采用迭代法计算出 u^*、θ^*、L 和 z/L,最后根据 u^*、θ^*、L 和 z/L 计算 q^* 等其他参数。由此便可根据测量的平均气象要素计算其对应垂直方向上的通量大小。

涡度相关法测量通量的理论依据是质量和能量守恒,其观测系统主要采用具有高频脉动量测量能力的仪器,如超声风速仪。梯度法的理论依据是相似理论和湍流扩散半经验理论(也称 K 理论),其观测系统则是由空气温度、相对湿度、风速梯度、辐射及土壤观测等常规的背景观测系统,包括温湿度传感器、空气温度传感器、风速传感器、净辐射、光合有效辐射及红外表面温度传感器、土壤温度测量仪等。

梯度法估算通量的优点在于用低成本的慢速响应传感器就能测量平均廓线,然后再从平均廓线中推导出通量。但该方法也有一定的局限性:① 通量和平均廓线之间的关系是经验参数化的;② 廓线形状有时还受诸如粗糙度或零平面位移等因子的变化而变化;③ 因为是基于近地层相似,所以只能计算近地面通量;④ 对于城市这样高度复杂的下垫面地表通量,此时 M-O 相似理论是否成立还需要进一步的研究,因此,还能否使用梯度法估算通量也需要进一步的研究。

13.3.5　鲍恩比(波文比)能量平衡法

1926 年 Bowen 提出以能量平衡方程与近地层梯度扩散理论为基础的鲍恩比法计算近地层潜热通量与感热通量。鲍恩比 β 定义为某一界面上感热通量与潜热通量的比值,为垂直方向上温度梯度和温度梯度的函数,可表示为

$$\beta = \frac{H}{L} = \frac{\rho c_p K_h \dfrac{\partial \bar{\theta}}{\partial z}}{\rho l_v K_v \dfrac{\partial \bar{q}}{\partial z}} = \gamma \frac{K_h \dfrac{\Delta \theta}{\Delta z}}{K_v \dfrac{\Delta q}{\Delta z}} = \gamma \frac{\Delta \theta}{\Delta q} \tag{13.42}$$

其中,L 为潜热,H 为感热,K_h 和 K_v 分别为热量湍流交换系数和水汽湍流交换系数,根据相似性原理,K_h 近似于 K_v。$\gamma = c_p/l_v \approx 0.0004$ 为干湿表常数。根据地表能量平衡方程 "$-Q_S^* + Q_G = H + L$" 可得感热和潜热分别为

$$H = \frac{-Q_S^* + Q_G}{\dfrac{\Delta q}{\gamma \Delta \theta} + 1} \tag{13.43}$$

$$L = \frac{-Q_S^* + Q_G}{\dfrac{\Delta \theta}{\gamma \Delta q} + 1} \tag{13.44}$$

其中 Q_S^* 为净辐射通量,Q_G 为土壤热通量。如果近地层中的 Δq 与 $\Delta \theta$ 的简单测量是用测杆上两个不同高度上的传感器进行的,并且如果净辐射是实测的,地面通量是实测或估计的,那么就能求出地面感热和潜热通量。对于地表一薄层,其所吸收的净辐射通量 $Q_S^* = (R_{si} - R_{sr}) + (R_{la} - R_{lg})$;其中,$R_{si}$ 为太阳总辐射(短波),R_{sr} 为大气向上反射的短波辐射,R_{la} 为大气向下的大气长波辐射,R_{lg} 为地表向上的长波辐射,这几项都可以通过辐射表直接测到。

鲍恩比方法估算地表通量存在自身的优缺点。该方法的测量原理简单(地表能量平衡),通过测量能够得到地表感热、潜热通量及能量收支方程中的其他分量,但在某些时刻,例如日出、日落(尤其是日落时),Δq 与 $\Delta \theta$ 很小,由此会引起很大的误差。

§13.4　边界层探测的注意事项和仪器的安装与维护

13.4.1　观测资料的要求

近地面层的气象要素存在空间分布不均匀性和时间变化上的脉动性,因此,地面气象要素观测必须满足代表性、准确性和比较性三个基本要求(见地面观测规范对近地面气象要素观测的要求),在利用气象塔进行边界层的观测时,观测资料也必须遵循地面观测规范。

代表性:观测记录不仅要反映观测的气象状况,而且要反映周围一定的平均气象状况。在观测场地和塔的选址、观测仪器性能以及确定观测高度时必须充分考虑观测资料的代表性要求。

准确性:观测记录要真实地反映实际气象状况。地面气象观测站的各观测平台使用的观测仪器性能和制订的观测方法要充分满足地面观测规范中规定的准确度要求。

比较性:不同地方的气象台站在同一时间观测的同一气象要素值,或同一个气象台站在不同时间观测的同一气象要素值能进行比较,从而能分别表示出气象要素的地区分布特征和随时间的变化特点。地面气象观测在观测时间、观测仪器、观测方法和数据处理等方面要保持高度统一,其观测资料才具备可比较性。

13.4.2　地面观测场环境条件要求

气象站站址在满足科研目的的同时,必须符合观测技术上的要求,也应考虑后勤保障和维护上的便利。

首先,观测场是取得地面气象资料的主要场所,地点应设在能较好地反映本地较大范围气象要素特点的地方,避免局部地形的影响。

其次,观测场四周必须空旷平坦,避免建在陡坡、洼地或邻近有丛林、铁路、公路、烟囱、高大建筑物的地方,避开地方性雾、烟等大气污染严重的地方。

第三,观测场四周障碍物的影子应不会投射到辐射观测仪器的受光面上,在日出日落方向障碍物的高度角不超过5°,附近没有反射阳光强的物体。

在布置或者设计地面观测场时,观测场一般为与周围大部分地区的自然地理条件相同的 16 m(南北向)× 12 m(东西向)的正南北和正东西平整场地。无单独辐射支架的观测场可取 15 m × 15 m 的场地。观测场四周一般设置不超过 1.5 m 高的稀疏围栏,围栏所用材料不宜反光太强。场地应平整,保持有自然地表和植被。场地内仪器线缆需埋设于地下,并保持场地的自然状态(如图 13.29 所示)。

图 13.29 微气象观测场

观测场内仪器设施的布置要注意互不影响,便于观测操作。具体要求如下:高的仪器设施安置在北边,低的仪器设施安置在南边;各仪器设施东西排列成行,南北布设成列,相互间隔不小于 3 m,仪器距观测场边缘护栏也不小于 3 m(如图13.30 所示)。对于微气象观测塔,除特别要求外,风、温、湿梯度观测传感器一般架设在 2 m 和 10 m 高度上,详见本章第二节见有关气象塔的架设。辐射架要求是辐射观测仪器一般安装在观测场南边高度为 1.5 m,长度大于 2 m 的支架上;观测仪器感应面应保持水平,并不能受任何障碍物影响;下垫面保持自然状态。土壤剖面的要求是土壤传感器一般安装在观测场的东北角,土壤剖面一般位于土壤坑的西边或南边,并按 0.1、0.2、0.4、0.8、1.2 和 1.6 m(如果土壤坑由于冻土或集石等的存在只能挖至1.2 m深

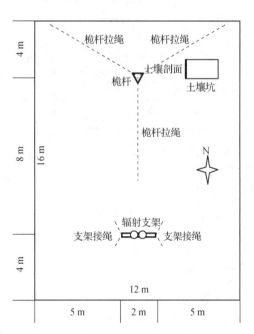

图 13.30 气象观测场布置的基本要求示意图

度,则按 0.05、0.1、0.2、0.4、0.8 和 1.2 m)的深度布设土壤温度和水分传感器,土壤热流传感器分别布设在 0.05 和 0.15 m 深度上。土壤坑在挖掘和填埋时,地下土壤应采取分层处理,

以便保持土壤的自然状况。

13.4.3　观测仪器的要求

地面气象观测仪器的总体要求：首先，仪器必须由正规生产厂家生产，并且满足准确度规定的要求。其次，其可靠性要高，保证获取的观测数据可信。第三，仪器结构简单、牢靠耐用、稳定，保证能够持续长时间连续运行。第四，操作和维护方便，具有详细的技术及操作手册。

目前，地面气象观测站使用的观测设备基本技术性能应符合表 13.3 的基本要求，传感器要选择有国际认证并符合国家标准的型号。

表 13.3　常规气象要素观测仪的技术性能指标

测量要素	测量范围	分辨率	准确度	参考传感器
气温	−40 ℃～60 ℃	0.1 ℃	0.2 ℃～0.4 ℃	HMP45C(芬兰 Vaisala)
相对湿度	0～100％	0.1％	2％～3％	
气压	500～1 100 hPa	0.01 hPa	0.5～1.2 hPa	PB100/PB210(芬兰 Vaisala) CS100(美国 Campbell)
风向	0～360°	0.5°	4°	010C‑I,014A/024A,034A (美国 MetOne)
风速	0～53 m/s	0.4 m/s	0.12 m/s	
降水量	0～4 mm/min	0.25 mm	0.5％～2.0％	380(美国 MetOne) 52202(美国 R. M. Young)
雪深	0.5～10 m	0.25 mm	10 mm	SR50A(美国 Campbell)
土壤温度	−50 ℃～70 ℃	0.1 ℃	0.25 ℃～0.6 ℃	109(美国 Campbell)
土壤水分	0～50％	0.1％	0.1％	CS616(美国 Campbell)
土壤热流	0～300 W/m²	0.1 W/m²	3％	HFP01(美国 Hukseflux) MF‑140(日本 EKO)
总辐射和反辐射	0～1 400 W/m²	0.1 W/m²	5％～10％	CM3(美国 Campbell) PSP(美国 EPPELY) MS101(日本 EKO)
地面有效辐射和天空长波辐射	0～600 W/m²	0.1 W/m²	5％～10％	CG3(美国 Campbell) PIR(美国 EPPELY) MS201(日本 EKO)

13.4.4　观测仪器安装与维护

1. 风速风向传感器

风向、风速传感器要求安装在没有建筑物和树的地方，距离建筑物和树的距离至少要

10 倍于它们的高度;安装时要保持风杯的水平和风向的校北/南,每一年要更换转动轴承,恶劣地区每半年要更换,每 2～3 年要进行传感器标定。

2. 涡度相关系统

涡度相关系统的架设要求:超声风速仪和水汽/二氧化碳分析仪架设在同一高度,水汽/二氧化碳分析仪不能靠超声风速仪太近,超声风速仪与水汽/二氧化碳分析仪均指向盛行风的方向,如果使用金属丝温度仪,则架设在超声风速感应探头中间(图 13.31)。

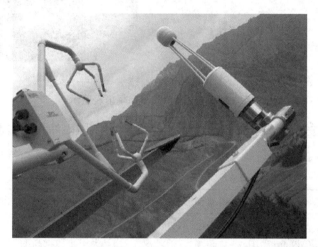

图 13.31　安装在塔层上的超声风速仪和水汽/二氧化碳通量仪

超声风速仪的维护:以 CSAT3 为例,主要检查传感器的感应头之间是否有杂物,例如蜘蛛网、大风刮来的塑料袋等。注意雨天的水滴可以通过防雨滴网流下来,不用人工去除,但要定期检查防雨滴网的位置不要让其超出传感器头,并且在防雨滴网的伸出三角朝外。每一年要进行超声风速仪的标定。

水汽/二氧化碳通量仪的维护:以 LI7500 为例,首先清洁光路,主要检查分析仪的光路是否清洁,如果系统的 AGC 值大于 65,那么就需要检查系统的光路清洁度,尤其是在雨后、大风天后和沙尘暴结束后是需要清洁的,在此期间的数据质量是不高的,或者不可信的。其次更换干燥剂。在分析仪内部有两个塑料瓶,内部装有小苏打和高氯酸镁,用来保持分析仪内部的检测室内没有水汽和二氧化碳。瓶内物质一般一年左右更换一次,更换以后仪器需要重新标定后才能继续使用。

3. 空气温湿传感器和辐射表

湿度传感器要求架设在至少有 9 m 半径的空旷场地上,距周围建筑物的距离应大于建筑物高度的 4 倍,距离铺设路面或场地的距离至少 39 m。传感器要有防热辐射的保护罩,并保持通风。每一年要进行传感器标定。

辐射表安装位置的下垫面应代表周围大范围的整体状况,且需架设在观测场的南侧或桅杆的南面,以避免周围物理阴影的影响。辐射表架设高度应高于 1.5 m,以避免自身阴影的影响,同时要进行水平调整。一般情况下每两年要进行传感器标定。如图 13.32 所示为相应的仪器。

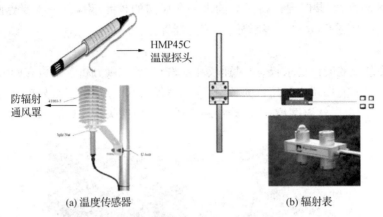

（a) 温度传感器　　　　　　　　　　　　　（b) 辐射表

图 13.32　湿湿传感器和辐射表图示

更多关于仪器的架设要求可参见表 13.4，其中列举了国内外几种主要微气象观测传感器的架设要求。

表 13.4　国内外几种主要传感器架设要求

传感器类型	测量高度或者深度	遮挡方面的考虑
风向、风速	10 m(中国，WMO 和欧洲) (3 ± 0.1) m(美国) 梯度观测：(2 ± 0.1) m，(10 ± 0.5) m (美国)	大于遮挡物高度 10 倍的距离
空气温湿度	2 m(中国和欧洲) (1.5 ± 1) m(美国)，$1.25 \sim 2$ m(WMO) 梯度观测：2 m 和 10 m (欧洲)	有通风的防辐射罩，大于遮挡物高度 4 倍的距离，原理铺设区 30 m
辐射	1.5 m(中国) <3 m(美国 Campbell) 架设高度应便于校准水平和清洁传感器	天空不能有遮挡，但容许与传感器应面的仰角小于 10° 的目标物
降水	1 m(中国) (1.0 ± 0.2) m(美国) >30 cm(WMO)	大于遮挡物高度 4 倍的距离，接雨口应保持水平，避免溅雨和堆雪影响
土壤温湿度	5、10、20、40、80、160、320 cm(中国) (10 ± 1.0) m(美国) 5、10、20、50、100 cm(WMO)	测量区域的土壤与半径 30 m 范围内的土壤需保持一致

对于其他地面观测站仪器设备的维护，总体而言，要求如下：在常规观测期间，至少每两个月维护一次，在加强观测期间，至少每两周维护一次。维护过程必须派专业技术人员到现场对观测站点和仪器设备进行检查。其中，检查和维护的具体内容为：场地、观测仪器设备和电缆等是否有人为破坏和自然损坏的情况，太阳能板和电瓶等供电设备和数据采集器是否工作正常，雨量筒的漏斗有无堵塞，风向风速传感器是否转动灵活及辐射表头是否清洁，数据采集器的时钟和实时数据是否准确，下载近期的观测资料等。

对出现的情况或问题进行现场处理，现场处理不了的问题待处理后应尽快解决，以确保观测资料的连续性和完整性。定期检查和维护的情况应当以文字、照片或者截屏的形式记录备案。在维护和检查过程中,下载的观测数据应及时进行检查和整编,具体内容包括检查资料序列的连续性,检查观测资料是否出现奇异值或者不合理值,建立经初步质量控制的观测资料连续序列,绘制各种观测变量随时间的变化曲线。原始数据和资料检查情况要求归档备案。

§13.5　大气边界层探测资料分析

由于仪器的系统误差、故障及传输记录过程中的一些原因,会出现一些虚假观测结果,从而导致观测数据出现完整性、气候一致性、内部一致性、时间一致性、空间一致性等一系列问题。因此,在对这些数据进行分析之前,必须对其进行检查和订正。本节首先介绍气象塔等所测的平均场资料场的质量控制和湍流资料场的质量控制及质量保证;其次,讨论涡度相关法计算地气通量中,经过质量控制和质量保证后湍流资料的处理,如坐标转换和平均时间。

13.5.1　平均场资料场的质量控制

平均场资料场的观测过程中,一般会出现以下几个方面的问题:① 不符合一般的气候统计特征,如温度超过 60 ℃,风速达到 100 m/s;② 没有物理意义的数据,如风向大于360°,风速数值为负;③ 不满足时空变化的连续性;④ 由于信号传送或仪器工作发生故障而导致的数据遗失或“僵值”(观测值长时间固定)。本节以对北京 325 m 上的平均场观测资料的质量控制为例,扼要介绍平均场观测资料的质量控制流程。

参考《中国科学院北京气象塔观测资料集》中的资料质量控制方法,建立了一系列判断虚假数据的判据。通过这些判据,初步将原始数据分为以下三类:可以使用的质量完好的数据(“0”类数据);存在疑问的,还需要进一步甄别的数据(“1”类数据);质量不好的,需要订正的数据(“2”类数据)。具体的判断流程如下:

首先是查找僵值。僵值是由于信号传送或仪器工作发生故障而导致在某一时段的测值一直不变的情况。通过反复调看数据,发现气象塔观测资料中风速较温度和相对湿度容易出现僵值,而实际中风速较温度和湿度更具有阵性,这可能是由于风杯性能不够稳定,易受环境干扰而导致风速较多地出现僵值;但是由于相对湿度随时间变化非常小,因此质量控制时我们未对相对湿度进行僵值判定。

判断僵值的原则:考虑到气象塔所测资料的频率比较快,因此把连续出现某个测值的数目超过 10 个的数据段判定为僵值。如果找出的僵值与僵值以后第一个与之不同的数据之差大于某个数值(风速:$\Delta u > 0.5$ m/s,温度:$\Delta T > 5.0$ ℃,风向:$\Delta > 0.0$),那么这段数据判定为“2”类数据,否则就判为“1”类数据,予以保留。

其次,反复查看气象塔观测数据时还发现数据中有很多缺测的数据用 0 取代。本文判断原则是,如果所测的 5 个变量(风速的西北臂、风速的东南臂、风向、温度、湿度)都为 0,那么该层数据判为“2”类数据。

第三,查找野点。这主要是针对不符合一般气候统计特征以及没有物理意义的数据。对于温度,北京历史最低温度是 1967 年 12 月 8 日的 −16.0 ℃,历史最高温度是 1942 年6 月15 日的 42.6 ℃,因此资料质量控制的时候,温度凡是在[−20,50](单位为℃)以外的都判为"2"类数据。对于风速,由于风速具有很大的阵性,因此质量控制的时候,风速所取的范围较大,其阈值取为$[0,50]$(单位为 m/s)。对于相对湿度,通过反复调看数据,发现相对湿度在 30% 以下的比例很小,因此相对湿度所取的范围是$[15\%,100\%]$,在这些阈值之外的都判为"2"类数据。对于风向,凡是大于 360° 的风向都判为"2"类数据。

第四,时间连续性控制。对于数据序列 $x(i-2)$、$x(i-1)$、$x(i)$、$x(i+1)$、$x(i+2)$ 和 meanX,其中 meanX 为 $x(i-2)$、$x(i-1)$、$x(i+1)$ 以及 $x(i+2)$ 的平均,如果 $x(i)-$ meanX 的绝对值大于某个数值 Δ_1,那么可以判断 $x(i)$ 不满足连续性,判定为"2"类数据,如果 $x(i)-$ meanX 的绝对值大于某个数值 Δ_2 而小于 $\Delta_1(\Delta_2<\Delta_1)$,那么可以判定 $x(i)$ 为"1"类数据。其中 Δ_1 和 Δ_2 的取值带有一定的主观性,兼顾数据连续性和边界层大气湍流的性质,资料质量控制时 Δ_1 取值为:$\Delta_1 u=4.0$ m/s,$\Delta_1 T=5.0$ ℃,$\Delta_1=360°$(风向不具有连续性),$\Delta_1 f=2.0$;Δ_2 取值为:$\Delta_2 u=2.0$ m/s,$\Delta_2 T=2.0$ ℃,$\Delta_2=360°$(风向不具有连续性),$\Delta_2 f=1.0$。

第五,空间连续性控制,与时间连续性控制类似的判据。

第六,数据插值。经过上面的处理,我们已经初步将原始数据分为三类:(1)可以使用的质量完好的数据("0"类数据);(2)存在疑问的,还需要进一步甄别的数据("1"类数据);(3)质量不好的,需要订正的数据("2"类数据)。对于"1"类数据,利用其他资料,经过人工查看,以确定其还能不能继续使用;对于"2"类数据,我们推荐使用中间插值的办法,替换这些明显存在问题的数据。

经过初次质量控制以后,仍然还有一些虚假数据未被剔除订正,因此必须通过人工查找,再次进行插值而得到最终数据。对于大片出现虚假数据的情况,插值已经没法进行,这样的数据用非数值数据标出。整体上说,气象塔所测资料质量还是比较好的,野点的出现只是个别情况,尤其是近年来气象塔仪器设施改进以来,资料质量提高很多,这套质量控制系统基本能将气象塔历史数据处理好。

13.5.2 湍流资料的质量控制及质量保证

与平均场资料场类似,湍流场的观测过程中也会出现问题,湍流资料在投入科学研究或者其他方面应用前除了进行质量控制外,还需要进行质量保证。目前有关湍流资料的质量控制方案已经比较完备,通过以下四个步骤来处理湍流资料,从而得到较为可靠的数据序列。

首先,查找野点。这里主要挑出不符合一般气候统计特征以及物理上解释不通的数据。同样以北京为例,其历史最低温度是 1967 年 12 月 8 日的 -16.0 ℃,历史最高温度是 1942 年 6 月 15 日的 42.6 ℃,因此对于在北京地区的观测实验,对超过该阈值的观测资料都可以视为野点。为了最大限度保护原始资料,考虑到各物理量的湍流脉动性质,对各气象要素,我们推荐的取值范围为:水平风速是 $0\sim50$ m/s,垂直风速是 $0\sim5$ m/s,温度是 -20 ℃~50 ℃,湿度是 $1\sim30$ g/m^3,CO_2 浓度是 $600\sim1\,200$ mg/m^3。如图 13.33 所示,是观测过程中出现野点的情况,CO_2 浓度异常大,这可能与观测仪器 LI-7500 镜面有水滴污染有关。当然,针对不同的实验,气象要素的阈值还需要调整,例如台风天气形势下的湍流观测资料,风速的取值就要大很多。

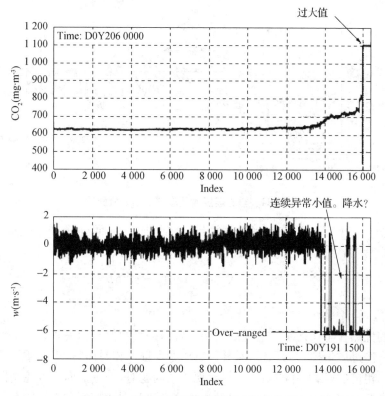

图 13.33　CO_2 和垂直速度观测中出现的野点

其次,查找随机脉冲。由于传感器上的水汽凝结等原因会导致数据接收系统和数据传输系统产生一些随机脉冲,因此进行质量控制时,需要查找出这些随机脉冲。对于满足 Gauss 分布的随机变量,从其概率密度分布 P_{df} 图形上来看,其基本上只在区间 $[\mu-2\sigma, \mu-2\sigma]$ 内取值(94.44%),取值落在 $[\mu-3\sigma, \mu-3\sigma]$ 之外的可能性不到 3%。而对于左右对称的指数分布,随机变量的取值更向均值靠近。然而,由于湍流间歇性和相干结构的普遍存在,实际大气湍流资料概率密度分布存在很多不对称的情况,有时存在很大的偏斜度,因此概率密度分布图中会出现长尾现象。综合 Vickers 和 Højstrup 的方法,先求出 $\Delta X_i = X_{i+2}-X_i$ 的 P_{df} 分布及其方差,然后将 $|\Delta X|>n\sigma$ 的值视为随机脉冲。考虑湍流资料中 P_{df} 的长尾现象,为了最大限度地保护原有资料,避免误将间歇性信号剔除,对于风速资料,本书推荐取 $n=4$;而对于温度和湿度这样的标量,取 $n=5$。这样对原始资料进行质量控制时只剔除很明显的随机脉冲。如图 13.34 所示,垂直速度时间序列图上,用红色实线部分即为根据随机脉冲查找方法筛选出来的随机脉冲,在质量控制时必须将其剔除。

第三,人工查找。资料经过前面两项的质量控制后,可能还存在一些问题数据,必须经过人工进一步查找保证数据质量。

第四,数据差值。经过前三步的处理,资料中的问题数据已经标记出来,对于这些质量不好的数据,推荐利用 Højstrup 的插值方法进行插值替换

$$x_i = x_{i-1}R_m + (1-R_m)X_m \tag{13.45}$$

其中,x_i 代表观测数据,i 代表数据位置,R_m 是 x_i 前面 m 个数据的相关系数,X_m 是 x_i 前

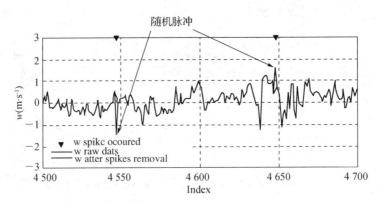

图 13.34　垂直速度时间序列上的随机脉冲

面的 m 个数据的平均值,取 $m=100$。计算出 x_i 后,加上前面 m 个样本数据后,总的样本数为 $M=m+1$。新序列(M 个样本)的平均值和相关系数分别为

$$X_{m,i}=X_m(1-1/M)+x_i/M \tag{13.46}$$

$$R_{m,i}=R_m(1-1/M)+(x_i-X_{m,i})/(x_{i-1}-X_m) \tag{13.47}$$

该插值方法的优点在于保证了插值前后的湍流资料的平均值和相关系数是一致的。

　　湍流资料经过质量控制后,必须对其进行质量保证。相对而言,以上质量控制过程相对还是比较简单粗糙的,当大片的湍流资料出现质量问题时,经过上面质量控制以后所得的数据仍然不能直接使用;除此之外,利用涡度相关法计算通量,湍流资料需要满足平稳性和相似性的假设。因此,还需要对上面质量控制以后的数据进行质量保证,参考 FLUXNET 的建议,可以把数据资料的质量分为以下三个等级:可以使用的,可疑的以及必须舍弃的。对于可以使用的数据,可以直接用来计算湍流通量等;而对于可疑的数据,需要寻找观测时段的其他资料再次甄别;必须舍弃的数据,则是质量太差,计算通量时不能使用的数据。基于 FLUXNET 所推荐的质量保证方案介绍如下:

　　首先,振幅分辨率检验。当风速较小且层结稳定时,由于湍流较弱,观测仪器的精度不足以捕捉到此时的湍流信号,使得所测资料的时间序列呈现阶梯状的分布。或者当仪器失灵,数据记录以及处理系统发生故障时,所测资料也出现了阶梯状的时间序列分布(如图 13.35 所示)。此时的湍流资料的质量问题称为振幅分辨率问题。参考 Vickers 等的质量保证方案,取 1 000 个样本这样的时间序列为滑动窗,求出该组数据的概率密度(P_{df})分布。如果数据

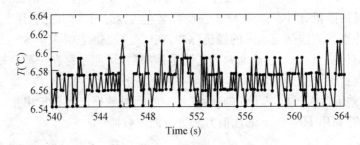

图 13.35　气温观测中出现的振幅分辨率问题

质量较好,不存在振幅分辨率问题,此时的 P_{df} 是一条较为光滑的曲线;而当原始数据存在振幅分辨率问题时,其 P_{df} 为锯齿状的分段折线,将会在很多位置出现 P_{df} 为零的情况。当 P_{df} 为零的数据达到 50% 时,这样的数据认为是存在疑问的数据;而当 P_{df} 为零的数据达到 70% 时,这样的数据属于严重有问题的数据,计算通量时不予考虑这部分数据。

其次,僵值检验。由于信号传输或数据记录以及仪器发生故障而导致在某一时段的湍流资料观测值几乎不变时,称这样的数据为僵值,如图 13.36 所示。当计算通量的湍流资料中含有僵值时,会导致计算所得的通量偏小,并且所取时间序列中僵值数目越多,僵值越偏离平均值,计算所得的通量越小。Vickers 等的研究表明,当僵值的大小接近时间序列的平均值时,通量会随着僵值数目的增加而缓慢减小,当僵值的数目超过 10% 时,计算所得的湍流通量将减小 2%。而当僵值的大小接近极值(所谓的极值是指在所取样本中,其值大于 90% 的样本,而小于 10% 的样本,这样的数据称为极值)时,只要僵值的数据达到 6%,计算所得的湍流通量就显著减小。为了简化处理,可以只将僵值的数目标定出来,因此定义当僵值的数目小于 3% 时,此时的数据仍然是可以使用的;当僵值的数目大于 3% 而小于 10% 时,此时的数据是存在疑问的;而当僵值的数目大于 10% 时,计算通量时必须舍弃这部分数据。

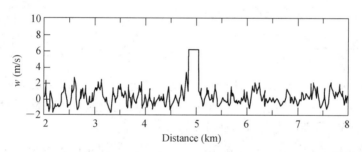

图 13.36　湍流观测中出现的僵值问题

第三,高阶统计量检验。涡度相关系统中利用的高阶统计量分别是偏斜度 S 和陡峭度 K,其计算公式分别是 $S=\overline{u'^3}/\sigma^3$ 和 $K=\overline{u'^4}/\sigma^4$。在 Gauss 分布中,$S=0,K=3$。偏斜度和陡峭度是定量描述时间序列的概率分布与 Gauss 分布偏离程度的两个最基本的统计量,偏斜度表明了时间序列的对称性,实际上对称分布的奇次阶矩都恒为零;而峰度表明了概率分布的平坦程度,若某时间序列为非 Gauss 分布,那么其概率分布一定比 Gauss 分布更陡峭或更为平坦。对于风速这样的矢量,研究表明,偏斜度和峰度间存在很好的二次函数关系,即 $K=\alpha_0+\alpha_1 S+\alpha_2 S^2$。对于 Gauss 分布,$\alpha_0=3,\alpha_1=0,\alpha_2=-2$。由于实际大气湍流普遍存在间歇性和相干结构,因此除了湍流风速信号(u、v 和 w)的概率分布与 Gauss 分布较为接近以外,其他诸如温度、水汽和 CO_2 这样的标量则存在很大的偏斜,普遍存在长尾现象。但是偏斜度与陡峭度的范围是一定的,因此可以用偏斜度和陡峭度作为检验原始资料是否正确的标准。

根据以往的湍流研究结果,并参考 Vickers 质量控制方案,本文在资料质量保证时,对于湍流风速信号(u、v 和 w):当其偏斜度的取值在区间 $(-2,2)$ 以外,或其陡峭度取值在 $(1,8)$ 以外,此时的数据判断为错误数据,计算通量时必须舍弃;而当其偏斜度的取值在区间 $(-1,1)$ 以外,或其陡峭度取值在 $(2,5)$ 以外,此时的数据判断为有疑问的数据,需要进一步判断;而偏斜度的取值在区间 $(-1,1)$,且陡峭度取值在 $(2,5)$ 以内的数据才是可以使用的数据。而对于温度、水汽和 CO_2 这样的标量，由于其存在较大的偏斜，尤其是其峰度非常离散，因此质量保证时只做偏斜度的检验，而峰度不再考虑。

第四，平稳性检验。利用涡度相关法计算湍流通量的两个重要假设分别是：观测点水平均匀和定常流动。但在实际观测实验中，这两个假设通常都不能满足，因此在计算通量之前必须做平稳性检验，如果资料是非常不平稳的，则不能直接参与通量的计算。

平稳性检验主要参考 Foken 的工作。假设仪器的采样频率是 20 Hz，将所测时间序列分成（30 分钟左右，长度 $N=36\,000$）$N/M=4\sim 8$ 个部分，每部分大约 5 分钟，即 $M=6\,000$ 左右，那么第 $l(l=1:N/M)$ 个时段资料的协方差是

$$\overline{x'_{il}x'_{jl}}=\frac{1}{M-1}\left[\sum_{k=1}^{M}x_{ikl}x_{jkl}-\frac{1}{M}\left(\sum_{k=1}^{M}x_{ikl}\right)\left(\sum_{k=1}^{M}x_{jkl}\right)\right] \tag{13.48}$$

平均协方差是

$$\overline{x'_{i}x'_{j}}=\frac{1}{N/M}\left[\sum_{l=1}^{N/M}\overline{x'_{il}x'_{jl}}\right] \tag{13.49}$$

另一方面，该时间段序列的总的协方差是

$$\overline{x'_{i}x'_{j}}=\frac{1}{N-1}\left[\sum_{l=1}^{N/M}\sum_{k=1}^{M}x_{ikl}x_{jkl}-\frac{1}{N}\left(\sum_{l=1}^{N/M}\sum_{k=1}^{M}x_{ikl}\right)\left(\sum_{l=1}^{N/M}\sum_{k=1}^{M}x_{jkl}\right)\right] \tag{13.50}$$

如果通过两种方法所求出总的协方差之间差别小于 30%，那么认为所测资料是平稳的；若两式所求出来的协方差差别大于 30% 小于 50%，则数据是可疑的；若两式所求出来的协方差差别大于 50%，则认为数据不平稳，计算通量时需舍弃。

第五，局地相似关系检验或者方差相似关系检验。局地相似关系检验实际上是检验观测资料是否满足 M-O 相似理论，包括风速和温度是否满足 M-O 相似理论。风速和温度的 M-O 相似理论可分别表达成

$$\frac{\sigma_{u,w}}{u^*}=a_1\cdot\left[\varphi_m(z/L)\right]^{b1} \tag{13.51}$$

$$\frac{\sigma_T}{T^*}=a_2\cdot\left[(z/L)\cdot\varphi_m(z/L)\right]^{b2} \tag{13.52}$$

局地相似是大气湍流的基本特征。不同稳定度 (z/L) 下的相似关系的表达式有所不同，如表 13.5 所示，当所测资料的 $\sigma_{u,w}/u^*$ 和 σ_T/T^* 与表中的式子计算所得的结果之间差异小于 30% 时，判定所测资料质量是可以使用的；当两者之间的差异大于 30% 而小于 50% 时，数据是有疑问的；而当两者之间的差异大于 50% 时，数据必须舍弃。

表 13.5　不同稳定度下的方差相似关系

z/L	σ_w/u^*	σ_u/u^*	σ_T/T^*
$[-\infty,-1]$	$2\cdot(-z/L)^{1/6}$	$2.83\cdot(-z/L)^{1/6}$	$1\cdot(-z/L)^{-1/3}$
$[-1,-0.062\,5]$	$2\cdot(-z/L)^{1/8}$	$2.83\cdot(-z/L)^{1/6}$	$1\cdot(-z/L)^{-1/4}$
$[-0.062\,5,0]$	1.41	1.99	$0.5\cdot(-z/L)^{-1/2}$

13.5.3　坐标选择

经过质量控制和质量保证后,如果用涡度相关法计算通量,还需进行坐标选择。涡度相关法计算通量的一个重要假设是在某一时段内,平均垂直风速为零。为了尽量满足这个条件,在选择观测场地时,应该尽量选择地势平坦,下垫面均一,四周开阔的地方进行观测,这样能够最大限度地避免由于地表的非均匀性导致的平流对湍流通量的影响;除此之外,仪器的安装也要尽量垂直于地表,尽量避免水平风速对垂直方向上风速的影响。但在实际观测中,很难满足上述条件,为了达到平均垂直风速为零,在计算通量之前,必须先对资料进行坐标转换。已有研究表明:流线型坐标系是一个比较好的坐标系。流线型坐标系主要包括:分时段的独立旋转法(包括两次坐标旋转(Double Rotation,DR)和三次坐标旋转(Triple Rotation,TR))和平面拟合法(Planar Fit,PF)。对于分时段独立旋转法,由于一些急剧的过程,比如强对流、阵风以及相干结构等会导致坐标系的选择随着平均时间的选择变得敏感起来,此时分时段独立旋转法存在很大的局限。而对于平面拟合坐标系,由于是针对很长一段时间进行的坐标转换,因此可以有效避免由于仪器安装不垂直而导致的水平风速对垂直风速的影响,其次可以避免分时段独立旋转法的局限性,尤其是在陡峭地形中,PF 坐标系下的通量计算值更为接近真值。因此,平面拟合坐标系是 FLUXNET 推荐最好的坐标系。下面将逐个介绍这几个坐标系。

第一,分时段独立旋转法。该方法将坐标进行 2~3 次旋转,第一次旋转的目的是使得 x 轴与平均合成风速的方向一致,按照右手螺旋法则建立坐标系,此时 y 方向的平均速度 $\bar{v}$ 为零,坐标变换矩阵如下

$$\boldsymbol{A}\_\text{yaw}=\begin{pmatrix} \dfrac{u}{\sqrt{u^2+v^2}} & \dfrac{v}{\sqrt{u^2+v^2}} & 0 \\ \dfrac{-v}{\sqrt{u^2+v^2}} & \dfrac{u}{\sqrt{u^2+v^2}} & 0 \\ 0 & 0 & 1 \end{pmatrix} \tag{13.53}$$

第二次旋转的目的是使得平均垂直速度等于零,即 $\bar{w}=0$,坐标变换矩阵如下

$$\boldsymbol{A}\_\text{pitch}=\begin{pmatrix} \dfrac{u}{\sqrt{u^2+w^2}} & 0 & \dfrac{w}{\sqrt{u^2+w^2}} \\ 0 & 1 & 0 \\ \dfrac{-w}{\sqrt{u^2+w^2}} & 0 & \dfrac{u}{\sqrt{u^2+w^2}} \end{pmatrix} \tag{13.54}$$

经过前两次旋转后,$\bar{v}=0$、$\bar{w}=0$,此时已经基本消除了平均垂直速度不为零对湍流通量计算的结果。虽然此时 y 方向的平均风速和垂直平均风速均等于零,但它们的协方差不一定为零,因此有必要进行第三次旋转,使得 $\overline{w'v'}=0$,其旋转矩阵是

$$\boldsymbol{A}\_\text{roll}=\begin{pmatrix} 1 & 0 & 0 \\ 0 & \cos\beta & \sin\beta \\ 0 & -\sin\beta & \cos\beta \end{pmatrix} \tag{13.55}$$

$$\beta = 0.5 \times \arctan \frac{2 \overline{v'w'}}{\overline{v'^2} - \overline{w'^2}} \tag{13.56}$$

经过 3 次坐标转换以后,满足 $\overline{v}=0$、$\overline{w}=0$ 和 $\overline{w'v'}=0$。分时次独立旋转法的优点在于其只考虑单次的时间序列,程序中容易实现。不足之处如前所述,由于一些急剧的过程,比如强对流、阵风以及相干结构等会导致坐标系的选择随着平均时间的选择变得敏感起来,并且旋转后的 $x-y$ 平面是一个动态变化的平面,因此引入了平面拟合坐标系。

第二,平面拟合坐标系(Planar Fit,PF)。由于分时次独立旋转法存在很多局限性,因此科学家们提出了平面拟合方法,PF 是目前 FLUXNET 推荐使用的最好的坐标系。该方法的基本思路是利用一段时间的观测资料,拟合出一个平面,在该平面上,平均垂直风速是平均水平风速 $\overline{u_m}$ 和 $\overline{v_m}$ 的线性函数,$\overline{w_m}$ 表示为:

$$\overline{w_m} = b_0 + b_1 \overline{u_m} + b_2 \overline{v_m} \tag{13.57}$$

$$\begin{pmatrix} b_0 \\ b_1 \\ b_2 \end{pmatrix} = \begin{pmatrix} 1 & \widetilde{u} & \widetilde{v} \\ \widetilde{u} & \widetilde{u^2} & \widetilde{uv} \\ \widetilde{v} & \widetilde{uv} & \widetilde{v^2} \end{pmatrix} \cdot \begin{pmatrix} \widetilde{\widetilde{w}} \\ \widetilde{\widetilde{uw}} \\ \widetilde{\widetilde{vw}} \end{pmatrix} \tag{13.58}$$

其中 b_0、b_1 和 b_2 是回归系数,最终使得新的垂直风速的平均值为零。根据 b_1 和 b_2 可以求出变换矩阵:

$$\overline{\overline{\boldsymbol{A}_{PF}}} = \begin{pmatrix} \cos\alpha & 0 & -\sin\alpha \\ 0 & 1 & 0 \\ \sin\alpha & 0 & \cos\alpha \end{pmatrix} \cdot \begin{pmatrix} 1 & 0 & 0 \\ 0 & \cos\beta & \sin\beta \\ 0 & -\sin\beta & \cos\beta \end{pmatrix} \tag{13.59}$$

其中,$\sin\alpha = \dfrac{-b_1}{\sqrt{b_1^2 + b_2^2 + 1}}$,$\sin\beta = \dfrac{b_2}{\sqrt{b_2^2 + 1}}$,$\cos\alpha = \dfrac{\sqrt{b_2^2 + 1}}{\sqrt{b_1^2 + b_2^2 + 1}}$,$\cos\beta = \dfrac{1}{\sqrt{b_2^2 + 1}}$。

PF 的具体变换步骤是:(1) 求出每一个时间序列的平均值及其张量;(2) 利用这些平均值,求出 b_0、b_1 和 b_2(利用最小二乘法),然后求出矩阵 $\overline{\overline{\boldsymbol{A}_{PF}}}$;(3) 利用 $\overline{\overline{\boldsymbol{A}_{PF}}}$ 求出新坐标系(此时,z 轴垂直于平均流线)下的平均值及其张量;(4) 旋转坐标,使得 x 轴为平均合成风速方向,而 y 方向的平均风速为零,整体的平均垂直风速为零,但是对于每个时间序列,平均速度不一定为零。

13.5.4 平均时间

利用涡度相关法计算地气通量时,只需要保留周期小于平均时间的湍涡通量贡献,而对于低频部分的湍涡必须将其舍弃。已有的研究表明,当滑动平均周期小于半小时时,低频部分的湍涡通量贡献被滤掉了,只有当滑动平均周期大于半小时,才能够包含所有结构的通量贡献。经过研究不同平均时间下 FLUXNET 的 3 个观测站感热、潜热和 CO_2 通量情况,可以知道对于其中的两个观测站,平均时间必须在 4 个小时以上才能包含所有湍涡的通量贡献,而在另外一个观测站,平均时间在半小时至一小时之间就能达到很好的效果。鉴于这些研究结果,FLUXNET 建议的计算通量时平均时间取 30~60 分钟。

习　题

1. 简述湍流的基本特征及其形成原因。
2. 简述雷诺分解和雷诺平均。
3. 简述边界层探测与其他气象要素探测的差异。
4. 简述气象塔观测平台探测边界层的优点。
5. 简述通量的定义及测量通量的基本方法。
6. 简述利用涡度相关法与梯度法进行通量测量的基本思路以及它们的优缺点。
7. 简述超声风速仪的测量原理。
8. 简述观测资料的基本要求和地面观测场的环境条件要求。
9. 简述边界层平均场资料场的质量控制。
10. 简述边界层湍流资料的质量控制及质量保证。

参考文献

1. 陈京元,陈式刚,王光瑞.大气湍流间歇性及其对光波传播的影响.物理学进展,2005,25(4):386－406.
2. 洪钟祥.北京气象塔的观测系统.北京:科学出版社,1983.
3. 胡非.湍流、间歇性与大气边界层.北京:科学出版社,1995.
4. 胡非,洪钟祥,雷孝恩.大气边界层和大气环境研究进展.大气科学,2003,27(4):712－728.
5. 胡明宝,贺宏兵,张鹏.风廓线雷达探测模式分析与设计.现代雷达,2012,34(11):26－30.
6. 王琳,谢晨波,王珍珠,等.激光雷达探测大气边界层高度分布的梯度法应用研究.大气与环境光学学报, 2012,7(3):161－167.
7. 魏伟,叶鑫欣,王海霞,等.飞机测风资料在大气边界层研究中的应用.北京大学学报(自然科学版),2015, 51(1):24－34.
8. 杨辉,刘文清,刘建国,等.激光雷达监测北京城区夏季边界层气溶胶.中国激光,2006,33(9):1255－1259.
9. Businger, J. A., Wyngaard J. C., Izumi Y., et al.. Flux profile relationships in the atmospheric surface layer. J. Atmo. Sci., 1971,28: 181－189.
10. Finnigan, J. J.. A Re-Evaluation of Long-Term Flux Measurement Techniques Part II: Coordinate Systems. Boundary-Layer Meteorology, 2004, 113(1): 1－41.
11. Finnigan, J. J., Clement R., Malhi Y., et al.. A Re-Evaluation of Long-Term Flux Measurement Techniques Part I: Averaging and Coordinate Rotation. Boundary-Layer Meteorology, 2003,107(1): 1－48.
12. Foken, T., and B. Wichura. Tools for quality assessment of surface-based flux measurements. Agricultural and Forest Meteorology, 1996,78(1): 83－105.
13. Frisch, U. Turbulence. Cambridge University Press, 1995.
14. Højstrup, J.. Statistical data screening procedure. Measurement Science & Technology, 1993, 4(2): 153－157.
15. ILEAPS. Science Plan and Implementation Strategy. IGBP Report 54. IGBP Secretariat, Stockholm, 2005.
16. Sakai, R. K., Fitzjarrald D. R., Moore K. E.. Importance of Low-Frequency Contributions to Eddy Fluxes Observed over Rough Surfaces. Journal of Applied Meteorology, 2001,40(12): 2178－2192.

17. Strauol，R. G，Merritt D. A.，K. P. Moran, et al. . The Colorado wind profiling network. Journal of atmospheric and oceanic technology, 1984,1：37 - 49.

18. Taylor，G. I.. Statistical theory of turbulence. Proc. Roy. Soc. Lond.，A164，476，1938.

19. Vickers，D.，Mahrt L.. Quality Control and Flux Sampling Problems for Tower and Aircraft Data. Journal of Atmospheric and Oceanic Technology，1997,14(3)：512 - 526.

20. Webb，E.，Pearman G.，Leuning R.. On the correction of flux measurements for effects of heat and water vapour transfer. Boundary Layer Meteorology，1982,23：251 - 254.

21. Wilczak，J. M.，Oncley S. P.，Stage S. A.. Sonic anemometer tilt correction algorithms. Boundary-Layer Meteorolgy，2001,99(1)：127 - 150.

22. Wyngaard，J. C.. Scalar fluxes in the planetary boundary layer theory, modeling，and measurement. Boundary-Layer Meteorology，1990,50(1/2/3/4)：49 - 75.

推荐阅读

1. 约翰·M·华莱士，彼得·V·霍布斯.大气科学.何金海，王振会，银燕，等，译.北京:科学出版社,2008.

2. 蒋维楣,孙鉴泞,曹文俊,等.空气污染气象学教程.北京:气象出版社,2004.

3. 蒋维楣,徐玉貌,于洪彬,等.边界层气象学基础.南京:南京大学出版社,1994.

4. 王介民.涡动相关通量观测指导手册. 2009.

5. 王振会,黄兴友,马舒庆,等.大气探测学.北京:气象出版社,2011.

6. 徐玉貌,刘红年,徐桂玉,等.大气科学概论.南京:南京大学出版社,2013.

7. 张文煜,袁久毅,等.大气探测原理与方法.北京:气象出版社,2007.

8. 赵鸣.大气边界层动力学.北京:高等教育出版社,2006.

9. 赵鸣,苗曼倩.大气边界层.北京:气象出版社,1992.

10. 赵鸣,等.边界层气象学教程.北京:气象出版社,1991.

11. R. B. Stull.边界层气象学导论.杨长新,译.北京:气象出版社,1991.

12. D. H. Lenschow.大气边界层探测.周秀骥,李兴生,等,译.北京:气象出版社,1990.

13. Lee，X.，Massman W. J.，Law B. E.. Handbook of Micrometeorology：A Guide for Surface Flux Measurement and Analysis. Kluwer Academic Publishers，2004.

14. 赵鸣.大气边界层及相关学术研究——赵鸣论文选.南京:南京大学出版社,2022.

第 14 章
海洋气象原位观测

本章重点：了解当前海洋气象原位观测的主要方式，对走航海洋气象观测的数据处理有初步认识，理解其与陆地观测的差别，思考无人机在海洋气象观测中的发展前景。

§14.1 海洋气象观测的意义

地球表面约 70% 被海洋覆盖，最关键的大气运动区域中心，如赤道辐合带（Intertropical Convergence Zone，ITCZ）、赤道太平洋海区、北冰洋等都因缺乏长期有效的原位观测而使得这里的海气作用特征存在许多未解之谜。海水具有和陆地迥然不同的物理、化学性质，进而产生了与陆地不同的气候天气现象。了解海洋之上的大气，才算是真正全方位地了解大气圈。近代人类文明的发展历程实际是从陆地到海洋的一个过程，尤其以大航海时代为代表。人们在海洋的活动范围从一开始的近海逐步扩展到远洋，乃至极地。在这个过程中，气象对于航行安全的决定意义凸显，海洋气象发展的需求不断提高，伴随而来的就是海洋气象观测技术的进步。海洋气象与陆地气象从原位观测的原理上说并无本质区别。但由于在海上，尤其是深海区域，无法建立如陆地一般的稳定观测支架，也就无法建立满足欧拉坐标的原位观测，这就让海上原位观测站点数量极少，时空覆盖度差。不仅如此，海洋高盐、高湿的环境对于观测仪器的损耗要远远大于陆地，因此，即便开展关键海域的加密观测，在一些观测设计上需要考虑安全及成本问题。由此可以推断，海洋气象观测必然是下个世代全球原位观测网络建设的重点。因此，了解当前海洋气象观测的基本现状，思考未来海洋气象观测的可能发展方向，对于海洋、大气等相关专业的同学和科研工作者是必须具备的能力。

海洋气象观测是认识地球科学的核心问题——圈层相互作用的关键步骤。海洋和大气之间的交换，包括热量、动量（或动能）、质量，使海洋具有与陆地不同的大气边界层结构，这也是海洋气象观测重点关注的科学问题。地球系统最重要的温室气体是水汽，而海洋尤其是海表状态（如海表温度、反照率等）是决定全球水循环速率的关键因素。水循环被认为是调控气候自然变率的关键反馈过程。随着人类活动向大气释放二氧化碳（CO_2），这些 CO_2 相当一部分会被海洋吸收，某种程度上减缓了大气 CO_2 浓度的升高，但也带来了海洋酸化等一系列问题。对于这些科学问题的定性理解和基本原理已经比较清楚，但由于缺少全球范围的有效观测，这些过程的重要性和在全球变化中所起的作用实际上还存在较大争议。

海洋气象原位观测从开始由海员或者水手记录，到后面逐渐采用正规化的船载观测设备进行观测。雷达和卫星遥感技术的发展，使得海上气象的观测以及灾害的预警水平有了大幅的提高。随着当代海洋气象研究水平的提高，人们可以相对自由和安全地开展全球航行。但也要看到，一些海洋灾害，例如台风，虽然人们对于其路径和基本环流场已经可以做到较为准确的监测和预测，但其内部结构以及海气相互作用过程依然存在许多未解之谜。突出表现为数值模式对于这些过程的表述，如雨带、风场等往往与实际存在较大偏差。此外，海洋上还存在一些难以预报的短时瞬发灾害，如龙卷、海雾等。因此，加强海洋的天气现象、天气系统以及与其密切相关的海洋现象的观测，加深对包括海雾、热带风暴、温带气旋、海冰、海浪、风暴潮等灾害的认识，改进预报方法，对人类未来合理利用海洋具有现实指导意义。

因此，无论是与天气预报相关的海洋防灾减灾，还是与气候变化相关的圈层相互作用，加强海洋气象观测都是最为关键和亟待发展的步骤之一。

§14.2 海洋气象观测网络

全世界沿海国家都有并且仍在不断发展自己的海洋气象观测网络。这里以世界气象组织（World Meteorological Organization，WMO）和政府间海洋学委员会（Intergovernmental Oceanographic Commission，IOC）在 1999 年共同设立的海洋学和海洋气象学联合技术委员会（Joint Technical Commission for Oceanography and Marine Meteorology，JCOMM）为例进行介绍。JCOMM 不仅提供观测技术和标准，也负责组织世界范围内的海洋气象观测专家，沟通制定数据共享政策，开发观测数据共享平台。JCOMM 的海上原位观测系统主要包括以下部分：

1. 锚定浮标

海上浮标一般重量在 5 t 左右，可以高出海平面 3 m 至 6 m（图 14.1）。根据所处位置的水深，锚定浮标一般配备有几百至上千米的锚链，以保证其所处位置大体固定。根据配备观测原件的差异，不同浮标观测变量有所差别，通常会包括气压、气温、海水温度、湿度、风速、风向、降雨量、波浪高度和波浪周期，同时也会根据需要搭载不同的海洋观测设备。

浮标通常具有重量轻、浮力大等特点，随波性好、结构简单、可靠性高，能承载各种仪器设备，载重量大，便于投放和回收，并具有强抗腐蚀性，能够抵抗海洋生物黏附，同时也能耐受极端海洋环境如台风、暴风雪等恶劣天气，服役时间长，维护量低，易于养护和维修，被认为是目前最可靠的海洋气象要素观测平台。浮标一般采用太阳能供电，使用寿命可达 2 年以上。由于浮标自身体积较小，其供电、搭载和数据存储及传输能力有限，一般无法进行较为复杂的观测。

图 14.1　欧洲全球海洋观测系统的 Vida 4 型海上浮标（图片来源 https://eurogoos.eu/member/national-institute-biology-slovenia/attachment/oceanographic-buoy-vida-4/）

2. 灯塔船（lightship）

灯塔船主要相对固定地服务于繁忙航路上，保障过往船只的航行安全（如图 14.2）。灯塔船由于自带动力，可以搭载较为复杂的观测设备，尤其是可以开展人工气象观测。与科考船相比，灯塔船的活动范围相对固定，对于固定海域的气象要素可进行精密观测，观测要素主要包括能见度、风向风速、温湿度、气压等。观测数据可通过共享为海事、港口部门精准决策提供依据。

图 14.2　停靠状态下的 Nantucket 号灯塔船。（图片来源：https://www. yachtworld.com/research/nantucket-lightship-for-sale/）

3. 岛礁观测系统

海上岛礁可能是最为稳定和安全的海洋气象观测平台。陆地观测系统都可以直接应用到岛礁观测上，因此，在观测原理上岛礁与陆地别无二致。需要注意的是，岛礁的动力和热力性质完全不同于自然海表，因此，岛礁面积以及观测平台的布置对于近地表要素的观测影响非常大。与之相比，岛礁对于高空海洋气象观测代表性则好很多。同时岛礁因其区域固定，观测网络的布置上会受到限制。近年来，在岛礁附近的浅海区域架设气象塔可以很好地解决岛礁在近海表观测的代表性问题。我国的博贺铁塔就是一个典型的代表（如图 14.3）。该铁塔位于茂名博贺港南面约 6 km 的海床上的观测平台，总高度 53 m，上部为 25 m 钢塔，下部由重力式基础、钢管支撑和三角平台组成，主要包括 30 m 左右的海-气通量观测和大气边界层特征观测塔、10 m 海洋气象要素观测塔及水下海洋要素观测。平台海水深度约为 17 m，观测点受陆地的影响较小，可有效获具有取代表性的海气边界层、近海海洋观测数据。海基铁塔可以理解为岛礁观测系统的延伸，但更加关注近海表附近的海洋气象要素，尤其是与海气通量（交换）相关的过程。

图 14.3　博贺海气通量观测塔（图片来自广东热带海洋气象研究所官网，网址 http://itmm.org.cn/StationInfo.aspx？ id＝2）

4. 船舶观测系统

这类系统包括科考船(如图14.4)或者装备了气象观测设备的其他船舶,如商业航运船舶、海洋渔业船舶等。船舶本身的自持力决定了其可以装备较为重型和复杂的设备。此外,船舶可以通过航行,可自主设定航线,最大程度上连续获取感兴趣海域的气象数据。这是船舶观测系统最大的优势。目前人类对于大洋和极地海洋的认识基本都来自科考船或航运船舶、渔业船舶的走航观测,但船舶海洋气象观测也存在一些局限性。首先,船舶自身庞大的体积会造成其周边气流的畸变或扰动,船体本身的热力性质也可能会影响温度或辐射的观测。因此,观测数据需要经过必要的校正和严格的质量控制。其次,船舶始终处于运动状态,对海表风场的观测会产生巨大的影响,尤其对湍流风场的垂直脉动影响尤为突出。关于这一部分我们后面会详细论述,这也是本章的核心内容。船舶的走航式观测,观测变量的时空坐标总处于变化中,对后续的数据分析也会带来较大的麻烦。最后,出于安全考虑,船舶在极端恶劣的海上环境(比如台风)中无法进行观测,这一点明显不如岛礁观测系统。与船舶观测系统类似的波浪滑翔机(图略),也可以较好地监测海表大气信息,同时由于自身水上体积可以忽略不计,观测数据的代表性甚至优于船舶观测系统。

**图14.4　配备了船载海气通量观测系统与
无人机观测系统的"中山大学"号科考船**

§14.3　走航气象观测技术

从观测设备上说,海洋气象与陆地气象是相通的。不同的是,海洋观测设备在选型时通常需要考虑耐腐蚀、抗摇晃震动等因素。可以说,海洋气象观测技术是陆地气象观测技术在具体应用场景上的扩展。如果单纯看岛礁或者海上固定或半固定平台,如铁塔(如图14.3)、钻井平台,那么气象观测与陆地上几乎一样。但是需要注意的是,无论是岛礁还是海上人工平台,在观测时都需要注意平台本身对观测的影响,特别是对辐射观测的影响。如果观测平台是移动的,如浮标或者科考船,那么此时对于海上气象要素的观测,尤其是风场的观测,就与陆地观测存在很大的不同。这种观测我们一般称为走航观测,此时获得变量的时空坐标是实时变化的。

1. 海洋大气中风的观测

风是海洋观测的重要测量物理量之一,对海洋天气预报、海洋相关数值模式来说必不可少。而船舶观测的准确真风对提高海洋通量场质量、耦合海洋-大气建模、业务预测和海洋气候学具有极大帮助。如果不做特殊说明,常说的海表风观测指的是水平风。风速一般指的是一段采样间隔(通常为 10 min)内风速的平均值;风速最大值是记录中的最高风速。风向是风从正北顺时针吹来的方向;记录风向的单位时间内的代表值。真风在本文中定义为矢量风,其速度以固定地球为参考,方向以正北为参考。

风速测量通常由风速计(如图 14.5)测量,主要包括螺旋桨式和风杯式风速计。为避免机械磨损,无运动部件的超声风速仪开始用于船载观测。风向观测通常与罗盘或指南针相关联,并将相对于船的风向校正为真实的风向。在海上的实际观测中,盐水会渗透到密封件中,当润滑剂中形成盐晶体导致运动部件出现机械故障时,仪器最终会发生故障。为了进一步提高可靠性,超声风速计和电子罗盘开始逐渐用于海洋风的测量。

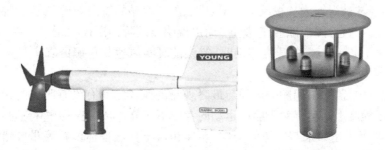

图 14.5 海上测风常用的螺旋桨(左)与超声(右)风速计

船舶的风速校正所需参数包括船舶的航向(Heading,也称作艏向)、对地航向(course over the ground,COG)、对地速度(speed over the ground,SOG)、风向标零参考以及相对于船舶的风速和风向。它们的定义如下:(1) 对地航向是指船舶在固定地球上实际移动的方向(相对于正北);(2) 对地速度指船舶沿 COG 方向移动的速度,COG 和 SOG 的精度取决于导航系统;(3) 航向被定义为船头相对于正北的方向。这里必须注意航向和 COG 并不完全相同,例如船舶倒车时,航向与对地航向完全相反。COG 和航向的差别是洋流、风以及转向误差的综合结果,当船以中等或更高的速度前进时,COG 和航向的差别会大大减少。除了以地面为参考的导航(COG、SOG 和航向)之外,一种常见的做法是测量船只在水中的运动。这种与水相关的运动是一个向量,其分量是沿着和垂直于船的轴线,沿着船轴线方向的分量(SOW_{FA}),通常被定义为水上速度。SOW_{FA}是船舶在航向上的速度。

视风(apparent wind,V_{ob})是以船舶为参考风矢量,即传感器观测的原始风矢量,方向以正北为参考。视风向可以通过将航向角和零参考角添加到平台相对风向(视风速等于平台相对风速)来计算。真风(V_{tr})以固定地球为参考,方向以正北为参考。在测量相对于移动观测平台的相对风时,零参考角定义为风向标零线(正北向)与艏部之间的角度(从艏部顺时针测量)。风向标的安装对于特定的船舶或实验设计必须明确。在实际安装过程中,必须考虑零参考角。例如,将风向安装在桅杆上的高处时,将叶片的零线沿桅杆定向,然后测量桅杆与船舶中轴线之间的角度。此外,如果风向标在 360° 处有电位计死角,可考虑将风向标以 180° 朝向船头定向,因为船舶在航行时,大部分视风将来自船头。

2. 真风计算

几个世纪以来,船舶操作的要求以及天气预报,都依赖于对气象真风的了解。在此我们按照世界气象组织(WMO)要求的具有气象意义上的真风。对于每个测量参数,速度和方向都以船或固定地球为参考。船的方向参考系在船头处为零度,角度沿顺时针方向增加,而地球参考系的正北对应于零度,角度沿顺时针方向增加。

计算移动船舶航行下的真风需要考虑船舶的平均水平运动以及观测的风速。船舶运动引起的风(V_{mo})必须从视风(V_{ob})中去除,以计算气象真风(V_{tr}):

$$V_{tr} = V_{ob} - V_{mo} \tag{14.1}$$

由于船舶运动引起的风矢量与航向矢量(V_c)的大小相同,符号相反,故 $V_{mo} = -V_c$,根据式(14.1)将航向矢量与视风矢量相加得到:

$$V_{tr} = V_{ob} + V_c \tag{14.2}$$

真风计算经常被误解为从视风矢量 V_{ob} 中去除了船舶的航向矢量 V_c。这种错误会导致计算的真实风速(红色)因船舶航速(黑色)而出现明显的阶梯模式(如图 14.6)。在这种情况下,当船舶以大于 $2\ \mathrm{m \cdot s^{-1}}$ 的速度移动时,错误的真实风速与正确的真实风速(绿色)相差最大为 $8\ \mathrm{m \cdot s^{-1}}$。

在实际观测中,需明白船舶的运动与最终观测的风场之间有没有明显的相关性。当存在相关时,很大程度上是由于对于船体运动的考虑不充分,需要进一步进行质量控制。除了船体运动外,观测风速如果与船体的朝向、船体相对于自然坐标位置等非自然因素存在相关,那么也可能是其他一些船体的影响没有很好地剔除造成观测代表性下降。这些判断都需要观测人员具有相当丰富的经验,同时对于观测设备的探测原理有着深入的认识才能做出很好的判断。剔除这些船体的影响对观测技术和数据处理等方面要求更高。因此,最好需要多套相对独立的观测,比如走航船与锚定浮标,或者无人机同时开展对比观测。

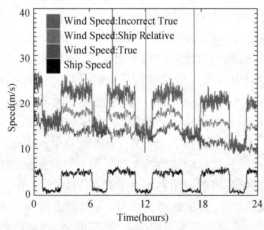

图 14.6　R/V Knorr 真风的准确计算(绿色)与错误计算(红色)的示例。平台相对风速(蓝色)和不正确的真实风速都有船舶相对地球速度(黑色)。(引自 Smith et al. , 1999)

走航风速的校正对于部分探空数据同样适用。比如基于遥感测风的声雷达或者激光测风雷达,如果在船上观测,同样需要考虑其基座的运动矢量(也即船速)。但对于无线电探空测风,除了在探头释放后的几秒钟因为惯性使得测风会受船速影响外,此后探头运动就不受船速影响,因此,无需做船速订正。

3. 船舶观测真风的计算

平台相对风(P)和导航数据用于计算视风(A)和真实(T)风。所有计算都在数学坐标系中进行,该坐标系在 x 轴正方向上具有零度角,角度沿逆时针方向增加,数学坐标中视风的方向是:

$$A'_\theta = 270° - (h_\theta + R_\theta + P_\theta) \tag{14.3}$$

其中 h 是船舶航向,R 是零参考,下标 θ 表示角度,上标 $'$ 表示数学坐标中的值。A 的大小与 P 相同。这里需要注意,在真实航行过程中,艏向很少与船舶运动方向一致。假设艏向朝东方(Heading=90°),如果有来自北方的强流或强风,那么船舶将被推向南方,从而导致 COG 大于 90°。大多数船舶使用艏部作为平台相对风的零参考。

在数学坐标系中船的航向(C'_θ)可表示为:

$$C'_\theta = 90° - C_\theta \tag{14.4}$$

然后通过对视风和船舶运动的矢量分量求和来计算真风:

$$T_u = T'_u = |A| \cos A'_\theta + |C| \cos C'_\theta \tag{14.5}$$

$$T_v = T'_v = |A| \sin A'_\theta + |C| \sin C'_\theta \tag{14.6}$$

其中 T_u 和 T_v 的正方向分别为真风在地球坐标系下的东向和北向的分量。然后可以计算出真实的风速(T)和风向(T_θ):

$$|T| = (T'_u + T'_v)^{1/2} \tag{14.7}$$

$$T_\theta = 270° - \arctan^{-1} \frac{T_v}{T_u} \tag{14.8}$$

式中的 270° 是按照气象惯例将 $\arctan \dfrac{T_v}{T_u}$ 值转换为地球坐标系中风吹来的方向。

假设一艘船(如图 14.7),其艏向(h_θ)为 30.0°,航向(C_θ)为 45.0°,两者均以正北(地球坐标系中 0°)为基准。该船以 5.0 m·s^{-1} 的 SOG($|C|$)行驶。以船头为零参考角($R_\theta = 0.0°$)的平台相对风从 250.0°方向(P_θ)吹来,大小($|P|$)为 10.0 m·s^{-1}。使用式(14.3)和式(14.4)转换为数学坐标系可得 $A'_\theta = 350.0°$ 和 $C'_\theta = 45.0°$。用式(14.5)和(14.6)计算真实风分量,得出 $T_u = 3.4$ m·s^{-1} 和 $T_v = 1.8$ m·s^{-1}。由式(14.7)可知此时气象真实风速为 13.5 m·s^{-1},真实风向式

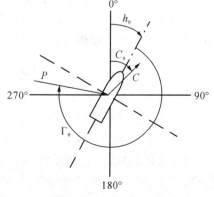

图 14.7　真风计算中涉及的矢量和角度的示意图(引自 Smith et al. ,1999)

(14.8)为 262.3°。

4. 海洋测风常见问题

船速与真风速从理论上比较容易区分。船载测风的重难点在于扰流的处理。理想情况下,风传感器位于气流不会被测量平台严重扭曲的区域。在实践中,只能设法将逆风或顺风结构对仪器位置的流动干扰(即流动扭曲)降低到最小。传感器和安装平台的整个结构会导致一定程度的流动变形。因此,应当将风速计安装在一个适当的区域,以最大限度地减少由这些结构引起的气流流动扭曲。风传感器推荐安装在船舶的高处且距离船头较远处的位置,通常安装在驾驶台顶部甲板。观测时,必须准确记录三个基本导航参数(COG、SOG 和航向),同时对于导航值的定义必须明确。例如,简单地报告"航向"是模棱两可的,容易被误认为是指船舶的航向、转向、航向良好或 COG。

实际应用中,从通量计算到大气环流模型中的数据提取,需要获得比真实风速和风向更多的信息。例如,许多应用要求将风速调整到高于地表 10 m 的标准高度。其他应用需要相对于表面洋流的风(例如,散射测量、应力、海洋模型的强迫),而气象预报则需要相对于地球的风。地表通量(动量、热量、物质通量)和大气稳定性的计算需要额外的观测,包括空气温度、水的皮肤温度(接近地表温度)和湿度测量。压力观测也有助于将典型的湿度测量值转换为特定湿度,用于高度校正和通量计算。随着研究的深入,海况对通量和阻力系数的影响引起了学者的广泛关注,并表明风向相对于波传播方向已被证明对表面应力和阻力系数有很大影响。

有些用于计算通量的基本的数据也应该记录的,例如传感器观测的高度。理论上来说,温度和湿度的测量必须位于相同高度,但它们可能与风速计的高度不同。在实践中,温湿度观测的高度对风的高度影响不大,但这些高度会对通量(如应力和潜热)的计算产生严重影响。大多数情况下,基本数据的缺乏会影响通量计算的准确性。在 10 m 风速的测量中最常见的错误之一是风速观测高度,某些情况下,这个高度是相对于甲板而不是相对于海面。理想情况下,数据记录应包括海平面以上甲板的高度,这只有极少数高度专业化的科考船才能获得此类信息。

真实风计算中使用的平台相关风和航行参数是在 1 min 到 1 h 的时间间隔内平均的。由于真实的风方程是非线性的,因此只有当所有输入参数在平均周期内近似恒定时,它们才是准确的。如果无法采用合适的平均方法,并且测量值的变化太大,则应对计算的真风进行标记。根据已有的观测经验,我们发现质量控制标准可以基于在较长平均时间段内(如6 min)内的 1 min 观察确定的船舶速度(σ_v)的标准偏差:

$$\sigma_v = \left\{ \frac{1}{N} \sum_{i=1}^{N} \left[(u_i - \bar{u})^2 + (v_i - \bar{v})^2 \right] \right\}^{1/2} \tag{14.9}$$

其中 N 是观察次数,上横线表示 N 次观察的平均值,u 为风速,v 为船速。通常情况下,由于加速度引起的不确定性相对较小,可以忽略不计。

由于船舶自身结构会导致空气偏离原来的运动路径,不可避免地存在气流畸变的问题。气流畸变主要发生在船舶的尾部、船体四周和船体上方。由此产生的风特征变化(主要表现为速度和方向的变化)在很大程度上取决于船舶的形状、仪器位置和相对于船舶航向的风向。计算流体动力学已成功应用于校正流动畸变的影响。其他方法技术相对简单,但比较粗糙。气流畸变主要影响了平台相对风的测量,可通过将风速作为该方向的函数进行分段估计。目前的观测研究并没有表明气流变形带来的影响,也没有表明影响最小的角度,大多数根据观测经验给出受气流畸变影响的大致角度范围。如果借助计算流体力学 CFD 等数学模型,似乎是可以定量给出扰流形态,但模拟结果依然需要实测数据进行检验。

5. 数据插补问题

这是当缺少某些导航参数时估计气象真风的方法。缺少导航数据的两种最常见情况是船舶航行参数仅有 COG 和 SOG,而无 Heading,或者有 Heading 和 SOW_{FA},无 COG 时,此时如果平台相对风速和零参考角已知,则可以估算真实风速。如果缺少 Heading,可通过用 COG 估计真风,可称为航向估计风。视风风向式(14.3)是通过将 COG 角、零参考角和平台相对风向相加来计算的。但在船速较低的情况下,根据航向估计的风向(黑色,图 14.8(a))与实际真实风向(灰色,图 14.8(a))存在明显差异,估算的准确性有待探讨。

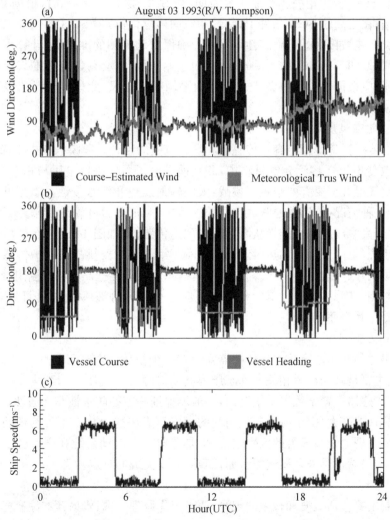

图 14.8 (a)航向估计风向(黑色)与真实风向(灰色)、(b)船舶航向(黑色)与艏向(灰色)以及(c)船舶航速的时间序列图

根据 SOG 范围进行航向估计风速的有效性可以根据经验确定,并取决于船舶及其运行区域。航向估计的风速同样对 SOG 的变化很敏感,并且在低船速下不可靠。航向估计风的不准确性与缺少 Heading 记录,仅有 SOG 和 COG 直接相关,特别是当洋流和风引起 Heading 和 COG 出现巨大差异时,这种差异在低船速时会被放大(如图 14.8(b)(c))。此外,经度和纬度的记录精度至少要达到小数点后千位,否则航向估计风的误差会增加,因此,在实际观测中建议增加陀螺仪或罗盘来记录航向。只记录 SOG 和 COG 时,在低船速下,COG 和航向之间可能存在的巨大差异会导致航向修正风和真实风之间的巨大差异。

总之,建议计算真实风所需的六个值设定一个标准:COG、SOG、Heading、零度参考角和平台相关的风向和风速,此外,风速传感器相对于水面的高度也需要记录。准确的真风是船舶相对于固定地球的运动速度和视风的矢量和。真风在应用前必须进行质量控制,识别数据中存在的错误。在 Heading 缺失的情况下,可根据 SOG 和 COG 进行风的估计,估计风的准确性与 SOG 密切相关。实证研究表明,当 SOG<2.0 m·s^{-1} 时,根据 COG 估计的风向不可靠,但在更高的 SOG 条件下,估计的风向可靠性高,但 SOG 的阈值主要取决于船舶的作业区域和能被接受的不确定性水平。为确保自动观测的准确性,计算真实风所需的标准辅助观测量,即 SOG、COG、Heading、相对于船舶的风,必须以与标准气象变量相同的频率记录,并且应根据短时间内(0.5—10 s)的平均计算真风,此外零参考角以及仪器的观测高度也必须记录。

6. 海上空气温湿度观测

空气湿度传感器是薄膜电容式传感器和热敏电阻的组合。薄膜电容式传感器随着水分子的变化而改变电容迁移到介电材料中,并且前端电子器件提供电压与相对湿度成比例。在海上测量空气温湿主要有两个主要挑战:太阳辐射加热和海水侵蚀。阳光可以加热传感器,为了减少这种情况,传感器通常放在防辐射罩中(类似于百叶箱),使阳光无法直接照射到达传感器,最大限度地减少阳光从海面反射到达传感器(如图 14.9)。在低风中也可以使用主动通风系统,以降低辐射加热对观测的影响。第二个主要挑战是保护传感器免受海洋飞沫和盐的影响,因为盐水会损坏薄膜传感器,盐水和吸湿性盐晶体的液滴附着可能会对湿度产生局部影响。因此,防辐射罩应允许空气通过,但不允许液体通过,并且足够光滑,不允许盐晶体附着在其表面。

7. 大气压力观测

气压传感通常选用数字压力计传感器安装在一个模块中,空气通过一个气孔进入模块外部,该气孔主要是减少与风相关的动态压力波动对静态大气压力的影响。一般的海洋气象观测,气压传感器多置于数据采集器内,一般能保证一定的防水性和连通性。但需要注意的是,高海况下(浪高大)由于海面起伏引起的大气压力快速变化是不可忽视的。这是与陆地涡动观测从原理上说最显著的区别之一,也是造成海上涡动系统在高海况下普遍表现不佳的重要原因,当然也是未来海气通量原位观测需要突破的难点。

8. 海上辐射观测

辐射观测主要包括短波和长波的观测,两者工作原理一致:辐射落在涂有光学黑色油漆的表面上,并且在该表面下方的热电堆输出由加热驱动的电压。而区别长波和短波则在黑色表面上方安装一个或多个允许短波辐射通过的玻璃或石英圆顶,以及允许长波辐射通过的硅圆顶。然而,由于传感器的零件靠近黑色表面也会发出长波辐射,腔体的温度和某些部位的温度需要测量,以便对其对电压的贡献进行校正。

短波和长波辐射主要是保证辐射落在水平表面上,并且没有遮挡和阴影。因此,辐射计应安装在最高点,远离阴影,并相对于浮标的水线保持水平。当船体或浮标安装的辐射传感器产生倾斜角度,需要进行适当校正。在观测中还需要注意灰尘、结晶、鸟类粪便沉积以及栖息在传感器上的鸟类。除此以外,船载辐射观测最大的问题是船体对于辐射通量天生的影响。因为船上横杆或者横臂不可能伸出船体太远,所以这种影响可以说是必然存在的,船体越大这种影响越明显。一个解决办法是利用小型无人船去做辐射观测;当然,无人机可能是未来最完美的解决方案。

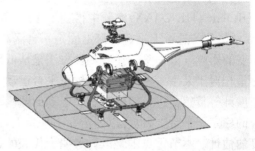

图 14.9　科考船上搭载的海表能通量观测系统(左图,辐射通量位于最远端)和搭载了辐射四分量观测系统的无人机(右图,注意无人机顶和底分别安装了向下与向上辐射观测设备)

9. 降水观测

降水量的观测通常采用翻斗式雨量计(如图 14.10)进行观测。降雨观测的挑战在减少扰流将雨水吹过仪表顶部的开口。然而,即使小心,也会有一些雨吹过,这一误差与风速有关。在科考船等运动平台上,不推荐使用翻斗式或者称重式雨量桶,而是使用虹吸式雨量计或者雨滴谱仪等对晃动不敏感的设备。为了防止鸟类停留对于设备的影响,一般设备上还会设置防鸟栅等配件。

图 14.10　陆地台站常用的翻斗式雨量计(左)和"中山大学号"上配备的虹吸式雨量计(右)

§14.4　海表涡动通量观测技术

近年来,随着科学家们开始着重解决海洋和大气的耦合问题,海气通量的直接观测越来越受到重视。与陆地通量站类似,海上同样可以使用涡动系统来对海表湍流通量直接进行观测(如图14.11)。因此,本节的涡动观测原理可以参考前面章节。涡动相关技术通常需要围绕平台进行特定的实验设置,以消除或最小化平台移动带来的影响。有的实验设计是采用固定结构(例如浅水塔)来消除平台运动,然后将传感器安装在低矮的桅杆或吊杆上,以使它们避免平台附近的扭曲气流影响。这种方法在 Humidity Exchange over the Sea Main Experiment (HEXMAX)实验中得到了应用,其中涡动相关通量估计是在研究平台上风向17 m处延伸的悬臂上进行。海上固定平台涡动观测的最大局限性在于一般仅限于浅水,流场畸变的影响难以消除。还有一种方法是从低剖面平台、系泊浮标或桅杆开始,然后通过仔细测量相对于某个参考的运动来校正平台运动。这些测量通常需要结合使用罗盘、陀螺仪、加速度计等传感器进行船体姿态和运动的监测。这些传感器既可以安装在对运动有足够慢响应的稳定子平台上,也可以固定在主平台上,最终根据这些姿态和运动的监测实现对平台速度的估计。本节重点围绕以科考船为代表的移动平台上利用涡动系统直接测量海表湍流通量的方法。需要注意的是,海上高湿高温对超声风速仪和高频气体分析仪的损坏都远强于陆地,因此,近年来有不少厂家通过在设备上增加抗腐蚀涂层等方法解决仪器损耗过快的问题。

图14.11　搭载了涡动系统的"中山大学号"科考船(船首气象桅杆,见小图)与无人机一起执行海表通量观测。

除此以外,不少研究团队尝试通过选择对观测污染不太敏感的间接测量技术来解决平台运动和流动失真的问题,如惯性耗散方法,整体空气动力学方法。整体空气动力学方法和惯性耗散法两种间接方法都必须依赖额外的参数化来解释波场和表面通量之间的相互作用。目前这些参数化的不确定性较大且空间代表性有限。由于这些相互作用与表面浮油、波流相互作用和温度分层相关,定向应力估计必须与定向波谱、海表洋流测量、海洋和大气分层参数以及表面活性剂浓度相结合,以检查风力与波浪状态之间的函数关系。

14.4.1　运动平台下三维风的准确测量

从移动平台估计海气通量时出现的明显问题是对三维风的准确测量。因此,在我们计算通量之前,必须去除这种运动污染。影响主要有三个来源:(1) 由于平台的俯仰、滚动和航向变化导致风速计瞬时倾斜;(2) 由于平台围绕其局部坐标系轴的旋转引起的风速计处的角速度;(3) 平台相对于固定参考系的平移速度。下面我们简单介绍移动平台观测三维风的矢量修正,学习时应牢记这些修正的核心其实就是坐标旋转。也正因为如此,坐标旋转不能消除扰流等"非自然产生"流场的影响。

真风(即不受运动污染)计算可以写为:

$$V_{tr} = TV_{ob} + \Omega \times TM + V_C \tag{14.10}$$

其中 V_{tr} 是地球坐标系中的所需风速矢量,V_{ob} 是平台参考系中的测量风速矢量,T 是平台坐标系旋转到地球坐标系的坐标变换矩阵,Ω 是平台坐标系的角速度矢量,M 是超声传感器相对于姿态仪重心的位置矢量,V_C 是平台运动中心相对于地球坐标的平移速度矢量系统。因此,我们需要三个角度变量来描述平台在固定框架中的方向,以及角速度向量来描述其方向的时间变化率。根据提供固定框架内描述船舶运动方向,即横滚(Roll,ϕ)、俯仰(Pitch θ)和偏航(Yaw,Ψ),定义旋转坐标变换矩阵为:

$$T(\phi, \theta, \Psi)$$
$$= A(\Psi)A(\theta)A(\phi)$$
$$= \begin{bmatrix} \cos(\Psi) & \sin(\Psi) & 0 \\ -\sin(\Psi) & \cos(\Psi) & 0 \\ 0 & 0 & 1 \end{bmatrix} \begin{bmatrix} \cos(\theta) & 0 & \sin(\theta) \\ 0 & 1 & 0 \\ -\sin(\theta) & 0 & \cos(\theta) \end{bmatrix} \begin{bmatrix} 1 & 0 & 0 \\ 0 & \cos(\phi) & -\sin(\phi) \\ 0 & \sin(\phi) & \cos(\phi) \end{bmatrix}$$
$$= \begin{bmatrix} \cos(\Psi)\cos(\theta) & \sin(\Psi)\cos(\phi)+\cos(\Psi)\sin(\theta)\sin(\phi) & -\sin(\Psi)\sin(\phi)+\cos(\Psi)\sin(\theta)\cos(\phi) \\ -\sin(\Psi)\cos(\theta) & \cos(\Psi)\cos(\phi)-\sin(\Psi)\sin(\theta)\sin(\phi) & -\sin(\theta)\cos(\phi)\sin(\Psi)-\sin(\phi)\cos(\Psi) \\ -\sin(\theta) & \cos(\theta)\sin(\phi) & \cos(\theta)\cos(\phi) \end{bmatrix}$$
$$\tag{14.11}$$

需要注意的是上述符号是基于右手坐标系(x,y,z),其中 x 指向艏部为正,y 指向左舷为正,z 指向上方为正。Ψ 的正向是船头顺时针偏离正北,ϕ 的正向表示左舷向上翻卷,θ 的正向表示船头向下倾斜。这里的 ϕ 和 θ 是右手旋转,但为了符合航向的常规约定,对 Ψ 使用了左手定义。这样我们在转换矩阵中可以直接使用搭载平台的罗盘。此坐标变换矩阵取决于三个单独旋转的顺序。然而,对于小的横滚 Roll(ϕ)、俯仰 Pitch(θ)角,例如在海洋环境中的大型研究船或浮标上遇到的角度变化(可能为 $\pm 10°$),由于旋转顺序引起的误差可以忽略不计。但在较小的船只上,采用式中旋转顺序的误差最小。

角速率可根据三个方位角的时间导数计算。在固定坐标系中测量偏航 Ψ,在偏航框架中测量俯仰 θ,在俯仰和偏航框架中测量滚动 ϕ。因此,通过这些旋转角度的时间导数来计算角速率:

$$\Omega = \begin{bmatrix} 0 \\ 0 \\ -\dot{\Psi} \end{bmatrix} + A(\Psi) \begin{bmatrix} 0 \\ \dot{\theta} \\ 0 \end{bmatrix} + A(\Psi)A(\theta) \begin{bmatrix} \dot{\phi} \\ 0 \\ 0 \end{bmatrix} = \begin{bmatrix} \dot{\phi}\cos(\Psi)\cos(\theta)+\dot{\theta}\sin a(\Psi) \\ \dot{\theta}\cos(\Psi)-\dot{\phi}\sin(\Psi)\cos(\theta) \\ -\dot{\Psi}-\dot{\phi}\sin(\theta) \end{bmatrix}$$
$$\tag{14.12}$$

其中变量上面的点表示在时间上的导数。而对于三维风速的数据质量控制,除了从试验设计上尽量避免气流畸变对风速的影响,同时还采用其他方式进行额外的质量控制,其中最常用的数据质量控制就是根据设备安装位置,选择迎风向的数据进行分析。

船载涡动相关方法获取的数据虽然经过姿态校正,但并不能完全消除晃动影响,这种影响通常集中在低频部分,一般为 $0.1 \sim 0.2$ Hz,需要进行适当的滤波处理。实际上由于安装位置不同,即便是同一艘船,安装在艏部与舷边,受晃动影响的主要频率会存在差别,同时单体船与双体船也存在晃动幅度的差异。

14.4.2 船载涡动的其他质量控制流程

闭路式船载涡动相关系统通量计算过程大致包括以下过程:(1) 对三维风(u,v,w),温度(T),湿度(q),浓度(C)等原始记录分别做"野点去除";(2) 计算各量的平均值$(\bar{u},\bar{v},\bar{w},\bar{T},\bar{q},\bar{C})$;(3) 坐标旋转(倾斜修正);(4) 温度观测的侧风修正;(5) CO_2、CH_4 和 H_2O 相对于垂直风速 w 的时间滞后修正;(6) 计算 30 min 统计量$(\overline{w'T'},\overline{w'q'},\overline{w'c'},\sigma_u,\sigma_v,u_*$ 等);(7) 感热通量的超声虚温(湿度影响)修正;(8) 大气稳定度计算;(9) 频率响应修正。下面对三个最关键的修正技术问题加以说明:

1. 野点去除

野点可能对方差、协方差值产生明显影响。湍流原始资料的野点(大的瞬发噪音)由如下原因产生:(1) 环境因子。如雨、雪、海浪、飞沫等对传感器声光程的干扰,瞬间断电等,称"Hard spikes";(2) 电子电路,如 A/D 转换器,电缆(特别是长电缆),电源不稳定等,称"Soft spikes"。对"Hard spikes",一般根据观测设备出现的异常标志直接排除。其他野点判别与去除方法主要多根据 Vikers 和 Mahrt(1997)提出的方法进行。绝大多数情况下,对于 30 min 资料而言,一般野点数少于总数的 5%,野点过多时,剔除该时次。野点去除方法如下:

(1) 由原始时间序列 x 求相邻点之差 Δx 的总体标准差$(\sigma_{\Delta x})$。逐点检查,如某点 $\Delta x \geqslant 3.5\sigma_{\Delta x}$,则为野点。

(2) 连续 5 个相邻数据点都符合以上判据,则不做"野点"处理。

(3) 为便于野点判断,可对序列 x 做预处理,先去除一些极大值。

在将野点去除后,将该点值用其前后相邻二点测值线性内插取代。

2. 坐标旋转(倾斜修正)

坐标旋转的目的是使风矢量由超声(仪器)坐标系变换为自然坐标系,后者的 X 轴沿 30 min 时段的主导气流方向。更重要的,使局地地面的法向和平均标量梯度方向统一在 x-z 平面;新的 Z 轴垂直于地面,以消除"倾斜"误差或湍流通量不同分量间的交叉干扰。海面相对均匀且正常情况下粗糙度不大,加之由于船体自身对气流的遮挡,船载涡动相关的坐标旋转建议采用二次坐标旋转方法。

一般对每个时段资料进行二次旋转。第一次旋转为 x-y 平面绕 z 轴旋转,使 x-z 平面与平均风向一致,$\bar{v}=0$。 如测量的风速分量用下标 m 表示,则新坐标系的各分量为:

$$u_1 = u_m \cos\alpha + v_m \sin\alpha$$

$$v_1 = -u_m \sin \alpha + v_m \cos \alpha$$
$$w_1 = w_m \tag{14.13}$$

其中,旋转角

$$\alpha = \arctan(\overline{v_m} / \overline{u_m}) \tag{14.14}$$

第二次旋转为新的 $x - z$ 平面绕 y 轴旋转,进而使 $\overline{w} = 0$:

$$u_2 = u_1 \cos \beta + w_1 \sin \beta$$
$$v_2 = v_1$$
$$w_2 = -u_1 \sin \beta + w_1 \cos \beta \tag{14.15}$$

旋转角

$$\beta = \arctan(\overline{w_1} / \overline{u_1}) \tag{14.16}$$

至此,$\overline{u} = \sqrt{u^2 + v^2 + w^2}$,并沿平均流线。

3. 频率损失补偿

频率损失分为高频损失和低频损失。在大气湍流运动中,大湍涡贡献的是低频脉动,小湍涡贡献的是高频脉动。观测系统通过指定的采样频率(10 Hz)对某种强度范围内的湍流进行测定,这样湍流通量就会由于低通滤波(高频损失)和高通滤波(低频损失)的作用而低估了通量值。在采样频率足够高(如 10～20 Hz)、平均时间足够长(如 30 min)的情况下,开路涡动相关系统观测通量时的频率损失,主要是由传感器声程或光程引起的"路径平均"及安装时不同传感器之间大的间距等造成的高频损失。

上述高频损失及由时段平均(block average)等引起的低频损失,相当于算协方差进而求通量时加了若干小于 1 的传输函数,或一定形式的低通和高通滤波函数。使用 Moore et al.(1986)采用的方法进行频率修正,主要对动量通量、感热通量及标量通量等进行修正,主要基于一组与观测高度、采样频率、平均风速、大气稳定度等有关的计算协谱的方程。关于频率损失修正已有许多较为成熟的结果可选择,这里需要注意的是,在此之前需要对传感器的物理分离造成的时间延迟进行延迟校正。研究表明,进行频率损失修正可使不同通量分别增加 5% 到 30%,并且夜间的修正效果会更加明显。

现阶段船载涡动相关观测依然处于发展阶段,针对数据质量控制依然在探索中,并且针对不同研究目的,数据质量控制也具有显著差异,仍然需要进一步探索与发展。现在,随着无人技术的发展,小型化的无人船似乎可以更好地解决船体扰流的问题。而无人机搭载涡动进行海表观测则兼具保证观测质量和覆盖区域的优势。但在这些方法大规模投入使用前,还需要大量的工作去验证这些观测技术的可靠性并开发相关的数据质量控制算法。

海洋气象原位观测是重要的在整个大气深测体系中,是研究液气相互作用的关键环节.海洋气象观测对仪器的观测人员都有着相对具体的要求以确保获得高质量海上科学考查数据,这对于从事这方面关工作的人员来说需要引起足够的重视。

习 题

1. 针对不同气象要素的时空变率,谈谈海上固定铁塔、浮标和科考船观测的优缺点。

2. 当利用船载涡动系统对海表通量进行走航观测时,主要的误差来源有哪些? 如何消除?

3. 遥感观测已经能获取多数海域的主要海表要素,为什么还需要大力发展海表原位气象观测技术?

4. 思考下在海上使用单旋翼无人机(直升机)与船舶走航测风,在观测原理上会有什么相同点? 在影响观测数据质量的关键要素上会有什么差异?

参考文献

1. Bowditch N.. American Practical Navigator: An Epitome of Navigation. DMA Stock No. NVPUB9V1, LC no. VK555.A48, Defense Mapping Agency, Washington, D.C., 1984: 1414.

2. Bourassa, M. A., D. G. Vincent, W. L. Wood. A flux parameterization including the effects of capillary waves and sea state. Journal of Atmospheric Sciences, 1999, 56(9): 1123 - 1139.

3. Donelan, M. A., W. M. Drennab, and K. B. Kataros. The air-sea momentum flux in conditions of wind sea and swell. J. Phys. Oceanogr., 1997, 27: 2087 - 2099.

4. Dugan J P, Panichas S L, DiMarco R L. Decontamination of wind measurements from buoys subject to motions in a seaway. J. Atmos. Oceanic Technol., 1991, 8: 85 - 95.

5. Fairall C W, Larsen S E. Inertial dissipation methods and turbulent fluxes at the air ocean interface. Boundary-Layer Meteorol, 1986, 34: 287 - 301.

6. Fujitani, T.. Direct measurement of turbulent fluxes over the sea during AMTEX. Papers in Meteorology and Geophysics, 1981, 32: 119 - 134.

7. Fritschen L. J., Gay L.W.. Environmental Instrumentation. Springer-Verlag, 1979: 216.

8. Geernaert G L, Hansen F, Courtney M, Herbers T. Directional attributes of the ocean surface wind stress vector. J. Geophys. Res., 1993, 98: 16 571 - 16 582.

9. Hare J E, Edson J B, Bock E J, Fairall C W. Progress on direct covariance measurements of air-sea fluxes from ships and buoys. Preprints, 10th Symp. Turbulence and Diffusion, Portland, OR, Amer. Meteor. Soc., 1992: 281 - 284.

10. Iwata H., Kosugi Y., & Ono K., et al.. Cross-Validation of Open-Path and Closed-Path Eddy-Covariance Techniques for Observing Methane Fluxes. Boundary-Layer Meteorol, 2014, 151 (1): 95 -118.

11. Laubach J., McNaughton K. G. A spectrum-independent procedure for correcting eddy fluxes measured with separated sensors. Boundary-Layer Meteorol, 1998, 89: 445 - 467.

12. Liu W T, Katsaros K B, Businger J A. Bulk parameterization of air-sea exchanges of heat and water vapor including the molecular constraints at the interface. J. Atmos. Sci., 1979, 36: 1722 - 1735.

13. Lee et al. (ed.). Handbook of Micrometeorology: A Guide for Surface Flux Measurements. Kluwer Academic Publishers, Dordrecht, 2004.

14. Massman W. J. A simple method for estimating frequency response corrections for eddy covariance systems. Agric For Meteorol, 2000, 104:185 - 198.

15. Moore C. J.. Frequency response corrections for eddy correlation systems. Boundary-Layer Meteorol, 1986, 37(1 – 2): 17 – 35.

16. Oost W A, Fairall C W, Edson J B, Smith S D, Anderson R J, Wills J A B, Katsaros K B, DeCosmo J.. Flow distortion calculations and their application in HEXMAX. J. Atmos. Oceanic Technol., 1994, 11: 366 – 386.

17. Smith S R, Bourassa M A, Sharp R J. Establishing More Truth in True Winds. Journal of Atmospheric and Oceanic Technology, 1999, 16(7): 939 – 952.

18. Thiebaux M L. Wind tunnel experiments to determine correction functions for shipborne anemometers. Canadian Contractor Report of Hydrography and Ocean Sciences 36, Bedford Inst. Oceanography, Dartmouth, Nova Scotia, 1990: 57.

19. Vickers, D. and L. Mahrt. Quality control and flux sampling problems for tower and aircraft data. J. Atmos. Oceanic Technol., 1997, 14: 512 – 526.

20. World Meteorological Organization. Guide to meteorological instruments and methods of observation. WMO – No. 8, Geneva, Switzerland, 1996.

21. Yelland, M. J., B. I. Moat, P. K. Taylor, R. W. Pascal, J. Hutchings, V. C. Cornell. Wind stress measurements from the open ocean corrected for airflow distortion by the ship. J. Phys. Oceanogr., 1998, 28: 1511 – 1526.

22. Yelland, M. J., P. K. Taylor, I. E. Consterdine, M. H. Smith. The use of the inertial dissipation technique for shipboard wind stress determination. J. Atmos. Oceanic Technol., 1994, 11: 1093 – 1108.

推荐阅读

1. Gower, J. F. R.. Temperature, wind and wave climatologies, and trends from marine meteorological buoys in the northeast Pacific. *Journal of Climate*, 2002, 15(24): 3709 – 3718.

2. Ishii, M., Shouji, A., Sugimoto, S., & Matsumoto, T.. Objective analyses of sea-surface temperature and marine meteorological variables for the 20th century using ICOADS and the Kobe collection. *International Journal of Climatology: A Journal of the Royal Meteorological Society*, 2005, 25(7): 865 – 879.

3. Mauder, M., Foken, T., Aubinet, M., & Ibrom, A.. Eddy-covariance measurements. In *Springer handbook of atmospheric measurements*. Cham: Springer International Publishing, 2021: 1473 – 1504.

4. Miller, S. D., Marandino, C., & Saltzman, E. S.. Ship-based measurement of air-sea CO_2 exchange by eddy covariance. *Journal of Geophysical Research: Atmospheres*, 2010, 115(D2).

5. Norris, S. J., Brooks, I. M., Hill, M. K., Brooks, B. J., Smith, M. H., & Sproson, D. A.. Eddy covariance measurements of the sea spray aerosol flux over the open ocean. *Journal of Geophysical Research: Atmospheres*, 2012, 117(D7).

6. 傅刚.海洋气象学.青岛:中国海洋大学出版社,2018.

7. 邱春华,李春.海洋气象学.广州:中山大学出版社,2019.

第 15 章
大气探测数据的质量保证

本章重点：了解气象参数的取样和数据处理及气象资料的质量控制要求，掌握测试、校准和相互比对的基本概念和过程。

§15.1 气象参数的取样及数据处理

15.1.1 气象参数的取样

大气变量如风、温度、气压和湿度都是四维时空中不规则变化的函数（两个水平、一个垂直和一个时间分量）。研究取样的目的是确定使用的测量程序，从而在平均值和变异性的估计中，用可以接受的不确定度获得有代表性的观测值。这里，我们需要知道几个定义：

取样是获取对一个量的离散的测量结果的过程；取样间隔是逐次观测之间的时间；取样函数或权重函数最简单的定义是各个样本的平均算法或过滤算法。

取样频率是取样本的频率；样本间隙是样本之间的时间；平滑是对频谱中高频成分加以衰减而不明显影响其低频成分的过程；过滤器是一种为了衰减或为了选择任何被选频率的装置。

1. 时间序列、功率谱和过滤器

频谱测量是非日常性的，但它们有许多用途。在工程、大气耗散、扩散和动力学方面，风的频率就很重要。

时间序列：考虑信号的时域形式或频率域形式是必要的。频谱分析中的基本概念是傅里叶变化概念。一个在 $t=0$ 到 $t=\tau$ 之间定义的函数 $f(t)$，能够变换为一组正弦函数的和

$$f(t) = \sum_{j=0}^{\infty} \left[A_j \sin(j\omega t) + B_j \cos(j\omega t) \right] \tag{15.1}$$

频谱测量：频谱密度，至少如同从一个时间序列估计的那样，定义为

$$S(n_j) = (A_j^2 + B_j^2)/n_y = \alpha_j^2/n_y \tag{15.2}$$

过滤器：过滤作用是时间序列（连续的或是不连续的取样）的处理方法，按此方法在一个给定的时间指定值由在另外的时间上产生的那些值来加权。

2. 测量系统的特性决定

响应的直接测量：有两种方法能直接测量响应。第一种方法，应用已知的变化，例如一个阶跃函数，对传感器或过滤器测量它的响应时间；第二种方法将传感器的输出与另外更加

快速的传感器的输出进行比较。

用计算方法决定响应：假如对一个传感器/过滤器的物理性能足够了解，那么就可以用分析方法或数值方法测定对各种各样输入的响应，对特性输入的响应和对变换函数的响应都可以计算出来。

响应的估计：由于低通滤波器的截止频率近似地是它的时间常数的倒数，紧随的情况是，加入各个时间常数中之一比其他任何一个都大得多，那么集合体的时间常数只是略大一些。

3. 取样

取样技术：当传感器露置于大气中时，转换器的某些特性随大气变量（如温度、气压、风速风向或湿度）而变，并变换成可用信号。信号调节电路通常完成以下的功能：如将转换器输出变换为气压，然后放大、线性化、补偿和平滑。低通滤波器为传感器的输出做最后的准备，使之成为取样保持电路的输入。取样保持电路和模/数转换器产生了样本，后经过处理器计算后成为观测值。

取样率的实用方案建议如下：① 计算平均值所用的各个样本应该使用等时间间隔取得的，此时间间隔必须：（i）不可超过传感器的时间常数；（ii）不可超过在快速响应传感器的线性化输出之后的模拟量低通滤波器的时间常数；（iii）样本的数量要足够，以保证样本值的平均值不确定度减少到可以接受的水平，也就是说要比对平均值准确度的要求小。② 用于估计波动极值（如阵风）的样本，其取样率应该至少 4 倍以上（i）、（ii）中说明的。取样率和质量控制：在自动气象站中采用的许多数据质量控制技术的有效性，取决于时间的一致性和持久性。观测值可以分为三类：（i）准确的（观测误差不超过允许值）；（ii）不准确的（观测误差超出允许值）；（iii）错误的。

数据质量控制是把不准确的观测值数量和错误观测值的数量都减少到最低程度，这样做的目的是保证每个观测值是由合理数量的经过数据质量控制的样本值计算出来的。由此可见，带有粗大误差的样本值能够分离出来并排除出去，而计算仍可继续下去，不会受到该样本值的损坏。

15.1.2　气象资料数据处理

在讨论与测量大气变量有关的仪器时，有必要根据级别对观测数据进行分类。这个方案已引入全球大气研究计划（GARP）数据处理系统，并由 WMO 定义：Ⅰ级数据，一般是与地理坐标有关的、由相当物理单位表示的仪器读数；Ⅱ级数据称为气象参数，它们可直接来自仪器或Ⅰ级数据导出；Ⅲ级数据是那些内部格式一致的数据集，一般为格点形式；从常规或自动气象站（AWSS）获取的资料在可用之前必须进行许多运作，整个程序称作数据处理，它包括以下部分或全部功能的执行。

大气变量的转换；传感器的输出调节；数据采集和取样；标准信息的应用；传感器的线性化输出；统计值（如平均值）的提取；导出相关变量；误差修正；数据质量控制；数据记录和存储；编辑历史沿革资料；信息格式化；发送信息；数据处理以后，还必须通过编码、传输、接收、显示和归档等变为可用。① 校准功能的应用。WMO 规则规定：观测站应配备适当的标准仪器，并遵循适当的观测和测量技术，以确保测量是准确的，足以满足相关气象学科的需求。从仪器获取的原始数据转化为相应的气象参数要通过校准功能来完成，正确地应用校准功能和别的系统修正方法是获得满足所表达的准确度要求数据的关键。② 线性化。如果传感器的输出值与被测值之间的关系不严格成比例，那么输出信号必须应用仪器校准进行线性化。这项工作必须在信号被过滤或平均化之前完成。下面看一下非线性的原因有三种：(i)许多传感器本身所固有的非线性，即它们的输出值与被测量的大气变量不成比例，热敏电阻就是一个简单的例子。(ii)虽然传感器集成了线性传感器部件，但测量的变量可能与有关的大气变量不成线性关系。旋转光幕仪的光探测器和轴角传感器都是线性设备，但是云幕仪的云高输出信号(后向散射光强作为一个轴角的函数)是非线性的。(iii)Ⅰ级数据到Ⅱ级数据的转换可能不是线性的。例如，由消光系数得到的能见度或透射比，其实是对相应变量求平均所产生的平均能见度或透射比的估计。

由于大气自然的小尺度变化，有必要对数据进行平滑或平均处理，以从不同仪器获得有代表性的观测值和兼容的数据(见表 15.1)。

表 15.1　求平均时需要进行数据转化的气象变量

报告的气象变量	需要求平均的量
风速和风向	笛卡尔(直角坐标)分量
露点	绝对湿度
能见度	消光系数

除平均值以外，根据观测的目的不同，必须确定代表特殊时段的极值和其他相关变量。这方面的一个例子是振风的测量，它需要采用较高的抽样速率。还有一些必须从平均值导出的量，如平均海平面气压、能见度、露点等。在常规的人工观测站，利用换算表来取得这些值。

测量许多气象量时必须对它们进行修正。原始数据的修正，如零点或指标误差的修正，或温度重力的修正，或类似的修正都是从仪器的校准和特性值导出的。对原始或更高级数据的其他类型修正或校正有平滑，如用于云高测量和高空廓线的修正；安置环境修正，如有时用于温度、风和降水观测的修正。

质量检查过程应该在从原始的传感器输出值到转变成气象参数的每一个阶段都要执行，这包括相关的数据采集过程和把它们修正为Ⅱ级数据的过程。在数据采集的过程中，质量检查应寻找并消除所有系统的和随机的测量错误、由于偏离技术标准所引起的错误、不合格的仪器安置环境引起的错误和观测员的主观性错误。在处理和转换数据期间的质量控制，应寻找并消除所有由使用的转换技术或有关的计算机程序引起的错误。为提高抽样速率时采集数据的质量，应采取过滤和平滑技术。

需要编制历史沿革资料，历史沿革资料必须保存起来，以便于：在必要时可以恢复原始数据以进行新的工作(如不同的过滤和修正)；用户能易于发现数据的质量和它采集时的环境(安置环境)；能被潜在的用户发现数据的存在。

因此，上述所有使用数据处理功能的程序必须记录下来，包括对每一种数据的总记录和对每一个观测站观测类型的单独记录。

在各气象站观测资料汇总到国家气象局及世界气象组织之后，还要对数据进行资数同化、融合并生产出不同类型网格化的可使用的气象数据产品，为科学家们及人工智能 AI 进一步的研究提供数据支撑。

§15.2　气象资料的质量保证

1. 气象资料的质量管理

高质量的观测资料必须符合各种规定和蕴涵的要求。提供高质量的气象资料不是一件简单的事情,没有一套完善的质量管理体系而想提供高质量的气象资料是不可能的。最好的质量管理系统应在整个气象观测系统的各个方面连续运作,从站网和培训,安装和气象站操作到资料传输和归档;还包括时间尺度从近实时至年度检查的反馈和后续供给。表 15.2 给出了影响资料质量的因素。

表 15.2　影响资料质量的因素

编号	科目	内容
1	用户需要	测量系统的质量可以通过比较用户的要求和该系统实现用户要求的能力来进行评估
2	功能和技术要求	技术要求将决定一项计划中的测量系统的总体功能,所以它对资料质量的影响是相当大的
3	仪器选择	选择仪器应从下列方面慎重考虑:所要求的测量准确率、范围和分辨率,用户应用中所包含的气候和环境条件、工作条件和已具备的培训、安装、维护的技术基础等
4	验收测试	在安装和验收前,有必要确认仪器符合原始的技术要求。仪器的性能及其对影响因素的敏感度应该由生产厂家标明,有时需由权威鉴定部门给予认定
5	兼容性	当使用不同技术特性的仪器做同类测量时,会发生资料兼容性的问题,因此要经过长时间的研究来确保该兼容性的解决
6	布站及仪器安装情况	气象站密度取决于所要观测的气象现象的时空尺度,通常由用户规定或由 WMO 有关规章确定
7	仪器误差	正确地选择仪器对获取高质量的数据来说是必要条件,而非充分条件
8	资料获取	资料质量并不只是随仪器的质量即对其正确布站和安装而变化,也取决于所采用的获取资料并将其转化成有代表性的资料的技术和方法
9	资料处理	通过应用转换技术或计算机程序将传感器资料转换成二级气象资料也可能引入误差,例如:从测量的相对湿度或露点计算湿度值,气压换算到平均海平面气压值
10	实时量控制	在资料获取、处理和通信准备过程中,资料质量取决于为消除主要误差源所采用的实时质量控制程序
11	运行性能监控	实时质量控制程序有它的局限性,一些误差并不能检测出来,如传感器的长期漂移,以及在资料传输过程中发生的误差,这就要求在气象分析中心由网络管理员在网络级水平上进行运行性能监控
12	测时校准	气象仪器运作过程中,其性能和仪器特性可能会发生变化,因此,仪器需要定期检查和校准以提供可靠的资料

编号	科目	内容
13	维护	维护可能是检修性的(当部件故障时)、预防性的(如清洗、润滑)或适应性的
14	培训和教育	资料质量同样也依赖于负责测试、校准、维护工作的技术人员和进行观测的技能
15	历史沿革资料	一个完善的质量管理系统需要由观测系统自身的详细资料,特别是发生在其运行过程中所有变更的信息

在大气探测实验数据出来以后,应要求气象站的观测员或负责人确保从气象站发出的资料必须是实施了质量控制的,并为承担这种责任提供确定的程序保证。高空资料的质量控制程序基本上与地面资料一样,如果发现误差,资料应舍弃或返回参考资料员进行修正,或者应在资料中心通过推断进行修正。质量控制主要包括运行性能监控、保持资料均一性和历史沿革资料的稳定性,并进行高质量的网络管理。

运行性能监控有以下 3 个方面:按资料中心的要求记录由质量控制检测出的误差数量和类型;每个气象站的资料按天气和时间段分组汇编,通过空间场和可比的时间序列来辨别这些组与邻站的系统性差别,这有助于推导系统性差别的平均和散布的统计量;应从外场站获取有关设备故障和运行的其他方面情况的报告;第三个方面是资料均一性和历史沿革资料,其中资料非均匀性起因于观测系统的变化,表现为系统突然间断、逐渐变化或变率改变。历史沿革资料可视作是气象站管理记录一种扩展的变形,它包含了一个观测系统的有关原始建制及其历史周期内所发生的变化类型的时间等所有可能的信息。

历史沿革资料库包括初始建制的信息、发生变化并及时更新的信息,其主要元素如下:网络的信息:运行管理机构、网络的类型和目的;气象站的信息:行政管理信息、位置、地理坐标、海拔高度、远距离和周围环境及障碍物的描述、仪器布局、设备、资料传输、电源、电缆、气候描述;单个仪器的信息:类型、运行特性、校准值和校准时间、场地和安装、测量和安装程序、观测时间、观测员、资料获取、资料处理方法和算法、预防性和修正性维护、资料质量。

对于历史沿革资料系统的建设,需要注意的是① 必须建立标准程序来收集由仪器使用、观测实践和传感器位置造成的所有重要变化的重叠测量信息;② 对正在进行的校准、维护和均一性问题要进行例行评估,其目的是在必要时采取修正措施;③ 在资料收集者和研究人员之间必须公开地交换意见,以提供反馈机制来识别资料的问题并进行修正或者是识别存在问题的可能性,除此之外,改进文档以满足最初未预见到的用户要求;④ 必须有关于程序、基本原理、测试、假设以及包括来自测量资料组织结构中已知问题的备用文件。

应对外场及网络定期检查,最好由特别指派的有经验的观测员来承担。检查员应参与气象站工作,特别是下列方面:仪器运行特性是否保持长期稳定;随时出现的观测方面的问题;仪器安装情况;质量控制程序所选的方法必须为机构及其客户的目标服务。

2. 仪器专业人员的培训

由于科学与气象应用都依赖于使用不断更新的先进仪器和系统进行一系列不间断的观测,所以必须考虑关于专业人员的培训。这里的专业人员是指从事气象观测仪器和遥感系统的计划,提出规格、设计、安装、标准、维护和应用的人员。培训不仅针对那些愿意进一步提高自己水平的仪器专业人员,也针对技术管理者和培训者。培训是技术转让过程中很重要的一部分,意即通过培训使引进新技术资源的开发工作进入业务工作并达到提高质量和降低业务费用的目的。要进行适合业务要求的培训,并把理论与实践紧密结合起来。

用仪器系统进行的测量就是依靠一些物理特性(如水银的热膨胀)感应大气的变量并用一种方便用户的标准形式传输出,比如图纸上记录的迹线,就是输入自动天气站的电测信号。进行观测也要依靠实际经验以及安装和设置仪器的技能,以便进行标准化观测,以及怎样安全准确地操作、怎样以较小的误差来进行相应的计算和编码处理。因此,获得有质量的测量数据是与理论知识和实践操作息息相关的。仪器系统的操作人员和管理人员需要掌握与他们工作的复杂程度及重要性相适应的理论知识和实践技能。那些能设计或维护复杂仪器系统的工作人员需要更高层次的理论和实践方面的培训,各个机构都需要确保他们的工作人员或其他签约者(含培训)的素质、技能和数量,应该与其所承担的任务的要求很好地匹配。对于专业气象观测人员,表 15.3 给出了 WMO 的分级内容。

表 15.3　观测人员分级及标准

序号	等级	内容
1	一级仪器专业人员	他们属于高素质人员。他们在国家气象部门的资料收集任务中要对工作质量,有效利用人力、物质与资金资源等承担很大的责任
2	二级仪器专业人员	二级专业人员在实施和支持国家气象部门资料收集项目中应该是素质良好、技术熟练和有经验的
3	三级仪器专业人员	三级仪器专业人员有良好的普及教育和职业教育素质,而且在实施和支持国家气象部门资料收集项目具有实际技能和经验
4	四级仪器专业人员	具有基础教育适于从事四级气象观测的人员必须进行天气观测、读取仪器数据以及安装、维护和修理常规气象仪器和在天气站使用的地面观测设备,其中包括气象百叶箱、气压表和气压计、温度表和温度计、干湿表、湿度表和湿度计、雨量箱和雨量计、蒸发器、日照计和日射总量表、光学经纬仪、云底高云幕灯、发电机等

为了完成对专业人员的质量管理培训工作,需要了解培训计划的宗旨和目标:

(1)对管理者

提高和保持所有气象观测项目中信息的质量;促进国家气象部门能独立掌握所需知识和技能,以便有效地计划、实施和运作气象资料收集项目,同时促使他们发展维护服务,以确保仪器系统有最大的可靠性、准确性和经济性;充分了解仪器系统在其整个最佳使用寿命期间需要投入的资金量。

(2)对培训者

设计培训课程应该着眼于提供平衡的培训计划,使其能够满足在一个区域内各个国家对各种级别技能的需求;通过合格的教员、良好的培训手段和有效的学习方法为国家气象部门提供有效的知识传授和技能提高;通过适宜的评估和报告程序,对培训效果进行监督;使必需的经费为最少。

(3)对培训者和仪器专业人员

培训的总目标是配备仪器专业人员和工程人员。相关人员应熟悉各种仪器测量的用法、价值以及期望的准确度;理解和应用百叶箱和仪器的原理,以便获取有代表性、同一性的和兼容的数据库;获得知识和技能以实施安装、调整和维修,并提供维护服务,确保气象仪器和系统具有最大的可靠性、准确性和经济节俭;能够合理地和迅速地从观测现象中诊断出故障,并能有序地跟踪和校正其起因;了解测量误差的来源,并有能力操作标准仪器进行校准工作,从而减少系统误差;紧密关注新科技及其相关应用,并通过专门的和最新动态介绍等课程获得新知识;规划和设计资料收集系统,管理预算和技术人员;管理各种事项,包括重要的财政、装备、人力和技术难点;有特定目的地变更、改善、设计、人力和制作仪器;设计与应用计算机和通信系统及软件,监控测量过程,将原始的仪器数据处理成导出的格式并将编码后的信息传送出去。

必须培养仪器专业人员去完成仪器的安装、维护和校准等方面许多重复或复杂的任务,有时还可以亲手制作。培训流程图如图 15.1 所示。

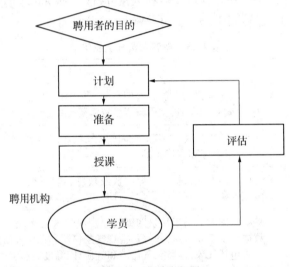

图 15.1 培训流程图

目前的培训机构主要是国家的教育培训机构。一般来说,国家气象部门不可能全面提供仪器专业人员所需的技术教育与培训,因此,有关新技术方面的塑造、充实和进修等各种培训都要不同程度地依赖于外部的教育机构。

WMO 区域仪器中心在培训方面的作用:区域仪器中心的目的要成为仪器类型、特征、性能、应用和校准方面的专业中心。它们拥有有关仪器科学和实践方面的技术图书馆,有实验室和演示设备,保持一套校准值溯源于国际标准的标准仪器。

区域中心可以使用 WMO 教育培训大纲、教育和培训出版物。

根据需要,也可让观测人员参加出国技术培训、仪器制造商提供的培训、国际科学项目和仪器与观测方法委员会组织的国际仪器对比。

不同培训模式所需的全部费用按照从低到高可排列如下:在岗培训,函授课程,声像课程,旅行的专家巡回研讨班就地授课,本国学员集中到中心的培训班,计算机辅助教程,几个国家的学员参加的区域中心培训班,在有专门装备的培训中心办的区域中心培训班等。

§15.3　测试、校准和相互比对

大气探测仪器在实际的应用过程中,为保证探测数据的准确可靠,需要进行相应的测试、校准和相互比对。目前,国际标准化组织(International Organization for Standardization,ISO)术语与通常的用法在以下方面有不同之处,即(测量的)准确度(Accuracy of a measurement)是测量的结果和它的真值趋于一致的接近程度,是一个定性的名词。仪器的准确度是仪器的响应与真值接近的能力,也是一个定性的名词。当提到某一仪器或某一测量值有高准确度,则此准确度定量的量度是不确定度(uncertainty)。

测试的目的是对传感器和测量系统进行测试,是为了获得它们在规定条件下使用时的性能资料。制造商一般都要对其生产的传感器或测量系统进行测试,而且有时还会根据所得的结果出版操作手册。但是,对于使用者来说,特别重要的是要按照自己的测试方案对仪器进行测试,或者将仪器送交独立的测试机构进行测试。测试可以分为环境测试、电磁干扰EMI 的测试以及功能测试。

一套仪器系统的探测数据质量应当符合环境测试的要求,即① 运行条件。仪器系统在表现其正常运行功能并完全符合其性能值表的要求时所遇到的或预期会遇到的条件或一系列的条件。② 可承受条件。预期仪器能够承受的运行条件以外的条件或一系列的条件。③ 室外环境。仪器系统在无遮拦、无人为控制的自然环境中表现其正常运行功能时会遇到或预期会遇到的条件或一系列的条件。④ 室内环境。仪器系统在一个封闭的运行结构中被激励并表现其运行功能时会遇到或预期会遇到的条件或一系列的条件。⑤ 运输环境。仪器系统在其寿命中处于运输状态时,会遇到或预期会遇到的条件或一系列的条件。⑥ 储存环境。仪器系统在非运行状态的储存方式时会遇到或预期会遇到的条件或一系列的条件。

功能测试是在室外自然环境中简单地进行,要求仪器在变化范围较大的气象条件和气候条件中运行,对于地面观测仪器,还要求在地表反照率较大的变化范围中运行。

传感器或测量系统的校准是确定测量数据有效性的第一步。通常,校准包含了与已知的标准器进行比对以确定仪器在预期运行范围内的输出与标准器的吻合程度。实验室校准结果的性能隐含着关于仪器在野外使用时仪器的性能与校准结果均能保持不变的假定。连续几次校准的历史可以提供对仪器性能稳定性的信任。

仪器与观测系统的相互比对,以及协议确定的质量控制程序,对于建立兼容性资料集是重要的。所有的相互比对均应周密计划和认真实施,以保证每种气象变量的测量均能具有适当的一致的质量水平。

仪器或观测系统的比对与评价可以按以下级别进行组织和实施:国际比对,其参加者来自所有对普遍邀请给予答复并感兴趣的国家;区域比对,其参加者来自该区域对普遍邀请有响应的国家;多边的和双边的比对,参加者来自两个或多个协商同意参加的国家,不需要普遍的邀请;国家级的比对,在一个国家内进行。

总的来说:大气探测所获得数据,需经过相关的质量控制流程,然后进入数据产品的再生产过程,比如,资料同化、数据融合、再分析数据产品等,从而支撑大气科学各分支学科的发展。

习　题

1. 取样率的实用方案是什么?
2. 对于历史沿革资料系统的建设,需要注意的是哪些?
3. 对于专业气象观测人员,WMO 对他们分了哪几级?
4. 一套仪器系统的探测数据质量应当符合环境测试的要求有哪些?
5. 何为校准器、基准(或一级标准)、二级标准、国际标准、国家标准、参考标准、工作标准、传递标准、移动式标准和校准实践?

参考文献

1. 中国气象局检测网络司.气象仪器观测方法指南.第 6 版.北京:气象出版社,2005.
2. 中央气象局.地面气象观测规范.北京:气象出版社,1979.
3. 中央气象局.高空气象观测手册(两册).北京:中央气象局,1976.

推荐阅读

1. 中国气象局检测网络司.气象仪器观测方法指南.第 6 版.北京:气象出版社,2005.
2. 中央气象局.地面气象观测规范.北京:气象出版社,1979.
3. 中央气象局.高空气象观测手册(两册).北京:中央气象局,1976.
4. 中国气象局.地面气象观测规范.北京:气象出版社,2003.
5. 田向军著,数据同化创新与实践——NLS‐4DVar 理论与应用.北京,科学出版社,2024.
6. 黄嘉佑,李庆祥.气象数据统计分析方法.北京:气象出版社,2015.
7. 任国玉,王国复,李庆祥.气候变化监测与检测技术原理.北京:气象出版社,2023.
8. 薛彬.海洋探测仪器.北京:海洋出版社,2023.

编后记

大气探测学的重要性在诸多教科书、科学计划、研究论文及专著中多有提及，普遍认为大气探测是大气科学的支撑，处于基础科学的地位，也是与大气科学各分支学科结合比较紧密的方向。天气预报、气候预测、灾害预防、环境健康、国家与社会安全、中高层大气与日地物理、经济和社会发展需要大气探测。近百年来，大气探测的发展引领和促进了大气科学的发展，具体体现在（此处引用中国科学院士吕达仁先生观点）：定量大气（组网）探测促进近代气象学的发展；三维大气探空探测促进大气过程动力学的发展；辐射（光谱）、云微物理、湍流，大气声、光、电的探测与臭氧、微量成分探测促进大气环境与大气化学的发展；地基与卫星（全球）遥感与组网气象观测促进大气科学进入新阶段；太阳、大气、地表综合探测也推动了大气科学、气候系统与地球系统科学的研究；微尺度与小尺度过程探测更是促进了大气边界层的研究等等。因此，大气探测学在大气科学中的位置是极其重要的。

作为科学问题和实验研究驱动的大气科学其实质上需要考虑三个方面：一个是理论，一个是模式，另一个就是探测。模式和探测对于大气科学来说就像鸟的两翼相辅相成、交互验证、互相促进，缺一不可，与理论研究共同促进了大气科学的发展。大气科学中的各类模式，不管是全球变化模式、中尺度气象模式、天气预报模式、大气化学模式，或者是污染扩散模式和大气环境预报模式，其发展方向都要求用数学物理方法对发生在大气中物理现象的本质过程进行日益精准的数学演绎；而大气探测的主要任务则是发展新的探测和试验手段、原理和方法，为认识大气运动以及大气中各种物理、化学、生物过程的基本规律及其与周围环境的相互作用提供技术手段和方法，并探索大气探测学科本身存在的一系列前沿科学和技术问题的解决方案，其丰富和复杂的内涵特点使得全部掌握探测学是困难的。模式的发展需要探测进行验证和改进，同样的新的科学现象的实验观测发现，也促进模式的发展，以实现对大气科学中新现象的科学理解。

大气探测学的未来走向，个人体会应该包含但不限于以下四个大的方面：(1) 向日-气-地系统四维、宏/微观探测和智能化方向努力；(2) 将人工智能、数字孪生与大气探测新技术装备结合起来，实现海量大数据监测的可控性和复现性；(3) 发展与各类地气模式交互验证的探测平台技术和高技术装备；(4) 发展以科学问题驱动的探测新原理、新技术和新方法，新技术的研究反过来促进科学问题的信息获取和理解。上述方向的发展有可能会使大气探测学进入一个更高的发展阶段。

书中所存在的不当之处，敬请读者给予批评斧正。

韩　永

2024 年 4 月于中山大学

453

致 谢

    本书在撰写过程中获得中山大学/大气科学学院各位领导、老师以及兄弟院校同行专家的关心、指导和帮助,尽可能多地参考并引用了前人公开发表的优秀著作及相关研究成果,也得到历届学生的建议和意见,在此表示衷心感谢。同时,也感谢国家自然科学基金委国家重大科研仪器研制项目(批准号42027804)和中山大学教学改革项目对这本《大气探测学导论》编写的资助,也特别感谢国家自然科学基金委的资助。

    有疏漏之处敬请指正和谅解。

编 者

2024 年 4 月